Springer Collected Works in Mathematics

More information about this series at http://www.springer.com/series/11104

I. Schur

Issai Schur

Gesammelte Abhandlungen II

Editors
Alfred Brauer
Hans Rohrbach

Reprint of the 1973 Edition

Springer

Author
Issai Schur (1875 – 1941)
Universität Berlin
Berlin
Germany

Editors
Alfred Brauer (1894 – 1985)
University of North Carolina
Chapel Hill, NC
USA

Hans Rohrbach (1903 – 1993)
Universität Mainz
Mainz
Germany

ISSN 2194-9875
Springer Collected Works in Mathematics
ISBN 978-3-662-48756-3 (Softcover)
978-3-642-61948-9 (Hardcover)

Library of Congress Control Number: 2012954381

Mathematics Subject Classification (2010): 20.XX, 01A75, 40.0X, 15.85

Springer Heidelberg New York Dordrecht London

Printed on acid-free paper

Springer-Verlag GmbH Berlin Heidelberg is part of Springer Science+Business Media
(www.springer.com)

ISSAI SCHUR

GESAMMELTE ABHANDLUNGEN

BAND II

Herausgegeben von

Alfred Brauer und Hans Rohrbach

Springer-Verlag
Berlin · Heidelberg · New York 1973

ISBN 978-3-540-05630-0

 Library of Congress Catalog Card Number 75-175903

Offsetdruck: Julius Beltz, Hemsbach/Bergstr.
Bindearbeiten: Konrad Triltsch, 87 Würzburg

Vorwort

Die Ergebnisse, Methoden und Begriffe, die die mathematische Wissenschaft dem Forscher ISSAI SCHUR verdankt, haben ihre nachhaltige Wirkung bis in die Gegenwart hinein erwiesen und werden sie unverändert beibehalten. Immer wieder wird auf Untersuchungen von SCHUR zurückgegriffen, werden Erkenntnisse von ihm benutzt oder fortgeführt und werden Vermutungen von ihm bestätigt. Daher ist es sehr zu begrüßen, daß sich der Springer-Verlag bereit erklärt hat, die wissenschaftlichen Veröffentlichungen von I. SCHUR als Gesammelte Abhandlungen herauszugeben.

Die Besonderheit des mathematischen Schaffens von SCHUR hat einst MAX PLANCK, als Sekretär der physikalisch-mathematischen Klasse der Preußischen Akademie der Wissenschaften zu Berlin, gut gekennzeichnet. In seiner Erwiderung auf die Antrittsrede von SCHUR bei dessen Aufnahme als ordentliches Mitglied der Akademie am 29. Juni 1922 bezeugte er, daß SCHUR „wie nur wenige Mathematiker die große Abelsche Kunst übe, die Probleme richtig zu formulieren, passend umzuformen, geschickt zu teilen und dann einzeln zu bewältigen".

Zum Gedächtnis an I. SCHUR gab die Schriftleitung der Mathematischen Zeitschrift 1955 einen Gedenkband heraus, aus dessen Vorrede wir folgendes entnehmen (Mathematische Zeitschrift **63**, 1955/56): „Aus Anlaß der 80. Wiederkehr des Tages, an dem Schur in Mohilew am Dnjepr geboren wurde, vereinen sich Freunde und Schüler, um sein Andenken mit diesem Bande der Zeitschrift zu ehren, die er selbst begründet hat. Sie sind in alle Welt zerstreut durch die Katastrophe, in deren Verlauf Schur durch vorzeitige Emeritierung 1935 die Wirkungsstätte verlor, an der seine Vorlesungen drei Jahrzehnte lang Studenten für die Mathematik begeistert hatten ... Möge dieser Band an Schurs Gesamtwerk erinnern und von seiner Fruchtbarkeit zeugen."

Den nachstehend abgedruckten Abhandlungen stellen wir zur Würdigung von I. SCHUR als Forscher, Hochschullehrer und Mensch die Ansprache voran, die der erste der beiden Herausgeber 1960 bei der 150-Jahrfeier der Berliner Universität auf deren Einladung hin Schur gewidmet hat. Diese Würdigung macht insbesondere deutlich, wie sehr die politischen Verhältnisse der dreißiger Jahre in Deutschland die letzten Lebensjahre von SCHUR überschatteten und wie stark seine Schaffenskraft durch Druck und Verfolgung beeinträchtigt wurde. Erst 1939, nach seiner Ankunft in Israel, war er wieder imstande, wissenschaftlich zu arbeiten, doch hat er bis zu seinem Tode (Januar 1941) nichts mehr veröffentlicht.

In seinem Nachlaß sowie in dem seines Sohnes GEORG SCHUR fanden sich mehrere fast fertige Manuskripte. Von diesen sind drei durch M. FEKETE und M. SCHIFFER dem American Journal of Mathematics zur Veröffentlichung eingereicht worden und 1945 bzw. 1947 dort erschienen. Drei weitere Manuskripte bilden den Hauptteil des Anhangs, den die beiden Herausgeber diesen Gesammelten Abhandlungen angefügt haben. Dieser Anhang enthält außerdem die von SCHUR publizierten Aufgaben sowie Ergebnisse von SCHUR in Arbeiten anderer Mathematiker.

Bei der Überarbeitung der im Anhang abgedruckten nachgelassenen Untersuchungen von SCHUR haben uns die Herren RICHARD H. HUDSON (University of South Carolina,

Columbia, S.C.), RUDOLF KOCHENDÖRFFER (Universität Dortmund) und ALFRED STÖHR (Freie Universität Berlin) wesentlich unterstützt. Ihnen hierfür auch an dieser Stelle unseren Dank auszusprechen, ist uns ein Bedürfnis. Ebenso danken wir dem Springer-Verlag für die gute Planung, Durchführung und Ausstattung des Gesamtwerks.

Chapel Hill, N.C. und Mainz, Februar 1973 ALFRED BRAUER HANS ROHRBACH

Hinweis

Nicht aufgenommen sind die beiden von FROBENIUS mit SCHUR verfaßten Abhandlungen. Sie sind abgedruckt in F. G. FROBENIUS, Gesammelte Abhandlungen. III, 355–386. Berlin–Heidelberg–New York: Springer 1968.

Die Paginierung am oberen Rand jeder Seite entspricht der Originalpaginierung. Die dem Inhaltsverzeichnis dieser Gesammelten Abhandlungen entsprechende fortlaufende Paginierung befindet sich am unteren Rand jeder Seite.

Gedenkrede auf Issai Schur[1]

ALFRED BRAUER

Magnifizenz Professor SCHRÖDER!
Professor REICHARDT!
Meine Damen und Herren!

Den Veranstaltern dieser Tagung möchte ich meinen herzlichsten Dank sagen, daß Sie mich eingeladen haben, hier meines verehrten Lehrers, ISSAI SCHUR, zu gedenken. Ferner möchte ich seiner Magnifizenz, dem Herrn Rektor, für seine mich ehrenden Worte in seiner gestrigen Ansprache bestens danken.

Es ist für mich eine große Freude, an die Stätte zurückzukehren, der ich fast meine ganze wissenschaftliche Ausbildung verdanke und mit der ich fast 20 Jahre als Student, Assistent und Dozent verbunden war.

Es scheint mir eine schöne Idee zu sein, bei einem Jubiläum einer Universität derer zu gedenken, die segensreich an ihr gewirkt haben. Ich persönlich denke heute in Dankbarkeit an alle, die hier als meine Lehrer, als meine Kollegen oder als meine Kommilitonen mir wissenschaftlich und menschlich so viel gegeben haben.

Ich bin stolz darauf, aus dieser Universität hervorgegangen zu sein. Im Frühjahr 1925, noch bevor ich an meiner Dissertation zu arbeiten begonnen hatte, bot Schur mir eine Assistentenstelle bei FELIX KLEIN in Göttingen an. Ich lehnte dieses Angebot ab. Ich zog es vor, als gewöhnlicher Student hier zu bleiben. Allerdings wußte ich genau, was Berlin und insbesondere Schur mir geben konnte. Ich habe diesen Entschluß nie bereut. Alle diejenigen unter den Anwesenden, die damals hier waren, werden mir beipflichten.

ISSAI SCHUR wurde am 10. Januar 1875 als Sohn des Großkaufmanns MOSES SCHUR und seiner Ehefrau GOLDE, geb. LANDAU, zu Mohilew am Dnjepr in Rußland geboren. Seit seinem dreizehnten Lebensjahre lebte er im Hause seiner Schwester und seines Schwagers in Libau, um dort das ausgezeichnete Nicolai-Gymnasium zu besuchen. Das Abitur bestand er als bester Schüler, und er wurde durch Verleihung einer Goldmedaille ausgezeichnet. Ungefähr zu dieser Zeit starb sein Vater, während seine Mutter ein hohes Alter erreichte. Einen ihrer letzten Geburtstage feierte SCHUR durch Widmung einer seiner Arbeiten.

Im Herbst 1894 bezog SCHUR die Universität Berlin. Dort studierte er zunächst Physik, bald aber wandte er sich ganz der Mathematik zu. An der Berliner Universität bestand er am 27. November 1901 die Doktorprüfung summa cum laude. Die Dissertation wurde mit dem Prädikat „egregium" angenommen. Im Lebenslauf seiner Dissertation nennt SCHUR insbesondere FROBENIUS, FUCHS, HENSEL und SCHWARZ als seine Lehrer. Wie sich später zeigte, war es FROBENIUS, der auf SCHURS Arbeitsweise und mathematisches Interesse den größten Einfluß hatte. Wie damals üblich, hatte er bei der

[1] Rede gehalten am 8. November 1960 auf Einladung der Humboldt-Universität in Berlin anläßlich der SCHUR-Gedenkfeier im Rahmen der 150-Jahrfeier der Universität. (Leicht abgeändert 1971.)

Für Überlassung von Material bin ich der inzwischen verstorbenen Gattin von SCHUR, Frau REGINA SCHUR, seiner Tochter, Frau HILDE ABELIN, Professor M. SCHIFFER und meinem Bruder, RICHARD BRAUER, dankbar, ebenso meiner Frau, HILDE BRAUER, für technische Hilfe.

Doktorprüfung einige von ihm gewählte Thesen zu verteidigen, die in seiner Dissertation abgedruckt sind, ebenso wie die Namen seiner Opponenten. Im Jahre 1903 habilitierte sich SCHUR in Berlin als Privatdozent.

Am 2. September 1906 heiratete Schur Dr. med. REGINA FRUMKIN. Diese Ehe war überaus glücklich. Seine Frau verstand es meisterhaft ihm vieles abzunehmen, damit er sich ganz der Mathematik widmen konnte.

Aus dieser Ehe sind zwei Kinder hervorgegangen, ein Sohn, dem er zu Ehren von FROBENIUS den Vornamen GEORG gab, und eine Tochter HILDE. SCHUR hätte es gern gesehen, wenn sein Sohn, der für Mathematik sehr begabt war, dieses Fach studiert hätte. Dieser aber zog vor, Physik zu studieren, um mit seinem Vater nicht konkurrieren zu müssen. Er bestand noch das Staatsexamen, mußte aber wegen seiner Auswanderung sein Studium aufgeben. In späteren Jahren war er als Versicherungsmathematiker in Israel tätig. Auf seinen Berechnungen beruht die sogenannte National-Versicherung Israels. Sein Interesse für die reine Mathematik kam immer wieder zum Durchbruch. In zwei der in SCHURS Nachlaß gefundenen Arbeiten (als Nr. 81 und 82 der Gesammelten Abhandlungen erstmals veröffentlicht), findet sich ein Beweis seines Sohnes. SCHURS Tochter ist mit einem Arzt, Dr. ABELIN, in Bern verheiratet. Von ihren vier Kindern hat SCHUR die Geburt der ältesten drei noch erlebt. Er hing an diesen Enkelkindern mit großer Liebe.

Im Jahre 1911 wurde SCHUR auf Vorschlag von HAUSDORFF als dessen Nachfolger als planmäßiger außerordentlicher Professor nach Bonn berufen. 1916 kehrte er in der gleichen Stellung nach Berlin zurück. Hier wurde er 1919 ordentlicher Professor. Im Jahre 1922 wählte ihn die Preußische Akademie der Wissenschaft in Berlin zum Mitglied. Ich glaube die Einstellung SCHURS zur Mathematik und zu seinen Arbeiten nicht besser charakterisieren zu können, als wenn ich hier seine Antrittsrede in der Akademie in der öffentlichen Sitzung am Leibniztage 1922 und die Erwiderung von PLANCK als Sekretär der physikalisch-mathematischen Klasse verlese[2]. Ich erinnere mich, daß diese Reden einen großen Eindruck auf die Zuhörer machten.

Auf die Mitgliedschaft in der Akademie ist SCHUR immer besonders stolz gewesen. Er besuchte regelmäßig ihre Sitzungen, und viele seiner Arbeiten sind in ihren Sitzungsberichten erschienen. Später wurde SCHUR noch Korrespondierendes Mitglied der Akademien in Leningrad, Leipzig, Halle und Göttingen.

Die Jahre von 1915–1933 waren in wissenschaftlicher Beziehung äußerst erfolgreich für ihn. Da war es ein entsetzlicher Schlag, als es Ende April 1933 gerüchtweise bekannt wurde, daß SCHUR von seinem Amt beurlaubt werden sollte. Am 1. Mai wurde das Gerücht zur Tatsache. Am Nachmittag dieses Tages suchten ROHRBACH und ich SCHUR auf, um die Hoffnung auszusprechen, daß diese Beurlaubung nur vorübergehend sein würde. Äußerlich war SCHUR völlig ruhig und gefaßt, aber innerlich wurde seine Arbeitskraft durch dieses Ereignis aufs stärkste vermindert. Zwar gelang es den Bemühungen von ERHARD SCHMIDT, die Beurlaubung vom Wintersemester 1933/34 an rückgängig zu machen, da sie auch nach den damaligen Gesetzen ungesetzlich war, weil SCHUR schon vor Ende des ersten Weltkrieges preußischer Beamter gewesen war. Kaum war die Beurlaubung bekannt geworden, als SCHUR ein Angebot von der Universität von Wisconsin in Madison erhielt. Aber er lehnte dieses Angebot ab, da er sich nicht mehr kräftig genug fühlte, in einer anderen Sprache Vorlesungen zu halten.

Nach seiner Wiedereinsetzung durfte SCHUR nur noch ausgewählte Spezialvorlesungen halten. Während der nächsten zwei Jahre wurden ihm immer wieder neue Schwierigkeiten bereitet, bis er sich dem Druck fügte und sich bereit erklärte, sich zum 31. August 1935 emeritieren zu lassen. Hätte er diesen Schritt nicht unternommen, so wäre er bald darauf

[2] Vgl. diese Gesammelten Abhandlungen. II, 413-415.

seines Amtes ohnehin enthoben worden. Denn noch vor Beginn des Wintersemesters 1935/36 wurden die letzten wenigen jüdischen Mitglieder des Lehrkörpers aus ihren Ämtern entfernt.

Für SCHUR ergab sich noch einmal die Möglichkeit einer kurzen Lehrtätigkeit. Im Frühjahr 1936 wurde er von der Eidgenössischen Technischen Hochschule in Zürich eingeladen, eine Reihe von Vorlesungen über die Darstellungstheorie endlicher Gruppen zu halten. Diese Vorlesung wurde von STIEFEL ausgearbeitet und ist im Druck erschienen, aber seit vielen Jahren vergriffen. Sie ist auch heute noch vielleicht die beste Einführung in dieses Gebiet.

Das zwangsweise Ende seiner Lehrtätigkeit im Alter von 61 Jahren bedeutete einen schweren Schlag für SCHUR. Während der kurzen Zeit, in der ROHRBACH dann noch Assistent am Mathematischen Seminar der Berliner Universität war, war es noch möglich, indirekt Bände aus der Bibliothek des Seminars einzusehen. Aber als ROHRBACH diese Stellung verlor und als Assistent nach Göttingen ging, waren wir von der mathematischen Welt mehr und mehr abgeschlossen. Ein Beispiel soll das illustrieren. Als LANDAU im Februar 1938 starb, sollte SCHUR am Grabe eine Gedenkrede halten. Dazu brauchte er einige mathematische Tatsachen, die ihm entfallen waren. Er bat mich zu versuchen, diese aus der Literatur festzustellen. Selbstverständlich war es mir verwehrt, die Bibliothek des Mathematischen Seminars, für deren Aufbau ich jahrelang gearbeitet hatte, zu benutzen. Ich wandte mich mit einem Gesuch an die Preußische Staatsbibliothek. Es wurde mir gestattet, gegen Bezahlung einer Gebühr den Lesesaal dieser Bibliothek für eine Woche zu benutzen. Bücher aber entleihen durfte ich nicht. So konnte ich SCHUR wenigstens einige seiner Fragen beantworten.

In diesen Jahren habe ich SCHUR oft besucht. Die ständigen neuen Bestimmungen, die das Leben aller deutschen Juden mehr und mehr erschweren sollten, führten bei SCHUR zu schweren Depressionen. Er befolgte alle diese Gesetze aufs genaueste. Aber trotzdem geschah es einige Male, daß er, als er mir auf mein Klingeln die Wohnungstür öffnete, erleichtert ausrief: „Ach, Sie sind es und nicht die Gestapo." Häufig war es unmöglich, mit ihm über Mathematik zu sprechen. Gelegentlich diskutierten wir das folgende, auf FROBENIUS zurückgehende Problem, das SCHUR in seiner letzten Berliner Vorlesung etwas behandelt hatte. „Gegeben sind n positive ganze Zahlen $a_1, a_2, \ldots, a_n$. Eine Schranke $F(a_1, a_2, \ldots, a_n)$ ist zu bestimmen, so daß die Diophantische Gleichung $a_1x_1 + a_2x_2 + \ldots + a_nx_n = N$ immer Lösungen in positiven ganzen Zahlen für alle $N > F(a_1, a_2, \ldots, a_n)$ hat.

SCHUR stellte sich auf den Standpunkt, daß er nicht mehr das Recht habe, die Resultate dieser gemeinsamen Überlegungen, weder in Deutschland, noch im Ausland, zu veröffentlichen. Auch nachdem wir beide ausgewandert waren, beharrte er auf diesem Standpunkte. Nach langem Hin und Her bat er mich, die Arbeit allein zu publizieren. Er billigte meine Fassung. Fast zwei Jahre nach SCHURS Auswanderung, aber noch wenige Wochen vor seinem Tode, wurde diese Arbeit im November 1940 beim American Journal of Mathematics eingereicht.

Eines Sonntags Morgen im Sommer 1938 erschien Frau SCHUR unerwartet in unserer Wohnung. Sie wollte mich in einer dringenden Angelegenheit um Rat fragen. Sie hatte einen Brief abgefangen, in dem SCHUR in zwei Wochen zu einem Termin bei der Gestapo bestellt wurde. Nun hatte SCHUR mehrmals erklärt, daß er eher Selbstmord begehen würde, als einer Vorladung der Gestapo Folge zu leisten. Frau SCHUR hatte nun den Plan, SCHUR auf Grund eines ärztlichen Attestes sofort in ein Sanatorium zu schicken, da er ja tatsächlich krank war. Ich konnte diesen Plan als einzigen Ausweg nur billigen. SCHUR verließ Berlin und ging für einige Wochen in ein Sanatorium. Frau SCHUR ging mit dem ärztlichen Attest am festgesetzten Termin zur Gestapo. Dort wurde sie nur gefragt, warum sie noch nicht ausgewandert seien. Natürlich wollte die Regierung SCHURS Pension einsparen. Frau SCHUR erklärte, daß sie an ihrer Auswanderung arbeiteten, daß es ihnen aber noch nicht gelungen sei, alle Schwierigkeiten aus dem Weg zu räumen.

Die Hauptschwierigkeit bestand in Folgendem. SCHURS planten, nach Israel auszuwandern und hatten das erforderliche Geld. Aber unglücklicherweise hatte Frau SCHUR eine größere Hypothek auf ein Haus in Litauen geerbt. Auf Grund der litauischen Devisenbestimmungen konnte diese Hypothek nicht zurückgezahlt werden. Es war SCHUR verboten, auf diese Hypothek zu verzichten oder sie an das Deutsche Reich abzutreten. Sie mußte zu seinem sonstigen Vermögen zugerechnet werden, und von der Gesamtsumme war die 25prozentige Reichsfluchtsteuer zu zahlen. Dazu reichte SCHURS Geld nicht aus. Nach einigen Monaten gelang es einen Wohltäter zu finden, der sich bereit erklärte, die notwendige Geldsumme zur Verfügung zu stellen. Natürlich war es für SCHUR sehr schmerzlich, gezwungen zu sein, dieses Geschenk anzunehmen.

Endlich waren alle Schwierigkeiten überwunden, und der Paß wurde erteilt. Eines Tages im Januar 1939 rief Frau SCHUR uns an, um uns mitzuteilen, daß SCHUR am selben Abend in Begleitung einer Krankenschwester nach der Schweiz zu seiner Tochter abreisen würde, da sie selbst erst in einigen Tagen folgen könnte. SCHUR würde meine Frau und mich gern noch einmal sehen. Wenige Stunden später standen wir in seinem Arbeitszimmer, um Abschied von ihm für immer zu nehmen. SCHUR selbst glaubte nicht, daß die Auswanderung glücken würde, obgleich alle amtlichen Bestimmungen aufs genaueste befolgt waren. Aber am nächsten Morgen rief mich Frau SCHUR an, um mir mitzuteilen, daß SCHUR bei seiner Tochter in Bern angekommen sei. Dort blieb er einige Wochen, um dann mit seiner Frau nach Israel auszuwandern.

Es konnte gehofft werden, daß SCHURS Zustand sich in Israel bessern würde. Aber keine wesentliche Besserung trat ein. Als SCHIFFER, der SCHUR von Berlin her kannte, ihn zum ersten Male wiedersah, war er erschüttert. SCHUR war kaum zu bewegen, über Mathematik zu sprechen. Auch weiterhin bestand er darauf, daß er nicht mehr das Recht habe, etwas zu veröffentlichen. Zwar hat er anscheinend im Geheimen etwas gearbeitet, denn in seinem Nachlaß sind einige Arbeiten gefunden worden, die mindestens zum Teil in Tel Aviv entstanden sind. Drei von diesen wurden später von FEKETE und SCHIFFER überarbeitet und unter SCHURS Namen im American Journal of Mathematics veröffentlicht.

Nur einmal gelang es, SCHUR zu bewegen, im Mathematischen Seminar der Universität in Jerusalem zu sprechen. Er begann, einen ausgezeichneten Vortrag zu halten wie in seinen besten Zeiten, so daß die Anwesenden, unter denen TOEPLITZ und SCHIFFER waren, über diese plötzliche Besserung beglückt waren. Er erwähnte in seinem Vortrage Resultate von GRUNSKY und getreu seiner Einstellung, über Menschen Gutes zu sagen, benutzte er diese Gelegenheit zu bemerken, wie sehr er GRUNSKY mathematisch und menschlich schätze. Aber plötzlich bat er um Entschuldigung und setzte sich auf einen Stuhl am Vortragstisch, den Kopf vornüber gelegt, als ob er schwer nachdenken müßte. Nach einigen Minuten stand er auf und beendete seinen Vortrag in der selben klaren und eleganten Weise, als ob nichts gewesen wäre. Später stellte es sich heraus, daß er während des Vortrags einen leichten Herzanfall gehabt hatte. Wenige Monate später, am 10. Januar 1941, seinem 66. Geburtstage, bereitete ein neuer Herzanfall seinem Leben ein Ende.

Lassen Sie mich nun das wissenschaftliche Werk SCHURS betrachten. Es ist im Rahmen eines kurzen Vortrags unmöglich, auf alle seine Arbeiten, wenn auch nur kurz, einzugehen. Es sind weit über 70, ohne die zahlreichen Aufgaben mitzuzählen. Hier sind natürlich die Arbeiten im Journal für die reine und angewandte Mathematik eingeschlossen, als deren Verfasser J. Schur genannt ist. Bei den ersten dieser Arbeiten war der Vorname nämlich falsch abgekürzt, und Schur hielt es für richtig, dies bei den späteren Arbeiten in dieser Zeitschrift nicht zu ändern. Aber tatsächlich legte er großen Wert darauf, stets als I. Schur zitiert zu werden. Trotzdem wird auch heute noch gelegentlich sein Vorname falsch abgekürzt.

Das bloße Verlesen der Titel würde mehr als 20 Minuten beanspruchen, und der bloße Titel besagt häufig wenig. Die meisten der Schurschen Arbeiten sind bedeutungsvoll und sehr inhaltsreich. In der Besprechung der Arbeit „Bemerkungen zur Theorie der beschränkten Linearformen mit unendlich vielen Veränderlichen", deren bescheidener Titel nicht vermuten läßt, daß sie viele wichtige Resultate enthält, sagt O. Toeplitz als Referent im Jahrbuch für die Fortschritte der Mathematik: „Aus der Fülle der Resultate und Methoden, die der Praktiker aus dieser Arbeit zu lernen hat, kann hier nur einiges Wenige hervorgehoben werden." Trotzdem ist die Besprechung eine volle Seite lang.

Die Hauptbedeutung Schurs liegt in seinen Arbeiten zur Gruppentheorie. Hier setzt er das Werk seines Lehrers Frobenius fort, dem neben Molien die Darstellungstheorie der endlichen Gruppen durch Gruppen linearer Substitutionen zu verdanken ist. Schur beschränkt sich nicht auf endliche Gruppen.

In seiner Dissertation betrachtet er die Darstellung der vollen linearen Gruppe. Es ist dies eine grundlegende Arbeit, die erst später gebührende Beachtung gefunden hat, z.B. im Buch Weyl, Classical Groups, das Schur gewidmet ist. Vorher hatte Schur seine Theorie auf die Orthogonale Gruppe ausgedehnt. Diese Arbeit ist übrigens auch in einer anderen Richtung von Bedeutung. Durch Schur wurde die Aufmerksamkeit der Mathematiker auf den Hurwitzschen Ansatz der Integration über kompakte Lie-Gruppen gelenkt. Etwas später führte dann Haar sein Maß für kompakte topologische Gruppen ein, das ja heute für die Analysis von großer Wichtigkeit ist. Es sei auch auf die Bedeutung für die Quantenmechanik hingewiesen.

In einer seiner frühesten gruppentheoretischen Arbeiten gab Schur einen elementaren Beweis von Sätzen von Burnside und Frobenius. Von besonderem Interesse ist hierbei, daß sich dort zum ersten Male der Begriff findet, den man jetzt Verlagerung nennt. Zwischen 1904 und 1907 dehnte Schur die Frobenius'sche Idee von Darstellungen von endlichen Gruppen durch lineare Transformationen auf die von Darstellungen durch Kollineationen aus. Wie in den eben erwähnten Arbeiten ist Schur hier wieder Vorläufer von modernen Entwicklungen. Hier ist vielleicht die erste Stelle, wo sich Ansätze aus der homologischen Algebra finden. Der spezielle Fall der symmetrischen und alternierenden Gruppe erledigte Fragen, wie sie von Klein in anderer Sprache aufgeworfen waren.

In anderen Arbeiten zur Darstellungstheorie ersetzt Schur den Körper der komplexen Zahlen durch beliebige Körper der Charakteristik Null. Seine Resultate stehen in engem Zusammenhang zur Theorie der Algebren, und man kann sagen, daß Schur vieles aus dieser Theorie in anderer Sprache gekannt hat. Auch hier kann man ihn als einen Vorläufer ansehen. In diesem Zusammenhange sind auch zwei gemeinsame Arbeiten von Frobenius und Schur zu nennen.

Am bekanntesten ist Schurs Arbeit „Neue Begründung der Theorie der Gruppencharaktere" geworden. Diese ist auch deswegen wichtig, weil sich in dieser Form die Theorie auf die kompakten Lie-Gruppen ausdehnen läßt. Auf die Stiefel'sche Ausarbeitung der Schur-Vorlesung ist bereits hingewiesen worden.

Neben der Gruppentheorie sind es fast alle Zweige der klassischen Algebra und der Zahlentheorie, die Schur bedeutende neue Resultate oder besonders schöne neue Beweise verdanken, die Theorie der algebraischen Gleichungen, Matrizentheorie und Determinantentheorie, Invariantentheorie, elementare Zahlentheorie, additive Zahlentheorie, analytische Zahlentheorie, Theorie der algebraischen Zahlen, Geometrie der Zahlen, Theorie der Kettenbrüche. Aus der Analysis sind insbesondere die Theorie der Integralgleichungen und die Theorie der Unendlichen Reihen zu nennen.

Für die charakteristischen Wurzeln der Matrizen hat sich SCHUR immer sehr interessiert. In einer seiner ersten Arbeiten gibt er einen einfachen Beweis eines Satzes von FROBENIUS über die charakteristischen Wurzeln vertauschbarer Matrizen. In einer anderen Arbeit, die für die Theorie der Integralgleichungen von Wichtigkeit ist, zeigt SCHUR, daß man zu jeder quadratischen Matrix A mit reellen oder komplexen Elementen eine unitär orthogonale Matrix P so bestimmen kann, daß $\bar{P}' A P$ eine Dreiecksmatrix ist, deren Hauptdiagonale von den charakteristischen Wurzeln gebildet ist. Dieses Resultat wird auch heute noch oft gebraucht.

In einer Reihe von Arbeiten studierte SCHUR die Lage der Wurzeln algebraischer Gleichungen und andere Eigenschaften der Polynome. Insbesondere ist hier die Arbeit „Über das Maximum des absoluten Betrags eines Polynoms in einem gegebenen Intervall" und seine Arbeit „Über algebraische Gleichungen, die nur Wurzeln mit negativem Realteil besitzen" zu nennen. Diese letztere ist in der Zeitschrift für angewandte Mathematik und Mechanik erschienen; in ihr gibt SCHUR einen einfachen Beweis des Kriteriums von HURWITZ. Die bekannte Arbeit seines Doktoranden A. COHN, „Über die Anzahl der Wurzeln einer algebraischen Gleichung in einem Kreise", Mathematische Zeitschrift **14** (1922), 110–148, ist von SCHUR angeregt worden.

Schon früh interessierte sich SCHUR für die Frage der Irreduzibilität und der Galoisschen Gruppe einer algebraischen Gleichung, wie einige seiner Aufgaben zeigen. Später zeigte er unter Benutzung einer Methode von BAUER, daß es leicht ist, Gleichungen ohne Affekt vom Grade n zu finden, falls man eine Primzahl im Intervall $\{\frac{1}{2}n \ldots n\}$ kennt. In berühmt gewordenen Arbeiten bewies SCHUR mit Hilfe eines von ihm wieder gefundenen Satzes von SYLVESTER über die Verteilung der Primzahlen, daß alle Polynome der Form

$$1 + g_1 \frac{x}{1!} + g_2 \frac{x^2}{2!} + \ldots + g_{n-1} \frac{x^{n-1}}{(n-1)!} + \frac{x^n}{n!}$$

mit ganzzahligen g_ν im Körper der rationalen Zahlen irreduzibel sind. Hieraus folgt, daß die Abschnitte der Reihen für e^x und $\cos x$, sowie die Laguerreschen Polynome irreduzibel sind. Die Galoissche Gruppe der Laguerreschen Polynome ist die symmetrische Gruppe, die der Abschnitte der Reihe für e^x, wenn n durch 4 teilbar ist, die alternierende, anderenfalls die symmetrische Gruppe. Für jedes ungerade n erhält Schur Gleichungen, deren Gruppe die alternierende ist.

Es kann hier nicht meine Aufgabe sein, auf alle Arbeiten SCHURS einzugehen. Fast alle von ihnen sind auch heute noch von großer Wichtigkeit und viele waren der Ausgangspunkt von Veröffentlichungen anderer Mathematiker.

Im Jahre 1918 gründete SCHUR zusammen mit LICHTENSTEIN, KNOPP und E. SCHMIDT die Mathematische Zeitschrift, die schnell ein hohes Ansehen gewann. Einige von SCHURS eigenen Arbeiten sind hier erschienen.

Die Verleihung des Doktortitels der Universität Berlin konnte erst dann erfolgen, wenn der Kandidat 200 gedruckte Exemplare der Dissertation eingereicht hatte. Kurz nach dem ersten Weltkrieg erschienen die meisten Dissertationen in Zeitschriften. Aber bald weigerten sich die mathematischen Zeitschriften, Dissertationen zu drucken, und der Kandidat mußte die erheblichen Kosten für einen privaten Druck allein aufbringen. Um hier zu helfen, gründeten SCHUR, E. SCHMIDT, BIEBERBACH und v. MISES die „Schriften des

Mathematischen Seminars und des Instituts für Angewandte Mathematik der Universität Berlin" für die Veröffentlichung von Dissertationen. Die Arbeiten erschienen in einzelnen Heften, die zu Bänden vereinigt wurden. Die Universität kaufte einen Teil der Auflage und verwandte sie zum Tausch mit ausländischen Zeitschriften. Dadurch wurden die Kosten für den Kandidaten erheblich vermindert.

Aber wir feiern heute nicht nur den großen Gelehrten, sondern auch den hervorragenden Hochschullehrer der Berliner Universität.

Als ordentlicher Professor war SCHUR vertraglich verpflichtet, in jedem Semester zwei vierstündige Vorlesungen und ein zweistündiges Seminar zu halten. In den Jahren seiner Hauptwirkungszeit, etwa von 1920–1932, baute er langsam zwei Vorlesungszyklen von je vier Vorlesungen auf, einen in Zahlentheorie und einen in Algebra. Der erste bestand aus Zahlentheorie, Theorie der algebraischen Zahlen, Analytische Zahlentheorie I und II, der zweite aus Determinantentheorie, Algebra, Galoissche Theorie, Invariantentheorie. Gelegentlich wurden die höheren Vorlesungen durch andere ersetzt. Zahlentheorie hat SCHUR im Wintersemester 1920 und dann in jedem zweiten Winter gelesen, zum letzten Male im Wintersemester 1932/33. Algebra las SCHUR in den anderen Wintersemestern. Die elementarere der beiden Vorlesungen fand montags, dienstags, donnerstags und freitags von 10–11, die andere an denselben Tagen von 11–12 statt. Das SCHURsche Seminar war dienstags 5–7 vor dem Mathematischen Kolloquium. Außerdem hielt SCHUR Übungen zur Zahlentheorie, zur Determinantentheorie und zur Algebra donnerstags 6–8 nach der Sitzung der Akademie ab in den Semestern, in denen diese Vorlesung gehalten wurde.

Als Dozent war SCHUR hervorragend. Seine Vorlesungen waren äußerst klar, aber nicht immer leicht und erforderten Mitarbeit. SCHUR verstand es meisterhaft, seine Hörer für den Stoff zu interessieren und ihr Interesse wach zu halten. Es galt damals als selbstverständlich, daß jeder Student, der sich nur irgendwie für Mathematik interessierte, wenigstens eine der SCHUR'schen Vorlesungen hörte, auch wenn sein Hauptinteresse auf anderen Gebieten lag. SCHURS Wirken trug wesentlich dazu bei, daß die Zahl der Studenten der Mathematik in Berlin damals so anwuchs. In seiner elementaren Vorlesung waren oft über 400 Hörer. Im Wintersemester 1930 war die Zahl der Studenten, die SCHURS Zahlentheorie belegen wollten, so groß, daß der zweitgrößte Hörsaal der Universität mit etwas über 500 Sitzen zu klein war. Auf SCHURS Wunsch mußte ich eine Parallelvorlesung für etwa 40 Hörer halten.

SCHUR bereitete jede seiner Vorlesungen aufs sorgfältigste vor. Die Berliner Tradition verbot es einem Dozenten der Mathematik, ein Buch in den Hörsaal mitzubringen. Darüber hinaus erwarteten die Studenten, daß eine Vorlesung nicht ein Abklatsch eines Buches sei. Lange vor Beginn des Semesters arbeitete SCHUR jede Vorlesung schriftlich auf losen Blättern aus. Jede Vorlesung bestand aus einigen Abschnitten, jeder Abschnitt aus einer Reihe von Paragraphen, die alle eine Überschrift hatten. Während der Vorlesung hatte SCHUR die betreffenden Seiten seiner Ausarbeitung in seiner Brusttasche. Er nahm sie aber nur selten heraus, z.B. wenn es sich um eine schwierige Abschätzung in der analytischen Zahlentheorie handelte. Es ist wohl nie vorgekommen, daß SCHUR in einer Vorlesung stecken blieb. Gelegentlich hat es sich ereignet, daß SCHUR ein gewisses Resultat als bewiesen benutzte, bis die Hörer ihn darauf aufmerksam machten, daß es noch nicht bewiesen war, und SCHUR feststellen mußte, daß er einen ganzen Paragraphen übersprungen hatte.

Dank der guten Vorbereitung war SCHUR in der Lage, ziemlich viel Stoff in einer Stunde zu erledigen. Aber auf der anderen Seite setzte er seinen Stolz nicht darin, möglichst viel zu schaffen. Er war mehr daran interessiert, daß seine Hörer ihn verstanden und daß sie durch seine Vorlesung für den Stoff interessiert wurden. Ein gewisses Bild seiner Vorlesungen geben die schon erwähnte Ausarbeitung seiner Züricher Vorlesung durch STIEFEL und die kürzlich erschienene Ausarbeitung seiner Vorlesung über Invariantentheorie durch H. GRUNSKY.

SCHUR sprach ruhig und deutlich in ausgezeichnetem Deutsch ohne jeden Akzent. Niemand konnte auf den Gedanken kommen, daß Deutsch nicht SCHURS Muttersprache war.

In seiner Bescheidenheit hat SCHUR oft erklärt, daß seine Vorlesungen nicht sein Werk seien, sondern zu großen Teilen das seiner Vorgänger, insbesondere das von FROBENIUS. Aber sicher enthielten seine Vorlesungen auch manches, was neu war und vielleicht auch heute noch nicht in der Literatur gefunden werden kann. Von historischem Interesse ist z. B. SCHURS Beweis des Determinantensatzes von MINKOWSKI, den er in seinen Vorlesungen gab. Siehe die Arbeit von H. ROHRBACH „Bemerkungen zu einem Determinantensatz von Minkowski" Jahresbericht D.M.V. **40** (1931), 49–53 (eingegangen Januar 1930). SCHUR benutzt in diesem Beweise die Kreise, die heute die Kreise von GERSHGORIN genannt werden, obgleich dessen Arbeit erst 1931 erschienen ist.

SCHURS Übungen schlossen sich eng an seine Vorlesung an. In der ersten Stunde der Doppelstunde stellte SCHUR etwa 8 Aufgaben zur schriftlichen Bearbeitung. Die eingegangenen Lösungen wurden jeweils in der nächsten Woche in der zweiten Stunde der Doppelstunde von SCHURS Assistenten besprochen. Die Assistenten waren H. RADEMACHER (bis zu seinem Fortgang nach Hamburg), K. LÖWNER (bis zu seinem Fortgang nach Prag) und ich selbst von 1928–1935.

Die ersten ein oder zwei Aufgaben in jeder Aufgabenreihe waren reine Zahlenbeispiele; dann folgten theoretische Aufgaben, von leichteren zu schwereren aufsteigend. Oft handelte es sich um den Beweis spezieller Resultate, für die SCHUR sich immer sehr interessierte. Diese Übungen waren für die Ausbildung vieler der Hörer von großem Einfluß. Ich kann das nicht besser als durch folgende Beispiele zeigen.

Im Wintersemester 1921/22 nahmen H. HOPF, mein Bruder RICHARD und ich selbst an den Übungen zur Algebra teil. Die folgende Aufgabe wurde unter anderen gegeben: Es seien $a_1, a_2, \ldots, a_n$ verschiedene ganze rationale Zahlen. Dann sind die Polynome $P(x) = \{(x-a_1)(x-a_2)\ldots(x-a_n)\}^k + 1$ für $k=2$ und $k=4$ im Körper der rationalen Zahlen irreduzibel. Diese Aufgabe hatte SCHUR schon früher im Archiv der Mathematik und Physik gestellt, ohne daß eine Lösung eingegangen war. SCHUR bemerkte, daß der Fall $k=2$ leicht sei, daß er aber noch nie eine Lösung für den Fall $k=4$ erhalten habe, obgleich er diese Aufgabe immer wieder gestellt habe. Das war natürlich ein ungeheurer Ansporn für die Hörer. Ich erinnere mich noch genau, daß mein Bruder und ich während der nächsten Tage in verschiedenen Zimmern mit Hochdruck an der Lösung arbeiteten. Von Zeit zu Zeit verglichen wir unsere Resultate und vereinigten sie. Vor Ende der Frist von 5 Tagen zur Einreichung der Aufgaben hatten wir nicht nur eine Lösung der eigentlichen Aufgabe, sondern auch einige Verallgemeinerungen. Unsere Resultate wurden später in die Aufgabensammlung von PÓLYA-SZEGÖ aufgenommen. Eine andere Lösung der Aufgabe hatte HOPF eingereicht. Durch Vereinigung der beiden Lösungen gelang es uns, die Irreduzibilität auch für $k=8$ zu beweisen (Jahresbericht D. M. V. **35** (1926), 99–113). Die Vermutung, daß diese Polynome für alle $k=2^s$ mit $s>0$ im Körper der rationalen Zahlen irreduzibel sind, wurde erst kürzlich von I. SERES (Acta Math. Acad. Sc. Hungaricae **7** (1956), 151–157) bewiesen. Diese Arbeit ist dem Andenken SCHURS gewidmet.

Auch eine Reihe meiner anderen Arbeiten haben ihren Ursprung direkt oder indirekt in den SCHUR'schen Übungen oder in dem SCHUR'schen Seminar. Für das Seminar wählte

SCHUR zu Beginn jedes Semesters immer eine Reihe kürzlich erschienener Arbeiten, die zum Vortrag unter die Teilnehmer verteilt wurden. Aufgabe des Assistenten war es, den Studenten bei der Vorbereitung ihres Vortrags zu helfen. R. REMAK war für viele Jahre ein ständiger Gast im SCHUR'schen Seminar, ebenso v. NEUMANN während der Jahre, die er in Berlin war.

Außerhalb der Zeiten seiner Vorlesungen war SCHUR nur selten in der Universität. Zwar war er mit SCHMIDT und BIEBERBACH einer der drei Direktoren des Mathematischen Seminars. Aber die gesamte Verwaltungsarbeit, insbesondere die Verwaltung der Seminarbibliothek und die Zusammenarbeit mit den Studenten, lag in den Händen der drei Assistenten. Nur einmal in jedem Semester kamen der gesamte Lehrkörper der reinen und angewandten Mathematik und zwei Vertreter der Studenten zusammen, um den Vorlesungsplan für das nächste Semester aufzustellen. Es gab keinerlei Komitees. Die einzige weitere Verpflichtung, die SCHUR hatte, war, gelegentlich einen Doktoranden oder Staatsexamenskandidaten zu prüfen.

So hatte SCHUR reichlich Zeit, wissenschaftlich zu arbeiten, und das tat er in größtem Maße. Wer spät abends vom Roseneck kommend den Hohenzollerndamm herunterging, der konnte in SCHURS Arbeitszimmer in der ersten Etage Ruhlaer Str. 14 die Schreibtischlampe noch brennen sehen. Wenn SCHUR nachts nicht schlafen konnte, dann las er im Jahrbuch für die Fortschritte der Mathematik. Als er später von Israel seine Bibliothek notgedrungen zum Verkauf anbieten mußte, und das Institute for Advanced Study in Princeton sich für das Jahrbuch interessierte, sandte SCHUR noch wenige Wochen vor seinem Tode ein Telegramm, daß das Jahrbuch nicht verkauft werden sollte. Erst nach SCHURS Tode erwarb das Institut sein Exemplar.

SCHURS hervorstechendste menschliche Eigenschaften waren wohl seine große Bescheidenheit, seine Hilfsbereitschaft und sein menschliches Interesse an seinen Studenten. Er legte großen Wert darauf, daß ihm keine Anerkennung für ein Resultat gegeben wurde, das nicht voll und ganz sein Werk war. Vielleicht würde er manches, was heute ihm zugeschrieben wird, nicht billigen.

Seit E. JACOBSTHALS Resultaten über die Verteilung der quadratischen Reste und Nichtreste interessierte sich SCHUR sehr dafür, insbesondere für Sequenzen von solchen. Er vermutete, daß für alle k und alle hinreichend großen Primzahlen Sequenzen von k quadratischen Resten und k quadratischen Nichtresten existierten. Um dieses Resultat zu beweisen, stellte SCHUR die folgende Vermutung auf. Verteilt man die ganzen rationalen Zahlen $1, 2, \ldots, N$ irgendwie auf zwei Klassen, so enthält für jedes k und alle hinreichend großen N mindestens eine der beiden Klassen eine arithmetische Progression der Länge k. Aber jahrelang war es weder SCHUR noch einem der vielen Mathematiker, die von dieser SCHUR'schen Vermutung hörten, gelungen, sie zu beweisen.

An einem Septembertage 1927 besuchten mein Bruder und ich SCHUR, als unerwartet auch v. NEUMANN, der gerade von der D. M. V.-Tagung zurückgekommen war, zu SCHUR kam, um ihm zu erzählen, daß auf der Tagung VAN DER WAERDEN unter Benutzung eines Vorschlags von ARTIN einen Beweis der kombinatorischen Vermutung vorgetragen habe und unter dem Titel „Beweis einer Baudetschen Vermutung" veröffentlichen würde. SCHUR war höchst erfreut, aber nach wenigen Minuten enttäuscht, da er sah, daß durch dieses Resultat seine Vermutung über Sequenzen noch nicht bewiesen war, da es sich nur ergeben würde, daß eine der beiden Klassen, aber nicht welche, für eine gegebene große Primzahl eine Sequenz der Länge k enthalten würde.

BAUDET war damals ein unbekannter Göttinger Student, der auch später nie etwas Mathematisches veröffentlicht hat. Auf der anderen Seite war damals SCHURS Freund LANDAU Professor in Göttingen, der natürlich die Vermutung kannte, und LANDAU pflegte jedem Mathematiker, den er traf, unbewiesene Vermutungen als Aufgabe vorzuschlagen. So ist es höchst wahrscheinlich, daß BAUDET direkt oder indirekt von der Vermutung gehört hatte. Es wäre daher verständlich gewesen, wenn SCHUR vorgeschlagen hätte, daß bei der Veröffentlichung von VAN DER WAERDENS Arbeit der Titel geändert würde oder daß in einer Fußnote darauf hingewiesen würde, daß es sich um eine alte Vermutung von SCHUR handele. Aber dazu war SCHUR viel zu bescheiden.

Wenige Tage nach dem Besuch bei SCHUR gelang es mir mit Hilfe das Satzes von VAN DER WAERDEN, die SCHUR'sche Vermutung für die quadratischen Reste zu beweisen. SCHUR wies darauf hin, daß meine Beweismethode auch für Sequenzen von k-ten Potenzresten anwendbar sein müsse. Bald darauf teilte er mir mit, daß er den Satz von VAN DER WAERDEN so mittels meiner Beweismethode erweitern könne, daß es für hinreichend große N immer mindestens eine Klasse geben müsse, die eine Progression der Länge k und zugleich deren Differenz enthält. SCHUR wollte, daß ich dieses Resultat in meine Arbeit aufnehme. Ich muß gestehen, daß ich nie auf den Gedanken gekommen war, dieses Resultat auszusprechen oder nur zu vermuten. SCHUR aber stellte sich auf den Standpunkt, daß sein Beweis nur eine Anwendung meiner Methode wäre und ich ihn daher allein veröffentlichen müsse. Selbstverständlich habe ich diesen Satz immer einen Satz von SCHUR genannt.

Wenige Wochen später gelang es mir, auch die SCHUR'sche Vermutung für die quadratischen Nichtreste zu beweisen. Nun erklärte SCHUR, daß er meine Arbeit in der Berliner Akademie vorlegen würde. Aber einige Tage später teilte SCHUR mir mit, daß sich eine Schwierigkeit ergeben hätte. Es bestand seit Jahrzehnten die Regel, daß, wenn Mitglieder der Akademie in den Sitzungsberichten Arbeiten veröffentlichten, vor ihren Namen keine Titel angeführt wurden. Dagegen wurden bei Arbeiten von Nichtmitgliedern die Autoren mit ihren Titeln genannt. Ich selbst stand noch vor dem Doktorexamen, hatte daher keinen Titel. Es gelang aber SCHUR durchzusetzen, daß meine Arbeit zur Veröffentlichung in den Sitzungsberichten ohne einen Titel vor meinem Namen angenommen wurde, obgleich dadurch der Eindruck entstehen konnte, daß ich ein Mitglied der Akademie sein könnte.

Um die Arbeit vorzulegen, hatte SCHUR eine Inhaltsangabe zu machen, die in den Sitzungsberichten abgedruckt wurde. Auf diese hatte ich keinen Einfluß. Es war typisch für SCHUR, daß er in ihr die von ihm stammende Verallgemeinerung des Satzes von VAN DER WAERDEN in keiner Weise erwähnte. Dies alles zeigt SCHURS Bescheidenheit und sein Bestreben seine Studenten zu fördern.

Ich hoffe gezeigt zu haben, daß SCHUR nicht nur ein großer Mathematiker gewesen ist, sondern auch ein Mensch, den alle, die ihn kannten, hoch verehrten. Nicht nur seine Doktoranden, sondern alle, die je bei ihm eine Vorlesung gehört haben, werden seiner stets in Dankbarkeit gedenken.

Inhaltsverzeichnis Band II

20.

Über die Existenz unendlich vieler Primzahlen in einigen speziellen arithmetischen Progressionen

Sitzungsberichte der Berliner Mathematischen Gesellschaft 11, 40 - 50 (1912)

Es ist bekanntlich bis jetzt nicht gelungen, den Dirichletschen Satz von der Existenz unendlich vieler Primzahlen in jeder arithmetischen Progression $kz + l$, in der k und l teilerfremde ganze Zahlen sind, auf rein arithmetischem Wege, ohne Heranziehung analytischer Hilfsmittel zu beweisen. Doch kennt man schon seit langer Zeit zwei spezielle Klassen von Progressionen, für die sich ein solcher Beweis erbringen läßt: es sind das die Progressionen $kz + 1$ und $kz - 1$.[1]) Hierzu kommen noch die von Serret[2]) behandelten Fälle

$$8z + 3, \quad 8z + 5, \quad 12z + 5, \quad 12z + 7.$$

Im folgenden zeige ich, daß man durch Weiterverfolgen der in diesen Fällen zur Anwendung kommenden Methoden noch zu unendlich vielen anderen Progressionen gelangen kann, für die sich der Beweis auf elementarem Wege durchführen läßt. Hierzu gehören z. B. die Fälle

$$2^n z + 2^{n-1} \pm 1, \quad 8mz + 2m + 1, \quad 8mz + 4m + 1, \quad 8mz + 6m + 1,$$

wo m eine beliebige quadratfreie ungerade Zahl bedeuten kann.

Allgemein ergibt sich: Ist $l^2 \equiv 1 \pmod{k}$, und kennt man mindestens eine Primzahl der Form $kz + l$, die größer als $\frac{\varphi(k)}{2}$ ist, so kann man elementar schließen, daß in der Progression $kz + l$ unendlich viele Primzahlen enthalten sind.

Neben den einfachsten Sätzen der Zahlentheorie benutze ich im folgenden noch einige leicht zu beweisende Resultate aus der Theorie der Einheitswurzeln und der Theorie der Kongruenzen nach einem Doppelmodul.

§ 1. Ist $f(x)$ eine ganze rationale Funktion mit ganzzahligen Koeffizienten, so verstehe ich unter einem Primteiler von $f(x)$ eine Primzahl p, die in einer der ganzen Zahlen

$$f(0), \quad f(\pm 1), \quad f(\pm 2), \ldots$$

aufgeht. Man beweist in bekannter Weise leicht, daß jede Funktion $f(x)$, die nicht eine Konstante ist, unendlich viele Primteiler besitzt. Ist nämlich $f(0) = c$ gleich Null, so ist jede Primzahl ein Primteiler von $f(x)$. Ist aber c von Null verschieden und sind $p_1, p_2, \ldots, p_n$ beliebige Primteiler von $f(x)$, so setze man $Q = p_1 p_2 \ldots p_n$ und $f(cQx) = cg(x)$. Dann erhält $g(x)$ die Form

$$g(x) = 1 + c_1 x + c_2 x^2 + \cdots,$$

1) Genocchi, Annali di Matematica, Ser. 2, Bd. 2 (1868), S. 256. — Für $kz + 1$ hat einen (unvollständigen) Beweis bereits Serret, Journal de Mathématiques, Ser. 1, Bd. 17 (1852), S. 186—189, angegeben. Bezüglich der weiteren Literatur vgl. E. Landau, Handbuch der Lehre von der Verteilung der Primzahlen, Bd. II, S. 897.

2) a. a. O. — Vgl. auch Sylvester, Comptes Rendus, Bd. 106 (1888), S. 1278 bis 1281 und 1385—1386.

wo $c_1, c_2, \ldots$ durch Q teilbare ganze Zahlen sind. Ein Primteiler p von $g(x)$ ist zugleich ein solcher von $f(x)$ und jedenfalls von $p_1, p_2, \ldots, p_n$ verschieden. Wären daher $p_1, p_2, \ldots, p_n$ die einzigen Primteiler von $f(x)$, so müßte $g(x)$ keinen Primteiler besitzen und demnach für jedes ganzzahlige x gleich ± 1 sein. Dies ist aber, da jede der Gleichungen $g(x) = 1$ und $g(x) = -1$ nur endlich viele Lösungen hat, nicht möglich.

Es sei nun k eine positive ganze Zahl, die größer als 2 angenommen werden darf. Die $\varkappa = \varphi(k)$ primitiven $k$ten Einheitswurzeln bezeichne ich mit

$$\varepsilon_1 = \varepsilon,\ \varepsilon_2,\ \varepsilon_3, \ldots, \varepsilon_\varkappa.$$

Sind dann

$$a_1 = 1,\ a_2,\ a_3, \ldots, a_\varkappa$$

die zu k teilerfremden Zahlen zwischen 0 und k, so kann angenommen werden, daß

$$\varepsilon_1 = \varepsilon^{a_1},\ \varepsilon_2 = \varepsilon^{a_2}, \ldots, \varepsilon_\varkappa = \varepsilon^{a_\varkappa}$$

ist. Die $k$te Kreisteilungsfunktion, d. h. die Funktion $\prod_{\lambda=1}^{\varkappa}(x - \varepsilon_\lambda)$, bezeichne ich mit $F_k(x)$. Diese Funktion hat bekanntlich ganzzahlige Koeffizienten und ist im Gebiet der rationalen Zahlen irreduzibel.

Bedeutet $h(x)$ eine ganze rationale Funktion mit ganzzahligen Koeffizienten, so mögen unter den $\varphi(k)$ Größen $h(\varepsilon_\lambda)$ genau r gleich $\eta = h(\varepsilon)$ sein, und zwar sei

$$\eta = h(\varepsilon^{l_1}) = h(\varepsilon^{l_2}) = \cdots = h(\varepsilon^{l_r}) \qquad (l_1 = 1). \tag{1}$$

Die voneinander verschiedenen unter den Größen $h(\varepsilon_\lambda)$ will ich mit

$$\eta_1 = \eta = h(\varepsilon^{m_1}),\ \eta_2 = h(\varepsilon^{m_2}), \ldots, \eta_s = h(\varepsilon^{m_s}) \qquad (m_1 = 1)$$

bezeichnen. Dann ist bekanntlich $rs = \varphi(k)$, ferner ist

$$H(x) = \prod_{\mu=1}^{s}(x - \eta_\mu) \tag{2}$$

eine Funktion mit ganzzahligen Koeffizienten. Ich sage im folgenden, $\eta = h(\varepsilon)$ sei eine zum System $(l_1, l_2, \ldots, l_r; k)$ gehörende Größe und $H(x)$ die durch η bestimmte Funktion.

Es gelten nun die folgenden beiden Sätze:

I. Jeder Primteiler der Funktion $H(x)$, der zu k und zu der Diskriminante

$$D = \prod_{\alpha<\beta}(\eta_\alpha - \eta_\beta)^2 \tag{3}$$

von $H(x)$ teilerfremd ist, ist in einer der r Progressionen

$$kz + l_1,\ kz + l_2, \ldots, kz + l_r$$

enthalten.

II. Jede Primzahl p, die in einer dieser r Progressionen enthalten ist, ist ein Primteiler der Funktion $H(x)$. Genauer wird

$$H(x) \equiv (x - b_1)(x - b_2) \ldots (x - b_r) \pmod{p},$$

wo $b_1, b_2, \ldots, b_r$ ganze rationale Zahlen bedeuten.

Diese beiden Sätze lassen sich mit Hilfe der Idealtheorie sehr leicht beweisen.[1]) Es sei nämlich p ein Primteiler von $H(x)$ und $\mathfrak{p}$ ein in p aufgehendes Primideal des durch ε bestimmten Kreisteilungskörpers. Ist a eine ganze Zahl, für die $H(a) = \Pi(a - \eta_\mu)$ durch p teilbar ist, so muß mindestens einer der s Faktoren $a - \eta_\mu$ durch $\mathfrak{p}$ teilbar sein. Wir können annehmen, daß dies für $a - \eta_1 = a - h(\varepsilon)$ eintritt. Aus

$$a \equiv h(\varepsilon) \pmod{\mathfrak{p}}$$

folgt aber, da $a^p \equiv a \pmod{p}$ ist,

$$a^p \equiv [h(\varepsilon)]^p \equiv h(\varepsilon^p) \equiv a \equiv h(\varepsilon) \pmod{\mathfrak{p}}.$$

Ist nun p zu k teilerfremd, so ist $h(\varepsilon^p)$ eine der s Zahlen $\eta_1, \eta_2, \ldots, \eta_s$. Wenn daher $h(\varepsilon^p)$ von $h(\varepsilon)$ verschieden ist, so muß eine der Zahlen $\eta_2 - \eta_1, \eta_3 - \eta_1, \ldots, \eta_s - \eta_1$ durch $\mathfrak{p}$ und folglich D durch p teilbar sein. Nehmen wir also an, daß p weder in k noch in D aufgeht, so muß $h(\varepsilon^p) = h(\varepsilon)$ werden. Dann ist aber ε^p gleich einer der r Einheitswurzeln $\varepsilon^{l_1}, \varepsilon^{l_2}, \ldots, \varepsilon^{l_r}$, d. h. p muß mod. k einer der Zahlen $l_1, l_2, \ldots, l_r$ kongruent sein.

Ist umgekehrt p eine Primzahl der Form $kz + l_\varrho$ und $\mathfrak{p}$ wieder ein in p aufgehendes Primideal, so wird

$$\eta = h(\varepsilon) = h(\varepsilon^{l_\varrho}) = h(\varepsilon^p).$$

Daher ist $\eta^p \equiv h(\varepsilon^p) \equiv \eta \pmod{\mathfrak{p}}$, und hieraus folgt in bekannter Weise, daß $\eta = \eta_1$ nach dem Modul $\mathfrak{p}$ einer ganzen rationalen Zahl b_1 kongruent ist. Ebenso schließt man auch für $\mu = 2, 3, \ldots, s$, daß $\eta_\mu \equiv b_\mu \pmod{\mathfrak{p}}$ wird, wo b_μ eine ganze rationale Zahl ist. Daher ist

$$H(x) = \prod_{\mu=1}^{s}(x - \eta_\mu) \equiv \prod_{\mu=1}^{s}(x - b_\mu) \pmod{\mathfrak{p}},$$

und da die Koeffizienten von $H(x)$ rational sind, so ergibt sich hieraus

$$H(x) \equiv \prod_{\mu=1}^{s}(x - b_\mu) \pmod{p}.$$

§ 2. Will man von der Idealtheorie keinen Gebrauch machen, so kann man, wesentlich elementarer, folgendermaßen schließen.

Ist p irgendeine zu k teilerfremde Primzahl, so sei n die kleinste Zahl, die der Bedingung $p^n \equiv 1 \pmod{k}$ genügt, und

$$P(t) = t^n + c_1 t^{n-1} + \cdots + c_n$$

irgendeine mod. p irreduzible Funktion mit ganzzahligen Koeffizienten. Dann läßt sich bekanntlich stets eine ganze ganzzahlige Funktion γ von t bestimmen, die nach dem Doppelmodul $\mathfrak{M} = (P(t), p)$ genau zum Exponenten $p^n - 1$ gehört.[2]) Setzt man $\bar{\varepsilon} = \gamma^{\frac{p^n-1}{k}}$, so gehören die $\varkappa = \varphi(k)$ Funktionen

$$\bar{\varepsilon}_1 = \bar{\varepsilon}^{a_1}, \quad \bar{\varepsilon}_2 = \bar{\varepsilon}^{a_2}, \ldots, \quad \bar{\varepsilon}_\varkappa = \bar{\varepsilon}^{a_\varkappa}$$

1) Sie liefern im wesentlichen nur das bekannte Resultat, daß in dem durch η bestimmten Zahlkörper jede Primzahl der Form $kz + l_\varrho$ ($\varrho = 1, 2, \ldots, r$) durch Primideale ersten Grades teilbar ist, und daß es nur endlich viele andere Primzahlen gibt, welche dieselbe Eigenschaft besitzen.

2) Vgl. etwa H. Weber, Lehrbuch der Algebra, zweite Auflage, Bd. II, S. 308.

von t mod. $\mathfrak{M}$ zum Exponenten k. Es ist leicht zu sehen, daß

(4) $$F_k(\bar{\varepsilon}_\lambda) \equiv 0 \pmod{\mathfrak{M}}$$

ist. Da nämlich

(5) $$x^k - 1 = \prod_{d/k} F_d(x)$$

und $\bar{\varepsilon}_\lambda^k - 1 \equiv 0 \pmod{\mathfrak{M}}$ ist, so muß für mindestens einen Teiler d von k der Ausdruck $F_d(\bar{\varepsilon}_\lambda)$ kongruent Null mod. $\mathfrak{M}$ sein. Es muß aber $d = k$ sein; denn andernfalls würde sich aus

(6) $$x^d - 1 = \prod_{\delta/d} F_\delta(x)$$

ergeben, daß $\bar{\varepsilon}_\lambda^d \equiv 1 \pmod{\mathfrak{M}}$ ist, d. h. $\bar{\varepsilon}_\lambda$ würde mod. $\mathfrak{M}$ nicht zum Exponenten k gehören.

Ist ferner $g(x)$ eine ganze ganzzahlige Funktion, die für $x = \varepsilon$ verschwindet, so muß auch

(7) $$g(\bar{\varepsilon}) \equiv 0 \pmod{\mathfrak{M}}$$

sein. Denn aus $g(\varepsilon) = 0$ folgt, da $F_k(x)$ im Gebiete der rationalen Zahlen irreduzibel ist, $g(x) = F_k(x)\,G(x)$, wo $G(x)$ eine ganze ganzzahlige Funktion ist. Ersetzt man hierin x durch $\bar{\varepsilon}$, so erhält man wegen (4) die Kongruenz (7).

Aus den Gleichungen (2) und (3) ergeben sich daher, wenn

$$\bar{\eta}_1 = h(\bar{\varepsilon}^{m_1}),\ \bar{\eta}_2 = h(\bar{\varepsilon}^{m_2}),\ \ldots,\ \bar{\eta}_s = h(\bar{\varepsilon}^{m_s})$$

gesetzt wird, die Kongruenzen

(8) $$H(x) \equiv \prod_{\mu=1}^{s}(x - \bar{\eta}_\mu),\quad D \equiv \prod_{\alpha<\beta}(\bar{\eta}_\alpha - \bar{\eta}_\beta) \pmod{\mathfrak{M}}.$$

Da ferner aus (1) allgemeiner für jede zu k teilerfremde Zahl m

$$h(\varepsilon^{m l_1}) = h(\varepsilon^{m l_2}) = \cdots = h(\varepsilon^{m l_r})$$

folgt, so ist auch

$$h(\bar{\varepsilon}^{m l_1}) \equiv h(\bar{\varepsilon}^{m l_2}) \equiv \cdots \equiv h(\bar{\varepsilon}^{m l_r}) \pmod{\mathfrak{M}}.$$

Daher sind unter den $\varphi(k)$ Funktionen $h(\bar{\varepsilon}_\lambda)$ von t je r einem der Ausdrücke $\bar{\eta}_1, \bar{\eta}_2, \ldots, \bar{\eta}_s$ mod. $\mathfrak{M}$ kongruent. Ist insbesondere D nicht durch p teilbar, so sind diese s Ausdrücke mod. $\mathfrak{M}$ voneinander verschieden; für eine zu k teilerfremde Zahl m wird dann und nur dann $h(\bar{\varepsilon}^m) \equiv h(\bar{\varepsilon}) \pmod{\mathfrak{M}}$, wenn m nach dem Modul k einer der r Zahlen $l_1, l_2, \ldots, l_r$ kongruent ist.

Ist nun p ein Primteiler von $H(x)$, der weder in k noch in D aufgeht, und ist $H(a)$ durch p teilbar, so folgt aus

$$H(a) \equiv \prod_{\mu=1}^{s}(a - \bar{\eta}_\mu) \equiv 0 \pmod{\mathfrak{M}},$$

daß einer der Faktoren $a - \bar{\eta}_\mu$ kongruent Null mod. $\mathfrak{M}$ sein muß. Ist dies etwa für $\mu = 1$ der Fall, also

$$a \equiv \eta \equiv h(\bar{\varepsilon}) \pmod{\mathfrak{M}},$$

so wird (ähnlich wie in § 1) wegen $a^p \equiv a$ (mod. p)

$$a^p \equiv [h(\bar{\varepsilon})]^p \equiv h(\bar{\varepsilon}^p) \equiv a \equiv h(\bar{\varepsilon}) \text{ (mod. } \mathfrak{M}),$$

und hieraus folgt, daß p nach dem Modul k einer der Zahlen $l_1, l_2, \ldots, l_r$ kongruent sein muß.

Ist umgekehrt die Primzahl p etwa gleich $kz + l_\varrho$, so ist jedenfalls p zu k teilerfremd. Wir können daher wieder den Doppelmodul $\mathfrak{M}$ und die Ausdrücke $\bar{\varepsilon}$, $\bar{\eta}_\mu$ einführen. Da nun

$$\bar{\eta}_\mu^p \equiv h(\bar{\varepsilon}^{m_\mu p}) \equiv h(\bar{\varepsilon}^{m_\mu l_\varrho}) \equiv h(\bar{\varepsilon}^{m_\mu}) \equiv \bar{\eta}_\mu \text{ (mod. } \mathfrak{M})$$

und

$$\bar{\eta}_\mu^p - \bar{\eta}_\mu \equiv \bar{\eta}_\mu(\bar{\eta}_\mu - 1) \ldots (\bar{\eta}_\mu - p + 1) \text{ (mod. } \mathfrak{M})$$

ist, so muß es eine ganze rationale Zahl b_μ geben, so daß $\bar{\eta}_\mu \equiv b_\mu$ (mod. $\mathfrak{M}$) wird. Aus der ersten der beiden Kongruenzen (8) folgt dann

$$H(x) \equiv \prod_{\mu=1}^{s} (x - b_\mu) \text{ (mod. } \mathfrak{M})$$

oder, was dasselbe ist,

$$H(x) \equiv \prod_{\mu=1}^{s} (x - b_\mu) \text{ (mod. } p).$$

§ 3. Ist insbesondere die bis jetzt betrachtete Größe η gleich ε, so wird $r = 1$ und $H(x) = F_k(x)$. Aus dem Satz I folgt daher, da die Diskriminante von $F_k(x)$ keinen zu k teilerfremden Primfaktor enthält, das bekannte Resultat, daß jeder zu k teilerfremde Primteiler der Funktion $F_k(x)$ die Form $kz + 1$ haben muß, und daß daher unendlich viele Primzahlen dieser Form existieren.

Dies kann man direkt wohl am einfachsten folgendermaßen beweisen.[1]) Es sei a eine ganze Zahl und p ein zu k teilerfremder Primteiler der Zahl $F_k(a)$. Aus (5) folgt dann, daß $a^k - 1$ durch p teilbar sein muß. Ich behaupte, daß a mod. p genau zum Exponenten k gehört. Wäre nämlich für einen von k verschiedenen Teiler d von k die Zahl $a^d - 1$ durch k teilbar, so müßte wegen (6) ein Teiler δ von d vorhanden sein, für den p ein Teiler von $F_\delta(a)$ wird. Da δ ein Teiler von k und von k verschieden ist, so müßte, wie wieder aus (5) folgt, $a^k - 1$ durch p^2 teilbar sein. Nun sind auch $F_\delta(a + p)$ und $F_k(a + p)$ durch p teilbar, daher müßte wieder $(a + p)^k - 1$ durch p^2 teilbar sein. Dies ist aber nicht möglich, denn aus

$$(a + p)^k - 1 \equiv a^k - 1 + pka^{k-1} \text{ (mod. } p^2)$$

würde dann folgen, daß p in k aufgeht. — Da nun $a^{p-1} = 1$ (mod. p) ist und a mod. p zum Exponenten k gehört, so muß $p - 1$ durch k teilbar sein.

Setzt man ferner $\eta = \varepsilon + \varepsilon^{k-1} = \varepsilon + \varepsilon^{-1}$, so wird $r = 2$, $l_1 = 1$, $l_2 = k - 1$. Die Primteiler der zugehörigen Funktion $H(x)$ müssen daher, abgesehen von endlich vielen Ausnahmen, in einer der beiden Progressionen $kz + 1$ und $kz - 1$ enthalten sein. Daß unter ihnen auch unendlich viele Primzahlen der Form $kz - 1$ vorkommen müssen, folgt aus der Tatsache, daß in dem hier betrachteten Falle die Wurzeln der Gleichung $H(x) = 0$ reell sind. Es gilt nämlich, wie M. Bauer[2]) bewiesen hat, der allgemeine Satz: Ist $f(x)$ eine ganze rationale

1) Die von E. Wendt, Journal für Mathematik, Bd. 115, S. 85—88, angegebene Beweisanordnung liefert ein weniger vollständiges Resultat.

2) Journal für Mathematik, Bd. 131, S. 265—267.

Funktion mit ganzzahligen Koeffizienten, und hat die Gleichung $f(x) = 0$ eine reelle Wurzel, so muß für jedes $k > 2$ die Funktion $f(x)$ unendlich viele Primteiler besitzen, die nicht die Form $kz + 1$ haben.

§ 4. Es sei nun l eine ganze Zahl $(0 < l < k)$, die der Bedingung

$$(9) \qquad l^2 \equiv 1 \pmod{k}$$

genügt und von 1 und $k - 1$ verschieden sein soll. In dieser Annahme ist zugleich die Forderung enthalten, daß k weder eine ungerade Primzahlpotenz, noch das Doppelte einer solchen Potenz sein soll; auch von 2 und 4 muß k verschieden sein. Dann ist insbesondere $\varphi(k)$ durch 4 teilbar.

Ich bilde den Ausdruck

$$\eta = h(\varepsilon) = (u - \varepsilon)(u - \varepsilon^l),$$

wo u eine ganze Zahl sein soll. Wegen (9) ist $h(\varepsilon^l) = h(\varepsilon)$; ferner gibt es jedenfalls nur endlich viele ganze Zahlen u, für die eine von ε und ε^l verschiedene primitive $k$te Einheitswurzel ζ der Gleichung $h(\zeta) = h(\varepsilon)$ genügen kann. Denkt man sich u von diesen Ausnahmezahlen[1]) verschieden gewählt, so wird die zu η gehörende Funktion $H(x)$ eine ganze rationale Funktion des Grades $\frac{\varphi(k)}{2}$, deren Primteiler mit endlich vielen Ausnahmen entweder die Form $kz + 1$ oder die Form $kz + l$ besitzen. Man erkennt unmittelbar, daß

$$H(0) = F_k(u)$$

wird. Wählt man daher im folgenden, was jedenfalls gestattet ist, u als eine durch k teilbare Zahl, so wird

$$H(0) \equiv F_k(0) \equiv 1 \pmod{k}.$$

Die Primteiler von $H(0)$ sind dann sämtlich von der Form $kz + 1$ (vgl. § 3).

Es sei nun p irgend eine Primzahl der Form $kz + l$. Dann gibt es nach Satz II jedenfalls eine ganze Zahl b, für die $H(b)$ durch p teilbar ist. Ich will zeigen: Läßt sich b so bestimmen, daß $H(b)$ nicht durch p^2 teilbar wird, so gibt es unendlich viele Primzahlen der Form $kz + l$. Wäre nämlich dies nicht der Fall, so würden unter den Primteilern der Funktion $H(x)$ nur endlich viele vorhanden sein, die nicht die Form $kz + 1$ haben. Unter diesen Ausnahmeprimzahlen kommt auch die Primzahl p vor, das Produkt aller übrigen bezeichne man mit Q.[2]) Nun bestimme man eine ganze Zahl c, die den Kongruenzen

$$c \equiv b \pmod{p^2}, \quad c \equiv 0 \pmod{kQ}$$

genügt. Dann wird

$$H(c) \equiv H(b) \pmod{p^2}, \quad H(c) \equiv H(0) \pmod{kQ}.$$

Die erste Kongruenz lehrt uns, daß $H(c)$ durch p, aber nicht durch p^2 teilbar ist; aus der zweiten folgt, da $H(0)$ nur Primteiler der Form $kz + 1$ enthält, daß $H(c)$ eine zu Q teilerfremde Zahl der Form $ky + 1$ ist. Dies ist aber

1) Man kann zeigen, daß $u = 0$ die einzige auszuschließende Zahl ist.
2) Ist p die einzige Ausnahmeprimzahl, so hat man $Q = 1$ zu setzen.

nicht möglich; denn alle von p verschiedenen Primteiler der Zahl $H(c)$ müßten die Form $kz+1$ besitzen, und folglich müßte

$$H(c) \equiv p \equiv l \not\equiv 1 \pmod{k}$$

sein.

Ich will nun weiter zeigen: Ist $p > \frac{\varphi(k)}{2}$, so läßt sich stets eine (von den oben erwähnten Ausnahmezahlen verschiedene) durch k teilbare Zahl u und eine Zahl b bestimmen, so daß $H(b)$ durch p, aber nicht durch p^2 teilbar wird.

Man bestimme nämlich für die zu betrachtende Primzahl p und die Funktion $h(x) = (u-x)(u-x^l)$ den Doppelmodul $\mathfrak{M}$ und die Ausdrücke $\bar{\varepsilon}$ und $\bar{\eta}_\mu$ in derselben Weise wie in § 2.[1]) Ist dann $\bar{\eta}_\mu$ mod. $\mathfrak{M}$ der ganzen rationalen Zahl b_μ kongruent, so wird

$$H(x) = (x-b_1)(x-b_2)\ldots(x-b_s) + pG(x),$$

wo $s = \frac{\varphi(k)}{2}$ zu setzen ist und $G(x)$ eine gewisse ganzzahlige Funktion bedeutet. Soll nun für jede Zahl b, die der Bedingung $H(b) \equiv 0 \pmod{p}$ genügt, $H(b)$ auch durch p^2 teilbar sein, so muß zunächst wegen $H(b_1) = pG(b_1)$ die Zahl $G(b_1)$ durch p teilbar sein. Ferner folgt aus

$$H(b_1+p) = p(b_1+p-b_2)\ldots(b_1+p-b_s) + pG(b_1+p),$$

daß p in einer der Zahlen $b_1-b_2, \ldots, b_1-b_s$ aufgehen muß. Ist etwa b_1-b_μ durch p teilbar, so wird

$$\bar{\eta}_1 \equiv \bar{\eta}_\mu \pmod{\mathfrak{M}}. \tag{10}$$

Nun ist aber

$$\bar{\eta}_1 = (u-\bar{\varepsilon})(u-\bar{\varepsilon}^l), \quad \bar{\eta}_\mu = (u-\bar{\zeta})(u-\bar{\zeta}^l),$$

wo $\bar{\zeta}$ eine gewisse Potenz von $\bar{\varepsilon}$ bedeutet, die mod. $\mathfrak{M}$ von $\bar{\varepsilon}$ und $\bar{\varepsilon}^l$ verschieden ist. Aus (10) folgt daher

$$u(\bar{\varepsilon}+\bar{\varepsilon}^l-\bar{\zeta}-\bar{\zeta}^l) \equiv \bar{\varepsilon}^{1+l}-\bar{\zeta}^{1+l} \pmod{\mathfrak{M}}. \tag{11}$$

Der Koeffizient von u kann hier nicht kongruent Null sein; denn dann müßte auch $\bar{\varepsilon}^{1+l}-\bar{\zeta}^{1+l} \equiv 0 \pmod{\mathfrak{M}}$ sein, und aus beiden Kongruenzen würde folgen, daß $\bar{\zeta}$ entweder kongruent $\bar{\varepsilon}$ oder kongruent $\bar{\varepsilon}^l$ ist. Daher wird durch (11) die Zahl u, wenn $\bar{\zeta}$ gegeben ist, nach dem Doppelmodul $\mathfrak{M}$ und demnach (als rationale Zahl) auch nach dem Modul p eindeutig bestimmt. Nun kommen für $\bar{\zeta}$ nur $\frac{\varphi(k)}{2}-1$ Ausdrücke in Betracht, während u nach dem Modul p beliebig gewählt werden darf. Ist daher $p > \frac{\varphi(k)}{2}$, so kann u auf unendlich viele Arten auch als eine durch k teilbare Zahl so bestimmt werden, daß keine der Kongruenzen (10) besteht. Dann ist entweder $H(b_1)$ oder $H(b_1+p)$ durch p, aber nicht durch p^2 teilbar.

---

1) Die Betrachtung gestaltet sich etwas kürzer, aber weniger elementar, wenn man an die Stelle des Doppelmoduls $\mathfrak{M}$ ein in p aufgehendes Primideal des durch ε bestimmten Zahlkörpers benutzt.

Sind daher k und l zwei Zahlen, die der Kongruenz (9) genügen, und kennt man eine oberhalb $\frac{\varphi(k)}{2}$ liegende Primzahl der Form $kz + l$, so folgt aus der hier durchgeführten Betrachtung, daß unendlich viele Primzahlen dieser Form existieren müssen.

Daß z. B. die Progression $24z + 5$ unendlich viele Primzahlen enthält, ergibt sich einfach aus der Tatsache, daß 5 eine Primzahl ist, die den Bedingungen

$$5^2 \equiv 1 \pmod{24}, \quad 5 > \frac{\varphi(24)}{2} = 4$$

genügt.

§ 5. Es seien wieder k und l zwei Zahlen, die der Nebenbedingung (9) genügen, und es sei weder $l - 1$ noch $l + 1$ durch k teilbar. Man wähle irgend eine zum System $(1, l; k)$ gehörende Größe $\eta = h(\varepsilon)$ und betrachte die durch η bestimmte Funktion $H(x)$ (vgl. § 1). Es mögen sich, wenn p eine in k aufgehende Primzahl ist, zwei ganze Zahlen a und b bestimmen lassen, die folgenden Bedingungen genügen: Die Zahl $H(a)$ sei entweder gleich 1, oder sie besitze keinen von p verschiedenen Primteiler, der nicht die Form $kz + 1$ hat; ist ferner $p^\beta (\beta \geqq 0)$ die höchste in $H(b)$ aufgehende Potenz von p, so sei es möglich, $m > 0$ so zu wählen, daß p^m noch in k aufgeht und $H(b)$ nach dem Modul $p^{m+\beta}$ nicht kongruent p^β wird. Dann kann man schließen, daß unendlich viele Primzahlen der Form $kz + l$ existieren müssen. Denn wäre dies nicht der Fall, so würden (nach Satz I) die Primteiler von $H(x)$, abgesehen von endlich vielen Ausnahmen, die Form $kz + 1$ besitzen müssen. Das Produkt der von p verschiedenen Ausnahmeprimzahlen bezeichne man mit Q und wähle eine ganze Zahl c, die den Kongruenzen

$$c \equiv a \pmod{Q}, \quad c \equiv b \pmod{p^{m+\beta}}$$

genügt. Aus

$$H(c) \equiv H(a) \pmod{Q}, \quad H(c) \equiv H(b) \pmod{p^{m+\beta}}$$

folgt dann, daß $H(c)$ eine zu Q teilerfremde Zahl ist, die durch p^β, aber nicht durch $p^{\beta+1}$ teilbar ist. Daher müßte $H(c)$ von der Form $p^\beta N$ sein, wo N nur Primteiler der Form $kz + 1$ enthält. Es wäre demnach

$$H(c) \equiv H(b) \equiv p^\beta \pmod{p^{m+\beta}},$$

was der über $H(b)$ gemachten Voraussetzung widerspricht.

Auf Grund dieser Bemerkung gelingt es leicht, für einige spezielle Wertepaare k, l die Existenz unendlich vieler Primzahlen der Form $kz + l$ zu beweisen. Ich erwähne insbesondere folgende Fälle:

a) Es sei

$$k = 2^n, \ l = 2^{n-1} + 1, \ n > 2.$$

Wir können hier $\eta = \varepsilon^2$ setzen, so daß

$$H(x) = F_{2^{n-1}}(x) = x^{2^{n-2}} + 1$$

wird. Daß nun unendlich viele Primzahlen der Form $2^n z + 2^{n-1} + 1$ existieren, folgt nach dem vorhin Gesagten aus

$$H(0) = 1, \quad H(5) = 5^{2^{n-2}} + 1 \equiv 2 + 2^n \pmod{2^{n+1}}.$$

b) Etwas weniger trivial ist der Fall

$$k = 2^n, \quad l = 2^{n-1} - 1, \quad n > 2.$$

Eine zum System $(1, l; k)$ gehörende Größe ist hier $\eta = \varepsilon - \varepsilon^{k-1}$; dann wird

$$H(x) = \Pi(x - \zeta + \zeta^{-1}),$$

wo ζ die 2^{n-2} Einheitswurzeln

$$\varepsilon, \varepsilon^{-1}, \varepsilon^3, \varepsilon^{-3}, \ldots, \varepsilon^{2^{n-2}-1}, \varepsilon^{-(2^{n-2}-1)}$$

durchläuft; ζ^2 durchläuft hierbei alle primitiven Einheitswurzeln des Grades 2^{n-1}. Es wird nun

(12) $$H(0) = \Pi(\zeta - \zeta^{-1}) = \Pi(1 - \zeta^{-2}) = 2$$

und

$$H(1) = \Pi(1 - \zeta + \zeta^{-1}) = \Pi(\zeta - \zeta^2 + 1) = \Pi(\alpha - \zeta)(\beta - \zeta),$$

wo α und β die Wurzeln der Gleichung $x^2 - x - 1 = 0$ bedeuten. Wir erhalten weiter

$$\begin{aligned} H(1) &= \Pi(\alpha - \zeta) \cdot \Pi(\beta - \zeta) = \Pi(\alpha - \zeta) \cdot \Pi(\beta - \zeta^{-1}) \\ &= \Pi(\alpha\beta - \alpha\zeta^{-1} - \beta\zeta + 1) = \Pi(\alpha\zeta^{-1} + \beta\zeta) \\ &= \Pi(\alpha + \beta\zeta^2) = \alpha^{2^{n-2}} + \beta^{2^{n-2}}. \end{aligned}$$

Da nun aber $\alpha + \beta = 1$, $\alpha^2 + \beta^2 = 3$ und für $\nu > 3$

$$\alpha^{2^{\nu-2}} + \beta^{2^{\nu-2}} = \left(\alpha^{2^{\nu-3}} + \beta^{2^{\nu-3}}\right)^2 - 2$$

ist, so erkennt man leicht, daß $H(1) \equiv -1 \pmod 4$ ist. In Verbindung mit (12) folgt hieraus, daß unendlich viele Primzahlen der Form $2^n z + 2^{n-1} - 1$ existieren müssen.

c) Es sei $k = 8m$, wo m ungerade und > 1 ist, ferner sei

$$\begin{aligned} l_3 &\equiv 1 \pmod{m}, & l_3 &\equiv 3 \pmod{8}, \\ l_5 &\equiv 1 \pmod{m}, & l_5 &\equiv 5 \pmod{8}, \\ l_7 &\equiv 1 \pmod{m}, & l_7 &\equiv 7 \pmod{8}. \end{aligned}$$

Setzt man

$$\eta^{(3)} = \varepsilon + \varepsilon^{l_3}, \quad \eta^{(5)} = \varepsilon^2, \quad \eta^{(7)} = \varepsilon + \varepsilon^{l_7},$$

so wird $\eta^{(\nu)}$ eine zum System $(1, l_\nu; k)$ gehörende Größe. Die durch $\eta^{(\nu)}$ bestimmte Funktion $H^{(\nu)}(x)$ läßt sich dann in der Form

$$H^{(\nu)}(x) = \Pi(x - \mu\sigma_\nu) = \Pi(x\mu - \sigma_\nu)$$

schreiben, wo m alle primitiven $m$ten Einheitswurzeln, ferner σ_ν für $\nu = 3$ die Wurzeln der Gleichung $x^2 + 2 = 0$, für $\nu = 5$ die der Gleichung $x^2 + 1 = 0$ und für $\nu = 7$ die der Gleichung $x^2 - 2 = 0$ durchläuft. Es wird daher

$$\begin{aligned} H^{(3)}(x) &= \prod_\mu (x^2\mu^2 + 2), \\ H^{(5)}(x) &= \prod_\mu (x^2\mu^2 + 1), \\ H^{(7)}(x) &= \prod_\mu (x^2\mu^2 - 2). \end{aligned}$$

Hieraus folgt

$$(13)\quad \begin{cases} H^{(3)}(0) = H^{(7)}(0) = 2^{\varphi(m)}, \; H^{(5)}(0) = 1, \\ H^{(3)}(1) = F_m(-2), \; H^{(5)}(2) = F_m(-4), \; H^{(7)}(1) = F_m(2). \end{cases}$$

Ist nun m insbesondere eine quadratfreie (ungerade) Zahl, so wird, wie man z. B. mit Hilfe der Formel (5) leicht beweist,

$$F_m(-2) \equiv 3 \pmod{8}, \quad F_m(2) \equiv 7 \pmod{8}, \quad F_m(-4) \equiv 5 \pmod{8}.$$

Aus den Formeln (13) ergibt sich dann nach dem Früheren, daß jede der drei Progressionen $kz + l_\nu$ unendlich viele Primzahlen enthält. Diese drei Progressionen sind, abgesehen von der Reihenfolge, identisch mit den Progressionen

$$8mz + 2m + 1, \quad 8mz + 4m + 1, \quad 8mz + 6m + 1.$$

d) Es sei $k = p^a m$, wo p eine ungerade Primzahl und m eine zu p teilerfremde Zahl > 2 bedeutet, ferner genüge die Zahl $l = l_a$ den Kongruenzen

$$l_a \equiv 1 \pmod{m}, \quad l_a = -1 \pmod{p^a}.$$

Eine zum System $(1, l_a; k)$ gehörende Größe ist hier $\eta = \varepsilon + \varepsilon^{l_a}$. Die durch η bestimmte Funktion $H(x)$ läßt sich in der Form

$$H(x) = \Pi[x - \mu(\nu + \nu^{-1})]$$

schreiben, wo μ alle $\varphi(m)$ primitiven $m$ten und ν die $\frac{\varphi(p^a)}{2}$ oberhalb der reellen Achse liegenden primitiven p^a-ten Einheitswurzeln durchläuft. Es wird, wie man leicht erkennt, $H(0) = 1$. Ferner ist, wenn ζ irgendeine primitive p^a-te Einheitswurzel ist, für jedes ganzzahlige x:

$$H(2x) \equiv \Big[\prod_\mu (2x - 2\mu)\Big]^{\frac{\varphi(p^a)}{2}} \equiv 2^{\frac{\varphi(k)}{2}} [F_m(x)]^{\frac{\varphi(p^a)}{2}} \pmod{1 - \zeta}.$$

Hieraus folgt, da eine ganze rationale Zahl, die durch $1 - \zeta$ teilbar ist, auch durch p teilbar sein muß,

$$H(2x) \equiv \left(\frac{F_m(x)}{p}\right) \pmod{p},$$

wo unter dem rechtsstehenden Zeichen das Legendresche Symbol zu verstehen ist. Auf Grund des früher Gesagten können wir nun schließen: Läßt sich eine ganze Zahl c so bestimmen, daß $F_m(c)$ quadratischer Nichtrest mod. p wird, so enthält für jedes a die Progression $p^a mz + l_a$ unendlich viele Primzahlen.

Eine Zahl c, die dieser Bedingung genügt, gibt es jedenfalls, wenn $m = q^b$ ist, wo q eine Primzahl bedeutet, die entweder quadratischer Nichtrest mod. p ist oder die Eigenschaft hat, daß weder $q - 1$ durch $p - 1$ noch $p - 1$ durch q teilbar ist.

Im ersten Fall genügt es, da $F_{q^b}(1) = q$ ist, c gleich 1 zu setzen. Daß im zweiten Fall nicht für alle ganzzahligen x

$$(14)\quad \left(\frac{F_m(x)}{p}\right) = 1$$

sein kann[1]), schließt man folgendermaßen: Es ist

$$F_{q^b}(x) = \frac{x^{q^b} - 1}{x^{q^{b-1}} - 1}.$$

Da $p-1$ nicht durch q teilbar sein soll, so durchläuft $x^{q^{b-1}}$ zugleich mit x ein vollständiges Restsystem mod. p. Aus (14) würde daher folgen, daß für alle ganzzahligen x

$$\left(\frac{x^q - 1}{x - 1}\right)^{\frac{p-1}{2}} \equiv 1 \pmod{p},$$

also

$$(x^q - 1)^{\frac{p-1}{2}} \equiv (x-1)^{\frac{p-1}{2}} \pmod{p}$$

sein müßte. Wir betrachten diese Kongruenz allein für die zu p teilerfremden x. Entwickelt man $(x^q - 1)^{\frac{p-1}{2}}$ nach Potenzen von x und ersetzt in jedem Glied den Exponenten von x durch seinen kleinsten positiven Rest mod. $p-1$, so müßte die so entstehende Funktion von x nach dem Modul p der Funktion $(x-1)^{\frac{p-1}{2}}$ kongruent werden. Dies würde insbesondere, da die Koeffizienten in der Entwicklung von $(x-1)^{\frac{p-1}{2}}$ sämtlich zu p teilerfremd sind, erfordern, daß für die Zahlen $q, 2q, \ldots, \frac{p-1}{2}q$ die kleinsten positiven Reste mod. $p-1$, abgesehen von der Reihenfolge, mit den Zahlen $1, 2, \ldots, \frac{p-1}{2}$ übereinstimmen. Man erkennt leicht, daß dies dann und nur dann eintritt, wenn $q-1$ durch $p-1$ teilbar ist. Diesen Fall haben wir aber ausgeschlossen.

21.

Über einen Satz von C. Carathéodory

Sitzungsberichte der Preussischen Akademie der Wissenschaften 1912,
Physikalisch-Mathematische Klasse, 4 - 15

Bei seinen Untersuchungen über Potenzreihen mit positivem reellem Teil ist Hr. Carathéodory[1] zu einem sehr interessanten Ergebnis gelangt, das sich unter Benutzung einer von Hrn. O. Toeplitz[2] gemachten Bemerkung folgendermaßen aussprechen läßt:

I. *Man bezeichne, wenn* $a_1, a_2, \cdots, a_n$ *gegebene Zahlen sind und* $a_{-\nu}$ *die zu* a_ν *konjugiert komplexe Größe bedeutet, mit* $\mu(a_1, a_2, \cdots, a_n)$ *die größte unter den (sämtlich reellen) Wurzeln der Gleichung*

$$\begin{vmatrix} x, & a_1, & a_2, & \cdots, & a_n \\ a_{-1}, & x, & a_1, & \cdots, & a_{n-1} \\ \cdot & \cdot & \cdot & \cdot & \cdot \\ a_{-n}, & a_{-n+1}, & a_{-n+2}, & \cdots, & x \end{vmatrix} = 0.$$

Dann liefert

$$(1.) \qquad \mu(a_1, a_2, \cdots, a_n) \leqq 1$$

die notwendige und hinreichende Bedingung dafür, daß sich eine im Innern des Einheitskreises reguläre analytische Funktion $f(z)$ *angeben lasse, deren reeller Teil für* $|z| < 1$ *positiv ist, und deren Entwicklung nach Potenzen von* z *mit dem Ausdruck*

$$\frac{1}{2} + a_1 z + a_2 z^2 + \cdots + a_n z^n$$

---

[1] *Über den Variabilitätsbereich der Koeffizienten von Potenzreihen, die gegebene Werte nicht annehmen*, Math. Annalen, Bd. 64 (1907), S. 93—115, und *Über den Variabilitätsbereich der Fourierschen Konstanten von positiven Funktionen*, Rendiconti del Circolo Matematico di Palermo, Bd. XXXII (1911), S. 193—217 (diese Arbeit wird im folgenden mit R. zitiert). — Vgl. auch F. Riesz, *Sur certains systèmes singuliers d'équations intégrales*, Annales Scientifiques de l'Ecole Normale supérieure, Serie III, Bd. 28 (1911), S. 33—62.

[2] *Zur Theorie der quadratischen Formen von unendlich vielen Veränderlichen*, Nachrichten der Kgl. Gesellschaft der Wissenschaften zu Göttingen, math.-phys. Klasse, Jahrgang 1910, S. 489—506, und *Uber die Fouriersche Entwickelung positiver Funktionen*, Rendiconti del Circolo Matematico di Palermo, Bd. XXXII (1911), S. 191—192.

beginnt. Ist insbesondere $\mu(a_1, a_2, \cdots, a_n) = 1$, *so gibt es nur eine Funktion* $f(z)$, *die den beiden genannten Bedingungen genügt.*

Hr. Carathéodory beweist diesen Satz in eleganter Weise auf geometrischem Wege durch Betrachtung des kleinsten konvexen Körpers K_{2n} im $2n$-dimensionalen Raume, der die Kurve

$$x_\nu = \cos\nu\vartheta, \quad y_\nu = \sin\nu\vartheta \qquad (\nu = 1, 2, \cdots, n)$$

enthält. Daß die Bedingung (1.) für die Existenz einer Funktion $f(z)$ von der verlangten Art notwendig ist, hat Hr. Toeplitz in sehr einfacher Weise direkt bewiesen und ebenso den umgekehrten Satz: genügen die Koeffizienten $a_1, a_2, \cdots$ einer gegebenen Potenzreihe

$$f(z) = \frac{1}{2} + a_1 z + a_2 z^2 + \cdots$$

für jedes n der Bedingung (1.), so ist die Reihe für $|z| < 1$ konvergent und ihr reeller Teil positiv. Dieses schöne Resultat beweist Hr. Carathéodory (R., Abschnitt IV) mit Hilfe des Satzes I. Einen algebraischen Beweis dieser Sätze verdankt man Hrn. E. Fischer[1].

Eine genauere Betrachtung des Carathéodoryschen Beweises für den Satz I läßt aber erkennen, daß es in erster Linie darauf ankommt, folgenden rein algebraischen Satz zu beweisen, den Hr. Carathéodory (R., Abschnitt III) auch ausdrücklich angibt:

II. *Sind* $a_1, a_2, \cdots, a_n$ *beliebige reelle oder komplexe Größen, so lassen sich auf eine und nur eine Weise höchstens* n *voneinander verschiedene Größen* $\varepsilon_1, \varepsilon_2, \cdots, \varepsilon_p$ *vom absoluten Betrage 1 und ebensoviele reelle positive Zahlen* $r_1, r_2, \cdots, r_p$ *bestimmen, die den* n *Gleichungen*

$$(2.) \qquad a_\nu = r_1\varepsilon_1^\nu + r_2\varepsilon_2^\nu + \cdots + r_p\varepsilon_p^\nu \qquad (\nu = 1, 2, \cdots, n)$$

genügen.

Setzt man, wenn $a_{-\nu}$ *(wie oben) die zu* a_ν *konjugiert komplexe Größe bedeutet,*

$$D(x, a_1, \cdots, a_m) = \begin{vmatrix} x, & a_1, & a_2, \cdots, & a_m \\ a_{-1}, & x, & a_1, \cdots, & a_{m-1} \\ \cdot & \cdot & \cdot & \cdot \\ a_{-m}, & a_{-m+1}, & a_{-m+2}, \cdots, & x \end{vmatrix},$$

so ist

$$(3.) \qquad a_0 = r_1 + r_2 + \cdots + r_p$$

eindeutig bestimmt als die größte unter den (sämtlich reellen) Wurzeln der Gleichung

$$(4.) \qquad D(x, a_1, \cdots, a_n) = 0.$$

[1] *Über das Carathéodorysche Problem, Potenzreihen mit positivem reellen Teil betreffend*, Rendiconti del Circolo Matematico di Palermo, Bd. XXXII (1911), S. 240—256.

Die Zahl p ist dadurch charakterisiert, daß

$$D(a_0) = a_0 > 0, \quad D(a_0, a_1) > 0, \cdots, \quad D(a_0, a_1, \cdots, a_{p-1}) > 0, \quad D(a_0, a_1, \cdots a_p) = 0$$

ist; ferner sind $\varepsilon_1, \varepsilon_2, \ldots, \varepsilon_p$ *die Wurzeln der Gleichung*

$$(5.) \qquad F_p(x) = \begin{vmatrix} a_0, & a_1, \cdots, & a_{p-1}, & a_p \\ a_{-1}, & a_0, \cdots, & a_{p-2}, & a_{p-1} \\ \cdot & \cdot & \cdot & \cdot \\ a_{-p+1}, & a_{-p+2}, \cdots, & a_0, & a_1 \\ 1, & x, \cdots, & x^{p-1}, & x^p \end{vmatrix} = 0.^1$$

Den ersten, wesentlicheren Teil dieses Satzes leitet Hr. Carathéodory aus den Eigenschaften des konvexen Körpers K_{2n} ab. Ein algebraischer Beweis ist in der erwähnten Arbeit des Hrn. Fischer enthalten. Im folgenden soll ein neuer Beweis angegeben werden, der den eigentlichen algebraischen Ursprung des Satzes deutlicher hervortreten läßt. Am Schluß der Arbeit gebe ich an, wie sich auf Grund des Satzes II der Beweis des Satzes I gestaltet.

§ 1.

Nimmt man die Gleichungen (2.) als erfüllt an, und ist $r_\varkappa > 0, |\varepsilon_\varkappa| = 1$, so wird

$$a_{-\nu} = r_1 \varepsilon_1^{-\nu} + r_2 \varepsilon_2^{-\nu} + \cdots + r_p \varepsilon_p^{-\nu}.$$

Die mit Hilfe der Zahlen a_ν, $a_{-\nu}$ und der durch (3.) definierten Zahl a_0 gebildete Hermitesche Form

$$H_m = \sum_{\alpha, \beta}{}_0^m a_{\beta-\alpha} x_\alpha \bar{x}_\beta \qquad (m = 0, 1, \cdots, n)$$

der konjugiert komplexen Variabeln $x_0, x_1, \cdots, x_m$ und $\bar{x}_0, \bar{x}_1, \cdots, \bar{x}_m$ läßt dann offenbar die Darstellung

$$H_m = \sum_{\varkappa=1}^{p} r_\varkappa |x_0 + \varepsilon_\varkappa^{-1} x + \cdots + \varepsilon_\varkappa^{-m} x_m|^2$$

zu. Da $\varepsilon_1, \varepsilon_2, \cdots, \varepsilon_p$ voneinander verschieden sein sollen, so sind unter den p Linearformen

$$x_0 + \varepsilon_\varkappa^{-1} x_1 + \cdots + \varepsilon_\varkappa^{-m} x_m$$

für $m+1 \leqq p$ genau $m+1$ und für $m+1 > p$ genau p linear unabhängig. Daher ist (wegen $r_\varkappa > 0$) H_m eine nicht negative Form[2], deren Rang

[1] Der triviale Fall $a_1 = a_2 = \cdots = a_n = 0$ soll von der Betrachtung ausgeschlossen bleiben.

[2] Eine Hermitesche Form H nennt man *nicht negativ*, wenn sie bei jeder speziellen Wahl der Variabeln einen nicht negativen Wert erhält. Ist außerdem die Determinante von H von Null verschieden (positiv), so nimmt H nur dann den Wert Null an, wenn alle Variabeln verschwinden; in diesem Fall wird H eine *positive* Form genannt. Eine Hermitesche Form ist ferner dann und nur dann nicht negativ, wenn unter den (sämtlich reellen) Wurzeln ihrer charakteristischen Gleichung keine negativ ist.

für $m+1 \leqq p$ gleich der Anzahl der Variabeln x_α und für $m+1 > p$ gleich p ist. Unter den Determinanten

$$D(a_0), \quad D(a_0, a_1), \cdots, \quad D(a_0, a_1, \cdots, a_n)$$

der $n+1$ Formen $H_0, H_1, \cdots, H_n$ sind folglich die ersten p von Null verschieden (positiv), die folgenden gleich Null. Insbesondere ergibt sich, da $p \leqq n$ sein soll, daß a_0 der Gleichung (4.) genügen muß.

Da ferner jede Wurzel y der charakteristischen Gleichung

$$D(a_0 - y, a_1, \cdots, a_n) = 0$$

der nicht negativen Form H_n eine reelle, nicht negative Zahl ist, so ist a_0 die größte Wurzel der Gleichung (4.). Daß endlich die Größen $\varepsilon_1, \varepsilon_2, \cdots, \varepsilon_p$ der Gleichung (5.) genügen müssen, ergibt sich unmittelbar, indem man beachtet, daß auf Grund der Gleichungen (2.) und (3.)

$$F_p(x) = \begin{vmatrix} r_1, & r_2, & \cdots, & r_p, & 0 \\ r_1\varepsilon_1^{-1}, & r_2\varepsilon_2^{-1} & \cdots, & r_p\varepsilon_p^{-1}, & 0 \\ \cdot & \cdot & \cdot & \cdot & \cdot \\ r_1\varepsilon_1^{-p+1}, & r_2\varepsilon_2^{-p+1}, & \cdots, & r_p\varepsilon_p^{-p+1}, & 0 \\ 0, & 0, & \cdots, & 0, & 1 \end{vmatrix} \cdot \begin{vmatrix} 1, \varepsilon_1, \cdots, \varepsilon_1^{p-1}, \varepsilon_1^p \\ 1, \varepsilon_2, \cdots, \varepsilon_2^{p-1}, \varepsilon_2^p \\ \cdot \quad \cdot \quad \cdot \quad \cdot \\ 1, \varepsilon_p, \cdots, \varepsilon_p^{p-1}, \varepsilon_p^p \\ 1, x, \cdots, x^{p-1}, x^p \end{vmatrix}$$

wird.

§ 2.

Es sei umgekehrt a_0 die größte unter den Wurzeln der Gleichung (4.). Die charakteristische Gleichung $D(a_0 - y, a_1, \cdots, a_n) = 0$ der Hermiteschen Form

$$H_n = \sum_{\alpha,\beta}{}_0^n a_{\beta-\alpha} x_\alpha \bar{x}_\beta$$

hat dann keine negative Wurzel. Daher ist H_n und folglich auch jede der Formen

$$H_m = \sum_{\alpha,\beta}{}_0^m a_{\beta-\alpha} x_\alpha \bar{x}_\beta \qquad (m < n)$$

eine nicht negative Hermitesche Form. Setzt man zur Abkürzung

$$D_\nu = D(a_0, a_1, \cdots, a_\nu),$$

so seien $D_0, D_1, \cdots, D_{p-1}$ von Null verschieden (positiv), dagegen sei $D_p = 0$. Wir haben zu zeigen, daß sich p voneinander verschiedene Größen $\varepsilon_1, \varepsilon_2, \cdots, \varepsilon_p$ vom absoluten Betrage 1 und p reelle positive Zahlen $r_1, r_2, \cdots, r_p$ angeben lassen, die den Gleichungen (2.) genügen.

Wir nehmen zunächst an, es sei $p = n$. Dann ist $D_{n-1} \neq 0$, also H_{n-1} eine *positive* Form. Setzt man

$$F_n(x) = \begin{vmatrix} a_0, & a_1, & \cdots, & a_{n-1}, & a_n \\ a_{-1}, & a_0, & \cdots, & a_{n-2}, & a_{n-1} \\ \cdot & \cdot & \cdot & \cdot & \cdot \\ a_{-n+1}, & a_{-n+2}, & \cdots, & a_0, & a_1 \\ 1, & x, & \cdots, & x^{n-1}, & x^n \end{vmatrix} = b_0 + b_1 x + \cdots + b_n x^n,$$

so sind $b_0, b_1, \cdots, b_n$ die zu den Elementen der letzten Zeile der Determinante D_n gehörenden Unterdeterminanten; insbesondere ist $b_n = D_{n-1}$ von Null verschieden. Wegen $D_n = 0$ ist

$$\sum_{\lambda=0}^{n} a_{\varkappa-\lambda} b_{n-\lambda} = 0. \qquad (\varkappa = 0, 1, \cdots, n)$$

Setzt man daher

$$c_\lambda = -\frac{b_{n-\lambda}}{b_n},$$

und bezeichnet die zu c_λ konjugiert komplexe Größe mit $\bar{c}_\lambda$, so wird

$$(6.) \quad \begin{cases} a_{\beta+1} = c_1 a_\beta + c_2 a_{\beta-1} + \cdots + c_n a_{\beta-n+1}, \\ a_{-\alpha} = \bar{c}_1 a_{1-\alpha} + \bar{c}_2 a_{2-\alpha} + \cdots + \bar{c}_n a_{n-\alpha}. \end{cases} \qquad (\alpha, \beta = 0, 1, \cdots, n-1)$$

Man setze nun, wenn $y_0, y_1, \cdots, y_{n-1}$ beliebige Variable sind,

$$(7.) \quad x_0 = c_1 y_0 + y_1, \; x_1 = c_2 y_0 + y_2, \cdots, \; x_{n-2} = c_{n-1} y_0 + y_{n-1}, \; x_{n-1} = c_n y_0,$$

also

$$\bar{x}_0 = \bar{c}_1 \bar{y}_0 + \bar{y}_1, \; \bar{x}_1 = \bar{c}_2 \bar{y}_0 + \bar{y}_2, \cdots, \; \bar{x}_{n-2} = \bar{c}_{n-1} \bar{y}_0 + \bar{y}_{n-1}, \; \bar{x}_{n-1} = \bar{c}_n \bar{y}_0,$$

wo $\bar{y}_\nu$, wie immer, die zu y_ν konjugiert komplexe Größe bedeuten soll. Dann wird wegen (6.)

$$(8.) \quad \sum_{\alpha=0}^{n-1} a_{\beta-\alpha} x_\alpha = \sum_{\alpha=0}^{n-1} a_{\beta+1-\alpha} y_\alpha$$

und

$$(8'.) \quad \sum_{\beta=0}^{n-1} a_{\beta+1-\alpha} \bar{x}_\beta = \sum_{\beta=0}^{n-1} a_{\beta-\alpha} \bar{y}_\beta.$$

Multipliziert man nun beide Seiten der Gleichung (8.) mit $\bar{x}_\beta$ und addiert über $\beta = 0, 1, \cdots, n-1$, so erhält man unter Berücksichtigung der Gleichung (8'.)

$$(9.) \quad \sum_{\alpha,\beta}{}_0^{n-1} a_{\beta-\alpha} x_\alpha \bar{x}_\beta = \sum_{\alpha,\beta}{}_0^{n-1} a_{\beta-\alpha} y_\alpha \bar{y}_\beta.$$

Die positive Form H_{n-1} bleibt demnach bei Anwendung der durch die Gleichungen (7.) definierten linearen Substitution ungeändert. Nach einem bekannten, leicht zu beweisenden Satze *sind daher die Wurzeln $\varepsilon_1, \varepsilon_2, \cdots, \varepsilon_n$ der charakteristischen Gleichung*

$$\Phi(x) = \begin{vmatrix} c_1 - x, & 1, & 0, & \cdots, & 0, & 0 \\ c_2, & -x, & 1, & \cdots, & 0, & 0 \\ \cdot & \cdot & \cdot & \cdot & \cdot & \cdot \\ c_{n-1}, & 0, & 0, & \cdots, & -x, & 1 \\ c_n, & 0, & 0, & \cdots, & 0, & -x \end{vmatrix} = 0$$

dieser linearen Substitution sämtlich vom absoluten Betrage 1; außerdem besitzt die Determinante $\Phi(x)$ nur lineare Elementarteiler, d. h. für eine Wurzel $\varepsilon_\varkappa$ der Ordnung m ist $\Phi(\varepsilon_\varkappa)$ vom Range $n-m$. In unserem Falle ist aber $\Phi(\varepsilon_\varkappa)$ genau vom Range $n-1$, weil die mit Hilfe der $n-1$ ersten Zeilen und $n-1$ letzten Kolonnen gebildete Unterdeterminante gleich 1 ist. *Folglich sind die Zahlen* $\varepsilon_1, \varepsilon_2, \cdots, \varepsilon_n$ *untereinander verschieden.* Da ferner, wie eine einfache Rechnung zeigt,

$$\Phi(x) = (-1)^n(x^n - c_1 x^{n-1} - \cdots - c_n) = \frac{(-1)^n F_n(x)}{b_n}$$

ist, so bestehen die Gleichungen

$$\varepsilon_\varkappa^n = c_1\varepsilon_\varkappa^{n-1} + c_2\varepsilon_\varkappa^{n-2} + \cdots + c_n. \tag{10.}$$

Man setze nun

$$\begin{aligned} x_0 + \varepsilon_\varkappa^{-1}x_1 + \cdots + \varepsilon_\varkappa^{-n+1}x_{n-1} &= \xi_\varkappa, \\ y_0 + \varepsilon_\varkappa^{-1}y_1 + \cdots + \varepsilon_\varkappa^{-n+1}y_{n-1} &= \eta_\varkappa. \end{aligned} \qquad (\varkappa = 1, 2, \cdots, n)$$

Dann sind $\xi_1, \xi_2, \cdots, \xi_n$ und ebenso $\eta_1, \eta_2, \cdots, \eta_n$ voneinander unabhängige Linearformen. Ferner wird auf Grund der Gleichungen (7.) und (10.)

$$\begin{aligned} \xi_\varkappa &= (c_1 y_0 + y_1) + \varepsilon_\varkappa^{-1}(c_2 y_0 + y_2) + \cdots + \varepsilon_\varkappa^{-n+2}(c_{n-1}y_0 + y_{n-1}) + \varepsilon_\varkappa^{-n+1}c_n y_0 \\ &= \varepsilon_\varkappa(y_0 + \varepsilon_\varkappa^{-1}y_1 + \cdots + \varepsilon_\varkappa^{-n+1}y_{n-1}) = \varepsilon_\varkappa \eta_\varkappa. \end{aligned}$$

Führt man nun in der Form H_{n-1} an Stelle der Variabeln $x_0, x_1, \cdots, x_{n-1}$ die Variabeln $\xi_1, \xi_2, \cdots, \xi_n$ ein, so möge

$$H_{n-1} = \sum_{\alpha,\beta}{}_0^{n-1} a_{\beta-\alpha}x_\alpha\bar{x}_\beta = \sum_{\varkappa,\lambda}{}_1^n r_{\varkappa\lambda}\xi_\varkappa\bar{\xi}_\lambda$$

werden. Dann ist auch

$$\sum_{\alpha,\beta}{}_0^{n-1} a_{\beta-\alpha}y_\alpha\bar{y}_\beta = \sum_{\varkappa,\lambda}{}_1^n r_{\varkappa\lambda}\eta_\varkappa\bar{\eta}_\lambda.$$

Aus (9.) ergibt sich daher

$$\sum_{\varkappa,\lambda}{}_1^n r_{\varkappa\lambda}\xi_\varkappa\bar{\xi}_\lambda = \sum_{\varkappa,\lambda}{}_1^n r_{\varkappa\lambda}\varepsilon_\varkappa\varepsilon_\lambda^{-1}\eta_\varkappa\bar{\eta}_\lambda = \sum_{\varkappa,\lambda}{}_1^n r_{\varkappa\lambda}\eta_\varkappa\eta_\lambda,$$

folglich ist

$$r_{\varkappa\lambda}\varepsilon_\varkappa\varepsilon_\lambda^{-1} = r_{\varkappa\lambda}.$$

Da aber $\varepsilon_1, \varepsilon_2, \cdots, \varepsilon_n$ voneinander verschieden sind, so wird $r_{\varkappa\lambda} = 0$, wenn $\varkappa$ nicht gleich λ ist. Setzt man

$$r_1 = r_{11}, \quad r_2 = r_{22}, \cdots, \quad r_n = r_{nn},$$

so erhält man

$$H_{n-1} = \sum_{\alpha,\beta}{}_0^{n-1} a_{\beta-\alpha}x_\alpha\bar{x}_\beta = \sum_{\varkappa=1}^{n} r_\varkappa\xi_\varkappa\bar{\xi}_\varkappa = \sum_{\varkappa=1}^{n} r_\varkappa \left| x_0 + \varepsilon_\varkappa^{-1}x_1 + \cdots + \varepsilon_\varkappa^{-n+1}x_{n-1}\right|^2$$

oder, was dasselbe ist,

$$\begin{aligned} a_0 &= r_1 + r_2 + \cdots + r_n \\ a_1 &= r_1\varepsilon_1 + r_2\varepsilon_2 + \cdots + r_n\varepsilon_n \\ &\ldots\ldots\ldots\ldots \\ a_{n-1} &= r_1\varepsilon_1^{n-1} + r_2\varepsilon_2^{n-1} + \cdots + r_n\varepsilon_n^{n-1}. \end{aligned}$$

Es ist aber, wie aus der ersten der Gleichungen (6.) für $\beta = n-1$ folgt,

$$a_n = c_1 a_{n-1} + c_2 a_{n-2} + \cdots + c_n a_0 .$$

Daher ist wegen (10.) auch

$$a_n = r_1\varepsilon_1^n + r_2\varepsilon_2^n + \cdots + r_n\varepsilon_n^n .$$

Die Zahlen $r_1, r_2, \cdots, r_n$ sind hierbei, als Werte der positiven HERMITEschen Form H_{n-1}, reelle positive Zahlen.

§ 3.

Wir haben nun den Fall $p < n$ zu behandeln.

Da nach Voraussetzung $D_{p-1} \neq 0$, $D_p = 0$ ist, so wird

$$H_p = \sum_{\alpha,\beta}{}_0^p a_{\beta-\alpha} x_\alpha \bar{x}_\beta$$

eine nichtnegative HERMITEsche Form von verschwindender Determinante, deren erste Hauptunterdeterminante des Grades $p-1$ von Null verschieden ist. Wir können daher, genau wie im vorigen Paragraphen, schließen, daß sich p voneinander verschiedene Größen $\varepsilon_1, \varepsilon_2, \cdots, \varepsilon_p$ vom absoluten Betrage 1 und p reelle positive Zahlen $r_1, r_2, \cdots, r_p$ bestimmen lassen, die den $p+1$ Gleichungen

$$(11.) \qquad a_\nu = r_1\varepsilon_1^\nu + r_2\varepsilon_2^\nu + \cdots + r_p\varepsilon_p^\nu \qquad (\nu = 0, 1, \cdots, p)$$

genügen.

Daß nun die Gleichung (11.) auch für $\nu = p+1, p+2, \cdots, n$ richtig ist, erkennt man folgendermaßen. Wir nehmen an, es sei dies schon für $\nu \leqq q-1$ bewiesen, und haben zu zeigen, daß die Gleichung auch für $\nu = q$ gilt.

Wir betrachten hierzu die nicht negative HERMITEsche Form

$$\begin{aligned} H_q &= \sum_{\alpha,\beta}{}_0^q a_{\beta-\alpha} x_\alpha \bar{x}_\beta \\ &= H_{q-1} + \bar{x}_q(a_q x_0 + a_{q-1}x_1 + \cdots + a_1 x_{q-1}) \\ &\quad + x_q(a_{-q}\bar{x}_0 + a_{-q+1}\bar{x}_1 + \cdots + a_{-1}\bar{x}_{q-1}) + a_0 x_q \bar{x}_q . \end{aligned}$$

Da die Gleichung (11.) für $\nu = 0, 1, \cdots, q-1$ gelten soll, so ist

$$H_{q-1} = \sum_{\alpha,\beta}{}_0^{q-1} a_{\beta-\alpha} x_\alpha \bar{x}_\beta = \sum_{\varkappa=1}^{p} r_\varkappa \left| x_0 + \varepsilon_\varkappa^{-1} x_1 + \cdots + \varepsilon_\varkappa^{-q+1} x_{q-1} \right|^2 .$$

Man lasse nun die Variabeln x_0, x_q unbestimmt und unterwerfe $x_1, x_2, \cdots x_{q-1}$ den $p \leq q-1$ Bedingungen

$$x_0 + \varepsilon_\varkappa^{-1} x_1 + \cdots + \varepsilon_\varkappa^{-q+1} x_{q-1} = 0 \qquad (\varkappa = 1, 2, \cdots, p). \tag{12.}$$

Dann wird $H_{q-1} = 0$, ferner erhält man aus (12.), indem man mit $r_\varkappa \varepsilon_\varkappa^q$ multipliziert und über $\varkappa = 1, 2, \cdots, p$ addiert,

$$a'_q x_0 + a_{q-1} x_1 + \cdots + a_1 x_{q-1} = 0,$$

wo

$$a'_q = r_1 \varepsilon_1^q + r_2 \varepsilon_2^q + \cdots + r_p \varepsilon_p^q$$

zu setzen ist. Ist a'_{-q} die zu a'_q konjugiert komplexe Zahl, so wird auch

$$a'_{-q} \bar{x}_0 + a_{-q+1} \bar{x}_1 + \cdots + a_{-1} \bar{x}_{q-1} = 0.$$

Daher reduziert sich H_q auf den Ausdruck

$$(a_q - a'_q) x_0 \bar{x}_q + (a_{-q} - a'_{-q}) \bar{x}_0 x_q + a_0 x_q \bar{x}_q.$$

Diese Hermitesche Form der Variabeln x_0 und x_q ist wieder niemals negativ, ihre Determinante

$$\begin{vmatrix} 0, & a_q - a'_q \\ a_{-q} - a'_{-q}, & a_0 \end{vmatrix} = -|a_q - a'_q|^2$$

kann daher nicht eine negative Zahl sein. Folglich muß $a_q = a'_q$ sein.

Hiermit ist der Satz II vollständig bewiesen.

§ 4.

Sind wieder $a_1, a_2, \cdots, a_n$ beliebige reelle oder komplexe Größen, so verstehe man (wie in der Einleitung) unter $\mu(a_1, a_2, \cdots, a_n)$ die früher mit a_0 bezeichnete größte Wurzel der Gleichung (4.). Diese durch $a_1, a_2, \cdots, a_n$ eindeutig bestimmte (reelle, nicht negative) Zahl kann offenbar auch folgendermaßen charakterisiert werden: Bedeutet a_0 eine reelle Zahl, so ist die Hermitesche Form

$$H = \sum_{\alpha,\beta}{}_0^n \, a_{\beta-\alpha} x_\alpha \bar{x}_\beta$$

dann und nur dann eine nicht negative Form, wenn

$$a_0 \geqq \mu(a_1, a_2, \cdots, a_n)$$

ist. Genauer ist, wie hieraus von selbst folgt, H für $a_0 > \mu$ eine positive Form, für $a_0 = \mu$ eine nicht negative Form von verschwindender Determinante.

Da die Hauptunterdeterminanten einer nicht negativen Hermiteschen Form reelle, nicht negative Zahlen sind, so wird insbesondere für $a_0 \geqq \mu$

$$\begin{vmatrix} a_0 & a_\nu \\ a_{-\nu} & a_0 \end{vmatrix} = a_0^2 - |a_\nu|^2 \geqq 0.$$

Daher ist für jedes ν

(13.) $$|a_\nu| \leqq \mu(a_1, a_2, \cdots, a_n).$$

Umgekehrt ist, wenn M die größte unter den n Zahlen $|a_\nu|$ bedeutet,

(14.) $$\mu(a_1, a_2, \cdots, a_n) \leqq nM.$$

Dies erkennt man am einfachsten, indem man beachtet, daß

$$\sum_{\alpha, \beta}{}_0^n a_{\beta-\alpha} x_\alpha \bar{x}_\beta \geqq a_0 \sum_{\alpha=0}^{n} |x_\alpha|^2 - M \sum_{\alpha \neq \beta} |x_\alpha|\,|x_\beta|$$

ist, und daß die rechts stehende quadratische Form der Variabeln $|x_\alpha|$ für $a_0 = nM$ eine nicht negative Form wird. Insbesondere gilt in (14.) das Gleichheitszeichen, wenn

$$a_1 = a_2 = \cdots = a_n = -M$$

ist.

Der besseren Übersicht wegen mögen hier noch einige Eigenschaften der Funktion μ besonders erwähnt werden:

a) Es ist $\mu(a_1, a_2, \cdots, a_n)$ eine reelle, nicht negative Zahl, die nur dann gleich Null ist, wenn

$$a_1 = a_2 = \cdots = a_n = 0$$

ist.

b) Für jede reelle positive Zahl t ist

$$\mu(ta_1, ta_2, \cdots, ta_n) = t\mu(a_1, a_2, \cdots, a_n).$$

c) Es ist stets

$$\mu(a_1 + b_1, a_2 + b_2, \cdots, a_n + b_n) \leqq \mu(a_1, a_2, \cdots, a_n) + \mu(b_1, b_2, \cdots, b_n).$$

d) Ebenso ist

$$\mu(a_1 b_1, a_2 b_2, \cdots, a_n b_n) \leqq \mu(a_1, a_2, \cdots, a_n)\mu(a_1 b_1, a_2 b_2, \cdots, a_n b_n).$$

e) Stellt man, was jedenfalls möglich ist, $a_1, a_2, \cdots, a_n$ in der Form

(15.) $$a_\nu = r_1 \varepsilon_1^\nu + r_2 \varepsilon_2^\nu + \cdots + r_p \varepsilon_p^\nu \qquad (p \leqq n, \quad \nu = 1, 2, \cdots, n)$$

dar, wo die $r_\varkappa$ reell und positiv, die $\varepsilon_\varkappa$ vom absoluten Betrage 1 und voneinander verschieden sein sollen, so wird

$$r_1 + r_2 + \cdots + r_p = \mu(a_1, a_2, \cdots, a_n).$$

Ist a_{n+1} eine neu hinzukommende Zahl, so ist

$$\mu(a_1, a_2, \cdots, a_n) \leqq \mu(a_1, a_2, \cdots, a_n, a_{n+1}).$$

Gilt hier das Gleichheitszeichen, so folgt aus den Gleichungen (15.) auch

$$a_{n+1} = r_1 \varepsilon_1^{n+1} + r_2 \varepsilon_2^{n+1} + \cdots + r_p \varepsilon_p^{n+1}.$$

Die Eigenschaften a) und b) bedürfen keiner näheren Begründung. Die Eigenschaft e) ergibt sich unmittelbar aus dem Satz II. Die Richtigkeit der Behauptungen c) und d) erkennt man, indem man beachtet, daß, wenn

$$\sum_{\alpha,\beta}{}_0^n a_{\beta-\alpha} x_\alpha \bar{x}_\beta, \qquad \sum_{\alpha,\beta}{}_0^n b_{\beta-\alpha} x_\alpha \bar{x}_\beta$$

nicht negative HERMITEsche Formen sind, auch die beiden Formen

$$\sum_{\alpha,\beta}{}_0^n (a_{\beta-\alpha} + b_{\beta-\alpha}) x_\alpha \bar{x}_\beta, \qquad \sum_{\alpha,\beta}{}_0^n a_{\beta-\alpha} b_{\beta-\alpha} x_\alpha \bar{x}_\beta$$

derselben Bedingung genügen. Für die zweite Form ergibt sich dies aus einem Satz, den ich in § 4 meiner Arbeit *Bemerkungen zur Theorie der beschränkten Formen mit unendlich vielen Veränderlichen*[1] angegeben habe.

Deutet man die $2n$ reellen Zahlen

$$x_1, y_1, x_2, y_2, \cdots, x_n, y_n$$

als die Koordinaten eines Punktes im $2n$-dimensionalen Raume, so folgt aus den Eigenschaften a) bis c) der Funktion μ in Verbindung mit den Ungleichungen (13.), daß der durch

$$\mu(x_1 + iy_1, x_2 + iy_2, \cdots, x_n + iy_n) \leqq 1$$

definierte Körper ein ganz im Endlichen gelegener konvexer Körper ist. Dies ist der von Hrn. CARATHÉODORY eingeführte Körper K_{2n}. Diese Definition von K_{2n}, die von der allgemeinen Theorie der konvexen Körper und auch von der »Parameterdarstellung« (15.) keinen Gebrauch macht, stimmt, abgesehen von der Ausdrucksweise, mit der von Hrn. TOEPLITZ angegebenen überein.

§ 5.

Um nun auf Grund des Satzes II den Beweis des Satzes I zu erhalten, hat man im wesentlichen nur die Ausführungen des Hrn. CARATHÉODORY (R., Abschnitt IV), unter Ausschaltung der geometrischen Betrachtungen, zu wiederholen.

Es seien $a_1, a_2, \cdots, a_n$ gegebene n Zahlen. Wir haben zunächst zu zeigen, daß, wenn

$$\mu_n = \mu(a_1, a_2, \cdots, a_n) \leqq 1 \tag{16.}$$

ist, eine im Innern des Einheitskreises reguläre analytische Funktion $f(z)$ existiert, deren Entwicklung nach Potenzen von z die Form

$$f(z) = \frac{1}{2} + a_1 z + \cdots + a_n z^n + \cdots$$

[1] Journal für die reine und angewandte Mathematik, Bd. 140 (1911), S. 1—28.

besitzt, und deren reeller Teil für $|z| < 1$ positiv ist. Dies ergibt sich fast unmittelbar aus dem Satz II. Denn stellt man die n Zahlen a_ν in der Form (15.) dar, so genügt die rationale Funktion

$$f_n(z) = \frac{1-\mu_n}{2} + \sum_{\varkappa=1}^{p} \frac{r_\varkappa}{2} \cdot \frac{1+z\varepsilon_\varkappa}{1-z\varepsilon_\varkappa}$$

den beiden genannten Bedingungen. In der Tat ist, weil

$$r_1 + r_2 + \cdots + r_p = \mu_n = a_0$$

wird, für $|z| < 1$

$$f_n(z) = \frac{1}{2} + \sum_{\nu=1}^{\infty} (r_1\varepsilon_1^\nu + r_2\varepsilon_2^\nu + \cdots + r_p\varepsilon_p^\nu) z^\nu = \frac{1}{2} + a_1 z + \cdots + a_n z^n + \cdots.$$

Außerdem ist der reelle Teil von $f_n(z)$ wegen $r_\varkappa > 0$, $|\varepsilon_\varkappa| = 1$ gleich

$$\frac{1-\mu_n}{2} + \sum_{\varkappa=1}^{p} \frac{r_\varkappa}{2} \cdot \frac{1-|z|^2}{|1-\varepsilon_\varkappa z|^2},$$

also, da $\mu_n \leqq 1$ sein soll, für $|z| < 1$ positiv.

Um zu erkennen, daß die Bedingung (16.) notwendig erfüllt sein muß, schließt man nach Hrn. TOEPLITZ folgendermaßen: Ist

$$(17.) \qquad f(z) = \frac{1}{2} + a_1 z + a_2 z^2 + \cdots$$

eine für $|z| < 1$ konvergente Potenzreihe, so sei, wenn $z = \varrho e^{i\varphi}$ gesetzt wird,

$$f(z) = U(\varrho, \varphi) + iV(\varrho, \varphi).$$

Dann ist bekanntlich für jedes $\varrho < 1$

$$\pi a_\nu \varrho^\nu = \int_0^{2\pi} U(\varrho, \varphi) e^{-i\nu\varphi} d\varphi,$$

wo a_0 gleich 1 zu setzen ist. Bedeutet wie früher $a_{-\nu}$ die zu a_ν konjugiert komplexe Größe, so ergibt sich hieraus für jedes n

$$\pi \sum_{\alpha,\beta}{}_0^n a_{\beta-\alpha} \varrho^{|\beta-\alpha|} x_\alpha \bar{x}_\beta = \int_0^{2\pi} U(\varrho, \varphi) \, |x_0 + e^{-i\varphi} x_1 + \cdots + e^{-in\varphi} x_n|^2 d\varphi.$$

Daher muß, wenn $U(\varrho, \varphi) > 0$ sein soll, für jedes Wertsystem $x_0, x_1, \cdots, x_n$

$$\sum_{\alpha,\beta}{}_0^n a_{\beta-\alpha} \varrho^{|\beta-\alpha|} x_\alpha \bar{x}_\beta \geqq 0$$

und, da dies für alle $\varrho < 1$ gilt, auch

$$\sum_{\alpha,\beta}{}_0^n a_{\beta-\alpha} x_\alpha \bar{x}_\beta \geqq 0$$

sein. Hieraus folgt aber (vgl. § 4), daß für jedes n

$$\mu_n = \mu(a_1, a_2, \cdots, a_n) \leqq a_0,$$

d. h. $\mu_n \leqq 1$ sein muß.

Ist nun insbesondere für n gegebene Zahlen $a_1, a_2, \cdots, a_n$ die Zahl μ_n gleich 1, und genügt die Potenzreihe (17.) den Bedingungen des Satzes I, so ist zunächst für jedes m

$$\mu_m = \mu(a_1, a_2, \cdots, a_m) \leqq 1.$$

Da aber anderseits für $m > n$

$$1 = \mu(a_1, a_2, \cdots, a_n) \leqq \mu(a_1, a_2, \cdots, a_m)$$

ist, so müssen auch die Zahlen

$$\mu_{n+1}, \mu_{n+2}, \cdots$$

sämtlich gleich 1 sein. Stellt man nun wieder die Zahlen $a_1, a_2, \cdots, a_n$, was ja nur auf eine Weise möglich ist, in der Form (15.) dar, so folgt aus der Eigenschaft e) der Funktion μ, daß auch für $\nu > n$

$$a_\nu = r_1 \varepsilon_1^\nu + r_2 \varepsilon_2^\nu + \cdots + r_p \varepsilon_p^\nu$$

wird. Beachtet man noch, daß in unserem Fall

$$r_1 + r_2 + \cdots + r_p = \mu_n = 1$$

ist, so erhält man für $f(z)$ die Darstellung

$$f(z) = \frac{1}{2} + \sum_{\nu=1}^{\infty} (r_1 \varepsilon_1^\nu + r_2 \varepsilon_2^\nu + \cdots + r_p \varepsilon_p^\nu) z^\nu$$

$$= \sum_{\varkappa=1}^{p} \frac{r_\varkappa}{2} \cdot \frac{1 + z\varepsilon_\varkappa}{1 - z\varepsilon_\varkappa}.$$

Die Funktion $f(z)$ ist also in der Tat eindeutig bestimmt.

22.
Zur Theorie der indefiniten binären quadratischen Formen

Sitzungsberichte der Preussischen Akademie der Wissenschaften 1913,
Physikalisch-Mathematische Klasse, 212 - 231

Wendet man auf die quadratische Form

$$\varphi = ax^2 + bxy + cy^2 = (a, b, c),$$

deren Koeffizienten beliebige reelle Zahlen sein können, eine ganzzahlige Substitution $\begin{pmatrix}\alpha & \beta \\ \gamma & \delta\end{pmatrix}$ von der Determinante 1 an, so entsteht eine mit φ (eigentlich) äquivalente Form. Die verschiedenen unter diesen Formen bilden die durch φ bestimmte Formenklasse $\mathfrak{K} = \mathfrak{K}(\varphi)$. Ist q eine von Null verschiedene Konstante, so nenne ich die Klasse $\mathfrak{K}(q\varphi)$ eine zu $\mathfrak{K}(\varphi)$ *proportionale Klasse.* Ich behandle nur Formen φ mit positiver Diskriminante

$$D = b^2 - 4ac.$$

Ausgeschlossen wird der Fall, daß φ für zwei ganze Zahlen x und y, die nicht beide Null sind, verschwindet.

Durchläuft (a', b', c') alle Formen der Klasse $\mathfrak{K}$, so seien A und B die unteren Grenzen der Zahlen $|a'|$ bzw. $|b'|$. Man kann diese Größen auch anders definieren: A ist die untere Grenze der Werte, die $|\varphi|$ erhält, wenn x und y alle ganzen Zahlen durchlaufen; auszuschließen ist hierbei das Wertepaar $x = 0$, $y = 0$. Ist ferner

$$\psi = 2axx' + b(xy' + yx') + 2cyy'$$

die zu φ gehörende symmetrische Bilinearform, so ist B die untere Grenze der Werte, die $|\psi|$ erhält, wenn man für x, y, x', y' alle ganzen Zahlen mit der Determinante $xy' - yx' = 1$ (oder -1) einsetzt.

Für die Zahl A hat Hr. MARKOFF[1] einen bemerkenswerten Satz bewiesen, der sich folgendermaßen aussprechen läßt:

---

[1] Math. Annalen, Bd. XV, S. 381—406 und Bd. XVII, S. 379—399.

»Betrachtet man die Gesamtheit aller (indefiniten) Formenklassen $\mathfrak{K}$, so ist die kleinste Häufungsstelle (der *Limes inferior*) der zugehörigen Zahlen

$$Q' = \frac{\sqrt{D}}{A}$$

gleich 3. Es gibt unendlich viele nicht proportionale Klassen, für die $Q' = 3$ wird. Die einzigen Werte von Q', die unterhalb 3 liegen, haben die Form $Q'_p = \sqrt{9 - \frac{4}{p^2}}$, wo p alle ganzen Zahlen durchläuft, für die sich zwei andere ganze Zahlen q und r bestimmen lassen, so daß

$$p^2 + q^2 + r^2 = 3pqr$$

wird. Sieht man proportionale Klassen als nicht verschieden an, so gibt es für jedes p nur endlich viele Klassen, für die $Q' = Q'_p$ wird[1]. Die Formen dieser Klassen haben rationale Koeffizienten.«

Ein ganz analoger Satz läßt sich, wie im folgenden gezeigt werden soll, für die Zahl B aufstellen:

I. *Die kleinste Häufungsstelle der Zahlen*

$$Q'' = \frac{\sqrt{D}}{B}$$

ist gleich $2 + \sqrt{5}$. *Nur für die durch die Form*

$$\psi_\infty = (1, 1, -2 - \sqrt{5})$$

bestimmte Klasse und die zu ihr proportionalen Klassen wird $Q'' = 2 + \sqrt{5}$. *Die einzigen Werte von* Q'', *die unterhalb* $2 + \sqrt{5}$ *liegen, haben die Form*

$$Q''_\nu = \sqrt{13 + \frac{8 p_{2\nu}}{p_{2\nu+1}}}, \qquad (\nu = -1, 0, 1, 2, \ldots)$$

wo p_λ *die Reihe der Fibonaccischen Zahlen*

$$p_{-2} = -1, \quad p_{-1} = 1, \quad p_0 = 0, \quad p_1 = 1, \quad \ldots, \quad p_\lambda = p_{\lambda-1} + p_{\lambda-2}, \quad \ldots$$

durchläuft. Die Zahlen Q''_ν *konvergieren mit wachsendem* ν *gegen* $2 + \sqrt{5}$. *Setzt man*

$$\psi_{2\nu} = (p_{2\nu+1}, p_{2\nu+1}, -p_{2\nu+4}),$$

so wird nur für die Klasse $\mathfrak{K}(\psi_{2\nu})$ *und die zu ihr proportionalen Klassen* $Q'' = Q''_\nu$.

Ist für die Form φ die Zahl A größer als Null und gibt es zwei ganze Zahlen x und y, für die $|\varphi| = A$ wird, so ist φ oder $-\varphi$ einer Form $(a', b', -c')$ eigentlich oder uneigentlich äquivalent, in der $a' = A$ und $0 \leqq b' \leqq a'$ ist.

[1] Vermutlich gehört zu jedem diesem Ausnahmewerte nur eine Formenklasse, doch scheint mir dies aus der Markoffschen Untersuchung noch nicht hervorzugehen.

Eine Form $\mu = (a, b, -c)$, in der

$$0 \leqq b \leqq a \leqq c, \quad a > 0$$

und a zugleich die kleinste durch $|\mu|$ darstellbare Zahl ist, nenne ich eine *Minimalform*[1]. Die Diskriminante $D = b^2 + 4ac$ einer solchen Form ist von selbst positiv. Für diese Formen gilt der Satz:

II. *In jeder Minimalform* $\mu = (a, b, -c)$, *die nicht die Gestalt* $(a, a, -a)$ *hat, ist*

$$(1.) \qquad c \geqq 2a + b.$$

Ist μ *auch nicht von der Gestalt* $(a, a, -3a)$, *so wird*

$$c \geqq \frac{2+\sqrt{3}}{2}\, a + \frac{1+\sqrt{3}}{2}\, b.$$

Betrachtet man die Gesamtheit aller Minimalformen, so ist die kleinste Häufungsstelle der zugehörigen Zahlen $\frac{\sqrt{D}}{b}$ *gleich* $2+\sqrt{3}$. *Die einzigen für* $\frac{\sqrt{D}}{b}$ *in Betracht kommenden Werte, die nicht oberhalb* $2+\sqrt{3}$ *liegen, sind*

$$\sqrt{5}, \quad \sqrt{13}, \quad 2+\sqrt{3}.$$

Diese Werte erhält $\frac{\sqrt{D}}{b}$ *nur bei den Minimalformen*

$$(a, a, -a), \quad (a, a, -3a), \quad \left(a, a, -\frac{3+2\sqrt{3}}{2}\, a\right).$$

Die Bemerkung, daß bei jeder Minimalform, die nicht von der Gestalt $(a, a, -a)$ ist, die Ungleichung (1.) besteht, daß demnach $\sqrt{D} \geqq b\sqrt{13}$ ist und nur bei der Minimalform $(a, a, -3a)$ das Gleichheitszeichen gilt, rührt von Hrn. R. Remak her. Durch seine Mitteilung bin ich erst auf die Frage nach der Größe der mittleren Koeffizienten in den Minimalformen aufmerksam geworden.

In den Bezeichnungen schließe ich mich im wesentlichen der vorangehenden Arbeit von Hrn. Frobenius an, die ich kurz mit F. zitieren werde.

§ 1.

Es sei

$$\ldots, \varphi_{-2}, \varphi_{-1}, \varphi_0, \varphi_1, \varphi_2, \ldots$$

die Kette der reduzierten Formen der Klasse $\mathfrak{K}$ (vgl. F., § 2). Ist

$$\varphi_\nu = (-1)^{\nu-1} a_\nu x^2 + b_\nu xy + (-1)^\nu a_{\nu+1} y^2 \qquad (\nu = 0, \pm 1, \pm 2, \cdots)$$

[1] Es ist zu beachten, daß eine Formenklasse sehr wohl mehrere verschiedene Minimalformen enthalten kann. Z. B. gehören die beiden Minimalformen (21, 1, − 2211) und (21, 13, − 2209) einer Klasse an.

und nimmt man an, daß $a_0 > 0$ ist, so sind alle Zahlen a_ν und b_ν positiv, ferner ist

$$\frac{b_\nu + b_{\nu+1}}{2a_{\nu+1}} = k_\nu$$

eine positive ganze Zahl. Setzt man

$$r_\nu = \frac{\sqrt{D} + b_\nu}{2a_{\nu+1}}, \qquad s_\nu = \frac{\sqrt{D} - b_\nu}{2a_{\nu+1}},$$

so wird

$$r_\nu = k_\nu + \frac{1}{r_{\nu+1}}, \qquad \frac{1}{s_{\nu+1}} = k_\nu + s_\nu$$

und

$$r_\nu = (k_\nu, k_{\nu+1}, k_{\nu+2}, \cdots), \qquad s_\nu = (0, k_{\nu-1}, k_{\nu-2}, \cdots).$$

Die Reihe der positiven ganzen Zahlen

$$(K) \qquad \ldots, k_{-2}, k_{-1}, k_0, k_1, k_2, \ldots$$

bezeichne ich als die *zur Klasse* $\mathfrak{K}$ *gehörende Nennerreihe*. Um diese Reihe zu erhalten, hat man nur eine reduzierte Form φ_ν zu bestimmen und die zugehörigen Zahlen r_ν und s_ν in Kettenbrüche zu entwickeln. Zwei Klassen mit derselben Nennerreihe sind einander proportional (vgl. F., § 3). Will man, wenn K gegeben ist, die Klasse $\mathfrak{K}$ eindeutig fixieren, so muß man für eine der Zahlen a_ν einen bestimmten Wert vorschreiben. Da wir angenommen haben, daß die Formen von $\mathfrak{K}$, als Funktionen der ganzzahligen Variabeln x und y betrachtet, nur für $x = y = 0$ verschwinden sollen, so sind r_ν und s_ν irrationale Zahlen. Die Reihe K erstreckt sich daher sowohl nach links als auch nach rechts ins Unendliche.

Zwischen den Zahlen D, a_ν, b_ν, r_ν, s_ν bestehen die Beziehungen

$$\frac{a_\nu}{a_{\nu+1}} = r_\nu s_\nu, \qquad \frac{b_\nu}{a_{\nu+1}} = r_\nu - s_\nu, \qquad \frac{\sqrt{D}}{a_{\nu+1}} = r_\nu + s_\nu.$$

Die in der Einleitung definierten Zahlen A und B lassen sich nun folgendermaßen bestimmen: A ist die untere Grenze der Zahlen a_ν, also $\frac{\sqrt{D}}{A}$ die obere Grenze der Größen $r_\nu + s_\nu$ (vgl. Markoff, Math. Ann. Bd. XV, S. 385, und F., § 5). Ist ferner b'_ν der absolut kleinste Rest von b_ν mod $2a_{\nu+1}$ (also $-b'_\nu$ der absolut kleinste Rest von $b_{\nu+1}$ nach demselben Modul), so ist B die untere Grenze der Zahlen $|b'_\nu|$ (vgl. F., § 5). Die von uns zu untersuchende Zahl $\frac{\sqrt{D}}{B}$ ist demnach die obere Grenze der Größen

$$Q_\nu = \frac{\sqrt{D}}{|b'_\nu|}.$$

Setzt man $r_\nu = k_\nu + r'_\nu$, so wird $0 < r'_\nu < 1$ und

$$\frac{b_\nu}{a_{\nu+1}} = k_\nu + r'_\nu - s_\nu .$$

Daher ist für ein gerades k_ν

$$\frac{b'_\nu}{a'_{\nu+1}} = r'_\nu - s_\nu$$

und für ein ungerades k_ν

$$\frac{b'_\nu}{a_{\nu+1}} = 1 + r'_\nu - s_\nu \text{ oder } = -1 + r'_\nu - s_\nu ,$$

je nachdem $r'_\nu \leqq s_\nu$ oder $r'_\nu > s_\nu$ ist. Bezeichnet man die größere der Zahlen r'_ν und s_ν mit u_ν, die kleinere mit v_ν, so wird also für ein gerades k_ν

$$(2.) \qquad Q_\nu = \frac{k_\nu + u_\nu + v_\nu}{u_\nu - v_\nu}$$

und für ein ungerades k_ν

$$(2'.) \qquad Q_\nu = \frac{k_\nu + u_\nu + v_\nu}{1 - u_\nu + v_\nu} .$$

Die Größen u_ν und v_ν sind hierbei, abgesehen von der Reihenfolge, die Kettenbrüche

$$(0, k_{\nu+1}, k_{\nu+2}, \cdots) \text{ und } (0, k_{\nu-1}, k_{\nu-2}, \cdots).$$

§ 2.

Dem Beweise des Satzes I schicke ich einige Hilfssätze voraus:

Hilfssatz I. *Ist keine der Zahlen Q_ν größer als 5, so muß jeder der Nenner k_ν entweder gleich 1 oder gleich 3 sein.*

Ist nämlich k_ν ungerade, so folgt aus $Q_\nu \leqq 5$ wegen (2'.)

$$k_\nu + u_\nu + v_\nu \leqq 5(1 - u_\nu + v_\nu) \leqq 5 ,$$

also $k_\nu < 5$. Für ein gerades k_ν ergibt sich ebenso auf Grund der Formel (2.)

$$k_\nu + u_\nu + v_\nu \leqq 5u_\nu - 5v_\nu ,$$

also

$$(3.) \qquad k_\nu + 6v_\nu \leqq 4u_\nu < 4 .$$

Daher kommen für die Zahlen der Reihe K jedenfalls nur die Werte 1, 2 und 3 in Betracht, folglich ist $u_\nu \geqq v_\nu > \frac{1}{4}$. Es kann aber nicht $k_\nu = 2$ sein. Denn dann würde aus (3.) folgen

$$4u_\nu \geqq 2 + 6v_\nu > 2 + \frac{6}{4} ,$$

also $u_\nu > \frac{7}{8}$. Daher müßte der Kettenbruch für u_ν die Form

$$u_\nu = (0, 1, k, \cdots)$$

haben, wo $k \geqq 7$ ist. Dies ist aber nicht möglich, da k wieder eine Zahl der Reihe K ist.

Hilfssatz II. *Ist keine der Zahlen Q_ν größer als $\frac{23}{5}$ und sind zwei aufeinanderfolgende Zahlen der Reihe K gleich 3, so müssen alle Zahlen der Reihe gleich 3 sein.*

Da $\frac{23}{5} < 5$ ist, so enthält K keine von 1 und 3 verschiedene Zahl. Wären nun zwei aufeinanderfolgende Zahlen der Reihe K gleich 3, ohne daß alle ihre Zahlen den Wert 3 haben, so müßte es einen Index ν geben, für den $k_\nu = 3$ und entweder $k_{\nu-1} = 1, k_{\nu+1} = 3$ oder $k_{\nu-1} = 3, k_{\nu+1} = 1$ wird. Dann ist

$$u_\nu = (0, 1, \cdots), \quad v_\nu = (0, 3, \cdots),$$

also $u_\nu > \frac{1}{2}$, $v_\nu < \frac{1}{3}$. Aus $Q_\nu \leqq \frac{23}{5}$ folgt aber auf Grund der Formel (2'.)

$$3 + u_\nu + v_\nu \leqq \frac{23}{5}(1 - u_\nu + v_\nu),$$

also

$$28 u_\nu \leqq 8 + 18 v_\nu < 8 + \frac{18}{3}.$$

Dies gibt aber $u_\nu < \frac{1}{2}$, was nicht richtig ist.

Hilfssatz III. *Sind alle Zahlen der Reihe K gleich 1 oder gleich 3 und ist für ein ν*

$$k_\nu = 1, \quad Q_\nu \geqq 4, \tag{4.}$$

so muß K eine Folge 3 1 1 3 enthalten.

Aus (4.) folgt

$$1 + u_\nu + v_\nu \geqq 4(1 - u_\nu + v_\nu)$$

oder, was dasselbe ist,

$$5 u_\nu \geqq 3 + 3 v_\nu.$$

Hat nun v_ν eine Kettenbruchentwicklung der Form $(0, 1, \cdots)$, so wird $v_\nu > \frac{1}{2}$ und $5u_\nu > 3 + \frac{3}{2}$, also $u_\nu > \frac{9}{10}$. Dies ist nicht möglich, da alsdann u_ν von der Form $(0, 1, k, \cdots)$ sein müßte, wo $k \geqq 9$ ist. Ist aber v_ν von der Form $(0, 3, \cdots)$, so wird $v_\nu > \frac{1}{4}$ und $5u_\nu > 3 + \frac{3}{4}$, also $u_\nu > \frac{3}{4}$. Daher hat der Kettenbruch für u_ν die Form $(0, 1, k, \cdots)$, wo k nicht kleiner als 3 und daher gleich 3 sein muß. Der einzige in Betracht kommende Fall ist also

$$u_\nu = (0, 1, 3, \cdots), \qquad v_\nu = (0, 3, \cdots).$$

Da wir noch $k_\nu = 1$ hatten, so erhalten wir in der Reihe K die Folge 3113.

§ 3.

Es sei

$$\varepsilon = \frac{1+\sqrt{5}}{2}, \qquad \varepsilon' = \frac{1-\sqrt{5}}{2} = -\varepsilon^{-1}$$

und

$$p_n = \frac{\varepsilon^n - \varepsilon'^n}{\varepsilon - \varepsilon'} \qquad (n = 0, \pm 1, \pm 2, \ldots).$$

Da ε und ε' der Gleichung $x^2 = x+1$ genügen, so ist

(5.) $$p_n = p_{n-1} + p_{n-2}.$$

Die Zahlen p_n sind positive ganze Zahlen; die ersten Zahlen der Reihe $p_0, p_1, \cdots$ sind

$$0, 1, 1, 2, 3, 5, 8, 13, 21, 34, \cdots.$$

Es gelten, wie man leicht zeigt, für alle positiven und negativen Werte der Indizes die Formeln

(6.) $$p_{-n} = (-1)^{n-1} p_n,$$

(7.) $$p_{m+n} = p_{m+1} p_n + p_m p_{n-1}.$$

Ersetzt man in der zweiten Gleichung n durch $-n$, so erhält man wegen (6.)

(8.) $$p_{m+1} p_n - p_m p_{n+1} = (-1)^{n-1} p_{m-n}.$$

Insbesondere ist

(8'.) $$p_n^2 - p_{n-1} p_{n+1} = (-1)^{n-1}.$$

Aus

$$p_{3+n} = p_4 p_n + p_3 p_{n-1}, \quad p_{-3+n} = p_{-2} p_n + p_{-3} p_{n-1}$$

folgt durch Subtraktion $p_{n+3} - p_{n-3} = (p_4 - p_{-2}) p_n$ oder

(9.) $$p_{n+3} = 4 p_n + p_{n-3}.$$

Die Zahlen

$$\frac{p_0}{p_1}, \frac{p_1}{p_2}, \frac{p_2}{p_3}, \ldots$$

sind die Näherungsbrüche des Kettenbruchs

$$\gamma = (0, 1, 1, \cdots) = \varepsilon^{-1} = \frac{\sqrt{5}-1}{2}.$$

Daher ist

$$(10.)\qquad \begin{cases} \frac{p_0}{p_1} < \frac{p_2}{p_3} < \frac{p_4}{p_5} < \cdots < \gamma, \\ \frac{p_1}{p_2} > \frac{p_3}{p_4} > \frac{p_5}{p_6} > \cdots > \gamma \end{cases}$$

und

$$\lim_{n=\infty} \frac{p_{n-1}}{p_n} = \gamma.$$

Die Zahl γ genügt der Gleichung $\gamma^2 = 1 - \gamma$, aus der

$$\gamma^2 = \frac{1}{2+\gamma}$$

folgt. Daher ist

$$\gamma^2 = (0, 2, 1, 1, \cdots).$$

Die Näherungsbrüche dieses Kettenbruchs sind

$$\frac{p_0}{p_2}, \frac{p_1}{p_3}, \frac{p_2}{p_4}, \cdots.$$

Daher ist insbesondere

$$\frac{p_0}{p_2} < \frac{p_2}{p_4} < \frac{p_4}{p_6} < \cdots < \gamma^2.$$

Aus

$$\frac{p_{2\nu}}{p_{2\nu+2}} < \gamma^2, \qquad \frac{p_{2\nu+2}}{p_{2\nu+3}} < \gamma$$

folgt

$$(11.)\qquad \frac{p_{2\nu}}{p_{2\nu+3}} < \gamma^3.$$

Es sei ferner $\varkappa_n$ ein Kettenbruch der Form

$$\varkappa_n = (0, 1, 1, \cdots, 1, 3, \cdots),$$

wobei die Anzahl der Einsen gleich n sein soll. Der $(n+1)$te Näherungsbruch ist gleich $\frac{p_n}{p_{n+1}}$, der $(n+2)$te gleich

$$\frac{3p_n + p_{n-1}}{3p_{n+1} + p_n} = \frac{p_n + p_{n+2}}{p_{n+1} + p_{n+3}} = \frac{p_{n+2}}{p_{n+3}} + \frac{(-1)^{n-1}}{p_{n+3}(p_{n+1} + p_{n+3})}.$$

Daher ist für ein ungerades n

$$\varkappa_n < \frac{p_n}{p_{n+1}}, \qquad \varkappa_n > \frac{p_n + p_{n+2}}{p_{n+1} + p_{n+3}} > \frac{p_{n+2}}{p_{n+3}} > \gamma$$

und für ein gerades n

$$\varkappa_n > \frac{p_n}{p_{n+1}}, \qquad \varkappa_n < \frac{p_n + p_{n+2}}{p_{n+1} + p_{n+3}} < \frac{p_{n+2}}{p_{n+3}} < \gamma.$$

§ 4.

Um den Satz I zu beweisen, haben wir diejenigen Formenklassen $\mathfrak{K}$ zu bestimmen, für welche

$$\frac{\sqrt{D}}{B} \leqq 2 + \sqrt{5} = \varepsilon^3$$

ist. Dies ist nach § 1 dann und nur dann der Fall, wenn für alle ν

$$(12.) \qquad Q_\nu \leqq \varepsilon^3$$

wird. Der Kettenbruch für ε^3 ist

$$\varepsilon^3 = (4, 4, 4, \cdots).$$

Da $\varepsilon^3 < 5$ ist, so kann nach Hilfssatz I die zur Klasse $\mathfrak{K}$ gehörende Nennerreihe K keine von 1 und 3 verschiedene Zahl enthalten.

Sind alle Zahlen k_ν gleich 1, ist also K die Reihe

$$(K_{-2}) \qquad \cdots, 1, 1, 1, \cdots,$$

so wird für jedes ν

$$u_\nu = v_\nu = (0, 1, 1, \cdots) = \frac{\sqrt{5}-1}{2}$$

und

$$Q_\nu = \sqrt{5} < \varepsilon^3.$$

Ist ferner K die Reihe

$$(K_0) \qquad \cdots, 3, 3, 3, \cdots,$$

so wird für jedes ν

$$u_\nu = v_\nu = (0, 3, 3, \cdots) = \frac{\sqrt{13}-3}{2}$$

und

$$Q_\nu = \sqrt{13} < \varepsilon^3.$$

Im ersten Fall ist die reduzierte Form φ_1, abgesehen von einem konstanten Faktor, gleich

$$\psi_{-2} = (1, 1, -1) = (p_{-1}, p_{-1}, -p_2).$$

Im zweiten Fall ist $\varphi_1 = \text{const.}\ (1, 3, -1)$. Die Form $(1, 3, -1)$ ist der Form

$$\psi_0 = (1, 1, -3) = (p_1, p_1, -p_4)$$

äquivalent.

Sieht man von diesen beiden Fällen ab, so müssen in der Reihe K beide Zahlen 1 und 3 vorkommen. Da ferner $\varepsilon^3 < \frac{23}{5}$ ist, so können nach Hilfssatz II in K auch nicht zwei aufeinanderfolgende Zahlen gleich 3 sein. Es sei nun für einen speziellen Wert von ν insbesondere

$k_\nu = 3$. Schreibt man zur Abkürzung u, v für u_ν, v_ν, so erhält die Ungleichung (12.) die Form

$$\frac{3+u+v}{1-u+v} \leqq \varepsilon^3 = 4 + \varepsilon^{-3}.$$

Hieraus folgt, wenn wir beachten, daß

$$p_{-1} = 1, \quad p_1 = 1, \quad p_2 = 1, \quad p_4 = 3, \quad p_5 = 5$$

ist,

$$(13.) \qquad \frac{-p_2 + p_5 u - p_4 v}{p_{-1} - p_2 u + p_1 v} \leqq \varepsilon^{-3}.$$

Ist hier der Zähler positiv, so wird

$$\frac{p_{-1} - p_2 u + p_1 v}{-p_2 + p_5 u - p_4 v} \geqq \varepsilon^3 = 4 + \varepsilon^{-3},$$

also (vgl. Formel (9.)).

$$\frac{p_5 - p_8 u + p_7 v}{-p_2 + p_5 u - p_4 v} \geqq \varepsilon^{-3},$$

und hieraus folgt wieder

$$\frac{-p_8 + p_{11} u - p_{10} v}{p_5 - p_8 u + p_7 v} \leqq \varepsilon^{-3},$$

wobei der Nenner jedenfalls positiv ist.

Indem wir nun auf diese Ungleichung dieselbe Schlußweise anwenden wie auf die Ungleichung (13.) und das Verfahren fortsetzen, erkennen wir: ist für einen Index k

$$P_k = -p_{6k+2} + p_{6k+5} u - p_{6k+4} v$$

positiv, so wird

$$\frac{p_{6k+5} - p_{6k+8} u + p_{6k+7} v}{P_k} \geqq \varepsilon^{-3},$$

und daher ist der Zähler gewiß positiv.

Es sei zunächst P_k für alle Werte von k positiv. Dann ist also für $k = 1, 2, 3, \cdots$

$$-p_{6k+2} + p_{6k+5} u - p_{6k+4} v > 0,$$

$$p_{6k+5} - p_{6k+8} u + p_{6k+7} v > 0.$$

Dividiert man durch p_{6k+5}, bzw. p_{6k+8} und läßt k über alle Grenzen wachsen, so erhält man, da

$$\lim_{n=\infty} \frac{p_{n-1}}{p_n} = \gamma, \qquad \lim_{n=\infty} \frac{p_{n-3}}{p_n} = \gamma^3$$

ist,

$$-\gamma^3 + u - \gamma v \geqq 0, \qquad \gamma^3 - u + \gamma v \geqq 0,$$

also

$$u = \gamma v + \gamma^3.$$

Gibt es ferner eine Zahl k, für die $P_k \leqq 0$ wird, so erhalten wir

$$u \leqq \frac{p_{6k+4}}{p_{6k+5}} v + \frac{p_{6k+2}}{p_{6k+5}}.$$

Der rechtsstehende Ausdruck ist, wie aus den Formeln (10.) und (11.) folgt, kleiner als $\gamma v + \gamma^3$. In jedem Fall ist also

(14.) $$u \leqq \gamma v + \gamma^3.$$

Hieraus folgt, da $v \leqq u$ ist, $u \leqq \gamma u + \gamma^3$ oder, da

(15.) $$\gamma^3 = \gamma - \gamma^2 = 2\gamma - 1$$

ist, $u \leqq \gamma$. Ist zunächst $u = \gamma$, so muß auch $v = \gamma$ sein. In diesem Fall wird

$$Q_\nu = 3 + u + v = 3 + 2\gamma = 2 + \sqrt{5}.$$

Die Reihe K ist hier, da $\gamma = (0, 1, 1, \cdots)$ ist, die Reihe

(K_∞) $$\cdots 1 1 3 1 1 \cdots.$$

Setzt man $k_0 = 3$, so wird $r_0 = 3 + \gamma$, $s_0 = \gamma$, und hieraus ergibt sich, daß die reduzierte Form φ_0 die Gestalt

$$\varphi_0 = \text{const.}\,(-\sqrt{5}, 3, 1)$$

erhält. Die Form $(-\sqrt{5}, 3, 1)$ ist der Form

$$\psi_\infty = \left(1, 1, -2-\sqrt{5}\right)$$

äquivalent.

Es sei nun $u < \gamma$. Dann haben die Kettenbrüche für u und v die Form

$$u = (0, \overbrace{1, 1, \cdots, 1}^{m}, 3, \cdots), \qquad v = (0, \overbrace{1, 1, \cdots, 1}^{n}, 3, \cdots).$$

Auf Grund der am Schluß des vorigen Paragraphen gemachten Bemerkung ergibt sich aus $u < \gamma$, $v < \gamma$, daß m und n gerade Zahlen sein müssen; außerdem ist wegen $v \leqq u$ die Zahl m nicht kleiner als n. Ich will nun zeigen, daß *die Ungleichung* (14.) *nur dann bestehen kann, wenn* $m = n$ *ist.*

Es sei nämlich $m > n$, also $m \geqq n + 2$. Dann ist (vgl. § 3)

$$u > \frac{p_m}{p_{m+1}} \geqq \frac{p_{n+2}}{p_{n+3}}, \qquad v < \frac{p_n + p_{n+2}}{p_{n+1} + p_{n+3}}.$$

Aus (14.) und (15.) folgt daher

$$\frac{p_{n+2}}{p_{n+3}} < \gamma \frac{p_n + p_{n+2}}{p_{n+1} + p_{n+3}} + 2\gamma - 1.$$

Diese Ungleichung läßt sich, wie sich aus (5.) ergibt, in der Form

$$\gamma \cdot \frac{p_{n+3}}{p_{n+4}} > \frac{p_{n+1} + p_{n+3}}{p_{n+3} + p_{n+5}}$$

schreiben. Da ferner n gerade und also $\gamma < \frac{p_{n+5}}{p_{n+6}}$ ist, so folgt hieraus

$$p_{n+3}^2 p_{n+5} + p_{n+3} p_{n+5}^2 > p_{n+1} p_{n+4} p_{n+6} + p_{n+3} p_{n+4} p_{n+6}.$$

Nun ist aber nach Formel (8'.)

$$p_{n+3}^2 = 1 + p_{n+2} p_{n+4}, \qquad p_{n+5}^2 = 1 + p_{n+4} p_{n+6}.$$

Daher müßte

$$p_{n+3} + p_{n+5} + p_{n+2} p_{n+4} p_{n+5} > p_{n+1} p_{n+4} p_{n+6}$$

sein. Es ist aber, wie aus der Formel (8.) folgt,

$$p_{n+1} p_{n+6} - p_{n+2} p_{n+5} = p_4 = 3,$$

also müßte

$$p_{n+3} + p_{n+5} > 3 p_{n+4}$$

sein. Dies ist aber falsch, denn es ist

$$p_{n+3} + p_{n+5} = 2p_{n+3} + p_{n+4} = 2(p_{n+4} - p_{n+2}) + p_{n+4} < 3p_{n+4}.$$

Daher muß in der Tat $m = n$ sein.

Unsere Diskussion hat ergeben, daß, wenn K von den Reihen K_{-2}, K_0 und K_∞ verschieden ist, die von uns betrachtete Zahl $k_\nu = 3$ zwischen zwei Gruppen von gleichvielen Einsen stehen muß, wobei diese Anzahl gerade ist. Da dies für jede Drei in der Reihe K gilt, so muß K die Form

$$(K_n) \qquad \cdots 3\; \overbrace{1\,1 \cdots 1}^{n}\; 3\; \overbrace{1\,1 \cdots 1}^{n}\; 3 \cdots \qquad (n = 2, 4, 6, \ldots)$$

haben. In diesem Fall wird, wenn $k_0 = 3$ angenommen wird,

$$r_0 = 3 + s_0, \qquad s_0 = (0, 1, 1, \cdots, 1, 3 + s_0).$$

Wir erhalten

$$s_0 = \frac{p_{n-1} + p_n (3 + s_0)}{p_n + p_{n+1}(3 + s_0)} = \frac{p_n + p_{n+2} + s_0 p_n}{p_n + 3p_{n+1} + s_0 p_{n+1}},$$

also

$$p_{n+1} s_0^2 + 3p_{n+1} s_0 = p_n + p_{n+2}.$$

Die Diskriminante dieser Gleichung ist

$$9p_{n+1}^2 + 4p_{n+1}(p_n + p_{n+2}) = p_{n+1} p_{n+7}.$$

Auf Grund der Formeln des § 1 erhält man

$$\varphi_0 = \text{const.}\,(-p_n - p_{n+2},\; 3p_{n+1},\; p_{n+1}).$$

Die rechts (in den Klammern) stehende Form ist der Form

$$\psi_n = (p_{n+1},\; p_{n+1},\; -p_{n+4})$$

äquivalent.

Jedesmal, wenn $k_\nu = 3$ ist, wird

$$Q_\nu = 3 + u_\nu + v_\nu = r_\nu + s_\nu = \sqrt{\frac{p_{n+7}}{p_{n+1}}}.$$

Da aber nach Formel (7.)

$$p_{n+7} = p_7 p_{n+1} + p_6 p_n = 13 p_{n+1} + 8 p_n$$

ist und n eine gerade Zahl bedeutet, so ist

$$Q_\nu = \sqrt{13 + \frac{8 p_n}{p_{n+1}}} < \sqrt{13 + 8\gamma} = \sqrt{9 + 4\sqrt{5}} = 2 + \sqrt{5}\,.$$

Ist ferner $n > 2$, so kommt in der Reihe K_n keine Folge 3113 vor. Daher ist nach Hilfssatz III für $k_\nu = 1$

$$Q_\nu < 4 < \sqrt{13 + \frac{8 p_2}{p_3}} < \sqrt{13 + \frac{8 p_n}{p_{n+1}}}\,.$$

Hieraus folgt, daß bei der Klasse $\mathfrak{K}(\psi_n)$

$$\frac{\sqrt{D}}{B} = \sqrt{13 + \frac{8 p_n}{p_{n+1}}} \tag{16.}$$

ist. In dem ausgeschlossenen Falle $n = 2$ wird

$$\psi_2 = (2, 2, -8), \qquad D = 4.17\,.$$

In der zugehörigen Formenklasse ist gewiß der absolut kleinste unter den mittleren Koeffizienten gleich 2, also ist in Übereinstimmung mit (16.)

$$\frac{\sqrt{D}}{B} = \sqrt{17} = \sqrt{13 + \frac{8 p_2}{p_3}}\,.$$

In derselben Weise wie für $n > 2$ schließt man, daß bei der Klasse $\mathfrak{K}(\psi_\infty)$

$$\frac{\sqrt{D}}{B} = 2 + \sqrt{5}$$

wird.

Beachtet man noch, daß

$$\lim_{n=\infty} \sqrt{13 + \frac{8 p_n}{p_{n+1}}} = \sqrt{13 + 8\gamma} = 2 + \sqrt{5}$$

ist, so erkennt man, daß wir im vorhergehenden den Satz I in allen Teilen bewiesen haben.

Zu bemerken ist noch, daß auch bei ungeradem n die zur Klasse $\mathfrak{K}(\psi_n)$ gehörende Zahl B der Gleichung (16.) genügt. Die rechtsstehenden Werte konvergieren, wenn n die Zahlen $1, 3, 5, \cdots$ durchläuft, abnehmend gegen $2 + \sqrt{5}$. Daher häufen sich bei $2 + \sqrt{5}$ die Werte $\frac{\sqrt{D}}{B}$ sowohl von links als auch von rechts.

§ 5.

Ich wende mich nun zum Beweis des Satzes II.

Es sei

$$\mu(x, y) = ax^2 + bxy - cy^2$$

eine indefinite Minimalform von der Diskriminante $D = b^2 + 4ac$, d. h. es sei

$$0 \leqq b \leqq a \leqq c, \quad a > 0$$

und a die kleinste durch $|\mu|$ darstellbare Zahl. Die Form μ ist dadurch charakterisiert, daß für jedes ganzzahlige Wertepaar x, y aus $\mu(x, y) > 0$ die Ungleichung $\mu(x, y) \geqq a$ und aus $\mu(x, y) < 0$ die Ungleichung $-\mu(x, y) \geqq a$ folgt.

Ist nun

$$\mu(1, 1) = a + b - c$$

positiv, so wird $a + b - c \geqq a$, also $b \geqq c$. Dieser Fall tritt, da $c \geqq a \geqq b$ ist, nur dann ein, wenn μ die Form

$$\mu_1 = (a, a, -a)$$

ist. Bei dieser Form ist

$$\frac{\sqrt{D}}{b} = \sqrt{5}.$$

Ist μ von μ_1 verschieden, so muß $a + b - c > 0$, also $c - a - b \geqq a$, d. h.

(17.) $$c \geqq 2a + b$$

sein. Hieraus folgt

$$D = b^2 + 4ac \geqq b^2 + 8a^2 + 4ab \geqq 13b^2,$$

also

$$\frac{\sqrt{D}}{b} \geqq \sqrt{13}.$$

Das Gleichheitszeichen steht hier dann nur, wenn $c = a$, $c = 2a + b$ wird, d. h. wenn μ die Form

$$\mu_2 = (a, a, -3a)$$

ist.

Es sei also μ von μ_1 und μ_2 verschieden. Ist nun

$$\mu(4, 3) = 16a + 12b - 9c$$

positiv, so muß diese Zahl $\geqq a$ sein; dies liefert

$$15a + 12b \geqq 9c \geqq 9(2a + b),$$

also $b \geqq a$. Da aber $b \leqq a$ sein soll, so müßte $b = a$ und zugleich $c = 2a + b$ sein. Es würde sich also $\mu = \mu_2$ ergeben. Da wir diesen Fall ausgeschlossen haben, so muß $\mu(4, 3) < 0$, also $9c - 12b - 16a \geqq a$, d. h.

(18.) $$c \geqq \frac{17}{9}a + \frac{12}{9}b$$

sein. Hieraus folgt

$$D = b^2 + 4ac \geqq b^2 + 4a\left(\frac{17}{9}a + \frac{12}{9}b\right),$$

also, da $a \geqq b$ ist,

$$\frac{\sqrt{D}}{b} \geqq \sqrt{13 + \frac{8}{9}}.$$

Das Gleichheitszeichen könnte hier nur dann stehen, wenn $b = a$, $c = \frac{17}{9}a + \frac{12}{9}b$ ist. Dies führt auf die Form

$$\mu = \frac{a}{9}(9x^2 + 9xy - 29y^2).$$

Diese Form ist aber keine Minimalform, denn es ist

$$\mu(15, 11) = \frac{a}{9} < a.$$

Um nun für a, b, c eine Ungleichung abzuleiten, die noch präziser als die Ungleichung (18.) ist, hätte man zwei ganze Zahlen x, y zu bestimmen, für die man schließen könnte, daß aus $\mu(x, y) > 0$ in Verbindung mit der Ungleichung (18.) $b \geqq a$ folgt. Ich will jedoch die Betrachtung gleich allgemeiner durchführen.

Man setze

$$\alpha = 2 + \sqrt{3}, \qquad \alpha' = 2 - \sqrt{3} = \alpha^{-1}$$

und

$$x_n = \frac{\alpha^n - \alpha'^n}{\alpha - \alpha'}, \qquad y_n = x_n - x_{n-1}. \qquad (n = 0, 1, 2, \cdots)$$

Da α und α' der Gleichung $x^2 = 4x - 1$ genügen, so ist

$$x_n = 4x_{n-1} - x_{n-2}.$$

Die Zahlen x_n und y_n sind positive ganze Zahlen:

$$x_1 = 1,\ x_2 = 4,\ x_3 = 15,\ x_4 = 56,\ \cdots$$
$$y_1 = 1,\ y_2 = 3,\ y_3 = 11,\ y_4 = 41.\ \cdots.$$

Man beweist leicht die Formeln

(19.) $$y_{n+1} - x_n = x_n + y_n,$$

(20.) $$x_{n+1}y_n - x_n y_{n+1} = x_n^2 - x_{n-1}x_{n+1} = 1.$$

Offenbar ist

$$\lim_{n=\infty} \frac{x_n}{x_{n-1}} = \alpha,$$

und hieraus folgt

(21.) $$\lim_{n=\infty} \frac{x_n}{y_n} = \frac{\alpha}{\alpha - 1} = \frac{1+\sqrt{3}}{2}.$$

Ich will nun zeigen, daß bei jeder Minimalform μ, die von μ_1 und μ_2 verschieden ist, $\mu(x_n, y_n) < 0$, also $-\mu(x_n, y_n) \geqq a$, d. h.

$$(22.)\qquad c \geqq a\,\frac{x_n^2+1}{y_n^2} + b\,\frac{x_n}{y_n}$$

sein muß. Für $n = 1$ und $n = 2$ stimmt diese Formel mit den Ungleichungen (17.) und (18.) überein. Es sei für einen Index $n \geqq 2$ schon bewiesen, daß (22.) gilt. Wäre nun $\mu(x_{n+1}, y_{n+1}) > 0$, so müßte $\mu(x_{n+1}, y_{n+1}) \geqq a$, also

$$a(x_{n+1}^2 - 1) + b x_{n+1} y_{n+1} \geqq c y_{n+1}^2 \geqq y_{n+1}^2\left(a\,\frac{x_n^2+1}{y_n^2} + b\,\frac{x_n}{y_n}\right)$$

sein. Diese Ungleichung läßt sich in der Form

$$b y_n y_{n+1}(x_{n+1} y_n - x_n y_{n+1}) \geqq a\left[y_{n+1}^2(x_n^2+1) - y_n^2(x_{n+1}^2 - 1)\right]$$

schreiben. Auf Grund der Formeln (19.) und (20.) ergibt sich, daß der Koeffizient von b gleich $y_n y_{n+1}$ und der von a gleich

$$y_{n+1}^2 + y_n^2 - y_{n+1}x_n - y_n x_{n+1} = y_{n+1}(y_{n+1} - x_n) - y_n x_{n+1} + y_n^2$$
$$= y_{n+1}(y_n + x_n) - y_n x_{n+1} + y_n^2 = y_n y_{n+1} + y_n^2 - 1$$

ist. Dieser Ausdruck ist, da für $n \geqq 2$ stets $y_n > 1$ ist, größer als $y_n y_{n+1}$. Wir würden daher $b > a$ erhalten, was nicht richtig ist.

Läßt man in der nun bewiesenen Ungleichung (22.) n über alle Grenzen wachsen, so erhält man wegen (21.)

$$(23.)\qquad c \geqq \left(\frac{1+\sqrt{3}}{2}\right)^2 a + \frac{1+\sqrt{3}}{2}\,b,$$

also

$$c \geqq \frac{2+\sqrt{3}}{2}\,a + \frac{1+\sqrt{3}}{2}\,b.$$

Hieraus folgt

$$D = b^2 + 4ac \geqq b^2 + (4 + 2\sqrt{3})a^2 + (2 + 2\sqrt{3})ab \geqq (7 + 4\sqrt{3})b^2,$$

also

$$\frac{\sqrt{D}}{b} \geqq 2 + \sqrt{3}.$$

Das Gleichheitszeichen steht hier dann und nur dann, wenn $b = a$ und $2c = (2+\sqrt{3})\,a + (1+\sqrt{3})\,b$ wird, wenn also μ die Form

$$\mu_3 = a\left(1, 1, -\frac{3+2\sqrt{3}}{2}\right)$$

ist.

Die Ungleichung (23.) besagt offenbar, daß *bei jeder Minimalform* $\mu = (a, b, -c)$, *die von* μ_1 *und* μ_2 *verschieden ist, die positive Wurzel der Gleichung*

$$ax^2 + bx - c = 0$$

nicht kleiner als $\frac{1+\sqrt{3}}{2}$ *und die negative Wurzel nicht größer als* $-\frac{1+\sqrt{3}}{2}$ *sein kann.*

§ 6.

Der Satz II enthält noch weiter die Aussage, daß die Form μ_3 eine Minimalform ist, und daß für jede Zahl $g > 2 + \sqrt{3}$ eine Minimalform angegeben werden kann, bei der $\sqrt{D} < gb$ wird.

Dies erkennt man folgendermaßen. Die Form μ_3, bei der der Einfachheit wegen $a = 1$ angenommen werden darf, hat die Diskriminante $(2+\sqrt{3})^2$ und ist der reduzierten Form

$$\varphi_0 = \left(-\frac{2\sqrt{3}-1}{2}, 3, 1\right)$$

äquivalent. Die Wurzeln der Gleichung

$$z^2 + 3z - \frac{2\sqrt{3}-1}{2} = 0$$

sind $-\frac{5+\sqrt{3}}{2}$ und $\frac{\sqrt{3}-1}{2}$. In den Bezeichnungen des § 1 ist daher bei der Formenklasse $\mathfrak{K}(\mu_3)$

$$r_0 = \frac{5+\sqrt{3}}{2}, \quad s_0 = \frac{\sqrt{3}-1}{2}$$

zu setzen. Für s_0 gilt die Kettenbruchentwicklung

$$s_0 = (0, 2, 1, 2, 1, \cdots).$$

Da außerdem $r_0 = 3 + s_0$ ist, so gehört zu $\mathfrak{K}(\mu_3)$ die Nennerreihe

$$(K') \qquad \cdots 1, 2, 1, 2, 3, 2, 1, 2, 1, \cdots.$$

Man bezeichne diese Zahlen mit $k_\nu (\nu = 0, \pm 1, \pm 2, \cdots)$, wobei $k_0 = 3$ sein soll; ferner definiere man die Zahlen r_ν und s_ν, wie in § 1, durch die Gleichungen

$$r_\nu = (k_\nu, k_{\nu+1}, k_{\nu+2}, \cdots), \quad s_\nu = (0, k_{\nu-1}, k_{\nu-2}, \cdots).$$

Um nun zu beweisen, daß 1 die kleinste durch $|\mu_3|$ darstellbare Zahl ist, haben wir nur zu zeigen, daß

$$r_0 + s_0 = 2 + \sqrt{3} = \alpha$$

die größte unter den Zahlen $r_\nu + s_\nu$ ist (vgl. § 1). Dies ist aber sehr leicht zu erkennen. Denn ist $k_\nu = 1$, so wird

$$r_\nu + s_\nu < 3 < \alpha.$$

Ist aber $k_\nu = 2$, so hat $r_\nu + s_\nu$ entweder die Form

$$2 + (0, 3, \cdots) + (0, 1, \cdots)$$

und ist kleiner als $3 + \frac{1}{3} < \alpha$, oder es ist $r_\nu + s_\nu$ von der Form

$$2 + \frac{1}{1+t} + \frac{1}{1+u},$$

wo t und u größer als $\frac{1}{3}$ sind. Eine solche Zahl ist aber kleiner als $2 + \frac{3}{2}$, also wieder kleiner als α.

Daß ferner zu jeder Zahl $g > 2 + \sqrt{3}$ eine Minimalform μ bestimmt werden kann, bei der $\sqrt{D} < gb$ ist, ergibt folgende Betrachtung. Man betrachte eine Formenklasse $\mathfrak{K}$, zu der eine von K' verschiedene Nennerreihe $K^{(n)}$ gehört, in der

$$k_0 = 3, \; k_1 = 2, \; k_2 = 1, \; k_3 = 2, \; k_4 = 1, \ldots, \; k_{2n-1} = 2, \; k_{2n} = 1$$

ist, und $k_{2n+1}, k_{2n+2}, \cdots$ irgendwie gleich 1 oder gleich 2 gewählt seien, aber so, daß nicht zwei aufeinanderfolgende Zahlen gleich eins sind. Außerdem soll $K^{(n)}$ in bezug auf k_0 symmetrisch, d. h. $k_{-1} = k_1$, $k_{-2} = k_2, \cdots$ sein. Bei einer solchen Reihe ist

$$r_0 = 3 + s_0, \quad s_0 = (0, 2, 1, \cdots),$$

also $s_0 > \frac{1}{3}$ und

$$r_0 + s_0 > 3 + \frac{2}{3}.$$

Ebenso wie bei der Reihe (K') schließt man, daß $r_0 + s_0$ die größte unter den Zahlen $r_\nu + s_\nu$ ist. Sind

$$\varphi_\nu = (-1)^{\nu-1} a_\nu x^2 + b_\nu xy + (-1)^\nu a_{\nu+1} y^2 \qquad (a_\nu > 0)$$

die zu $\mathfrak{K}$ gehörenden reduzierten Formen und setzt man $a_1 = 1$, so erhält φ_0 die Gestalt

$$\varphi_0 = (-a_0, 3, 1).$$

Diese Form ist der Form

$$\mu = (1, 1, -2 - a_0)$$

äquivalent. Aus den Formeln $\frac{\sqrt{D}}{a_{\nu+1}} = r_\nu + s_\nu$ ergibt sich, daß $a_1 = 1$ die kleinste unter den Zahlen a_ν, also zugleich die kleinste durch $|\mu|$ darstellbare Zahl ist. Daher ist μ eine Minimalform. Da hier $b = a = 1$ ist, so wird

$$\frac{\sqrt{D}}{b} = \sqrt{D} = r_0 + s_0.$$

Diese Zahl ist, da μ gewiß von μ_1, μ_2, μ_3 verschieden ist, nach dem früher Bewiesenen größer als $2+\sqrt{3}$. Nun stimmen aber die Kettenbrüche für r_0 und s_0 in den ersten $2n$ Teilnennern mit den entsprechenden Kettenbrüchen bei der Form μ_3 überein. Da bei μ_3 die Summe dieser Kettenbrüche gleich $2+\sqrt{3}$, so können wir N so groß wählen, daß für alle $n \geqq N$ die Zahl r_0+s_0 in das Intervall $2+\sqrt{3} < x < g$ fällt.

Man kann nach diesem Prinzip sogar noch mehr zeigen. Es sei $K^{(n)}$ irgendeine Nennerreihe, wie wir sie vorhin beschrieben haben, Q die zugehörige Zahl $\frac{\sqrt{D}}{b}$. Ferner sei m eine positive ganze Zahl und $\bar{K}^{(n)}$ eine zweite Nennerreihe von derselben Art wie $K^{(n)}$, die in den Zahlen $k_1, k_2, \cdots, k_{2n+m}$ mit $K^{(n)}$ übereinstimmt. Zu $\bar{K}^{(n)}$ gehört wieder eine Minimalform, bei der $\frac{\sqrt{D}}{b}$ die Summe der zugehörigen Zahlen r_0 und s_0 ist. Da nun die Kettenbrüche für diese Zahlen in den ersten $2n+m$ Teilnennern mit den entsprechenden Kettenbrüchen bei der Reihe $K^{(n)}$ übereinstimmen, so können wir m so groß wählen, daß sich r_0+s_0 beliebig wenig von der Zahl Q unterscheidet.

Betrachtet man also die Gesamtheit aller Minimalformen, so ist nicht allein $2+\sqrt{3}$ *eine Häufungsstelle der Menge* $\mathfrak{M}$ *der zugehörigen Werte* $\frac{\sqrt{D}}{b}$, *sondern es liegen auch in jedem Intervall rechts von* $2+\sqrt{3}$ *unendlich viele andere Häufungsstellen von* $\mathfrak{M}$, *die selbst dieser Menge angehören.*

In den zu den Nennerreihen $K^{(n)}$ gehörenden Minimalformen können, da diese Reihen nicht periodisch sind, nicht alle Koeffizienten rationale Zahlen sein. Will man Minimalformen mit rationalen Koeffizienten erhalten, bei denen $\frac{\sqrt{D}}{b}$ sich beliebig wenig von $2+\sqrt{3}$ unterscheidet, so betrachte man eine periodische Nennerreihe K mit einer Periode der Form

$$3\;\overbrace{2\,1\,2\,1\cdots 2\,1\,2}^{2n+1}\;q_1\,q_2\cdots q_m\;\overbrace{2\,1\,2\cdots 1\,2\,1\,2}^{2n+1},$$

in der jede der Zahlen $q_1, q_2, \cdots, q_m$ gleich 1 oder gleich 2 ist, aber nicht zwei aufeinanderfolgende Zahlen den Wert 1 haben; außerdem soll

$$q_1 = q_m, \quad q_2 = q_{m-1}, \cdots, \quad q_m = q_1$$

sein. Eine solche Reihe ist, wenn $k_0 = 3$ angenommen wird, in bezug auf k_0 symmetrisch, und man schließt ähnlich wie früher, daß auch hier $r_0+s_0 = 3+2s_0$ die größte unter den Zahlen $r_\nu + s_\nu$ ist. Setzt man noch $a_1 = 1$, so wird wieder $\mu = (1, 1, -2-a_0)$ eine Minimalform, bei der $\frac{\sqrt{D}}{b}$ gleich $r_0 + s_0$ ist. Ebenso wie bei den Reihen $K^{(n)}$ erkennt man, daß diese Zahl sich, wenn n groß genug gewählt wird, beliebig wenig von $2 + \sqrt{3}$ unterscheidet.

Den einfachsten Fall erhält man, wenn man eine Periode der Form

$$3\,2\,1\,2\,1 \cdots 2\,1\,2$$

vorschreibt. Dieser Periode entspricht, wenn die Anzahl ihrer Glieder gleich $2n$ ist, die ganzzahlige Minimalform

$$\left(2x_n,\ 2x_n,\ -\frac{x_{n+2} - x_n}{2}\right),$$

wo x_n dieselbe Bedeutung wie in § 5 hat. Hierbei wird

$$\frac{\sqrt{D}}{b} = \sqrt{\frac{x_{n+2}}{x_n}}.$$

Diese Zahlen konvergieren mit wachsendem n beständig abnehmend gegen $2 + \sqrt{3}$.

23.

Über die Äquivalenz der Cesàroschen und Hölderschen Mittelwerte

Mathematische Annalen 74, 447 - 458 (1913)

Ist

$$(x) \qquad x_1, x_2, x_3, \cdots$$

eine konvergente Zahlenfolge und $\lim_{n=\infty} x_n = \xi$, so konvergieren bekanntlich auch die Mittelwerte

$$h_n^{(1)} = \frac{x_1 + x_2 + \cdots + x_n}{n}$$

gegen ξ. Definiert man weiter $h_n^{(2)}, h_n^{(3)}, \cdots$ durch die Gleichungen

$$h_n^{(2)} = \frac{h_1^{(1)} + h_2^{(1)} + \cdots + h_n^{(1)}}{n}, \quad h_n^{(3)} = \frac{h_1^{(2)} + h_2^{(2)} + \cdots + h_n^{(2)}}{n}, \cdots,$$

so wird daher für jedes k auch $\lim_{n=\infty} h_n^{(k)} = \xi$. Die Zahlen $h_n^{(1)}, h_n^{(2)}, \cdots$ heißen die Hölderschen Mittelwerte. Eine andere Klasse von Mittelwerten hat Cesàro eingeführt: er setzt

$$s_n^{(1)} = x_1 + x_2 + \cdots + x_n, \quad s_n^{(2)} = s_1^{(1)} + s_2^{(1)} + \cdots + s_n^{(1)}, \cdots$$

und

$$c_n^{(k)} = \frac{s_n^{(k)}}{\binom{n+k-1}{k}}.\text{*)}$$

Diese Mittelwerte haben dieselbe Eigenschaft wie die Hölderschen: aus $\lim_{n=\infty} x_n = \xi$ folgt für jedes k auch $\lim_{n=\infty} c_n^{(k)} = \xi$.

Es kann nun eintreten, daß für ein gegebenes k die Folge der Zahlen $h_n^{(k)}$

*) An Stelle dieser Zahlen betrachtet man vielfach die Quotienten $\frac{k!\, s_n^{(k)}}{n^k}$. Für die Konvergenzfrage ist es ohne Bedeutung, welche der beiden Mittelbildungen man in Betracht zieht.

konvergent wird, ohne daß die Folge (x) konvergiert. Dasselbe gilt auch für die Cesàroschen Mittelwerte. Es besteht aber folgender

Äquivalenzsatz. *Für jeden Wert von k sind die Folgen*

$(h^{(k)})$ $$h_1^{(k)},\ h_2^{(k)},\ h_3^{(k)},\ \cdots$$

und

$(c^{(k)})$ $$c_1^{(k)},\ c_2^{(k)},\ c_3^{(k)},\ \cdots$$

entweder beide konvergent oder beide divergent. Im Falle der Konvergenz ist

$$\lim_{n=\infty} h_n^{(k)} = \lim_{n=\infty} c_n^{(k)}. \tag{1}$$

Daß sich aus der Konvergenz der Folge $(h^{(k)})$ auch die Konvergenz von $(c^{(k)})$ (gegen denselben Grenzwert) ergibt, hat zuerst Herr K. Knopp*) gezeigt. Den ersten Beweis für den umgekehrten Satz verdankt man Herrn W. Schnee**). Auf anderem Wege hat den Äquivalenzsatz Herr W. B. Ford***) bewiesen. Diese Beweise beruhen aber auf wenig durchsichtigen Rechnungen.

Ich zeige im folgenden, daß die Zahl $h_n^{(k)}$ sich in übersichtlicher Weise durch die $k-1$ ersten Hölderschen Mittelwerte der Zahlen $c_1^{(k)}, c_2^{(k)}, \cdots, c_n^{(k)}$ ausdrücken läßt (vgl. Formel (8)). Aus dieser Relation geht unmittelbar hervor, daß, wenn die Folge $(c^{(k)})$ konvergent ist, die Folge $(h^{(k)})$ gegen denselben Grenzwert konvergiert. Daß auch das Umgekehrte gilt, wird auf zwei verschiedene Arten aus allgemeinen Sätzen gefolgert. Ich erhalte zugleich eine nicht unwichtige Ergänzung des Äquivalenzsatzes (§ 2).

§ 1.

Es sei

(x) $$x_1, x_2, x_3, \cdots$$

eine Folge von reellen oder komplexen Größen und

$$A = \begin{pmatrix} a_{11} & 0 & 0 & \cdots \\ a_{21} & a_{22} & 0 & \cdots \\ a_{31} & a_{32} & a_{33} & \cdots \\ \cdot & \cdot & \cdot & \cdot \end{pmatrix} = (a_{\varkappa\lambda})\dagger)$$

*) „Grenzwerte von Reihen bei der Annäherung an die Konvergenzgrenze", Inaugural-Dissertation, Berlin, 1907.

**) „Die Identität des Cesàroschen und Hölderschen Grenzwertes", Math. Ann. 67 (1909), S. 110—125.

***) „On the relation between the sum-formulas of Hölder and Cesàro", Amer. Journ. 32 (1910), S. 315—326.

†) Im folgenden sind alle Zahlen $a_{\varkappa\lambda}, b_{\varkappa\lambda}, \cdots$ stets gleich 0 zu setzen, wenn $\varkappa < \lambda$ ist.

ein Koeffizientensystem, in dem *die Zahlen* $a_{11}, a_{22}, \cdots$ *von Null verschieden sein sollen.* Setzt man

$$(2) \qquad y_n = a_{n1}x_1 + a_{n2}x_2 + \cdots + a_{nn}x_n \qquad (n = 1, 2, \cdots),$$

so erhält man in

$$(y) \qquad y_1, y_2, y_3, \cdots$$

eine neue Folge. Ich sage nun: *Die Folge* (y) *geht aus der Folge* (x) *durch Anwendung der Operation* $A = (a_{\varkappa\lambda})$ *hervor,* was ich auch kurz durch die Gleichung $(y) = A(x)$ andeute*). Ist die Folge (y) gegeben, so lassen sich die Zahlen $x_1, x_2, \cdots$ aus den Gleichungen (2) bestimmen. Die Auflösung liefert Gleichungen der Form

$$x_n = a'_{n1}y_1 + a'_{n2}y_2 + \cdots + a'_{nn}y_n \qquad (n = 1, 2, \cdots).$$

Das Koeffizientensystem $(a'_{\varkappa\lambda})$ und die zugehörige Operation bezeichne ich mit A^{-1} und nenne, wie üblich, A^{-1} die zu A inverse Operation. Aus $(y) = A(x)$ folgt demnach $(x) = A^{-1}(y)$.

Ist $B = (b_{\varkappa\lambda})$ ein zweites Koeffizientensystem von derselben Art wie A, und setzt man

$$z_n = b_{n1}y_1 + b_{n2}y_2 + \cdots + b_{nn}y_n \qquad (n = 1, 2, \cdots),$$

so lassen sich diese Größen auch in der Form

$$z_n = c_{n1}x_1 + c_{n2}x_2 + \cdots + c_{nn}x_n$$

darstellen. Hierbei wird

$$c_{\varkappa\lambda} = b_{\varkappa\lambda}a_{\lambda\lambda} + b_{\varkappa,\lambda+1}a_{\lambda+1,\lambda} + \cdots + b_{\varkappa\varkappa}a_{\varkappa\lambda} \qquad (\varkappa \geqq \lambda).$$

Das Koeffizientensystem $(c_{\varkappa\lambda})$ und die zugehörige Operation bezeichne ich mit BA. Aus $(y) = A(x)$, $(z) = B(y)$ ergibt sich also $(z) = BA(x)$. Ist $AB = BA$, so heißen A und B vertauschbar. In jedem Fall ist $(AB)^{-1} = B^{-1}A^{-1}$. Sind ferner α und β zwei Konstanten, so verstehe ich unter $\alpha A + \beta B$ die durch das Koeffizientensystem $\alpha a_{\varkappa\lambda} + \beta b_{\varkappa\lambda}$ bestimmte Operation. Diese Operation soll aber nur dann betrachtet werden, wenn unter den Zahlen $\alpha a_{\varkappa\varkappa} + \beta b_{\varkappa\varkappa}$ keine gleich Null ist.

Die identische Operation $y_n = x_n$ bezeichne ich mit E, die Mittelbildung

$$y_n = \frac{x_1 + x_2 + \cdots + x_n}{n} \qquad (n = 1, 2, \cdots)$$

mit M. Die zu M inverse Operation ist

$$x_n = ny_n - (n-1)y_{n-1}.$$

Die Hölderschen Mittelwerte $h_n^{(1)}, h_n^{(2)}, \cdots$ gehen dann aus der Folge (x) durch Anwendung der Operationen $M, M^2, \cdots$ hervor, und es wird

$$(h^{(k)}) = M^k(x), \qquad (h^{(k+1)}) = M(h^{(k)}).$$

*) Vgl. O. Toeplitz, „Über allgemeine lineare Mittelbildungen", Prace matematyczno-fizyczne 22 (1911), S. 113—119.

Es kann eintreten, daß jedesmal, wenn die Folge (x) konvergiert und $\lim_{n=\infty} x_n = \xi$ ist, auch $(y) = A(x)$ eine konvergente Folge und $\lim_{n=\infty} y_n = \xi$ wird. Dann nenne ich A eine *reguläre* Operation. Ist neben A auch A^{-1} regulär, so möge A eine *reversible* Operation heißen. Sind A und B zwei reguläre Operationen, so sind offenbar auch AB und $\alpha A + (1-\alpha)B$ regulär. Ebenso ist AB reversibel, wenn A und B reversible Operationen sind.

Besitzen zwei Operationen A und B die Eigenschaft, daß für jede Folge (x) die Folgen $(y) = A(x)$ und $(z) = B(x)$ entweder beide konvergent oder beide divergent sind und im Falle der Konvergenz denselben Grenzwert ergeben, so bezeichne ich A und B nach dem Vorgange von Herrn Toeplitz als *äquivalente* Operationen. Da

$$(y) = AB^{-1}(z), \qquad (z) = BA^{-1}(y)$$

wird, so sind A und B *dann und nur dann einander äquivalent, wenn* AB^{-1} *und* BA^{-1} *reguläre Operationen sind.*

Die notwendigen und hinreichenden Bedingungen dafür, daß eine Operation A regulär sei, hat Herr Toeplitz a. a. O. aufgestellt:

I. *Die Operation* $A = (a_{\varkappa\lambda})$ *ist dann und nur dann regulär, wenn erstens*

$$\lim_{n=\infty} (a_{n1} + a_{n2} + \cdots + a_{nn}) = 1 \tag{3}$$

ist, zweitens für jedes feste ν

$$\lim_{n=\infty} a_{n\nu} = 0 \tag{4}$$

wird und drittens die Zahlen

$$|a_{n1}| + |a_{n2}| + \cdots + |a_{nn}|$$

unterhalb einer von n *unabhängigen endlichen Schranke liegen.**)

Im folgenden werden wir mehrfach dem Fall begegnen, daß für jedes n die Zahlen $a_{n1}, a_{n2}, \cdots, a_{n,n-1}$ reelle Zahlen sind, die dasselbe Vorzeichen haben. Weiß man dann, daß die Gleichung (3) besteht, und daß die Zahlen $|a_{nn}|$ unterhalb einer endlichen Schranke liegen, so ist die dritte Bedingung von selbst erfüllt.

Man beweist auch leicht folgende Ergänzung des Satzes I:

Es sei $A = (a_{\varkappa\lambda})$ *eine reguläre Operation mit reellen, nicht negativen*

*) Daß diese drei Bedingungen hinreichend sind, und daß die beiden zuerst genannten notwendig erfüllt sein müssen, ist sehr leicht zu beweisen. Von der tiefer liegenden Tatsache, daß auch die dritte Bedingung eine notwendige ist, wird im folgenden kein Gebrauch gemacht.

Koeffizienten. Ist dann $x_1, x_2, \cdots$ *eine Folge reeller Zahlen, die der Bedingung* $\lim_{n=\infty} x_n = \infty$ *genügen, so ist auch*

$$\lim_{n=\infty} (a_{n1}x_1 + a_{n2}x_2 + \cdots + a_{nn}x_n) = \infty.$$

Wir haben folgendes zu zeigen: ist $g > 0$, so läßt sich k so bestimmen, daß für $n > k$

$$y_n = a_{n1}x_1 + a_{n2}x_2 + \cdots + a_{nn}x_n > g$$

wird. Es sei nun $x_n > 8g$ für $n > m$. Da die Koeffizienten $a_{\varkappa\lambda}$ den Bedingungen (3) und (4) genügen sollen, so kann man m' so wählen, daß für $n > m'$

$$a_{n1} + a_{n2} + \cdots + a_{nn} > \frac{1}{2}, \quad a_{n\mu} < \frac{1}{4m} \quad (\mu = 1, 2, \cdots, m)$$

und

$$|a_{n1}x_1 + a_{n2}x_2 + \cdots + a_{nm}x_m| < g$$

wird. Dann ist, wenn k die größere der beiden Zahlen m und m' bedeutet, für $n > k$

$$a_{n,m+1} + a_{n,m+2} + \cdots + a_{nn} > \frac{1}{4}$$

und

$$y_n = a_{n1}x_1 + \cdots + a_{nm}x_m + a_{n,m+1}x_{m+1} + \cdots + a_{nn}x_n > -g + \frac{8g}{4} = g.$$

§ 2.

Haben die Zeichen $h_n^{(k)}$, $s_n^{(k)}$ und $c_n^{(k)}$ dieselbe Bedeutung wie in der Einleitung, so wird

$$s_n^{(k)} = \binom{n+k-1}{k} c_n^{(k)} = s_1^{(k-1)} + s_2^{(k-1)} + \cdots + s_n^{(k-1)} = s_{n-1}^{(k)} + s_n^{(k-1)},$$

also

$$(5) \qquad \binom{n+k-1}{k} c_n^{(k)} = \sum_{\nu=1}^{n} \binom{\nu+k-2}{k-1} c_\nu^{(k-1)}.$$

Diese Gleichung läßt sich in der Form

$$\binom{n+k-1}{k} c_n^{(k)} = \binom{n+k-2}{k} c_{n-1}^{(k)} + \binom{n+k-2}{k-1} c_n^{(k-1)}$$

schreiben. Hieraus folgt

$$k c_n^{(k-1)} = (k-1)c_n^{(k)} + n c_n^{(k)} - (n-1)c_{n-1}^{(k)}.$$

Daher ist

$$(6) \qquad k \cdot \frac{c_1^{(k-1)} + c_2^{(k-1)} + \cdots + c_n^{(k-1)}}{n} = (k-1)\frac{c_1^{(k)} + c_2^{(k)} + \cdots + c_n^{(k)}}{n} + c_n^{(k)}.$$

Bezeichnet man nun mit S_k die Operation

$$S_k = \frac{1}{k} E + \frac{k-1}{k} M,$$

so besagt die Gleichung (6), daß

(7) $$M(c^{(k-1)}) = S_k(c^{(k)})$$

wird.

Nun ist aber $h_n^{(1)} = c_n^{(1)}$, daher ist

$$(h^{(2)}) = M(h^{(1)}) = M(c^{(1)}) = S_2(c^{(2)}).$$

Da ferner die Operationen $S_2, S_3, \cdots$ offenbar mit M (und auch untereinander) vertauschbar sind, so erhalten wir weiter

$$(h^{(3)}) = M(h^{(2)}) = MS_2(c^{(2)}) = S_2 M(c^{(2)}) = S_2 S_3(c^{(3)}).$$

Indem wir dieses Verfahren fortsetzen, gelangen wir zu der wichtigen Formel

(8) $$(h^{(k)}) = S_2 S_3 \cdots S_k(c^{(k)}).$$

Die Folge der k^{ten} Hölderschen Mittelwerte geht also aus der Folge der k^{ten} Cesàroschen Mittelwerte durch Anwendung der Operation

$$P_k = S_2 S_3 \cdots S_k$$

hervor.

Da nun M und also auch $S_2, S_3, \cdots$ reguläre Operationen sind, so ist auch die Operation P_k regulär. *Ist daher* $(c^{(k)})$ *eine konvergente Folge und* $\lim\limits_{n=\infty} c_n^{(k)} = \gamma^{(k)}$, *so ist auch* $\lim\limits_{n=\infty} h_n^{(k)} = \gamma^{(k)}$.*)

Der zu beweisende Äquivalenzsatz besagt nun weiter, daß auch die zu P_k inverse Operation regulär, also P_k reversibel ist. Da dies für jedes k gelten soll, so folgt aus dem Satz auch, daß

$$P_k P_{k-1}^{-1} = S_2 S_3 \cdots S_k S_{k-1}^{-1} \cdots S_3^{-1} S_2^{-1} = S_k.$$

eine reversible Operation ist. Können wir umgekehrt direkt beweisen, daß S_k für jedes k reversibel ist, so ergibt sich, daß auch P_k, als Produkt reversibler Operationen, dieselbe Eigenschaft besitzt.

Ehe ich zum Beweis der Reversibilität der Operation S_k übergehe, will ich noch auf eine Ergänzung des Äquivalenzsatzes aufmerksam machen, die sich aus der Formel (8) ergibt. Die Operation P_k läßt sich offenbar auf die Form

$$P_k = p_0 E + p_1 M + \cdots + p_{k-1} M^{k-1}$$

bringen, wo $p_0, p_1, \cdots, p_{k-1}$ reelle positive Zahlen sind. Da auch die Koeffizienten der Operationen $E, M, M^2, \cdots$ nicht negativ sind, so hat

*) Dieser Teil des Äquivalenzsatzes, der bis jetzt als der schwierigere galt, erscheint also hier als besonders einfach.

P_k positive Koeffizienten. Auf Grund der am Schluß des vorigen Paragraphen gemachten Bemerkung folgt daher aus (8) der Satz:

Sind die Zahlen $x_1, x_2, \cdots$, die zur Erzeugung der Mittelwerte $h_n^{(k)}$ und $c_n^{(k)}$ dienen, reell, und ist für ein gegebenes k

$$\lim_{n=\infty} c_n^{(k)} = \infty,$$

so ist auch

$$\lim_{n=\infty} h_n^{(k)} = \infty.$$

Der umgekehrte Satz ist aber nicht richtig. Denn wählt man z. B. die x_ν so, daß

$$c_{2\nu-1}^{(k)} = \nu, \quad c_{2\nu}^{(k)} = 0 \qquad (\nu = 1, 2, \cdots)$$

wird, so ist

$$\lim_{n=\infty} \frac{c_1^{(k)} + c_2^{(k)} + \cdots + c_n^{(k)}}{n} = \infty,$$

und da offenbar die Ungleichung

$$h_n^{(k)} > p_1 \frac{c_1^{(k)} + c_2^{(k)} + \cdots + c_n^{(k)}}{n}$$

gilt, so wird auch $\lim_{n=\infty} h_n^{(k)} = \infty$. In diesem Fall ist aber gewiß nicht $\lim_{n=\infty} c_n^{(k)} = \infty$.

Man schließt aber leicht, daß aus $\lim_{n=\infty} h_n^{(k)} = \infty$ die Gleichung

$$\limsup_{n=\infty} c_n^{(k)} = \infty$$

folgt.

§ 3.

Daß die Operation $S_k = \frac{1}{k} E + \frac{k-1}{k} M$ für jedes positive ganzzahlige k reversibel ist, folgt aus dem allgemeinen Satze

II. *Die Operation*

$$S = \alpha E + (1-\alpha) M$$

*ist dann und nur dann reversibel, wenn der reelle Teil der Zahl α positiv (> 0) ist.**)

---

*) Daß für $\Re(\alpha) > 0$ die Operation

$$z_{n+1} = \alpha x_{n+1} + (1-\alpha) \frac{x_1 + x_2 + \cdots + x_n}{n}$$

reversibel ist, hat für reelle α Herr J. Mercer (Proc. Lond. Math. Soc. (2) 5, S 206) und allgemein Herr G. H. Hardy (Quart. Journ. 43, S. 143) bewiesen.

Da S für jedes α eine reguläre Operation ist, so haben wir nur zu untersuchen, unter welchen Bedingungen auch S^{-1} regulär ist. Auszuschließen ist der Fall, daß α eine der Zahlen $-1, -\frac{1}{2}, -\frac{1}{3}, \cdots$ ist, da alsdann S überhaupt keine Inverse besitzt. Auch $\alpha = 0$ kann beiseite gelassen werden, da in diesem Fall $S = M$ wird, und M bekanntlich keine reversible Operation ist.

Es sei nun

$$(x) \qquad x_1, x_2, \cdots$$

eine gegebene Folge und $(y) = S(x)$, also

$$y_n = \alpha x_n + (1-\alpha)\frac{x_1 + x_2 + \cdots + x_n}{n}.$$

Hieraus folgt leicht

$$(9) \qquad n y_n - (n-1) y_{n-1} = [\alpha(n-1)+1]x_n - \alpha(n-1)x_{n-1}.$$

Nun sei

$$(10) \qquad x_n = a_{n1}y_1 + a_{n2}y_2 + \cdots + a_{nn}y_n.$$

Dann ist offenbar

$$(11) \qquad a_{nn} = \frac{n}{1+\alpha(n-1)},$$

also

$$(12) \qquad \lim_{n=\infty} a_{nn} = \frac{1}{\alpha}.$$

Setzt man ferner alle Zahlen $x_1, x_2, \cdots$ gleich 1, so werden auch alle Zahlen $y_1, y_2, \cdots$ gleich 1. Daher ist

$$(13) \qquad a_{n1} + a_{n2} + \cdots + a_{nn} = 1.$$

Aus (9) und (11) folgt ferner

$$a_{n,n-1} = \frac{\alpha(n-1)}{1+\alpha(n-1)}\, a_{n-1,n-1} - \frac{n-1}{1+\alpha(n-1)}$$

und für $\nu < n-1$

$$(14) \qquad a_{n,\nu} = \frac{\alpha(n-1)}{1+\alpha(n-1)}\, a_{n-1,\nu}.$$

Da nun

$$a_{n-1,n-1} = \frac{n-1}{1+\alpha(n-2)}$$

ist, so erhalten wir

$$a_{n,n-1} = \frac{\alpha(n-1)^2}{[1+\alpha(n-1)][1+\alpha(n-2)]} - \frac{n-1}{1+\alpha(n-1)} = \frac{(\alpha-1)(n-1)}{[1+\alpha(n-1)][1+\alpha(n-2)]}.$$

Auf Grund der Formel (14) ergibt sich nun leicht für jedes $\nu \leqq n-1$

$$a_{n\nu} = \frac{\alpha^{n-\nu-1}(\alpha-1)}{1+\alpha(\nu-1)} \cdot \frac{\nu(\nu+1)\cdots(n-1)}{[1+\alpha\nu][1+\alpha(\nu+1)]\cdots[1+\alpha(n-1)]}.$$

Setzt man $\frac{1}{\alpha} = \beta$, so läßt sich diese Gleichung auch in der Form

$$a_{n\nu} = \frac{\beta - \beta^2}{\beta + \nu - 1} \cdot \frac{1}{\left(1 + \frac{\beta}{\nu}\right)\left(1 + \frac{\beta}{\nu + 1}\right) \cdots \left(1 + \frac{\beta}{n - 1}\right)}$$

schreiben.

Ist nun α insbesondere eine reelle positive Zahl, so haben alle Zahlen $a_{n,\nu}$ $(\nu < n)$ dasselbe Vorzeichen (nämlich das Vorzeichen von $\alpha - 1$). Ferner ist

$$|a_{n\nu}| < \frac{|\beta - \beta^2|}{\beta + \nu - 1} \cdot \frac{1}{\beta\left(\frac{1}{\nu} + \frac{1}{\nu + 1} + \cdots + \frac{1}{n - 1}\right)}$$

also für jedes ν

$$\lim_{n=\infty} a_{n\nu} = 0.$$

Auf Grund des Toeplitzschen Satzes I folgt hieraus in Verbindung mit den Formeln (12) und (13), daß S^{-1} regulär ist. *Speziell ist also S_k für jedes k eine reversible Operation.*

Es sei nun α eine beliebige reelle oder komplexe Zahl. Setzt man

$$\frac{(m-1)!\, m^\beta}{\beta(\beta+1)\cdots(\beta+m-1)} = G_m(\beta),$$

so wird, wie eine einfache Rechnung zeigt,

$$a_{n1} = (\beta - \beta^2)\,\frac{G_n(\beta)}{n^\beta}$$

und für $1 < \nu \leqq n - 1$

$$a_{n\nu} = (\beta - \beta^2)\,\frac{(\nu-1)^{\beta-1} G_n(\beta)}{n^\beta G_{\nu-1}(\beta)}.$$

Da nun $\beta = \frac{1}{\alpha}$ keine negative ganze Zahl sein soll, konvergiert $G_n(\beta)$ mit wachsendem n gegen die endliche, von Null verschiedene Zahl $\Gamma(\beta)$. Ferner ist dann und nur dann $\lim_{n=\infty} |n^\beta| = \infty$, wenn $\Re(\beta)$ oder, was dasselbe ist, $\Re(\alpha)$ eine positive Zahl bedeutet. Ist daher $\Re(\alpha) > 0$, so ist für jedes ν

$$\lim_{n=\infty} a_{n\nu} = 0. \tag{15}$$

Dagegen ist, wenn $\Re(\alpha) \leqq 0$ wird, diese Bedingung für *kein* ν erfüllt. *Für $\Re(\alpha) \leqq 0$ ist daher S^{-1} keine reguläre Operation.*

Um nun zu zeigen, daß bei positivem $\Re(\alpha)$ die Operation $S^{-1} = (a_{\varkappa\lambda})$ allen Bedingungen des Satzes I genügt, haben wir unter Berücksichtigung der Formeln (12), (13) und (15) nur noch zu beweisen, daß die Summen

$$Q_n = |a_{n2}| + |a_{n3}| + \cdots + |a_{n,n-1}|$$

unterhalb einer endlichen Schranke liegen. Diese Summe hat aber die Form

$$Q_n = \frac{|\beta - \beta^2|}{|n^\beta|} \sum_{\nu=2}^{n-1} |(\nu-1)^{\beta-1}| \cdot \left| \frac{G_n(\beta)}{G_{\nu-1}(\beta)} \right|.$$

Da die Größen $|G_1(\beta)|$, $|G_2(\beta)|, \cdots$ gegen die von Null verschiedene Grenze $|\Gamma(\beta)|$ konvergieren, so sind die Faktoren $\left|\frac{G_n(\beta)}{G_{\nu-1}(\beta)}\right|$ unterhalb einer endlichen Zahl Q gelegen. Daher ist, wenn $\Re(\beta) = b$ gesetzt wird,

$$Q_n < Q|\beta - \beta^2| \frac{1^{b-1} + 2^{b-1} + \cdots + (n-2)^{b-1}}{n^b}.$$

Der hier auftretende, von n abhängige Faktor ist aber für $b \geqq 1$ kleiner als

$$\frac{n \cdot n^{b-1}}{n^b} = 1$$

und für $0 < b < 1$ kleiner als

$$\frac{1}{n^b} \int_0^n x^{b-1}\, dx = \frac{1}{b}.$$

Hiermit ist der Satz II vollständig bewiesen.

§ 4.

Man kann, von der Formel (5) ausgehend, den Beweis des Äquivalenzsatzes noch etwas anders darstellen. Diese Formel lehrt uns, daß die Operation U_k, welche die Folge $(c^{(k-1)})$ in die Folge $(c^{(k)})$ überführt, von der Form

(16) $$v_n = \frac{a_1 u_1 + a_2 u_2 + \cdots + a_n u_n}{a_1 + a_2 + \cdots + a_n}$$

ist, wobei

$$a_\nu = \binom{\nu + k - 2}{k - 1}$$

wird. Da ferner

$$(c^{(k)}) = U_k U_{k-1} \cdots U_1(x), \qquad (h^{(k)}) = M^k(x)$$

ist, so besagt der Äquivalenzsatz nur, daß die Operationen $U_k U_{k-1} \cdots U_1$ und M^k einander äquivalent sind (vgl. § 1). Um dies einzusehen, *genügt es aber zu zeigen, daß jede der Operationen $U_1, U_2, \cdots$ mit M äquivalent und zugleich mit M vertauschbar ist.* Denn sind allgemein $U_1, U_2, \cdots$ irgendwelche Operationen, welche diese beiden Eigenschaften besitzen, und setzt man $U_k = R_k M$, so wird R_k eine mit M vertauschbare reversible Operation, ferner wird

$$U_k U_{k-1} \cdots U_1 = R_k R_{k-1} \cdots R_1 \cdot M^k.$$

Da nun $R_k R_{k-1} \cdots R_1$ als Produkt von reversiblen Operationen selbst reversibel ist, so ist das links stehende Produkt eine mit M^k äquivalente Operation.

Daß nun U_k für jedes k mit M vertauschbar ist, kann direkt leicht gezeigt werden. Dies geht aber auch aus der Formel (7) hervor, denn diese Formel besagt nichts anderes, als daß

$$U_k = S_k^{-1} M$$

ist*), und da

$$S_k = \frac{1}{k} E + \frac{k-1}{k} M$$

mit M vertauschbar ist, so hat auch U_k dieselbe Eigenschaft. Die Äquivalenz der Operationen U_k und M kann man aber, unter Berücksichtigung der besonderen Gestalt der Operation U_k, aus einem allgemeineren Satze folgern:

III. *Es seien*

$$a_1, a_2, a_3, \cdots \quad und \quad b_1, b_2, b_3, \cdots$$

zwei Folgen reeller Zahlen, die folgenden Bedingungen genügen:

1. *Keine der Zahlen* a_n, b_n *ist gleich Null.*

2. *Die Summen*

$$s_n = a_1 + a_2 + \cdots + a_n, \qquad t_n = b_1 + b_2 + \cdots + b_n$$

sind sämtlich positiv, ferner ist

$$\lim_{n=\infty} s_n = \infty, \qquad \lim_{n=\infty} t_n = \infty.$$

3. *Es ist entweder*

$$\frac{a_1}{b_1} \geqq \frac{a_2}{b_2} \geqq \frac{a_3}{b_3} \geqq \cdots$$

oder

$$\frac{b_1}{a_1} \geqq \frac{b_2}{a_2} \geqq \frac{b_3}{a_3} \geqq \cdots.$$

4. *Die Quotienten*

$$\left|\frac{a_n t_n}{b_n s_n}\right| \quad und \quad \left|\frac{b_n s_n}{a_n t_n}\right|$$

sind unterhalb einer (von n unabhängigen) endlichen Schranke G gelegen. Dann sind die beiden Operationen

$$(A) \qquad v_n = \frac{a_1 u_1 + a_2 u_2 + \cdots + a_n u_n}{a_1 + a_2 + \cdots + a_n},$$

$$(B) \qquad w_n = \frac{b_1 u_1 + b_2 u_2 + \cdots + b_n u_n}{b_1 + b_2 + \cdots + b_n}$$

einander äquivalent.

---

*) Daß U_k diese einfache Gestalt hat, beruht nicht etwa auf einem Zufall. Man kann vielmehr zeigen, daß jede mit M vertauschbare Operation der Form (16) die Gestalt $S^{-1} M$ haben muß, wobei $S = \frac{a_1}{a_2} E + \left(1 - \frac{a_1}{a_2}\right) M$ wird. Setzt man $a_2 = \beta a_1$, so wird $a_n = \binom{\beta + n - 2}{n-1} a_1$.

Der Beweis ist sehr leicht zu führen: wir haben nur zu zeigen, daß die Operationen AB^{-1} und BA^{-1} den Bedingungen des Toeplitzschen Satzes I genügen.

Durch Auflösung der die Operation B definierenden Gleichungen erhalten wir

$$b_n u_n = t_n w_n - t_{n-1} w_{n-1} \qquad (t_0 = 0).$$

Daher ist

$$s_n v_n = \sum_{\nu=1}^{n} \frac{a_\nu}{b_\nu} (t_\nu w_\nu - t_{\nu-1} w_{\nu-1})$$

$$= \sum_{\nu=1}^{n-1} t_\nu \left(\frac{a_\nu}{b_\nu} - \frac{a_{\nu+1}}{b_{\nu+1}}\right) w_\nu + \frac{a_n t_n}{b_n} w_n.$$

Setzt man also $AB^{-1} = (c_{\varkappa\lambda})$, so wird

$$c_{n\nu} = \frac{t_\nu}{s_n}\left(\frac{a_\nu}{b_\nu} - \frac{a_{\nu+1}}{b_{\nu+1}}\right), \quad c_{nn} = \frac{a_n t_n}{b_n s_n} \qquad (1 \leqq \nu \leqq n-1).$$

Zunächst ist offenbar

$$c_{n1} + c_{n2} + \cdots + c_{nn} = 1.$$

Aus $\lim_{n=\infty} s_n = \infty$ folgt ferner für jedes ν

$$\lim_{n=\infty} c_{n\nu} = 0.$$

Da nun auf Grund der Bedingungen unseres Satzes alle Zahlen $c_{n\nu}$ $(\nu < n)$ dasselbe Vorzeichen haben und $|c_{nn}| < G$ sein soll, so ist in allen Fällen

$$|c_{n1}| + |c_{n2}| + \cdots + |c_{nn}| < 1 + 2G.$$

Ebenso zeigt man, daß auch die Operation BA^{-1} den drei Bedingungen des Satzes I genügt.

Setzt man speziell

$$a_\nu = \binom{\nu + k - 2}{k-1}, \quad b_\nu = 1 \qquad (\nu = 1, 2, \ldots),$$

so wird $A = U_k$, $B = M$. Da hier $a_1 < a_2 < a_3 < \cdots$ und

$$s_n = \binom{n+k-1}{k}, \quad t_n = n, \quad \frac{a_n t_n}{b_n s_n} = \frac{nk}{n+k-1}$$

ist, so sind alle Bedingungen unseres Satzes erfüllt. Daher sind U_k und M äquivalente Operationen.

24.

Zwei Sätze über algebraische Gleichungen mit lauter reellen Wurzeln

Journal für die reine und angewandte Mathematik 144, 75 - 88 (1914)

Man verdankt Herrn *E. Malo**) folgenden interessanten Satz:

Sind die Wurzeln der Gleichung

$$(1.) \qquad f(x) = a_0 + a_1 x + \cdots + a_m x^m = 0 \qquad (a_m \neq 0)$$

sämtlich reell und die der Gleichung

$$(2.) \qquad g(x) = b_0 + b_1 x + \cdots + b_n x^n = 0 \qquad (b_n \neq 0)$$

*sämtlich reell und von gleichem Vorzeichen***), *so besitzt, wenn k die kleinere der beiden Zahlen m und n bedeutet, auch die Gleichung*

$$a_0 b_0 + a_1 b_1 x + \cdots + a_k b_k x^k = 0$$

keine imaginäre Wurzel. Ist $m \leqq n$ *und* $a_0 b_0 \neq 0$, *so sind die Wurzeln dieser Gleichung voneinander verschieden.*

Ich werde im folgenden unter Benutzung eines von Herrn *Malo* angewandten Kunstgriffs einen ähnlich gearteten *Kompositionssatz* beweisen, der von größerer Tragweite zu sein scheint, und aus dem sich der *Malo*sche Satz leicht folgern läßt. Dieser Satz lautet:

I. *Sind die Wurzeln der Gleichung* (1.) *sämtlich reell und die der Gleichung* (2.) *sämtlich reell und von gleichem Vorzeichen, so besitzt, wenn k die kleinere der beiden Zahlen m und n bedeutet, auch die Gleichung*

---

*) Note sur les équations algébriques dont toutes les racines sont réelles, Journal de Mathématiques spéciales, série 4, t. 4 (1895), p. 7.

**) Hierunter ist zu verstehen, daß die von Null verschiedenen Wurzeln entweder sämtlich positiv oder sämtlich negativ sein sollen. — Die Koeffizienten der in dieser Arbeit vorkommenden Polynome sind stets als reell anzunehmen.

$$a_0 b_0 + 1!\, a_1 b_1 x + 2!\, a_2 b_2 x^2 + \cdots + k!\, a_k b_k x^k = 0$$

keine imaginäre Wurzel. Ist $m \leqq n$ *und* $a_0 b_0 \neq 0$, *so sind die Wurzeln dieser Gleichung voneinander verschieden.*

Der Beweis dieses Satzes wird in § 1 und § 2 erbracht. In § 3 werde ich den *Malo*schen Satz und eine Verallgemeinerung dieses Satzes beweisen.

Bei der Untersuchung einer mit dem Satz I zusammenhängenden Frage bin ich noch auf folgenden Satz geführt worden, der ebenfalls verschiedene Anwendungen zuläßt (vergl. § 5):

II. *Gegeben sei eine algebraische Gleichung n-ten Grades* $f(x) = 0$, *deren Wurzeln sämtlich reell sind. Die größte Wurzel dieser Gleichung sei* x_n, *ferner sei* x_{n-r} *die größte unter den Wurzeln der r-ten derivierten Gleichung* $f^{(r)}(x) = 0$, *so daß also (nach dem* Rolle*schen Theorem)*

$$x_n \geqq x_{n-1} \geqq x_{n-2} \geqq \cdots \geqq x_1$$

wird. Es ist dann

$$x_n - x_{n-1} \leqq x_{n-1} - x_{n-2} \leqq \cdots \leqq x_2 - x_1.$$

§ 1.

Dem Beweise des Satzes I schicke ich einige Hilfssätze voraus, die zwar längst bekannt sind, aber der Vollständigkeit wegen ausführlich bewiesen werden sollen.

Hilfssatz I. *Ist*

$$h(x) = c_0 + c_1 x + \cdots + c_n x^n = 0 \quad (c_n \neq 0)$$

eine Gleichung mit lauter reellen Wurzeln, in der c_0 *von Null verschieden ist, so können nicht zwei aufeinanderfolgende Koeffizienten der Gleichung verschwinden. Ist genauer* $c_r (0 < r < n)$ *gleich Null, so muß* $c_{r-1} c_{r+1} < 0$ *sein.*

Ist nämlich

$$h(x) = c_0 \prod_{r=1}^{n} (1 + \gamma_r x),$$

so wird

$$c_1^2 - 2 c_0 c_2 = c_0^2 (\gamma_1^2 + \gamma_2^2 + \cdots + \gamma_n^2),$$

also ist

$$(3.) \qquad D_1 = c_1^2 - 2 c_0 c_2 > 0.$$

Beachtet man, daß für jedes r

$$h^{(r-1)}(x) = (r-1)!\, c_{r-1} + \frac{r!}{1!} c_r x + \frac{(r+1)!}{2!} c_{r+1} x^2 + \cdots = 0$$

ebenfalls nur reelle Wurzeln hat, so erkennt man ebenso, daß, wenn c_{r-1} nicht Null ist,

$$D_r = r c_r^2 - (r+1) c_{r-1} c_{r+1} > 0$$

wird. Ist nun $c_1 = 0$, so folgt aus $D_1 > 0$, daß $c_0 c_2 < 0$ wird. Insbesondere können nicht c_1 und c_2 gleichzeitig verschwinden. Ist ferner $c_2 = 0$, so muß c_1 von Null verschieden sein; folglich ist $D_2 > 0$ und also $c_1 c_3 < 0$. Indem man diese Schlußweise fortsetzt, erkennt man die Richtigkeit unserer Behauptung.

Hilfssatz II. *Es sei*

$$h(x) = c_0 + c_1 x + c_2 x^2 + \cdots + c_n x^n = 0 \quad (c_0 \neq 0, c_n \neq 0)$$

eine Gleichung mit lauter reellen Wurzeln. Dann besitzt, wenn $f(x)$ *irgend ein Polynom ohne imaginäre Nullstellen ist, auch die Gleichung*

$$F(x) = c_0 f(x) + c_1 f'(x) + c_2 f''(x) + \cdots + c_n f^{(n)}(x) = 0$$

lauter reelle Wurzeln. Ferner ist jede mehrfache Wurzel α *dieser Gleichung zugleich auch eine mehrfache Wurzel der Gleichung* $f(x) = 0$*).

Ist nämlich

$$h(x) = c_0 \prod_{r=1}^{n} (1 + \gamma_r x),$$

und setzt man

$$f_1 = f + \gamma_1 f', \; f_2 = f_1 + \gamma_2 f_1', \; \ldots \; f_n = f_{n-1} + \gamma_n f_{n-1}',$$

so wird $F = c_0 f_n$, und man erkennt nun leicht, daß es genügt, den Satz nur für den Fall einer linearen Funktion

$$h(x) = 1 + \gamma x$$

zu beweisen. Man betrachte nun die Funktion $\varphi(x) = e^{\frac{x}{\gamma}} f(x)$, deren Ableitung

$$\varphi'(x) = \frac{1}{\gamma} e^{\frac{x}{\gamma}} \{f(x) + \gamma f'(x)\}$$

ist. Ist $f(x)$ vom Grade m, so besitzt nach dem *Rolle*schen Theorem die Gleichung $\varphi'(x) = 0$, und folglich auch die Gleichung

$$F(x) = f(x) + \gamma f'(x) = 0$$

mindestens $m-1$ reelle Wurzeln. Da aber der Grad dieser Gleichung gleich m ist, so müssen sämtliche m Wurzeln reell sein. Ist ferner

$$f(x) = a_0 + a_1(x-\alpha) + a_2(x-\alpha)^2 + \cdots + a_m(x-\alpha)^m,$$

so wird

$$F(\alpha) = a_0 + \gamma a_1 + (a_1 + 2\gamma a_2)(x-\alpha) + \cdots.$$

Soll nun α eine mehrfache Wurzel von $F(x) = 0$ sein, so wird

*) Vgl. z. B. *Netto*, Vorlesungen über Algebra, Bd. I, S. 212.

$$(4.)\qquad a_0 + \gamma a_1 = 0, \quad a_1 + 2\gamma a_2 = 0,$$

und also $a_1^2 - 2a_0a_2 = 0$. Diese Gleichung ist, wenn a_0 von Null verschieden ist, nicht möglich, da in diesem Falle $a_1^2 - 2a_0a_2 > 0$ ist (vergl. Formel (3.)). Es muß folglich $a_0 = 0$ und wegen (4.) auch $a_1 = a_2 = 0$ sein. Daher ist α in der Tat eine mehrfache Wurzel der Gleichung $f(x) = 0$.

Hilfssatz III. *Man habe eine Folge von Gleichungen*

$$f_n(x) = a_{n0} + a_{n1}x + \cdots + a_{nm}x^m = 0,$$

deren Wurzeln sämtlich reell sind. Existieren dann die Grenzwerte

$$\lim_{n=\infty} a_{n\mu} = a_\mu, \qquad (\mu = 0, 1, \ldots m)$$

so besitzt auch die Gleichung

$$f(x) = a_0 + a_1x + \cdots + a_mx^m = 0$$

nur reelle Wurzeln.

Es ist nämlich in jedem endlichen Bereich der x-Ebene gleichmäßig

$$\lim_{n=\infty} f_n(x) = f(x).$$

Wäre nun x_0 eine imaginäre Nullstelle der Funktion $f(x)$, so müßten nach einem bekannten Satze der Funktionentheorie*) die Funktionen $f_n(x)$ in jedem Kreise $|x - x_0| \leqq \varrho$, sobald n einen gewissen Wert übersteigt, Nullstellen besitzen. Dies ist aber gewiß nicht der Fall, wenn der Kreis so klein gewählt wird, daß er mit der reellen Achse keinen Punkt gemeinsam hat.

§ 2.

Der Satz I soll zunächst unter der Voraussetzung bewiesen werden, daß in den beiden zu betrachtenden Gleichungen (1.) und (2.)

$$a_0 \neq 0, \quad b_0 \neq 0, \quad m \leqq n$$

ist. Es genügt ferner anzunehmen, daß

$$a_m > 0, \quad b_n > 0$$

ist und daß die Wurzeln der Gleichung (2.) sämtlich negativ, die Koeffizienten $b_0, b_1, \ldots$ also positiv sind.

Ist nun z eine beliebige reelle Zahl, so besitzt die Gleichung

$$F(x) = b_0 f(x) + b_1 z \cdot f'(x) + b_2 z^2 f''(x) + \cdots + b_m z^m f^{(m)}(x) = 0$$

nach Hilfssatz II lauter reelle Wurzeln. Setzt man

$$F(x) = P_0(z) + \frac{P_1(z)}{1!}x + \frac{P_2(z)}{2!}x^2 + \cdots + \frac{P_m(z)}{m!}x^m,$$

*) Vgl. *A. Hurwitz*, Über die Nullstellen der *Bessel*schen Funktion, Math. Ann. Bd. XXXIII, S. 247.

so wird

$$P_0(z) = a_0 b_0 + 1!\, a_1 b_1 z + 2!\, a_2 b_2 z^2 + \cdots + m!\, a_m b_m z^m$$

und

$$P_\mu(z) = \mu!\, a_\mu b_0 + (\mu+1)!\, a_{\mu+1} b_1 z + \cdots + m!\, a_m b_{m-\mu} z^{m-\mu}.$$

Die Gleichungen $P_0(z) = 0$ und $P_1(z) = 0$ besitzen keine reelle Wurzel ξ gemeinsam. Denn wäre $P_0(\xi) = 0$, $P_1(\xi) = 0$, so würde $x = 0$ eine mehrfache Wurzel der Gleichung $F(x) = 0$ sein. Nach Hilfssatz II müßte $x = 0$ auch eine mehrfache Wurzel von $f(x) = 0$ sein. Dies ist aber gewiß nicht der Fall, da a_0 von Null verschieden sein soll.

Auf Grund des Hilfssatzes I und der Gleichung

$$P_m(z) = m!\, a_m b_0$$

ergibt sich ferner, daß die Reihe der Polynome

$$P_0(z),\ P_1(z), \ldots P_m(z) \tag{5.}$$

folgende Eigenschaften besitzt:

1. Das letzte Glied der Reihe ist eine von Null verschiedene Konstante.

2. Für einen reellen Wert $z = \xi$ verschwinden nicht zwei aufeinanderfolgende Glieder der Reihe.

3. Verschwindet für einen reellen Wert $z = \xi$ ein mittleres Glied der Reihe, so haben die beiden links und rechts benachbarten Glieder für dieses Argument entgegengesetzte Vorzeichen.

Die Polynome (5.) bilden also eine verallgemeinerte *Sturm*sche Reihe*). Bedeutet $V(z)$ die Anzahl der Zeichenwechsel in der Reihe (5.), so ist also die Anzahl r der verschiedenen reellen Wurzeln der Gleichung $P_0(z) = 0$ gleich

$$V(-\infty) - V(+\infty) + p,$$

wo p eine nicht negative ganze Zahl ist. Da nun aber $b_0, b_1, \ldots b_m$ und auch a_m positive Zahlen sein sollen, so ist

$$\operatorname{sign} P_\mu(-\infty) = (-1)^{m-\mu}, \quad \operatorname{sign} P_\mu(+\infty) = 1, \quad (\mu = 0, 1, \ldots m)$$

also

$$V(-\infty) = m, \quad V(+\infty) = 0.$$

Daher ist r mindestens gleich m, und da die Gleichung $P_0(z) = 0$ vom m-ten Grade ist, genau gleich m.

Hiermit ist der Satz I für den Fall $a_0 b_0 \neq 0$, $m \leqq n$ bewiesen.

Es sei nun $a_0 b_0 \neq 0$, aber $m > n$. Man betrachte dann an Stelle der Gleichung

*) Vgl. z. B. *Netto*, a. a. O., S. 238.

$$g(x) = b_0 + b_1 x + b_2 x^2 + \cdots + b_n x^n = 0$$

eine Gleichung der Form

$$(1 - \varepsilon x)^{m-n} g(x) = b_0(\varepsilon) + b_1(\varepsilon) x + \cdots + b_m(\varepsilon) x^m = 0,$$

wo ε eine von Null verschiedene reelle Zahl bedeutet, die dasselbe Vorzeichen wie die Wurzeln der Gleichung $g(x) = 0$ besitzt. Dann sind nach dem bereits Bewiesenen die Wurzeln von

$$a_0 b_0(\varepsilon) + 1!\ a_1 b_1(\varepsilon) x + \cdots + m!\ a_m b_m(\varepsilon) x^m = 0$$

sämtlich reell. Läßt man nun ε eine Folge von Zahlen durchlaufen, die gegen Null konvergieren, so wird

$$\lim b_0(\varepsilon) = b_0,\ \lim b_1(\varepsilon) = b_1, \ldots \lim b_n(\varepsilon) = b_n$$

und

$$\lim b_{m+1}(\varepsilon) = 0, \ldots \lim b_m(\varepsilon) = 0.$$

Aus dem Hilfssatz III folgt daher, daß auch die Gleichung

$$a_0 b_0 + 1!\ a_1 b_1 x + \cdots + n!\ a_n b_n x^n = 0$$

keine imaginäre Wurzel hat.

Um auch den Fall, daß eine der beiden Zahlen a_0 und b_0 verschwindet, zu erledigen, nehme ich an, es seien a_μ und b_ν die ersten nicht verschwindenden Koeffizienten in den Gleichungen (1.) und (2.). Ist dann

$$f(x) = x^\mu f_1(x),\quad g(x) = x^\nu g_1(x),$$

so betrachte man, wenn ε wieder eine reelle Zahl bedeutet, die dasselbe Vorzeichen wie die nicht verschwindenden Wurzeln von $g(x) = 0$ hat, die Gleichungen

$$(x - \varepsilon)^\mu f_1(x) = a_0(\varepsilon) + a_1(\varepsilon) x + \cdots + a_m(\varepsilon) x^m = 0,$$
$$(x - \varepsilon)^\nu g_1(x) = b_0(\varepsilon) + b_1(\varepsilon) x + \cdots + b_n(\varepsilon) x^n = 0.$$

Da hier $a_0(\varepsilon)$ und $b_0(\varepsilon)$ nicht Null sind, so hat, wenn k die kleinere der beiden Zahlen m und n bedeutet, die Gleichung

$$a_0(\varepsilon) b_0(\varepsilon) + 1!\ a_1(\varepsilon) b_1(\varepsilon) x + \cdots + k!\ a_k(\varepsilon) b_k(\varepsilon) x^k = 0$$

lauter reelle Wurzeln. Läßt man ε gegen Null konvergieren, so erhält man die Gleichung

$$a_0 b_0 + 1!\ a_1 b_1 x + \cdots + k!\ a_k b_k x^k = 0,$$

deren Wurzeln wieder sämtlich reell sein müssen.

Der Satz I ist nun vollständig bewiesen.

Es gilt noch der weitere Satz:

I′. *Sind*

$$a_0 + a_1 x + \cdots + a_m x^m = 0,$$
$$b_0 + b_1 x + \cdots + b_m x^m + b_{m+1} x^{m+1} + \cdots + b_n x^n = 0$$

zwei Gleichungen mit lauter reellen Wurzeln, und sind die Zahlen

$$b_0, b_1, \ldots b_m$$

sämtlich positiv, so besitzt auch die Gleichung

$$a_0 b_0 + 1!\, a_1 b_1 x + \cdots + m!\, a_m b_m x^m = 0$$

*nur reelle Wurzeln**).

Ist a_0 von Null verschieden, so ist der Beweis ebenso zu führen, wie beim Satze I für den Fall $m \leqq n$. Wir haben nämlich bei der Behandlung dieses Falles nur von der Annahme Gebrauch gemacht, daß die Wurzeln der beiden gegebenen Gleichungen reell und die Zahlen $b_0, b_1, \ldots b_m$ positiv sein sollen. Der Fall $a_0 = 0$ erledigt sich ähnlich wie früher durch einen Grenzübergang.

§ 3.

Um aus dem Satze I den *Malo*schen Satz zu erhalten, kann man folgendermaßen schließen: Zugleich mit der Gleichung

$$(6.) \qquad a_0 + a_1 x + \cdots + a_m x^m = 0$$

besitzt auch die Gleichung

$$a_m + a_{m-1} x + \cdots + a_0 x^m = 0$$

nur reelle Wurzeln. Da die Wurzeln der Gleichung

$$(1+x)^m = 1 + \binom{m}{1} x + \cdots + x^m = 0$$

reell und negativ sind, so erkennt man auf Grund des Satzes I, daß auch die Gleichung

$$a_m + m\, a_{m-1} x + m(m-1)\, a_{m-2} x^2 + \cdots + m!\, a_0 x^m = 0$$

keine imaginäre Wurzel hat. Dividiert man durch $m!$ und ersetzt x durch $\frac{1}{x}$, so ergibt sich, daß, *wenn die Wurzeln der Gleichung* (6.) *sämtlich reell sind, dasselbe auch für die Gleichung*

$$a_0 + \frac{a_1}{1!} x + \frac{a_2}{2!} x^2 + \cdots + \frac{a_m}{m!} x^m = 0$$

*gilt***).

Wendet man nun auf diese Gleichung und die Gleichung

---

*) Man kann zeigen, daß der Satz auch dann gilt, wenn nur verlangt wird, daß $b_0, b_1, \ldots b_m$ nicht negative Zahlen sein sollen.

**) Vgl. *Laguerre, Œuvres*, t. I, p. 31 und p. 201.

$$b_0 + b_1 x + b_2 x^2 + \cdots + b_n x^n = 0,$$

deren Wurzeln reell und von gleichem Vorzeichen sein sollen, den Satz I an, so erhält man den *Malo*schen Satz.

Eine ähnliche Betrachtung führt zu einem allgemeineren Satze:

Es seien

$$(7.)\quad \begin{cases} a_0 + a_1 x + a_2 x^2 + \cdots + a_m x^m = 0, \\ b_0 + b_1 x + b_2 x^2 + \cdots + b_m x_m = 0, \\ c_0 + c_1 x + c_2 x^2 + \cdots + c_m x^m = 0 \end{cases}$$

drei Gleichungen mit lauter reellen Wurzeln, ferner seien die Wurzeln jeder der beiden letzten Gleichungen von gleichem Vorzeichen. Dann hat auch die Gleichung

$$(8.)\quad \sum_{\mu=0}^{m} \frac{a_\mu b_\mu c_\mu}{\binom{m}{\mu}} x^\mu = 0$$

nur reelle Wurzeln.

Da nämlich auch die Wurzeln der Gleichungen

$$a_m + a_{m-1} x + a_{m-2} x^2 + \cdots + a_0 x^m = 0,$$
$$b_m + b_{m-1} x + b_{m-2} x^2 + \cdots + b_0 x^m = 0$$

sämtlich reell und die der zweiten Gleichung von gleichem Vorzeichen sind, so hat die Gleichung

$$a_m b_m + 1!\, a_{m-1} b_{m-1} x + 2!\, a_{m-2} b_{m-2} x^2 + \cdots + m!\, a_0 b_0 x^m = 0,$$

und folglich auch die Gleichung

$$m!\, a_0 b_0 + (m-1)!\, a_1 b_1 x + (m-2)!\, a_2 b_2 x^2 + \cdots + a_m b_m x^m = 0$$

keine imaginäre Wurzel. Wendet man auf diese Gleichung und die letzte der Gleichungen (7.) den Satz I an, so ergibt sich, daß die Wurzeln der Gleichung

$$\sum_{\mu=0}^{m} (m-\mu)!\, \mu!\, a_\mu b_\mu c_\mu x^\mu = 0$$

sämtlich reell sind. Dividiert man durch $m!$, so erhält man die Gleichung (8.).

§ 4.

Ich wende mich nun zum Beweis des Satzes II.

Es genügt offenbar, zu beweisen, daß

$$(9.)\quad x_n - x_{n-1} \leqq x_{n-1} - x_{n-2}$$

ist. Ohne Beschränkung der Allgemeinheit kann angenommen werden, daß $x_{n-2} = 0$ ist. Ist nun auch $x_n = 0$, so wird wegen

$$x_{n-2} \leqq x_{n-1} \leqq x_n$$

x_{n-1} ebenfalls Null und die Relation (9.) ist gewiß richtig. Ist aber x_n von Null verschieden, so kann angenommen werden, daß $x_n = 1$ ist.

Wir haben also zu beweisen: Besitzt die Gleichung

$$f(x) = x^n + c_1 x^{n-1} + \cdots + c_{n-1} x + c_n = 0 \qquad (n > 2)$$

lauter reelle Wurzeln, unter denen die größte gleich 1 ist, und ist die größte Wurzel der Gleichung $f''(x) = 0$ gleich 0, so ist die größte Wurzel x_{n-1} der Gleichung $f'(x) = 0$ mindestens gleich $\frac{1}{2}$.

Auf Grund der über $f''(x)$ gemachten Voraussetzung folgt

$$c_1 \geqq 0, \; c_2 \geqq 0, \ldots c_{n-3} \geqq 0, \; c_{n-2} = 0.$$

Wäre $x_{n-1} = 0$, so müßte $c_{n-1} = 0$ und auf Grund des Hilfssatzes I auch $c_n = 0$ sein. Dies ist nicht möglich, da alsdann alle Koeffizienten von $f(x) = 0$ positiv oder Null wären und $x_n = 1$ nicht eine Wurzel dieser Gleichung sein könnte. Daher hat $f'(x) = 0$ eine und nur eine positive Wurzel, nämlich die Wurzel x_{n-1}; folglich ist $f'(x)$ zwischen 0 und x_{n-1} negativ und rechts von x_{n-1} positiv. Wir haben daher nur zu beweisen, daß $f'(\frac{1}{2}) \leqq 0$ ist.

Aus

$$f(1) = 1 + c_1 + \cdots + c_{n-1} + c_n = 0,$$

$$f'(\tfrac{1}{2}) = \frac{n}{2^{n-1}} + \frac{n-1}{2^{n-2}} c_1 + \cdots + c_{n-1}$$

folgt nun

$$f'(\tfrac{1}{2}) = \left(\frac{n}{2^{n-1}} - 1\right) + c_1\left(\frac{n-1}{2^{n-2}} - 1\right) + \cdots + c_{n-3}\left(\frac{3}{4} - 1\right) - c_n.$$

Dies ist jedenfalls negativ, wenn $c_n \geqq 0$ ist. Wir haben also nur noch den Fall $c_n < 0$ zu behandeln. In diesem Fall ist $x_n = 1$ (nach der *Descartes*schen Regel) die einzige positive Wurzel von $f(x) = 0$. Bezeichnet man die übrigen Wurzeln mit $-\gamma_1, -\gamma_2, \ldots -\gamma_{n-1}$, so wird

$$\frac{f'(x)}{f(x)} = \frac{1}{x + \gamma_1} + \cdots + \frac{1}{x + \gamma_{n-1}} + \frac{1}{x - 1},$$

$$\frac{f'^2(x)}{f^2(x)} - \frac{f''(x)}{f(x)} = \frac{1}{(x+\gamma_1)^2} + \cdots + \frac{1}{(x + \gamma_{n-1})^2} + \frac{1}{(x-1)^2},$$

also wegen $f''(0) = 0$

$$(10.) \qquad 1 + \frac{1}{\gamma_1^2} + \cdots + \frac{1}{\gamma_{n-1}^2} = \left(\frac{1}{\gamma_1} + \cdots + \frac{1}{\gamma_{n-1}} - 1\right)^2.$$

Da $f(\frac{1}{2})$ jedenfalls negativ ist, so ist nur zu zeigen, daß

$$\frac{f'(\frac{1}{2})}{f(\frac{1}{2})} = \frac{2}{1+2\gamma_1} + \cdots + \frac{2}{1+2\gamma_{n-1}} - 2 \geqq 0$$

ist. Setzt man $\alpha_\nu = \frac{1}{\gamma_\nu}$, so läßt sich diese Ungleichung in der Form

$$(11.) \qquad \sum_\nu \frac{\alpha_\nu}{2+\alpha_\nu} \geqq 1$$

und die Gleichung (10.) in der Form

$$(12.) \qquad \sum_\nu \alpha_\nu = \sum_{\mu<\nu} \alpha_\mu \alpha_\nu$$

schreiben.

Ich werde nun beweisen: *Genügen die positiven Zahlen* $\alpha_1, \alpha_2, \ldots \alpha_{n-1}$ *der Gleichung* (12.), *so besteht die Ungleichung* (11.); *das Gleichheitszeichen gilt hier dann und nur dann, wenn*

$$\alpha_1 = \alpha_2 = \cdots = \alpha_{n-1} = \frac{2}{n-2}$$

ist.

Setzt man nämlich

$$a = \alpha_1 + \alpha_2 + \cdots + \alpha_{n-1},$$

so kann die Gleichung (12.) in der Form

$$(13.) \qquad \sum_\nu \alpha_\nu (a - \alpha_\nu - 2) = 0$$

und die zu beweisende Ungleichung (11.) in der Form

$$S = \sum_\nu \frac{\alpha_\nu (a - \alpha_\nu - 2)}{2+\alpha_\nu} \geqq 0$$

geschrieben werden. Es sei

$$\alpha_1 \geqq \alpha_2 \geqq \cdots \geqq \alpha_{n-1},$$

also

$$a - \alpha_1 - 2 \leqq a - \alpha_2 - 2 \leqq \cdots \leqq a - \alpha_{n-1} - 2.$$

Der Fall, daß unter diesen Zahlen negative, aber keine positiven vorkommen, ist wegen (13.) nicht möglich. Ist keine der Zahlen $a - \alpha_\nu - 2$ negativ, so ist die Summe S gewiß nicht negativ und nur dann gleich Null, wenn alle Zahlen $a - \alpha_\nu - 2$ verschwinden, also

$$\alpha_\nu = \frac{2}{n-2}. \qquad (\nu = 1, 2, \ldots n-1)$$

Kommen aber unter den Zahlen $a - \alpha_\nu - 2$ sowohl positive als auch negative vor, so sei

$$a - \alpha_1 - 2 < 0, \quad a - \alpha_2 - 2 \leqq 0, \ \ldots \quad a - \alpha_m - 2 \leqq 0,$$
$$a - \alpha_{m+1} - 2 > 0, \ \ldots \quad a - \alpha_{n-1} - 2 > 0.$$

Dann wird

$$S = \sum_\nu \left(\frac{\alpha_\nu}{2+\alpha_\nu} - \frac{\alpha_\nu}{2+\alpha_m} \right)(a - \alpha_\nu - 2) = \sum_\nu \frac{\alpha_\nu(\alpha_m - \alpha_\nu)(a - \alpha_\nu - 2)}{(2+\alpha_\nu)(2+\alpha_m)}.$$

Da für $\nu \leqq m$

$$\alpha_m - \alpha_\nu \leqq 0, \qquad a - \alpha_\nu - 2 \leqq 0$$

und für $\nu > m$

$$\alpha_m - \alpha_\nu > 0, \qquad a - \alpha_\nu - 2 > 0$$

ist, so sind unter den Zahlen $(\alpha_m - \alpha_\nu)(a - \alpha_\nu - 2)$ die ersten m positiv oder Null, die folgenden $n - 1 - m$ positiv. Daher ist in diesem Falle $S > 0$.

Die hier durchgeführte Betrachtung lehrt nicht allein, daß stets

$$x_n - x_{n-1} \leqq x_{n-1} - x_{n-2}$$

ist, sondern auch, daß der Fall

$$x_n - x_{n-1} = x_{n-1} - x_{n-2}$$

dann und nur dann eintritt, wenn entweder $x_n = x_{n-1} = x_{n-2}$ ist, oder wenn die von x_n verschiedenen Wurzeln der Gleichung $f(x) = 0$ einander gleich, und zwar gleich

$$\tfrac{1}{2}[n x_{n-2} - (n-2) x_n]$$

sind. Die Funktion $f(x)$ ist dann von der Form

$$f(x) = c(x-p)\left(x + \frac{n-2}{2}p - \frac{n}{2}q\right)^{n-1} \qquad (p > q).$$

Setzt man

$$p' = \frac{p+q}{2}, \qquad q' = \frac{3q-p}{2},$$

so wird

$$(14.) \qquad f'(x) = nc(x-p')\left(x + \frac{n-3}{2}p' - \frac{n-1}{2}q'\right)^{n-2}.$$

Die Funktion $f'(x)$ ist also von derselben Form wie $f(x)$. Hat umgekehrt $f'(x)$ die Form (14.) und setzt man

$$p = \frac{3p' - q'}{2}, \qquad q = \frac{p' + q'}{2},$$

so wird

$$f(x) = c(x-p)\left(x + \frac{n-2}{2}p - \frac{n}{2}q\right)^{n-1} + C.$$

Da $f(x) = 0$ lauter reelle Wurzeln haben soll, so muß, wenn $n > 3$ ist, die Konstante C gleich Null sein.

Hieraus folgt: *Ist für einen Index* ν $(3 \leqq \nu \leqq n)$

$$x_\nu - x_{\nu-1} = x_{\nu-1} - x_{\nu-2},$$

aber nicht $x_\nu = x_{\nu-1} = x_{\nu-2}$, *so sind alle Differenzen*

$$x_2 - x_1,\; x_3 - x_2,\; \ldots\; x_n - x_{n-1}$$

einander gleich.

§ 5.

Der im vorigen Paragraphen bewiesene Satz II läßt einige nicht uninteressante Anwendungen zu.

Haben die Zahlen $x_1, x_2, \ldots x_n$ die frühere Bedeutung und *ist für einen Index* $m \leqq n-2$

$$\frac{x_{m+1}}{m+1} \leqq \frac{x_m}{m}, \tag{15.}$$

so muß auch

$$\frac{x_{m+2}}{m+2} \leqq \frac{x_{m+1}}{m+1} \tag{16.}$$

sein. Denn schreibt man (15.) in der Form

$$x_{m+1} - x_m \leqq \frac{x_{m+1}}{m+1},$$

so ergibt sich

$$x_{m+2} - x_{m+1} \leqq x_{m+1} - x_m \leqq \frac{x_{m+1}}{m+1},$$

und dies liefert die Ungleichung (16.). *Betrachtet man also die Zahlen*

$$\frac{x_1}{1}, \frac{x_2}{2}, \ldots \frac{x_n}{n},$$

so läßt sich stets eine Zahl m $(1 \leqq m \leqq n)$ *so angeben, daß*

$$\frac{x_1}{1} < \frac{x_2}{2} < \cdots < \frac{x_m}{m}, \quad \frac{x_m}{m} \geqq \frac{x_{m+1}}{m+1} \geqq \cdots \geqq \frac{x_n}{n}$$

wird. Sind insbesondere die beiden Wurzeln $2x_1 - x_2$ und x_2 der Gleichung $f^{(n-2)}(x) = 0$ nicht negativ, so wird $x_1 \geqq \frac{x_2}{2}$ und daher

$$\frac{x_1}{1} \geqq \frac{x_2}{2} \geqq \cdots \geqq \frac{x_n}{n}.$$

Ersetzt man, wenn a eine reelle Konstante bedeutet, die Gleichung $f(x) = 0$ durch die Gleichung $f(x+a) = 0$, so treten an Stelle der Zahlen $x_1, x_2, \ldots x_n$ die Zahlen

$$x_1' = x_1 - a, \quad x_2' = x_2 - a, \quad \ldots \quad x_n' = x_n - a.$$

Wählt man speziell für a die Zahl

$$a_m = (m+1)x_m - m x_{m+1},$$

so wird

$$\frac{x_{m+1}'}{m+1} = \frac{x_m'}{m},$$

also auch

$$\frac{x_n'}{n} \leqq \frac{x_{n-1}'}{n-1} \leqq \cdots \leqq \frac{x_{m+1}'}{m+1}.$$

Es ist daher für jeden Wert von m

$$\frac{x_n - a_m}{n} \leqq \frac{x_{n-1} - a_m}{n-1} \leqq \cdots \leqq \frac{x_{m+1} - a_m}{m+1} = \frac{x_m - a_m}{m}.$$

Es sei nun

$$\beta_1, \beta_2, \ldots$$

eine unendliche Folge reeller Zahlen von der Art, daß jede der Gleichungen

$$G_n(x) = x^n + \binom{n}{1}\beta_1 x^{n-1} + \binom{n}{2}\beta_2 x^{n-2} + \cdots + \beta_n = 0 \qquad (n=1,2,\ldots)$$

lauter reelle Wurzeln besitzt. Diese Eigenschaft haben, wie in § 6 der folgenden Arbeit bewiesen wird, die Zahlen β_ν dann und nur dann, wenn die Potenzreihe

$$\Psi(x) = 1 + \frac{\beta_1}{1!}x + \frac{\beta_2}{2!}x^2 + \cdots$$

eine ganze rationale oder ganze transzendente Funktion darstellt, deren Produktzerlegung die Form

$$\Psi(x) = e^{-\gamma x^2 + \delta x} \prod_{\nu=1}^{\infty} (1 + \delta_\nu x) e^{-\delta_\nu x}$$

aufweist. Hierbei sind unter $\delta, \delta_1, \delta_2, \ldots$ reelle Zahlen, unter γ eine nicht negative reelle Zahl zu verstehen. Ferner ist in jedem endlichen Gebiete gleichmäßig

$$\lim_{n=\infty} \left(\frac{x}{n}\right)^n G_n\left(\frac{n}{x}\right) = \Psi(x).$$

Bezeichnet man nun mit x_n die größte Wurzel der Gleichung $G_n(x) = 0$, so wird, da

$$\frac{dG_n(x)}{dx} = n G_{n-1}(x)$$

ist,

$$x_1 \leqq x_2 \leqq x_3 \leqq \cdots$$

und

(17.) $$x_2 - x_1 \geqq x_3 - x_2 \geqq \cdots.$$

Daher existiert in jedem Falle der Grenzwert

(18.) $$\lim_{n=\infty} (x_n - x_{n-1}) = \lambda.$$

Ich behaupte nun: *die (nicht negative) Zahl λ ist dann und nur dann von Null verschieden, wenn $\Psi(x)$ mindestens eine positive Nullstelle besitzt, und zwar ist*

$$\mu = \frac{1}{\lambda}$$

die kleinste derartige Nullstelle von $\Psi(x)$.

Da nämlich

$$(x_2 - x_1) + (x_3 - x_2) + \cdots + (x_n - x_{n-1}) = x_n - x_1$$

ist, so folgt aus (18.) auch

$$\lambda = \lim_{n=\infty} \frac{x_n - x_1}{n} = \lim_{n=\infty} \frac{x_n}{n}.$$

Ist daher λ von Null verschieden, also positiv, so sind die Zahlen x_n von einer gewissen Stelle ab positiv. Die Zahl $\frac{n}{x_n}$ ist dann die kleinste positive Nullstelle der Funktion

$$(19.) \qquad \left(\frac{x}{n}\right)^n G_n\left(\frac{n}{x}\right),$$

und da diese Funktionen in jedem endlichen Gebiete gleichmäßig gegen $\Psi(x)$ konvergieren, so ist nach einem bekannten Satze*) der Grenzwert $\mu = \frac{1}{\lambda}$ der Zahlen $\frac{n}{x_n}$ eine Nullstelle, und zwar die kleinste positive Nullstelle von $\Psi(x)$.

Besitzt umgekehrt $\Psi(x)$ positive Nullstellen, unter denen die kleinste gleich μ ist, so muß für genügend große Werte von n auch die Funktion (19.) positive Nullstellen besitzen. Die kleinste unter ihnen ist dann $\frac{n}{x_n}$, und es muß der Grenzwert der Zahlen $\frac{n}{x_n}$ existieren und gleich μ sein. Dieser Grenzwert ist aber andererseits gleich $\frac{1}{\lambda}$.

Das hier gewonnene Resultat liefert einfache Abschätzungsformeln für die Zahl μ. Zunächst folgt aus (17.) für jeden Wert von n

$$\mu \geqq \frac{1}{x_n - x_{n-1}}.$$

Speziell erhält man die Formel

$$\mu \geqq \frac{1}{x_2 - x_1} = \frac{1}{\sqrt{\beta_1^2 - \beta_2}},$$

die auch direkt leicht bewiesen werden kann. Ist ferner

$$a_m = (m+1)\, x_m - m x_{m+1},$$

so bilden nach dem früheren die Zahlen

$$\frac{n}{x_n - a_m} \qquad (n = m, m+1, \ldots)$$

eine Folge nicht abnehmender Zahlen, und da diese Zahlen wieder gegen μ konvergieren, so ist für $n \geqq m$

$$\mu \geqq \frac{n}{x_n - a_m}.$$

*) Vgl. *A. Hurwitz*, a. a. O.

25.

Über die Entwicklung einer gegebenen Funktion nach den Eigenfunktionen eines positiv definiten Kerns

Schwarz-Festschrift 392 - 409 (1914)

In dieser Arbeit soll ein Satz aus der Theorie der Integralgleichungen abgeleitet werden, der eine nicht ganz naheliegende Verallgemeinerung eines von Herrn E. Schmidt[1]) bewiesenen Satzes darstellt. In enger Beziehung zu diesem Satz steht ein wichtiges Resultat über positiv definite Kerne, das man Herrn J. Mercer[2]) verdankt. Für den Mercerschen Satz hat Herr Kneser[3]) vor kurzem einen neuen, sehr durchsichtigen Beweis angegeben. Am Schluß der Arbeit zeige ich, daß der Knesersche Beweis sich in einem Punkte noch etwas vereinfachen läßt.

§ 1.

Ein im Bereiche

$$a \leqq s \leqq b, \quad a \leqq t \leqq b \tag{1}$$

definierter reeller symmetrischer Kern $K(s, t)$ heißt positiv definit, wenn das Integral

$$J(x) = \int_a^b \int_a^b K(s, t)\, x(s)\, x(t)\, ds\, dt$$

1) Zur Theorie der linearen und nichtlinearen Integralgleichungen, I. Teil, Math. Annalen, Bd. 63, S. 433.

2) Functions of positive and negative type, and their connection with the theory of integral equations, Philosophical Transactions of the Royal Society of London, Serie A, Bd. CCIX (1909), S. 415.

3) Belastete Integralgleichungen, Rendiconti del Circolo Matematico di Palermo, Bd. XXXVII (1914), S. 169.

für jede reelle stetige Funktion $x(s)$ einen nicht negativen Wert erhält. Dies ist nach einem von Herrn Hilbert[1]) herrührenden Satze dann und nur dann der Fall, wenn die sämtlichen Eigenwerte von $K(s,t)$ positiv sind. Eine Ausnahme bildet nur der im folgenden ebenfalls als positiv definit anzusehende Kern $K(s,t) = 0$, der überhaupt keine Eigenwerte besitzt.

Ist der positiv definite Kern $K(s,t)$ stetig und bilden die (stetigen) Funktionen $\varphi_1(s), \varphi_2(s), \ldots$ ein vollständiges System von normiert orthogonalen Eigenfunktionen des Kerns, die zu den Eigenwerten $\lambda_1, \lambda_2, \ldots$ gehören, so besteht die Gleichung

$$K(s,t) = \sum_{\nu=1}^{\infty} \frac{\varphi_\nu(s)\varphi_\nu(t)}{\lambda_\nu}, \tag{2}$$

und zwar ist die rechts stehende Reihe im Bereiche (1) absolut und gleichmäßig konvergent. Dies ist der Inhalt des Mercerschen Satzes.

Es bedeute nun $F(s,t)$ eine im Bereiche (1) definierte reelle und beschränkte Funktion, die folgenden Bedingungen genügt:

1. Für jedes s ist $F(s,t)$ als Funktion von t und für jedes t als Funktion von s im Riemannschen Sinne integrierbar.

2. Die Integrale

$$G(s,t) = \int_a^b F(s,u)F(t,u)\,du, \quad \overline{G}(s,t) = \int_a^b F(u,s)F(u,t)\,du$$

sind stetige Funktionen der beiden Variabeln s und t.

Für jede im Intervall $a \leqq t \leqq b$ integrierbare Funktion $h(t)$ sind dann

$$g(s) = \int_a^b F(s,t)h(t)\,dt, \quad \overline{g}(s) = \int_a^b F(t,s)h(t)\,dt$$

stetige Funktionen von s. Denn aus

$$g(s') - g(s) = \int_a^b [F(s',t) - F(s,t)]\,h(t)\,dt$$

folgt auf Grund der bekannten Ungleichheit, die man Herrn H. A. Schwarz verdankt,

$$[g(s') - g(s)]^2 \leqq \int_a^b [F(s',t) - F(s,t)]^2\,dt \cdot \int_a^b h^2(t)\,dt$$

$$= [G(s',s') - 2G(s',s) + G(s,s)] \cdot \int_a^b h^2(t)\,dt.$$

1) Grundzüge einer allgemeinen Theorie der linearen Integralgleichungen, erste Mitteilung, Göttinger Nachrichten 1904, S. 49.

Da nun $G(s,t)$ eine stetige Funktion sein soll, so ergibt sich hieraus, daß $g(s') - g(s)$ sich dem Grenzwert Null nähert, wenn s' gegen s konvergiert. Ebenso schließt man auf Grund der Stetigkeit von $\overline{G}(s,t)$, daß auch $\overline{g}(s)$ eine stetige Funktion von s ist.

Ist n eine ganze Zahl und setzt man

$$s_\alpha = a + \alpha \frac{b-a}{n}, \qquad (\alpha = 1, 2, \ldots, n)$$

so wird ferner

$$\int_a^b \int_a^b G(s,t)\, x(s)\, x(t)\, ds\, dt = \lim_{n=\infty} \frac{(b-a)^2}{n^2} \sum_{\alpha,\beta}^{n}{}_1 G(s_\alpha, s_\beta)\, x(s_\alpha)\, x(s_\beta)$$

$$= \lim_{n=\infty} \frac{(b-a)^2}{n^2} \int_a^b \left(\sum_{\alpha=1}^{n} F(s_\alpha, u)\, x(s_\alpha) \right)^2 du \geqq 0.$$

Daher ist $G(s,t)$ ein positiv definiter Kern. Dasselbe gilt für $\overline{G}(s,t)$.

Es besteht nun folgender Satz:

I. Es sei $H(s,t)$ ein beliebiger stetiger, positiv definiter Kern, ferner sei $g(s)$ eine in der Form

$$g(s) = \int_a^b F(s,t)\, h(t)\, dt$$

darstellbare Funktion; hierbei kann $h(t)$ eine beliebige integrierbare Funktion bedeuten. Bilden die Funktionen $\varphi_1(s), \varphi_2(s), \ldots$ ein vollständiges System von normiert orthogonalen Eigenfunktionen des (ebenfalls stetigen, positiv definiten) Kerns

$$K(s,t) = G(s,t) + H(s,t),$$

so besteht die Gleichung

$$g(s) = \sum_{\nu=1}^{\infty} \varphi_\nu(s) \int_a^b g(t)\, \varphi_\nu(t)\, dt$$

und die rechts stehende Reihe ist für $a \leqq s \leqq b$ absolut und gleichmäßig konvergent.

Diesen Satz hat für den Fall $H(s,t) = 0$ bereits Herr Schmidt (a. a. O., § 16) bewiesen und hieraus geschlossen, daß für den Kern $K(s,t) = G(s,t)$ die Gleichung (2) besteht.

Der Satz I läßt sich noch verallgemeinern:

II. Es seien

$$F_1(s,t),\ F_2(s,t),\ \ldots$$

unendlich viele Funktionen von s und t, die sämtlich denselben Bedingungen genügen wie die vorhin betrachtete Funktion $F(s, t)$. Man setze

$$G_\mu(s,t) = \int_a^b F_\mu(s,u) F_\mu(t,u)\, du$$

und nehme an, daß die Reihe

$$G_1(s,t) + G_2(s,t) + \cdots \tag{3}$$

im Bereiche (1) gleichmäßig konvergiert. Es mögen ferner, wenn $H(s,t)$ ein beliebiger stetiger, positiv definiter Kern ist, die Funktionen

$$\varphi_1(s),\ \varphi_2(s),\ \ldots$$

ein vollständiges System von normiert orthogonalen Eigenfunktionen des (stetigen, positiv definiten) Kerns

$$K(s,t) = \sum_{\mu=1}^{\infty} G_\mu(s,t) + H(s,t)$$

bilden. Sind $h_1(t), h_2(t), \ldots$ beliebige reelle, im Intervall $a \leqq t \leqq b$ integrierbare Funktionen, für welche die Reihe

$$\int_a^b h_1^2(t)\, dt + \int_a^b h_2^2(t)\, dt + \cdots$$

konvergent ist, so konvergiert auch die Reihe

$$g(s) = \sum_{\mu=1}^{\infty} \int_a^b F_\mu(s,t)\, h_\mu(t)\, dt$$

im Intervall $a \leqq s \leqq b$ absolut und gleichmäßig. Diese (stetige) Funktion $g(s)$ ist in der Form

$$g(s) = \sum_{\nu=1}^{\infty} \varphi_\nu(s) \int_a^b g(t)\, \varphi_\nu(t)\, dt$$

darstellbar, und zwar ist auch diese Reihe im Intervall $a \leqq s \leqq b$ absolut und gleichmäßig konvergent[1]).

---

1) Der Satz bleibt auch richtig, wenn nur vorausgesetzt wird, daß $h_1(t), h_2(t), \ldots$ Funktionen sind, die nebst ihren Quadraten im Lebesgueschen Sinne summabel sind. In ähnlicher Weise lassen sich auch die Bedingungen, denen die Funktionen $F_\mu(s,t)$ zu unterwerfen sind, erweitern.

§ 2.

Der Beweis des Satzes II, in dem der Satz I offenbar als Spezialfall enthalten ist, erfordert eine Hilfsbetrachtung.

Es seien

$$\psi_{\mu 1}(s),\ \psi_{\mu 2}(s),\ \ldots,\ \psi_{\mu n}(s) \qquad (\mu = 1, 2, \ldots, m)$$

mn im Intervall $a < s < b$ definierte Funktionen, von denen nur etwa vorausgesetzt zu werden braucht, daß sie in jedem Intervall $a < a' \leqq s \leqq b' < b$ integrierbar sind, und daß die Integrale $\int_a^b \psi_{\mu\nu}^2(s)\, ds$ endliche Werte haben. Man setze

$$c_{\alpha\beta}^{(\mu)} = \int_a^b \psi_{\mu\alpha}(s)\,\psi_{\mu\beta}(s)\, ds, \quad c_{\alpha\beta} = \sum_{\mu=1}^{m} c_{\alpha\beta}^{(\mu)} \qquad (\alpha, \beta = 1, 2, \ldots, n)$$

und wähle eine positive Zahl M, sodaß für jedes System reeller Zahlen $x_1, x_2, \ldots, x_n$

$$\sum_{\alpha,\beta}^{n} c_{\alpha\beta}\, x_\alpha x_\beta \leqq M \sum_{\alpha=1}^{n} x_\alpha^2 \tag{4}$$

wird. Sind ferner $h_1(s), h_2(s), \ldots, h_n(s)$ Funktionen, die denselben Bedingungen genügen wie die Funktionen $\psi_{\mu\nu}(s)$, so sei

$$q_\nu^{(\mu)} = \int_a^b h_\mu(s)\,\psi_{\mu\nu}(s)\, ds, \quad q_\nu = \sum_{\mu=1}^{m} q_\nu^{(\mu)}.$$

Ich behaupte, daß dann

$$\sum_{\nu=1}^{n} q_\nu^2 \leqq M \sum_{\mu=1}^{m} \int_a^b h_\mu^2(s)\, ds \tag{5}$$

ist[1]).

Der Beweis ist leicht zu führen. Man betrachte nämlich den Ausdruck

$$J = \sum_{\mu=1}^{m} \int_a^b \left[h_\mu(s) - \frac{1}{M} \sum_{\nu=1}^{n} q_\nu\, \psi_{\mu\nu}(s)\right]^2 ds.$$

Es wird

$$J = \sum_{\mu=1}^{m} \left[\int_a^b h_\mu^2(s)\, ds - \frac{2}{M} \sum_{\nu=1}^{n} q_\nu q_\nu^{(\mu)} + \frac{1}{M^2} \sum_{\alpha,\beta}^{n} c_{\alpha\beta}^{(\mu)} q_\alpha q_\beta\right]$$

$$= \sum_{\mu=1}^{m} \int_a^b h_\mu^2(s)\, ds - \frac{2}{M} \sum_{\nu=1}^{n} q_\nu^2 + \frac{1}{M^2} \sum_{\alpha,\beta}^{n} c_{\alpha\beta}\, q_\alpha q_\beta.$$

1) Für $m = 1$ findet sich diese Formel bereits in der Arbeit Biorthogonal systems of functions von Anna Johnson Pell, Transactions of the American Mathematical Society, Bd. 12 (1911), S. 135.

Hieraus folgt auf Grund der Ungleichheit (4)

$$J \leqq \sum_{\mu=1}^{m} \int_a^b h_\mu^2(s)\,ds - \frac{2}{M} \sum_{\nu=1}^{n} q_\nu^2 + \frac{M}{M^2} \sum_{\nu=1}^{n} q_\nu^2$$

und dies liefert, da $J \geqq 0$ ist, die zu beweisende Formel (5).

Bemerkenswert ist insbesondere der Fall

$$a = 0, \quad b = 1, \quad m = 1, \quad \psi_{1\nu}(s) = s^{\nu-1}.$$

Dann wird $c_{\alpha\beta} = \dfrac{1}{\alpha+\beta-1}$ und für M kann, wie groß auch n sei, die Zahl π gewählt werden[1]). Daher ist, wenn $h(s)$ eine beliebige Funktion bedeutet, die den vorhin genannten Bedingungen genügt,

$$\sum_{\nu=0}^{n} \left[\int_0^1 s^{\nu-1} h(s)\,ds\right]^2 \leqq \pi \int_0^1 h^2(s)\,ds.$$

Hieraus folgt, daß die Reihe

$$\sum_{\nu=0}^{\infty} \left[\int_0^1 s^{\nu} h(s)\,ds\right]^2$$

konvergiert und höchstens gleich $\pi \int_0^1 h^2(s)\,ds$ ist.

§ 3.

Um den Beweis des Satzes II etwas übersichtlicher zu gestalten, führe ich einige abkürzende Bezeichnungen ein. Ich setze

$$\int_a^b F(s,t)\,h(t)\,dt = F(h), \qquad \int_a^b F(t,s)\,h(t)\,dt = F'(h);$$

ferner verstehe ich, wenn $\varphi(s)$ und $\psi(s)$ zwei Funktionen sind, unter $[\varphi, \psi]$ das Integral

$$[\varphi, \psi] = \int_a^b \varphi(s)\,\psi(s)\,ds.$$

Die Gleichung

$$\int_a^b \varphi(s)\,ds \int_a^b F(s,t)\,\psi(t)\,dt = \int_a^b \psi(t)\,dt \int_a^b F(s,t)\,\varphi(s)\,ds\ ^{2)}$$

---

1) Vergl. meine Arbeit Bemerkungen zur Theorie der beschränkten Bilinearformen mit unendlich vielen Veränderlichen, Journal für die r. u. a. Mathematik, Bd. 140, S. 1.

2) Genügt $F(s,t)$ den in § 1 gemachten Voraussetzungen und sind die Funktionen φ und ψ beschränkt und integrierbar, so ist diese Gleichung gewiß richtig. Vergl.

kann dann in der Form

$$[\varphi, F(\psi)] =]F'(\varphi), \psi]$$

geschrieben werden. Speziell wird

$$[F'(\varphi), F'(\psi)] = [\varphi, F(F'(\psi))] = [\varphi, G(\psi)], \tag{6}$$

wo

$$G(\psi) = \int_a^b G(s,t)\psi(t)\,dt, \quad G(s,t) = \int_a^b F(s,u)F(t,u)\,du$$

zu setzen ist.

Unter Beibehaltung der bei der Formulierung des Satzes II eingeführten Bezeichnungen setze man noch

$$\gamma_\mu = \int_a^b h_\mu^2(t)\,dt,$$

sodaß also die Reihe

$$\gamma = \gamma_1 + \gamma_2 + \cdots \tag{7}$$

als konvergent anzunehmen ist. Da nach der Schwarzschen Ungleichheit

$$\left[\int_a^b F_\mu(s,t)h_\mu(t)\,dt\right]^2 \leqq \gamma_\mu \int_a^b F_\mu^2(s,t)\,dt = \gamma_\mu G_\mu(s,s)$$

ist, so erhalten wir für $p < q$

$$R_{p,q} = \sum_{\mu=p}^{q} \left|\int_a^b F_\mu(s,t)h_\mu(t)\,dt\right| \leqq \sum_{\mu=p}^{q} \sqrt{\gamma_\mu G_\mu(s,s)}$$

und also

$$R_{p,q}^2 \leqq \sum_{\mu=p}^{q} \gamma_\mu \cdot \sum_{\mu=p}^{q} G_\mu(s,s). \tag{8}$$

Aus der vorausgesetzten Stetigkeit der Funktionen $G_\mu(s,t)$ und der gleichmäßigen Konvergenz der Reihe (3) folgt, daß $\sum_{\mu=p}^{q} G_\mu(s,s)$ unterhalb einer von s, p und q unabhängigen Schranke bleibt. Da außerdem die Reihe (7) konvergent sein soll, so ergibt sich aus (8), daß die Reihe

$$g(s) = \sum_{\mu=1}^{\infty} \int_a^b F_\mu(s,t)h_\mu(t)\,dt = \sum_{\mu=1}^{\infty} F_\mu(h_\mu)$$

L. Lichtenstein, Über die Integration eines bestimmten Integrals nach einem Parameter, Göttinger Nachrichten 1910, S. 468.

für $a \leqq s \leqq b$ absolut und gleichmäßig konvergent; $g(s)$ ist daher eine stetige Funktion von s.

Ist nun $\varphi_\nu(s)$ eine der Eigenfunktionen von $K(s,t)$, so wird

$$[g, \varphi_\nu] = \int_a^b g(t)\,\varphi_\nu(t)\,dt = \sum_{\mu=1}^{\infty} [F_\mu(h_\mu), \varphi_\nu] = \sum_{\mu=1}^{\infty} [h_\mu, F'_\mu(\varphi_\nu)].$$

Setzt man, wenn $\varphi_\nu(s)$ zum Eigenwert λ_ν gehört,

$$\sqrt{\lambda_\nu}\, F'_\mu(\varphi_\nu) = \sqrt{\lambda_\nu} \int_a^b F_\mu(t, s)\,\varphi_\nu(t)\,dt = \psi_{\mu\nu}(s)\,^{1)},$$

so wird also

$$\sqrt{\lambda_\nu}\,[g, \varphi_\nu] = \sum_{\mu=1}^{\infty} [h_\mu, \psi_{\mu\nu}].$$

Die Funktionen $\psi_{\mu\nu}$ sind hierbei reell, da λ_ν als Eigenwert des positiv definiten Kerns $K(s,t)$ positiv ist. Ist ferner

$$c_{\alpha\beta}^{(\mu)} = \int_a^b \psi_{\mu\alpha}(s)\,\psi_{\mu\beta}(s)\,ds = [\psi_{\mu\alpha}, \psi_{\mu\beta}], \qquad (\alpha, \beta = 1, 2, \ldots)$$

so wird (vergl. Formel (6))

$$c_{\alpha\beta}^{(\mu)} = \sqrt{\lambda_\alpha \lambda_\beta}\,[F'_\mu(\varphi_\alpha), F'_\mu(\varphi_\beta)] = \sqrt{\lambda_\alpha \lambda_\beta}\,[\varphi_\alpha, G_\mu(\varphi_\beta)]. \tag{9}$$

Es sei nun m eine beliebige positive ganze Zahl. Man setze

$$P(s,t) = \sum_{\mu=1}^{m} G_\mu(s,t), \quad Q(s,t) = \sum_{\mu=m+1}^{\infty} G_\mu(s,t) + H(s,t),$$

sodaß also

$$K(s,t) = P(s,t) + Q(s,t)$$

wird; hierbei sind offenbar auch $P(s,t)$ und $Q(s,t)$ positiv definite Kerne. Wir erhalten aus (9)

$$\begin{aligned} c_{\alpha\beta} = \sum_{\mu=1}^{m} c_{\alpha\beta}^{(\mu)} &= \sqrt{\lambda_\alpha \lambda_\beta}\,[\varphi_\alpha, P(\varphi_\beta)] \\ &= \sqrt{\lambda_\alpha \lambda_\beta}\,[\varphi_\alpha, K(\varphi_\beta)] - \sqrt{\lambda_\alpha \lambda_\beta}\,[\varphi_\alpha, Q(\varphi_\beta)]. \end{aligned}$$

Da aber

$$\lambda_\beta K(\varphi_\beta) = \lambda_\beta \int_a^b K(s,t)\,\varphi_\beta(t)\,dt = \varphi_\beta(s)$$

und

$$[\varphi_\alpha, \varphi_\beta] = \int_a^b \varphi_\alpha(s)\,\varphi_\beta(s)\,ds = e_{\alpha\beta}$$

1) Vergl. Schmidt, a. a. O. § 14.

gleich 0 oder 1 ist, je nachdem α von β verschieden oder gleich β ist, so ergibt sich

$$c_{\alpha\beta} = \sqrt{\frac{\lambda_\alpha}{\lambda_\beta}} \cdot e_{\alpha\beta} - b_{\alpha\beta} = e_{\alpha\beta} - b_{\alpha\beta},$$

wo

$$b_{\alpha\beta} = \sqrt{\lambda_\alpha \lambda_\beta}\,[\varphi_\alpha, Q(\varphi_\beta)] = \sqrt{\lambda_\alpha \lambda_\beta}\int_a^b\int_a^b Q(s,t)\,\varphi_\alpha(s)\,\varphi_\beta(t)\,ds\,dt$$

zu setzen ist. Sind nun $x_1, x_2, \ldots, x_n$ beliebige n reelle Größen, so wird

$$\sum_{\alpha,\beta}{}_1^n c_{\alpha\beta} x_\alpha x_\beta = \sum_{\alpha=1}^n x_\alpha^2 - \sum_{\alpha,\beta}{}_1^n b_{\alpha\beta} x_\alpha x_\beta.$$

Es ist aber, wenn

$$\sum_{\alpha=1}^n \sqrt{\lambda_\alpha}\, x_\alpha \varphi_\alpha(s) = x(s)$$

gesetzt wird,

$$\sum_{\alpha,\beta}{}_1^n b_{\alpha\beta} x_\alpha x_\beta = \int_a^b\int_a^b Q(s,t)\,x(s)\,x(t)\,ds\,dt.$$

Dieser Ausdruck ist, da $Q(s,t)$ ein positiv definiter Kern ist, nicht negativ. Daher ist

$$\sum_{\alpha,\beta}{}_1^n c_{\alpha\beta} x_\alpha x_\beta \leqq \sum_{\alpha=1}^n x_\alpha^2.$$

Hieraus folgt auf Grund des in § 2 Bewiesenen, daß

$$\sum_{\nu=1}^n \left(\sum_{\mu=1}^m [h_\mu, \psi_{\mu\nu}]\right)^2 \leqq \sum_{\mu=1}^m \gamma_\mu$$

ist. Läßt man m über alle Grenzen wachsen, so erhält man

$$\sum_{\nu=1}^n \left(\sum_{\mu=1}^\infty [h_\mu, \psi_{\mu\nu}]\right)^2 \leqq \sum_{\mu=1}^\infty \gamma_\mu$$

oder, was dasselbe ist,

$$\sum_{\nu=1}^n \lambda_\nu [g, \varphi_\nu]^2 \leqq \gamma.$$

Da dies für jedes n gilt, so ist die Reihe

$$\sum_{\nu=1}^\infty \lambda_\nu [g, \varphi_\nu]^2 \tag{10}$$

konvergent und höchstens gleich γ.

Die zu betrachtende Reihe

$$(11)\qquad \sum_{\nu=1}^{\infty} \varphi_\nu(s) \int_a^b g(t)\,\varphi_\nu(t)\,dt = \sum_{\nu=1}^{\infty} \varphi_\nu(s)\cdot[g, \varphi_\nu]$$

läßt sich nun in der Form

$$\sum_{\nu=1}^{\infty} \frac{\varphi_\nu(s)}{\sqrt{\lambda_\nu}} \cdot \sqrt{\lambda_\nu}\,[g, \varphi_\nu]$$

schreiben. Es ist daher, wenn p und $q > p$ zwei ganze Zahlen sind,

$$R'_{p,q} = \left(\sum_{\nu=p}^{q} |\varphi_\nu(s)\cdot[g, \varphi_\nu]|\right)^2 \leqq \sum_{\nu=p}^{q} \frac{\varphi_\nu^2(s)}{\lambda_\nu} \cdot \sum_{\nu=p}^{q} \lambda_\nu [g, \varphi_\nu]^2.$$

Nach dem Mercerschen Satz ist

$$K(s, s) = \sum_{\nu=1}^{\infty} \frac{\varphi_\nu^2(s)}{\lambda_\nu}$$

und daher ist, wenn k das Maximum der stetigen Funktion $K(s, s)$ bedeutet,

$$R'_{p,q} \leqq k \sum_{\nu=p}^{q} \lambda_\nu [g, \varphi_\nu]^2.$$

Aus der Konvergenz der Reihe (10) ergibt sich daher, daß die Reihe (11), wie zu beweisen ist, im ganzen Intervall $a \leqq s \leqq b$ absolut und gleichmäßig konvergent ist.

Daß die durch diese Reihe dargestellte Funktion gleich $g(s)$ ist, beweist man folgendermaßen (vergl. Schmidt, a. a. O. § 16). Man setze

$$(12)\qquad \sum_{\nu=1}^{\infty} \varphi_\nu(s)\,[g, \varphi_\nu] = f(s).$$

Wegen der gleichmäßigen Konvergenz der links stehenden Reihe und der Stetigkeit der Funktionen $\varphi_\nu(s)$ ist $f(s)$ eine stetige Funktion. Ist $\varkappa$ ein beliebiger Index, so darf die mit $\varphi_\varkappa(s)$ multiplizierte Reihe gliedweise integriert werden. Da $[\varphi_\nu, \varphi_\varkappa]$ gleich 0 oder 1 ist, je nachdem $\nu \neq \varkappa$ oder $\nu = \varkappa$ ist, so erhält man

$$[f, \varphi_\varkappa] = [g, \varphi_\varkappa] \qquad (\varkappa = 1, 2, \ldots)$$

Ist daher $p(s) = g(s) - f(s)$, so wird für jedes $\varkappa$

$$(13)\qquad [p, \varphi_\varkappa] = 0.$$

Nach einem bekannten Satze (vergl. Schmidt, a. a. O. § 9) folgt hieraus

$$\int_a^b K(s, t)\,p(t)\,dt = 0.$$

Daher ist auch

$$\int_a^b\int_a^b K(s,t)\,p(s)\,p(t)\,ds\,dt = \sum_{\mu=1}^{\infty}\int_a^b\int_a^b G_\mu(s,t)\,p(s)\,p(t)\,ds\,dt$$
$$+\int_a^b\int_a^b H(s,t)\,p(s)\,p(s)\,ds\,dt$$

gleich Null. Da die rechts auftretenden Summanden jedenfalls nicht negativ sind, so muß insbesondere für jeden Wert von μ

$$\int_a^b\int_a^b G_\mu(s,t)\,p(s)\,p(t)\,ds\,dt = \int_a^b\left[\int_a^b F(s,u)\,p(s)\,ds\right]^2 du = 0$$

sein. Folglich ist für jeden Wert von μ

$$\int_a^b F_\mu(s,t)\,p(s)\,ds = F''_\mu(p) = 0.$$

Hieraus ergibt sich, da

$$g(s) = \sum_{\mu=1}^{\infty} F_\mu(h_\mu)$$

ist und die Reihe gleichmäßig konvergiert,

$$[g,p] = \sum_{\mu=1}^{\infty}[F_\mu(h_\mu),p] = \sum_{\mu=1}^{\infty}[h_\mu, F''_\mu(p)] = 0.$$

Andererseits folgt aus (12) und (13) auch

$$[f,p] = \sum_{\nu=1}^{\infty}[p,\varphi_\nu]\cdot[g,\varphi_\nu] = 0.$$

Daher ist

$$\int_a^b p^2(s)\,ds = [p,p] = [g-f,p] = [g,p]-[f,p] = 0,$$

folglich muß die Funktion $p(s)$, da sie als Differenz der Funktionen $f(s)$ und $g(s)$ stetig ist, identisch verschwinden. Es ist also in der Tat $f(s) = g(s)$.

Hiermit ist der Satz II vollständig bewiesen.

§ 4.

Ich will noch auf einige Anwendungen der Sätze I und II aufmerksam machen.

Man verstehe unter $F(s,t)$ diejenige Funktion, die für $s < t$ gleich

0 und für $s \geqq t$ gleich 1 ist. Dann wird

$$G(s,t) = \int_a^b F(s,u)\,F(t,u)\,du = \operatorname{Min}(s-a,\ t-a)$$

und

$$\overline{G}(s,t) = \int_a^b F(u,s)\,F(u,t)\,du = \operatorname{Min}(b-s,\ b-t).$$

In der Form

$$g(s) = \int_a^b F(s,t)\,h(t)\,dt = \int_a^s h(t)\,dt$$

ist ferner gewiß jede Funktion darstellbar, die für $s = a$ verschwindet, im Intervall $a \leqq s \leqq b$ stetig ist und eine stetige Ableitung besitzt. Eine Funktion dieser Art ist daher nach Satz I, wenn $H(s,t)$ einen stetigen, positiv definiten Kern bedeutet, nach den Eigenfunktionen des Kerns

$$K(s,t) = \operatorname{Min}(s-a,\ t-a) + H(s,t)$$

entwickelbar. Ebenso folgt aus

$$\overline{g}(s) = \int_a^b F(t,s)\,h(t)\,dt = \int_s^b h(t)\,dt,$$

daß jede Funktion, die für $s = b$ verschwindet, im Intervall $a \leqq s \leqq b$ stetig ist und eine stetige Ableitung besitzt, sich nach den Eigenfunktionen des Kerns

$$\overline{K}(s,t) = \operatorname{Min}(b-s,\ b-t) + H(s,t),$$

entwickeln läßt. Die Reihenentwicklungen sind in beiden Fällen absolut und gleichmäßig konvergent.

Um eine Anwendung des Satzes II zu erhalten, wähle man

$$a = 0, \quad b = 1$$

und setze, wenn

$$a_1, a_2, \ldots \text{ und } b_1, b_2, \ldots$$

zwei Folgen reeller Größen sind, für welche die Reihen $\sum\limits_{\nu=1}^{\infty} a_\nu^2$ und $\sum\limits_{\nu=1}^{\infty} b_\nu^2$ konvergieren,

$$F_\mu(s,t) = a_\mu \sqrt{2\mu-1}\,.\,s^{\mu-1}t^{\mu-1}, \quad h_\mu(t) = b_\mu \sqrt{2\mu-1}\,.\,t^{\mu-1}.$$

Dann wird

$$G_\mu(s,t) = a_\mu^2 s^{\mu-1} t^{\mu-1}, \quad \int_0^1 F_\mu(s,t)\,h_\mu(t)\,dt = a_\mu b_\mu s^{\mu-1}.$$

Daher ist die Funktion

$$g(s) = \sum_{\mu=1}^{\infty} a_\mu b_\mu s^{\mu-1}$$

nach den Eigenfunktionen des (im Bereiche $0 \leqq s \leqq 1$, $0 \leqq t \leqq 1$ zu betrachtenden) Kerns

$$K(s,t) = \sum_{\mu=1}^{\infty} a_\mu^2 s^{\mu-1} t^{\mu-1} + H(s,t)$$

in Form einer absolut und gleichmäßig konvergenten Reihe entwickelbar. Hierbei kann $H(s,t)$ wieder ein beliebiger stetiger, positiv definiter Kern sein.

Ich möchte noch darauf hinweisen, daß in dem Satz I ein bekanntes wichtiges Resultat aus der Theorie der Fourierschen Reihen als Spezialfall enthalten ist. Wir werden hierbei nur den von Herrn Schmidt behandelten Fall $H(s,t) = 0$ zu betrachten haben.

Man setze nämlich

$$a = 0, \quad b = 2\pi$$

und betrachte eine für alle x definierte Funktion $f(x)$, die die Periode 2π besitzt und im Intervall $0 \leqq x \leqq 2\pi$ im Riemannschen Sinne integrierbar ist. Setzt man

$$\bar{f}(x) = \int_0^{2\pi} f(x+u) f(u)\, du = \int_0^{2\pi} f(u) f(-x+u)\, du = \bar{f}(-x),$$

so ist diese Funktion bekanntlich überall stetig (vergl. de la Vallée Poussin, Cours d'Analyse, Bd. II, § 157). Denn es ist

$$[\bar{f}(x') - \bar{f}(x)]^2 \leqq \int_0^{2\pi} [f(x'+u) - f(x+u)]^2\, du \,.\int_0^{2\pi} f^2(u)\, du$$

und

$$\int_0^{2\pi} [f(x'+u) - f(x+u)]^2\, du = \int_0^{2\pi} [f(x'-x+u) - f(u)]^2\, du.$$

Auf Grund der Riemannschen Integrabilitätskriterien beweist man aber leicht, daß

$$\lim_{h=0} \int_0^{2\pi} [f(h+u) - f(u)]^2\, du = 0$$

ist. Folglich ist in der Tat für jedes x

$$\lim_{x'=x} \bar{f}(x') = \bar{f}(x).$$

Wählt man nun für $F(s,t)$ die Funktion

$$F(s,t) = f(s-t),$$

so wird

$$G(s,t) = \int_0^{2\pi} f(s-u)f(t-u)\,du = \int_0^{2\pi} f(s-t+u)f(u)\,du = \bar{f}(s-t),$$

$$\bar{G}(s,t) = \int_0^{2\pi} f(u-s)f(u-t)\,du = \int_0^{2\pi} f(u)f(s-t+u)\,du = \bar{f}(s-t).$$

Da $\bar{f}(x)$ eine stetige Funktion ist, so genügt demnach $F(s,t)$ den in § 1 festgesetzten Bedingungen. Es wird ferner für jede ganze Zahl n

$$\int_0^{2\pi} G(s,t)\sin nt\,dt = \int_0^{2\pi} \bar{f}(t)\sin n(s-t)\,dt,$$

$$\int_0^{2\pi} G(s,t)\cos nt\,dt = \int_0^{2\pi} \bar{f}(t)\cos n(s-t)\,dt.$$

Setzt man daher

$$c_n = \int_0^{2\pi} \bar{f}(t)\cos nt\,dt$$

und berücksichtigt, daß $\bar{f}(x)$ eine gerade Funktion mit der Periode 2π ist, so erhält man

$$\int_0^{2\pi} G(s,t)\sin nt\,dt = c_n \sin ns,$$

$$\int_0^{2\pi} G(s,t)\cos nt\,dt = c_n \cos ns.$$

Daher sind, sobald c_n von Null verschieden ist, $\sin ns$ und $\cos ns$ Eigenfunktionen des Kerns $G(s,t)$[1]). Da es aber keine von 0 verschiedene stetige Funktion gibt, die im Intervall $0 \leqq s \leqq 2\pi$ zu allen Funktionen $\sin ns$ und $\cos ns$ orthogonal ist, so erkennt man leicht, daß die so gewonnenen Eigenfunktionen ein vollständiges System von Eigenfunktionen des Kerns $G(s,t)$ bilden.

Bedeutet nun $h(x) = \varphi(-x)$ eine Funktion, die ebenso wie $f(x)$ die Periode 2π besitzt und im Intervall $0 \leqq x \leqq 2\pi$ integrierbar ist, so wird

1) Für $n = 0$ hat man natürlich $\sin ns = 0$ nicht als Eigenfunktion von $G(s,t)$ anzusehen.

$$(14)\quad g(s)=\int_0^{2\pi} F(s,t)\,h(t)\,dt=\int_0^{2\pi} f(s-t)\,h(t)\,dt=\int_0^{2\pi} f(s+u)\,\varphi(u)\,du.$$

Wendet man auf die Funktion $F(s,t) = f(s-t)$ den Satz I an, wobei $H(s,t) = 0$ zu setzen ist, so erkennt man, daß die Fouriersche Entwicklung einer in der Form (14) darstellbaren Funktion absolut und gleichmäßig konvergent und gleich $g(s)$ ist. Unter Berücksichtigung der Gleichung[1])

$$\int_0^{2\pi} g(x)\sin nx\,dx=\int_0^{2\pi}\varphi(t)\,dt\int_0^{2\pi} f(x+t)\sin nx\,dx$$
$$=\int_0^{2\pi}\varphi(t)\,dt\int_0^{2\pi} f(x)\sin n(x-t)\,dx$$

und der analogen Gleichung für $\cos nx$ ergibt sich hieraus, daß die „Äquivalenzen"

$$f(x)\sim\frac{a_0}{2}+\sum_{n=1}^{\infty}(a_n\cos nx+a_n'\sin nx),$$
$$\varphi(x)\sim\frac{b_0}{2}+\sum_{n=1}^{\infty}(b_n\cos nx+b_n'\sin nx)$$

die Gleichung

$$\frac{1}{\pi}\int_0^{2\pi} f(x+t)\,\varphi(t)\,dt$$
$$=\frac{a_0b_0}{2}+\sum_{n=1}^{\infty}\{(a_nb_n+a_n'b_n')\cos nx+(a_n'b_n-a_nb_n')\sin nx\}$$

zur Folge haben[2]).

§ 5.

Der in § 1 bereits angegebene Mercersche Satz lautet:

Es sei $K(s,t)$ ein im Bereiche

$$(15)\qquad a\leqq s\leqq b,\quad a\leqq t\leqq b$$

definierter Kern, der stetig und positiv definit ist. Bilden die (stetigen) Funktionen $\varphi_1(s), \varphi_2(s), \ldots$ ein vollständiges System von normiert orthogonalen Eigen-

1) Die vorzunehmende Vertauschung der Integrationsfolge ist gewiß zulässig; vergl. die Anmerkung 2) auf S. 397.

2) Vergl. A. Hurwitz, Über die Fourierschen Konstanten integrierbarer Funktionen, Math. Ann. Bd. 57, S. 425, und H. Lebesgue, Leçons sur les séries trigonométriques (Paris 1906), S. 98—101.

funktionen des Kerns $K(s,t)$ und gehört $\varphi_\nu(s)$ zum Eigenwert λ_ν, so besteht die Gleichung

$$K(s,t) = \sum_{\nu=1}^{\infty} \frac{\varphi_\nu(s)\,\varphi_\nu(t)}{\lambda_\nu}, \tag{16}$$

und zwar ist diese Reihe im Bereiche (15) absolut und gleichmäßig konvergent.

Daß die Reihe (16) absolut und für jedes gegebene s in bezug auf t im Intervall $a \leqq t \leqq b$ gleichmäßig konvergiert, beweist man nach Herrn Kneser sehr einfach folgendermaßen.

Zunächst muß $K(s, s)$ für jedes s nicht negativ sein. Denn wäre $K(s_0, s_0) < 0$, so könnte man infolge der Stetigkeit von $K(s, t)$ eine Zahl $\varepsilon > 0$ bestimmen, sodaß $K(s, t)$ im ganzen Gebiet

$$s_0 - \varepsilon \leqq s \leqq s_0 + \varepsilon, \quad s_0 - \varepsilon \leqq t \leqq s_0 + \varepsilon$$

negativ wird. Wählt man nun eine stetige Funktion $x(s)$, die im Innern des Intervalls $s_0 - \varepsilon \leqq s \leqq s_0 + \varepsilon$ positiv und an den Endpunkten, sowie auch außerhalb des Intervalls Null ist, so würde für diese Funktion das Integral

$$\int_a^b \int_a^b K(s,t)\,x(s)\,x(t)\,ds\,dt$$

negativ werden, was nicht der Fall sein darf. Für jedes n ist ferner bekanntlich

$$K_n(s,t) = K(s,t) - \sum_{\nu=1}^{n} \frac{\varphi_\nu(s)\,\varphi_\nu(t)}{\lambda_\nu}$$

ein Kern, für den die Funktionen $\varphi_{n+1}(s), \varphi_{n+2}(s), \ldots$ ein vollständiges System von Eigenfunktionen bilden. Die zugehörigen Eigenwerte sind $\lambda_{n+1}, \lambda_{n+2}, \ldots$. Da diese Zahlen positiv sind, so ist auch $K_n(s, t)$ ein stetiger, positiv definiter Kern. Folglich ist $K_n(s, s) \geqq 0$, d. h.

$$\sum_{\nu=1}^{n} \frac{\varphi_\nu^2(s)}{\lambda_\nu} \leqq K(s,s).$$

Die Reihe

$$\sum_{\nu=1}^{\infty} \frac{\varphi_\nu^2(s)}{\lambda_\nu}$$

ist daher konvergent und höchstens gleich dem Maximum k der stetigen Funktion $K(s, s)$. Sind nun p und $q > p$ zwei ganze Zahlen, so wird

$$\left(\sum_{\nu=p}^{q} \left|\frac{\varphi_\nu(s)\,\varphi_\nu(t)}{\lambda_\nu}\right|\right)^2 \leqq \sum_{\nu=p}^{q} \frac{\varphi_\nu^2(s)}{\lambda_\nu} \cdot \sum_{\nu=p}^{q} \frac{\varphi_\nu^2(t)}{\lambda_\nu}, \tag{17}$$

also

$$\left(\sum_{\nu=p}^{q}\left|\frac{\varphi_\nu(s)\,\varphi_\nu(t)}{\lambda_\nu}\right|\right)^2 \leqq k \sum_{\nu=p}^{q}\frac{\varphi_\nu^2(s)}{\lambda_\nu}.$$

Hieraus folgt, daß die Reihe (16) absolut und bei festgehaltenem s in bezug auf t gleichmäßig konvergent ist.

Daß nun diese Reihe die Funktion $K(s,t)$ darstellt, beweist Herr Kneser durch Betrachtung einer gewissen Doppelreihe. Man kann dies aber auch folgendermaßen zeigen.

Es sei s eine feste Zahl. Man setze

$$(18)\qquad \sum_{\nu=1}^{\infty}\frac{\varphi_\nu(s)\,\varphi_\nu(t)}{\lambda_\nu} = L(s,t).$$

Dann ist $L(s,t)$, weil die Reihe in bezug auf t gleichmäßig konvergiert, eine stetige Funktion von t. Ist $\varkappa$ ein beliebiger Index, so wird wegen der Orthogonalität der Funktionen $\varphi_1(t), \varphi_2(t), \ldots$

$$\int_a^b L(s,t)\,\varphi_\varkappa(t)\,dt = \frac{\varphi_\varkappa(s)}{\lambda_\varkappa} = \int_a^b K(s,t)\,\varphi_\varkappa(t)\,dt.$$

Setzt man also

$$K(s,t) - L(s,t) = M(s,t),$$

so wird für $\varkappa = 1, 2, \ldots$

$$(19)\qquad \int_a^b M(s,t)\,\varphi_\varkappa(t)\,dt = 0.$$

Hieraus folgt nach dem bereits auf S. 401 benutzten Satz von Herrn Schmidt, daß auch

$$\int_a^b K(s,t)\,M(s,t)\,dt = 0$$

ist. Andererseits ergibt sich aus (18), indem man mit $M(s,t)$ multipliziert und nach t integriert, wegen (19)

$$\int_a^b L(s,t)\,M(s,t)\,dt = 0.$$

Daher ist

$$\int_a^b M^2(s,t)\,dt = \int_a^b M(s,t)\{K(s,t) - L(s,t)\}\,dt = 0.$$

Die Funktion $M(s,t)$ von t muß folglich, da sie als Differenz der beiden stetigen Funktionen $K(s, t)$ und $L(s, t)$ stetig ist, identisch verschwinden.

Setzt man in der nun für alle Wertepaare s, t bewiesenen Gleichung (16) $t = s$, so erhält man

$$K(s, s) = \sum_{\nu=1}^{\infty} \frac{\varphi_\nu^2(s)}{\lambda_\nu}.$$

Da $K(s, s)$ eine stetige Funktion von s ist, und alle Glieder der Reihe nicht negativ und stetig sind, so ergibt sich auf Grund des bekannten Satzes von Herrn Dini, daß die Reihe im Intervall $a \leqq s \leqq b$ gleichmäßig konvergent ist. Aus der Formel (17) folgt nun, daß auch die Reihe (16) im ganzen Gebiet $a \leqq s \leqq b$, $a \leqq t \leqq b$ gleichmäßig konvergiert.

26.

Über zwei Arten von Faktorenfolgen in der Theorie der algebraischen Gleichungen (mit G. Pólya)

Journal für die reine und angewandte Mathematik 144, 89 - 113 (1914)

Laguerre hat zahlreiche spezielle unendliche Folgen reeller Zahlen

(A.) $$\alpha_0, \alpha_1, \alpha_2, \ldots$$

angegeben, die folgende merkwürdige Eigenschaft besitzen: ist

$$a_0 + a_1 x + a_2 x^2 + \cdots + a_m x^m = 0$$

eine beliebige algebraische Gleichung mit lauter reellen Wurzeln*), so sind die Wurzeln der Gleichung

$$\alpha_0 a_0 + \alpha_1 a_1 x + \alpha_2 a_2 x^2 + \cdots + \alpha_m a_m x^m = 0$$

ebenfalls sämtlich reell. Eine Zahlenfolge (A.), die diese Eigenschaft besitzt, nennen wir eine *Faktorenfolge erster Art.*

Unter einer *Faktorenfolge zweiter Art* verstehen wir eine unendliche Folge reeller Zahlen

(B.) $$\beta_0, \beta_1, \beta_2, \ldots,$$

die so beschaffen ist, daß, wenn

$$b_0 + b_1 x + b_2 x^2 + \cdots + b_m x^m = 0$$

eine beliebige Gleichung mit lauter reellen Wurzeln *von gleichem Vorzeichen* ist, die Gleichung

$$\beta_0 b_0 + \beta_1 b_1 x + \beta_2 b_2 x^2 + \cdots + \beta_m b_m x^m = 0$$

keine imaginäre Wurzel hat. Hierbei sprechen wir von einem System reeller Zahlen „von gleichem Vorzeichen", wenn die von Null verschiedenen Zahlen des Systems entweder sämtlich positiv oder sämtlich negativ sind.

---

*) Hierbei zählen wir die Konstanten zu den Polynomen mit lauter reellen Nullstellen.

Unter den von *Laguerre* angegebenen Beispielen heben wir insbesondere folgende hervor: die Folgen

$$(1.)\quad 1,\ \frac{1}{\omega},\ \frac{1}{\omega(\omega+1)},\ \frac{1}{\omega(\omega+1)(\omega+2)},\ \ldots \qquad (\omega > 0),$$

$$(2.)\quad 1,\ q,\ q^4,\ q^9,\ \ldots \qquad (|q| \leqq 1)$$

sind Faktorenfolgen erster Art, ferner bilden, wenn λ und ϑ zwei reelle Zahlen sind, die Größen

$$(3.)\qquad \cos\lambda,\ \cos(\lambda+\vartheta),\ \cos(\lambda+2\vartheta),\ \ldots$$

eine Faktorenfolge zweiter Art*).

Eine Faktorenfolge erster Art ist selbstverständlich zugleich eine solche zweiter Art. Das Umgekehrte ist aber nicht immer der Fall; z. B. ist die Folge (3.), wenn ϑ nicht ein ganzzahliges Multiplum von π ist, keine Faktorenfolge erster Art.

Wir werden im folgenden für beide Arten von Faktorenfolgen einfache Kriterien angeben, die zugleich notwendig und hinreichend sind (§§ 3 und 4). Es wird sich insbesondere zeigen, daß die Untersuchung der beiden Arten von Faktorenfolgen und die Untersuchung gewisser zweier Klassen von ganzen transzendenten Funktionen identische Aufgaben sind. Auf diese Weise erhalten wir eine bemerkenswerte Methode, bekannte und auch neue Sätze über ganze transzendente Funktionen vom Geschlechte 0 und 1 mit lauter reellen Nullstellen abzuleiten (vgl. § 6).

Die folgenden Entwicklungen stützen sich in erster Linie auf den von *Schur* in der vorstehenden Arbeit bewiesenen Kompositionssatz. Diese Arbeit wird im folgenden kurz mit *A.* zitiert.

§ 1. Elementare Eigenschaften der Faktorenfolgen.

I. *In jeder Faktorenfolge erster Art*

$$(\text{A.})\qquad \alpha_0,\ \alpha_1,\ \alpha_2,\ \ldots$$

bilden die von Null verschiedenen Glieder eine einzige ununterbrochene Sequenz, die entweder lauter Zeichenwechsel oder lauter Zeichenfolgen aufweist.

Es ist also zu zeigen: sind α_λ und $\alpha_{\lambda+\mu}$ von Null verschieden, so verschwindet auch keine der dazwischenliegenden Zahlen; ferner ist

$$(4.)\qquad \operatorname{sign}\alpha_{\nu-1} = \operatorname{sign}\alpha_{\nu+1}. \qquad (\nu=\lambda+1,\ldots\lambda+\mu-1)$$

Es sei nämlich

*) *Laguerre*, Œuvres, Bd. I. S. 31—35 und S. 199—206.

$$a_\lambda x^\lambda + a_{\lambda+1}x^{\lambda+1} + \cdots + a_{\lambda+\mu}x^{\lambda+\mu} = 0$$

eine beliebige Gleichung mit lauter reellen Wurzeln, wobei a_λ und $a_{\lambda+\mu}$ von Null verschieden sind. Nach Voraussetzung hat dann auch die Gleichung

$$\alpha_\lambda a_\lambda x^\lambda + \alpha_{\lambda+1}a_{\lambda+1}x^{\lambda+1} + \cdots + \alpha_{\lambda+\mu}a_{\lambda+\mu}x^{\lambda+\mu} = 0$$

keine imaginäre Wurzel. Hieraus folgt, daß nicht zwei aufeinanderfolgende Glieder der Folge

$$\alpha_\lambda, \ \alpha_{\lambda+1} \ \ldots \ \alpha_{\lambda+\mu-1}, \ \alpha_{\lambda+\mu}$$

verschwinden können (vgl. *A.*, Hilfssatz I).

Aber auch der Fall, daß nur ein Glied α_ν dieser Folge Null ist, ist auszuschließen. Denn wäre $\alpha_\nu = 0$, so müßten $\alpha_{\nu-1}$ und $\alpha_{\nu+1}$ beide von Null verschieden sein; ferner müßte, wie durch Betrachtung der Gleichungen

$$x^{\nu-1} - x^{\nu+1} = 0, \qquad x^{\nu-1} + 2x^\nu + x^{\nu+1} = 0$$

hervorgeht, jede der beiden Gleichungen

$$\alpha_{\nu-1} - \alpha_{\nu+1}x^2 = 0 \tag{5.}$$

und

$$\alpha_{\nu-1} + \alpha_{\nu+1}x^2 = \alpha_{\nu-1} + 2\alpha_\nu x + \alpha_{\nu+1}x^2 = 0$$

reelle Wurzeln haben. Dies ist aber nicht möglich.

Da ferner (5.), was auch α_ν sei, reelle Wurzeln haben muß, so ergibt sich zugleich die Richtigkeit der Gleichung (4.).

Noch einfacher beweist man:

II. *Sind in einer Faktorenfolge zweiter Art zwei nebeneinanderstehende Glieder gleich Null, so verschwinden entweder alle vorhergehenden oder alle folgenden Glieder. Ist ferner ein Glied der Folge Null und sind die beiden angrenzenden Glieder von Null verschieden, so müssen sie entgegengesetzte Vorzeichen haben.*

Ferner gilt die Regel:

III. *In jeder Faktorenfolge erster oder zweiter Art*

$$\gamma_0, \gamma_1, \gamma_2, \ldots \gamma_\nu, \ldots$$

ist

$$\gamma_\nu^2 - \gamma_{\nu-1}\gamma_{\nu+1} \geqq 0^{*)}.$$

Beachtet man nämlich, daß die Gleichung

---

*) Hieraus geht z. B. hervor, daß die in der Einleitung erwähnte Folge (2.) für $|q| > 1$ keine Faktorenfolge ist.

$$x^{\nu-1} + 2x^{\nu} + x^{\nu+1} = 0$$

nur reelle Wurzeln von gleichem Vorzeichen hat, so ergibt sich, daß auch die Gleichung

$$\gamma_{\nu-1}x^{\nu-1} + 2\gamma_{\nu}x^{\nu} + \gamma_{\nu+1}x^{\nu+1} = 0$$

reelle Wurzeln besitzt, und hieraus folgt die Behauptung.

Sind

(A.) $\alpha_0, \alpha_1, \alpha_2, \dots \alpha_\nu, \dots$

(B.) $\beta_0, \beta_1, \beta_2, \dots \beta_\nu, \dots,$

zwei Zahlenfolgen, so heiße

$$\alpha_0\beta_0, \ \alpha_1\beta_1, \ \alpha_2\beta_2, \dots \alpha_\nu\beta_\nu, \dots$$

die aus (A.) und (B.) *komponierte* Zahlenfolge. Es besteht dann die Regel:

IV. *Aus zwei Faktorenfolgen erster Art entsteht durch Komposition eine Faktorenfolge erster Art. Eine Faktorenfolge erster Art gibt, mit einer Faktorenfolge zweiter Art komponiert, eine Faktorenfolge der zweiten Art.*

Der erste Teil dieses Satzes ist unmittelbar evident. — Ist ferner (A.) eine Faktorenfolge erster Art, (B.) eine solche zweiter Art und

$$b_0 + b_1 x + b_2 x^2 + \cdots + b_m x^m = 0$$

eine Gleichung mit lauter reellen Wurzeln von gleichem Vorzeichen, so besitzt die Gleichung

$$\alpha_0 b_0 + \alpha_1 b_1 x + \alpha_2 b_2 x^2 + \cdots + \alpha_m b_m x^m = 0$$

nur reelle Wurzeln, die nach Satz I *von gleichem Vorzeichen* sind. Daher besitzt die Gleichung

$$\beta_0\alpha_0 b_0 + \beta_1\alpha_1 b_1 x + \beta_2\alpha_2 b_2 x^2 + \cdots + \beta_m\alpha_m b_m x^m = 0$$

keine imaginäre Wurzel.

V. *Ist*

$$\gamma_0, \gamma_1, \gamma_2, \dots \gamma_\nu, \dots$$

eine Faktorenfolge erster oder zweiter Art, so ist für jedes ν

$$\gamma_\nu, \gamma_{\nu+1}, \gamma_{\nu+2}, \dots$$

wieder eine Faktorenfolge derselben Art.

Ist nämlich

$$c_0 + c_1 x + c_2 x^2 + \cdots + c_m x^m = 0$$

eine Gleichung mit nur reellen Wurzeln, bzw. mit lauter reellen Wurzeln von gleichem Vorzeichen, so besitzt die Gleichung

$$c_0 x^{\nu} + c_1 x^{\nu+1} + \cdots + c_m x^{\nu+m} = 0$$

dieselbe Eigenschaft. Daher hat

$$\gamma_\nu c_0 x^\nu + \gamma_{\nu+1} c_1 x^{\nu+1} + \cdots + \gamma_{\nu+m} c_m x^{\nu+m} = 0$$

oder, was dasselbe ist,

$$\gamma_\nu c_0 + \gamma_{\nu+1} c_1 x + \cdots + \gamma_{\nu+m} c_m x^m = 0$$

in beiden Fällen keine imaginären Wurzeln. Hieraus geht die Richtigkeit der Behauptung hervor.

VI. *Sind*

$$\gamma_{n0}, \gamma_{n1}, \gamma_{n2}, \ldots \gamma_{n\nu}, \ldots \qquad (n = 1, 2, 3, \ldots)$$

unendlich viele Faktorenfolgen erster (bzw. zweiter) Art und existiert für jedes ν

$$\lim_{n=\infty} \gamma_{n\nu} = \gamma_\nu,$$

so bilden die Zahlen

$$\gamma_0, \gamma_1, \gamma_2, \ldots \gamma_\nu, \ldots$$

ebenfalls eine Faktorenfolge erster (bzw. zweiter) Art.

Dies ergibt sich sehr leicht aus *A.*, Hilfssatz III.

§ 2. Über zwei Klassen von ganzen Funktionen mit reellen Koeffizienten.

Unter einer *ganzen Funktion vom Typus* I verstehen wir eine ganze rationale oder eine ganze transzendente Funktion

$$\Phi(x) = \alpha_0 + \frac{\alpha_1}{1!} x + \frac{\alpha_2}{2!} x^2 + \cdots$$

mit lauter reellen Wurzeln von gleichem Vorzeichen, für die entweder $\Phi(x)$ oder $\Phi(-x)$ eine Produktzerlegung der Form

$$\text{(I.)} \qquad \Phi(x) = \frac{\alpha_r}{r!} x^r e^{\gamma x} \prod_{\nu=1}^{\infty} (1 + \gamma_\nu x)$$

besitzt. Hierbei soll

$$\alpha_r \gtrless 0, \quad \gamma \geqq 0, \quad \gamma_\nu \geqq 0$$

sein.

Ebenso soll eine ganze (rationale oder transzendente) Funktion

$$\Psi(x) = \beta_0 + \frac{\beta_1}{1!} x + \frac{\beta_2}{2!} x^2 + \cdots$$

als eine *Funktion vom Typus* II bezeichnet werden, wenn die Nullstellen der Funktion sämtlich reell sind und ihre Produktzerlegung von der Form

$$\text{(II.)} \qquad \Psi(x) = \frac{\beta_r}{r!} x^r e^{-\gamma x^2 + \delta x} \prod_{\nu=1}^{\infty} (1 + \delta_\nu x) e^{-\delta_\nu x} \qquad (\beta_r \lesseqgtr 0)$$

ist. Unter $\delta, \delta_1, \delta_2, \ldots$ sind hierbei reelle Zahlen*), unter γ eine nicht negative reelle Zahl zu verstehen.

---

*) Sie brauchen nicht von demselben Vorzeichen zu sein.

Offenbar ist eine Funktion vom Typus I zugleich auch vom Typus II.

Diese beiden Funktionenklassen lassen sich durch die folgenden bemerkenswerten Sätze I und II charakterisieren:

I. *Eine Potenzreihe*

$$\Phi(x) = \alpha_0 + \frac{\alpha_1}{1!}x + \frac{\alpha_2}{2!}x^2 + \cdots$$

mit reellen Koeffizienten stellt dann und nur dann eine ganze Funktion vom Typus I dar, wenn sich eine Folge von Polynomen

$$\Phi_n(x) = \alpha_{n0} + \frac{\alpha_{n1}}{1!}x + \frac{\alpha_{n2}}{2!}x^2 + \cdots \qquad (n=1,2,3,\ldots)$$

mit lauter reellen Nullstellen von gleichem Vorzeichen angeben läßt, die in einem Kreise $|x| \leqq \varrho$ *gleichmäßig gegen* $\Phi(x)$ *konvergiert.*

Bei dem Beweise dieses Satzes kann ohne Beschränkung der Allgemeinheit vorausgesetzt werden, daß die Nullstellen der Polynome $\Phi_n(x)$ (bzw. der Funktion $\Phi(x)$) sämtlich $\leqq 0$ und die Koeffizienten $\alpha_{n\nu}$ (bzw. α_ν) sämtlich $\geqq 0$ sind.

Wir nehmen nun an, die Polynome $\Phi_n(x)$ konvergieren für $|x| \leqq \varrho$ gleichmäßig gegen $\Phi(x)$. Dann ist bekanntlich

$$\lim_{n=\infty} \alpha_{n\nu} = \alpha_\nu. \qquad (\nu=0,1,2,3,\ldots)$$

Wählt man eine beliebige positive ganze Zahl m und beachtet man, daß die Wurzeln der Gleichung

$$(1+x)^m = \sum_{\mu=0}^{m} \binom{m}{\mu} x^\mu = 0$$

reell und negativ sind, so erkennt man auf Grund des in *A.* bewiesenen Kompositionssatzes, daß die Gleichung

$$(6.) \qquad \sum_{\mu=0}^{m} \mu!\, \frac{\alpha_{n\mu}}{\mu!} \binom{m}{\mu} x^\mu = 0$$

nur reelle Wurzeln hat, und zwar sind wegen der über die Polynome $\Phi_n(x)$ gemachten Voraussetzung die nicht verschwindenden unter ihnen negativ. Läßt man in (6.) n über alle Grenzen wachsen, so erhält man die Gleichung

---

*) Wir bemerken hier ausdrücklich, daß die Funktion, die identisch gleich Null ist, sowohl zum Typus I als auch zum Typus II gerechnet wird, obgleich sie in den Formeln (I.) und (II.) nicht enthalten ist; vergl. die Fußnote auf S. 89.

$$F_m(x) = \alpha_0 + \binom{m}{1}\alpha_1 x + \binom{m}{2}\alpha_2 x^2 + \cdots + \alpha_m x^m = 0,$$

deren Wurzeln ebenfalls reell und $\leqq 0$ sind.

Sind nun alle Zahlen $\alpha_0, \alpha_1, \alpha_2, \ldots$ gleich Null, so ist $\Phi(x)$ gewiß eine Funktion vom Typus I. Im andern Falle sei α_r der erste nicht verschwindende Koeffizient der Reihe $\Phi(x)$. Ist $m > r$, so sei

$$F_m(x) = \binom{m}{r}\alpha_r x^r \prod_{\mu=1}^{m-r}(1 + \gamma_{m\mu} x),$$

wo die $\gamma_{m\mu}$ reelle nicht negative Zahlen bedeuten. Dann wird

$$(7.)\qquad \binom{m}{r+1}\alpha_{r+1} = \binom{m}{r}\alpha_r \sum_{\mu=1}^{m-r}\gamma_{m\mu}$$

und

$$\alpha_m = \binom{m}{r}\alpha_r \prod_{\mu=1}^{m-r}\gamma_{m\mu}.$$

Nach dem Satz über das arithmetische und das geometrische Mittel ergibt sich

$$\frac{\alpha_m}{\binom{m}{r}\alpha_r} \leqq \left\{\frac{\binom{m}{r+1}\alpha_{r+1}}{(m-r)\binom{m}{r}\alpha_r}\right\}^{m-r}$$

oder, was dasselbe ist,

$$(8.)\qquad \alpha_m \leqq \binom{m}{r}\alpha_r\left(\frac{\alpha_{r+1}}{(r+1)\alpha_r}\right)^{m-r}.$$

Daher ist

$$\frac{\alpha_m}{m!} \leqq \frac{1}{(m-r)!}\,\frac{\alpha_r}{r!}\left(\frac{\alpha_{r+1}}{(r+1)\alpha_r}\right)^{m-r}.$$

Hieraus folgt ohne weiteres, daß die Reihe $\Phi(x)$ beständig konvergent ist. Auf Grund der *Hadamard*schen Theorie ergibt sich zugleich, daß $\Phi(x)$ höchstens vom Geschlechte 1 ist.

Nun konvergieren, wie man leicht erkennt, die Polynome

$$F_m\left(\frac{x}{m}\right) = \alpha_0 + \frac{\alpha_1}{1!}x + \frac{\alpha_2}{2!}\left(1 - \frac{1}{m}\right)x + \frac{\alpha_3}{3!}\left(1 - \frac{1}{m}\right)\left(1 - \frac{2}{m}\right)x^2 + \cdots$$
$$= \frac{\alpha_r}{r!}\left(1 - \frac{1}{m}\right)\cdots\left(1 - \frac{r-1}{m}\right)x^r \prod_{\mu=1}^{m-r}\left(1 + \frac{\gamma_{m\mu}}{m}x\right)$$

in jedem endlichen Gebiet gleichmäßig gegen $\Phi(x)$. Hieraus folgt zunächst, daß die Nullstellen

$$-\frac{1}{\gamma_1}, -\frac{1}{\gamma_2}, -\frac{1}{\gamma_3}, \ldots$$

der Funktion $\Phi(x)$ (falls solche überhaupt vorhanden sind) sämtlich reell sind und das den Größen $-\frac{m}{\gamma_{m\mu}}$ gemeinsame negative Vorzeichen besitzen.

Die Gleichung (7.) lautet anders geschrieben

$$\sum_{\mu=1}^{m-r} \frac{\gamma_{m\mu}}{m} = \frac{m-r}{m} \frac{\alpha_{r+1}}{(r+1)\alpha_r}.$$

Hieraus ergibt sich leicht, daß $\sum_1^\infty \gamma_\mu$ konvergiert und daß

$$(9.) \qquad \sum_1^\infty \gamma_\mu \leqq \frac{\alpha_{r+1}}{(r+1)\alpha_r}$$

ist. Daher kann gewiß geschlossen werden, daß

$$\Phi(x) = \frac{\alpha_r}{r!} x^r + \frac{\alpha_{r+1}}{(r+1)!} x^{r+1} + \cdots = \frac{\alpha_r}{r!} x^r e^{\gamma x} \prod_{\nu=1}^\infty (1 + \gamma_\nu x)$$

ist, und da hieraus

$$\frac{\alpha_{r+1}}{(r+1)!} = \frac{\alpha_r}{r!}\left(\gamma + \sum_{\nu=1}^\infty \gamma_\nu\right)$$

folgt, so ist wegen (9.) die Zahl γ nicht negativ.

Daß umgekehrt zu jeder Funktion $\Phi(x)$ vom Typus I (mit nichtpositiven Nullstellen) eine Polynomfolge der verlangten Art angegeben werden kann, ist sehr leicht zu sehen. Ist nämlich

$$\Phi(x) = \frac{\alpha_r}{r!} x^r e^{\gamma x} \prod_{\nu=1}^\infty (1 + \gamma_\nu x) \quad (\gamma, \gamma_\nu \geqq 0)$$

eine solche Funktion, so setze man etwa

$$\Phi_n(x) = \frac{\alpha_r}{r!} x^r \left(1 + \frac{\gamma x}{n}\right)^n \prod_{\nu=1}^n (1 + \gamma_\nu x).$$

Diese Ausdrücke liefern eine Folge von Polynomen mit lauter reellen, nicht positiven Nullstellen, die in jedem endlichen Bereich gleichmäßig gegen $\Phi(x)$ konvergiert.

II. *Eine Potenzreihe*

$$\Psi(x) = \beta_0 + \frac{\beta_1}{1!} x + \frac{\beta_2}{2!} x^2 + \cdots$$

mit reellen Koeffizienten stellt dann und nur dann eine ganze Funktion vom zweiten Typus dar, wenn sich eine Folge von Polynomen

$$\Psi_n(x) = \beta_{n0} + \frac{\beta_{n1}}{1!} x + \frac{\beta_{n2}}{2!} x^2 + \cdots$$

mit lauter reellen Nullstellen angeben läßt, die in einem Kreise $|x| \leqq \varrho$ *gleichmäßig gegen* $\Psi(x)$ *konvergiert.*

Konvergieren nämlich die Polynome $\Psi_n(x)$ für $|x| \leqq \varrho$ gleichmäßig gegen $\Psi(x)$, so schließt man ganz ebenso wie beim Satze I unter Benutzung des Kompositionssatzes, daß die Gleichungen

$$G_m(x) = \beta_0 + \binom{m}{1}\beta_1 x + \binom{m}{2}\beta_2 x^2 + \cdots + \beta_m x^m = 0$$

für jedes m lauter reelle Wurzeln besitzen, die in diesem Falle aber nicht notwendigerweise von gleichem Vorzeichen zu sein brauchen. Ist β_r der erste nicht verschwindende Koeffizient der Reihe $\Psi(x)$, so sei $m > r+1$ und

$$G_m(x) = \binom{m}{r}\beta_r x^r \prod_{\mu=1}^{m-r}(1 + \delta_{m\mu} x).$$

Dann ist

$$\binom{m}{r+1}^2 \beta_{r+1}^2 - 2\binom{m}{r}\binom{m}{r+2}\beta_r\beta_{r+2} = \binom{m}{r}^2 \beta_r^2 \sum_{\mu=1}^{m-r}\delta_{m\mu}^2$$

und

$$\beta_m = \binom{m}{r}\beta_r \prod_{\mu=1}^{m-r}\delta_{m\mu}.$$

Hieraus folgt durch Anwendung des Satzes von dem arithmetischen und dem geometrischen Mittel auf die Zahlen $\delta_{m\mu}^2$, daß

$$\frac{\beta_m^2}{\binom{m}{r}^2\beta_r^2} \leq \left\{\frac{\binom{m}{r+1}^2\beta_{r+1}^2 - 2\binom{m}{r}\binom{m}{r+2}\beta_r\beta_{r+2}}{(m-r)\binom{m}{r}^2\beta_r^2}\right\}^{m-r}$$

oder, einfacher geschrieben,

$$\beta_m^2 \leq \binom{m}{r}^2 \beta_r^2 \left\{\frac{(m-r)\beta_{r+1}^2}{(r+1)^2\beta_r^2} - \frac{2(m-r-1)\beta_{r+2}}{(r+1)(r+2)\beta_r}\right\}^{m-r}$$

wird. Daher ist

$$\beta_m^2 \leq m^m c^m,$$

wo c eine passend gewählte Konstante ist (die nur von r, β_r, β_{r+1}, β_{r+2} abhängt). Es ist also

$$(10.)\qquad \frac{|\beta_m|}{m!} \leq \frac{m^{\frac{m}{2}}}{m!}c^{\frac{m}{2}},$$

und dies setzt in Evidenz, daß die Reihe $\Psi(x)$ beständig konvergiert; auf Grund der *Hadamard*schen Theorie ergibt sich zugleich, daß $\Psi(x)$ höchstens vom Geschlechte 2 ist.

Beachtet man nun, daß $\Psi_n(x)\,\Psi_n(-x)$, als ganze rationale Funktion von x^2 betrachtet, lauter reelle nicht negative Wurzeln besitzt*) und

---

*) Ihre Wurzeln sind nämlich die Quadrate der Wurzeln von $\Psi_n(x)$.

daß die Polynome $\Psi_n(x)\Psi_n(-x)$ im Kreise $|x^2| \leqq \varrho^2$ gleichmäßig gegen $\Psi(x)\Psi(-x)$ konvergieren, so ergibt sich nach Satz I, daß $\Psi(x)\Psi(-x)$, als Funktion von x^2 betrachtet, eine ganze Funktion vom ersten Typus mit lauter reellen nicht negativen Nullstellen ist.

Hieraus folgt *erstens*, daß die Nullstellen von $\Psi(x)$ reell sind, *zweitens*, daß die Summe der Quadrate der reziproken Nullstellen konvergent ist, und endlich auch, daß in der folglich zulässigen Produktentwicklung

$$\text{(II.)} \qquad \Psi(x) = \frac{\beta_r}{r!} x^r e^{-\gamma x^2 + \delta x} \prod_{\nu=1}^{\infty} (1 + \delta_\nu x) e^{-\delta_\nu x}$$

die Zahl γ nicht negativ ist. Es ist nämlich

$$(-1)^r \Psi(x)\Psi(-x) = \frac{\beta_r^2}{r!^2} x^{2r} e^{-2\gamma x^2} \prod_{\nu=1}^{\infty} (1 - \delta_\nu^2 x^2).$$

Ist umgekehrt $\Psi(x)$ eine ganze Funktion, die eine solche Darstellung (von der Form (II.)) zuläßt, so setze man

$$\delta - \delta_1 - \delta_2 - \cdots - \delta_n = d_n$$

und bestimme die positive ganze Zahl m_n etwa derart, daß für $|x| \leqq n$

$$\left| 1 - \frac{\left(1 + \frac{d_n x}{m_n}\right)^{m_n}}{e^{d_n x}} \right| < \frac{1}{n}$$

wird. Bedeutet dann $\Psi_n(x)$ das Polynom

$$\Psi_n(x) = \frac{\beta_r}{r!} x^r \left(1 - \frac{\gamma x^2}{n}\right)^n \left(1 + \frac{d_n x}{m_n}\right)^{m_n} \prod_{\nu=1}^{n} (1 + \delta_\nu x),$$

dessen Nullstellen offenbar reell sind, so ist, wie man leicht erkennt, in jedem endlichen Bereich gleichmäßig

$$\lim_{n=\infty} \Psi_n(x) = \Psi(x).$$

Hiermit ist der Satz II vollständig bewiesen.

Daß eine Folge von Polynomen mit lauter reellen Nullstellen von gleichem Vorzeichen, die in *jedem* endlichen Bereich gleichmäßig konvergent ist, stets eine ganze Funktion vom ersten Typus darstellt, hat bereits *Laguerre**) bewiesen. Er hat auch den analogen Satz für Polynome mit nur reellen Nullstellen ohne Beweis ausgesprochen. Daß in beiden Fällen bereits die gleichmäßige Konvergenz in einem noch so kleinen

---

*) Œuvres, Bd. I, S. 174–177.

Kreise $|x| \leqq \varrho$ hinreichend ist, hat zuerst *Pólya**) gezeigt. Der hier angegebene Beweis, der sich in erster Linie auf den Kompositionssatz stützt, scheint uns wegen seines algebraischen Charakters von Interesse zu sein.

Um eine unmittelbare Anwendung dieser Resultate zu geben, erwähnen wir folgendes. Es sei

$$\begin{vmatrix} a_{11} & a_{12} & \cdots \\ a_{21} & a_{22} & \cdots \\ \cdot & \cdot & \cdots \end{vmatrix}$$

eine unendliche symmetrische Matrix mit reellen Elementen. Man setze

$$\Delta_n(x) = \begin{vmatrix} 1 - a_{11}x & -a_{12}x & \cdots & -a_{1n}x \\ -a_{21}x & 1 - a_{22}x & \cdots & -a_{2n}x \\ \cdot & \cdot & \cdots & \cdot \\ -a_{n1}x & -a_{n2}x & \cdots & 1 - a_{nn}x \end{vmatrix}.$$

Existiert dann in einem noch so kleinen Kreise $|x| \leqq \varrho$ gleichmäßig $\lim\limits_{n=\infty} \Delta_n(x) = \Delta(x)$, so ist

$$\Delta(x) = \begin{vmatrix} 1 - a_{11}x & -a_{12}x & \cdots \\ -a_{21}x & 1 - a_{22}x & \cdots \\ \cdot & \cdot & \cdots \\ \cdot & \cdot & \cdots \end{vmatrix}$$

eine ganze Funktion vom Typus II.

Der Vollständigkeit wegen fügen wir noch folgende Bemerkung hinzu:

Sind

$$\Omega_n(x) = \gamma_{n0} + \frac{\gamma_{n1}}{1!}x + \frac{\gamma_{n2}}{2!}x^2 + \cdots$$

Polynome, deren Nullstellen oberhalb oder auf der reellen Achse gelegen sind, und ist in einem noch so kleinen Kreise $|x| \leqq \varrho$ gleichmäßig

$$\lim_{n=\infty} \Omega_n(x) = \Omega(x) = \gamma_0 + \frac{\gamma_1}{1!}x + \frac{\gamma_2}{2!}x^2 + \cdots,$$

so ist $\Omega(x)$ eine ganze Funktion höchstens vom Geschlechte 2.

*) Über Annäherung durch Polynome mit lauter reellen Wurzeln, Rend. del Circ. mat. di Palermo, t. 36 (1913), S. 279. — Weitergehende Sätze findet man in der Arbeit: *E. Lindwart* und *G. Pólya*, Über einen Zusammenhang zwischen der Konvergenz von Polynomfolgen und der Verteilung ihrer Wurzeln, Rend. del Circ. mat. di Palermo, t. 37 (1914).

Denn ist

$$\gamma_{n\nu} = \gamma'_{n\nu} + i\gamma''_{n\nu}, \qquad \gamma_\nu = \gamma'_\nu + i\gamma''_\nu$$

($\gamma'_{n\nu}, \gamma''_{n\nu}, \gamma'_\nu, \gamma''_\nu$ reell) und setzt man

$$\Omega_n^{(1)}(x) = \sum_{\nu=0}^{\infty} \frac{\gamma'_{n\nu}}{\nu!} x^\nu, \qquad \Omega_n^{(2)} = \sum_{\nu=0}^{\infty} \frac{\gamma''_{n\nu}}{\nu!} x^\nu,$$

$$\Omega^{(1)}(x) = \sum_{\nu=0}^{\infty} \frac{\gamma'_\nu}{\nu!} x^\nu, \qquad \Omega^{(2)}(x) = \sum_{\nu=0}^{\infty} \frac{\gamma''_\nu}{\nu!} x^\nu,$$

so wird für $|x| \leqq \varrho$ gleichmäßig

$$\lim_{n=\infty} \Omega_n^{(1)}(x) = \Omega^{(1)}(x), \qquad \lim_{n=\infty} \Omega_n^{(2)}(x) = \Omega^{(2)}(x).$$

Nun sind aber nach einem bekannten, von *Biehler* herrührenden Satze*) die Nullstellen der Polynome $\Omega_n^{(1)}(x)$ und $\Omega_n^{(2)}(x)$, infolge der über $\Omega_n(x)$ gemachten Voraussetzung, sämtlich reell. Nach der beim Beweis des Satzes II gefundenen Ungleichung (10.) gibt es zwei positive Konstanten c' und c'', so daß

$$\frac{|\gamma'_m|}{m!} \leqq \frac{m^{\frac{m}{2}}}{m!} c'^m, \qquad \frac{|\gamma''_m|}{m!} \leqq \frac{m^{\frac{m}{2}}}{m!} c''^m.$$

Hieraus folgt aber die oben ausgesprochene Behauptung über die Funktion $\Omega(x)$**).

§ 3. Algebraische Kriterien für Faktorenfolgen.

I. *Eine Folge reeller Zahlen*

$$\text{(A.)} \qquad \alpha_0, \alpha_1, \alpha_2, \ldots$$

ist dann und nur dann eine Faktorenfolge erster Art, wenn alle Gleichungen

$$\text{(11.)} \qquad \alpha_0 + \binom{n}{1}\alpha_1 x + \binom{n}{2}\alpha_2 x^2 + \cdots + \alpha_n x^n = 0 \qquad (n = 1, 2, 3, \ldots)$$

lauter reelle Wurzeln von gleichem Vorzeichen besitzen.

Ist nämlich (A.) eine Faktorenfolge erster Art, so ergibt sich aus der Tatsache, daß die Wurzeln der Gleichung

$$1 + \binom{n}{1}x + \binom{n}{2}x^2 + \cdots + x^n = 0$$

alle reell sind, unmittelbar auf Grund der Definition der Faktorenfolgen erster Art, daß auch die Gleichung (11.) lauter reelle Wurzeln besitzt.

---

*) Vgl. *Netto*, Vorlesungen über Algebra, Bd. I, S. 236—237.

**) Vgl. *Lindwart* und *Pólya*, a. a. O.

Aus dem Satz I des § 1 ergibt sich ferner, daß diese Wurzeln alle von demselben Vorzeichen sind.

Weiß man umgekehrt, daß jede der Gleichungen (11.) lauter reelle Wurzeln von demselben Vorzeichen besitzt, so sei

$$a_0 + a_1 x + a_2 x^2 + \cdots + a_m x^m = 0$$

eine beliebige Gleichung ohne imaginäre Wurzeln. Aus dem Kompositionssatz ergibt sich, daß für jedes n auch die Gleichung

$$a_0 \alpha_0 + 1!\, a_1 \alpha_1 \binom{n}{1} x + \cdots + m!\, a_m \alpha_m \binom{n}{m} x^m = 0$$

keine imaginäre Wurzel hat. Ersetzt man x durch $\frac{x}{n}$, so erhält man die Gleichung

$$\alpha_0 a_0 + \alpha_1 a_1 x + \alpha_2 a_2 \left(1 - \frac{1}{n}\right) x + \cdots$$
$$+ \alpha_m a_m \left(1 - \frac{1}{n}\right)\left(1 - \frac{2}{n}\right) \cdots \left(1 - \frac{m-1}{n}\right) x^m = 0,$$

deren Wurzeln offenbar ebenfalls sämtlich reell sind. Da dies für jedes n gilt, so ergibt sich durch Grenzübergang, daß auch die Gleichung

$$\alpha_0 a_0 + \alpha_1 a_1 x + \alpha_2 a_2 x^2 + \cdots + \alpha_m a_m x^m = 0$$

nur reelle Wurzeln hat. — Hiermit ist der Satz I vollständig bewiesen.

II. *Eine Folge reeller Zahlen*

(B.) $$\beta_0, \beta_1, \beta_2, \ldots$$

ist dann und nur dann eine Faktorenfolge zweiter Art, wenn alle Gleichungen

(12.) $$\beta_0 + \binom{n}{1} \beta_1 x + \binom{n}{2} \beta_2 x^2 + \cdots + \beta_n x^n = 0 \qquad (n=1,2,3,\ldots)$$

lauter reelle Wurzeln haben.

Daß diese Bedingung notwendig erfüllt sein muß, ist hier unmittelbar klar. Sie ist aber auch hinreichend. Denn es sei

$$b_0 + b_1 x + b_2 x^2 + \cdots + b_m x^m = 0$$

eine Gleichung mit lauter reellen Wurzeln *von gleichem Vorzeichen.* Durch Komposition dieser Gleichung mit der Gleichung (12.), die nach Voraussetzung lauter reelle Wurzeln haben soll, ergibt sich wieder nach dem eben benutzten Kompositionssatz, daß auch die Gleichung

$$\beta_0 b_0 + 1!\binom{n}{1} \beta_1 b_1 x + 2!\binom{n}{2} \beta_2 b_2 x^2 + \cdots + m!\binom{n}{m} \beta_m b_m x^m = 0 \quad (n=1,2,3,\ldots)$$

lauter reelle Wurzeln hat, und nun schließt man genau ebenso wie vorher, daß auch die Gleichung

$$\beta_0 b_0 + \beta_1 b_1 x + \beta_2 b_2 x^2 + \cdots + \beta_m b_m x^m = 0$$

keine imaginäre Wurzel besitzt.

III. *Eine Faktorenfolge zweiter Art*

$$\beta_0, \beta_1, \beta_2, \ldots$$

ist dann und nur dann zugleich auch eine Faktorenfolge erster Art, wenn die von Null verschiedenen Glieder der Folge eine ununterbrochene Sequenz mit lauter Zeichenfolgen oder lauter Zeichenwechseln bilden.

Denn dann und nur dann, wenn diese Bedingung erfüllt ist, sind die sämtlich reellen Wurzeln der Gleichungen (12.) von gleichem Vorzeichen.

Die Überlegung, die zu den Sätzen I und II führt, gestattet noch eine interessante Eigenschaft der Faktorenfolgen zweiter Art abzuleiten.

IV. *Es mögen die Zahlen*

$$\beta_0, \beta_1, \beta_2, \ldots$$

eine Faktorenfolge zweiter Art bilden. Sind dann die Zahlen

$$\beta_l, \beta_{l+1}, \beta_{l+2}, \ldots \beta_{l+m}$$

von Null verschieden und entweder sämtlich von demselben Vorzeichen oder abwechselnd positiv und negativ, so besitzt stets, wenn

$$a_0 + a_1 x + a_2 x^2 + \cdots + a_m x^m = 0$$

eine beliebige Gleichung mit lauter reellen Wurzeln ist, auch die Gleichung

$$\beta_l a_0 + \beta_{l+1} a_1 x + \beta_{l+2} a_2 x^2 + \cdots + \beta_{l+m} a_m x^m = 0$$

keine imaginäre Wurzel.

Auf Grund des Satzes V des § 1 bilden nämlich die unendlich vielen Zahlen

$$\beta_l, \beta_{l+1}, \beta_{l+2}, \ldots$$

eine Faktorenfolge zweiter Art. Daher besitzt jede der Gleichungen

$$\beta_l + \binom{n}{1} \beta_{l+1} x + \binom{n}{2} \beta_{l+2} x^2 + \cdots + \beta_{l+m} x^m = 0$$

lauter reelle Wurzeln. Folglich sind (vergl. *A.* Satz I'.) die Wurzeln der Gleichungen

$$\beta_l a_0 + 1! \binom{n}{1} \beta_{l+1} a_1 x + \cdots + m! \binom{n}{m} \beta_{l+m} a_m x^m = 0$$

sämtlich reell. Ersetzt man x durch $\frac{x}{n}$ und läßt n über alle Grenzen wachsen, so erhält man den Satz IV. —

Wir fügen noch eine Bemerkung hinzu, die dazu dienen soll, den Begriff der unendlichen Faktorenfolgen und zugleich den fortwährend benutzten Kompositionssatz von einer neuen Seite zu beleuchten.

Wir stellen uns die Aufgabe, alle unendlichen Zahlenfolgen

$$\gamma_0, \gamma_1, \gamma_2, \ldots \gamma_\nu \ldots \tag{13.}$$

zu bestimmen, die folgende Eigenschaft haben: Besitzen die beiden Gleichungen

$$f(x) = a_0 + a_1 x + a_2 x^2 + \cdots + a_m x^m = 0,$$
$$g(x) = b_0 + b_1 x + b_2 x^2 + \cdots + b_n x^n = 0$$

nur reelle Wurzeln und sind die der zweiten Gleichung von gleichem Vorzeichen, so soll, wenn k die kleinere der beiden Zahlen m und n bedeutet, die Gleichung

$$\gamma_0 a_0 b_0 + \gamma_1 a_1 b_1 x + \gamma_2 a_2 b_2 x^2 + \cdots + \gamma_k a_k b_k x^k = 0 \tag{14.}$$

keine imaginäre Wurzel haben.

Die Lösung lautet: *die Folge* (13.) *hat dann und nur dann die verlangte Eigenschaft, wenn die Zahlen*

$$\gamma_0, \frac{\gamma_1}{1!}, \frac{\gamma_2}{2!}, \cdots \frac{\gamma_\nu}{\nu!}, \cdots \tag{15.}$$

eine Faktorenfolge erster Art bilden.

Ist nämlich (15.) eine Faktorenfolge erster Art, so besitzt nach dem Kompositionssatz die Gleichung

$$a_0 b_0 + 1!\, a_1 b_1 x + \cdots + k!\, a_k b_k x^k = 0$$

und folglich auch die Gleichung

$$\gamma_0 a_0 b_0 + \frac{\gamma_1}{1!} 1!\, a_1 b_1 x + \cdots + \frac{\gamma_k}{k!} k!\, a_k b_k x^k = 0$$

lauter reelle Wurzeln.

Weiß man umgekehrt, daß die Folge (13.) die verlangte Eigenschaft hat, so wähle man $f(x)$ beliebig und $g(x) = \left(1 + \frac{x}{n}\right)^n$. Dann geht die Gleichung (14.), deren Wurzeln reell sein sollen, für $n \geqq m$ über in

$$\gamma_0 a_0 + \gamma_1 a_1 \binom{n}{1} \frac{x}{n} + \cdots + \gamma_m a_m \binom{n}{m} \frac{x^m}{n^m} = 0 .$$

Läßt man n über alle Grenzen wachsen, so erhält man die Gleichung

$$\gamma_0 a_0 + \frac{\gamma_1}{1!} a_1 x + \frac{\gamma_2}{2!} a_2 x^2 + \cdots + \frac{\gamma_m}{m!} a_m x^m = 0$$

Da diese Gleichung demnach zugleich mit $f(x) = 0$ lauter reelle Wurzeln hat, wie auch $f(x) = 0$ sonst gewählt sei, so bilden die Zahlen (15.) eine Faktorenfolge erster Art.

Dieses Resultat kann auch so aufgefaßt werden: Die sämtlichen „Faktorenfolgen" für die spezielle Klasse von Gleichungen

$$a_0 b_0 + a_1 b_1 x + a_2 b_2 x^2 + \cdots + a_k b_k x^k$$

mit nur reellen Wurzeln, auf die sich der *Malo*sche Satz bezieht, werden erhalten, indem man sämtliche Faktorenfolgen erster Art mit der Folge

$$0!, 1!, 2!, 3!, \ldots \nu!, \ldots$$

komponiert.

§ 4. Transzendente Kriterien für Faktorenfolgen.

I. *Eine Folge reeller Zahlen*

$$(A.) \qquad \alpha_0, \alpha_1, \alpha_2, \ldots$$

ist dann und nur dann eine Faktorenfolge erster Art, wenn die Potenzreihe

$$\Phi(x) = \alpha_0 + \frac{\alpha_1}{1!} x + \frac{\alpha_2}{2!} x^2 + \cdots$$

*beständig konvergiert und eine ganze Funktion vom ersten Typus darstellt**).

Bilden nämlich die Zahlen (A.) eine Faktorenfolge erster Art, so haben die Gleichungen (11.) lauter reelle Wurzeln von gleichem Vorzeichen. Hieraus folgt aber, wie beim Beweise des Satzes I des § 2 (vergl. die Formeln (7.), (8.), (9.)) gezeigt worden ist, daß die Reihe $\Phi(x)$ beständig konvergiert und eine ganze Funktion vom Typus I ist.

Ist umgekehrt $\Phi(x)$ eine ganze Funktion vom ersten Typus, so läßt sich nach dem eben erwähnten Satze eine Folge von Polynomen

$$\Phi_n(x) = \alpha_{n0} + \frac{\alpha_{n1}}{1!} x + \frac{\alpha_{n2}}{2!} x^2 + \cdots \qquad (n = 1, 2, 3, \ldots)$$

angeben, deren Wurzeln reell und *von gleichem Vorzeichen* sind, so daß in jedem endlichen Bereich gleichmäßig

$$\lim_{n=\infty} \Phi_n(x) = \Phi(x)$$

und folglich

$$(16.) \qquad \lim_{n=\infty} \alpha_{n\nu} = \alpha_\nu \qquad (\nu = 0, 1, 2, 3, \ldots)$$

wird.

---

*) Die Reihe $\Phi(x)$ haben bei speziellen Faktorenfolgen bereits *Laguerre* (Œuvres, t. I, p. 177 und p. 202—204) und *Hurwitz*, Über die Wurzeln einiger transzendenter Gleichungen (Hamb. Mitt. II, 1890, S. 25) behandelt und festgestellt, daß in diesen Fällen die Reihe eine ganze Funktion vom Typus I darstellt. Vergl. auch *Jensen*, Recherches sur la théorie des équations, Acta Math. Bd. 36, 1912—13, S. 181—195.

Bedeutet nun

$$a_0 + a_1 x + a_2 x^2 + \cdots + a_m x^m = 0$$

eine beliebige Gleichung mit nur reellen Wurzeln, so ergibt sich aus dem Kompositionssatz, daß auch die Gleichungen

$$\alpha_{n0} a_0 + \alpha_{n1} a_1 x + \alpha_{n2} a_2 x^2 + \cdots + \alpha_{nm} a_m x^m = 0 \qquad (n=1, 2, 3, \ldots)$$

keine imaginäre Wurzel haben. Also sind wegen (16.) die Wurzeln der Gleichung

$$\alpha_0 a_0 + \alpha_1 a_1 x + \alpha_2 a_2 x^2 + \cdots + \alpha_m a_m x^m = 0$$

sämtlich reell.

II. *Eine Folge reeller Zahlen*

$$\beta_0, \beta_1, \beta_2, \ldots$$

ist dann und nur dann eine Faktorenfolge zweiter Art, wenn die Reihe

$$\Psi(x) = \beta_0 + \frac{\beta_1}{1!} x + \frac{\beta_2}{2!} x^2 + \cdots$$

beständig konvergent ist und eine ganze Funktion vom zweiten Typus darstellt.

Der Beweis läßt sich ganz ebenso führen, wie bei dem eben behandelten Satze I.

§ 5. Beispiele.

Auf Grund der Sätze I und II des vorhergehenden § 4 werden wir einige spezielle bemerkenswerte Faktorenfolgen ableiten.

1. Da für jedes positive ganze r

$$x^r e^x = r! \frac{x^r}{r!} + \frac{(r+1)!}{1!} \frac{x^{r+1}}{(r+1)!} + \frac{(r+2)!}{2!} \frac{x^{r+2}}{(r+2)!} + \cdots$$

eine ganze Funktion vom ersten Typus ist, so bilden die Zahlen

$$0, 0, \ldots 0, r!, \frac{(r+1)!}{1!}, \frac{(r+2)!}{2!}, \ldots$$

eine Faktorenfolge erster Art. Dies besagt nur, daß die r-te Derivierte eines Polynoms mit nur reellen Nullstellen dieselbe Eigenschaft besitzt.

2. Die Funktion

$$e^{-\frac{x^2}{2}} = 1 - \frac{x^2}{2!} + 1 \cdot 3 \frac{x^4}{4!} - 1 \cdot 3 \cdot 5 \frac{x^6}{6!} + \cdots$$

ist vom Typus II, daher bilden die Zahlen

$$1, \quad 0, \quad -1, \quad 0, \quad 1 \cdot 3, \quad 0, \quad -1 \cdot 3 \cdot 5, \quad 0, \ldots$$

eine Faktorenfolge zweiter Art.

3. Sind λ und ϑ zwei reelle Zahlen, so ist, wie eine einfache Rechnung zeigt,

$$F(x) = e^{x\cos\vartheta}\cos(\lambda + x\sin\vartheta) = \sum_{\nu=0}^{\infty}\cos(\lambda+\nu\vartheta)\frac{x^\nu}{\nu!}.$$

Da die linksstehende Funktion $F(x)$ vom zweiten Typus ist, so bilden die Zahlen (3.) eine Faktorenfolge zweiter Art*). Besonders interessant sind die speziellen Fälle $F(x) = \cos x$ und $F(x) = \sin x$, welche auf die merkwürdigen Faktorenfolgen zweiter Art

$$1,\ 0,\ -1,\quad 0,\ 1,\ 0,\ -1,\ \ldots$$
$$0,\ 1,\quad 0,\ -1,\ 0,\ 1,\quad 0,\ \ldots$$

führen.

Ist

$$a_0 + a_1x + a_2x^2 + \cdots + a_mx^m = 0$$

eine Gleichung mit lauter reellen Wurzeln (sie brauchen nicht von demselben Vorzeichen zu sein), und fallen die $m+1$ Zahlen

$$\lambda,\ \lambda+\vartheta,\ \lambda+2\vartheta,\ \ldots\ \lambda+m\vartheta$$

alle in das Intervall $\left(-\frac{\pi}{2},\ +\frac{\pi}{2}\right)$, so folgt aus dem Satz IV des § 3, daß die Gleichung

$$a_0\cos\lambda + a_1\cos(\lambda+\vartheta)x + \cdots + a_m\cos(\lambda+m\vartheta)x^m = 0$$

keine imaginäre Wurzel hat.

4. Da das Produkt zweier Funktionen vom ersten (bzw. zweiten) Typus wieder eine Funktion von demselben Typus ist, so ergibt sich die Regel:

Sind

$$\gamma_0,\ \gamma_1,\ \gamma_2,\ \cdots\ \gamma_\nu,\ \cdots$$
$$\gamma_0',\ \gamma_1',\ \gamma_2',\ \cdots\ \gamma_\nu',\ \cdots$$

zwei Faktorenfolgen erster (bzw. zweiter) Art, so bilden auch die Zahlen

$$\gamma_\nu'' = \gamma_0\gamma_\nu' + \binom{\nu}{1}\gamma_1\gamma_{\nu-1}' + \binom{\nu}{2}\gamma_2\gamma_{\nu-2}' + \cdots + \gamma_\nu\gamma_0' \qquad (\nu=0,1,2,3,\ldots)$$

eine Faktorenfolge derselben Art.

5. Gegeben seien m reelle Zahlen

$$\gamma_1,\ \gamma_2,\ \cdots\ \gamma_m.$$

*) Vgl. Einleitung. *Laguerre* (Œuvres, t. I, p. 204—205) folgert dies aus dem *Biehler*schen Satz.

Man bilde, wenn $g(x)$ ein Polynom beliebigen Grades ist, die Gleichung

$$G(x) = g(x) + \gamma_1 \frac{x g'(x)}{1!} + \gamma_2 \frac{x^2 g''(x)}{2!} + \cdots + \gamma_m \frac{x^m g^{(m)}(x)}{m!} = 0.$$

Soll diese Gleichung für *jedes* Polynom $g(x)$, dessen Nullstellen sämtlich reell sind, keine imaginäre Wurzel haben, so lautet die notwendige und hinreichende Bedingung: *es muß die Gleichung*

$$(17.) \qquad 1 + \frac{\gamma_1}{1!} x + \frac{\gamma_2}{2!} x^2 + \cdots + \frac{\gamma_m}{m!} x^m = 0$$

lauter reelle negative Wurzeln haben.

Verlangt man aber lediglich, daß die Gleichung

$$G(x) = 0$$

für *jedes* Polynom $g(x)$, dessen Nullstellen sämtlich reell und *von gleichem Vorzeichen* sind, keine imaginäre Wurzel haben soll, so lautet die notwendige und hinreichende Bedingung: *es muß die Gleichung* (17.) *lauter reelle Wurzeln haben**).

Setzt man nämlich

$$g(x) = a_0 + a_1 x + a_2 x^2 + \cdots + a_n x^n,$$

so wird

$$G(x) = \alpha_0 a_0 + \alpha_1 a_1 x + \cdots + \alpha_m a_m x^m;$$

hierbei ist

$$\alpha_\nu = 1 + \binom{\nu}{1}\gamma_1 + \binom{\nu}{2}\gamma_2 + \binom{\nu}{3}\gamma_3 + \cdots + \binom{\nu}{m}\gamma_m \qquad (\nu = 0, 1, 2, \ldots)$$

zu setzen.

Wir haben also nur zu untersuchen, unter welchen Bedingungen die Zahlen α_ν eine Faktorenfolge erster bzw. zweiter Art bilden, oder was dasselbe ist, unter welchen Bedingungen

$$\Omega(x) = \sum_0^\infty \frac{\alpha_\nu}{\nu!} x^\nu$$

eine ganze Funktion vom ersten bzw. vom zweiten Typus ist. Beachtet man nun, daß

$$\Omega(x) = e^x\left(1 + \frac{\gamma_1}{1!} x + \frac{\gamma_2}{2!} x^2 + \cdots + \frac{\gamma_m}{m!} x^m\right)$$

ist, so erkennt man die Richtigkeit der beiden oben aufgestellten Behauptungen.

---

*) Aus dem folgenden Beweise geht hervor, daß analoge Regeln auch dann gelten, wenn an Stelle der endlich vielen Zahlen $\gamma_1, \gamma_2, \ldots \gamma_m$ unendlich viele in Betracht gezogen werden.

Setzt man z. B. $m=2$ und wählt für

$$1+\frac{\gamma_1}{1!}x+\frac{\gamma_2}{2!}x^2$$

nacheinander die drei Funktionen

$$(1+x)^2, \qquad 1+ax+ax^2 \quad (a \geqq 4), \qquad (1-x)^2,$$

so erkennt man, daß die Zahlen

$$1+\nu+\nu^2, \qquad 1+a\nu^2 \quad (a \geqq 4) \qquad (\nu=0,1,2,3,\ldots)$$

Faktorenfolgen erster Art und die Zahlen

$$1-3\nu+\nu^2 \qquad (\nu=0,1,2,3,\ldots)$$

eine Faktorenfolge zweiter Art bilden. Schon diese Beispiele scheinen neu zu sein.

§ 6. Anwendungen auf ganze transzendente Funktionen vom Geschlechte 0 und 1.

Die Resultate der §§ 2 und 4 zeigen, daß man die ganzen Funktionen, die hier als Funktionen vom Typus I und II bezeichnet werden, auf drei verschiedene Arten charakterisieren kann. Zunächst sind sie durch die Gestalt ihrer Produktentwicklung gekennzeichnet (vgl. § 2, Formeln (I.) und (II.)). Zweitens besagen die Resultate des § 2, daß sie die einzigen analytischen Funktionen sind, die durch Polynome mit lauter reellen Nullstellen von gleichem, bzw. von beliebigem Vorzeichen approximiert werden können. Und endlich sind sie dadurch bestimmt, daß die Werte ihrer sukzessiven Ableitungen an der Stelle $x=0$ alle unendlichen Faktorenfolgen erster bzw. zweiter Art liefern.

Die zuletztgenannte Beziehung der Funktionen vom Typus I und II zu den algebraischen Gleichungen mit lauter reellen Wurzeln liefert eine eigentümliche Methode zum Studium dieser Funktionen, die im folgenden zum Beweise einiger Sätze benutzt werden soll. Da unsere Funktionen vom Typus II alle ganzen Funktionen vom Geschlecht Null und Eins, deren Koeffizienten und Nullstellen reell sind, umfassen, so werden wir im folgenden einige bekannte Sätze über Funktionen vom Geschlecht 0 und 1 wiederfinden.

I. *Ist*

$$\Omega(x)=\gamma_0+\frac{\gamma_1}{1!}x+\frac{\gamma_2}{2!}x^2+\cdots$$

eine ganze Funktion vom ersten (bzw. zweiten) Typus, so ist ihre Ableitung

$$\Omega'(x) = \gamma_1 + \frac{\gamma_2}{1!}x + \frac{\gamma_3}{2!}x^2 + \cdots$$

von demselben Typus).*

Dies folgt unmittelbar aus dem Satz V des § 1, der besagt, daß zugleich mit

$$\gamma_0, \gamma_1, \gamma_2, \ldots$$

auch die Zahlen

$$\gamma_1, \gamma_2, \gamma_3, \ldots$$

eine Faktorenfolge erster bzw. zweiter Art bilden.

Setzt man

$$\frac{d^n e^{-\frac{x^2}{2}}}{dx^n} = (-1)^n U_n(x) e^{-\frac{x^2}{2}},$$

so wird $U_n(x)$ das sog. *Hermite*sche Polynom

$$U_n(x) = x^n - \binom{n}{2} 1 x^{n-2} + \binom{n}{4} 1 \cdot 3 x^{n-4} - \cdots.$$

Da nun $e^{-\frac{x^2}{2}}$ eine Funktion vom Typus II ist, so ergibt sich auf Grund unseres Satzes die bekannte Tatsache, daß die Gleichung $U_n(x) = 0$ lauter reelle Wurzeln besitzt.

Eine andere Folgerung allgemeinerer Art sei noch erwähnt: Ist

$$\Psi(x) = \alpha_0 e^{-\gamma x^2 + \delta x} \prod_{\nu=1}^{\infty} (1 + \delta_\nu x) e^{-\delta_\nu x}$$

eine Funktion vom zweiten Typus, so ist nach dem eben bewiesenen Satz I

$$\Psi'(x) = \alpha_1 e^{-\gamma' x^2 + \delta' x} \prod_{\nu=1}^{\infty} (1 + \delta'_\nu x) e^{-\delta'_\nu x}$$

eine Funktion von demselben Typus. *Wir behaupten nun, daß $\gamma' \geqq \gamma$ ist.* Es seien nämlich $\psi_1(x), \psi_2(x), \ldots$ Polynome mit lauter reellen Wurzeln, die für $|x| \leqq \varrho$ gleichmäßig gegen die ganze Funktion vom zweiten Typus $e^{\gamma x^2}\Psi(x)$ konvergieren. Es ist also

$$\lim_{n=\infty} e^{-\gamma x^2} \psi_n(x) = \Psi(x).$$

Hieraus folgt für $|x| < \varrho$

$$\lim_{n=\infty} e^{-\gamma x^2} (\psi'_n(x) - 2\gamma x \psi_n(x)) = \Psi'(x).$$

Die Polynome $\psi'_n - 2\gamma x \psi_n$ haben aber lauter reelle Nullstellen, da auch $e^{-\gamma x^2}\psi_n(x)$ als Funktion vom Typus II aufzufassen ist. Daher ist nach dem Satz II des § 2

*) Vgl. *Borel*, Leçons sur les fonctions entières, p. 32.

$$\lim (\psi_n' - 2\gamma x \psi_n) = e^{-\gamma'' x}\, \Psi_1(x),$$

wo $\Psi_1(x)$ eine Funktion vom Geschlecht *Eins* ist und γ'' eine nicht negative reelle Konstante bedeutet. Es wird also $\gamma' = \gamma + \gamma'' \geqq \gamma$.

Auf ganz ähnliche Weise kann man ein analoges Resultat für den Typus I ableiten.

II. *Bei jeder Funktion*

$$\Psi(x) = \beta_0 + \frac{\beta_1}{1!} x + \frac{\beta_2}{2!} x^2 + \cdots$$

vom Typus II *bestehen die Ungleichungen*

$$\beta_\nu^2 - \beta_{\nu-1}\beta_{\nu+1} \geqq 0.$$

Sind β_ν *und* $\beta_{\nu+1}$ *zugleich Null, so wird entweder* $\Psi(x)$ *ein Polynom, höchstens vom Grade* $\nu - 1$, *oder es ist* $x = 0$ *eine Nullstelle, deren Vielfachheit nicht unterhalb* $\nu + 2$ *bleibt*).*

Da nämlich

$$\beta_0, \beta_1, \beta_2, \ldots$$

eine Faktorenfolge zweiter Art bilden, so ist dieser Satz identisch mit den Sätzen II und III des § 1.

III. *Eine ganze Funktion zweiter Art, deren nicht verschwindende Koeffizienten positiv sind, ist eine Funktion erster Art der Form*

$$e^{\gamma x} \prod_{\nu=1}^{\infty} (1 + \gamma_\nu x),$$

wobei $\gamma, \gamma_1, \gamma_2, \ldots$ *nicht negative Zahlen sind**).*

Der Beweis ergibt sich unmittelbar aus dem Satz III des § 3.

Auf Grund dieses Satzes erkennt man z. B., daß unter den Koeffizienten der Entwicklung von

$$\frac{1}{\Gamma(x)} = x e^{Cx} \prod_{n=1}^{\infty} \left(1 + \frac{x}{n}\right) e^{-\frac{x}{n}}$$

nach Potenzen von x negative Zahlen vorkommen müssen. Diese Funktion, deren Nullstellen sämtlich negativ sind, ist nämlich zwar vom zweiten, aber nicht vom ersten Typus.

IV. *Eine Potenzreihe*

$$\gamma_0 + \frac{\gamma_1}{1!} x + \frac{\gamma_2}{2!} x^2 + \cdots \tag{18.}$$

stellt dann und nur dann eine ganze Funktion vom zweiten bzw. ersten Typus dar, wenn die Gleichungen

*) Vgl. *Borel,* a. a. O. S. 35.

**) Dieser Satz scheint neu zu sein. Vgl. *Borel,* a. a. O., p. 36.

(19.) $$\gamma_0 x^n + \binom{n}{1}\gamma_1 x^{n-1} + \binom{n}{2}\gamma_2 x^{n-2} + \cdots + \gamma_n = 0$$

für jedes n lauter reelle, bzw. lauter reelle Wurzeln vom gleichen Vorzeichen besitzen.

Dieser Satz besagt nur, daß die für die Faktorenfolgen in § 3 angegebenen algebraischen Kriterien mit den transzendenten Kriterien des § 4 äquivalent sind.

Unter der Annahme, daß die Potenzreihe (18.) beständig konvergent ist und eine ganze Funktion vom Geschlecht 0 oder 1 darstellt, hat bereits Herr *Jensen* gezeigt, daß die Realität sämtlicher Wurzeln der Gleichungen (19.) eine notwendige und hinreichende Bedingung für die Realität der Nullstellen der Funktion (18.) liefert*).

Wählt man insbesondere für (18.) die Funktion $e^{-\frac{x^2}{2}}$, so gehen die in (19.) linksstehenden Ausdrücke in die bereits erwähnten *Hermite*schen Polynome

$$U_n(x) = x^n - \binom{n}{2} x^{n-2} + \binom{n}{4} 1\cdot 3\, x^{n-4} - \cdots$$

über. So ergibt sich ein neuer Beweis für die Realität der Nullstellen dieser Polynome.

V. *Ist die Funktion*

$$\alpha_0 + \frac{\alpha_1}{1!} x + \frac{\alpha_2}{2!} x^2 + \cdots$$

eine ganze Funktion vom ersten und

$$\beta_0 + \frac{\beta_1}{1!} x + \frac{\beta_2}{2!} x^2 + \cdots$$

eine ganze Funktion vom zweiten Typus, so ist die Reihe

(20.) $$\alpha_0\beta_0 + \frac{\alpha_1\beta_1}{1!} x + \frac{\alpha_2\beta_2}{2!} x^2 + \cdots$$

beständig konvergent, und sie stellt eine Funktion vom Typus II *dar.*

Da nämlich auf Grund der Voraussetzungen

$$\alpha_0, \alpha_1, \alpha_2, \ldots$$

eine Faktorenfolge erster und

$$\beta_0, \beta_1, \beta_2, \ldots$$

eine Faktorenfolge zweiter Art ist, so ist nach Satz IV des § 1

$$\alpha_0\beta_0,\ \alpha_1\beta_1,\ \alpha_2\beta_2, \ldots$$

eine Faktorenfolge erster Art.

Dies ist die Übertragung des hier so oft benutzten Kompositionssatzes auf ganze transzendente Funktionen. Der Satz läßt sich aber auch

*) A. a. O. S. 187. Vgl. noch: *Laguerre*, Œuvres, t. I, p. 33 und p. 171.

so auffassen: Die unendlichen Faktorenfolgen erster Art (für Polynome mit lauter reellen Nullstellen) besitzen die analoge Eigenschaft auch für beliebige ganze Funktionen vom Typus II, und die unendlichen Faktorenfolgen zweiter Art (für Polynome mit lauter reellen Nullstellen von gleichem Vorzeichen) besitzen die analoge Eigenschaft auch für beliebige ganze Funktionen vom Typus I.

Kombiniert man die Funktion (20.) mit der der Faktorenfolge $\frac{1}{\nu!}$ (vgl. *A.*, § 3) entsprechenden *Bessel*schen Funktion

$$I_0(2\sqrt{-x}) = 1 + \frac{x}{1!\,1!} + \frac{x^2}{2!\,2!} + \frac{x^3}{3!\,3!} + \cdots,$$

so erkennt man, daß auch die Funktion

$$\alpha_0\beta_0 + \frac{\alpha_1\beta_1}{1!\,1!}x + \frac{\alpha_2\beta_2}{2!\,2!}x^2 + \cdots$$

vom Typus II ist.

Diese Übertragung des *Malo*schen Satzes (vgl. *A.*, § 3) auf ganze transzendente Funktionen hat schon Herr *Jensen* a. a. O. angegeben.

*Laguerre**) hat gezeigt: Ist $\Psi(x)$ eine ganze Funktion vom zweiten Typus mit lauter negativen Nullstellen und $\Phi(x)$ eine Funktion vom ersten Typus, deren Produktzerlegung die Form

$$\Phi(x) = e^{\gamma x}\prod_{\nu=1}^{\infty}(1+\gamma_\nu x) \qquad (\gamma \geqq 0, \gamma_\nu \geqq 0)$$

hat, so bilden die Zahlen

$$\alpha_\nu = \frac{\Psi(\nu)}{\Phi(0)\Phi(1)\cdots\Phi(\nu-1)}$$

eine Faktorenfolge erster Art. Ist also $\sum_0^\infty \beta_\nu \frac{x^\nu}{\nu!}$ eine beliebige ganze Funktion vom zweiten Typus, so ist die Potenzreihe

$$\sum_0^\infty \frac{\beta_\nu}{\nu!}\,\frac{\Psi(\nu)}{\Phi(0)\Phi(1)\cdots\Phi(\nu-1)}\,x^\nu$$

beständig konvergent, und sie stellt ebenfalls eine Funktion von demselben Typus dar. Dieses Resultat hat im wesentlichen schon Herr *Jensen* a. a. O. angegeben.

Wir beweisen zuletzt noch eine Verallgemeinerung der Sätze I und II des § 2.

VI. *Konvergiert eine Folge ganzer Funktionen*

$$\Omega_n(x) = \gamma_{n0} + \frac{\gamma_{n1}}{1!}x + \frac{\gamma_{n2}}{2!}x^2 + \cdots \qquad (n=1,2,3,\ldots)$$

*) Œuvres, t. I, p. 202. Vgl. jedoch *Jensen*, a. a. O. S. 190.

vom ersten (bzw. vom zweiten) Typus in einem noch so kleinen Kreise $|x| \leqq \varrho$ gleichmäßig gegen

$$\Omega(x) = \gamma_0 + \frac{\gamma_1}{1!}x + \frac{\gamma_2}{2!}x^2 + \ldots,$$

so ist die Reihe $\Omega(x)$ beständig konvergent, und zwar stellt sie eine ganze Funktion vom ersten (bzw. zweiten) Typus dar.

Deutet man nämlich die Zahlenfolgen

$$\gamma_{n0}, \gamma_{n1}, \gamma_{n2}, \ldots \qquad (n=1, 2, 3, \ldots)$$

als Faktorenfolgen, und beachtet man, daß auf Grund der gemachten Voraussetzungen

$$(21.) \qquad \lim_{n=\infty} \gamma_{n\nu} = \gamma_\nu \qquad (\nu=0, 1, 2, 3, \ldots)$$

ist, so erweist sich der Satz als identisch mit dem elementaren Grenzwertsatz VI des § 1.

Der Satz VI des gegenwärtigen Paragraphen läßt sich auch aus den Resultaten des § 2 folgern mit Hilfe derselben Überlegung, die zu dem Satz führt, daß die derivierte Menge einer Punktmenge abgeschlossen ist.

Der zuerst angegebene Weg, der von dem Begriff der Faktorenfolgen Gebrauch macht, führt jedoch unmittelbar auch zur folgenden Tatsache: *Weiß man nur, daß die Funktionen $\Omega_n(x)$ sämtlich vom Typus* I *(bzw.* II*) sind, und daß für jedes ν die Gleichung* (21.) *besteht, so stellt die Reihe $\Omega(x)$ eine Funktion von demselben Typus dar.*

Dabei brauchen die Funktionen $\Omega_n(x)$ in keinem Bereich zu konvergieren. Dies tritt z. B. ein, wenn man setzt

$$\Omega_n(x) = (nx)^n.$$

In diesem Fall existieren die Grenzwerte γ_ν sämtlich und sind gleich Null; $\Omega(x)$ verschwindet identisch, ist also eine Funktion der verlangten Art; die Folge divergiert aber für jedes von Null verschiedene x.

Man kann aber zeigen, daß, wenn $\Omega(x)$ nicht identisch verschwindet, aus den Gleichungen (21.) die gleichmäßige Konvergenz der Folge $\Omega_n(x)$ in jedem endlichen Bereich folgt*).

*) Wir beabsichtigen, demnächst auch auf die Bedeutung der hier behandelten Faktorenfolgen für algebraische Gleichungen mit imaginären Wurzeln näher einzugehen.

27.

Über die Kongruenz $x^m + y^m \equiv z^m$ (mod. p)

Jahresbericht der Deutschen Mathematiker-Vereinigung 25, 114 - 117 (1916)

Im 135. Bande des Journals für die reine und angewandte Mathematik (S. 134 und S. 181) hat Herr L. E. Dickson folgenden Satz bewiesen:

Die Kongruenz

(1) $$x^m + y^m \equiv z^m \pmod{p}$$

läßt sich, sobald die Primzahl p eine gewisse allein von m abhängende Schranke M übertrifft, durch drei zu p teilerfremde ganze Zahlen x, y, z befriedigen.[1])

Dieser Satz steht in einer interessanten Beziehung zum sog. großen Fermatschen Theorem. Aus ihm geht hervor, daß der Versuch, die Unmöglichkeit der Gleichung $x^m + y^m = z^m$ mit Hilfe der zugehörigen Kongruenzen nachzuweisen, nicht zum Ziele führen kann.[2])

Die beiden Beweise, die Herr Dickson für seinen Satz angegeben hat, beruhen auf ziemlich umständlichen Rechnungen. Eine elegante, aber ebenfalls nicht ganz einfache Rechnung liegt dem Beweise zugrunde, der sich aus der allgemeineren Untersuchung von Herrn Hurwitz ergibt.

Im folgenden will ich zeigen, daß der Dicksonsche Satz sich fast unmittelbar aus einem sehr einfachen Hilfssatz ergibt, der mehr der Kombinatorik als der Zahlentheorie angehört:

Hilfssatz. *Verteilt man die Zahlen $1, 2, \ldots, N$ irgendwie auf m Zeilen, so müssen, sobald $N > m!e$ wird, in mindestens einer Zeile zwei Zahlen vorkommen, deren Differenz in derselben Zeile enthalten ist.*[3])

Nimmt man diesen Satz als bewiesen an, so ergibt sich der Dicksonsche Satz folgendermaßen.

Ist zunächst $p - 1 = mq$ durch m teilbar und bedeutet g eine primitive Wurzel mod. p, so sind die $p - 1$ Zahlen

$$g^\mu, \quad g^{\mu+m}, \quad g^{\mu+2m}, \quad \ldots, \quad g^{\mu+(q-1)m} \qquad (\mu = 0, 1, \ldots, m-1)$$

---

1) Herr Dickson spricht den Satz nur für den Fall aus, daß m eine Primzahl ist.

2) Vgl. A. Hurwitz, Über die Kongruenz $ax^e + by^e + cz^e \equiv 0$ (mod. p), Journal für die r. u. a. Math., Bd. 136, S. 272.

3) Unter e ist hier die Basis der natürlichen Logarithmen zu verstehen.

abgesehen von der Reihenfolge mod. p den Zahlen $1, 2 \ldots, p-1$ kongruent. Bezeichnet man daher den kleinsten positiven Rest von g^ν nach dem Modul p mit r_ν, so erscheinen die Zahlen $1, 2, \ldots, p-1$ auf die m Zeilen

$$r_\mu, \quad r_{\mu+m}, \quad r_{\mu+2m}, \quad \ldots, \quad r_{\mu+(q-1)m} \qquad (\mu = 0, 1, \ldots, m-1)$$

verteilt. Ist nun $p - 1 > m!\,e$, so gibt es nach dem Hilfssatz für mindestens ein μ drei Indizes α, β, γ, für die

$$r_{\mu+\gamma m} - r_{\mu+\beta m} = r_{\mu+\alpha m}$$

wird. Dann ist aber

$$g^{\mu+\gamma m} \equiv g^{\mu+\alpha m} + g^{\mu+\beta m} \pmod{p},$$

und daher genügen die Zahlen

$$x = g^\alpha, \quad y = g^\beta, \quad z = g^\gamma$$

der Kongruenz (1).

Ist ferner $p - 1$ nicht durch m teilbar, so sei d der größte gemeinsame Teiler von m und $p - 1$. Dann läßt sich, sobald $p - 1$ größer als $m!\,e$, also auch größer als $d!\,e$ wird, nach dem vorhin Bewiesenen die Kongruenz

$$x^d + y^d \equiv z^d \pmod{p}$$

durch drei zu p teilerfremde Zahlen befriedigen, und da bekanntlich jeder d-te Potenzrest mod. p zugleich auch als m-ter Potenzrest darstellbar ist, so gilt dasselbe auch für die Kongruenz (1).

Der Dicksonsche Satz ist also richtig, wenn M gleich $m!\,e + 1$ gesetzt wird.

Um nun den Hilfssatz zu beweisen, nehme man an, es sei für eine Zahl $N > m!\,e$ gelungen, die Zahlen $1, 2, \ldots, N$ auf m Zeilen so zu verteilen, daß keine Zeile die Differenz zweier ihrer Zahlen enthält. Man wähle dann eine Zeile Z_1, in der möglichst viele Zahlen vorkommen. Sind $x_1, x_2, \ldots, x_{n_1}$ die nach steigender Größe geordneten Zahlen von Z_1, so ist $N \leqq n_1 m$. Ferner gehören die $n_1 - 1$ Differenzen

$$(2) \qquad x_2 - x_1, \quad x_3 - x_1, \quad \ldots, \quad x_{n_1} - x_1$$

wieder der Reihe $1, 2, \ldots, N$ an, und da nach Voraussetzung keine von ihnen in Z_1 vorkommt, so verteilen sie sich auf die $m - 1$ übrigen Zeilen. Es sei Z_2 eine dieser Zeilen, in der möglichst viele unter den Differenzen (2) enthalten sind. Enthält Z_2 die n_2 Differenzen

$$(3) \qquad x_\alpha - x_1, \quad x_\beta - x_1, \quad x_\gamma - x_1, \quad \ldots, \qquad (\alpha < \beta < \gamma < \ldots)$$

so ist

$$n_1 - 1 \leqq n_2(m-1).$$

Zieht man die erste der Zahlen (3) von den folgenden ab, so kommen die so entstehenden Differenzen

$$x_\beta - x_\alpha, \quad x_\gamma - x_\alpha, \ldots \tag{4}$$

weder in Z_1 noch in Z_2 vor, sie verteilen sich also auf die übrigen $m-2$ Zeilen. Unter diesen Zeilen wähle man wieder eine, für die die Anzahl der in ihr vorkommenden Differenzen (4) möglichst groß wird. Enthält diese Zeile die n_3 Differenzen

$$x_\varkappa - x_\alpha, \quad x_\lambda - x_\alpha, \ldots,$$

so wird

$$n_2 - 1 \leqq n_3(m-2).$$

Indem man in dieser Weise fortfährt, erhält man gewisse $m' \leqq m$ Zahlen $n_1, n_2, \ldots, n_{m'}$, die den Ungleichungen

$$n_\mu - 1 \leqq n_{\mu+1}(m-\mu) \tag{5}$$

genügen. Hierbei muß offenbar $n_{m'} = 1$ sein, da man sonst das Verfahren fortsetzen könnte. Aus (5) ergibt sich nun

$$\frac{n_\mu}{(m-\mu)!} \leqq \frac{n_{\mu+1}}{(m-\mu-1)!} + \frac{1}{(m-\mu)!},$$

und hieraus folgt durch Addition

$$\frac{n_1}{(m-1)!} \leqq \frac{1}{(m-1)!} + \frac{1}{(m-2)!} + \frac{1}{(m-m')!} < e.$$

Es müßte also

$$N \leqq m n_1 < m!\, e$$

sein, was der über N gemachten Annahme widerspricht.

Ich bemerke noch folgendes. Herr Dickson hat (a. a. O. S. 187) mit Hilfe der Theorie der Kreisteilung (allerdings nur für Primzahlen m) gezeigt, daß es genügt

$$M = m^4 - 6m^3 + 13m^2 - 6m + 1$$

zu setzen. Ein so günstiges Resultat läßt sich allein unter Benutzung unserer Hilfsbetrachtung nicht erzielen. Um nämlich auf dem hier eingeschlagenen Wege eine möglichst kleine Schranke M zu erhalten, handelt es sich darum, bei gegebenem m die größte Zahl N_m zu bestimmen, für die sich noch die Zahlen $1, 2, \ldots, N_m$ auf m Zeilen so verteilen lassen, daß keine Zeile die Differenz zweier ihrer Zahlen enthält. Genügt nun das Schema

$$\begin{array}{c} x_1, x_2, \ldots \\ \cdots\cdots\cdots \\ u_1, u_2, \ldots \end{array}$$

dieser Bedingung, so liefern, wie man leicht erkennt, die $m+1$ Zeilen

$$\begin{array}{l} 3x_1,\quad 3x_1-1,\quad 3x_2,\quad 3x_2-1,\ldots \\ \ldots\ldots\ldots\ldots\ldots\ldots\ldots\ldots \\ 3u_1,\quad 3u_1-1,\quad 3u_2,\quad 3u_2-1,\ldots \\ 1,\quad 4,\quad 7,\quad \ldots,\quad 3N_m+1 \end{array}$$

ein analoges Schema für die Zahl $3N_m+1$. Auf diese Weise erhält man z. B. für $m=2$ aus dem Schema

$$\begin{array}{ll} 1, & 4 \\ 2, & 3 \end{array}$$

das neue Schema

$$\begin{array}{lllll} 3, & 2, & 12, & 11 & \\ 6, & 5, & 9, & 8 & \\ 1, & 4, & 7, & 10, & 13. \end{array}$$

Jedenfalls ist also

$$N_{m+1} \geqq 3N_m + 1$$

und da $N_1 = 1$ ist, so ergibt sich, daß die Zahl N_m, von der wir früher nachgewiesen haben, daß sie kleiner als $m!\,e$ ist, gewiß nicht unterhalb

$$1 + 3 + 3^2 + \cdots + 3^{m-1} = \frac{3^m-1}{2}$$

liegen kann.[1]) Diese Zahl ist aber von höherer Größenordnung als die von Herrn Dickson angegebene Schranke und übertrifft sie schon für $m \geqq 7$.

1) Es läßt sich noch zeigen, daß N_m nur für $m \leqq 3$ genau gleich $\frac{3^m-1}{2}$ wird.

28.

Ein Beitrag zur additiven Zahlentheorie und zur Theorie der Kettenbrüche

Sitzungsberichte der Preussischen Akademie der Wissenschaften 1917, Physikalisch-Mathematische Klasse, 302 - 321

Einer der einfachsten und bekanntesten Sätze über die additive Zusammensetzung der ganzen Zahlen ist der von Euler aus der Identität

$$\prod_{\lambda=1}^{\infty}(1+x^{\lambda}) = \frac{1}{\prod\limits_{\mu=0}^{\infty}(1-x^{2\mu+1})} \qquad (|x|<1)$$

abgeleitete Satz: Jede positive ganze Zahl läßt sich ebenso oft in voneinander verschiedene (positive) Summanden zerfällen, als sie in gleiche oder verschiedene ungerade Summanden zerlegt werden kann[1]. Im folgenden will ich zwei neue Sätze beweisen, die von ganz ähnlichem Charakter sind, aber wesentlich tiefer zu liegen scheinen:

I. *Die Anzahl* $Z_1(n)$ *der Zerlegungen*

$$(1.) \qquad n = b_1 + b_2 + \cdots \qquad (b_{\lambda-1} > b_\lambda + 1,\ b_\lambda \geqq 1)$$

einer positiven ganzen Zahl n *in voneinander verschiedene Summanden mit der Minimaldifferenz* 2 *ist gleich der Anzahl* $F_1(n)$ *der Zerlegungen von* n *in gleiche oder verschiedene Summanden von der Form* $5\nu \pm 1$.

II. *Betrachtet man unter den Zerlegungen* (1.) *nur diejenigen, bei denen alle Summanden mindestens gleich* 2 *sind, so ist ihre Anzahl* $Z_2(n)$ *gleich der Anzahl* $F_2(n)$ *der Zerlegungen von* n *in gleiche oder verschiedene Summanden von der Form* $5\nu \pm 2$.

Hierbei hat man in allen Fällen auch die Zerlegung $n = n$ mit zu berücksichtigen. Für $n = 9$ hat man z. B. zur Berechnung von $Z_1(n)$ die Zerlegungen

$$9,\ 8+1,\ 7+2,\ 6+3,\ 5+3+1$$

[1] Dieser Satz läßt sich auch mit rein arithmetischen Hilfsmitteln leicht beweisen. Vgl. K. Th. Vahlen, Journal f. Math. Bd. 112, S. 1, und P. Bachmann, Additive Zahlentheorie (Leipzig 1910), S. 109.

zu betrachten. Es ist also $Z_1(9) = 5$, $Z_2(9) = 3$. Die zugehörigen Zerlegungen der andern Art sind

$$9,\ 6+1+1+1,\ 4+4+1,\ 4+1+\cdots+1,\ 1+1+\cdots+1,$$

bzw.

$$7+2,\ 3+3+3,\ 3+2+2+2.$$

Aus I und II ergibt sich insbesondere, daß stets $F_1(n) \geqq F_2(n)$ ist, und daß hier für $n > 3$ das Gleichheitszeichen nicht stehen kann. Auch dies scheint neu und nicht trivial zu sein.

Die beiden zahlentheoretischen Sätze lassen eine einfache analytische Deutung zu:

III. *Setzt man, wenn $x_1, x_2, \cdots$ beliebige komplexe Größen bedeuten,*

$$D(x_1, x_2, x_3, \cdots) = \begin{vmatrix} 1, & x_1, & 0, & 0, \cdots \\ -1, & 1, & x_2, & 0, \cdots \\ 0, & -1, & 1, & x_3, \cdots \\ 0, & 0, & -1, & 1, \cdots \\ \cdot & \cdot & \cdot & \cdot \end{vmatrix}$$

und bezeichnet insbesondere die unendliche Determinante $D(x^\mu, x^{\mu+1}, x^{\mu+2}, \cdots)$ mit $D_\mu(x)$, so wird für $|x| < 1$

$$D_1(x) = \frac{1}{\prod_{\nu=1}^{\infty}(1-x^{5\nu-4})(1-x^{5\nu-1})}, \quad D_2(x) = \frac{1}{\prod_{\nu=1}^{\infty}(1-x^{5\nu-3})(1-x^{5\nu-2})}$$

oder, was dasselbe ist,

$$(2.)\quad \prod_{\nu=1}^{\infty}(1-x^\nu)\cdot D_1(x) = \sum_{\lambda=-\infty}^{\infty}(-1)^\lambda x^{\frac{5\lambda^2-\lambda}{2}}, \quad \prod_{\nu=1}^{\infty}(1-x^\nu)\cdot D_2(x) = \sum_{\lambda=-\infty}^{\infty}(-1)^\lambda x^{\frac{5\lambda^2-3\lambda}{2}}$$

Hieraus folgt insbesondere:

IV. *Der Kettenbruch*

$$K(x) = 1 + \frac{x|}{|1} + \frac{x^2|}{|1} + \frac{x^3|}{|1} + \cdots$$

ist für $|x| < 1$ konvergent und läßt folgende Darstellung zu

$$(3.)\quad K(x) = \prod_{\nu=1}^{\infty}\frac{(1-x^{5\nu-3})(1-x^{5\nu-2})}{(1-x^{5\nu-4})(1-x^{5\nu-1})} = \frac{\sum_{\lambda=-\infty}^{\infty}(-1)^\lambda x^{\frac{5\lambda^2-\lambda}{2}}}{\sum_{\lambda=-\infty}^{\infty}(-1)^\lambda x^{\frac{5\lambda^2-3\lambda}{2}}}.$$

Bezeichnet man mit $\vartheta(v, \tau)$ die Thetafunktion

$$\vartheta(v, \tau) = \sum_{\lambda=-\infty}^{\infty}(-1)^\lambda e^{2\lambda\pi vi}e^{\lambda^2\pi\tau i},$$

so läßt sich diese Formel auch in der Gestalt

$$K(x) = \frac{\vartheta\left(\frac{\tau}{4}, \frac{5\tau}{2}\right)}{\vartheta\left(\frac{3\tau}{4}, \frac{5\tau}{2}\right)}, \quad x = e^{\pi\tau i}$$

schreiben.

Für die Gleichungen (2.), aus denen alles übrige folgt, gebe ich zwei Beweise an. Der erste, zahlentheoretische Beweis beruht auf einer ähnlichen Überlegung wie der schöne Franklinsche Beweis für die Eulersche Formel[1]

$$(4.) \qquad \psi(x) = \prod_{\nu=1}^{\infty}(1-x^{\nu}) = \sum_{\lambda=-\infty}^{\infty}(-1)^{\lambda} x^{\frac{3\lambda^2-\lambda}{2}} \qquad (|x|<1).$$

Der zweite, algebraische Beweis bedient sich eines Kunstgriffs, den Gauss (Werke Bd. III, S. 461) angewandt hat, um zu der Formel

$$(5.) \quad \prod_{\nu=1}^{\infty}(1-h^{2\nu})(1-h^{2\nu-1}z^{2})(1-h^{2\nu-1}z^{-2}) = \sum_{\lambda=-\infty}^{\infty}(-1)^{\lambda} z^{2\lambda} h^{\lambda^2} \quad (|h|<1, z \neq 0)$$

zu gelangen[2].

Die beim zweiten Beweis benutzten merkwürdigen Identitäten gestatten, noch eine weitere interessante Eigenschaft des Kettenbruchs $K(x)$ abzuleiten.

V. *Ist x eine primitive m-te Einheitswurzel, so ist $K(x)$ divergent oder konvergent, je nachdem m durch 5 teilbar ist oder nicht. Im zweiten Fall unterscheidet sich $K(x)$ von $K(1)$ oder $-K(-1)$ nur um einen Faktor, der eine Potenz von x ist.*

§ 1.

Man setze für $n = 0$

$$Z_{\mu}(0) = F_{\mu}(0) = 1 \qquad (\mu = 1, 2)$$

und bilde die Potenzreihen

$$(6.) \qquad \zeta_{\mu}(x) = \sum_{n=0}^{\infty} Z_{\mu}(n) x^{n}, \quad \phi_{\mu}(x) = \sum_{n=0}^{\infty} F_{\mu}(n) x^{n}.$$

Bedeutet $S(n)$ die Anzahl aller Zerlegungen von n in gleiche oder verschiedene Summanden, so wird bekanntlich

---

[1] J. Franklin, C. R. 92 (1881), S. 448. Vgl. auch P. Bachmann, a. a. O. S. 163. Einen neuen, recht einfachen Beweis für die Eulersche Formel gebe ich am Schluß des § 4 dieser Arbeit an.

[2] Diese Formel ist bekanntlich eine der Hauptformeln der Theorie der Thetafunktionen.

$$\sum_{n=0}^{\infty} S(n)\,x^n = \frac{1}{\prod_{\nu=1}^{\infty}(1-x^\nu)}$$

eine Potenzreihe mit dem Konvergenzradius 1. Da nun jede der Zahlen $Z_\mu(n)$ und $F_\mu(n)$ für jedes n höchstens gleich $S(n)$ ist, so sind die Potenzreihen (6.) für $|x|<1$ konvergent. Die Sätze I und II besagen nur, daß

$$(7.)\qquad \zeta_1(x) = \phi_1(x),\quad \zeta_2(x) = \phi_2(x)$$

ist.

Die Funktionen $\phi_1(x)$ und $\phi_2(x)$ lassen, wie in bekannter Weise geschlossen wird, die Darstellung

$$(8.)\qquad \phi_1(x) = \frac{1}{\prod_{\nu=1}^{\infty}(1-x^{5\nu-4})(1-x^{5\nu-1})},\quad \phi_2(x) = \frac{1}{\prod_{\nu=1}^{\infty}(1-x^{5\nu-3})(1-x^{5\nu-2})}$$

zu. Daher ist, wenn $\psi(x)$ wie früher das Eulersche Produkt (4.) bedeutet,

$$\psi(x)\,\phi_1(x) = \prod_{\nu=1}^{\infty}(1-x^{5\nu})(1-x^{5\nu-3})(1-x^{5\nu-2}),$$

$$\psi(x)\,\phi_2(x) = \prod_{\nu=1}^{\infty}(1-x^{5\nu})(1-x^{5\nu-4})(1-x^{5\nu-1}).$$

Setzt man nun in (5.) $h = x^{\frac{5}{2}}$, $z = x^{\frac{1}{4}}$ oder $h = x^{\frac{5}{2}}$, $z = x^{\frac{3}{4}}$, so erhält man

$$(8'.)\quad \begin{cases} \psi(x)\,\phi_1(x) = \sum_{\lambda=-\infty}^{\infty}(-1)^\lambda x^{\frac{5\lambda^2-\lambda}{2}} = 1 - x^2 - x^3 + x^9 + x^{11} - x^{21} - x^{24} + \cdots \\ \psi(x)\,\phi_2(x) = \sum_{\lambda=-\infty}^{\infty}(-1)^\lambda x^{\frac{5\lambda^2-3\lambda}{2}} = 1 - x - x^4 + x^7 + x^{13} - x^{18} - x^{27} + \cdots \end{cases}$$

Um also (7.) zu beweisen, hat man nur zu zeigen, daß auch

$$(9.)\qquad \psi(x)\,\zeta_\mu(x) = \sum_{\lambda=-\infty}^{\infty}(-1)^\lambda x^{\frac{5\lambda^2-(2\mu-1)\lambda}{2}} \qquad (\mu = 1, 2)$$

ist.

Daß die Funktionen $\zeta_1(x)$ und $\zeta_2(x)$ (für $|x|<1$) mit den in der Einleitung eingeführten unendlichen Determinanten $D_1(x)$ und $D_2(x)$ übereinstimmen, erkennt man folgendermaßen. Setzt man

$$D(x_1, x_2, \cdots, x_m) = \begin{vmatrix} 1, & x_1, & 0, & \cdots, & 0, & 0 \\ -1, & 1, & x_2, & \cdots, & 0, & 0 \\ 0, & -1, & 1, & \cdots, & 0, & 0 \\ . & . & . & . & . & . \\ 0, & 0, & 0, & \cdots, & 1, & x_m \\ 0, & 0, & 0, & \cdots, & -1, & 1 \end{vmatrix},$$

so wird

$$D(x_1, x_2, \cdots, x_m) = D(x_1, x_2, \cdots, x_{m-1}) + x_m D(x_1, x_2, \cdots, x_{m-2}).$$

Hieraus folgt, daß diese Determinante die Form

$$1 + \sum x_\alpha + \sum x_\alpha x_\beta + \sum x_\alpha x_\beta x_\gamma + \cdots$$

hat, wobei die Indizes der Reihe $1, 2, \cdots, m$ angehören und noch den Bedingungen

$$\beta - \alpha \geqq 2, \quad \gamma - \beta \geqq 2, \cdots$$

zu genügen haben. Bezeichnet man mit $Z(n, m)$ die Anzahl der Glieder, bei denen die Summe des Indizes gleich n ist, so wird offenbar für $m \geqq n$

$$Z(n, m) = Z_1(n).$$

Insbesondere erhält die Determinante

$$P_m = D(x, x^2, \cdots, x^m)$$

die Form

$$P_m = 1 + \sum_{n=1}^{m} Z_1(n) x^n + \sum_r Z(r, m) x^r \quad \left(m + 1 \leqq r \leqq \frac{(m+1)^2}{4}\right).$$

Da nun $Z(r, m) \leqq Z_1(r)$ ist, so wird für $|x| < 1$

$$|\zeta_1(x) - P_m| \leqq 2 \sum_{r=m+1}^{\infty} Z_1(r) |x|^r.$$

Hieraus folgt

$$\zeta_1(x) = \lim_{m=\infty} P_m = D_1(x).$$

In derselben Weise beweist man, daß $\zeta_2(x) = D_2(x)$ ist.

Daß die Determinanten $D_1(x)$ und $D_2(x)$ für $|x| < 1$ konvergent sind, folgt auch aus einem bekannten, leicht zu beweisenden Satze[1], der besagt, daß die unendliche Determinante $D(x_1, x_2, x_3, \cdots)$ stets konvergent ist, wenn die Reihe $\sum x_\nu$ absolut konvergent ist. Insbesondere stellt die Determinante

$$\Delta(z, x) = D(z, zx, zx^2, \cdots)$$

für jedes feste z eine im Kreise $|x| < 1$ reguläre Funktion von x und für jedes feste x im Innern dieses Kreises eine ganze transzendente Funktion von z dar. Entwickelt man diese Determinante nach den Elementen der ersten Zeile, so ergibt sich

$$\Delta(z, x) = \Delta(zx, x) + z\Delta(zx^2, x).$$

Ist daher

$$\Delta(z, x) = X_0 + X_1 z + X_2 z^2 + \cdots,$$

---

[1] Vgl. PERRON, Die Lehre von den Kettenbrüchen (Leipzig und Berlin 1913), S. 345.

so wird

$$X_n = x^n X_n + x^{2n-2} X_{n-1}.$$

Hieraus folgt, da $X_0 = 1$ ist,

$$X_n = \frac{x^{n^2-n}}{(1-x)(1-x^2)\cdots(1-x^n)}.$$

Insbesondere erhält man für die Funktionen $\zeta_1(x)$ und $\zeta_2(x)$ die Darstellung

$$\zeta_\mu(x) = D_\mu(x) = \Delta(x^\mu, x) = 1 + \sum_{n=1}^{\infty} \frac{x^{n^2+(\mu-1)n}}{(1-x)(1-x^2)\cdots(1-x^n)}.$$

§ 2.

Wir wenden uns nun zum Beweis der Formeln (9.). Denkt man sich die Funktion

$$\psi(x)\zeta_\mu(x) = \prod_{\nu=1}^{\infty}(1-x^\nu)\cdot\sum_{n=0}^{\infty} Z_\mu(n) x^n$$

nach Potenzen von x entwickelt, und bezeichnet man den Koeffizienten von x^n mit $U_\mu(n)$, so läßt sich diese Zahl in ähnlicher Weise, wie Legendre das für die Entwicklungskoeffizienten der Funktion $\psi(x)$ getan hat, folgendermaßen deuten: Man denke sich n auf alle möglichen Arten in der Form

(10.) $$n = \sum_{\varkappa=1}^{k} a_\varkappa + \sum_{\lambda=1}^{l} b_\lambda \qquad (k, l = 0, 1, 2, \cdots)$$

zerlegt, wobei die positiven ganzzahligen Summanden $a_\varkappa$ und b_λ den Bedingungen

(11.) $$a_{\varkappa-1} > a_\varkappa, \quad b_{\lambda-1} > b_\lambda + 1, \quad a_k \geqq 1, \quad b_l \geqq \mu$$

genügen sollen. Eine solche Zerlegung nenne man *gerade* oder *ungerade*, je nachdem k gerade oder ungerade ist. Dann ist $U_\mu(n)$ der *Überschuß der Anzahl der geraden Zerlegungen über die der ungeraden.* Hierbei sind auch diejenigen Zerlegungen (10.) zu berücksichtigen, bei denen k oder l gleich Null wird, d. h. entweder kein $a_\varkappa$ oder kein b_λ vorkommt. Was wir zu zeigen haben, ist nun, daß $U_\mu(n)$ gleich $(-1)^\lambda$ oder 0 ist, je nachdem n die Form

(12.) $$n = \frac{5\lambda^2 - (2\mu-1)\lambda}{2}$$

hat oder nicht

Im folgenden denke ich mir n und μ festgehalten und bezeichne eine Lösung der Relationen (10.) und (11.) mit

(13.) $$L = (a_1, a_2, \cdots, a_k \,|\, b_1, b_2, \cdots, b_l).$$

Ich schreibe auch $L = (A \mid B)$, wobei A und B die Zahlengruppen $(a_1, a_2, \cdots a_k)$ und $(b_1, b_2, \cdots, b_l)$ kennzeichnen sollen. Ist hierbei k oder l gleich 0, so setze ich

$$L = (- \mid b_1, b_2, \cdots, b_l) \text{ oder } L = (a_1, a_2, \cdots, a_k \mid -).$$

Für $n = 3$, $\mu = 1$ hat man z. B. die fünf Lösungen

$$(3 \mid -),\ (2, 1 \mid -),\ (2 \mid 1),\ (1 \mid 2),\ (- \mid 3).$$

Hiervon sind die zweite und die letzte gerade, die übrigen ungerade, also $U_1(3) = 2 - 3 = -1$.

Jeder Lösung (13.) ordne ich drei *charakteristische Zahlen* p, q, r zu. Hierbei soll p für $k = 0$ gleich 0 und für $k > 0$ gleich a_k sein. Unter q verstehe ich die größte Zahl, für die

$$a_1 - a_2 = a_2 - a_3 = \cdots = a_{q-1} - a_q = 1$$

wird. Ebenso soll r die größte Zahl angeben, für die

$$b_1 - b_2 = b_2 - b_3 = \cdots = b_{r-1} - b_r = 2$$

wird. Ich drücke das auch kurz aus, indem ich sage, daß q und r die Gliederanzahlen in den *größten Sequenzen* angeben, mit denen die zur Lösung gehörenden Zahlengruppen A und B beginnen. Ist insbesondere k (bzw. l) gleich 0 oder 1, so hat man auch q (bzw. r) gleich 0 oder 1 zu setzen.

Bei der Berechnung der Zahl $U_\mu(n)$ kann man in der Gesamtheit $\mathfrak{G}$ aller zu n und μ gehörenden Lösungen jedes Paar von Lösungen außer acht lassen, wenn eine von ihnen gerade, die andere ungerade ist. Von zwei solchen Lösungen sage ich, sie seien *einander entgegengesetzt.* Es handelt sich für uns nun darum zu zeigen, daß man von $\mathfrak{G}$ so viele Paare entgegengesetzter Lösungen fortlassen kann, daß entweder keine Lösung oder nur eine übrigbleibt. Im ersten Fall wird $U_\mu(n)$ gleich 0, im zweiten gleich ± 1, je nachdem in der übriggebliebenen Lösung k gerade oder ungerade ist. Der zweite Fall soll hierbei dann und nur dann eintreten, wenn n die Form (12.) hat, und es soll alsdann $k \equiv \lambda \pmod{2}$ sein. Da für $n \leqq 4$ die Werte von $U_\mu(n)$ leicht direkt zu berechnen sind, kann im folgenden von diesen Fällen abgesehen werden.

§ 3.

Man betrachte zunächst diejenigen Lösungen (13.), bei denen $b_1 > a_1$ oder $k = 0$ ist. Einer solchen Lösung L ordne ich die ihr entgegengesetzte Lösung

$$L' = (b_1, a_1, a_2, \cdots, a_k \mid b_2, b_3, \cdots, b_l)$$

zu. Auf diese Weise gewinnen wir (für $n > 1$) alle Lösungen $L' = (a'_1, a'_2, \cdots, a'_k | b'_1, b'_2, \cdots, b'_l)$, für die $a'_1 > b'_1 + 1$ oder $l = 0$ ist, und jede nur einmal. Lassen wir nun diese Paare L, L' fort, so zerfallen die übriggebliebenen Lösungen in zwei Komplexe $\mathfrak{A}$ und $\mathfrak{B}$. *Der Komplex $\mathfrak{A}$ umfaßt alle Lösungen, die der Bedingung $b_1 = a_1$ genügen, der Komplex $\mathfrak{B}$ dagegen die Lösungen, bei denen $b_1 = a_1 - 1 \geqq 1$ ist.* Für $n > 4$ sind (auch für $\mu = 2$) sowohl in $\mathfrak{A}$ als auch in $\mathfrak{B}$ Lösungen enthalten, und für jede derartige Lösung ist keine der charakteristischen Zahlen p, q, r gleich 0.

Die Lösungen (Elemente) von $\mathfrak{A}$ teile ich nun in Teilkomplexe

$$\mathfrak{A}_{\nu 1}, \mathfrak{A}_{\nu 2}, \mathfrak{A}_{\nu 3}, \qquad (\nu = 1, 2, 3, \cdots)$$

die dadurch gekennzeichnet sind, daß die zugehörigen charakteristischen Zahlen den Bedingungen

$$\begin{array}{ll} (\mathfrak{A}_{\nu 1}) & p = \nu, \; q \geqq \nu, \; r \geqq \nu \\ (\mathfrak{A}_{\nu 2}) & p > \nu, \; q \geqq \nu, \; r = \nu \\ (\mathfrak{A}_{\nu 3}) & p > \nu, \; q = \nu, \; r > \nu \end{array}$$

genügen. Ebenso teile ich die Elemente von $\mathfrak{B}$ in die Teilkomplexe

$$\mathfrak{B}_{\nu 1}, \mathfrak{B}_{\nu 2}, \mathfrak{B}_{\nu 3} \qquad (\nu = 1, 2, 3, \cdots)$$

unter Zugrundelegung der (etwas abgeänderten) Bedingungen

$$\begin{array}{ll} (\mathfrak{B}_{\nu 1}) & p > \nu, \; q = \nu, \; r \geqq \nu \\ (\mathfrak{B}_{\nu 2}) & p = \nu, \; q \geqq \nu, \; r \geqq \nu \\ (\mathfrak{B}_{\nu 3}) & p > \nu, \; q > \nu, \; r = \nu . \end{array}$$

Enthält einer der Komplexe $\mathfrak{A}_{\nu\varrho}, \mathfrak{B}_{\nu\varrho}$ keine Lösung, so sage ich, er sei gleich Null.

Diese Einteilung läßt sich geometrisch interpretieren. Bezieht man die Punkte im dreidimensionalen Raume auf ein System Kartesischer Koordinaten x, y, z, so entsprechen den in Betracht zu ziehenden Zahlentripeln p, q, r gewisse Gitterpunkte, die in unserem Falle im Innern des ersten Oktanten liegen. Man erhält nun alle diese Gitterpunkte, indem man für $\nu = 1, 2, 3, \cdots$ diejenigen aufsucht, die in den vom Punkte (ν, ν, ν) ausgehenden drei Ebenenquadranten $x = \nu, y = \nu, z = \nu$ liegen. Hierbei hat man aber die auf den zugehörigen drei Schnittgeraden gelegenen Gitterpunkte nur einmal zu zählen, und hierzu hat man eine Festsetzung darüber zu treffen, zu welcher der drei Ebenen jede dieser Geraden gerechnet werden soll. Dies geschieht hier nun so, daß bei beiden Komplexen $\mathfrak{A}$ und $\mathfrak{B}$ die Schnittgeraden $x = \nu$, $y = \nu$ und $x = \nu$, $z = \nu$ als zur Ebene $x = \nu$ gehörend angesehen werden. Die dritte Gerade $y = \nu$, $z = \nu$ wird aber (den Punkt (ν, ν, ν) ausgenommen) bei $\mathfrak{A}$ zur Ebene $z = \nu$ und bei $\mathfrak{B}$ zur Ebene

$y = \nu$ gerechnet. Der Grund für die hier gewählte Numerierung der Teilkomplexe $\mathfrak{B}_{\nu\varrho}$ wird später deutlich werden.

Eine Lösung

$$L = (A|B),\ A = (a_1, a_2, \cdots, a_k),\ B = (b_1, b_1, \cdots, b_l)$$

bezeichne ich mit $P_{\nu\varrho}$ oder $Q_{\nu\varrho}$, je nachdem sie zu $\mathfrak{A}_{\nu\varrho}$ oder $\mathfrak{B}_{\nu\varrho}$ gehört. Es ist nun folgendes zu beachten: In jedem Element $P_{\nu 2}$ ist $b_\nu > 1$, denn für $b_\nu = 1$ müßte wegen $r = \nu$

$$B = (2\nu - 1, 2\nu - 3, \cdots, 3, 1)$$

sein. Also wäre auch $a_1 = b_1 = 2\nu - 1$ und A könnte nicht, wie das sein soll, mit einer mindestens ν-gliedrigen Sequenz beginnen, deren letztes Glied größer als ν ist. In einem Element $P_{\nu 3}$ ist ferner $a_\nu > 1$, weil $p > \nu \geqq 1$ sein soll. In ähnlicher Weise erkennt man, daß für $L = Q_{\nu 1}$ stets $a_\nu > 1$, für $L = Q_{\nu 2}$ stets $k > \nu$ und für $L = Q_{\nu 3}$ stets $b_\nu > 1$ sein muß. Z. B. kann im zweiten Fall nicht $k = \nu$ sein, weil sonst wegen $p = \nu, q \geqq \nu$

$$A = (2\nu - 1, 2\nu - 2, \cdots, \nu + 1, \nu)$$

sein müßte. Es wäre also $b_1 = a_1 - 1 = 2\nu - 2$ und $B = (2\nu - 2, 2\nu - 4, \cdots)$ könnte nicht mit einer mindestens ν-gliedrigen Sequenz beginnen.

Ich werde nun, abgesehen von später zu nennenden Ausnahmefällen, jeder Lösung L von $\mathfrak{A}$ eine ihr entgegengesetzte Lösung L' von $\mathfrak{B}$ und umgekehrt zuordnen. Für jedes ν sind hierbei den sechs Komplexen $\mathfrak{A}_{\nu\varrho}$ und $\mathfrak{B}_{\nu\varrho}$ entsprechend sechs verschiedene Fälle zu unterscheiden. Ich setze nämlich

$$(14_1)\quad P'_{\nu 1} = (a_1 + 1, a_2 + 1, \cdots, a_\nu + 1, a_{\nu+1}, \cdots, a_{k-1} \,|\, b_1, b_2, \cdots, b_l)$$

$$(14_2)\quad P'_{\nu 2} = (a_1, a_2, \cdots, a_k, \nu \,|\, b_1 - 1, b_2 - 1, \cdots, b_\nu - 1, b_{\nu+1}, \cdots, b_l)$$

$$(14_3)\quad P'_{\nu 3} = (b_1, a_1 - 1, a_2 - 1, \cdots, a_\nu - 1, a_{\nu+1}, \cdots, a_k \,|\, b_2 + 1, b_3 + 1, \cdots, b_{\nu+1} + 1, b_{\nu+2}, \cdots, b_l)$$

$$(14_4)\quad Q'_{\nu 1} = (a_1 - 1, a_2 - 1, \cdots, a_\nu - 1, a_{\nu+1}, \cdots, a_k, \nu \,|\, b_1, b_2, \cdots, b_l)$$

$$(14_5)\quad Q'_{\nu 2} = (a_1, a_2, \cdots, a_{k-1} \,|\, b_1 + 1, b_2 + 1, \cdots, b_\nu + 1, b_{\nu+1}, \cdots, b_l)$$

$$(14_6)\quad Q'_{\nu 3} = (a_2 + 1, a_3 + 1, \cdots, a_{\nu+1} + 1, a_{\nu+2}, \cdots, a_k \,|\, a_1, b_1 - 1, b_2 - 1, \cdots, b_\nu - 1, b_{\nu+1}, \cdots, b_l).$$

Hierbei gehört, wie man leicht erkennt, $P'_{\nu\varrho}$ stets zu $\mathfrak{B}_{\nu\varrho}$ und $Q'_{\nu\varrho}$ zu $\mathfrak{A}_{\nu\varrho}$. In allen Fällen sind L und L' einander entgegengesetzt, ferner ist stets $(L')' = L$. Außerdem sind, wenn L_1 und L_2 zwei verschiedene Lösungen sind, auch L'_1 und L'_2 voneinander verschieden.

Läßt man die so zu bildenden Paare entgegengesetzter Lösungen L, L' außer acht, so bleiben nur diejenigen Lösungen übrig, bei denen die mit ihnen vorzunehmenden Operationen $(14_1)-(14_6)$ versagen. Es sind also sechs Fälle zu unterscheiden, wobei auch noch die beiden Möglichkeiten $\mu = 1$ und $\mu = 2$ zu berücksichtigen sind.

1. Die Operation (14_1) versagt nur, wenn $k = \nu$ ist. Dann wird wegen $p = \nu, q \geqq \nu$

$$A = (2\nu-1, 2\nu-2, \cdots, \nu+1, \nu)$$

und, da $b_1 = a_1, r \geqq \nu$ sein soll,

$$B = (2\nu-1, 2\nu-3, \cdots, 3, 1).$$

Folglich wird

$$(15.) \quad n = (2\nu-1+2\nu-2+\cdots+\nu)+(2\nu-1+2\nu-3+\cdots+1) = \frac{5\nu^2-\nu}{2}.$$

Dieser Fall kommt wegen $b_l = 1$ nur für $\mu = 1$ in Betracht.

2. Da für $L = P_{\nu 2}$, wie schon erwähnt wurde, $b_\nu > 1$ ist, so läßt sich $P'_{\nu 2}$ nur in dem Falle $\mu = 2, b_\nu = 2$ nicht bilden. Dann wird aber wegen $r = \nu$

$$B = (2\nu, 2\nu-2, \cdots, 4, 2)$$

und aus $b_1 = a_1, p > \nu, q \geqq \nu$ folgt

$$A = (2\nu, 2\nu-1, \cdots, \nu+2, \nu+1),$$

also

$$(16.) \quad n = (2\nu+2\nu-1+\cdots+\nu+1)+(2\nu+2\nu-2+\cdots+2) = \frac{5\nu^2+3\nu}{2}.$$

3. Die Operation (14_3) versagt (wegen $a_\nu > 1$) niemals.

4. Die Lösung $Q'_{\nu 1}$ kann nur dann nicht gebildet werden, wenn $k = \nu$ und $a_\nu - 1 = \nu$ ist. Dann wird wegen $q = \nu$

$$A = (2\nu, 2\nu-1, \cdots, \nu+2, \nu+1),$$

und hieraus folgt wegen $b_1 = a_1 - 1, r \geqq \nu$

$$B = (2\nu-1, 2\nu-3, \cdots, 3, 1),$$

also

$$(17.) \quad n = (2\nu+2\nu-1+\cdots+\nu+1)+(2\nu-1+2\nu-3+\cdots+1) = \frac{5\nu^2+\nu}{2}.$$

Auch hier muß wie beim Falle 1 wegen $b_l = 1$ auch $\mu = 1$ sein.

5. Beachtet man, daß für $L = Q_{\nu 2}$ stets $k > \nu$ wird (vgl. S. 310), so erkennt man, daß die Operation (14_5) niemals versagt.

6. Die Operation (14_6) versagt (wegen $b_\nu > 1$) nur dann, wenn $\mu = 2, b_\nu = 2$ ist. Wie beim Falle 2 wird dann wegen $r = \nu$

$$B = (2\nu, 2\nu-2, \cdots, 4, 2)$$

und, weil $b_1 = a_1 - 1, p > \nu, q > \nu$ sein soll,

$$A = (2\nu+1, 2\nu, \cdots, \nu+2, \nu+1).$$

Die Zahl n hat daher die Form

$$8.)\quad n = (2\nu + 1 + 2\nu + \cdots + \nu + 1) + (2\nu + 2\nu - 2 + \cdots + 2) = \frac{5(\nu+1)^2 - 3(\nu+1)}{2}$$

Da nun für ein gegebenes n höchstens nur eine der Gleichungen (15.) — (18.) und nur für einen Wert von ν bestehen kann, so zeigt diese Betrachtung, daß nach Fortlassung der Paare L, L' entweder keine oder nur eine Lösung übrigbleibt. Bei festgehaltenem μ tritt der zweite Fall dann und nur dann ein, wenn n von der Form

$$\frac{5\lambda^2 - (2\mu - 1)\lambda}{2}$$

ist, und hierbei wird in der übrigbleibenden Lösung $k \equiv \lambda \pmod{2}$. Dies ist aber genau das, was wir zu beweisen hatten.

§ 4.

Auf kürzerem Wege gelangt man zu den Gleichungen (9.) oder, was dasselbe ist, zu den Gleichungen (2.) in folgender Weise.

Setzt man

$$a_\lambda = \frac{5\lambda^2 - \lambda}{2}, \quad b_\lambda = \frac{5\lambda^2 - 3\lambda}{2},$$

so lassen sich diese Gleichungen in der Form

$$9.)\quad \prod_{\nu=1}^{\infty} (1 - x^\nu) \cdot D_1(x) = \sum_{\lambda=-\infty}^{\infty} (-1)^\lambda x^{a_\lambda}, \quad \prod_{\nu=1}^{\infty} (1 - x^\nu) \cdot D_2(x) = \sum_{\mu=-\infty}^{\infty} (-1)^\lambda x^{b_\lambda}$$

schreiben. Unter $D(x_1, x_2, \cdots, x_n)$ verstehe man die in § 1 eingeführte Determinante und setze

$$P_n = D(x, x^2, \cdots, x^n), \quad Q_n = D(x^2, x^3, \cdots, x^n), \quad P_0 = Q_0 = Q_1 = 1.$$

Diese Polynome sind dadurch eindeutig charakterisiert, daß sie der Rekursionsformel

$$(20.)\qquad R_n = R_{n-1} + x^n R_{n-2}$$

genügen und

$$P_0 = 1, \ P_1 = 1 + x, \ Q_0 = 1, \ Q_1 = 1$$

ist. Für jeden Wert von k und für alle genügend großen Werte von n stimmen P_n und Q_n mit den Potenzreihen $D_1(x)$ und $D_2(x)$ in den Koeffizienten von $1, x, x^2, \cdots, x^k$ überein. Um nun die Formeln (19.) zu beweisen, genügt es offenbar, für jedes n zwei Gleichungen der Form

$$(21.)\qquad P_n = \sum_{\lambda=-r}^{r} (-1)^\lambda x^{a_\lambda} A_n^{(\lambda)}, \quad Q_n = \sum_{\lambda=-s}^{s} (-1)^\lambda x^{b_\lambda} B_n^{(\lambda)}$$

aufzustellen, wo r und s zugleich mit n über alle Grenzen wachsen, und $A_n^{(\lambda)}$, $B_n^{(\lambda)}$ Polynome bedeuten, für die sich eine ebenfalls zugleich mit n ins Unendliche wachsende Zahl $k \leqq n$ derart angeben läßt, daß für jedes λ die Entwicklungen von

$$(1-x)(1-x^2)\cdots(1-x^k)\cdot A_n^{(\lambda)},\quad (1-x)(1-x^2)\cdots(1-x^k)\cdot B_n^{(\lambda)}$$

nach Potenzen von x die Form

$$1+cx^{k-a_\lambda+1}+c'x^{k-a_\lambda+2}+\cdots,\quad \text{bzw. } 1+dx^{k-b_\lambda+1}+d'x^{k-b_\lambda+2}+\cdots$$

erhalten. Denn ist dies der Fall, so stimmen die Polynome

$$(1-x)(1-x^2)\cdots(1-x^k)P_n,\quad (1-x)(1-x^2)\cdots(1-x^k)Q_n$$

und folglich auch die Potenzreihen

$$\prod_{\nu=1}^{\infty}(1-x^\nu)\cdot D_1(x),\quad \prod_{\nu=1}^{\infty}(1-x^\nu)\cdot D_2(x)$$

in den Koeffizienten von $1, x, x^2, \cdots, x^k$ mit den Potenzreihen $\sum(-1)^\lambda x^{a_\lambda}$ und $\sum(-1)^\lambda x^{b_\lambda}$ überein. Hieraus folgt, da k beliebig großer Werte fähig sein soll, daß sie in allen Gliedern übereinstimmen müssen[1].

Um nun zu Relationen von der Form (21.) zu gelangen, setze man, wenn k und l zwei ganze Zahlen bedeuten, für $l > 0$

$$\begin{bmatrix} k \\ l \end{bmatrix} = \frac{(1-x^k)(1-x^{k-1})\cdots(1-x^{k-l+1})}{(1-x)(1-x^2)\cdots(1-x^l)} \tag{22.}$$

und für $l \leqq 0$

$$\begin{bmatrix} k \\ 0 \end{bmatrix} = 1,\ \begin{bmatrix} k \\ -1 \end{bmatrix} = \begin{bmatrix} k \\ -2 \end{bmatrix} = \cdots = 0. \tag{23.}$$

Es wird dann stets

$$\begin{bmatrix} k \\ l \end{bmatrix} = \begin{bmatrix} k-1 \\ l-1 \end{bmatrix} + x^l \begin{bmatrix} k-1 \\ l \end{bmatrix} = \begin{bmatrix} k-1 \\ l \end{bmatrix} + x^{k-l} \begin{bmatrix} k-1 \\ l-1 \end{bmatrix} \tag{24.}$$

und für $k \geqq 0$

$$\begin{bmatrix} k \\ l \end{bmatrix} = \begin{bmatrix} k \\ k-l \end{bmatrix},\quad \begin{bmatrix} k \\ k+m \end{bmatrix} = 0 \qquad (m = 1, 2, \cdots). \tag{25.}$$

Aus (24.) folgt, daß der Ausdruck (22.) für positive Werte von k und l eine *ganze* rationale Funktion von x darstellt[2].

---

[1] Eine ähnliche Überlegung liegt dem in der Einleitung erwähnten Gaussschen Beweis für die Formel (5.) zugrunde.

[2] Diese Ausdrücke hat Gauss (Summatio quarundam serierum singularium, Werke Bd. II, S. 16) eingeführt. Er bezeichnet sie dort mit (k, l). Die hier gewählte Bezeichnung läßt die enge Verwandtschaft dieser Ausdrücke mit den Binomialkoeffizienten deutlicher hervortreten.

Mit Hilfe dieser Ausdrücke bilde ich die neuen Ausdrücke

$$F^{(0)}(k,l) = \begin{bmatrix} k \\ l \end{bmatrix} - x^{k-2l+2} \begin{bmatrix} k \\ l-2 \end{bmatrix}, \quad F^{(1)}(k,l) = \begin{bmatrix} k \\ l \end{bmatrix} - x^{k-2l+3} \begin{bmatrix} k \\ l-3 \end{bmatrix}.$$

Aus (24.) folgt dann leicht

$$(26.) \qquad F^{(0)}(k,l) = F^{(1)}(k-1,l) + x^{k-1} F^{(0)}(k-2,l-1).$$

Ist nun n eine ganze Zahl, so sei

$$\varepsilon = \varepsilon_n = \frac{1-(-1)^n}{2}, \quad \nu = \nu_n = \frac{n+\varepsilon}{2}.$$

Setzt man dann, wenn α und β irgendwelche (von n unabhängige) ganze Zahlen sind,

$$F_n = F^{(\varepsilon)}(n+1, \nu-\alpha), \quad G_n = F^{(1-\varepsilon)}(n+1, \nu-\varepsilon-\beta),$$

so wird, weil $\varepsilon_{n-1} = 1-\varepsilon_n$, $\nu_{n-1} = \nu_n - \varepsilon_n$ ist,

$$F_{n-1} = F^{(1-\varepsilon)}(n, \nu-\varepsilon-\alpha), \quad G_{n-1} = F^{(\varepsilon)}(n, \nu-1-\beta),$$
$$F_{n-2} = F^{(\varepsilon)}(n-1, \nu-1-\alpha), \quad G_{n-2} = F^{(1-\varepsilon)}(n-1, \nu-\varepsilon-1-\beta).$$

Aus (26.) folgt daher, daß für ein gerades n

$$F_n = F_{n-1} + x^n F_{n-2}$$

und für ein ungerades n

$$G_n = G_{n-1} + x^n G_{n-2}$$

wird. Sind nun α_λ und β_λ zwei Folgen ganzer Zahlen, die mit wachsendem λ von einer gewissen Stelle beständig größer werden, so genügt *ein Ausdruck der Form*

$$R_n = \sum_{\lambda=0}^{\infty} f_\lambda F^{(\varepsilon)}(n+1, \nu-\alpha_\lambda)$$
$$= \sum_{\lambda=0}^{\infty} \left\{ f_\lambda \begin{bmatrix} n+1 \\ \nu-\alpha_\lambda \end{bmatrix} - f_\lambda x^{2\alpha_\lambda+3} \begin{bmatrix} n+1 \\ \nu-2-\varepsilon-\alpha_\lambda \end{bmatrix} \right\}$$

für jedes n der Rekursionsformel (20.), *wenn er sich gleichzeitig auch auf die Form*

$$R_n = \sum_{\lambda=0}^{\infty} g_\lambda F^{(1-\varepsilon)}(n+1, \nu-\varepsilon-\beta_\lambda)$$
$$= \sum_{\lambda=0}^{\infty} \left\{ g_\lambda \begin{bmatrix} n+1 \\ \nu-\varepsilon-\beta_\lambda \end{bmatrix} - g_\lambda x^{2\beta_\lambda+4} \begin{bmatrix} n+1 \\ \nu-3-\beta_\lambda \end{bmatrix} \right\}$$

bringen läßt. Hierbei können f_λ und g_λ beliebige (von n unabhängige) Funktionen von x sein[1].

---

[1] Zu beachten ist, daß die hier auftretenden Summen unter den über die α_λ, β_λ gemachten Voraussetzungen wegen (23.) von selbst abbrechen.

Die Summe R_n hat gewiß die verlangte Eigenschaft, wenn die Gleichungen

$$f_0 \begin{bmatrix} n+1 \\ \nu-\alpha_0 \end{bmatrix} = g_0 \begin{bmatrix} n+1 \\ \nu-\varepsilon-\beta_0 \end{bmatrix},$$

$$f_{\lambda+1} \begin{bmatrix} n+1 \\ \nu-\alpha_{\lambda+1} \end{bmatrix} = -g_\lambda x^{2\beta_\lambda+4} \begin{bmatrix} n+1 \\ \nu-3-\beta_\lambda \end{bmatrix}, g_{\lambda+1} \begin{bmatrix} n+1 \\ \nu-\varepsilon-\beta_{\lambda+1} \end{bmatrix} = -f_\lambda x^{2\alpha_\lambda+3} \begin{bmatrix} n+1 \\ \nu-2-\varepsilon-\alpha_\lambda \end{bmatrix}$$

bestehen. Da nun $n+1 = 2\nu+1-\varepsilon$ und wegen (25.)

$$\begin{bmatrix} n+1 \\ \nu-\alpha_0 \end{bmatrix} = \begin{bmatrix} n+1 \\ \nu-\varepsilon+\alpha_0+1 \end{bmatrix}$$

ist, so sind diese Bedingungen jedenfalls erfüllt, wenn

$$\alpha_0+\beta_0+1=0, \quad \alpha_{\lambda+1}=\beta_\lambda+3, \quad \beta_{\lambda+1}=\alpha_\lambda+2$$

und

$$f_0 = g_0 = 1, \quad f_{\lambda+1} = -x^{2\beta_\lambda+4} g_\lambda, \quad g_{\lambda+1} = -x^{2\alpha_\lambda+3} f_\lambda$$

wird. Eine einfache Rechnung lehrt, daß dann insbesondere

$$(27.) \qquad \alpha_{2\mu} = 5\mu+\alpha_0, \quad \alpha_{2\mu+1} = 5\mu+2-\alpha_0$$

und

$$f_\lambda = (-1)^\lambda x^{c_{\sigma\lambda}}, \quad f_\lambda \cdot x^{2\alpha_\lambda+3} = (-1)^\lambda x^{c_{\sigma(\lambda+1)}}$$

wird. Hierbei ist

$$\sigma = (-1)^{\lambda-1}, \quad c_\nu = \frac{5\nu^2-\nu}{2} - 2\alpha_0\nu$$

zu setzen. Unter Benutzung dieser Bezeichnungen läßt sich die Summe R_n auf die Form

$$R_n^{(\alpha_0)} = \begin{bmatrix} n+1 \\ \nu-\alpha_0 \end{bmatrix} + \sum_{\lambda=1}^{\infty} (-1)^\lambda \left\{ x^{c_{\sigma\lambda}} \begin{bmatrix} n+1 \\ \nu-\alpha_\lambda \end{bmatrix} + x^{c_{-\sigma\lambda}} \begin{bmatrix} n+1 \\ \nu-2-\varepsilon-\alpha_{\lambda-1} \end{bmatrix} \right\}.$$

bringen. *Dieser Ausdruck, in dem die α_λ mit Hilfe der Gleichungen* (27.) *zu berechnen sind, genügt demnach für jeden ganzzahligen Wert von α_0 der Rekursionsformel* (20.).

Insbesondere wird für $\alpha_0 = 0$ und $\alpha_0 = -1$[1]

$$R_0^{(0)} = P_0, \quad R_1^{(0)} = P_1, \quad R_0^{(-1)} = Q_0, \quad R_1^{(-1)} = Q_1.$$

Daher ist auch für jeden anderen Wert von n

$$(28.) \qquad P_n = R_n^{(0)}, \quad Q_n = R_n^{(-1)}.$$

Die sich so ergebenden merkwürdigen Identitäten lassen sich auch in der Form

---

[1] Die anderen Werte von α_0 liefern nichts Neues. Ist insbesondere $4\alpha_0+1$ durch 5 teilbar, so wird $R_n^{(\alpha_0)} = 0$.

$$(29.)\quad P_n = \sum_{\lambda=-r}^{r} (-1)^\lambda x^{a_\lambda} \begin{bmatrix} n+1 \\ p_\lambda \end{bmatrix}, \quad Q_n = \sum_{\lambda=-s}^{s} (-1)^\lambda x^{b_\lambda} \begin{bmatrix} n+1 \\ q_\lambda \end{bmatrix}$$

schreiben, wobei

$$p_\lambda = \left[\frac{n+1+5\lambda}{2}\right], \quad q_\lambda = \left[\frac{n+5\lambda}{2}\right], \quad r = \left[\frac{n+2}{5}\right], \quad s = \left[\frac{n+3}{5}\right]$$

zu setzen ist[1]. Auf diese elegante Schreibweise für die Formeln (28.) hat mich Hr. G. FROBENIUS in freundlicher Weise aufmerksam gemacht.

Man erkennt nun leicht, daß für diese Gleichungen die Bedingungen erfüllt sind, denen die Gleichungen (29.) zu genügen hatten. Die Grundformeln (19.) sind damit aufs neue bewiesen.

Betrachtet man an Stelle der Gleichung (26.) die ebenfalls leicht zu beweisende Formel

$$\begin{bmatrix} k \\ l \end{bmatrix} - x^{k-2l+1} \begin{bmatrix} k \\ l-1 \end{bmatrix} = \begin{bmatrix} k-1 \\ l \end{bmatrix} - x^{k-2l+1} \begin{bmatrix} k-1 \\ l-2 \end{bmatrix},$$

so wird man in ganz ähnlicher Weise auf die Summe

$$S_n^{(\gamma_0)} = \begin{bmatrix} n+1 \\ \nu-\gamma_0 \end{bmatrix} + \sum_{\lambda=1}^{\infty} (-1)^\lambda \left\{ x^{d_{\sigma\lambda}} \begin{bmatrix} n+1 \\ \nu-\gamma_\lambda \end{bmatrix} + x^{d_{-\sigma\lambda}} \begin{bmatrix} n+1 \\ \nu-1-\varepsilon-\gamma_{\lambda-1} \end{bmatrix} \right.$$

geführt, wobei wieder $\sigma = (-1)^{\lambda-1}$ und

$$\gamma_{2\mu} = 3\mu + \gamma_0, \quad \gamma_{2\mu+1} = 3\mu - \gamma_0 + 1, \quad d_\nu = \frac{3\nu^2 - \nu}{2} - 2\gamma_0 \nu$$

zu setzen ist. Es ergibt sich hierbei, daß diese Ausdrücke für jeden ganzzahligen Wert von γ_0 der Rekursionsformel $S_n^{(\gamma_0)} = S_{n-1}^{(\gamma_0)}$ genügen. Für $\gamma_0 = 0$ wird insbesondere $S_0^{(0)} = 1$, daher ist auch allgemein $S_n^{(0)} = 1$[2]. Ersetzt man n durch $n-1$ und versteht unter r_λ die Zahl

$$r_\lambda = \left[\frac{n+3\lambda}{2}\right],$$

so läßt sich diese Identität in der Form

$$(30.)\qquad 1 = \sum_{\lambda=-t}^{t} (-1)^\lambda x^{\frac{3\lambda^2-\lambda}{2}} \begin{bmatrix} n \\ r_\lambda \end{bmatrix} \qquad \left(t = \left[\frac{n+1}{3}\right]\right)$$

schreiben. Auch auf diese Schreibweise hat mich Hr. FROBENIUS aufmerksam gemacht. Er hat mir auch einen einfachen direkten Beweis für diese Formel sowie auch für die Formeln (29.) mitgeteilt.

---

[1] Hierbei bedeutet wie üblich $[a]$ die größte ganze Zahl unterhalb a.

[2] Auch hier liefern die anderen Werte von γ_0 kein neues Resultat.

Aus der Identität (30.) *ergibt sich unmittelbar die in der Einleitung erwähnte* EULER*sche Formel*

$$\prod_{\nu=1}^{\infty}(1-x^{\nu}) = \sum_{\lambda=-\infty}^{\infty}(-1)^{\lambda}x^{\frac{3\lambda^2-\lambda}{2}}.$$

§ 5.

Die im vorigen Paragraphen behandelten Ausdrücke P_n und Q_n sind nichts anderes als die Zähler und Nenner der Näherungsbrüche K_n des Kettenbruchs

$$K(x) = 1 + \frac{x|}{|1} + \frac{x^2|}{|1} + \frac{x^3|}{|1} + \cdots$$

Da für $|x| < 1$ die Grenzwerte

$$\lim_{n=\infty} P_n = D_1(x) = \varphi_1(x), \quad \lim_{n=\infty} Q_n = D_2(x) = \varphi_2(x)$$

existieren und $D_2(x)$ wegen der (auf S. 305 stehenden) Formel (8.) von Null verschieden ist, so ist *der Kettenbruch für* $|x| < 1$ *stets konvergent*. Aus den Formeln (8.) und (8'.) ergibt sich zugleich die in der Einleitung angegebene Darstellung (3.) für $K(x)$. Benutzt man insbesondere die Produktdarstellung für $K(x)$ und geht zu den Logarithmen über, so erhält man, wie in bekannter Weise leicht geschlossen wird, die neue bemerkenswerte Formel

$$\log K(x) = \sum_{n=1}^{\infty}\frac{\delta(n)}{n}x^n \qquad (|x|>1),$$

wobei

$$\delta(n) = \sum_{d|n}\left(\frac{d}{5}\right)d$$

den Überschuß der Summe der (positiven) Teiler von n, welche die Form $5\nu \pm 1$ haben, über die Summe der Teiler von der Form $5\nu \pm 2$ bedeutet.

Setzt man $x = \frac{a}{b}$, so läßt sich der Kettenbruch auch in der Form

$$(31.)\quad K(x) = 1 + \frac{a|}{|b} + \frac{a^2|}{|b} + \frac{a^3|}{|b^2} + \frac{a^4|}{|b^2} + \frac{a^5|}{|b^3} + \frac{a^6|}{|b^3} + \cdots$$

schreiben. Hieraus folgt auf Grund eines bekannten Satzes von LEGENDRE (vgl. PERRON, a. a. O. § 52), daß die in (3.) rechts stehende Funktion für (positive und negative) rationale x, deren Zähler und Nenner der Bedingung $b > a^2$ genügen, eine irrationale Zahl darstellt. In ähnlicher

Weise hat Eisenstein (Journ. f. Math. Bd. 27 und 28) gezeigt, daß gewisse andere mit der Theorie der Thetafunktionen zusammenhängende Funktionen für spezielle rationale Werte der Argumente irrationale Werte annehmen[1].

Wird in (31.) insbesondere $a = 1, b = x^{-1}$ gesetzt, so erkennt man auf Grund eines von M. A. Stern herrührenden Kriteriums (vgl. Perron, a. a. O. S. 235), daß *der Kettenbruch* $K(x)$ *für* $|x| > 1$ *stets divergent ist.*

Die Entscheidung der Frage, für welche x vom absoluten Betrage 1 der Kettenbruch $K(x)$ konvergiert oder divergiert, dürfte recht schwierig sein. Mit Hilfe der Formeln (29.) gelingt es aber, diese Frage für den Fall, daß x eine Einheitswurzel ist, vollständig zu erledigen.

Es sei nämlich $D(x_1, x_2, \cdots, x_n)$ die auf S. 305 eingeführte Determinante und

$$D_l^{(k)} = D(x_k, x_{k+1}, \cdots, x_l), \quad D_l^{(l+1)} = D_l^{(l+2)} = 1.$$

Dann bestehen folgende leicht zu beweisende Formeln (vgl. Perron, a. a. O. § 5)

$$(32.) \qquad D(x_1, x_2, \cdots, x_n) = D(x_n, x_{n-1}, \cdots, x_1),$$

$$(33.) \qquad D_n^{(1)} = D_{m-1}^{(1)} D_n^{(m+1)} + x_m D_{m-2}^{(1)} D_n^{(m+2)} \qquad (1 \leqq m \leqq n),$$

$$(34.) \qquad D_{n-1}^{(1)} D_n^{(2)} - D_n^{(1)} D_{n-1}^{(2)} = (-1)^n x_1 x_2 \cdots x_n.$$

Ist nun x eine primitive $m$te Einheitswurzel, so wird wegen (32.)

$$P_{m-2} = D(x, x^2, \cdots, x^{m-2}) = D(x^{-2}, x^{-3}, \cdots, x^{-(m-1)}) = \bar{Q}_{m-1}$$

die zu Q_{m-1} konjugiert komplexe Zahl. Ebenso erhält man $\bar{P}_{m-1} = P_{m-1}$, $\bar{Q}_{m-2} = Q_{m-2}$. Da ferner

$$D(x^k, x^{k+1}, \cdots, x^l) = D(x^{k-m}, x^{k-m+1}, \cdots, x^{l-m+1})$$

ist, so folgt aus (33.)

$$(35.) \quad P_n = P_{m-1} P_{n-m} + P_{m-2} Q_{n-m}, \quad Q_n = Q_{m-1} P_{n-m} + Q_{m-2} Q_{n-m}.$$

Aus (34.) ergibt sich noch

$$(36.) \qquad P_{n-1} Q_n - P_n Q_{n-1} = (-1)^n x^{1+2+\cdots+n} = (-1)^n x^{\frac{n^2+n}{2}}.$$

Speziell wird

$$P_{m-2} Q_{m-1} - P_{m-1} Q_{m-2} = (-1)^{m-1} x^{\frac{m^2-m}{2}} = 1.$$

---

[1] Vgl. Perron, a. a. O. S. 315, sowie auch F. Bernstein und O. Szász, Math. Ann. Bd. 76 (1915), S. 295.

Hieraus folgt in Verbindung mit (35.) ohne Mühe

$$(37.)\quad P_{n+2m} = (P_{m-1}+Q_{m-2})P_{n+m}+P_n,\quad Q_{n+2m} = (P_{m-1}+Q_{m-2})Q_{n+m}+Q_n$$

Die hier auftretenden vier Zahlen

$$(38.)\quad P_{m-2},\, P_{m-1},\, Q_{m-2},\, Q_{m-1}$$

lassen sich mit Hilfe der Identitäten (29.) ohne Mühe berechnen. Für eine primitive $m$te Einheitswurzel x sind nämlich die Gaussschen Ausdrücke

$$\begin{bmatrix} m \\ k \end{bmatrix},\ \begin{bmatrix} m+1 \\ l \end{bmatrix}\qquad (0 \leqq k \leqq m,\ 0 \leqq l \leqq m+1)$$

offenbar nur für

$$k=0,\ k=m,\ l=0,\ l=1,\ l=m,\ l=m+1$$

von Null verschieden, und zwar werden sie in diesen Ausnahmefällen sämtlich gleich 1. Setzt man daher in (29.) für n einen der Werte $m-1$ oder m, so werden in den rechtsstehenden Summen die meisten Glieder Null, und es ist nicht schwer, die Ausdrücke P_{m-1}, P_m, Q_{m-1}, Q_m in geschlossener Form zu berechnen. Wegen

$$P_m = P_{m-1}+P_{m-2},\quad Q_m = Q_{m-1}+Q_{m-2}$$

ergeben sich dann auch die Werte der vier Zahlen (38.) Hierbei ist zu beachten, daß es wegen $P_{m-2} = \bar{Q}_{m-1}$ genügt, nur die drei letzten dieser Zahlen zu bestimmen. Die Rechnung liefert nun folgende Tabelle

m	P_{m-2}	P_{m-1}	Q_{m-2}	Q_{m-1}
5μ	0	$-x^{\frac{2m}{5}}-x^{-\frac{2m}{5}}$	$-x^{\frac{m}{5}}-x^{-\frac{m}{5}}$	0
$5\mu+1$	$x^{\frac{1-m}{5}}$	1	0	$x^{\frac{-1+m}{5}}$
$5\mu-1$	$x^{\frac{1+m}{5}}$	1	0	$x^{\frac{-1-m}{5}}$
$5\mu+2$	$-x^{\frac{1+2m}{5}}$	0	1	$-x^{\frac{-1-2m}{5}}$
$5\mu-2$	$-x^{\frac{1-2m}{5}}$	0	1	$-x^{\frac{-1+2m}{5}}$

Insbesondere ergibt sich, daß in jedem Fall

$$(39.)\quad P_{m-1}+Q_{m-2} = 1$$

wird.

Ist nun m durch 5 teilbar, so folgt aus (35.), weil $P_{m-2} = Q_{m-1} = 0$ wird,

$$P_n = P_{m-1}P_{n-m},\quad Q_n = Q_{m-2}Q_{n-m},$$

folglich ist, wenn wir $n = qm + r$ $(0 \leqq r < m)$ setzen,

$$P_{qm+r} = P_r P_{m-1}^q, \quad Q_{qm+r} = Q_r Q_{m-2}^q.$$

Insbesondere werden alle Näherungsbrüche K_{qm+m-1} sinnlos, weil ihre Nenner verschwinden. Der Kettenbruch ist daher als divergent zu bezeichnen (vgl. Perron, a. a. O. § 21). Zugleich ergibt sich, daß, wenn die fünfte Einheitswurzel $x^{\frac{m}{5}}$ im zweiten oder dritten Quadranten liegt, diejenigen Näherungsbrüche, die nicht sinnlos werden, gegen 0 konvergieren. Denn in diesem Falle wird, wie die Tabelle zeigt,

$$|P_{m-1}| = 2\cos\frac{2\pi}{5} < |Q_{m-2}| = 2\cos\frac{\pi}{5},$$

also ist für $Q_r \neq 0$

$$\lim_{q=\infty} K_{qm+r} = \frac{P_r}{Q_r} \lim_{q=\infty} \left(\frac{P_{m-1}}{Q_{m-2}}\right)^q = 0.$$

Ist dagegen m nicht durch 5 teilbar, so ist, wie ich zeigen will, der Kettenbruch $K(x)$ konvergent. Aus (35.) und (39.) folgt nämlich für jedes r

$$P_{(q+2)m+r} = P_{(q+1)m+r} + P_{qm+r}, \quad Q_{(q+2)m+r} = Q_{(q+1)m+r} + Q_{qm+r}.$$

Hieraus ergibt sich in bekannter Weise, daß, wenn

$$\vartheta = \frac{1+\sqrt{5}}{2}, \quad \vartheta' = \frac{1-\sqrt{5}}{2}$$

gesetzt wird, die Ausdrücke P_{qm+r} und Q_{qm+r} auf die Form

(40.) $$P_{qm+r} = a_r\vartheta^q + a_r'\vartheta'^q, \quad Q_{qm+r} = b_r\vartheta^q + b_r'\vartheta'^q$$

gebracht werden können. Insbesondere wird hierbei

(41.) $$(\vartheta - \vartheta')a_r = P_{m+r} - \vartheta' P_r, \quad (\vartheta - \vartheta')b_r = Q_{m+r} - \vartheta' Q_r.$$

Aus (40.) folgt

(42.) $$\lim_{q=\infty} \frac{P_{qm+r}}{\vartheta^q} = a_r, \quad \lim_{q=\infty} \frac{Q_{qm+r}}{\vartheta^q} = b_r.$$

Ersetzt man ferner in (36.) den Index n durch $qm + r$, dividiert durch ϑ^q und geht zur Grenze über, so erhält man

(43.) $$a_{r-1} b_r = a_r b_{r-1}.$$

Ich behaupte nun, daß keine der Zahlen a_r und b_r verschwinden kann. Die Ausdrücke P_n und Q_n sind nämlich sämtlich Zahlen des durch x bestimmten Kreiskörpers der $m$ten Einheitswurzeln, dagegen ist $\sqrt{5}$ und folglich auch ϑ', weil m nicht durch 5 teilbar sein soll, in diesem Körper nicht enthalten. Aus $a_r = 0$ oder $b_r = 0$ würde daher wegen (41.) folgen, daß $P_r = 0$ oder $Q_r = 0$ verschwinden müßte. Wäre nun $a_r = 0$, so würde sich aus (43.) ergeben, daß auch eine der Zahlen a_{r-1} und b_r verschwindet. Dies würde aber erfordern, daß entweder P_r und P_{r-1} oder P_r und Q_r gleichzeitig Null werden. Beides ist aber wegen (36.) nicht möglich. Ebenso ergibt sich, daß b_r nicht verschwinden kann.

Aus (43.) folgt daher

$$\frac{a_0}{b_0} = \frac{a_1}{b_1} = \cdots = \frac{a_{m-1}}{b_{m-1}}.$$

Die Gleichungen (42.) liefern nun

$$\lim_{q=\infty} K_{qm} = \lim_{q=\infty} K_{qm+1} = \cdots = \lim_{q=\infty} K_{qm+m-1} = \frac{a_0}{b_0}.$$

Der Kettenbruch ist daher konvergent, und zwar wird auf Grund der Formeln (41.)

$$K(x) = \frac{a_0}{b_0} = \frac{P_m - \vartheta' P_0}{Q_m - \vartheta' Q_0} = \frac{P_{m-1} + P_{m-2} - \vartheta'}{Q_{m-1} + Q_{m-2} - \vartheta'}.$$

Aus der Tabelle auf S. 319 und den Formeln

$$\vartheta + \vartheta' = 1, \; \vartheta\vartheta' = -1$$

folgert man leicht, daß dieses Resultat sich einfacher so aussprechen läßt:

Je nachdem m *von der Form* $5\mu \pm 1$ *oder von der Form* $5\mu \pm 2$ *ist, wird*

$$K(x) = P_{m-2}\vartheta \quad \text{oder} \quad K(x) = P_{m-2}\vartheta^{-1}.$$

Insbesondere wird $K(1) = \vartheta$, $K(-1) = \vartheta^{-1}$. Berücksichtigt man noch die durch die Tabelle gelieferten Werte von P_{m-2} so kann man diese Formeln auch in der Gestalt

$$K(x) = \lambda x^{\frac{1-\lambda\rho m}{5}} K(\lambda)$$

schreiben, wo λ das Legendresche Symbol $\left(\frac{m}{5}\right)$ und ρ den absolut kleinsten Rest von m nach dem Modul 5 bedeutet.

Ausgegeben am 10. Mai.

29.

Über Potenzreihen, die im Innern des Einheitskreises beschränkt sind. I

Journal für die reine und angewandte Mathematik 147, 205 - 232 (1917)

Die im nachfolgenden mitgeteilten Untersuchungen stehen in enger Beziehung zu der von *C. Carathéodory* *) entwickelten und von *O. Toeplitz* **) in einem wichtigen Punkte ergänzten Theorie der im Innern des Einheitskreises konvergenten Potenzreihen mit positivem reellem Bestandteil. Auf Grund dieser Theorie haben bereits *Carathéodory* und *Fejér* ***) einen interessanten Satz über Funktionen abgeleitet, die im Kreise $|x| < 1$ regulär und beschränkt sind. Im folgenden wird die Theorie dieser Funktionen nach einigen Richtungen etwas weiter ausgebaut. Dies geschieht nicht mit Hilfe der *Carathéodory*schen Ergebnisse, sondern auf direktem Wege. Der hier eingeführte kettenbruchartige Algorithmus liefert sehr leicht eine an und für sich wichtige Parameterdarstellung für die Koeffizienten der zu betrachtenden Potenzreihen. Die für diese Parameterdarstellung geltenden, in § 3 bewiesenen Sätze II und III enthalten bereits im wesentlichen den Hauptinhalt der zu entwickelnden Theorie. Es bedarf nur noch einer rein rechnerischen Umformung der gewonnenen Ausdrücke, um von dem Satze II zu dem Hauptergebnis dieser Arbeit, dem Satze VIII des § 6, zu gelangen. Aus diesem Satz lassen sich die *Carathéodory*-*Toeplitz*schen

*) Math. Ann. Bd. 64 (1907), S. 95 und Rend. di Palermo, Bd. 32 (1911), S. 193. — Auf anderem Wege sind die *Carathéodory*schen Sätze bewiesen worden von *E. Fischer* (Rend. di Palermo, Bd 32, S. 240), *G. Herglotz* (Leipz. Berichte 1911, S. 501), *G. Frobenius* (Berl. Berichte 1912, S. 16) und dem Verf. (ebenda, S. 4). Vgl. auch *F. Riesz*, Ann. de l'École Norm. 1911, S. 33 und Journ. f. Math. Bd. 146 (1915), S. 83.

**) Gött. Nachrichten 1910, S. 489 und Rend. di Palermo, Bd. 32, S. 191.

***) Rend. di Palermo, Bd. 32, S. 131—235. — Vergl. auch *T. H. Gronwall*, Annals of Math. Bd. 16 (1914), S. 77 und *G. Pick*, Math. Ann. Bd. 77 (1915), S. 7.

Resultate unmittelbar ablesen, er folgt aber auch umgekehrt ohne Mühe aus diesen (vergl. § 8). Der interessante Satz X des § 7, der hier als Spezialfall des Satzes VIII erscheint, läßt sich auch, wenn man auf die Charakterisierung der Grenzfälle (Satz X*) verzichtet, mit Hilfe eines der wichtigen Sätze von *O. Toeplitz* *) über sog. „L-Formen" leicht beweisen.

In einer zweiten Abhandlung, die gleichzeitig mit der vorliegenden der Redaktion überreicht worden ist und im nächsten Band dieses Journals erscheinen wird, werde ich einige Anwendungen der hier entwickelten Theorie behandeln.

§ 1.
Einführung des kettenbruchartigen Algorithmus.

Ist $w = f(x)$ eine im Innern des Einheitskreises reguläre analytische Funktion **), so nenne ich die obere Grenze der Zahlen $|f(x)|$ für $|x| < 1$ kurz *die obere Grenze der Funktion* $f(x)$ und bezeichne sie mit $M(f)$. Ebenso heißt a eine obere Schranke von $f(x)$, wenn $a \geqq M(f)$ ist. Es kann auch $M(f) = \infty$ sein. Ist $M(f)$ eine endliche Zahl, so wird $f(x)$ im Kreise $|x| < 1$ beschränkt genannt. Das bekannte *Schwarz*sche Lemma besagt nur, daß stets

$$M(f) = M(xf)$$

ist. Die Klasse derjenigen Funktionen $f(x)$, für die

$$M(f) \leqq 1 \tag{1.}$$

ist, bezeichne ich im folgenden mit $\mathfrak{C}$.

Bedeutet α eine reelle oder komplexe Zahl, die absolut kleiner als 1 ist, und versteht man wie üblich unter $\bar{\alpha}$ die zu α konjugiert komplexe Größe, so wird durch die lineare Transformation

$$w' = \frac{w - \alpha}{1 - \bar{\alpha} w}$$

der Einheitskreis $|w| \leqq 1$ in sich selbst übergeführt. Ist daher $f(x)$ eine Funktion der Klasse $\mathfrak{C}$, so gilt dasselbe auch für die Funktion

$$g = \frac{f - \alpha}{1 - \bar{\alpha} f}$$

und umgekehrt. Insbesondere ist dann und nur dann $M(g) = 1$, wenn $M(f) = 1$ ist.

---

*) Math. Ann. Bd. 70 (1911), S. 351 (gemeint ist der Satz 5 dieser Arbeit).

**) Über das Verhalten von $f(x)$ für $|x| \geqq 1$ wird nichts vorausgesetzt.

Es sei nun

(2.) $$f(x) = c_0 + c_1 x + c_2 x^2 + \cdots$$

eine für $|x| < 1$ konvergente Potenzreihe, die der Bedingung (1.) genügt. Dann ist $|c_0| \leqq 1$. Ist insbesondere $|c_0| = 1$, so reduziert sich $f(x)$ auf die Konstante c_0. Ist aber $|c_0| < 1$, so bilde man, wenn c_0 auch mit γ_0 bezeichnet wird, den Ausdruck*)

$$f_1 = \frac{1}{x}\frac{f-\gamma_0}{1-\bar{\gamma}_0 f} = \frac{c_1 + c_2 x + c_3 x^2 + \cdots}{1 - \gamma_0\bar{\gamma}_0 - \bar{\gamma}_0 c_1 x - \bar{\gamma}_0 c_2 x^2 - \cdots}.$$

Diese Funktion verhält sich ebenso wie $f(x)$ im Kreise $|x| < 1$ regulär und gehört auch zur Klasse $\mathfrak{C}$; ferner ist dann und nur dann $M(f_1) = 1$, wenn $M(f) = 1$ ist. Setzt man

$$\gamma_1 = f_1(0) = \frac{c_1}{1 - \bar{c}_0 c_0},$$

so wird also $|\gamma_1| \leqq 1$. Gilt hier das Gleichheitszeichen, so wird f_1 konstant gleich γ_1. Ist aber $|\gamma_1| < 1$, so setze ich

$$f_2 = \frac{1}{x}\frac{f_1-\gamma_1}{1-\bar{\gamma}_1 f_1}, \qquad \gamma_2 = f_2(0).$$

Setzt man nun dieses Verfahren fort, so erhält man eine endliche oder unendliche Folge von Funktionen

(3.) $$f_0 = f, f_1, f_2, f_3, \ldots,$$

zwischen denen die Gleichungen

(4.) $$f_{\nu+1} = \frac{1}{x}\frac{f_\nu - \gamma_\nu}{1-\bar{\gamma}_\nu f_\nu}, \qquad f_\nu = \frac{\gamma_\nu + x f_{\nu+1}}{1 + \bar{\gamma}_\nu x f_{\nu+1}}, \qquad \gamma_\nu = f_\nu(0)$$

bestehen. Diese Funktionen gehören sämtlich zur Funktionenklasse $\mathfrak{C}$, genauer ist für jedes ν dann und nur dann $M(f_\nu) = 1$, wenn $M(f) = 1$ ist. Reduziert sich eine der Funktionen f_ν auf die Konstante γ_ν, so wird f eine allein durch $\gamma_0, \gamma_1, \ldots, \gamma_\nu$ bestimmte rationale Funktion, die ich mit $[x; \gamma_0, \gamma_1, \ldots, \gamma_\nu]$ bezeichne. Die Funktionen (3.) nenne ich die *zu* $f(x)$ *adjungierten Funktionen*, die Konstanten γ_ν die *zu* $f(x)$ *gehörenden Parameter*.

Es sind nun zwei Fälle zu unterscheiden:

1. Die Folge der zu $f(x)$ adjungierten Funktionen enthält unendlich viele Glieder. In diesem Falle sind die absoluten Beträge der Parameter γ_ν sämtlich *kleiner* als 1. Wird insbesondere für einen Wert von ν die Funktion $f_\nu(x)$ gleich der Konstanten γ_ν, so ist für $\lambda > \nu$

$$f_\lambda(x) = \gamma_\lambda = 0.$$

*) Vergl. *E. Landau*, Vierteljahrsschrift der Züricher Naturf. Ges. Bd. 51 (1906), S. 252.

2. Es gibt eine ganze Zahl n, für die

(5.) $$|\gamma_0| < 1, |\gamma_1| < 1, \ldots, |\gamma_{n-1}| < 1, |\gamma_n| = 1$$

wird. Die Folge (3.) besteht dann aus den $n+1$ Funktionen

$$f_0, f_1, \ldots, f_{n-1}, f_n = \gamma_n$$

und $f(x)$ wird die rationale Funktion $[x; \gamma_0, \gamma_1, \ldots, \gamma_n]$.

Ich behaupte, *daß der zweite Fall dann und nur dann eintritt, wenn* $f(x)$ *eine rationale Funktion der Form*

(6.) $$f(x) = \varepsilon \prod_{\nu=1}^{n} \frac{x + \omega_\nu}{1 + \overline{\omega}_\nu x}, \quad 0 \leqq |\omega_\nu| < 1, |\varepsilon| = 1$$

darstellt, oder anders ausgedrückt, die Form

(6'.) $$f(x) = \varepsilon \frac{x^n + \overline{k}_1 x^{n-1} + \cdots + \overline{k}_n}{1 + k_1 x + \cdots + k_n x^n} = \varepsilon \frac{x^n \overline{P}(x^{-1})}{P(x)}\text{*)}$$

hat, wobei $P(x)$ *höchstens vom Grade* n *ist und nur außerhalb des Einheitskreises verschwindet* (*oder überall gleich* 1 *ist*).

Ist nämlich $f(x)$ von der Form (6'.), so liegen die Pole dieser Funktion außerhalb des Einheitskreises, außerdem ist für $|x| = 1$ auch $|f(x)| = 1$. Daher gehört $f(x)$ gewiß zur Funktionenklasse $\mathfrak{C}$. Wir haben nur zu zeigen, daß

(7.) $$f(x) = [x; \gamma_0, \gamma_1, \ldots, \gamma_n]$$

wird, wobei die Parameter γ_ν den Bedingungen (5.) genügen. Für $n = 0$ ist dies gewiß richtig, da alsdann $f(x) = \varepsilon = [x; \varepsilon]$ wird. Ist aber $n > 0$, so wird

$$\gamma_0 = f(0) = \varepsilon \overline{k}_n = \varepsilon \omega_1 \omega_2 \ldots \omega_n,$$

also $|\gamma_0| < 1$. Ferner ist

$$f_1 = \frac{1}{x} \frac{f - \gamma_0}{1 - \overline{\gamma}_0 f} = \frac{\varepsilon}{x} \frac{x^n \overline{P}(x^{-1}) - \overline{k}_n P(x)}{P(x) - k_n x^n \overline{P}(x^{-1})} = \varepsilon \frac{x^{n-1} \overline{Q}(x^{-1})}{Q(x)},$$

wobei

$$Q(x) = \frac{P(x) - k_n x^n \overline{P}(x^{-1})}{1 - \overline{k}_n k_n} = 1 + \sum_{\nu=1}^{n-1} \frac{k_\nu - k_n \overline{k}_{n-\nu}}{1 - \overline{k}_n k_n} x^\nu$$

zu setzen ist. Dieses Polynom ist höchstens vom Grade $n-1$ und kann für $|x| \leqq 1$ nicht verschwinden, weil für ein solches x

$$|x^n \overline{P}(x^{-1})| \leqq |P(x)|, \text{ also } |k_n x^n \overline{P}(x^{-1})| < |P(x)|$$

ist. Die Funktion $f_1(x)$ hat also dieselbe Form wie $f(x)$, wobei aber an Stelle von n die Zahl $n-1$ tritt. Nimmt man daher das zu Beweisende für $n-1$ als richtig an, so erhält $f_1(x)$ die Form

*) Im folgenden bezeichne ich stets, wenn $P(x)$ ein Polynom ist, mit $\overline{P}(x)$ das Polynom mit den konjugiert komplexen Koeffizienten.

$$f_1(x) = [x; \gamma_1, \gamma_2, \ldots, \gamma_n], \qquad (|\gamma_1| < 1, \ldots, |\gamma_{n-1}| < 1, |\gamma_n| = 1)$$

und mithin läßt $f(x)$ die Darstellung (7.) zu. Die Zahl γ_n wird hierbei gleich ε.

Weiß man umgekehrt, daß $f(x)$ eine Funktion der Klasse $\mathfrak{E}$ ist, deren Parameter den Bedingungen (5.) genügen, so wird

$$f_n(x) = \gamma_n = \varepsilon \frac{x^0}{1}, \quad |\varepsilon| = |\gamma_n| = 1.$$

Es sei schon bewiesen, daß $f_{\nu+1}(x)$ die Form

$$f_{\nu+1}(x) = \gamma_n \frac{x^{n-\nu-1}\bar{R}(x^{-1})}{R(x)}$$

hat, wo $R(x)$ ein Polynom höchstens vom Grade $n-\nu-1$ bedeutet, das für $x=0$ den Wert 1 hat und entweder gleich 1 ist oder nur außerhalb des Einheitskreises verschwindet. Dann wird

$$f_\nu = \frac{\gamma_\nu + x f_{\nu+1}}{1 + \bar{\gamma}_\nu x f_{\nu+1}} = \gamma_n \frac{x^{n-\nu}\bar{S}(x^{-1})}{S(x)},$$

wobei

$$S(x) = R(x) + \bar{\gamma}_\nu \gamma_n x^{n-\nu} \bar{R}(x^{-1})$$

zu setzen ist. Dieses Polynom ist höchstens vom Grade $n-\nu$ und genügt der Bedingung $S(0)=1$. Man schließt ferner ähnlich wie vorhin, daß $S(x)$ für $|x| \leq 1$ nicht verschwinden kann. Was für $\nu+1$ gilt, ist also auch für ν richtig. Für $\nu=0$ ergibt sich, daß $f(x)$ die Form (6'.) haben muß.

Eine Funktion von dieser Form kann man auch einfach charakterisieren als eine im Kreise $|x| \leq 1$ reguläre rationale Funktion mit n (gleichen oder verschiedenen) Nullstellen, deren absoluter Betrag für $|x|=1$ beständig gleich 1 ist*).

§ 2.

Die Funktionen Φ und Ψ.

Wir gehen wieder von einer Potenzreihe (2.) aus, fassen jetzt aber die Koeffizienten c_ν als beliebige komplexe Variable auf. Mit Hilfe der Formeln (4.) lassen sich dann die Ausdrücke f_ν als Quotienten von Potenzreihen berechnen, die formal in der Form

$$f_\nu(x) = c_{\nu 0} + c_{\nu 1} x + c_{\nu 2} x^2 + \cdots \qquad (c_{0\lambda} = c_\lambda)$$

entwickelbar sind. Hierbei wird offenbar $c_{\nu\lambda}$ eine wohlbestimmte rationale Funktion von

$$c_0, \bar{c}_0, c_1, \bar{c}_1, \ldots, c_{\nu-1}, \bar{c}_{\nu-1}, c_\nu, c_{\nu+1}, \ldots, c_{\nu+\lambda}.$$

Insbesondere setze ich

$$\gamma_\nu = c_{\nu 0} = \Phi(c_0, c_1, \ldots, c_\nu) = \Phi_\nu.$$

*) Vergl. *T. H. Gronwall*, Annals of Math. Bd. 14 (1912), S. 72.

Diese Ausdrücke werden später genauer bestimmt werden. Speziell ist

$$\Phi_0 = c_0, \quad \Phi_1 = \frac{c_1}{1 - \bar{c}_0 c_0}, \quad \Phi_2 = \frac{c_2(1 - \bar{c}_0 c_0) + \bar{c}_0 c_1^2}{(1 - \bar{c}_0 c_0)^2 - \bar{c}_1 c_1}.$$

Für numerisch gegebene Koeffizienten c_ν ist, wie man leicht erkennt, der Nenner von Φ_ν von Null verschieden, wenn keine der Zahlen $|\gamma_0|, |\gamma_1|, \ldots, |\gamma_{\nu-1}|$ gleich 1 ist.

Umgekehrt ist

$$c_\nu = \Psi(\gamma_0, \gamma_1, \ldots, \gamma_\nu) = \Psi_\nu$$

eine wohlbestimmte *ganze* rationale Funktion von

$$\gamma_0, \bar{\gamma}_0, \gamma_1, \bar{\gamma}_1, \ldots, \gamma_{\nu-1}, \bar{\gamma}_{\nu-1}, \gamma_\nu.$$

Insbesondere wird

$$\Psi_0 = \gamma_0, \ \Psi_1 = \gamma_1(1 - \bar{\gamma}_0\gamma_0), \ \Psi_2 = \gamma_2(1 - \bar{\gamma}_0\gamma_0)(1 - \bar{\gamma}_1\gamma_1) - \bar{\gamma}_0\gamma_1^2(1 - \bar{\gamma}_0\gamma_0).$$

Um die Ausdrücke Ψ_ν allgemein zu berechnen, beachte man, daß beim Übergang von f zu f_1 an Stelle von $\gamma_0, \gamma_1, \ldots$ die Größen $\gamma_1, \gamma_2, \ldots$ treten. Daher ist $c_{1\nu} = \Psi(\gamma_1, \gamma_2, \ldots, \gamma_{\nu+1})$. Aus

$$f(1 + \bar{\gamma}_0 x f_1) = \gamma_0 + x f_1$$

ergibt sich nun durch Vergleichen der Koeffizienten die Rekursionsformel

$$\Psi(\gamma_0, \gamma_1, \ldots, \gamma_\nu) = (1 - \bar{\gamma}_0\gamma_0)\Psi(\gamma_1, \gamma_2, \ldots, \gamma_\nu) - \bar{\gamma}_0 \sum_{\lambda=1}^{\nu-1} \Psi(\gamma_0, \gamma_1, \ldots, \gamma_\lambda)\Psi(\gamma_1, \gamma_2, \ldots, \gamma_{\nu-\lambda}).$$

Hieraus schließt man leicht, daß

$$\Psi(\gamma_0, \gamma_1, \ldots, \gamma_\nu) = \gamma_\nu \prod_{\lambda=0}^{\nu-1} (1 - \bar{\gamma}_\lambda \gamma_\lambda) + \Psi'$$

ist, wo Ψ' nur noch von $\gamma_0, \bar{\gamma}_0, \ldots, \gamma_{\nu-1}, \bar{\gamma}_{\nu-1}$ abhängt. Setzt man ferner *γ_λ gleich einer Größe vom absoluten Betrage* 1, *so hängt Ψ_ν von $\gamma_{\lambda+1}, \bar{\gamma}_{\lambda+1}, \ldots, \gamma_\nu$ nicht mehr ab.* In diesem Fall ist Ψ_ν nichts anderes als der Koeffizient von x^ν in der Entwicklung von $[x; \gamma_0, \gamma_1, \ldots, \gamma_\lambda]$ nach Potenzen von x.

Allgemein können die rationalen Funktionen

$$\varphi_\nu(x) = [x; \gamma_0, \gamma_1, \ldots, \gamma_\nu] \tag{8.}$$

für beliebige Werte der Parameter γ_λ gebildet werden. Sie sind mit Hilfe der Rekursionsformel

$$[x; \gamma_0, \gamma_1, \ldots, \gamma_\nu] = \frac{\gamma_0 + x[x; \gamma_1, \gamma_2, \ldots, \gamma_\nu]}{1 + \bar{\gamma}_0 x[x; \gamma_1, \gamma_2, \ldots, \gamma_\nu]}, \quad [x; \gamma_\nu] = \gamma_\nu \tag{9.}$$

zu berechnen. Ist $|\gamma_\lambda| = 1$, so wird für $\nu > \lambda$

$$[x; \gamma_0, \gamma_1, \ldots, \gamma_\nu] = [x; \gamma_0, \gamma_1, \ldots, \gamma_\lambda].$$

Dasselbe gilt bei beliebigem γ_λ, wenn $\gamma_{\lambda+1} = \gamma_{\lambda+2} = \cdots = \gamma_\nu = 0$ ist. In jedem Fall ist, wenn

$$\gamma'_0 = \gamma_0, \quad \gamma'_1 = \gamma_1, \quad \ldots, \gamma'_\nu = \gamma_\nu, \quad \gamma'_{\nu+1} = \gamma'_{\nu+2} = \cdots = 0$$

gesetzt wird, für genügend kleine Werte von $|x|$

$$[x; \gamma_0, \gamma_1, \ldots, \gamma_\nu] = \sum_{\lambda=0}^{\infty} \Psi(\gamma'_0, \gamma'_1, \ldots, \gamma'_\lambda) x^\lambda.$$

Aus (9.) ergibt sich durch den Schluß von $\nu - 1$ auf ν, daß die Funktion $\varphi_\nu(x)$ sich dann und nur dann im Einheitskreis regulär verhält und der Bedingung $M(\varphi_\nu) \leqq 1$ genügt, wenn die Zahlen $|\gamma_0|, |\gamma_1|, \ldots, |\gamma_\nu|$ entweder sämtlich kleiner als 1 sind, oder wenn die erste unter ihnen, die nicht kleiner als 1 ist, genau gleich 1 wird. Ist insbesondere $|\gamma_\lambda| < 1$ für jeden Wert von λ, so wird $M(\varphi_\nu) < 1$. Dies folgt daraus, daß die zu φ_ν adjungierte Funktion $[x; \gamma_\nu] = \gamma_\nu$ dieser Bedingung genügt.

§ 3.

Kriterien für die Koeffizienten einer beschränkten Potenzreihe.

Ich beweise zunächst folgenden Satz

I. *Sind $\gamma_0, \gamma_1, \gamma_2, \ldots$ beliebige Größen, die sämtlich absolut kleiner als 1 sind, so ist die Potenzreihe*

$$f(x) = \sum_{\nu=1}^{\infty} \Psi(\gamma_0, \gamma_1, \ldots, \gamma_\nu) x^\nu = \sum_{\nu=0}^{\infty} c_\nu x^\nu,$$

die ich auch kürzer mit $[x; \gamma_0, \gamma_1, \ldots]$ bezeichne, für $|x| < 1$ konvergent, und ihre obere Grenze $M(f)$ ist höchstens gleich 1. Ferner ist für $|x| < 1$

$$[x; \gamma_0, \gamma_1, \ldots] = \lim_{\nu=\infty} [x; \gamma_0, \gamma_1, \ldots, \gamma_\nu],$$

und die Konvergenz ist in jedem Kreise $|x| \leqq r < 1$ eine gleichmäßige.

Versteht man nämlich unter $\varphi_\nu(x)$ den mit Hilfe der gegebenen Zahlen γ_λ gebildeten Ausdruck (8.), so gehört diese rationale Funktion für jedes ν zur Funktionenklasse $\mathfrak{E}$. Ist daher

$$\varphi_\nu(x) = d_{\nu 0} + d_{\nu 1} x + d_{\nu 2} x^2 + \cdots,$$

so wird $|d_{\nu\lambda}| \leqq M(\varphi_\nu) < 1$. Speziell ist aber nach dem Früheren für $\lambda \leqq \nu$

$$d_{\nu\lambda} = \Psi(\gamma_0, \gamma_1, \ldots, \gamma_\lambda) = c_\lambda.$$

Folglich ist $|c_\lambda| < 1$ für jeden Wert von λ und daher ist die Potenzreihe $f(x)$ für $|x| < 1$ konvergent. Ferner ist für jede positive Zahl $r < 1$ und für $|x| \leqq r$

$$|f - \varphi_\nu| = \left| \sum_{\lambda=\nu+1}^{\infty} (c_\lambda - d_{\nu\lambda}) x^\lambda \right| \leqq \sum_{\lambda=\nu+1}^{\infty} (|c_\lambda| + |d_{\nu\lambda}|) r^\lambda < \sum_{\lambda=\nu+1}^{\infty} 2 r^\lambda = \frac{2 r^{\nu+1}}{1-r}.$$

Da der rechts stehende Ausdruck mit wachsendem ν gegen 0 konvergiert, so konvergieren die Funktionen $\varphi_\nu(x)$ für $|x| \leqq r$ gleichmäßig gegen $f(x)$. Für jede Stelle x im Innern des Einheitskreises folgt ferner aus $f(x) = \lim \varphi_\nu(x)$

und $|\varphi_\nu(x)| < 1$, daß auch $|f(x)| \leqq 1$ ist.

In Verbindung mit den Ergebnissen der §§ 1 und 2 ergibt sich hieraus:

II. *Die Potenzreihe*

$$f(x) = c_0 + c_1 x + c_2 x^2 + \cdots$$

ist dann und nur dann für $|x| < 1$ *konvergent und dem absoluten Betrage nach höchstens gleich* 1, *wenn die zugehörigen Ausdrücke*

$$\gamma_\nu = \Phi(c_0, c_1, \ldots, c_\nu)$$

entweder sämtlich absolut kleiner als 1 *sind, oder wenn eine Zahl n existiert, für die*

$$|\gamma_0| < 1, \quad |\gamma_1| < 1, \ldots, \quad |\gamma_{n-1}| < 1, \quad |\gamma_n| = 1$$

wird und die n-te zu $f(x)$ *adjungierte Funktion*

$$f_n(x) = c_{n0} + c_{n1} x + c_{n2} x^2 + \cdots$$

sich auf das konstante Glied $c_{n0} = \gamma_n$ *reduziert. Im ersten Fall wird*

$$f(x) = [x; \gamma_0, \gamma_1, \ldots] = \sum_{\nu=0}^{\infty} \Psi(\gamma_0, \gamma_1, \ldots, \gamma_\nu) x^\nu.$$

Der zweite Fall tritt dann und nur dann ein, wenn $f(x)$ *eine rationale Funktion von der Form* (6.) *ist, und es wird* $f(x) = [x; \gamma_0, \gamma_1, \ldots, \gamma_n]$.

Im folgenden unterscheide ich diese beiden Fälle voneinander, indem ich $f(x)$ als *eine Funktion von unendlichem Range*, bezw. *vom endlichen Range* n bezeichne.

Es gilt ferner der Satz:

III. *Sind* $c_0, c_1, \ldots, c_m$ *gegebene Größen, so läßt sich dann und nur dann eine Potenzreihe der Form*

$$f(x) = c_0 + c_1 x + \cdots + c_m x^m + c_{m+1} x^{m+1} + \cdots$$

angeben, die für $|x| < 1$ *konvergiert und der Bedingung* $M(f) \leqq 1$ *genügt, wenn die Ausdrücke*

$$\gamma_\mu = \Phi(c_0, c_1, \ldots, c_\mu) \qquad (\mu = 0, 1, \ldots, m)$$

entweder sämtlich absolut kleiner als 1 *sind, oder wenn eine Zahl* $n \leqq m$ *existiert derart, daß*

$$|\gamma_0| < 1, \quad |\gamma_1| < 1, \ldots, \quad |\gamma_{n-1}| < 1, \quad |\gamma_n| = 1$$

wird und c_μ *für* $\mu = n+1, n+2, \ldots, m$ *mit dem Koeffizienten von* x^μ *in der Entwicklung der rationalen Funktion* $[x; \gamma_0, \gamma_1, \ldots, \gamma_n]$ *nach Potenzen von* x *übereinstimmt.*

Daß die hier genannten Bedingungen notwendig erfüllt sein müssen, ergibt sich aus dem Früheren. Sie sind aber auch hinreichend. Im ersten Fall gibt es unendlich viele Funktionen der verlangten Art, nämlich alle Funktionen der Form

$$f(x) = [x; \gamma_0, \gamma_1, \ldots, \gamma_m, \gamma_{m+1}, \ldots],$$

wo $\gamma_{m+1}, \gamma_{m+2}, \ldots$ beliebige Größen bedeuten können, deren absolute Beträge höchstens gleich 1 sind. Im zweiten Fall liefert aber $[x; \gamma_0, \gamma_1, \ldots, \gamma_n]$ die einzige Lösung des Problems (vergl. *Carathéodory* und *Fejér*, a. a. O. S. 234).

Die bisherigen Ergebnisse lassen auch folgende Deutung zu:

IV. *Um die Gesamtheit aller Funktionen der Klasse $\mathfrak{C}$ zu erhalten, hat man nur die Potenzreihen*

$$f(x) = [x; \gamma_0, \gamma_1, \ldots] = \sum_{\nu=0}^{\infty} \Psi(\gamma_0, \gamma_1, \ldots, \gamma_\nu) x^\nu$$

für alle Größen $\gamma_0, \gamma_1, \ldots$, deren absolute Beträge höchstens gleich 1 sind, aufzustellen. Jede Funktion $f(x)$ von unendlichem Range wird hierbei nur einmal erhalten, und zwar sind $\gamma_0, \gamma_1, \ldots$ eindeutig bestimmt als die zu $f(x)$ gehörenden Parameter. Für eine Funktion $f(x)$ vom endlichen Range n, d. h. für eine Funktion der Form (6.) *sind nur $\gamma_0, \gamma_1, \ldots, \gamma_n$ eindeutig bestimmt als die Parameter von $f(x)$, die Größen $\gamma_{n+1}, \gamma_{n+2}, \ldots$ können dagegen beliebig gewählt werden.*

§ 4.
Berechnung der Ausdrücke Φ_ν.

Um das durch den Satz II gelieferte Kriterium für die Beschränktheit einer gegebenen Potenzreihe (mit vorgeschriebener oberer Schranke) auf eine elegantere Form zu bringen, hat man nur die Ausdrücke $\gamma_\nu = \Phi(c_0, c_1, \ldots, c_\nu)$ genauer zu berechnen. Es empfiehlt sich hierbei, nicht von einer Potenzreihe, sondern von einem Quotienten zweier Potenzreihen auszugehen. Es sei also

$$f(x) = \frac{g(x)}{h(x)} = \frac{a_0 + a_1 x + a_2 x^2 + \cdots}{b_0 + b_1 x + b_2 x^2 + \cdots}.$$

Der Koeffizient b_0 soll hierbei von Null verschieden sein und kann als reell angenommen werden. Der Quotient $f(x)$ kann dann formal nach Potenzen von x entwickelt werden, es sei

$$f(x) = c_0 + c_1 x + c_2 x^2 + \cdots.$$

Setzt man nun

$$g_\nu(x) = a_\nu + a_{\nu+1} x + \cdots, \qquad h(x) = b_\nu + b_{\nu+1} x + \cdots, \quad (g_0 = g,\ h_0 = h)$$

so wird $\gamma_0 = f(0) = \frac{a_0}{b_0}$ und

$$f_1 = \frac{1}{x} \frac{f - \gamma_0}{1 - \bar{\gamma}_0 f} = \frac{b_0 g_1 - a_0 h_1}{\bar{b}_0 h - \bar{a}_0 g} = - \frac{D_1(x)}{\Delta_1(x)},$$

wobei

$$D_1 = \begin{vmatrix} a_0 & g_1 \\ b_0 & h_1 \end{vmatrix}, \qquad \varDelta_1 = \begin{vmatrix} \bar{b}_0 & g_0 \\ \bar{a}_0 & h_0 \end{vmatrix}$$

wird. Versteht man nun unter d_1 und δ_1 die Größen

$$d_1 = D_1(0) = \begin{vmatrix} a_0 & a_1 \\ b_0 & b_1 \end{vmatrix}, \qquad \delta_1 = \varDelta_1(0) = \begin{vmatrix} \bar{b}_0 & a_0 \\ \bar{a}_0 & b_0 \end{vmatrix},$$

so wird, wenn $\delta_1 \neq 0$ ist, $\gamma_1 = f_1(0) = -\frac{d_1}{\delta_1}$ und

$$f_2 = \frac{1}{x}\frac{f_1 - \gamma_1}{1 - \bar{\gamma}_1 f_1} = \frac{1}{x}\frac{d_1 \varDelta_1 - \delta_1 D_1}{\delta_1 \varDelta_1 - \bar{d}_1 D_1} = -\frac{D_2(x)}{\varDelta_2(x)}.$$

Hierbei können $D_2(x)$ und $\varDelta_2(x)$ in der Form

$$D_2 = \begin{vmatrix} 0 & a_0 & a_1 & g_2 \\ \bar{b}_0 & 0 & a_0 & g_1 \\ 0 & b_0 & b_1 & h_2 \\ \bar{a}_0 & 0 & b_0 & h_1 \end{vmatrix}, \qquad \varDelta_2 = \begin{vmatrix} \bar{b}_0 & 0 & a_0 & g_1 \\ \bar{b}_1 & \bar{b}_0 & 0 & g_0 \\ \bar{a}_0 & 0 & b_0 & h_1 \\ \bar{a}_1 & \bar{a}_0 & 0 & h_0 \end{vmatrix}$$

geschrieben werden. Allgemein gilt der Satz:

V. *Man verstehe unter $D_\nu(x)$ und $\varDelta_\nu(x)$ die Determinanten des Grades 2ν*

$$D_\nu = \begin{vmatrix} 0 & 0 & \dots 0 & a_0 & a_1 & \dots & a_{\nu-1} & g_\nu \\ \bar{b}_0 & 0 & \dots 0 & 0 & a_0 & \dots & a_{\nu-2} & g_{\nu-1} \\ \bar{b}_1 & \bar{b}_0 & \dots 0 & 0 & 0 & \dots & a_{\nu-3} & g_{\nu-2} \\ \dots & \dots & \dots & \dots & \dots & \dots & \dots & \dots \\ \bar{b}_{\nu-2} & \bar{b}_{\nu-3} & \dots \bar{b}_0 & 0 & 0 & \dots & a_0 & g_1 \\ 0 & 0 & \dots 0 & b_0 & b_1 & \dots & b_{\nu-1} & h_\nu \\ \bar{a}_0 & 0 & \dots 0 & 0 & b_0 & \dots & b_{\nu-2} & h_{\nu-1} \\ \bar{a}_1 & \bar{a}_0 & \dots 0 & 0 & 0 & \dots & b_{\nu-3} & h_{\nu-2} \\ \dots & \dots & \dots & \dots & \dots & \dots & \dots & \dots \\ \bar{a}_{\nu-2} & \bar{a}_{\nu-3} & \dots \bar{a}_0 & 0 & 0 & \dots & b_0 & h_1 \end{vmatrix}, \quad \varDelta_\nu = \begin{vmatrix} \bar{b}_0 & 0 & \dots 0 & a_0 & a_1 & \dots & a_{\nu-2} & g_{\nu-1} \\ \bar{b}_1 & \bar{b}_0 & \dots 0 & 0 & a_0 & \dots & a_{\nu-3} & g_{\nu-2} \\ \bar{b}_2 & \bar{b}_1 & \dots 0 & 0 & 0 & \dots & a_{\nu-4} & g_{\nu-3} \\ \dots & \dots & \dots & \dots & \dots & \dots & \dots & \dots \\ \bar{b}_{\nu-1} & \bar{b}_{\nu-2} & \dots \bar{b}_0 & 0 & 0 & \dots & 0 & g_0 \\ \bar{a}_0 & 0 & \dots 0 & b_0 & b_1 & \dots & b_{\nu-2} & h_{\nu-1} \\ \bar{a}_1 & \bar{a}_0 & \dots 0 & 0 & b_0 & \dots & b_{\nu-3} & h_{\nu-2} \\ \bar{a}_2 & \bar{a}_1 & \dots 0 & 0 & 0 & \dots & b_{\nu-4} & h_{\nu-3} \\ \dots & \dots & \dots & \dots & \dots & \dots & \dots & \dots \\ \bar{a}_{\nu-1} & \bar{a}_{\nu-2} & \dots \bar{a}_0 & 0 & 0 & \dots & 0 & h_0 \end{vmatrix}.$$

Ferner sei $d_\nu = D_\nu(0)$, $\delta_\nu = \varDelta_\nu(0)$. Ist keine der (sämtlich reellen) Zahlen $\delta_1, \delta_2, \dots, \delta_{\nu-1}$ gleich 0, so wird

$$f_\nu = \frac{1}{x}\frac{f_{\nu-1} - \gamma_{\nu-1}}{1 - \bar{\gamma}_{\nu-1} f_{\nu-1}} = -\frac{D_\nu(x)}{\varDelta_\nu(x)}, \qquad \gamma_{\nu-1} = f_{\nu-1}(0) = -\frac{d_{\nu-1}}{\delta_{\nu-1}}.$$

Um dieses Bildungsgesetz zu beweisen, haben wir, wie man leicht sieht, nur zu zeigen, daß

$$d_\nu \varDelta_\nu - \delta_\nu D_\nu = -\delta_{\nu-1} x D_{\nu+1}, \tag{10.}$$

$$\delta_\nu \varDelta_\nu - \bar{d}_\nu D_\nu = \delta_{\nu-1} \varDelta_{\nu+1} \tag{11.}$$

ist. Der Beweis beruht auf dem bekannten Determinantensatz: Ist D eine

Determinante beliebigen Grades und bedeutet $D^{\alpha,\alpha';\beta,\beta';\ldots}$ diejenige Unterdeterminante, die entsteht, wenn man in D die Zeilen $\alpha, \beta, \ldots$ und die Kolonnen $\alpha', \beta', \ldots$ streicht, so ist für $\alpha < \beta$, $\alpha' < \beta'$

$$D^{\alpha,\alpha'} D^{\beta,\beta'} - D^{\alpha,\beta'} D^{\beta,\alpha'} = D . D^{\alpha,\alpha';\beta,\beta'}.$$

Für die Determinanten $D_{\nu+1}$ und $\Delta_{\nu+1}$ ergibt sich ohne Mühe

$$D_{\nu+1}^{1,2\nu+1} = \frac{b_0}{x}(\Delta_\nu - \delta_\nu), \quad D_{\nu+1}^{\nu+1,2\nu+1} = (-1)^\nu \frac{\bar{a}_0}{x}(D_\nu - d_\nu),$$

$$D_{\nu+1}^{1,2\nu+2} = b_0 \delta_\nu, \quad D_{\nu+1}^{\nu+1,2\nu+2} = (-1)^\nu \bar{a}_0 d_\nu, \quad D_{\nu+1}^{1,2\nu+1;\nu+1,2\nu+2} = (-1)^{\nu-1} b_0 \bar{a}_0 \delta_{\nu-1}$$

und

$$\Delta_{\nu+1}^{1,1} = b_0 \Delta_\nu, \quad \Delta_{\nu+1}^{2\nu+2,1} = -\bar{b}_0 D_\nu,$$

$$\Delta_{\nu+1}^{1,2\nu+2} = -b_0 \bar{d}_\nu, \quad \Delta_{\nu+1}^{2\nu+2,2\nu+2} = \bar{b}_0 \delta_\nu, \quad \Delta_{\nu+1}^{1,1;2\nu+2,2\nu+2} = b_0 \bar{b}_0 \delta_{\nu-1}.$$

Die zu beweisenden Relationen (10.) und (11.) besagen nur, daß

$$D_{\nu+1}^{1,2\nu+1} D_{\nu+1}^{\nu+1,2\nu+2} - D_{\nu+1}^{1,2\nu+2} D_{\nu+1}^{\nu+1,2\nu+1} = D_{\nu+1} D_{\nu+1}^{1,2\nu+1;\nu+1,2\nu+2} \text{ *)},$$

$$\Delta_{\nu+1}^{1,1} \Delta_{\nu+1}^{2\nu+2,2\nu+2} - \Delta_{\nu+1}^{1,2\nu+2} \Delta_{\nu+1}^{2\nu+2,1} = \Delta_{\nu+1} \Delta_{\nu+1}^{1,1;2\nu+2,2\nu+2}$$

ist.

Aus (11.) ergibt sich für $x = 0$ die für das Folgende wichtige Formel

$$(12.) \qquad 1 - |\gamma_\nu|^2 = \frac{\delta_{\nu-1}\delta_{\nu+1}}{\delta_\nu^2} \qquad \left(\delta_0 = 1,\ \delta_{-1} = \frac{1}{b_0^2}\right).$$

Ist also δ_{n+1} die erste der Zahlen δ_ν, die den Wert 0 hat, so wird γ_n die erste unter den Zahlen γ_ν, deren absoluter Betrag gleich 1 ist. In diesem Fall haben wir auf Grund der früheren Festsetzungen den Quotienten f_{n+1} nicht mehr zu betrachten. Dies ist im folgenden stets zu berücksichtigen.

§ 5.

Die zu einem Quotienten von zwei Potenzreihen gehörenden Hermiteschen Formen.

Die Determinanten δ_ν lassen sich in einfacher Weise deuten, wenn man von den Bezeichnungen des Matrizenkalküls Gebrauch macht.

Der Potenzreihe $g(x) = \Sigma a_\nu x^\nu$ ordnen wir die unendlichen Matrizen

$$A = \begin{pmatrix} a_0 & a_1 & a_2 & \ldots \\ 0 & a_0 & a_1 & \ldots \\ 0 & 0 & a_0 & \ldots \\ . & . & . & . & . & . \end{pmatrix}, \qquad \bar{A}' = \begin{pmatrix} \bar{a}_0 & 0 & 0 & \ldots \\ \bar{a}_1 & \bar{a}_0 & 0 & \ldots \\ \bar{a}_2 & \bar{a}_1 & \bar{a}_0 & \ldots \\ . & . & . & . & . \end{pmatrix}$$

zu, denen die formal gebildeten Bilinearformen

---

*) Streng genommen folgt (10.) aus dieser Gleichung zunächst nur für $a_0 \neq 0$. Die Formel (10.) vertritt aber nur ein System von algebraischen Identitäten zwischen den $a_\lambda, \bar{a}_\lambda, b_\lambda, \bar{b}_\lambda$, gelten diese für $a_0 \neq 0$, so sind sie auch für $a_0 = 0$ richtig.

$$A(x, y) = \sum_{\lambda \geqq \varkappa}{}_0^\infty a_{\lambda-\varkappa} x_\varkappa y_\lambda, \qquad \bar{A}'(x, y) = \sum_{\lambda \geqq \varkappa}{}_0^\infty \bar{a}_{\varkappa-\lambda} x_\varkappa y_\lambda$$

entsprechen. Die ν-ten „Abschnitte" von A und $\bar{A}'$ sind die Matrizen des Grades $\nu + 1$

$$A_\nu = \begin{pmatrix} a_0 \, a_1 \, a_2 \dots a_\nu \\ 0 \;\; a_0 \, a_1 \dots a_{\nu-1} \\ 0 \;\; 0 \;\; a_0 \dots a_{\nu-2} \\ \dots\dots\dots \\ 0 \;\; 0 \;\; 0 \dots a_0 \end{pmatrix}, \qquad \bar{A}'_\nu = \begin{pmatrix} \bar{a}_0 \; 0 \;\; 0 \; \dots 0 \\ \bar{a}_1 \, \bar{a}_0 \;\; 0 \; \dots 0 \\ \bar{a}_2 \, \bar{a}_1 \;\; \bar{a}_0 \dots 0 \\ \dots\dots\dots \\ \bar{a}_\nu \, \bar{a}_{\nu-1} \, \bar{a}_{\nu-2} \dots \bar{a}_0 \end{pmatrix}$$

und $\bar{A}'_\nu A_\nu$ läßt sich deuten als die Koeffizientenmatrix der *Hermite*schen Form

$$\mathfrak{A}_\nu = \mathfrak{A}(x_0, x_1, \dots, x_\nu) = \sum_{\lambda=0}^{\nu} |a_0 x_\lambda + a_1 x_{\lambda+1} + \cdots + a_{\nu-\lambda} x_\nu|^2.$$

Auch die unendliche Matrix $\bar{A}' A$ kann in jedem Falle gebildet werden. Ihre Koeffizienten sind endliche Summen und $\bar{A}'_\nu A_\nu$ ist nichts anderes als der ν-te Abschnitt von $\bar{A}' A$.

Definieren wir in derselben Weise für die Potenzreihe $h(x) = \Sigma b_\nu x^\nu$ die Matrizen $B, B_\nu, \bar{B}', \bar{B}'_\nu$ und die *Hermite*sche Form $\mathfrak{B}_\nu$, so ist A mit B und also A_ν mit B_ν vertauschbar. Dies folgt einfach daraus, daß AB als die zur Potenzreihe

$$g(x)\, h(x) = a_0 b_0 + (a_0 b_1 + a_1 b_0) x + \cdots$$

gehörende Matrix charakterisiert werden kann*). Daher ist auch $\bar{A}'_\nu$ mit $\bar{B}'_\nu$ vertauschbar.

Die im vorigen Paragraphen eingeführte Determinante $\delta_{\nu+1}$ kann nun zunächst in der Form

$$\delta_{\nu+1} = \begin{vmatrix} \bar{B}'_\nu, A_\nu \\ \bar{A}'_\nu, B_\nu \end{vmatrix}$$

geschrieben werden. Ich behaupte aber, *daß $\delta_{\nu+1}$ auch als die Determinante der Matrix $\bar{B}'_\nu B_\nu - \bar{A}'_\nu A_\nu$, d. h. als die Koeffizientendeterminante der Hermiteschen Form*

$$(13.) \qquad \mathfrak{H}_\nu = \mathfrak{H}(x_0, x_1, \dots, x_\nu) = \mathfrak{B}_\nu - \mathfrak{A}_\nu$$
$$= \sum_{\lambda=0}^{\nu} (|b_0 x_\lambda + \cdots + b_{\nu-\lambda} x_\nu|^2 - |a_0 x_\lambda + \cdots + a_{\nu-\lambda} x_\nu|^2)$$

aufgefaßt werden kann.

Dies folgt unmittelbar aus einem einfachen Hilfssatz:

Sind P, Q, R, S vier Matrizen desselben Grades n und ist P mit R vertauschbar, so ist die Determinante $|M|$ der Matrix

---

*) Vergl. *O. Toeplitz*, Math. Ann. Bd. 70, S. 356.

$$M=\begin{pmatrix}P, Q\\ R, S\end{pmatrix}$$

des Grades $2n$ gleich der Determinante der Matrix $PS-RQ$.

Ist nämlich die Determinante von P nicht Null, so wird, wenn E die Einheitsmatrix des Grades n bedeutet,

$$\begin{pmatrix}P^{-1}, 0\\ -RP^{-1}, E\end{pmatrix}\begin{pmatrix}P, Q\\ R, S\end{pmatrix}=\begin{pmatrix}E, P^{-1}Q\\ 0, S-RP^{-1}Q\end{pmatrix}.$$

Geht man zu den Determinanten über, so erhält man

$$|P^{-1}|\cdot|M|=|S-RP^{-1}Q|,$$

also

$$|M|=|P|\cdot|S-RP^{-1}Q|=|PS-PRP^{-1}Q|=|PS-RQ|.$$

Ist aber $|P|=0$, so betrachte man an Stelle von M die Matrix

$$M_1=\begin{pmatrix}P+xE, Q\\ R, \quad S\end{pmatrix}.$$

Auch hier ist noch R mit $P+xE$ vertauschbar. Für genügend kleine Werte von $|x|$ ist aber die Determinante von $P+xE$ von 0 verschieden, also wird

$$|M_1|=|(P+xE)S-RQ|.$$

Läßt man x gegen 0 konvergieren, so erhält man wieder die zu beweisende Gleichung.

Dem früher betrachteten Quotienten $f(x)=\frac{g(x)}{h(x)}$ entspricht also das unendliche System der *Hermite*schen Formen (13.) mit den Determinanten $\delta_{\nu+1}$. Ebenso gehört zu dem Quotienten

$$f_\lambda(x)=-\frac{D_\lambda(x)}{\Delta_\lambda(x)}$$

ein wohlbestimmtes System von *Hermite*schen Formen

$$\mathfrak{H}_\nu^{(\lambda)}=\mathfrak{H}^{(\lambda)}(x_0, x_1, \ldots, x_\nu). \qquad (\nu=0,1,2,\ldots)$$

Die Determinante von $\mathfrak{H}_\nu^{(\lambda)}$ möge mit $\delta_{\nu+1}^{(\lambda)}$ bezeichnet werden. Insbesondere ist

$$\mathfrak{H}_\nu^{(1)}=\sum_{\lambda=0}^{\nu}|(\bar b_0 b_0-\bar a_0 a_0)x_\lambda+\cdots+(\bar b_0 b_{\nu-\lambda}-\bar a_0 a_{\nu-\lambda})x_\nu|^2$$

$$-\sum_{\lambda=0}^{\nu}|(b_0 a_1-a_0 b_1)x_\lambda+\cdots+(b_0 a_{\nu-\lambda+1}-a_0 b_{\nu-\lambda+1})x_\nu|^2.$$

Eine einfache Rechnung liefert nun die wichtige Formel

$$(14.)\qquad \delta_1\mathfrak{H}(x_0, x_1, \ldots, x_\nu)$$

$$=|\bar b_0(b_0x_0+\cdots+b_\nu x_\nu)-\bar a_0(a_0x_0+\cdots+a_\nu x_\nu)|^2+\mathfrak{H}^{(1)}(x_1, x_2, \ldots, x_\nu).$$

Der Übergang von $\mathfrak{H}(x_0, x_1, \ldots, x_\nu)$ zu $\mathfrak{H}^{(1)}(x_1, x_2, \ldots, x_\nu)$ entspricht also dem *ersten Schritt bei der Jacobischen Transformation der Form* $\mathfrak{H}(x_0, x_1, \ldots, x_\nu)$. Auf Grund einer bekannten Eigenschaft der *Jacobi*schen Transformation ergibt sich hieraus, daß die Determinante von $\mathfrak{H}^{(1)}(x_1, x_2, \ldots, x_\nu)$ gleich $\delta_1^{\nu-1}\delta_{\nu+1}$ ist. Folglich ist

$$\delta_{\nu+1}^{(1)} = \delta_1^\nu \delta_{\nu+2}. \tag{15.}$$

Hieraus können wir aber leicht schließen, daß allgemein

$$\delta_{\nu+1}^{(\lambda)} = \delta_{\lambda-1}^{\nu+1} \delta_\lambda^\nu \delta_{\nu+\lambda+1} \tag{16.}$$

wird. Geht man nämlich von $f_\lambda = -\frac{D_\lambda}{\Delta_\lambda}$ zu $f_{\lambda+1}$ in derselben Weise über wie von f zu f_1, so erhält man $f_{\lambda+1}$ zunächst (vergl. (10.) und (11.)) als den Ausdruck

$$f_{\lambda+1} = -\frac{\delta_{\lambda-1} D_{\lambda+1}}{\delta_{\lambda-1} \Delta_{\lambda+1}},$$

dem die *Hermite*schen Formen $\delta_{\lambda-1}^2 \mathfrak{H}_\nu^{(\lambda+1)}$ entsprechen. Nimmt man daher die Formel (16.) für λ als bewiesen an, so ergibt sich wegen (15.), daß die Determinante von $\delta_{\lambda-1}^2 \mathfrak{H}_\nu^{(\lambda+1)}$ gleich

$$(\delta_{\lambda-1}\delta_{\lambda+1})^\nu \delta_{\lambda-1}^{\nu+2} \delta_\lambda^{\nu+1} \delta_{\nu+\lambda+2}$$

ist. Um hieraus $\delta_{\nu+1}^{(\lambda+1)}$ zu erhalten, hat man durch $\delta_{\lambda-1}^{2(\nu+1)}$ zu dividieren; man erhält dann, wie zu beweisen ist, $\delta_{\nu+1}^{(\lambda+1)} = \delta_\lambda^{\nu+1} \delta_{\lambda+1}^\nu \delta_{\nu+\lambda+2}$.

Wir können nun leicht beweisen:

VI. *Sind unter den Zahlen* $\delta_1, \delta_2, \ldots$ *die* n *ersten von Null verschieden, die folgenden sämtlich gleich Null, so reduziert sich der Quotient* $f_n(x)$ *auf eine Konstante* ε *vom absoluten Betrage* 1, *d. h. die Potenzreihen* $-D_n(x)$ *und* $\varepsilon \Delta_n(x)$ *stimmen in allen Koeffizienten überein. Sind umgekehrt* $\delta_1, \delta_2, \ldots, \delta_n$ *von Null verschieden und reduziert sich* $f_n(x)$ *auf eine Konstante* ε *vom absoluten Betrage* 1, *so sind die Zahlen* $\delta_{n+1}, \delta_{n+2}, \ldots$ *sämtlich gleich Null.*

Auf Grund der Formel (16.) genügt es offenbar, diesen Satz nur für den Fall $n = 0$ zu beweisen. Wir haben also zu zeigen: dann und nur dann unterscheiden sich die Koeffizienten a_ν und b_ν voneinander nur um einen konstanten Faktor vom absoluten Betrage 1, wenn alle Determinanten $\delta_1, \delta_2, \ldots$ verschwinden. Ist zunächst $a_\nu = \varepsilon b_\nu$ für jedes ν und $|\varepsilon| = 1$, so wird für jeden Wert von ν die Form $\mathfrak{H}_\nu$ identisch gleich 0, daher ist gewiß $\delta_\nu = 0$. Sind umgekehrt alle δ_ν gleich 0, so folgt zunächst aus $\delta_1 = \bar{b}_0 b_0 - \bar{a}_0 a_0 = 0$, daß $\frac{a_0}{b_0} = \varepsilon$ vom absoluten Betrage 1 ist. Ich setze

$$u_\nu = a_\nu - \varepsilon b_\nu, \qquad U_\nu = A_\nu - \varepsilon B_\nu,$$

so daß also

$$\bar{b}_\nu - \varepsilon\bar{a}_\nu = -\varepsilon\bar{u}_\nu, \qquad \bar{B}'_\nu - \varepsilon\bar{A}'_\nu = -\varepsilon\bar{U}'_\nu$$

wird. Es sei schon bewiesen, daß die Differenzen $u_1, u_2, \ldots, u_{n-1}$ sämtlich verschwinden. Daß nun auch $u_n = 0$ ist, ergibt sich aus dem Verschwinden der Determinante

$$\delta_{2n} = \begin{vmatrix} \bar{B}'_{2n-1}, A_{2n-1} \\ \bar{A}'_{2n-1}, B_{2n-1} \end{vmatrix} = \begin{vmatrix} -\varepsilon\bar{U}'_{2n-1}, U_{2n-1} \\ \bar{A}'_{2n-1}, B_{2n-1} \end{vmatrix}.$$

Diese Determinante des Grades $4n$ läßt sich nämlich in der Form

$$\delta_{2n} = \begin{vmatrix} 0 & 0 & 0 & X \\ -\varepsilon\bar{X}' & 0 & 0 & 0 \\ \bar{A}'_{n-1} & 0 & B_{n-1} & Y \\ Z & \bar{A}'_{n-1} & 0 & B_{n-1} \end{vmatrix}$$

schreiben, wo

$$X = \begin{pmatrix} u_n & u_{n+1} & \ldots & u_{2n-1} \\ 0 & u_n & \ldots & u_{2n-2} \\ \cdot & \cdot & \cdot & \cdot \\ 0 & 0 & \ldots & u_n \end{pmatrix}$$

ist und Y, Z gewisse andere Matrizen n-ten Grades bedeuten. Daher ist

$$\delta_{2n} = |-\varepsilon\bar{X}'X\,B_{n-1}\bar{A}'_{n-1}| = (-\varepsilon)^n |u_n|^{2n} b_0^n \bar{a}_0^n = (-1)^n |b_0 u_n|^{2n},$$

was nur dann verschwinden kann, wenn $u_n = a_n - \varepsilon b_n = 0$ ist.

Genauer erkennt man in ähnlicher Weise: *sind die m ersten der Determinanten δ_ν gleich* 0 *und ist m eine gerade Zahl, so ist auch die Zahl δ_{m+1} gleich Null.*

Die durch (13.) definierte *Hermite*sche Form $\mathfrak{H}_\nu$ kann aufgefaßt werden als der ν-te Abschnitt der *Hermite*schen Form

$$\mathfrak{H} = \bar{B}'B - \bar{A}'A = \sum_{\varkappa,\lambda} {}_0^\infty h_{\varkappa\lambda}\bar{x}_\varkappa x_\lambda\,^{*)}$$

mit unendlich vielen Veränderlichen. Hierbei ist, wenn μ die kleinere der beiden Zahlen $\varkappa$ und λ bedeutet,

$$h_{\varkappa\lambda} = \sum_{\varrho=0}^{\mu} (\bar{b}_{\varkappa-\varrho} b_{\lambda-\varrho} - \bar{a}_{\varkappa-\varrho} a_{\lambda-\varrho})$$

zu setzen. Die Zahlen $\delta_1, \delta_2, \ldots$ sind also die Abschnittsdeterminanten von $\mathfrak{H}$. Die Form $\mathfrak{H}$ nenne ich, wie üblich, *nichtnegativ*, wenn jede der

*) Die Summe ist als eine rein formale Bildung anzusehen, sie braucht keineswegs zu konvergieren.

Formen $\mathfrak{H}_\nu$ mit endlich vielen Veränderlichen nichtnegativ ist, und deute dies kurz durch $\mathfrak{H} \geqq 0$ an. Es gilt nun der Satz:

VII. *Die Hermitesche Form $\mathfrak{H}$ ist dann und nur dann nichtnegativ, wenn die Determinanten $\delta_1, \delta_2, \ldots$ entweder sämtlich positiv (>0) sind, oder wenn*

$$\delta_1 > 0, \delta_2 > 0, \ldots, \delta_n > 0, \delta_{n+1} = \delta_{n+2} = \cdots = 0$$

wird. Im zweiten Fall ist n gleich dem Range r der unendlichen Matrix $\mathfrak{H} = (h_{\varkappa\lambda})$.

Ist zunächst $\mathfrak{H} \geqq 0$, so kann $\delta_{\nu+1}$ für jedes $\nu \geqq 0$ als die Determinante der nichtnegativen *Hermite*schen Form $\mathfrak{H}_\nu = \mathfrak{H}(x_0, x_1, \ldots, x_\nu)$ keine negative Zahl sein. Ist hierbei $\delta_{\nu+1} > 0$, so wird $\mathfrak{H}_\nu$ eine *positive* Form, und daher ist auch $\mathfrak{H}_{\nu-1} = \mathfrak{H}(x_0, x_1, \ldots, x_{\nu-1}, 0)$ positiv definit. Ihre Determinante δ_ν ist demnach auch eine positive Zahl. Dies zeigt, daß für die Zahlen $\delta_1, \delta_2, \ldots$ nur eine der beiden im Satze genannten Möglichkeiten eintreten kann*).

Sind umgekehrt die Zahlen $\delta_1, \delta_2, \ldots$ sämtlich positiv, so ist jede der Formen $\mathfrak{H}_\nu$ als *Hermite*sche Form mit endlich vielen Veränderlichen und lauter positiven Abschnittsdeterminanten bekanntlich positiv definit, also ist gewiß $\mathfrak{H} \geqq 0$. Es möge also der zweite Fall eintreten. Ist $n = 0$, d. h. sind die Zahlen δ_ν sämtlich gleich 0, so verschwinden nach Satz VI alle Koeffizienten $h_{\varkappa\lambda}$ von $\mathfrak{H}$ und es ist $\mathfrak{H} = 0$, $r = 0$. Unsere Behauptung sei nun schon bewiesen, wenn an Stelle von n die Zahl $n-1$ tritt. Wir betrachten dann an Stelle der *Hermite*schen Form $\mathfrak{H}$ die Form $\mathfrak{H}^{(1)}$, deren Abschnitte die auf S. 217 betrachteten Formen $\mathfrak{H}_\nu^{(1)}$ sind. Die zugehörigen Abschnittsdeterminanten sind wegen (15.) die Zahlen

$$\delta_1^{(1)} = \delta_2, \quad \delta_2^{(1)} = \delta_1\delta_3, \quad \delta_3^{(1)} = \delta_1^2\delta_4, \ldots.$$

In unserem Falle wird

$$\delta_1^{(1)} > 0, \quad \delta_2^{(1)} > 0, \ldots, \quad \delta_{n-1}^{(1)} > 0, \quad \delta_n^{(1)} = \delta_{n+1}^{(1)} = \cdots = 0.$$

Auf Grund der gemachten Voraussetzung ist daher $\mathfrak{H}^{(1)}$ eine nichtnegative Form des Ranges $n-1$. Die Gleichung (14.) lehrt uns nun, daß $\mathfrak{H}_\nu$ für $\nu \geqq n$ eine nichtnegative Form vom Range $1 + (n-1) = n$ ist. Damit ist der Satz VII aber vollständig bewiesen.

Wir haben am Anfang dieses Paragraphen die Zahl b_0 als reell angenommen. Man erkennt aber leicht, daß die Formel (16.) und die Sätze VI und VII auch für beliebige (von Null verschiedene) Werte von b_0 richtig sind.

---

*) Dies ist ein bekanntes Resultat aus der Theorie der *Hermite*schen Formen.

§ 6.

Umformung der Kriterien des § 3.

Aus der Formel (12.) geht hervor, daß die zum Ausdruck $f(x) = \frac{g(x)}{h(x)}$ gehörenden Parameter

$$\gamma_\nu = \Phi(c_0, c_1, \ldots, c_\nu) = -\frac{d_\nu}{\delta_\nu}$$

für jeden Index n dann und nur dann den Bedingungen

$$(17.) \qquad |\gamma_0| < 1, |\gamma_1| < 1, \ldots, |\gamma_{n-1}| < 1, |\gamma_n| \leqq 1$$

genügen, wenn

$$\delta_1 > 0, \delta_2 > 0, \ldots, \delta_n > 0, \delta_{n+1} \geqq 0$$

ist. Soll hierbei $|\gamma_n| = 1$ sein und sollen außerdem noch in der Potenzreihe

$$f_n(x) = -\frac{D_n(x)}{\varDelta_n(x)} = c_{n0} + c_{n1}x + c_{n2}x^2 + \cdots \qquad (c_{n0} = \gamma_n)$$

alle Koeffizienten $c_{n1}, c_{n2}, \ldots$ gleich 0 werden, so müssen nach Satz VI alle Zahlen δ_ν für $\nu \geqq n+1$ verschwinden. Diese Bedingungen sind auch hinreichend. Dies zeigt aber, daß der Satz II sich folgendermaßen aussprechen läßt:

VIII. *Die Potenzreihenentwicklung eines Ausdrucks der Form*

$$f(x) = \frac{a_0 + a_1 x + a_2 x^2 + \cdots}{b_0 + b_1 x + b_2 x^2 + \cdots}, \qquad b_0 \neq 0$$

ist dann und nur dann für $|x| < 1$ konvergent und $M(f) \leqq 1$, wenn die Determinanten

$$\delta_1 = \begin{vmatrix} \bar{b}_0 & a_0 \\ \bar{a}_0 & b_0 \end{vmatrix}, \quad \delta_2 = \begin{vmatrix} \bar{b}_0 & 0 & a_0 & a_1 \\ \bar{b}_1 & \bar{b}_0 & 0 & a_0 \\ \bar{a}_0 & 0 & b_0 & b_1 \\ \bar{a}_1 & \bar{a}_0 & 0 & b_0 \end{vmatrix}, \ldots$$

entweder sämtlich positiv sind, oder wenn sich eine Zahl n angeben läßt, so daß

$$\delta_1 > 0, \ldots, \delta_n > 0, \delta_{n+1} = \delta_{n+2} = \cdots = 0$$

wird. Der zweite Fall tritt dann und nur dann ein, wenn $f(x)$ eine rationale Funktion der Form

$$(18.) \qquad f(x) = \varepsilon \prod_{\nu=1}^{n} \frac{x + \omega_\nu}{1 + \bar{\omega}_\nu x}, \qquad |\omega_\nu| < 1, |\varepsilon| = 1$$

darstellt.

Aus dem Satz VII folgt ferner:

VIII*. *Die Potenzreihenentwicklung des Ausdrucks $f(x)$ ist dann und nur dann für $|x| < 1$ konvergent und $M(f) \leqq 1$, wenn die Hermitesche Form $\mathfrak{H} = \bar{B}'B - \bar{A}'A$ nichtnegativ ist. Die Form $\mathfrak{H}$ ist dann und nur dann* *vom endlichen Range n, wenn $f(x)$ vom Range n ist, d. h. eine rationale Funktion der Form* (18.) *darstellt.*

Der Satz III läßt sich in etwas verallgemeinerter Fassung so formulieren:

IX. *Gegeben seien zwei Potenzreihen*

$$G(x) = \sum_{\nu=0}^{\infty} k_\nu x^\nu, \qquad H(x) = \sum_{\nu=0}^{\infty} l_\nu x^\nu,$$

wobei l_0 von Null verschieden sein soll. Um zu entscheiden, ob sich bei gegebenem $m \geqq 0$ zwei andere Potenzreihen

$$g(x) = \sum_{\nu=0}^{\infty} a_\nu x^\nu, \qquad h(x) = \sum_{\nu=0}^{\infty} b_\nu x^\nu$$

so bestimmen lassen, daß

$$(19.) \qquad a_0 = k_0,\ b_0 = l_0, \ldots, a_m = k_m,\ b_m = l_m$$

wird und zugleich die Potenzreihe

$$f(x) = \frac{g(x)}{h(x)} = c_0 + c_1 x + c_2 x^2 + \cdots$$

für $|x| < 1$ konvergiert und der Bedingung $|f(x)| \leqq 1$ genügt, bilde man den Quotienten

$$F(x) = \frac{G(x)}{H(x)} = C_0 + C_1 x + C_2 x^2 + \cdots$$

und betrachte die zugehörigen Determinanten

$$\eta_1 = \begin{vmatrix} \bar{l}_0 & k_0 \\ \bar{k}_0 & l_0 \end{vmatrix}, \qquad \eta_2 = \begin{vmatrix} \bar{l}_0 & 0 & k_0 & k_1 \\ \bar{l}_1 & \bar{l}_0 & 0 & k_0 \\ \bar{k}_0 & 0 & l_0 & l_1 \\ \bar{k}_1 & \bar{k}_0 & 0 & l_0 \end{vmatrix}, \ldots$$

Die Aufgabe läßt dann und nur dann eine Lösung zu, wenn entweder die Zahlen $\eta_1, \eta_2, \ldots, \eta_{m+1}$ sämtlich positiv sind oder wenn

$$(20.) \qquad \eta_1 > 0, \ldots, \eta_n > 0,\ \eta_{n+1} = \eta_{n+2} = \cdots = \eta_{m+1} = 0 \qquad (0 \leqq n \leqq m)$$

wird. Ist hierbei $n < m-1$, so kommen noch die Bedingungen

$$(21.) \qquad \eta_{m+2} = \eta_{m+3} = \cdots = \eta_{2m-n} = 0$$

hinzu. In beiden Fällen können die Koeffizienten $b_{m+1}, b_{m+2}, \ldots$ beliebig gewählt werden. Im ersten Falle läßt die Aufgabe dann noch unendlich viele Lösungen zu. Im zweiten Falle sind $a_{m+1}, a_{m+2}, \ldots$, wenn $b_{m+1}, b_{m+2}, \ldots$ fixiert werden, eindeutig bestimmt und die zugehörige Funktion $f(x)$ ist eine wohlbestimmte rationale Funktion der Form (18.)*).

*) Die Einführung der Koeffizienten $k_{m+1}, l_{m+1}, \ldots$ erscheint hier als überflüssig, der Beweis gestaltet sich aber etwas einfacher, wenn man den Satz so ausspricht, wie das hier geschieht. Es würde ferner genügen zu verlangen, daß $c_0 = C_0, c_1 = C_1, \ldots, c_m = C_m$ wird. Es ist jedoch zu beachten, daß die Berechnung der Koeffizienten C_ν gänzlich vermieden wird.

Beim Beweis hat man zu berücksichtigen, daß die $m+1$ ersten der zu f gehörenden Determinanten δ_ν mit den entsprechenden η_ν übereinstimmen. Die Zahlen $\eta_1, \eta_2, \ldots, \eta_{m+1}$ hängen nur von den $2m+2$ Koeffizienten $k_0, l_0, \ldots, k_m, l_m$ ab. Auch die im zweiten Fall hinzukommenden Bedingungen (21.) liefern nur Beziehungen zwischen diesen $2m+2$ Koeffizienten. Dies ergibt sich ohne Mühe aus der auf S. 219 durchgeführten Betrachtung. Die Zahl l_0 nehmen wir, was offenbar gestattet ist, als reell an.

Aus VIII folgt zunächst, daß die Aufgabe nur dann einen Sinn hat, wenn unter den (reellen) Zahlen $\eta_1, \eta_2, \ldots, \eta_{m+1}$ keine negativ ist, und daß, wenn eine dieser Zahlen Null ist, auch alle folgenden verschwinden müssen. Sind nun die Determinanten

$$\delta_1 = \eta_1,\ \delta_2 = \eta_2, \ldots, \delta_n = \eta_n \qquad (n \leqq m)$$

positiv (>0), so genügen die mit Hilfe der Zahlen (19.) gebildeten Ausdrücke

$$\gamma_0 = \frac{k_0}{l_0} = \frac{a_0}{b_0},\ \gamma_1 = -\frac{d_1}{\delta_1}, \ldots, \gamma_n = -\frac{d_n}{\delta_n}$$

den Bedingungen (17.) und hierbei ist dann und nur dann $|\gamma_n| = 1$, wenn $\delta_{n+1} = \eta_{n+1} = 0$ wird. Ist $n = m$ und $\eta_{m+1} > 0$, so wähle man für $\gamma_{m+1}, \gamma_{m+2}, \ldots$ beliebige Größen, die absolut $\leqq 1$ sind. Die Potenzreihe

$$f(x) = [x; \gamma_0, \gamma_1, \ldots] = \sum_{\nu=0}^{\infty} \Psi(\gamma_0, \gamma_1, \ldots, \gamma_\nu)\, x^\nu$$

ist dann für $|x| < 1$ konvergent und $M(f) \leqq 1$, ferner stimmen ihre $m+1$ ersten Koeffizienten mit den Zahlen $C_0, C_1, \ldots, C_m$ überein. Ist dann $b_\mu = l_\mu$ für $0 \leqq \mu \leqq m$, so hat bei beliebiger Wahl der Koeffizienten $b_{m+1}, b_{m+2}, \ldots$ die Potenzreihe $g(x) = f(x)\, h(x)$ die Eigenschaft, daß ihre $m+1$ Koeffizienten die vorgeschriebenen Werte $k_0, k_1, \ldots, k_m$ erhalten. Dieselbe Betrachtung gilt auch im Falle $n = m$, $\eta_{m+1} = 0$, wenn unter $f(x)$ die alsdann allein in Betracht kommende rationale Funktion $[x; \gamma_0, \gamma_1, \ldots, \gamma_n]$ verstanden wird (vergl. den Schluß des § 3).

Es sei also $n < m$ und $\eta_{n+1} = \cdots = \eta_{m+1} = 0$. Die einzige Funktion $f(x)$, die eine Lösung der Aufgabe liefern kann, ist jetzt die rationale Funktion $[x; \gamma_0, \gamma_1, \ldots, \gamma_n]$. Es ist also zu untersuchen, ob die Koeffizienten a_ν und b_ν so gewählt werden können, daß

$$(22.) \qquad \sum_{\nu=0}^{\infty} a_\nu x^\nu = [x; \gamma_0, \gamma_1, \ldots, \gamma_n] \cdot \sum_{\nu=0}^{\infty} b_\nu x^\nu,\quad a_\mu = k_\mu,\ b_\mu = l_\mu \qquad (\mu = 0, 1, \ldots, m)$$

wird. Ist nun $n = 0$, d. h. sind alle Zahlen $\eta_1, \eta_2, \ldots, \eta_{m+1}$ gleich 0, so wird $[x; \gamma_0] = \gamma_0$ und es wird nur verlangt, daß

$$k_1 = \gamma_0 l_1,\ k_2 = \gamma_0 l_2, \ldots, k_m = \gamma_0 l_m \qquad \left(\gamma_0 = \frac{k_0}{l_0},\ |\gamma_0| = 1\right)$$

wird. Dies tritt (vergl. S. 219) dann und nur dann ein, wenn auch die Zahlen $\eta_{m+2}, \ldots, \eta_{2m}$ sämtlich verschwinden. Es sei nun schon für ein gegebenes $n < m-1$ (bei beliebigem m) bewiesen, daß die Relationen (22.) sich dann und nur dann befriedigen lassen, wenn zu (20.) noch die Bedingungen (21.) hinzukommen, und hierbei sollen die Koeffizienten $b_{m+1}, b_{m+2}, \ldots$ beliebig gewählt werden können. Ist dann

$$\eta_1 > 0, \eta_2 > 0, \ldots, \eta_{n+1} > 0, \eta_{n+2} = \cdots = \eta_{m+1} = 0,$$

so haben wir die Relationen

$$(23.)\quad \sum_{\nu=0}^{\infty} a_\nu x^\nu = [x; \gamma_0, \gamma_1, \ldots, \gamma_{n+1}] \cdot \sum_{\nu=0}^{\infty} b_\nu x^\nu,\ a_\mu = k_\mu,\ b_\mu = l_\mu \qquad (\mu = 0, 1, \ldots, m)$$

zu untersuchen. Wir betrachten nun die Quotienten

$$F_1 = \frac{1}{x}\frac{F-\gamma_0}{1-\bar{\gamma}_0 F} = \frac{\Sigma k'_\nu x^\nu}{\Sigma l'_\nu x^\nu}, \qquad f_1 = \frac{1}{x}\cdot\frac{f-\gamma_0}{1-\bar{\gamma}_0 f} = \frac{\Sigma a'_\nu x^\nu}{\Sigma b'_\nu x^\nu}, \qquad \left(\gamma_0 = \frac{k_0}{l_0} = \frac{a_0}{b_0}\right).$$

Hierbei ist

$$\begin{aligned} k'_\nu &= l_0 k_{\nu+1} - k_0 l_{\nu+1},\ l'_\nu = \bar{l}_0 l_\nu - \bar{k}_0 k_\nu, \\ a'_\nu &= b_0 a_{\nu+1} - a_0 b_{\nu+1},\ b'_\nu = \bar{b}_0 b_\nu - \bar{a}_0 a_\nu \end{aligned} \qquad (\nu = 0, 1, \ldots)$$

zu setzen. Nimmt man schon an, daß $a_0 = k_0$, $b_0 = l_0$ ist, so gilt offenbar (23.) dann und nur dann, wenn

$$(24.)\quad \sum_{\nu=0}^{\infty} a'_\nu x^\nu = [x; \gamma_1, \gamma_2, \ldots, \gamma_{n+1}] \cdot \sum_{\nu=0}^{\infty} b'_\nu x^\nu,\ a'_\mu = k'_\mu,\ b'_\mu = l'_\mu \qquad (\mu = 0, 1, \ldots m-1)$$

und außerdem noch $b'_m = l'_m$ ist. Nun treten aber beim Übergang von F zu F_1 an Stelle der Determinanten η_ν die Zahlen $\eta^{(1)}_\nu = \eta_1^{\nu-1}\eta_{\nu+1}$ (vergl. Formel (15.)). Diese Zahlen genügen also den Bedingungen

$$\eta^{(1)}_1 > 0, \ldots, \eta^{(1)}_n > 0,\ \eta^{(1)}_{n+1} = \cdots = \eta^{(1)}_m = 0.$$

Auf Grund der über n gemachten Voraussetzung können wir also schließen, daß die Relationen (24.) sich dann und nur dann befriedigen lassen, wenn noch

$$\eta^{(1)}_{m+1} = \eta^{(1)}_{m+2} = \cdots = \eta^{(1)}_{2(m-1)-n} = 0$$

ist. Dies liefert, wie zu beweisen ist, für die η_ν die Bedingungen

$$\eta_{m+2} = \eta_{m+3} = \cdots = \eta_{2m-(n+1)} = 0.$$

Sind diese Bedingungen erfüllt, so können die Koeffizienten $b'_m, b'_{m+1}, \ldots$ beliebig gewählt werden, insbesondere kann also noch angenommen werden, daß $b'_m = l'_m$ ist.

§ 7.

Beschränkte Potenzreihen und beschränkte Bilinearformen.

Eine Bilinearform

$$A(x, y) = \sum_{\varkappa, \lambda}{}_0^\infty a_{\varkappa\lambda} x_\varkappa y_\lambda$$

mit der Koeffizientenmatrix $A = (a_{\varkappa\lambda})$ bezeichnet man bekanntlich nach *Hilbert**) als *beschränkt*, wenn sich eine endliche Zahl m angeben läßt, so daß für alle reellen und komplexen Zahlen $x_0, y_0, x_1, y_1, \ldots$ und für jedes n

$$|A_n(x, y)| = \left|\sum_{\varkappa, \lambda}{}_0^n a_{\varkappa\lambda} x_\varkappa y_\lambda\right| \leq m \sqrt{\sum_{\varkappa=0}^n |x_\varkappa|^2 \cdot \sum_{\lambda=0}^n |y_\lambda|^2}$$

wird. Jede Zahl m, die diesen Bedingungen genügt, wird eine *obere Schranke*, die kleinste unter ihnen die *obere Grenze* $m(A)$ *von* A genannt. Ist A beschränkt, so sind die Reihen $\sum_{\varkappa=0}^\infty |a_{\varkappa\lambda}|^2$ und $\sum_{\varkappa=0}^\infty |a_{\lambda\varkappa}|^2$ für jeden Wert von λ konvergent und ihre Summen sind höchstens gleich $(m(A))^2$. Es können daher die Matrizen

$$\bar{A}' A = \left(\sum_{\nu=0}^\infty \bar{a}_{\nu\varkappa} a_{\nu\lambda}\right), \qquad A \bar{A}' = \left(\sum_{\nu=0}^\infty a_{\varkappa\nu} \bar{a}_{\lambda\nu}\right)$$

gebildet werden. Bezeichnet man ihre Elemente mit $h_{\varkappa\lambda}$ und $h'_{\varkappa\lambda}$, so wird für jedes Wertsystem $x_0, x_1, \ldots$ mit konvergenter Summe $\sum_{\nu=0}^\infty |x_\nu|^2$

$$\bar{A}' A = \sum_{\varkappa, \lambda}{}_0^\infty h_{\varkappa\lambda} \bar{x}_\varkappa x_\lambda = \sum_{\nu=0}^\infty \left|\sum_{\lambda=0}^\infty a_{\nu\lambda} x_\lambda\right|^2 \leq m^2 \sum_{\nu=0}^\infty |x_\nu|^2,$$

$$A \bar{A}' = \sum_{\varkappa, \lambda}{}_0^\infty h'_{\varkappa\lambda} x_\varkappa \bar{x}_\lambda = \sum_{\nu=0}^\infty \left|\sum_{\varkappa=0}^\infty a_{\varkappa\nu} x_\varkappa\right|^2 \leq m^2 \sum_{\nu=0}^\infty |x_\nu|^2$$

und die hier auftretenden unendlichen Reihen sind konvergent. Versteht man daher unter E die *Hermite*sche Form $\sum_{\nu=0}^\infty |x_\nu|^2$ (und auch die zugehörige unendliche Einheitsmatrix), so sind $m^2 E - \bar{A}' A$ und $m^2 E - A \bar{A}'$ nichtnegative *Hermite*sche Formen. Die Formen $\bar{A}' A$ und $A \bar{A}'$ sind wieder beschränkt und ihre oberen Grenzen sind genau gleich dem Quadrat der Zahl $m(A)$.

Weiß man umgekehrt nur, daß $\sum_{\varkappa=0}^\infty |a_{\varkappa\lambda}|^2$ für jedes λ konvergent sind, so kann man die *Hermite*sche Matrix $\bar{A}' A = (h_{\varkappa\lambda})$ bilden. Die Bilinear-

*) Gött. Nachrichten, 1906, S. 157.

form A ist dann beschränkt und m eine obere Schranke von A, wenn die *Hermite*sche Form mit der Koeffizientenmatrix $m^2E - \bar{A}'A$ nichtnegativ ist, d. h. wenn ihre „Abschnitte" sämtlich nichtnegative Formen sind. Um die obere Grenze $m(A)$ von A zu berechnen, hat man nur für jedes n die Gleichung

$$\begin{vmatrix} x - h_{00}, & -h_{01}, & \ldots, & -h_{0n} \\ -h_{10}, & x - h_{11}, & \ldots, & -h_{1n} \\ \cdot & \cdot & \cdot & \cdot \\ -h_{n0}, & -h_{n1}, & \ldots, & x - h_{nn} \end{vmatrix} = 0$$

zu betrachten. Ist μ_n die größte unter den (sämtlich reellen, nichtnegativen) Wurzeln dieser Gleichung, so wird $\mu_1 \leqq \mu_2 \leqq \mu_3 \leqq \ldots$ und

$$m(A) = \lim_{n=\infty} \sqrt{\mu_n}\,^{*}).$$

Reduziert sich nun bei der früheren Betrachtung der Nenner $h(x)$ des Quotienten $f(x) = \frac{g(x)}{h(x)}$ auf eine positive Konstante m, so wird $B = mE$ und $\bar{B}'B = m^2E$. Aus den Sätzen VIII und VIII* ergibt sich daher ohne weiteres:

X. *Die Potenzreihe*

$$g(x) = a_0 + a_1x + a_2x^2 + \cdots$$

ist dann und nur dann für $|x| < 1$ *konvergent und beschränkt, wenn die Bilinearform*

$$A(x, y) = \sum_{\varkappa \leqq \lambda} a_{\lambda-\varkappa} x_\varkappa y_\lambda, \qquad (\varkappa, \lambda = 0, 1, 2, \ldots)$$

beschränkt ist. Die obere Grenze $M(g)$ *der Potenzreihe* $g(x)$ *ist genau gleich der oberen Grenze* $m(A)$ *der Bilinearform* A.

X*. *Setzt man für* $\varkappa \leqq \lambda$

$$h_{\varkappa\lambda} = \sum_{\nu=0}^{\varkappa} \bar{a}_{\varkappa-\nu} a_{\lambda-\nu}$$

und $h_{\lambda\varkappa} = \bar{h}_{\varkappa\lambda}$, *so ist* m *dann und nur dann eine obere Schranke der Potenzreihe* $g(x)$, *wenn die Hermitesche Form*

$$\mathfrak{H} = m^2E - \bar{A}'A = m^2 \sum_{\nu=0}^{\infty} \bar{x}_\nu x_\nu - \sum_{\varkappa,\lambda}{}_0^\infty h_{\varkappa\lambda} \bar{x}_\varkappa x_\lambda = m^2 \sum_{\nu=0}^{\infty} \bar{x}_\nu x_\nu - \sum_{\varkappa=0}^{\infty} \left| \sum_{\lambda=0}^{\infty} a_\lambda x_{\varkappa+\lambda} \right|^2$$

---

*) Dasselbe gilt auch für $A\bar{A}'$. Die hier angeführten Sätze über Bilinearformen sind mit durchaus elementaren Hilfsmitteln zu beweisen. Vergl. *E. Hellinger* und *O. Toeplitz*, Math. Ann., Bd. 69, S. 289, und meine Arbeit, dieses Journal, Bd. 140, S. 1.

nichtnegativ ist. Dies ist dann und nur dann der Fall, wenn die Abschnittsdeterminanten $\delta_1, \delta_2, \ldots$ *von* $\mathfrak{H}$ *entweder sämtlich positiv* (>0) *sind, oder wenn die* n *ersten unter ihnen positiv, die folgenden alle Null sind. Notwendig und hinreichend für das Eintreten des zweiten Falles ist, daß* $g(x)$ *eine rationale Funktion der Form*

$$g(x) = c \prod_{\nu=1}^{n} \frac{x + \omega_\nu}{1 + \bar{\omega}_\nu x}, \qquad |\omega_\nu| < 1, |c| = m$$

darstellt. Die Zahl n *gibt hierbei zugleich den Rang der Hermiteschen Form* $\mathfrak{H}$ *an.*

Verzichtet man darauf, die Bedeutung des Ranges der Form $\mathfrak{H}$ und das Verhalten der Determinanten δ_ν zu charakterisieren, so kann man den Satz X ohne Mühe direkt beweisen.

Nimmt man an, daß die Potenzreihe $g(x)$ für $|x| < 1$ konvergent und $|g(x)| \leqq m$ ist, so betrachte man eine zweite Potenzreihe

$$u(x) = \sum_{\nu=0}^{\infty} u_\nu x^\nu,$$

von der nur verlangt wird, daß $\sum_{\nu=0}^{\infty} |u_\nu|^2$ konvergieren soll. Setzt man

$$g(x)\, u(x) = \sum_{\nu=0}^{\infty} v_\nu x^\nu, \quad v_\nu = a_0 u_\nu + a_1 u_{\nu-1} + \cdots + a_\nu u_0,$$

so wird bekanntlich für $0 \leqq r < 1$

$$\sum_{\nu=0}^{\infty} |v_\nu|^2 r^{2\nu} = \frac{1}{2\pi} \int_0^{2\pi} |g(re^{i\varphi})\, u(re^{i\varphi})|^2 d\varphi. \tag{25.}$$

Da aber $|g(re^{i\varphi})| \leqq m$ ist, so folgt hieraus

$$\sum_{\nu=0}^{\infty} |v_\nu|^2 r^{2\nu} \leqq \frac{m^2}{2\pi} \int_0^{2\pi} |u(re^{i\varphi})|^2 d\varphi = m^2 \sum_{\nu=0}^{\infty} |u_\nu|^2 r^{2\nu} \leqq m^2 \sum_{\nu=0}^{\infty} |u_\nu|^2.$$

Für $u_{n+1} = u_{n+2} = \cdots = 0$ wird daher

$$\sum_{\nu=0}^{n} |v_\nu|^2 r^{2\nu} \leqq m^2 \sum_{\nu=0}^{n} |u_\nu|^2.$$

Läßt man r gegen 1 konvergieren, so erhält man

$$\sum_{\nu=0}^{n} |v_\nu|^2 = \sum_{\nu=0}^{n} |a_0 u_\nu + a_1 u_{\nu-1} + \cdots + a_\nu u_0|^2 \leqq m^2 \sum_{\nu=0}^{n} |u_\nu|^2.$$

Schreibt man in dieser Formel, die für beliebige Größen $u_0, u_1, \ldots, u_n$ gilt, u_ν an Stelle von $u_{n-\nu}$, so geht sie über in

$$\sum_{\nu=0}^{n} |a_0 u_\nu + a_1 u_{\nu+1} + \cdots + a_{n-\nu} u_n|^2 \leqq m^2 \sum_{\nu=0}^{n} |u_\nu|^2. \tag{26.}$$

Weiß man umgekehrt, daß diese Ungleichung für jedes n und für jedes Wertsystem $u_0, u_1, u_2, \ldots$ gilt, so erhält man insbesondere für $u_\nu = \bar{a}_\nu$

$$|a_0 \bar{a}_0 + a_1 \bar{a}_1 + \cdots + a_n \bar{a}_n|^2 \leqq m^2 \sum_{\nu=0}^{n} |a_\nu|^2,$$

d. h. $\sum_{\nu=0}^{n} |a_\nu|^2 \leqq m^2$. Da dies für jedes n gilt, so ergibt sich, daß $\sum_{\nu=0}^{\infty} |a_\nu|^2$ konvergiert und daher ist auch $g(x)$ für $|x| < 1$ konvergent. Zugleich erkennt man auf Grund einer bekannten Regel, daß auch die Reihen

$$a_0 u_\nu + a_1 u_{\nu+1} + \cdots \qquad (\nu = 0, 1, 2, \ldots)$$

konvergent sind, sobald nur $\Sigma |u_\nu|^2$ konvergiert. Aus (26.) folgt nun für $n' \leqq n$

$$\sum_{\nu=0}^{n'} |a_0 u_\nu + a_1 u_{\nu+1} + \cdots + a_{n-\nu} u_n|^2 \leqq m^2 \sum_{\nu=0}^{n} |u_\nu|^2.$$

Hält man n' fest und läßt n über alle Grenzen wachsen, so ergibt sich

$$\sum_{\nu=0}^{n'} |a_0 u_\nu + a_1 u_{\nu+1} + \cdots|^2 \leqq m^2 \sum_{\nu=0}^{\infty} |u_\nu|^2,$$

folglich ist auch

$$\sum_{\nu=0}^{\infty} |a_0 u_\nu + a_1 u_{\nu+1} + \cdots|^2 \leqq m^2 \sum_{\nu=0}^{\infty} |u_\nu|^2. \tag{27.}$$

Setzt man hier nun, wenn $|x| < 1$ ist, $u_\lambda = x^\lambda$, so erhält man

$$\sum_{\nu=0}^{\infty} |x|^{2\nu} \left| \sum_{\lambda=0}^{\infty} a_\lambda x^\lambda \right|^2 \leqq m^2 \sum_{\nu=0}^{\infty} |x|^{2\nu},$$

d. h. $|g(x)|^2 \leqq m^2$.

Die Potenzreihe $g(x)$ ist also dann und nur dann für $|x| < 1$ konvergent und $|g(x)| \leqq m$, wenn die Ungleichungen (26.) für alle n und für alle Wertsysteme $u_0, u_1, \ldots$ bestehen. Diese Relationen besagen aber nur, daß jeder Abschnitt von $m^2 E - \bar{A}' A$ nichtnegativ ist, oder was dasselbe ist, daß die Bilinearform A beschränkt und $m(A) \leqq m$ ist.

§ 8.

Der *Carathéodory-Toeplitz*sche Satz.

Durch die lineare Transformation

$$w' = \frac{1 - w}{1 + w}, \qquad w = \frac{1 - w'}{1 + w'}$$

geht die Halbebene $\Re(w) > 0$ in den Einheitskreis $|w'| < 1$ über und der Kreis $|w| < 1$ in die Halbebene $\Re(w') > 0$. Soll sich daher eine Funktion $\varphi(x)$ für $|x| < 1$ regulär verhalten und einen positiven reellen Bestandteil haben, so muß

$$f(x) = \frac{1-\varphi(x)}{1+\varphi(x)}$$

für $|x| < 1$ regulär und $|f(x)| < 1$ sein. Auch das Umgekehrte ist richtig. Ist insbesondere $\varphi(x)$ als Quotient zweier Potenzreihen

$$g(x) = \sum_{\nu=0}^{\infty} a_\nu x^\nu, \qquad h(x) = \sum_{\nu=0}^{\infty} b_\nu x^\nu \qquad (b_0 \neq 0)$$

gegeben, so wird

$$f(x) = \frac{h(x) - g(x)}{h(x) + g(x)}.$$

Werden nun wie auf S. 215 den Potenzreihen $g(x)$ und $h(x)$ die Matrizen (Bilinearformen) A und B zugeordnet, so gehören zu $h(x) - g(x)$ und $h(x) + g(x)$ die Matrizen $B - A$ und $B + A$. Um nun zu entscheiden, ob $\varphi(x)$ für $|x| < 1$ regulär ist und einen positiven reellen Bestandteil hat, ist nach dem Früheren nur die *Hermite*sche Form mit der Koeffizientenmatrix

$$\mathfrak{H} = (\bar{B}' + \bar{A}')(B + A) - (\bar{B}' - \bar{A}')(B - A) = 2(\bar{B}'A + \bar{A}'B)$$

zu betrachten. Setzt man speziell $h(x) = 1$, so wird $B = E$ und $\mathfrak{H} = 2(A + \bar{A}')$.

Auf Grund der Sätze VIII und VIII* ergibt sich daher unmittelbar:

XI. *Die Potenzreihe*

$$\varphi(x) = a_0 + a_1 x + a_2 x^2 + \cdots \qquad (a_0 = a_0' + a_0'' i)$$

ist dann und nur dann für $|x| < 1$ *konvergent und der reelle Bestandteil von* $\varphi(x)$ *positiv, wenn die Hermitesche Form*

$$H = A + \bar{A}' = \sum_{\lambda \geq \varkappa} (a_{\lambda-\varkappa} x_\varkappa \bar{x}_\lambda + \bar{a}_{\lambda-\varkappa} x_\lambda \bar{x}_\varkappa) \qquad (\varkappa, \lambda = 0, 1, 2, \ldots)$$

nichtnegativ ist. Die notwendige und hinreichende Bedingung hierfür ist, daß die Abschnittsdeterminanten

$$\delta_1 = 2a_0', \ \delta_2 = \begin{vmatrix} 2a_0', & a_1 \\ \bar{a}_1, & 2a_0' \end{vmatrix}, \qquad \delta_3 = \begin{vmatrix} 2a_0', & a_1, & a_2 \\ \bar{a}_1, & 2a_0', & a_1 \\ \bar{a}_2, & \bar{a}_1, & 2a_0' \end{vmatrix}, \ldots$$

von H entweder sämtlich positiv (> 0) *sind oder*

$$\delta_1 > 0, \delta_2 > 0, \ldots, \delta_n > 0, \delta_{n+1} = \delta_{n+2} = \cdots = 0$$

wird. Der zweite Fall tritt dann und nur dann ein, wenn $\varphi(x)$ *eine rationale Funktion der Form*

$$(28.) \qquad \varphi(x) = \frac{1 - f(x)}{1 + f(x)}, \qquad f(x) = \varepsilon \prod_{\nu=1}^{n} \frac{x + \omega_\nu}{1 + \bar{\omega}_\nu x} \qquad (|\omega_\nu| < 1, |\varepsilon| = 1)$$

ist. Die Zahl n gibt hierbei zugleich den Rang der Form H an.

Dies ist der in der Einleitung erwähnte *Carathéodory*sche Satz in der *Toeplitz*schen Fassung*). Herr *Carathéodory* charakterisiert jedoch im Grenzfall eines endlichen Ranges die Ausnahmefunktionen (28.) anders, nämlich als rationale Funktionen, die eine Partialbruchzerlegung der Form

$$\varphi(x) = bi - \sum_{\nu=1}^{n} r_\nu \frac{x+\varepsilon_\nu}{x-\varepsilon_\nu} \qquad (29.)$$

zulassen, wobei b reell, die ε_ν voneinander verschieden und vom absoluten Betrage 1 sind und die r_ν positive reelle Zahlen bedeuten.

Eine Funktion vom Typus (28.) läßt sich offenbar kennzeichnen als ein Ausdruck der Form

$$\varphi(x) = \frac{P-Q}{P+Q}, \qquad (30.)$$

wo Q ein Polynom n-ten Grades ist, das nur im Innern des Einheitskreises Null wird, und $P(x) = x^n \bar{Q}(x^{-1})$ zu setzen ist. Die *Carathéodory*sche Formel (29.) liefert also den rein algebraischen Satz:

XII. *Ist*

$$Q(x) = a \prod_{\nu=1}^{n} (x+\omega_\nu)$$

ein Polynom n-ten Grades, dessen Nullstellen sämtlich innerhalb des Einheitskreises liegen, und setzt man $P(x) = x^n \bar{Q}(x^{-1})$, so sind die n Wurzeln $\varepsilon_1, \varepsilon_2, \ldots, \varepsilon_n$ der Gleichung

$$F(x) = P(x) + Q(x) = 0 \qquad (31.)$$

*voneinander verschieden und auf dem Einheitskreis gelegen***). *Schreibt man ferner die Partialbruchzerlegung des Ausdrucks* (30.) *in der Form*

$$\frac{P-Q}{P+Q} = c - \sum_{\nu=1}^{n} r_\nu \frac{x+\varepsilon_\nu}{x-\varepsilon_\nu}, \qquad (32.)$$

so wird die Konstante c rein imaginär und die Koeffizienten r_ν sind reell und positiv.

Dieser Satz läßt sich leicht auch direkt beweisen. Zunächst folgt

---

*) Daß der Rang n der (nichtnegativen) Form H allein mit Hilfe der δ_ν bestimmt werden kann, wird in den auf S. 205 zitierten Abhandlungen nicht ausdrücklich hervorgehoben. Einen einfachen Beweis hierfür hat mir Herr *Carathéodory* bereits im Jahre 1911 brieflich mitgeteilt.

**) Allgemeiner liegen die Wurzeln der Gleichung $P(x) + \lambda\, Q(x) = 0$ für $|\lambda| < 1$ außerhalb, für $|\lambda| > 1$ innerhalb und für $|\lambda| = 1$ auf der Peripherie des Einheitskreises. Im letzteren Falle hat die Gleichung keine mehrfachen Wurzeln.

aus $F(x) = x^n \bar{F}(x^{-1})$, daß zugleich mit ε_ν auch $\bar{\varepsilon}_\nu^{-1}$ eine Wurzel der Gleichung (31.) ist. Innerhalb des Einheitskreises kann $F(x)$ aber nicht verschwinden. Denn $\frac{Q}{P}$ hat in diesem Kreise keinen Pol und ist für $|x| = 1$ vom absoluten Betrage 1. Für $|x| < 1$ ist daher

$$|F(x)| \geqq |P(x)| - |Q(x)| > 0.$$

Da ferner aus $|\varepsilon_\nu| > 1$ folgen würde, daß $|\bar{\varepsilon}_\nu^{-1}| < 1$ ist, muß $|\varepsilon_\nu| = 1$ sein. Aus $P(\varepsilon_\nu) = -Q(\varepsilon_\nu)$ ergibt sich noch

$$\frac{F'(\varepsilon_\nu)}{P(\varepsilon_\nu)} = \frac{P'(\varepsilon_\nu)}{P(\varepsilon_\nu)} - \frac{Q'(\varepsilon_\nu)}{Q(\varepsilon_\nu)} = \sum_{\lambda=1}^{n} \left(\frac{1}{\varepsilon_\nu + \bar{\omega}_\lambda^{-1}} - \frac{1}{\varepsilon_\nu + \omega_\lambda} \right) = -\varepsilon_\nu^{-1} s_\nu,$$

wobei s_ν in der Form

$$s_\nu = \sum_{\nu=1}^{n} \frac{1 - \omega_\lambda \bar{\omega}_\lambda}{|\varepsilon_\nu + \omega_\lambda|^2}$$

geschrieben werden kann. Diese Zahl ist aber wegen $|\omega_\lambda| < 1$ reell und positiv. Daher ist $F'(\varepsilon_\nu)$ nicht Null, die ε_ν sind also voneinander verschieden. Bringt man nun den Ausdruck (30.), was jedenfalls möglich ist, auf die Form (32.), so wird

$$-2\varepsilon_\nu r_\nu = \frac{P(\varepsilon_\nu) - Q(\varepsilon_\nu)}{P'(\varepsilon_\nu) + Q'(\varepsilon_\nu)} = \frac{2P(\varepsilon_\nu)}{F'(\varepsilon_\nu)} = -\frac{2\varepsilon_\nu}{s_\nu}.$$

Daher ist $r_\nu = \frac{1}{s_\nu}$ eine positive reelle Zahl. Setzt man nun in (32.) für x irgendeine (von den ε_ν verschiedene) Zahl vom absoluten Betrage 1 ein, so wird der links stehende Ausdruck und jedes Glied der rechts stehenden Summe rein imaginär. Folglich ist auch c eine rein imaginäre Größe.

Wir haben hier den Satz XI aus dem scheinbar allgemeineren Satze VIII gefolgert. Man kann aber auch leicht diesen Satz mit Hilfe des Satzes XI beweisen.

Ist nämlich $\varphi(x)$ nicht als eine Potenzreihe, sondern wie am Anfang dieses Paragraphen als Quotient zweier Potenzreihen $g(x)$ und $h(x)$ gegeben und sind wieder A und B die zugehörigen Matrizen, so denke man sich $\varphi(x)$ nach Potenzen von x entwickelt. Die dieser Potenzreihe entsprechende Matrix C ist, wie aus $A = CB$ folgt (vergl. S. 216), nichts anderes als die Matrix AB^{-1}*). Hierbei ist zu beachten, daß B als „Dreiecksmatrix", die in der Hauptdiagonale nur die von Null verschiedene Zahl b_0 enthält, eine eigentliche Inverse besitzt. Um nun zu entscheiden, ob die Potenz-

*) Vergl. *O. Toeplitz*, Math. Ann. Bd. 70, S. 357.

reihe $\varphi(x)$ für $|x| < 1$ konvergiert und einen positiven reellen Bestandteil besitzt, hat man nur die *Hermite*sche Form

$$H = C + \bar{C}' = AB^{-1} + (\bar{B}')^{-1}\bar{A}'$$

zu betrachten. Diese Form ist aber dann und nur dann nichtnegativ, wenn

$$\bar{B}'HB = \bar{B}'A + \bar{A}'B$$

diese Eigenschaft besitzt*). Außerdem multipliziert sich beim Übergang von H zu $\bar{B}'HB$ die ν-te Abschnittsdeterminante δ_ν von H nur mit dem positiven Faktor $|b_0|^{2\nu}$.

Ist nun ferner ein Quotient $f(x) = \frac{g(x)}{h(x)}$ zweier Potenzreihen gegeben und will man entscheiden, ob die zugehörige Potenzreihenentwicklung für $|x| < 1$ konvergiert und der Bedingung $|f(x)| < 1$ genügt, so hat man nur zu untersuchen, ob die Reihenentwicklung von

$$\varphi(x) = \frac{1 - f(x)}{1 + f(x)} = \frac{h(x) - g(x)}{h(x) + g(x)}$$

für $|x| < 1$ konvergiert und einen positiven reellen Bestandteil besitzt. Sind aber wieder A und B die zu $g(x)$ und $h(x)$ gehörenden Matrizen, so hat man bei $\varphi(x)$ die *Hermite*sche Form

$$(\bar{B}' + \bar{A}')(B - A) + (\bar{B}' - \bar{A}')(B + A) = 2(\bar{B}'B - \bar{A}'A)$$

zu betrachten. Auf Grund dieser Gleichung und der vorhin über die Abschnittsdeterminanten gemachten Bemerkung schließt man nun ohne weiteres, daß aus dem Satz XI die Sätze VIII und VIII* folgen.

Es ist auch leicht zu sehen, wie der Satz IX des vorigen Paragraphen abzuändern ist, wenn man an Stelle der Funktionen $f(x)$, die der Bedingung $|f(x)| \leqq 1$ (für $|x| < 1$) genügen sollen, die Funktionen $\varphi(x)$ mit positivem reellem Teil betrachtet. Man erhält auf diese Weise einen weiteren Satz von *C. Carathéodory* (Rend. di Palermo, Bd. 32, S. 207 ff.) in etwas verallgemeinerter Fassung.

Berlin, im September 1916.

---

*) Man erkennt leicht, daß in unserem Fall mit den unendlichen Matrizen in dieser Weise operiert werden darf.

30.

Über Potenzreihen, die im Innern des Einheitskreises beschränkt sind. II

Journal für die reine und angewandte Mathematik 148, 122 - 145 (1918)

§ 9.

Eine Anwendung des Satzes IV.

Vor einigen Jahren hat *E. Landau***) folgenden interessanten Satz bewiesen:

Betrachtet man die Menge $\mathfrak{C}$ aller für $|x| < 1$ konvergenten Potenzreihen

$$f(x) = c_0 + c_1 x + c_2 x^2 + \cdots,$$

die der Bedingung $M(f) \leqq 1$ genügen, so ist für jeden Wert von n die obere Grenze G_n des Ausdrucks $|c_0 + c_1 + \cdots + c_n|$ gleich

$$G_n = 1 + \left(\frac{1}{2}\right)^2 + \left(\frac{1.3}{2.4}\right)^2 + \cdots + \left(\frac{1.3.\ldots(2n-1)}{2.4.\ldots\;2n}\right)^2.$$

Versteht man unter P_n das Polynom

$$P_n = \sum_{\nu=0}^{n} \binom{-\frac{1}{2}}{\nu} (-x)^\nu,$$

so liegen die Nullstellen von P_n außerhalb des Einheitskreises. Die obere Grenze G_n wird erreicht für die rationalen Funktionen

$$f(x) = \varepsilon \frac{x^n P_n(x^{-1})}{P_n(x)} \qquad (|\varepsilon| = 1)$$

und für keine andere Funktion der Funktionenklasse $\mathfrak{C}$.

---

*) Vergl. Bd. 147 (1917), S. 205—232. — Im folgenden wird dieser erste Teil der Arbeit mit P. I zitiert.

**) Archiv d. Math. u. Phys. Bd. 21 (1913), S. 250. Vergl. auch *E. Landau*, Darstellung und Begründung einiger neuerer Ergebnisse der Funktionentheorie, Berlin 1916, S. 20.

An diesem Satz wirkt, abgesehen von der genauen Berechnung der Zahl G_n, zweierlei überraschend: erstens, daß die obere Grenze überhaupt erreicht wird, und zweitens, daß die Funktionen $f(x)$, für die das eintritt, von so speziellem Typus sind. Ich will nun zeigen, daß dies auf einem allgemeinen Satz beruht:

XIII. *Es sei* $S(x_0, x_1, \ldots, x_n)$ *eine gegebene ganze rationale Funktion, die keine Konstante ist, und* G *die obere Grenze des Ausdrucks* $|S(c_0, c_1, \ldots, c_n)|$ *für die Gesamtheit aller Potenzreihen* $f(x)$ *der Menge* $\mathfrak{C}$. *Dann gibt es stets Funktionen* $f(x)$ *der Menge* $\mathfrak{C}$, *für die* $|S| = G$ *wird, und jede solche Funktion hat die Form*

$$f(x) = \varepsilon \prod_{\nu=1}^{r} \frac{x + \omega_\nu}{1 + \overline{\omega}_\nu x}, \qquad (|\omega_\nu| < 1, |\varepsilon| = 1) \tag{33.}$$

wobei r *höchstens gleich* n *werden kann.*

Dies folgt leicht aus den Ergebnissen des § 3. Die Zahlen $c_0, c_1, \ldots, c_n$ kommen, wie wir dort gesehen haben, dann und nur dann als die $n+1$ ersten Koeffizienten einer Potenzreihe der Menge $\mathfrak{C}$ in Betracht, wenn sie sich in der Gestalt

$$c_\nu = \Psi_\nu = \Psi(\gamma_0, \gamma_1, \ldots, \gamma_\nu) \qquad (\nu = 0, 1, \ldots, n)$$

darstellen lassen, wobei die γ_λ nur den Bedingungen

$$|\gamma_0| \leqq 1, |\gamma_1| \leqq 1, \ldots, |\gamma_n| \leqq 1 \tag{34.}$$

zu unterwerfen sind. Der Ausdruck Ψ_ν ist eine ganze rationale Funktion von

$$\gamma_0, \overline{\gamma}_0, \ldots, \gamma_{\nu-1}, \overline{\gamma}_{\nu-1}, \gamma_\nu,$$

die in bezug auf γ_ν linear ist und die Form

$$\Psi_\nu = \gamma_\nu \prod_{\lambda=0}^{\nu-1} (1 - \gamma_\lambda \overline{\gamma}_\lambda) + \Psi' \qquad (\Psi_0 = \gamma_0) \tag{35.}$$

hat. Steht für ein spezielles Wertsystem γ_λ in einer der Ungleichungen (34.) das Gleichheitszeichen, etwa zuerst für $\lambda = r$, so wird $f(x)$ eindeutig bestimmt als die rationale Funktion $[x; \gamma_0, \gamma_1, \ldots, \gamma_r]$, die von der Form (33.) ist.

Ist nun

$$S(\Psi_0, \Psi_1, \ldots, \Psi_n) = T(\gamma_0, \gamma_1, \ldots, \gamma_n),$$

so läßt sich G einfach charakterisieren als die obere Grenze der Funktion $|T|$ der komplexen Variablen γ_λ in dem durch die Ungleichungen (34.) bestimmten Gebiete Γ. Da aber $|T|$ eine stetige Funktion der γ_λ und Γ ein abgeschlossenes Gebiet ist, gibt es gewiß in Γ Wertsysteme $\gamma'_0, \gamma'_1, \ldots, \gamma'_n$, für die $|T|$ genau gleich G wird. Eine Funktion der Klasse $\mathfrak{C}$, für die

$|S| = G$ wird, ist dann z. B. die rationale Funktion

$$\varphi(x) = [x; \gamma_0', \gamma_1', \ldots, \gamma_n'] = c_0' + c_1' x + c_2' x^2 + \cdots + c_n' x^n + \cdots$$

Wir haben nur noch zu zeigen, daß eine der Zahlen $|\gamma_\lambda'|$ genau gleich 1 sein muß. Um dies zu beweisen, beachte man zunächst, daß $T(\gamma_0, \gamma_1, \ldots, \gamma_n)$ nicht identisch gleich

$$s = T(0, 0, \ldots, 0) = S(0, 0, \ldots, 0)$$

werden kann, ohne daß $S(x_0, x_1, \ldots, x_n)$ sich auf die Konstante s reduziert. Dies folgt leicht aus der besonderen Form (35.) der Ausdrücke Ψ_ν. Wären nun alle $|\gamma_\lambda'|$ kleiner als 1, so wäre $M(\varphi) = m < 1$ (vergl. P. I, S. 211). Ist dann $|z| \leqq \frac{1}{m}$, so wird auch $z\varphi(x)$ eine Funktion der Menge $\mathfrak{C}$, es müßte also im Kreise $|z| \leqq \frac{1}{m}$

$$|S(zc_0', zc_1', \ldots, zc_n')| \leqq |S(c_0', c_1', \ldots, c_n')|$$

sein. Da aber der absolute Betrag einer ganzen rationalen Funktion, die nicht konstant ist, sein Maximum in einem Kreise nur auf dem Rand erreicht, so müßte $S(zc_0', zc_1', \ldots, zc_n')$ von z unabhängig, d. h.

$$G = |S(0, 0, \ldots, 0)| = |s|$$

sein. Dies ist aber nicht möglich. Denn wähle ich $\gamma_0, \gamma_1, \ldots, \gamma_n$ den Bedingungen (34.) gemäß so, daß $T - s \neq 0$ wird, und setze $c_\nu = \Psi(\gamma_0, \gamma_1, \ldots, \gamma_\nu)$, so wird auch $S(c_0, c_1, \ldots, c_n)$ von s verschieden ausfallen. Für $|z| \leqq 1$ müßte nun wieder

$$|S(zc_0, zc_1, \ldots, zc_n)| \leqq G = |S(0, 0, \ldots, 0)|$$

sein. Diese Ungleichung würde aber erfordern, daß die ganze rationale Funktion $S(zc_0, zc_1, \ldots, zc_n)$ eine Konstante wird, was hier gewiß nicht der Fall ist.

§ 10.

Eine Folgerung aus den Sätzen X und XI.

In meiner in diesem Journal Bd. 140 (1911) erschienenen Arbeit habe ich (auf S. 11 und S. 14) mit rein algebraischen Hilfsmitteln bewiesen: Sind

$$A = \sum_{\varkappa, \lambda}{}_1^\infty a_{\varkappa\lambda} x_\varkappa \bar{x}_\lambda, \qquad B = \sum_{\varkappa, \lambda}{}_1^\infty b_{\varkappa\lambda} x_\varkappa \bar{x}_\lambda$$

zwei beliebige nichtnegative *Hermite*sche Formen, so ist auch die *Hermite*sche Form

$$C = \sum_{\varkappa,\lambda}^{\infty} a_{\varkappa\lambda} b_{\varkappa\lambda} x_\varkappa \bar{x}_\lambda$$

nichtnegativ. Setzt man ferner

$$A = \sum_{\varkappa,\lambda}^{\infty} a_{\varkappa\lambda} x_\varkappa y_\lambda, \qquad B = \sum_{\varkappa,\lambda}^{\infty} b_{\varkappa\lambda} x_\varkappa \bar{x}_\lambda$$

und weiß man, daß die Bilinearform A beschränkt und die *Hermite*sche Form B nichtnegativ ist, so ist, wenn die obere Grenze b der Koeffizienten $b_{11}, b_{22}, \ldots$ endlich ist, auch die Bilinearform

$$C = \sum_{\varkappa,\lambda}^{\infty} a_{\varkappa\lambda} b_{\varkappa\lambda} x_\varkappa y_\lambda$$

beschränkt, und zwar ist (in den in § 7 eingeführten Bezeichnungen)

$$m(C) \leqq b . m(A).$$

Kombiniert man diese beiden Sätze mit den Sätzen X und XI des ersten Teils der vorliegenden Arbeit, so ergibt sich ohne weiteres:

XIV. *Es seien*

$$f(x) = \sum_{\nu=0}^{\infty} a_\nu x^\nu, \qquad g(x) = \sum_{\nu=0}^{\infty} b_\nu x^\nu$$

zwei für $|x| < 1$ *konvergente Potenzreihen, von denen die zweite einen positiven reellen Bestandteil hat. Man bilde, wenn* b_0' *den reellen Teil von* b_0 *bedeutet, die (für* $|x| < 1$ *ebenfalls konvergente) Potenzreihe*

$$h(x) = 2 a_0 b_0' + \sum_{\nu=1}^{\infty} a_\nu b_\nu x^\nu.$$

Diese Funktion ist dann im Kreise $|x| < 1$ *von positivem reellem Bestandteil bezw. beschränkt, wenn* $f(x)$ *die entsprechende Eigenschaft besitzt*). Im zweiten Fall ist genauer*

$$M(h) \leqq 2 b_0' M(f). \tag{35.}$$

Man kann diesen Satz sehr leicht auch direkt beweisen: Ist nämlich

$$g(re^{i\varphi}) = u(r, \varphi) + i v(r, \varphi), \qquad (0 \leqq r < 1)$$

so gelten bekanntlich die Formeln

$$2\pi b_0' = \int_0^{2\pi} u(r, \varphi)\, d\varphi, \qquad \pi b_\nu r^\nu = \int_0^{2\pi} u(r, \varphi) e^{-i\nu\varphi} d\varphi.$$

Ist daher $|x| < 1$ und setzt man $x = r^2 e^{i\psi}$, so folgt aus

$$f(re^{i(\psi-\varphi)}) = \sum_{\nu=0}^{\infty} a_\nu r^\nu e^{i\nu(\psi-\varphi)}$$

die Gleichung

---

*) Für den Fall $\Re(f(x)) > 0$ findet sich eine ähnliche (von *O. Toeplitz* herrührende) Bemerkung bei *E. Landau*, Handbuch der Lehre von der Verteilung der Primzahlen, S. 891. Vergl. auch *F. Riesz*, dieses Journal, Bd. 146 (1915), S. 85.

$$\frac{1}{\pi}\int_0^{2\pi} u(r,\varphi)\, f(r e^{i(\psi-\varphi)})\, d\varphi = 2a_0 b_0' + \sum_{\nu=1}^{\infty} a_\nu r^\nu b_\nu r^\nu e^{i\nu\psi} = h(x).$$

Ist nun ebenso wie $u(r,\varphi)$ auch der reelle Teil $U(r,\varphi)$ von $f(re^{i\varphi})$ positiv, so wird auch

$$\Re(h(x)) = \frac{1}{\pi}\int_0^{2\pi} u(r,\varphi)\; U(r,\psi-\varphi)\, d\varphi > 0.$$

Weiß man andererseits, daß $f(x)$ beschränkt ist, so wird

$$|h(x)| \leqq \frac{1}{\pi}\int_0^{2\pi} u(r,\varphi)\,|f(re^{i(\psi-\varphi)})|\, d\varphi \leqq M(f)\,.\,\frac{1}{\pi}\int_0^{2\pi} u(r,\varphi)\, d\varphi.$$

Die rechtsstehende Zahl ist aber nichts anderes als $2b_0'.M(f)$.

Es ist noch zu beachten, daß, wenn $f(x)$ keiner weiteren Bedingung unterworfen wird, in der Ungleichung (35.) der Faktor $2b_0'$ durch keine kleinere Zahl ersetzt werden kann. Denn für $f(x) = 1$ wird $M(h) = 2b_0' = 2b_0'\, M(f)$.

Aus dem Satze XIV folgt auch offenbar: Ist $f(x)$ im Kreise $|x| < 1$ beschränkt und weiß man von der Funktion $g(x)$ nur, daß sie sich als *Differenz* zweier für $|x| < 1$ regulärer Funktionen $g_1(x)$ und $g_2(x)$ mit positiven reellen Bestandteilen darstellen läßt, so ist die Funktion

$$p(x) = \sum_{\nu=0}^{\infty} a_\nu b_\nu x^\nu \tag{36.}$$

jedenfalls für $|x| < 1$ beschränkt. Die durch die hier gekennzeichneten Funktionen $g = g_1 - g_2$ gebildete Funktionenklasse bezeichne man kurz als die Klasse $\mathfrak{D}$. In der Potenzreihenentwicklung einer solchen Funktion $g(x)$ sind die Koeffizienten jedenfalls beschränkt, da g_1 und g_2 einzeln diese Eigenschaft besitzen*). Ich will aber zeigen:

Es gibt Potenzreihen $g(x) = \sum_{\nu=0}^{\infty} b_\nu x^\nu$ mit beschränkten Koeffizienten, die nicht zur Funktionenklasse $\mathfrak{D}$ gehören.

Dies folgt aus der Tatsache, daß sich, wie *L. Fejér***) gezeigt hat, Potenzreihen $f(x) = \sum_{\nu=0}^{\infty} a_\nu x^\nu$ mit reellen Koeffizienten angeben lassen, die für $|x| < 1$ konvergent und beschränkt sind, bei denen die Summen

---

*) Ist der reelle Teil von $\Sigma\, b_\nu x^\nu$ für $|x| < 1$ positiv, so ist für $\nu \geqq 1$ bekanntlich $|b_\nu| \leqq 2b_0'$. Dies folgt übrigens unmittelbar aus der Ungleichung (35.), wenn $f(x) = x^\nu$ gesetzt wird.

**) Münch. Ber. 1910, Nr. 3. — Ein etwas einfacheres Beispiel hat *E. Landau* in seinem auf S. 122 zitierten Buche (§ 3) angegeben.

$$s_n = a_0 + a_1 + \cdots + a_n$$

aber nicht beschränkt sind, die Reihe $\sum\limits_{\nu=0}^{\infty} |a_\nu|$ also gewiß divergent ist. Wählt man nämlich eine solche Potenzreihe $f(x)$ und setzt

$$b_\nu = \operatorname{sign} a_\nu, \qquad g(x) = \sum_{\nu=0}^{\infty} b_\nu x^\nu,$$

so geht die Reihe (36.) in die Reihe $\Sigma |a_\nu| x^\nu$ über. Da nun diese Reihe an der Stelle $x = 1$ divergiert und ihre Koeffizienten nichtnegative reelle Zahlen sind, so ist nach einem bekannten Satze, wenn x längs des Radius $0 \dots 1$ der Stelle 1 zustrebt, $\lim p(x) = \infty$. Daher kann die Funktion $p(x)$ im Kreise $|x| < 1$ gewiß nicht beschränkt sein, folglich kann auch $g(x)$ nicht zur Klasse $\mathfrak{D}$ gehören.

Auf Grund des am Anfang dieses Paragraphen angeführten Satzes über Bilinearformen mit unendlich vielen Variablen folgert man in ganz ähnlicher Weise aus der Existenz von quadratischen Formen, die beschränkt, aber nicht absolut beschränkt sind*), daß es *Hermite*sche Formen mit unendlich vielen Variablen gibt, deren Koeffizienten beschränkt sind, die sich aber nicht als Differenz zweier nichtnegativer *Hermite*schen Formen mit ebenfalls beschränkten Koeffizienten darstellen lassen.

§ 11.

Über die Partialsummen einer beschränkten Potenzreihe.

Ist

$$T(\varphi) = b_0 + b_1 \cos\varphi + \cdots + b_n \cos n\varphi$$

ein Kosinuspolynom mit reellen Koeffizienten, das für reelle Werte von φ niemals negativ wird und auch nicht identisch verschwindet, so ist bekanntlich für $0 \leqq r < 1$

$$b_0 + b_1 r \cos\varphi + \cdots + b_n r^n \cos n\varphi > 0.$$

Daher hat das Polynom

$$g(x) = b_0 + b_1 x + \cdots + b_n x^n$$

im Kreise $|x| < 1$ einen positiven reellen Bestandteil. Ist daher $f(x) = \Sigma a_\nu x^\nu$ eine für $|x| < 1$ konvergente Potenzreihe und setzt man

$$h(x) = 2a_0 b_0 + a_1 b_1 x + \cdots + a_n b_n x^n,$$

so ist nach Satz XIV für $|x| < 1$ der reelle Teil von $h(x)$ positiv, wenn

*) Vergl. meine am Anfang dieses Paragraphen erwähnte Arbeit, S. 20.

$\Re(f(x)) > 0$ ist. Ist ferner $f(x)$ beschränkt, so gilt die Ungleichung $M(h) \leqq 2b_0 M(f)$.

Setzt man speziell

$$T(\varphi) = \frac{1}{2(n+1)} \left| 1 + e^{i\varphi} + \cdots + e^{in\varphi} \right|^2$$
$$= \frac{1}{2} + \frac{n}{n+1} \cos\varphi + \frac{n-1}{n+1} \cos 2\varphi + \cdots + \frac{1}{n+1} \cos n\varphi \text{*)},$$

so wird

$$h(x) = t_n(x) = \sum_{\nu=1}^{n} \frac{n+1-\nu}{n+1} a_\nu x^\nu = \frac{s_0(x) + s_1(x) + \cdots + s_n(x)}{n+1},$$

wobei $s_\nu(x)$ die Summe der $\nu + 1$ ersten Glieder der Reihe $f(x)$ bedeutet. Wählt man ferner

$$\binom{2n}{n} T(\varphi) = 2^{n-1} (1 + \cos\varphi)^n = \frac{e^{-in\varphi}}{2} (1 + e^{i\varphi})^{2n} = \frac{1}{2}\binom{2n}{n} + \sum_{\nu=1}^{n} \binom{2n}{n-\nu} \cos\nu\varphi,$$

so wird

$$h(x) = v_n(x) = \sum_{\nu=0}^{n} \frac{n!\, n!}{(n-\nu)!\,(n+\nu)!} a_\nu x^\nu.$$

Die Ausdrücke $t_n(x)$ stellen die zur Reihe $f(x)$ gehörenden *Cesàro*schen Mittel erster Ordnung dar. Ebenso liefern die Ausdrücke $v_n(x)$ die zuerst von *de la Vallée-Poussin* **) eingeführten Mittelbildungen. Für $|x| < 1$ ist daher bekanntlich

$$(37.) \qquad \lim_{n=\infty} t_n(x) = f(x), \qquad \lim_{n=\infty} v_n(x) = f(x).$$

Es gilt nun der nicht uninteressante Satz:

XV. *Die Reihe $f(x)$ ist dann und nur dann für $|x| < 1$ konvergent und $\Re(f(x)) > 0$, wenn in diesem Kreise für jedes n*

$$\Re(t_n(x)) > 0, \text{ bezw. } \Re(v_n(x)) > 0$$

ist. Damit ferner $f(x)$ für $|x| < 1$ konvergiere und der Bedingung $|f(x)| \leqq M$ genüge, ist notwendig und hinreichend, daß in diesem Kreise für jedes n

$$|t_n(x)| \leqq M, \text{ bezw. } |v_n(x)| \leqq M$$

sei.

Daß die hier genannten Bedingungen für $t_n(x)$ und $v_n(x)$ notwendig erfüllt sein müssen, haben wir vorhin schon gesehen. Wir haben also nur das Umgekehrte zu beweisen. Ich gebe den Beweis nur für die Ausdrücke $v_n(x)$ an, da sich für die $t_n(x)$ die Betrachtung ganz ebenso gestaltet. Ist

*) Vergl. *L. Fejér*, dieses Journal, Bd. 146 (1915), S. 59.

**) Bull. de l'Acad. Sc. de Belgique 1908, S. 193. – Vergl. auch *T. H. Gronwall*, dieses Journal, Bd. 147 (1916), S. 16.

für jedes n der reelle Teil von $v_n(x)$ im Kreise $|x| < 1$ positiv, so wird (vergl. die Fußnote auf S. 126) für $1 \leqq \nu < n$

$$\left| \frac{n!\,n!}{(n-\nu)!\,(n+\nu)!} a_\nu \right| = \left| \frac{n(n-1)\dots(n-\nu+1)}{(n+1)(n+2)\dots(n+\nu)} a_\nu \right| \leqq 2\Re(a_0).$$

Hält man ν fest und läßt n über alle Grenzen wachsen, so ergibt sich $|a_\nu| \leqq 2\Re(a_0)$. Daher ist die Reihe $f(x)$ für $|x| < 1$ konvergent und zugleich wegen (37.)

$$\Re(f(x)) = \lim_{n=\infty} \Re(v_n(x)) \geqq 0.$$

Den Wert 0 kann aber $\Re(f(x))$ im Innern des Kreises $|x| < 1$ nicht annehmen, ohne einmal negativ zu werden oder identisch zu verschwinden. Auch der zweite Fall kommt wegen $\Re(f(0)) = \Re(v_n(0)) > 0$ nicht in Betracht. In ganz ähnlicher Weise erledigt sich auch der Fall $|v_n(x)| \leqq M$.

Daß für jede beschränkte Funktion $f(x)$ mit der oberen Grenze $m = M(f)$ im Kreise $|x| < 1$ stets auch

$$(38.)\qquad |t_n(x)| = \left| \frac{s_0(x) + s_1(x) + \dots + s_n(x)}{n+1} \right| \leqq m$$

ist, hat zuerst *L. Fejér**) und die Umkehrung dieses Satzes zuerst *E. Landau* (im § 1 seines auf S. 122 zitierten Buches) auf anderem Wege bewiesen.

Läßt man x gegen 1 konvergieren und setzt

$$s_\nu = a_0 + a_1 + \dots + a_\nu,$$

so ergibt sich aus (38.)

$$(39.)\qquad \left| \frac{s_0 + s_1 + \dots + s_n}{n+1} \right| \leqq m.$$

Weiß man umgekehrt, daß diese Ungleichung für jede beschränkte Funktion $f(x)$ mit der oberen Grenze m gilt, so lehrt die Betrachtung der Reihe $\Sigma a_\nu x^\nu z^\nu$, daß für $|x| \leqq 1$ auch die Ungleichung (38.) gilt.

Ich will nun zeigen, daß die Relation (39.) durch eine wesentlich schärfere ersetzt werden kann. Unter den hier über $f(x)$ gemachten Voraussetzungen besteht nämlich, wie wir P. I, S. 227 gesehen haben, für jedes Wertsystem $u_0, u_1, \dots, u_n$ die Ungleichung

$$\sum_{\nu=0}^{n} |a_0 u_\nu + a_1 u_{\nu+1} + \dots + a_{n-\nu} u_n|^2 \leqq m^2 \sum_{\nu=0}^{n} |u_\nu|^2.$$

Setzt man hier alle u_λ gleich 1, so geht sie über in

---

*) Rendiconti di Palermo, Bd. 38 (1914), S. 95.

$$(40.)\qquad \sum_{\nu=0}^{n} |s_{n-\nu}|^2 = \sum_{\nu=0}^{n} |s_\nu|^2 \leqq (n+1)\,m^2.$$

Es ist aber auf Grund einer bekannten Ungleichung

$$(|s_0|+|s_1|+\cdots+|s_n|)^2 \leqq (n+1)\,(|s_0|^2+|s_1|^2+\cdots+|s_n|^2).$$

Aus (40.) folgt daher

$$(40'.)\qquad \frac{|s_0|+|s_1|+\cdots+|s_n|}{n+1} \leqq m,$$

was mehr besagt als die Ungleichung (39.).

Hieraus folgt in bekannter Weise: Ist $\sigma_1, \sigma_2, \ldots$ irgend eine monoton ins Unendliche wachsende Folge positiver Zahlen, so ist stets

$$\lambda = \lim_{n=\infty} \inf \frac{|s_n|}{\sigma_n} = 0.$$

Für jede im Kreise $|x| < 1$ beschränkte Funktion $f(x)$ ist bekanntlich*) $\frac{|s_n|}{\log n}$ unterhalb einer endlichen Schranke gelegen. Aus unserem Ergebnis folgt, daß, wenn $\lim\limits_{n=\infty} \frac{|s_n|}{\log n}$ existiert, dieser Grenzwert nur den Wert 0 haben kann**).

§ 12.

Über eine spezielle Klasse von beschränkten Potenzreihen.

Verstehen wir wieder unter $f(x) = \Sigma a_\nu x^\nu$ eine im Kreise $|x| < 1$ konvergente und beschränkte Potenzreihe und ist $M(f) = m$, so gilt bekanntlich die Ungleichung

$$(41.)\qquad b_0 = |a_0|^2 + |a_1|^2 + |a_2|^2 + \cdots \leqq m^2.$$

(Dies folgt aus der Formel (25.) des § 7 oder auch aus dem Satze X.)

---

*) Vgl. *E. Landau*, Arch. d. Math. u. Phys. Bd. 21 (1913), S. 42.

**) In einer vor kurzem erschienenen Arbeit (Gött. Nachr., math.-phys. Kl. 1917, S. 119—128) hat *H. Bohr* gezeigt, daß es spezielle Funktionen der Klasse $\mathfrak{E}$ gibt, für die $\lim\limits_{n=\infty} \sup \frac{|s_n|}{G_n} = 1$ ist (hierbei bedeutet G_n die in § 9 erwähnte *Landau*sche obere Grenze für $|s_n|$). Da andererseits $\lim\limits_{n=\infty} \inf \frac{|s_n|}{G_n} = 0$ und $G_n \sim \frac{1}{\pi} \log n$ ist, so existiert in dem *Bohr*schen Falle $\lim\limits_{n=\infty} \frac{|s_n|}{\log n}$ nicht. — Herr *Bohr* beweist ferner a. a. O. mit recht tiefliegenden Hilfsmitteln, daß für jede Funktion der Klasse $\mathfrak{E}$ $\lim\limits_{n=\infty} \sup\,(G_n - |s_n|) = \infty$ ist. Dies folgt unmittelbar aus der im Text bewiesenen Ungleichung (40′.) in Verbindung mit der Tatsache, daß $\lim\limits_{n=\infty} \frac{G_0+G_1+\cdots+G_n}{n+1} = \infty$ ist. (Zusatz bei der Korrektur.)

Es entsteht nun die Frage: *wann gilt in* (41.) *das Gleichheitszeichen?* Die Antwort auf diese Frage gibt der Satz:

XVI. *Damit die Potenzreihe* $f(x)$ *im Kreise* $|x| < 1$ *beschränkt sei und die obere Grenze*

$$M(f) = \sqrt{|a_0|^2 + |a_1|^2 + |a_2|^2 + \cdots} = \sqrt{b_0}\,.$$

besitze, ist notwendig und hinreichend, daß die hier auftretende Reihe konvergiere und außerdem die sämtlichen (alsdann ebenfalls konvergenten) Reihen

$$b_\nu = a_0\bar{a}_\nu + a_1\bar{a}_{\nu+1} + a_2\bar{a}_{\nu+2} + \cdots \qquad {\scriptstyle(\nu=1,\,2,\ldots)}$$

die Summe 0 *haben.*

Besitzt nämlich $f(x)$ die verlangte Eigenschaft, so besteht für jedes Wertsystem $u_0, u_1, u_2, \ldots$, für das die Reihe $\sum\limits_{\nu=0}^{\infty} |u_\nu|^2$ konvergiert, die Ungleichung

$$\sum_{\nu=0}^{\infty} |a_0 u_\nu + a_1 u_{\nu+1} + \cdots|^2 \leqq b_0 \sum_{\nu=0}^{\infty} |u_\nu|^2$$

(vergl. § 7, Formel (27.)). Setzt man insbesondere $u_\nu = \bar{a}_\nu$, so ergibt sich

$$b_0^2 + |b_1|^2 + |b_2|^2 + \cdots \leqq b_0^2.$$

Daher müssen die Zahlen $b_1, b_2, \ldots$ sämtlich verschwinden.

Ist umgekehrt die Reihe b_0 konvergent und $b_\nu = 0$ für $\nu > 0$, so wird, wenn A wie früher die Bilinearform

$$A = \sum_{\lambda \geqq \varkappa} a_{\lambda-\varkappa}\, x_\varkappa\, y_\lambda$$

und auch die zugehörige Matrix bedeutet, $A\bar{A}' = b_0 E$. Die *Hermite*sche Form $A\bar{A}'$ ist also beschränkt und ihre obere Grenze gleich b_0. Hieraus folgt aber (vergl. § 7), daß auch die Bilinearform A beschränkt und ihre obere Grenze gleich $\sqrt{b_0}$ ist. Folglich ist nach Satz X die Potenzreihe $f(x)$ für $|x| < 1$ beschränkt und $M(f) = \sqrt{b_0}$.

Will man von der Theorie der Bilinearformen keinen Gebrauch machen, so kann man folgendermaßen schließen. Ist die Reihe b_0 konvergent und setzt man

$$b_{-\nu} = \bar{b}_\nu = \bar{a}_0 a_\nu + \bar{a}_1 a_{\nu+1} + \cdots,$$

so wird, wie eine einfache Rechnung zeigt, für beliebige $n+1$ Größen $u_0, u_1, \ldots, u_n$

$$\sum_{\varkappa,\lambda}{}_0^n\, b_{\lambda-\varkappa}\, u_\varkappa \bar{u}_\lambda = \sum_{\nu=-n}^{\infty} \left| \sum_{\lambda=0}^{n} a_{\lambda+\nu}\, u_\lambda \right|^2,$$

wobei $a_{-1}, a_{-2}, \ldots$ gleich 0 zu setzen sind. Haben insbesondere $b_1, b_2, \ldots$

den Wert 0, so wird die links stehende Summe gleich $b_0 \sum_{\nu=0}^{n} |u_\nu|^2$. Daher ist

$$\sum_{\nu=-n}^{0} \left| \sum_{\lambda=0}^{n} a_{\lambda+\nu} u_\lambda \right|^2 = \sum_{\lambda=0}^{n} |a_0 u_\nu + a_1 u_{\nu+1} + \cdots + a_{n-\nu} u_n|^2 \leqq b_0 \sum_{\nu=0}^{n} |u_\nu|^2.$$

Das Bestehen dieser Ungleichung für alle n und für beliebige u_ν liefert aber, wie wir P. I, S. 227 gesehen haben, eine hinreichende Bedingung dafür, daß $f(x)$ für $|x| < 1$ beschränkt und $M(f) \leqq \sqrt{b_0}$ sei. Da andererseits $\sqrt{b_0} \leqq M(f)$ ist, muß hier das Gleichheitszeichen gelten.

Ist insbesondere $f(x)$ im Einheitskreise mit Einschluß des Randes stetig, so wird bekanntlich

$$b_0 = |a_0|^2 + |a_1|^2 + |a_2|^2 + \cdots = \frac{1}{2\pi} \int_0^{2\pi} |f(e^{i\varphi})|^2 d\varphi.$$

In diesem Fall wird offenbar dann und nur dann $M(f) = \sqrt{b_0}$, wenn $f(e^{i\varphi})$ von konstantem absolutem Betrage ist. Zu dieser Klasse von Funktionen gehören insbesondere die rationalen Funktionen der Form

$$f(x) = c \prod_{\nu=1}^{n} \frac{x + \omega_\nu}{1 + \overline{\omega}_\nu x}, \qquad (|\omega_\nu| < 1)$$

wobei c eine beliebige Konstante bedeuten kann.

Allgemein hat Herr *Fatou**) bewiesen, daß, wenn $f(x)$ im Kreise $|x| < 1$ regulär und beschränkt ist, für alle reellen Werte von φ, abgesehen von einer Menge vom *Lebesgue*schen Maße 0,

$$\lim_{r=1} f(re^{i\varphi}) = F(\varphi)$$

existiert**) und

$$b_0 = |a_0|^2 + |a_1|^2 + |a_2|^2 + \cdots = \frac{1}{2\pi} \int_0^{2\pi} |F(\varphi)|^2 d\varphi$$

ist. Hierbei ist das Integral im *Lebesgue*schen Sinne zu verstehen. Soll die Reihensumme b_0 gleich dem Quadrat der oberen Grenze von $f(x)$ sein, so muß $F(\varphi)$, abgesehen von einer Menge vom Maße 0, von konstantem absolutem Betrage sein, und diese Bedingung ist auch hinreichend. Daß aber aus der Konvergenz der Reihe $\sum_{\nu=0}^{\infty} |a_\nu|^2$ und den Gleichungen $b_1 = 0$,

---

*) Acta Math. Bd. 30 (1906), S. 335.

**) Allgemeiner konvergiert $f(x)$ gegen $F(\varphi)$, wenn x aus dem Innern des Einheitskreises kommend auf irgendeiner geraden Linie dem Punkte $e^{i\varphi}$ zustrebt; vergl. *E. Study*, Konforme Abbildung einfach-zusammenhängender Bereiche (Teubner 1913), S. 50.

$b_2 = 0, \ldots$ die Beschränktheit von $f(x)$ und die Gleichung $M(f) = \sqrt{b_0}$ folgt, ergibt sich aus dem *Fatou*schen Satze noch nicht.

Ich will noch auf eine interessante spezielle Klasse von Funktionen der hier betrachteten Art aufmerksam machen.

Es seien $\alpha_1, \alpha_2, \ldots$ beliebige von Null verschiedene Größen, deren absolute Beträge sämtlich kleiner als 1 sind und für die die Reihe $\sum_{\nu=1}^{\infty}(1-|\alpha_\nu|)$ konvergent ist. Dann ist auch das unendliche Produkt

$$\alpha = \prod_{\nu=1}^{\infty} |\alpha_\nu|$$

konvergent und von Null verschieden. Bedeutet nun $r_1, r_2, \ldots$ irgendeine Folge wachsender positiver ganzer Zahlen, so ist das unendliche Produkt

$$f(x) = \prod_{\nu=1}^{\infty} \frac{1-\alpha_\nu^{-1} x^{r_\nu}}{1-\bar{\alpha}_\nu x^{r_\nu}}$$

für $|x| < 1$ konvergent, und diese Funktion verhält sich in diesem Kreise regulär. Setzt man nämlich

$$f_n(x) = \prod_{\nu=1}^{n} \frac{1-\alpha_\nu^{-1} x^{r_\nu}}{1-\bar{\alpha}_\nu x^{r_\nu}} = a_{n0} + a_{n1}x + a_{n2}x^2 + \cdots,$$

so ist $f_n(x)$ für $|x| \leqq 1$ regulär, und für $|x| = 1$ wird

$$|f_n(x)| = \frac{1}{|\alpha_1 \alpha_2 \ldots \alpha_n|} < \frac{1}{\alpha}. \qquad (42.)$$

Daher ist für jedes ν auch $|a_{n\nu}| < \frac{1}{\alpha}$. Außerdem stimmen für $\lambda > 0$ die Potenzreihenentwicklungen von $f_n(x)$ und $f_{n+\lambda}(x)$ in den r_{n+1} ersten Gliedern überein. Setzt man nun

$$a_0 = a_{10}, a_1 = a_{21}, a_2 = a_{32}, \ldots,$$

so ist die Reihe $\sum_{\nu=0}^{\infty} a_\nu x^\nu$ wegen $|a_\nu| < \frac{1}{\alpha}$ im Kreise $|x| < 1$ konvergent, und man erkennt leicht, daß in diesem Kreise

$$f(x) = \lim_{n=\infty} f_n(x) = a_0 + a_1 x + a_2 x^2 + \cdots$$

ist. Aus (42.) folgt zugleich, daß $M(f) \leqq \frac{1}{\alpha}$ ist. Andererseits ergibt sich aber auch aus dieser Gleichung, daß für jedes n die Relation

$$\sum_{\nu=0}^{\infty} |a_{n\nu}|^2 = \frac{1}{|\alpha_1 \alpha_2 \ldots \alpha_n|^2}$$

besteht. Für $\nu < r_{n+1}$ ist ferner offenbar $a_{n\nu} = a_\nu$. Daher ist

$$\frac{1}{|\alpha_1 \alpha_2 \ldots \alpha_n|^2} - \sum_{\nu=0}^{r_{n+1}-1} |a_\nu|^2 = \sum_{\nu=r_{n+1}}^{\infty} |a_{n\nu}|^2.$$

Wählt man nun, was jedenfalls stets möglich ist, die Zahlen r_λ so, daß die rechts stehende Summe mit wachsendem n gegen 0 konvergiert*), so wird

$$\sum_{\nu=0}^{\infty} |a_\nu|^2 = \lim_{n=\infty} \frac{1}{|\alpha_1 \alpha_2 \ldots \alpha_n|^2} = \frac{1}{\alpha^2}.$$

Hieraus folgt zugleich, daß die obere Grenze $M(f)$ von $f(x)$ genau gleich $\frac{1}{\alpha}$ ist, da sonst die links stehende Summe größer als das Quadrat von $M(f)$ wäre.

Die auf diese Weise gewonnene Funktion $f(x)$ genügt also den Bedingungen des Satzes XVI. Sie besitzt nun eine merkwürdige Eigenschaft: sie hat im Innern des Einheitskreises unendlich viele Nullstellen, und jeder Randpunkt ist eine Häufungsstelle der Menge dieser Nullstellen, bei geradliniger Annäherung an einen Randpunkt konvergiert aber $|f(x)|$ (nach dem *Fatou*schen Satze) im allgemeinen gegen $\frac{1}{\alpha}$. Die Ausnahmepunkte auf dem Rande bilden höchstens nur eine Menge vom Maße Null**).

§ 13.

Über Polynome, die nur im Innern des Einheitskreises verschwinden.

Aus dem Satze VIII ergibt sich ohne Mühe ein interessanter Satz der Algebra, der auf rein algebraischem Wege nicht leicht zu beweisen sein dürfte:

XVII. *Die Nullstellen des Polynoms n-ten Grades*

$$g(x) = a_0 + a_1 x + \cdots + a_n x^n$$

sind dann und nur dann sämtlich im Innern des Einheitskreises gelegen, wenn die Hermitesche Form

$$H = \sum_{\lambda=0}^{n-1} |\bar{a}_n x_\lambda + \bar{a}_{n-1} x_{\lambda+1} + \cdots + \bar{a}_{\lambda+1} x_{n-1}|^2 - \sum_{\lambda=0}^{n-1} |a_0 x_\lambda + a_1 x_{\lambda+1} + \cdots + a_{n-1-\lambda} x_{n-1}|^2$$

positiv definit ist, oder was dasselbe ist, wenn die n Determinanten

---

*) Es ist hierbei zu beachten, daß die Zahlen $a_{n\nu}$ von der Wahl der Zahlen $r_{n+1}, r_{n+2}, \ldots$ unabhängig sind.

**) Vergl. hierzu *H. Gronwall*, Annals of Math. Bd. 14 (1912), S. 72, und *W. Blaschke*, Leipziger Berichte, Bd. LXVII (1915), S. 194.

$$\delta_{\nu+1} = \begin{vmatrix} a_n, & 0, & \ldots, & 0, & a_0, a_1, \ldots, a_\nu \\ a_{n-1}, a_n, & \ldots, & 0, & 0, & a_0, \ldots, a_{\nu-1} \\ \cdot & \cdot & \cdot & \cdot & \cdot \\ a_{n-\nu}, a_{n-\nu+1}, \ldots, a_n, & 0, & 0, & \ldots, & a_0 \\ \bar{a}_0, & 0, & \ldots, & 0, & \bar{a}_n, \bar{a}_{n-1}, \ldots, \bar{a}_{n-\nu} \\ \bar{a}_1, & \bar{a}_0, & \ldots, & 0, & 0, \bar{a}_n, \ldots, \bar{a}_{n-\nu+1} \\ \cdot & \cdot & \cdot & \cdot & \cdot \\ \bar{a}_\nu, & \bar{a}_{\nu-1}, \ldots, \bar{a}_0, & 0, & 0, \ldots, & \bar{a}_n \end{vmatrix} \qquad (\nu=0,1,\ldots,n-1)$$

positive (von Null verschiedene) Werte haben.

Man setze nämlich

$$h(x) = x^n \bar{g}(x^{-1}) = \bar{a}_n + \bar{a}_{n-1}x + \cdots + \bar{a}_0 x^n$$

und betrachte den Quotienten

$$f(x) = \frac{g(x)}{h(x)}.$$

Wir haben nur zu untersuchen, unter welchen Bedingungen $f(x)$ eine Funktion der Form (18.) darstellt (vergl. § 6). Hierzu sind nur die dort angegebenen Determinanten $\delta_1, \delta_2, \ldots$ zu bilden, wobei

$$b_0 = \bar{a}_n, \quad b_1 = \bar{a}_{n-1}, \ldots, b_n = \bar{a}_0$$

und $a_\lambda = b_\lambda = 0$ für $\lambda > n$ zu setzen ist. Soll $f(x)$ die Form (18.) haben, so muß

$$\delta_1 > 0, \; \delta_2 > 0, \ldots, \delta_n > 0, \; \delta_{n+1} = \delta_{n+2} = \cdots = 0$$

sein. Die Determinanten $\delta_{n+1}, \delta_{n+2}, \ldots$ sind aber in unserem Falle von selbst gleich 0, weil in jeder von ihnen die erste Kolonne mit einer der übrigen übereinstimmt. Notwendig und hinreichend ist also nur, daß die n ersten Determinanten δ_λ positive Werte haben. Da aber δ_λ die λ-te Abschnittsdeterminante der *Hermite*schen Form H ist, so besagt dies nur, daß H eine positiv definite Form sein muß.

Versteht man, wenn

$$\psi(t) = c_0 + c_1 t + c_2 t^2 + \cdots$$

eine beliebige Potenzreihe ist, unter $N_n(\psi)$ die Summe

$$N_n(\psi) = |c_0|^2 + |c_1|^2 + \cdots + |c_{n-1}|^2$$

und setzt man

$$\varphi(t) = x_0 t^{n-1} + x_1 t^{n-2} + \cdots + x_{n-1},$$

so wird, wie man leicht sieht,

$$H = N_n(h\varphi) - N_n(g\varphi).$$

Die Wurzeln der Gleichung $g(x) = 0$ liegen also dann und nur dann sämtlich *im Innern des Einheitskreises, wenn diese Differenz für jedes nicht identisch verschwindende Polynom $\varphi(x)$, dessen Grad höchstens gleich $n-1$ ist, einen positiven Wert hat*).*

Der Satz XVII liefert auch eine Lösung der Aufgabe: zu entscheiden, unter welchen Bedingungen eine gegebene Gleichung n-ten Grades $G(x) = 0$ nur Wurzeln mit negativem reellem Teil besitzt. Hierzu hat man nur zu untersuchen, ob die Gleichung

$$g(x) = (x-1)^n G\left(\frac{x+1}{x-1}\right) = 0$$

den Bedingungen unseres Satzes genügt. Für Polynome $G(x)$ mit reellen Koeffizienten haben diese Aufgabe *E. J. Routh***) und *A. Hurwitz****) auf anderem Wege gelöst. Es dürfte nicht ganz leicht sein, aus dem hier gewonnenen Ergebnis die eleganten von Herrn *Hurwitz* angegebenen Bedingungen abzuleiten.

Unser Satz gestattet auch, die notwendigen und hinreichenden Bedingungen dafür anzugeben, daß die *Wurzeln* $\varepsilon_1, \varepsilon_2, \ldots, \varepsilon_n$ *einer Gleichung n-ten Grades*

$$F(x) = c_0 + c_1 x + \cdots + c_n x^n = 0$$

voneinander verschieden und sämtlich vom absoluten Betrage 1 *seien.* Dies ist, wie ich zeigen will, dann und nur dann der Fall, *wenn erstens*

$$(43.)\qquad c_0 \bar{c}_{n-\nu} = \bar{c}_n c_\nu \qquad (\nu=1, 2, \ldots, n)$$

ist, und zweitens die Wurzeln $\varepsilon'_1, \varepsilon'_2, \ldots, \varepsilon'_{n-1}$ der derivierten Gleichung $F'(x) = 0$ sämtlich im Innern des Einheitskreises liegen†), *d. h. $F'(x)$ den Bedingungen des Satzes* XVII *genügt.*

Sind nämlich alle Zahlen $|\varepsilon_\nu|$ gleich 1 und setzt man

$$F^*(x) = x^n \bar{F}(x^{-1}) = \bar{c}_n + \bar{c}_{n-1} x + \cdots + \bar{c}_0 x^n,$$

so unterscheiden sich F und F^* voneinander nur um einen konstanten

---

*) Dasselbe gilt dann von selbst auch für eine beliebige Potenzreihe $\varphi(t)$.

**) „Die Dynamik der Systeme starrer Körper" (deutsche Ausgabe, Leipzig 1898), Bd. 2, § 291.

***) Math. Ann. Bd. 46 (1895), S. 273. — Vergl. auch *L. Orlando*, Math. Ann. Bd. 71 (1912), S. 233.

†) Herr *G. Pólya*, den ich von diesem Satz in Kenntnis setzte, hatte die Freundlichkeit, mir noch einen andern, von Herrn *A. Hurwitz* herrührenden Beweis mitzuteilen, der sich auf den bekannten Satz von *Biehler* (dieses Journal Bd. 87, S. 350) stützt.

Faktor. Durch Vergleichen der von x freien Glieder erhält man $c_0 F^* = \bar{c}_n F$, und das liefert die Bedingungen (43.). Liegen ferner alle Wurzeln von $F=0$ in oder auf dem Rande $\mathfrak{R}$ eines konvexen Bereiches $\mathfrak{K}$, so gilt dasselbe nach einem bekannten Satze von *Gauß**) auch für die Wurzeln von $F'=0$. Die auf $\mathfrak{R}$ liegenden Wurzeln von $F'=0$ sind hierbei nichts anderes als die auf $\mathfrak{R}$ gelegenen *mehrfachen* Wurzeln von $F=0$. In unserem Fall kann für $\mathfrak{K}$ der Einheitskreis gewählt werden, und da $F=0$ keine mehrfachen Wurzeln besitzen soll, so müssen die Zahlen ε'_λ im *Innern* von $\mathfrak{K}$ liegen.

Sind umgekehrt die Gleichungen (43.) erfüllt, so ist insbesondere $|c_0| = |c_n|$. Ist dann ζ einer der beiden Werte von $\sqrt{\dfrac{\bar{c}_n}{c_0}}$ und setzt man

$$P(x) = \zeta x F'(x), \qquad Q(x) = x^n \bar{P}(x^{-1}) = \zeta^{-1} x^{n-1} \bar{F}'(x^{-1}),$$

so wird, wie eine einfache Rechnung zeigt,

$$P(x) + Q(x) = n\zeta F(x).$$

Liegen nun alle Wurzeln von $F'=0$ oder, was dasselbe ist, von $P=0$ im Innern des Einheitskreises, so folgt aus dem P. I, S. 230 bewiesenen Satze XII, daß die Gleichung $F=0$ die verlangte Eigenschaft besitzt.

Hieraus folgt leicht: *Ein trigonometrisches Polynom n-ten Grades mit reellen Koeffizienten*

$$T(\varphi) = \frac{a_0}{2} + \sum_{\nu=1}^{n} (a_\nu \cos \nu\varphi + b_\nu \sin \nu\varphi)$$

verschwindet dann und nur dann an $2n$ verschiedenen Stellen des Intervalls $0 \leqq \varphi < 2\pi$, wenn das Polynom des Grades $2n-1$

$$g(x) = \sum_{\nu=-(n-1)}^{n} (n+\nu)\, c_\nu x^{n+\nu-1}$$

den Bedingungen des Satzes XVII *genügt. Hierbei ist*

$$c_\nu = a_\nu + i b_\nu, \qquad c_{-\nu} = a_\nu - i b_\nu \qquad (\nu = 0, 1, 2, \ldots, n,\ b_0 = 0)$$

zu setzen.

§ 14.

Die rationalen Funktionen $[x; \gamma_0, \gamma_1, \ldots, \gamma_n]$.

Diese Funktionen, auf die wir bei der Betrachtung der im Kreise $|x| < 1$ beschränkten Potenzreihen geführt wurden (vgl. § 2), haben einige interessante Eigenschaften.

---

*) Werke, Bd. III, 1866, S. 112. Weitere Literaturangaben findet man bei *L. Fejér*, Math. Ann. Bd. 65 (1908), S. 417.

Sind $\gamma_0, \gamma_1, \ldots, \gamma_n$ beliebige Größen, so hat man sich zur Berechnung des Ausdrucks

$$(44.)\qquad f(x) = [x; \gamma_0, \gamma_1, \ldots, \gamma_n]$$

der Rekursionsformel

$$[x; \gamma_0, \gamma_1, \ldots, \gamma_n] = \frac{\gamma_0 + x[x; \gamma_1, \gamma_2, \ldots, \gamma_n]}{1 + \bar{\gamma}_0 x[x; \gamma_1, \gamma_2, \ldots, \gamma_n]}, \quad [x; \gamma_n] = \gamma_n$$

zu bedienen. Setzt man

$$f_\nu(x) = [x; \gamma_\nu, \gamma_{\nu+1}, \ldots, \gamma_n],$$

so läßt sich $f(x)$ auf die Form

$$(45.)\qquad f = \frac{C_{\nu-1} + x D_{\nu-1} f_\nu}{A_{\nu-1} + x B_{\nu-1} f_\nu}$$

bringen, wobei $A_{\nu-1}, \ldots$ ganze rationale Funktionen sind, die mit Hilfe der Rekursionsformeln

$$(46.)\qquad \begin{cases} A_\nu = A_{\nu-1} + \gamma_\nu x B_{\nu-1}, & B_\nu = \bar{\gamma}_\nu A_{\nu-1} + x B_{\nu-1}, \\ C_\nu = C_{\nu-1} + \gamma_\nu x D_{\nu-1}, & D_\nu = \bar{\gamma}_\nu C_{\nu-1} + x D_{\nu-1} \end{cases}$$

zu berechnen sind. Es kommt noch hinzu, daß

$$A_0 = 1,\ B_0 = \bar{\gamma}_0,\ C_0 = \gamma_0,\ D_0 = 1$$

zu setzen ist. Speziell wird

$$A_1 = 1 + \bar{\gamma}_0 \gamma_1 x,\ B_1 = \bar{\gamma}_1 + \bar{\gamma}_0 x,\ C_1 = \gamma_0 + \gamma_1 x,\ D_1 = \gamma_0 \bar{\gamma}_1 + x,$$
$$A_2 = 1 + (\bar{\gamma}_0 \gamma_1 + \bar{\gamma}_1 \gamma_2) x + \bar{\gamma}_0 \gamma_2 x^2, \qquad B_2 = \bar{\gamma}_2 + (\bar{\gamma}_1 + \bar{\gamma}_0 \gamma_1 \bar{\gamma}_2) x + \bar{\gamma}_0 x^2,$$
$$C_2 = \gamma_0 + (\gamma_1 + \gamma_0 \bar{\gamma}_1 \gamma_2) x + \gamma_2 x^2, \qquad D_2 = \gamma_0 \bar{\gamma}_2 + (\gamma_0 \bar{\gamma}_1 + \gamma_1 \bar{\gamma}_2) x + x^2.$$

Schreibt man noch deutlicher

$$A_\nu = A(x; \gamma_0, \gamma_1, \ldots, \gamma_\nu), \qquad B_\nu = B(x; \gamma_0, \gamma_1, \ldots, \gamma_\nu) \text{ u. s. w.},$$

so ergibt sich mit Hilfe der Formeln (46.) ohne Mühe

$$(47.)\qquad \begin{cases} A(x; \gamma_0, \gamma_1, \ldots, \gamma_\nu) = A(x; \bar{\gamma}_\nu, \bar{\gamma}_{\nu-1}, \ldots, \bar{\gamma}_0), \\ B(x; \gamma_0, \gamma_1, \ldots, \gamma_\nu) = C(x; \bar{\gamma}_\nu, \bar{\gamma}_{\nu-1}, \ldots, \bar{\gamma}_0), \\ D(x; \gamma_0, \gamma_1, \ldots, \gamma_\nu) = D(x; \bar{\gamma}_\nu, \bar{\gamma}_{\nu-1}, \ldots, \bar{\gamma}_0). \end{cases}$$

Ferner ist

$$D(x; \gamma_0, \gamma_1, \ldots, \gamma_\nu) = x^\nu A(x^{-1}; \bar{\gamma}_0, \bar{\gamma}_1, \ldots, \bar{\gamma}_\nu),$$
$$B(x; \gamma_0, \gamma_1, \ldots, \gamma_\nu) = x^\nu C(x^{-1}; \bar{\gamma}_0, \bar{\gamma}_1, \ldots, \bar{\gamma}_\nu),$$

wofür wir auch einfacher

$$(48.)\qquad D_\nu(x) = x^\nu \bar{A}_\nu(x^{-1}), \qquad B_\nu(x) = x^\nu \bar{C}_\nu(x^{-1})$$

schreiben können. Ist γ_ν von Null verschieden, so kommt noch hinzu

$$C(x; \gamma_0, \gamma_1, \ldots, \gamma_\nu) = \gamma_\nu x^\nu A(x^{-1}; \bar{\gamma}_0, \bar{\gamma}_1, \ldots, \bar{\gamma}_{\nu-1}, \gamma_\nu^{-1}).$$

Besonders wichtig sind für das folgende die Relationen

(49.) $$A_\nu D_\nu - B_\nu C_\nu = p_\nu x^\nu,$$

(50.) $$A_{\nu+1} C_\nu - A_\nu C_{\nu+1} = -\gamma_{\nu+1} p_\nu x^{\nu+1},$$

wobei

$$p_\nu = \prod_{\lambda=0}^{\nu} (1 - \gamma_\lambda \bar{\gamma}_\lambda)$$

zu setzen ist. Wegen (48.) läßt sich die Gleichung (49.) auch in der Form

(51.) $$A_\nu(x) \bar{A}_\nu(x^{-1}) - C_\nu(x) \bar{C}_\nu(x^{-1}) = p_\nu$$

schreiben*).

Die Ausdrücke A_ν und C_ν haben insbesondere die Form

$$A_\nu = 1 + \cdots + \bar{\gamma}_0 \gamma_\nu x^\nu, \qquad C_\nu = \gamma_0 + \cdots + \gamma_\nu x^\nu.$$

Aus (49.) und (50.) folgt noch, daß, wenn keine der Zahlen $\gamma_0, \gamma_1, \ldots, \gamma_{\nu-1}$ vom absoluten Betrage 1 ist, A_ν und C_ν teilerfremde Polynome sind. Setzt man in (45.) insbesondere $\nu = n$, so erhält man wegen $f_n = [x; \gamma_n] = \gamma_n$

$$f(x) = [x; \gamma_0, \gamma_1, \ldots, \gamma_n] = \frac{C_n(x)}{A_n(x)}.$$

Das bisher Gesagte gilt für beliebige Werte der Parameter γ_ν. Uns interessiert vor allem der Fall

(52.) $$|\gamma_0| < 1, \; |\gamma_1| < 1, \ldots, |\gamma_{n-1}| < 1, \; |\gamma_n| \leqq 1.$$

Unter dieser Annahme verhält sich, wie wir früher gesehen haben, $f(x)$ im Kreise $|x| \leqq 1$ regulär und genügt der Bedingung $M(f) \leqq 1$. Da außerdem A_n und C_n keinen Teiler gemeinsam haben, so ist *das Polynom $A_n(x)$ im Innern und auf dem Rande des Einheitskreises von Null verschieden***).

Es entsteht nun die Frage: *Welche rationalen Funktionen*

$$f(x) = \frac{C(x)}{A(x)} = \frac{c_0 + c_1 x + \cdots + c_n x^n}{1 + a_1 x + \cdots + a_n x^n}$$

lassen sich in der Form (44.) *darstellen, wobei die Parameter $\gamma_0, \gamma_1, \ldots, \gamma_n$ den Bedingungen* (52.) *genügen?* Die Polynome $A(x)$ und $C(x)$ können hierbei als teilerfremd angenommen werden, auch sollen die Koeffizienten a_n und c_n nicht beide Null sein.

Ich will nun beweisen: *Notwendig und hinreichend ist, daß $A(x)$ im*

---

*) Am elegantesten lassen sich die im Text angegebenen Formeln mit Hilfe des Matrizenkalküls beweisen. Man hat hierbei von der aus (46.) leicht folgenden Gleichung

$$\begin{pmatrix} A_\nu & B_\nu \\ C_\nu & D_\nu \end{pmatrix} = \begin{pmatrix} 1 & \bar{\gamma}_0 \\ \gamma_0 & 1 \end{pmatrix} \begin{pmatrix} x & 0 \\ 0 & x \end{pmatrix} \begin{pmatrix} 1 & \bar{\gamma}_1 \\ \gamma_1 & 1 \end{pmatrix} \begin{pmatrix} x & 0 \\ 0 & x \end{pmatrix} \cdots \begin{pmatrix} 1 & \bar{\gamma}_{\nu-1} \\ \gamma_{\nu-1} & 1 \end{pmatrix} \begin{pmatrix} x & 0 \\ 0 & x \end{pmatrix} \begin{pmatrix} 1 & \bar{\gamma}_\nu \\ \gamma_\nu & 1 \end{pmatrix}$$

auszugehen. Es handelt sich übrigens um bekannte Formeln für Kettenbrüche.

**) Es kann aber auch $A_n(x) = 1$ werden.

Innern und auf dem Rande des Einheitskreises nicht verschwinde und außerdem

$$A(x)\,\bar{A}(x^{-1}) - C(x)\,\bar{C}(x^{-1}) = p \tag{53.}$$

eine nichtnegative reelle Konstante sei.

Wir haben nur zu zeigen, daß diese Bedingungen hinreichend sind. Für $n = 0$ ist die Behauptung gewiß richtig, es sei also $n > 0$. Aus der ersten Voraussetzung folgt, daß $f(x)$ im Kreise $|x| \leqq 1$ keinen Pol besitzt. Für $|x| = 1$ ergibt sich ferner aus (53.)

$$|A(x)|^2 - |C(x)|^2 = p \geqq 0, \text{ also } 1 - |f(x)|^2 \geqq 0.$$

Daher ist $|f(x)|$ auch für $|x| < 1$ höchstens gleich 1. Genauer ist in diesem Gebiete $|f(x)| < 1$, weil sonst $f(x) = f(0) = c_0$ werden müßte. Dieser Fall ist aber auszuschließen, da $A(x)$ und $C(x)$ keinen Teiler gemeinsam haben sollen. Insbesondere ist der absolute Betrag von $c_0 = \gamma_0$ kleiner als 1. Multipliziert man beide Seiten der Gleichung (53.) mit x^n und vergleicht die Koeffizienten von x^{2n}, so erhält man $a_n = \bar{c}_0 c_n = \bar{\gamma}_0 c_n$. Hieraus folgt, daß beide Ausdrücke

$$\varDelta(x) = \frac{A - \bar{\gamma}_0 C}{1 - \gamma_0\bar{\gamma}_0}, \qquad \Gamma(x) = \frac{1}{x} \cdot \frac{C - \gamma_0 A}{1 - \gamma_0\bar{\gamma}_0}$$

Polynome höchstens vom Grade $n - 1$ sind, die keinen Teiler gemeinsam haben. Zwischen ihnen besteht, wie eine einfache Rechnung zeigt, die Relation

$$\varDelta(x)\,\bar{\varDelta}(x^{-1}) - \Gamma(x)\,\bar{\Gamma}(x^{-1}) = \frac{p}{1 - \gamma_0\bar{\gamma}_0}.$$

Außerdem kann $\varDelta(x)$ an keiner Stelle ξ des Kreises $|x| \leqq 1$ verschwinden. Denn aus $\varDelta(\xi) = 0$ folgt $1 - \bar{\gamma}_0 f(\xi) = 0$, für $|\xi| \leqq 1$ ist aber $|\bar{\gamma}_0 f(\xi)| \leqq |\bar{\gamma}_0| < 1$. Der Ausdruck

$$f_1(x) = \frac{\Gamma(x)}{\varDelta(x)}$$

genügt also den beiden über $f(x)$ gemachten Voraussetzungen, wobei aber an Stelle von n die Zahl $n - 1$ getreten ist. Nehmen wir nun das zu Beweisende für $f_1(x)$ als richtig an, so läßt sich diese Funktion auf die Form $[x; \gamma_1, \gamma_2, \ldots, \gamma_n]$ bringen, wobei $|\gamma_1| < 1, \ldots, |\gamma_{n-1}| < 1, |\gamma_n| \leqq 1$ wird. Da aber

$$f(x) = \frac{\gamma_0 + x f_1(x)}{1 + \bar{\gamma}_0 x f_1(x)}$$

ist, so wird $f(x) = [x; \gamma_0, \gamma_1, \ldots, \gamma_n]$, und hierbei genügen die γ_ν den Bedingungen (52.).

Es ist noch zu beachten, daß der Nenner $A(x)$ des Ausdrucks $f(x)$

keiner weiteren Bedingung zu unterwerfen ist, als der, daß seine Nullstellen außerhalb des Einheitskreises liegen sollen. Zu jedem solchen Polynom des Grades n lassen sich auf unendlich viele verschiedene Arten Polynome $C(x)$ desselben Grades bestimmen, die zu $A(x)$ teilerfremd sind und der Bedingung (53.) genügen. Hierzu hat man nur für p irgendeine nichtnegative reelle Zahl zu wählen, die höchstens gleich ist dem Minimum von $|A(e^{i\varphi})|^2$ für reelle Werte von φ, und alsdann $A(x)\,\bar{A}(x^{-1})-p$ auf die Form $C(x)\,\bar{C}(x^{-1})$ zu bringen. Daß dies für jedes derartige p möglich ist, ergibt sich mit Hilfe eines Satzes über trigonometrische Polynome, dessen Beweis von *F. Riesz* herrührt (vergl. *L. Fejér*, dieses Journal Bd. 146 (1915), S. 55). Für $p=0$ hat man insbesondere $C(x)=\varepsilon x^n\,\bar{A}(x^{-1})$ zu setzen, wo ε eine beliebige Größe vom absoluten Betrage 1 bedeutet. *Diese Betrachtung lehrt, daß jedes Polynom $A(x)$ vom Grade n, dessen Nullstellen außerhalb des Einheitskreises liegen und das für $x=0$ gleich 1 wird, sich in der Form*

$$A(x)=A(x;\gamma_0,\gamma_1,\ldots,\gamma_n)$$

darstellen läßt, wobei die Parameter γ_ν den Bedingungen (52.) *genügen.* Diese Darstellung läßt sich stets auch so wählen, daß $\gamma_n=1$ wird. Die übrigen Zahlen γ_ν sind dann eindeutig bestimmt. Um sie zu erhalten, hat man nur den Ausdruck

$$f(x)=\frac{x^n\,\bar{A}(x^{-1})}{A(x)}$$

auf die Form $[x;\gamma_0,\gamma_1,\ldots,\gamma_n]$ zu bringen. Sind insbesondere die Koeffizienten von $A(x)$ rationale Zahlen, so sind auch alle γ_ν rational.

§ 15.

Einige Eigenschaften der zu einer beschränkten Potenzreihe gehörenden Parameterdarstellung.

Wir haben früher gesehen, daß jede im Kreise $|x|<1$ reguläre Funktion $f(x)$, die der Bedingung $M(f)\leqq 1$ genügt, in der Form

$$(54.)\qquad f(x)=[x;\gamma_0,\gamma_1,\ldots]=\sum_{\nu=0}^{\infty}\Psi(\gamma_0,\gamma_1,\ldots,\gamma_\nu)x^\nu$$

darstellbar ist, wobei die Parameter γ_ν den Bedingungen $|\gamma_\nu|\leqq 1$ zu unterwerfen sind (vergl. § 3).

Setzt man, wenn $f(x)$ in dieser Form gegeben ist,

$$f_\nu(x)=[x;\gamma_\nu,\gamma_{\nu+1},\ldots]$$

und versteht unter A_ν, B_ν, C_ν, D_ν die im vorigen Paragraphen eingeführten

Polynome, so besteht für jedes ν die Gleichung

$$f = \frac{C_{\nu-1} + x D_{\nu-1} f_\nu}{A_{\nu-1} + x B_{\nu-1} f_\nu}. \tag{55.}$$

Für jede Größe ε vom absoluten Betrage 1 und für jede positive ganze Zahl n gelten ferner, wie man ohne Mühe beweisen kann, die Formeln

$$\begin{cases} \varepsilon f(x) = [x;\, \varepsilon\gamma_0, \varepsilon\gamma_1, \varepsilon\gamma_2, \ldots\,], \\ f(\varepsilon x) = [x;\, \gamma_0, \varepsilon\gamma_1, \varepsilon^2\gamma_2, \ldots\,], \\ x^n f(x) = [x;\, 0, 0, \ldots, 0, \gamma_0, \gamma_1, \ldots\,], \\ f(x^n) = [x;\, \gamma_0, 0, \ldots, 0, \gamma_1, 0, \ldots, 0, \gamma_2, 0, \ldots\,]. \end{cases} \tag{56.}$$

In der vorletzten Gleichung stehen n Nullen vor γ_0, in der letzten ist die Anzahl der zwischen $\gamma_{\nu-1}$ und γ_ν einzuschiebenden Nullen gleich $n-1$.

Der Fall, daß eine der Zahlen $|\gamma_\nu|$ gleich 1 wird, oder daß alle γ_ν von einer gewissen Stelle an gleich 0 sind, führt nur auf die im vorigen Paragraphen behandelten rationalen Funktionen $f(x)$. *Es seien also alle Zahlen $|\gamma_\nu|$ kleiner als 1 und unendlich viele unter ihnen von Null verschieden.* Bezeichnet man mit $\varphi_\nu(x)$ die rationale Funktion

$$\varphi_\nu(x) = [x;\, \gamma_0, \gamma_1, \ldots, \gamma_\nu] = \frac{C_\nu(x)}{A_\nu(x)},$$

so ist, wie wir schon im § 3 gesehen haben, für $|x| < 1$

$$f(x) = \lim_{\nu=\infty} \varphi_\nu(x), \tag{57.}$$

und hierbei ist die Konvergenz in jedem Kreise $|x| \leqq r < 1$ eine gleichmäßige. Die Formeln des vorigen Paragraphen gestatten uns, diese Gleichung noch anders zu schreiben. Aus (50.) folgt nämlich, indem man durch das für $|x| \leqq 1$ von Null verschiedene Produkt $A_\nu A_{\nu+1}$ dividiert,

$$\varphi_{\nu+1} - \varphi_\nu = \frac{\gamma_{\nu+1} p_\nu x^{\nu+1}}{A_\nu A_{\nu+1}}.$$

Für $|x| < 1$ ist daher wegen (57.)

$$f(x) = \varphi_0 + \sum_{\nu=0}^{\infty} (\varphi_{\nu+1} - \varphi_\nu) = \gamma_0 + \sum_{\nu=0}^{\infty} \frac{\gamma_{\nu+1} p_\nu x^{\nu+1}}{A_\nu(x) A_{\nu+1}(x)}.$$

Von besonderem Interesse ist der Fall, daß die Reihe

$$|\gamma_0| + |\gamma_1| + |\gamma_2| + \cdots \tag{58.}$$

konvergent ist. Aus der Gleichung

$$A_\nu = A_{\nu-1} + \gamma_\nu x B_{\nu-1}$$

ergibt sich für $|x| \leqq 1$, wenn noch zur Abkürzung $|\gamma_\nu| = \alpha_\nu$ gesetzt wird,

$$|A_\nu| \leqq |A_{\nu-1}| + \alpha_\nu |B_{\nu-1}|.$$

Für $|x| = 1$ ist aber wegen (48.) und (51.) $|B_{\nu-1}| = |C_{\nu-1}| < |A_{\nu-1}|$, und daher ist auch für $|x| < 1$ stets $|B_{\nu-1}| < |A_{\nu-1}|$*). Folglich ist für jedes ν und für $|x| \leqq 1$

$$|A_\nu| \leqq (1+\alpha_\nu)\,|A_{\nu-1}|,$$

und hieraus ergibt sich, da $A_0 = 1 \leqq 1 + \alpha_0$ ist,

$$|A_\nu| \leqq (1+\alpha_0)(1+\alpha_1)\dots(1+\alpha_\nu).$$

Die Formel (49.) liefert ferner für $|x| = 1$

$$1 - |\varphi_\nu|^2 = \frac{p_\nu}{|A_\nu|^2} = \frac{(1-\alpha_0^2)(1-\alpha_1^2)\dots(1-\alpha_\nu^2)}{|A_\nu|^2}.$$

Daher ist für $|x| = 1$ und umsomehr für $|x| < 1$

$$(59.)\qquad 1 - |\varphi_\nu|^2 \geqq \prod_{\lambda=0}^{\nu} \frac{1-\alpha_\lambda^2}{(1+\alpha_\lambda)^2} = \prod_{\lambda=0}^{\nu} \frac{1-\alpha_\lambda}{1+\alpha_\lambda}.$$

Dies gilt für beliebige Werte der Parameter γ_ν. Ist aber die Reihe (58.) konvergent, so konvergiert das in (59.) rechts stehende Produkt mit wachsendem ν gegen eine positive, von Null verschiedene Zahl $\varkappa$. Für $|x| < 1$ folgt nun aus (57.) und (59.)

$$1 - |f(x)|^2 \geqq \varkappa.$$

Die obere Grenze $M(f)$ der Funktion $f(x)$ im Kreise $|x| < 1$ ist daher höchstens gleich $\sqrt{1-\varkappa}$, *also kleiner als* 1.

Wir können aber aus der Konvergenz der Reihe (58.) noch eine andere Folgerung ziehen. Aus (49.) folgt für $|x| = 1$

$$|A_\nu|^2 \geqq p_\nu, \qquad |A_{\nu+1}|^2 \geqq p_{\nu+1} = p_\nu(1-\alpha_{\nu+1}^2),$$

also

$$\frac{1}{|A_\nu A_{\nu+1}|} \leqq \frac{1}{p_\nu \sqrt{1-\alpha_{\nu+1}^2}}.$$

Da aber die Funktion $\frac{1}{A_\nu A_{\nu+1}}$ sich im Kreise $|x| \leqq 1$ regulär verhält, so gilt diese Ungleichung auch für $|x| < 1$. Für $|x| \leqq 1$ ist daher

$$\left|\frac{\gamma_{\nu+1}\, p_\nu\, x^{\nu+1}}{A_\nu A_{\nu+1}}\right| \leqq \frac{\alpha_{\nu+1}}{\sqrt{1-\alpha_{\nu+1}^2}}.$$

Da nun die mit Hilfe der rechtsstehenden Zahlen gebildete Reihe zugleich mit der Reihe (58.) konvergent ist, so ergibt sich, daß die Reihe

$$g(x) = \gamma_0 + \sum_{\nu=0}^{\infty} \frac{\gamma_{\nu+1}\, p_\nu\, x^{\nu+1}}{A_\nu(x)\, A_{\nu+1}(x)}$$

---

*) Dies folgt auch aus der mit Hilfe der Gleichungen (47.) zu beweisenden Formel

$$\frac{B_{\nu-1}(x)}{A_{\nu-1}(x)} = [x; \bar\gamma_{\nu-1}, \bar\gamma_{\nu-2}, \dots, \bar\gamma_0].$$

im ganzen Kreise $|x| \leqq 1$ absolut und gleichmäßig konvergiert. Sie stellt daher eine in diesem Kreise stetige Funktion dar, die im Innern des Kreises mit der Funktion $f(x)$ übereinstimmt. — Wir erhalten also den Satz:

XVIII. *Ist die Reihe $\Sigma \gamma_\nu$ absolut konvergent, so ist die Funktion $f(x)$ im Einheitskreise mit Einschluß des Randes stetig, und ihre obere Grenze $M(f)$ ist kleiner als* 1.

Es ist noch zu beachten, daß, wenn die Funktion $f(x)$ durch ihre Potenzreihenentwicklung

$$f(x) = a_0 + a_1 x + a_2 x^2 + \cdots$$

gegeben ist, die Reihe (58.) in der Form

$$|a_0| + \sum_{\nu=1}^{\infty} \frac{\sqrt{\delta_\nu^2 - \delta_{\nu-1}\delta_{\nu+1}}}{\delta_\nu}$$

geschrieben werden kann, wobei

$$\delta_1 = \begin{vmatrix} 1 & a_0 \\ \bar{a}_0 & 1 \end{vmatrix}, \qquad \delta_2 = \begin{vmatrix} 1 & 0 & a_0 & a_1 \\ 0 & 1 & 0 & a_0 \\ \bar{a}_0 & 0 & 1 & 0 \\ \bar{a}_1 & \bar{a}_0 & 0 & 1 \end{vmatrix}, \ldots$$

zu setzen ist (vergl. § 4).

Allein aus der Stetigkeit von $f(x)$ im Kreise $|x| \leqq 1$ folgt die Konvergenz der Reihe (58.) gewiß noch nicht. Das zeigen schon die Beispiele

$$\frac{1+x}{2} = \left[x; \frac{1}{2}, \frac{2}{3}, \frac{2}{5}, \frac{2}{7}, \ldots\right], \qquad \frac{1}{2-x} = \left[x; \frac{1}{2}, \frac{1}{3}, \frac{1}{4}, \frac{1}{5}, \ldots\right].$$

In diesen beiden Fällen ist aber $M(f) = 1$. Ob nun aber $f(x)$ im Kreise $|x| \leqq 1$ stetig und außerdem $M(f) < 1$ sein kann, ohne daß die Reihe (58.) konvergiert, habe ich bis jetzt nicht zu entscheiden vermocht.

Ich will noch an einigen Beispielen zeigen, daß die hier eingeführte Parameterdarstellung uns in den Stand setzt, gewisse Klassen von Funktionalgleichungen in einfacher Weise zu behandeln. Es sei z. B. γ irgendeine Größe, die absolut kleiner als 1 ist, und n eine positive ganze Zahl. Setzt man in (54.)

$$\gamma_0 = \gamma_1 = \gamma_{n+1} = \gamma_{n^2+n+1} = \gamma_{n^3+n^2+n+1} = \cdots = \gamma$$

und die übrigen Zahlen γ_ν gleich 0, so wird, wie aus der letzten der Formeln (56.) leicht hervorgeht,

$$f_1(x) = [x; \gamma_1, \gamma_2, \ldots] = f(x^n),$$

also

$$f(x) = \frac{\gamma + x f(x^n)}{1 + \gamma x f(x^n)}.$$

Dieser Funktionalgleichung genügt offenbar nur eine, allein durch γ bestimmte Potenzreihe. Unsere Betrachtung lehrt aber, daß diese Potenzreihe für $|x| < 1$ konvergent ist und der Bedingung $M(f) \leqq 1$ genügt. Dasselbe gilt, wenn $|\gamma| < 1$ und $|\varepsilon| = 1$ ist, für die Funktionalgleichung

$$f(x) = \frac{\gamma + x f(\varepsilon x)}{1 + \bar{\gamma} x f(\varepsilon x)}.$$

Die einzige Potenzreihe, die ihr genügt, läßt nämlich die Darstellung

$$f(x) = [x; \gamma, \gamma, \varepsilon\gamma, \varepsilon^3\gamma, \ldots, \varepsilon^{\binom{\nu}{2}}\gamma, \ldots]$$

zu. Von besonderem Interesse ist der Fall, daß die γ_ν sich periodisch wiederholen, d. h. bei gegebenem n der Bedingung $\gamma_\nu = \gamma_{\nu+n}$ genügen. Hierbei hat man anzunehmen, daß die Zahlen $|\gamma_0|, |\gamma_1|, \ldots, |\gamma_{n-1}|$ *kleiner* als 1 sind. Die Funktion $f(x)$ genügt dann, da $f_n = f$ wird, wegen (55.) der quadratischen Gleichung

$$x B_{n-1} f^2 + (A_{n-1} - x D_{n-1}) f - C_{n-1} = 0.$$

Man kann zeigen, daß *die Verzweigungsstellen dieser algebraischen Funktion sämtlich auf dem Rande des Einheitskreises liegen.*

31.

Über endliche Gruppen und Hermitesche Formen

Mathematische Zeitschrift 1, 184 - 207 (1918)

Im folgenden bezeichne ich die Koeffizientenmatrix $H = (h_{\varkappa\lambda})$ einer Hermiteschen Form

$$H = \sum_{\varkappa,\lambda}{}_1^n h_{\varkappa\lambda} x_\varkappa \bar{x}_\lambda \qquad (\bar{h}_{\varkappa\lambda} = h_{\lambda\varkappa})$$

kurz als eine *Hermitesche Matrix*. Eine solche Matrix ist in den üblichen Bezeichnungen durch die Gleichung

$$\bar{H}' = H$$

charakterisiert; für das Zeichen $\bar{H}'$ soll im folgenden einfacher H^* geschrieben werden[1]). Ist die Form H positiv oder nichtnegativ, so bezeichne ich auch ihre Matrix als eine positive oder nichtnegative Hermitesche Matrix. Eine Matrix M des Grades n soll ferner *unitär* heißen, wenn die zugehörige lineare homogene Substitution unitär orthogonal ist, d. h. die Hermitesche Einheitsform

$$E_n = x_1 \bar{x}_1 + x_2 \bar{x}_2 + \cdots + x_n \bar{x}_n$$

ungeändert läßt. Notwendig und hinreichend hierfür ist, daß $M^* = M^{-1}$ wird.

Die Hermitesche Form H ist bekanntlich dann und nur dann positiv, wenn ihre n Abschnittsdeterminanten

$$d_\nu = \begin{vmatrix} h_{11} & h_{12} & \cdots & h_{\nu 1} \\ h_{21} & h_{22} & \cdots & h_{2\nu} \\ \cdot & \cdot & \cdot & \cdot \\ h_{\nu 1} & h_{\nu 2} & \cdots & h_{\nu\nu} \end{vmatrix} \qquad (\nu = 1, 2, \ldots, n)$$

[1]) Vgl. A. Ostrowski, Über die Existenz einer endlichen Basis bei gewissen Funktionensystemen, Math. Annalen 78 (1917), S. 94—119 (S. 117).

sämtlich positiv sind. Beachtet man, daß auch die n Koeffizienten $h_{\nu\nu}$ positive reelle Zahlen sind, und bezeichnet man mit $\mathfrak{G}$ diejenige Permutationsgruppe, deren Permutationen

$$(1)\qquad G = \begin{pmatrix} 1 & 2 & \dots & n \\ \gamma_1 & \gamma_2 & \dots & \gamma_n \end{pmatrix}$$

die Ziffern $\nu+1, \nu+2, \dots, n$ ungeändert lassen, so läßt sich die Ungleichung $d_\nu > 0$ auch in der Form

$$(2)\qquad \sum \chi(G) h_{1\gamma_1} h_{2\gamma_2} \dots h_{n\gamma_n} > 0$$

schreiben, wo G alle Permutationen von $\mathfrak{G}$ durchläuft und $\chi(G) = \pm 1$ zu setzen ist, je nachdem G eine gerade oder ungerade Permutation ist.

Im folgenden will ich zeigen, daß diese Ungleichungen eine überraschend weitgehende Verallgemeinerung zulassen:

I. *Ist H eine positive* **Hermitesche** *Form, so gilt die Ungleichung* (2) *für jede beliebige Permutationsgruppe $\mathfrak{G}$ in den n Vertauschungsziffern* $1, 2, \dots, n$ *und für jeden der* **Frobenius**schen *Gruppencharaktere* $\chi(G)$ *der Gruppe* $\mathfrak{G}$.

Es wird sich noch genauer ergeben:

I*. *Ist $D = d_n$ die Determinante der positiven Form H und $m = \chi(E)$ der Grad des Charakters $\chi(G)$, so ist stets*

$$\sum \chi(G) h_{1\gamma_1} h_{2\gamma_2} \dots h_{n\gamma_n} \geqq m D.$$

Ich werde auch angeben, in welchen Fällen hier das Gleichheitszeichen steht (§ 4). Betrachtet man insbesondere den Hauptcharakter $\chi(G) = 1$ und, wenn $\mathfrak{G}$ auch ungerade Permutationen enthält, den *alternierenden* Charakter von $\mathfrak{G}$, der entsteht, indem man $\chi(G)$ für gerade Permutationen gleich 1 und für ungerade gleich -1 setzt, so ergibt sich

$$(3)\qquad \sum h_{1\gamma_1} h_{2\gamma_2} \dots h_{n\gamma_n} \geqq D, \qquad \sum \pm h_{1\gamma_1} h_{2\gamma_2} \dots h_{n\gamma_n} \geqq D.$$

Hierin ist als Spezialfall die bekannte **Hadamard**sche Ungleichung[2])

$$(4)\qquad h_{11} h_{22} \dots h_{nn} \geqq D$$

enthalten.

Den Satz I werde ich aus einem wesentlich allgemeineren Satze folgern:

---

[2]) J. **Hadamard**, Résolution d'une question relative aux déterminants. Bulletin des sciences mathématiques (2) 17 (1893), S. 240—248. — Aus der zweiten der Relationen (3) folgt bei geeigneter Wahl der Gruppe $\mathfrak{G}$ auch die von E. **Fischer** in seiner Arbeit „Über den **Hadamard**schen Determinantensatz", Archiv der Mathematik und Physik (3) 13 (1908), S. 32—40, angegebene Verallgemeinerung der Ungleichung (4).

II. *Es sei* 𝔊 *eine beliebige Permutationsgruppe in den n Vertauschungsziffern* $1, 2, \ldots n$. *Man betrachte irgendeine Darstellung* 𝔐 *von* 𝔊 *durch unitäre Substitutionen (Matrizen), bei der der Permutation* (1) *von* 𝔊 *die Matrix* M_G *entspricht. Dann ist für jede positive Hermitesche Matrix* $H = (h_{\varkappa\lambda})$ *auch*

$$(5) \qquad \mathsf{M} = \sum M_G h_{1\gamma_1} h_{2\gamma_2} \ldots h_{n\gamma_n},$$

die Summe über alle Permutationen G der Gruppe 𝔊 *erstreckt, eine positive Hermitesche Matrix*[3]).

Es wird sich sogar ergeben, daß, wenn von jedem Element der Hauptdiagonale von M die Determinante D von H subtrahiert wird, eine nicht negative Hermitesche Matrix entsteht.

Der Beweis des Satzes II, auf dem alles übrige beruht, stützt sich auf die Frobeniussche Theorie der Gruppencharaktere und auf eines der Resultate meiner Inaugural-Dissertation[4]).

Setzt man nur voraus, daß die Hermitesche Form H nichtnegativ ist, so ergibt sich aus dem Satze II durch einen Grenzübergang, daß auch M eine nichtnegative Hermitesche Matrix ist. Insbesondere kann in diesem Fall nur geschlossen werden, daß die in (2) und (3) auftretenden Summen positiv oder gleich Null sind.

In den beiden letzten Paragraphen dieser Arbeit behandle ich noch eine andere Frage. Eine einfache Methode zur Bildung nichtnegativer Hermitescher Formen mit endlich oder unendlich vielen Veränderlichen liefert bekanntlich die Integralrechnung. Es scheint aber nirgends hervorgehoben worden zu sein, daß man auf diese Weise alle Formen dieser Art erhält. Der Beweis hierfür ist leicht zu erbringen. Die so gewonnene Integraldarstellung für die Koeffizienten einer beliebigen nichtnegativen Hermiteschen Form läßt interessante Anwendungen zu, aus ihr geht auch deutlich hervor, daß jede Aussage über diese Klasse von Formen als ein Satz der Integralrechnung aufgefaßt werden kann.

§ 1.

Zurückführung des Satzes II auf den Fall, daß 𝔊 die symmetrische Gruppe ist.

Ist 𝔊 die zu betrachtende Permutationsgruppe, deren Ordnung gleich g sein möge, und ordnet man jedem Element G von 𝔊 eine Matrix m-ten

[3]) Daß M der Bedingung $\mathsf{M}^* = \mathsf{M}$ genügt, sobald H diese Eigenschaft hat, ist leicht zu sehen.

[4]) Über eine Klasse von Matrizen, die sich einer gegebenen Matrix zuordnen lassen, Berlin 1901, S. 1—74. — Im folgenden wird diese Arbeit kurz mit D. zitiert.

Grades M_G zu, so bilden diese Matrizen eine *Darstellung* (m-ten Grades) $\mathfrak{M}$ von $\mathfrak{G}$, wenn für je zwei gleiche oder verschiedene Elemente A und B von $\mathfrak{G}$

$$M_A M_B = M_{AB}$$

ist. Die Darstellung heißt eine *eigentliche*, wenn die Determinanten der g Matrizen M_G von Null verschieden sind; dies ist dann und nur dann der Fall, wenn die der identischen Permutation E entsprechende Matrix M_E die Einheitsmatrix des Grades m ist. Ferner nenne ich die Darstellung $\mathfrak{M}$ *unitär*, wenn die Matrizen M_G sämtlich unitär sind. Eine unitäre Darstellung kann auch dadurch charakterisiert werden, daß M_E die Einheitsmatrix und für jedes Element G von $\mathfrak{G}$

$$M_G^* = M_{G^{-1}} \tag{6}$$

ist. Zwei Darstellungen desselben Grades nennt man einander *äquivalent*, wenn sie durch eine Ähnlichkeitstransformation ineinander übergeführt werden können. Nach einem bekannten Satze[5]) ist jede Darstellung einer endlichen Gruppe einer unitären Darstellung äquivalent. Hat man ferner zwei unitäre Darstellungen $\mathfrak{M}_1$ und $\mathfrak{M}_2$, die einander äquivalent sind, so kann man auch eine unitäre Ähnlichkeitstransformation angeben, die $\mathfrak{M}_1$ in $\mathfrak{M}_2$ überführt[6]).

Es sei nun $\mathfrak{S}$ die symmetrische Gruppe n-ten Grades und, falls $n! = gk$ ist,

$$\mathfrak{S} = \mathfrak{G}A_1 + \mathfrak{G}A_2 + \dots + \mathfrak{G}A_k. \qquad (A_1 = E)$$

Nach einem von Frobenius[7]) angegebenen Verfahren kann man dann in folgender Weise mit Hilfe einer gegebenen Darstellung $\mathfrak{M}$ des Grades m von $\mathfrak{G}$ (durch die Matrizen M_G) eine Darstellung des Grades mk von $\mathfrak{S}$ herstellen. Man setze, wenn R ein in $\mathfrak{G}$ nicht vorkommendes Element von $\mathfrak{S}$ ist, $M_R = 0$. Für jedes Element S von $\mathfrak{S}$ sind dann die k^2 Matrizen m-ten Grades

$$M_{A_\alpha S A_\beta^{-1}} = M_{\alpha\beta} \qquad (\alpha, \beta = 1, 2, \dots, k)$$

eindeutig bestimmt. Dann bilden die $n!$ Matrizen des Grades mk

---

[5]) A. Loewy, Sur les formes quadratiques définies à indéterminées conjuguées de M. Hermite, Comptes Rendus 123 (1896), S. 168—171, und E. H. Moore, An Universal Invariant for Finite Groups of Linear Substitutions, Math. Annalen 50 (1898), S. 213—219.

[6]) Vgl. G. Frobenius, Über die cogredienten Transformationen der bilinearen Formen, Berliner Sitzungsberichte 1896, S. 7—16 (S. 13).

[7]) Über Relationen zwischen den Charakteren einer Gruppe und denen ihrer Untergruppen, Berliner Sitzungsberichte 1898, S. 501—515 (S. 507).

$$N_S = M_{A_\alpha S A_\beta^{-1}} = \begin{pmatrix} M_{11} M_{12} \dots M_{1k} \\ M_{21} M_{22} \dots M_{2k} \\ \dots\dots \\ M_{k1} M_{k2} \dots M_{kk} \end{pmatrix}$$

eine Darstellug $\mathfrak{N}$ der Gruppe $\mathfrak{S}$.

Ist insbesondere die Darstellung $\mathfrak{M}$ von $\mathfrak{G}$ unitär, so gilt dasselbe auch für die Darstellung $\mathfrak{N}$ von $\mathfrak{S}$. Denn zunächst ist N_E die Einheitsmatrix des Grades mk, ferner gilt die Gleichung (6) auch dann, wenn G nicht in $\mathfrak{G}$ enthalten ist, weil in diesem Fall M_G^* und $M_{G^{-1}}$ in die Nullmatrix übergehen. Daher ist

$$N_S^* = M^*_{A_\beta S A_\alpha^{-1}} = M_{A_\alpha S^{-1} A_\beta^{-1}} = N_{S^{-1}}$$

Der Satz II sei nun schon bewiesen, wenn $\mathfrak{G}$ die symmetrische Gruppe $\mathfrak{S}$ bedeutet. Wenden wir ihn auf die unitäre Darstellung $\mathfrak{N}$ von $\mathfrak{S}$ an, so wird für jede positive Hermitesche Form $H = (h_{\varkappa\lambda})$ die Matrix des Grades mk

$$\mathsf{N} = \sum N_S h_{1\sigma_1} h_{2\sigma_2} \dots h_{n\sigma_n},$$

die Summe über alle $n!$ Permutationen

(7) $$S = \begin{pmatrix} 1 & 2 & \dots & n \\ \sigma_1 & \sigma_2 & \dots & \sigma_n \end{pmatrix}$$

erstreckt, eine positive Hermitesche Matrix. Beachtet man nun, daß $A_1 = E$ sein soll, so erscheint die zu betrachtende, mit Hilfe der unitären Darstellung $\mathfrak{M}$ von $\mathfrak{G}$ zu bildende Matrix M als die in den m ersten Zeilen und Spalten stehende Teilmatrix von N. Da nun bekanntlich jeder „Abschnitt" einer positiven Hermiteschen Form wieder eine positive Form ist, so ist zugleich mit N auch M eine positive Hermitesche Matrix.

§ 2.

Beweis des Satzes II für den Fall $\mathfrak{G} = \mathfrak{S}$.

Wir nehmen nun an, es sei $\mathfrak{G}$ die symmetrische Gruppe $\mathfrak{S}$ und schreiben deutlicher

$$\mathsf{M} = \sum M_S h_{1\sigma_1} h_{2\sigma_2} \dots h_{n\sigma_n}.$$

Es genügt offenbar allein den Fall zu betrachten, daß die zu untersuchende unitäre Darstellung $\mathfrak{M}$ von $\mathfrak{S}$ irreduzibel ist. Denn ist $\mathfrak{M}$ reduzibel, so läßt sich $\mathfrak{M}$ durch eine unitäre Ähnlichkeitstransformation P in gewisse irreduzible Darstellungen $\mathfrak{M}_1, \mathfrak{M}_2, \dots, \mathfrak{M}_r$ vollständig zerfällen, die ebenfalls sämtlich unitär sind. Tritt dann, wenn $\mathfrak{M}$ durch $\mathfrak{M}_\varrho$ ersetzt wird, an Stelle von M die Matrix M_ϱ, so wird

$$P^{-1}\mathsf{M}P = P^{*}\mathsf{M}P = \begin{vmatrix} \mathsf{M}_1 & 0 & \ldots & 0 \\ 0 & \mathsf{M}_2 & \ldots & 0 \\ . & . & . & . \\ 0 & 0 & \ldots & \mathsf{M}_r \end{vmatrix}.$$

Weiß man nun schon, daß die Hermiteschen Matrizen M_ϱ sämtlich positiv sind, so hat zugleich $P^{*}\mathsf{M}P$ und folglich auch M diese Eigenschaft.

Um nun den Satz II für jede irreduzible unitäre Darstellung $\mathfrak{M}$ der Gruppe $\mathfrak{S}$ zu beweisen, genügt es zu wissen, daß er für die *reguläre* Darstellung $\mathfrak{R}$ des Grades $n!$ von $\mathfrak{S}$ richtig ist, die man durch Betrachtung der Frobeniusschen Gruppenmatrix $(x_{PQ^{-1}})$ erhält. Entspricht nämlich in $\mathfrak{R}$ der Permutation S von $\mathfrak{S}$ die Matrix R_S, so kann R_S auch als die Matrix einer Permutation von $n!$ Vertauschungssymbolen aufgefaßt werden und ist daher gewiß unitär (reell und orthogonal). Man setze

$$\mathsf{P} = \sum R_S h_{1\sigma_1} h_{2\sigma_2} \ldots h_{n\sigma_n}.$$

Nach einem der Hauptsätze der Theorie der Gruppencharaktere ist nun die zu betrachtende irreduzible Darstellung $\mathfrak{M}$ von $\mathfrak{S}$ in $\mathfrak{R}$ als irreduzibler Bestandteil enthalten[8]). Da $\mathfrak{R}$ und $\mathfrak{M}$ beide unitär sind, kann man eine unitäre Matrix Q des Grades $n!$ so bestimmen, daß $Q^{-1}\mathfrak{R}Q$ in $\mathfrak{M}$ und eine gewisse andere Darstellung $\mathfrak{M}_1$ zerfällt, die dann ebenfalls unitär sein muß. Hat nun M_1 für $\mathfrak{M}_1$ dieselbe Bedeutung wie M für $\mathfrak{M}$, so wird

$$Q^{-1}\mathsf{P}Q = Q^{*}\mathsf{P}Q = \begin{vmatrix} \mathsf{M} & 0 \\ 0 & \mathsf{M}_1 \end{vmatrix}.$$

Diese Hermitesche Matrix ist dann zugleich mit P positiv und daher hat auch M dieselbe Eigenschaft.

Wir haben also nur noch zu zeigen daß P eine positive Hermitesche Matrix ist, sobald die Form $H = (h_{\varkappa\lambda})$ positiv ist. Dies ergibt sich folgendermaßen: Es sei $A = (a_{\varkappa\lambda})$ eine Matrix n-ten Grades, deren n^2 Elemente als unabhängige Variable anzusehen sind. Man betrachte dann die nach dem Kroneckerschen Kompositionsverfahren gebildete Matrix

$$\Pi_n(A) = A \times A \times \ldots \times A \tag{8}$$

des Grades n^n (vgl. D. § 7). Diese „Produktransformation" hat folgende Eigenschaften:

1. Jedes Element von (8) hat die Form $a_{\varkappa_1\lambda_1} a_{\varkappa_2\lambda_2} \ldots a_{\varkappa_n\lambda_n}$.

---

[8]) Th. Molien, Eine Bemerkung zur Theorie der homogenen Substitutionsgruppen, Sitzungsberichte der Naturforscher-Gesellschaft zu Dorpat 1897, S. 259—274, und G. Frobenius, Über die Darstellung der endlichen Gruppen durch lineare Substitutionen, Berliner Sitzungsberichte 1897, S. 994—1015 (S. 1004).

2. Für je zwei Matrizen A und B des Grades n ist

(9) $$\Pi_n(A)\,\Pi_n(B) = \Pi_n(AB).$$

3. Es ist stets

(10) $$[\Pi_n(A)]^* = \Pi_n(A^*).$$

4. Sind $\omega_1, \omega_2, \ldots, \omega_n$ die charakteristischen Wurzeln von A, so sind die charakteristischen Wurzeln von (8) die n^n Produkte

(11) $$\omega_{\varkappa_1}\,\omega_{\varkappa_2}\cdots\omega_{\varkappa_n} \qquad (\varkappa_\nu = 1, 2, \ldots, n)$$

Aus (10) folgt, daß wenn $A = H$ eine **Hermitesche** Matrix ist, auch $\Pi_n(H)$ diese Eigenschaft hat. Ist insbesondere H positiv, so sind die n Zahlen ω_ν reelle positive Zahlen und, da alsdann die n^n Produkte (11) ebenfalls positiv sind, so ist auch $\Pi_n(H)$ eine positive **Hermitesche** Matrix.

Die Matrix $\Pi_n(A)$ kann man in der Form

(12) $$\Pi_n(A) = \sum \begin{bmatrix} \varkappa_1\, \varkappa_2 \ldots \varkappa_n \\ \lambda_1\, \lambda_2 \ldots \lambda_n \end{bmatrix} a_{\varkappa_1\lambda_1}\, a_{\varkappa_2\lambda_2}\cdots a_{\varkappa_n\lambda_n}$$

schreiben, wo $\begin{bmatrix} \varkappa_1\, \varkappa_2 \ldots \varkappa_n \\ \lambda_1\, \lambda_2 \ldots \lambda_n \end{bmatrix}$ eine Matrix des Grades n^n mit konstanten Koeffizienten bedeutet und

$$\begin{bmatrix} \varkappa_1\, \varkappa_2 \ldots \varkappa_n \\ \lambda_1\, \lambda_2 \ldots \lambda_n \end{bmatrix} = \begin{bmatrix} \mu_1\, \mu_2 \ldots \mu_n \\ \nu_1\, \nu_2 \ldots \nu_n \end{bmatrix}$$

zu setzen ist, wenn die Produkte

$$a_{\varkappa_1\lambda_1}\, a_{\varkappa_2\lambda_2}\cdots a_{\varkappa_n\lambda_n} \quad \text{und} \quad a_{\mu_1\nu_1}\, a_{\mu_2\nu_2}\cdots a_{\mu_n\nu_n}$$

sich nur durch die Reihenfolge der Faktoren voneinander unterscheiden. Die Summe (11) ist hierbei über alle verschiedenen Produkte von je n der n^2 Variabeln $a_{\varkappa\lambda}$ zu erstrecken (vgl. D., § 8). Aus (9) folgt nun, daß insbesondere die $n!$ Matrizen

(13) $$\begin{bmatrix} 1\; 2 \ldots n \\ \sigma_1\, \sigma_2 \ldots \sigma_n \end{bmatrix} \qquad (\sigma_\varkappa \neq \sigma_\lambda)$$

eine (uneigentliche) Darstellung der symmetrischen Gruppe $\mathfrak{S}$ bilden, bei der die Matrix (13) der Permutation (7) entspricht (vgl. D., § 10). Bezeichnet man mit R_S die Hauptteilmatrix des Grades $n!$ von (13), in der sich diejenigen Zeilen und Spalten schneiden, die in der Hauptdiagonale von $\Pi_n(A)$ das Produkt $a_{11}\, a_{22} \ldots a_{nn}$ enthalten, so bilden die $n!$ Matrizen R_S eine *eigentliche* Darstellung der Gruppe $\mathfrak{S}$. Hierbei enthält jede Zeile und jede Spalte von R_S nur an einer Stelle das Element 1, während alle übrigen Elemente gleich 0 sind. Ist insbesondere S von der identischen Permutation verschieden, so stehen in der Hauptdiagonale von R_S lauter Nullen. Hieraus folgt aber, daß die durch die R_S gebildete Darstellung der Gruppe $\mathfrak{S}$ nichts anderes als die früher betrachtete reguläre Darstellung $\mathfrak{R}$ ist.

Diese Betrachtung lehrt uns nun, daß die zu untersuchende Matrix P als eine Hauptteilmatrix von $\Pi_n(H)$ erscheint. Da wir aber gesehen haben, daß diese Hermitesche Matrix zugleich mit H positiv ist, so gilt dasselbe auch für P.

Damit ist der Satz II vollständig bewiesen[9]).

§ 3.

Beweis des Satzes I. Zerlegbare Hermitesche Formen.

Durchläuft die Permutation G die Elemente einer Gruppe $\mathfrak{G}$ der Ordnung g, so bilden die g Zahlen $\chi(G)$ einen *Charakter der Gruppe* $\mathfrak{G}$, wenn sich eine (eigentliche) Darstellung $\mathfrak{M}$ von $\mathfrak{G}$ angeben läßt, bei der die Spur der dem Element G entsprechenden Matrix M_G gleich $\chi(G)$ wird. Die Zahl $m=\chi(E)$ gibt insbesondere den Grad der Darstellung $\mathfrak{M}$ an und wird auch der *Grad des Charakters* $\chi(G)$ genannt. Allgemein ist $\chi(G)$ eine Summe von m Einheitswurzeln, also

$$|\chi(G)| \leqq m.$$

Das Gleichheitszeichen steht hier nur dann, wenn M_G von der Form ϱE_m ist, wo ϱ eine Einheitswurzel und E_m die Einheitsmatrix des Grades m bedeutet. Zwei Darstellungen der Gruppe $\mathfrak{G}$ sind dann und nur dann einander äquivalent, wenn sie zu demselben Charakter gehören. Da nun jede Darstellung von $\mathfrak{G}$ einer unitären Darstellung äquivalent ist, so kann, wenn $\chi(G)$ ein gegebener Charakter von $\mathfrak{G}$ ist die zugehörige Darstellung $\mathfrak{M}$ auch unitär gewählt werden. Ist nun

$$H = \sum_{\varkappa,\lambda}^{n} {}_1\, h_{\varkappa\lambda}\, x_\varkappa \bar{x}_\lambda \qquad (\bar{h}_{\varkappa\lambda} = h_{\lambda\varkappa})$$

eine positive Hermitesche Form und M die durch $\mathfrak{M}$ und H bestimmte Matrix (5), so wird

$$s = \sum \chi(G)\, h_{1\gamma_1} h_{2\gamma_2} \cdots h_{n\gamma_n}$$

---

[9]) Man kann diesen Satz auch ohne Benutzung der regulären Darstellung $\mathfrak{R}$ von $\mathfrak{S}$ beweisen, indem man von der Tatsache Gebrauch macht, daß jeder eigentlichen Darstellung $\mathfrak{M}$ von $\mathfrak{S}$ eine „invariante Operation" $T(A)$ von nicht identisch verschwindender Determinante entspricht (vgl. D., § 15). Hierbei hat man außerdem noch zu zeigen, daß, wenn die Darstellung $\mathfrak{M}$ unitär ist, $T(A)$ stets so gewählt werden kann, daß $[T(A)]^* = T(A^*)$ wird. Dies ergibt sich ohne Mühe auf Grund des a. a. O. entwickelten Verfahrens zur Herstellung der Operation $T(A)$.

nichts anderes als die Spur von M. Da nach Satz II die Hermitesche Form M positiv ist, so ist auch s eine positive reelle Zahl. Dies liefert den Satz I.

Etwas schwieriger gestaltet sich der Beweis des Satzes I*. Er erfordert einige vorbereitende Bemerkungen.

Sind

$$x_{\alpha_1},\ x_{\alpha_2},\ \ldots,\ x_{\alpha_k} \qquad (\alpha_1 < \alpha_2 < \cdots < \alpha_k) \tag{14}$$

irgendwelche k unter den n Variabeln

$$x_1,\ x_2, \ldots,\ x_n \tag{15}$$

und setzt man in der Hermiteschen Form H die $n-k$ übrigen Variabeln gleich 0, so geht H in eine Hermitesche Form der k Variabeln (14) über, die ich eine *Teilform* von H nennen und mit $H(x_{\alpha_1}, x_{\alpha_2}, \ldots, x_{\alpha_k})$ bezeichnen will. Ihre Determinante $D^{(\alpha_1, \alpha_2, \ldots, \alpha_k)}$ ist eine Hauptunterdeterminante k-ten Grades der Determinante D von H. Die Form H nenne ich nun *zerlegbar oder zerfallend*, wenn sich die n Variabeln (15) in zwei Systeme

$$x_{\alpha_1},\ x_{\alpha_2}, \ldots,\ x_{\alpha_k} \quad \text{und} \quad x_{\beta_1},\ x_{\beta_2}, \ldots,\ x_{\beta_l} \qquad (k + l = n)$$

einteilen lassen, so daß

$$H = H(x_{\alpha_1}, x_{\alpha_2}, \ldots, x_{\alpha_k}) + H(x_{\beta_1}, x_{\beta_2}, \ldots, x_{\beta_l})$$

wird. Ist das der Fall, so kann man stets die Indizes $1, 2, \ldots, n$ in zwei oder mehr Systeme

$$\varkappa_1, \ldots, \varkappa_p;\ \lambda_1, \ldots, \lambda_q;\ \mu_1, \ldots, \mu_r;\ \ldots$$

derart einteilen, daß

$$H = H(x_{\varkappa_1}, \ldots, x_{\varkappa_p}) + H(x_{\lambda_1}, \ldots, x_{\lambda_q}) + H(x_{\mu_1}, \ldots, x_{\mu_r}) + \cdots \tag{16}$$

wird, wobei die einzelnen Summanden sich nicht weiter zerfällen lassen. Die Determinante D von H wird dann gleich dem Produkt ihrer Hauptunterdeterminanten

$$D^{(\varkappa_1, \ldots, \varkappa_p)},\ D^{(\lambda_1, \ldots, \lambda_q)},\ D^{(\mu_1, \ldots, \mu_r)}, \ldots$$

Unter der *zu einer gegebenen Hermiteschen Form H gehörenden Permutationsgruppe* $\mathfrak{H}$ verstehe ich im folgenden, wenn H nicht zerlegbar ist, die symmetrische Gruppe $\mathfrak{S}$ und, wenn H eine zerlegbare Form vom Typus (16) ist, diejenige Untergruppe

$$\mathfrak{S}' = \mathfrak{S}^{(\varkappa_1, \ldots, \varkappa_p;\ \lambda_1, \ldots, \lambda_q;\ \ldots)}$$

der Ordnung $p!\,q!\ldots$ von $\mathfrak{S}$, deren Permutationen nur die Indizes $\varkappa_1, \ldots, \varkappa_p$ untereinander vertauschen, ebenso die Indizes $\lambda_1, \ldots, \lambda_q$ usw. Ist insbesondere H eine Diagonalform, so bedeutet $\mathfrak{H}$ die allein aus der identischen Permutation E bestehende Einheitsgruppe $\mathfrak{E}$.

Ich werde nun von folgenden Hilfsätzen Gebrauch zu machen haben:

Hilfssatz 1. *Ist die Hermitesche Form H nicht zerlegbar, so gilt dasselbe auch für mindestens eine unter den n Teilformen*

$$H(x_1, x_2, \ldots, x_{\nu-1}, x_{\nu+1}, \ldots, x_n), \qquad (\nu = 1, 2, \ldots, n).$$

Wären nämlich diese n Teilformen sämtlich zerlegbar, so müßte es, weil die Teilformen $H(x_\nu) = h_{\nu\nu}\bar{x}_\nu x_\nu$ gewiß nicht zerlegbar sind, eine Zahl $k < n-1$ derart geben, daß unter den $\binom{n}{k}$ Formen $H(x_{\alpha_1}, x_{\alpha_2}, \ldots, x_{\alpha_k})$ mindestens eine nicht zerfällt, während jede Teilform mit $k+1$ Variabeln zerlegbar wird. Durch eine geeignete Umordnung der Variabeln $x_1, x_2, \ldots, x_n$ kann erreicht werden, daß schon die Form $H(x_1, x_2, \ldots, x_k)$ nicht zerlegbar wird. Dann müßte für jedes $\nu > k$ die Teilform $H(x_1, x_2, \ldots, x_k, x_\nu)$ von H zerfallen und dies könnte nur eintreten, wenn

$$H(x_1, x_2, \ldots, x_k, x_\nu) = H(x_1, x_2, \ldots, x_k) + H(x_\nu)$$

oder, was dasselbe ist,

$$h_{1\nu} = h_{2\nu} = \ldots = h_{k\nu} = 0$$

wird. Hieraus würde aber folgen, daß H in $H(x_1, x_2, \ldots, x_k)$ und $H(x_{k+1}, x_{k+2}, \ldots, x_n)$ zerfällt, was der über H gemachten Voraussetzung widerspricht.

Hilfssatz 2. *Ist H eine beliebige Hermitesche Form, die keine Diagonalform ist, so erzeugen diejenigen Transpositionen $T = (\varkappa, \lambda)$, für die die Koeffizienten $h_{\varkappa\lambda}$ von H nicht Null sind, die zu H gehörende Permutationsgruppe $\mathfrak{H}$.*

Man erkennt leicht, daß es genügt, diesen Satz allein für den Fall zu beweisen, daß H eine nicht zerlegbare Form ist. Wir haben also zu zeigen, daß in diesem Fall die durch die zu betrachtenden Transpositionen erzeugte Gruppe $\mathfrak{T}$ mit der symmetrischen Gruppe $\mathfrak{S}$ übereinstimmt. Wir nehmen hierzu an, diese Behauptung, die für $n = 2$ gewiß richtig ist, sei für Formen mit weniger als n Variabeln schon bewiesen, und wählen, was nach dem Hilfssatz 1 jedenfalls möglich ist, einen Index α, so daß auch die Teilform

$$H_\alpha = H(x_1, \ldots, x_{\alpha-1}, x_{\alpha+1}, \ldots, x_n) \tag{17}$$

von H nicht zerfällt. Für diese Form möge die Gruppe $\mathfrak{T}_\alpha$ dieselbe Bedeutung haben wie $\mathfrak{T}$ für die Form H. Dann ist $\mathfrak{T}_\alpha$ eine Untergruppe von $\mathfrak{T}$, die mit der symmetrischen Gruppe $\mathfrak{S}_\alpha$ in den $n-1$ Vertauschungsziffern $1, \ldots, \alpha-1, \alpha+1, \ldots, n$ übereinstimmt. Bekanntlich gibt es aber keine von $\mathfrak{S}$ und $\mathfrak{S}_\alpha$ verschiedene Untergruppe $\mathfrak{T}$ von $\mathfrak{S}$, in der $\mathfrak{S}_\alpha$ als Untergruppe enthalten ist. Wäre nun $\mathfrak{T} = \mathfrak{S}_\alpha$, so müßten, weil $\mathfrak{S}_\alpha$ keine der Transpositionen (ν, α) enthält, die $n-1$ Koeffizienten

$$h_{1\alpha},\ h_{2\alpha},\ \ldots,\ h_{\alpha-1,\alpha},\ h_{\alpha+1,\alpha},\ \ldots,\ h_{n\alpha}$$

sämtlich gleich Null sein und daher würde H in die beiden Teilformen H_α und $H(x_\alpha)$ zerfallen. Da dieser Fall auszuschließen ist, so muß $\mathfrak{T} = \mathfrak{S}$ sein.

Es sei nun $\mathfrak{G}$ eine beliebige Untergruppe von $\mathfrak{S}$ und $\mathfrak{M}$ eine unitäre Darstellung des Grades m von $\mathfrak{G}$, bei der dem Element

$$G = \begin{pmatrix} 1 & 2 & \ldots & n \\ \gamma_1 & \gamma_2 & \cdots & \gamma_n \end{pmatrix}$$

von $\mathfrak{G}$ die (unitäre) Matrix

$$M_G = (c_{\mu\nu}^G) \qquad (\mu, \nu = 1, 2, \ldots, m)$$

entspricht. Ich setze dann, wenn $u_1, u_2, \ldots, u_m$ unabhängige komplexe Variable sind und $\bar{u}$ wie immer die zu u konjugierte komplexe Größe bedeutet,

$$f(G) = \sum_{\mu,\nu}^{m}{}_1\, c_{\mu\nu}^G u_\mu \bar{u}_\nu.$$

Diese Form ist nur dann eine Hermitesche Form, wenn

$$M_G^* = M_{G^{-1}} = M_G$$

ist, was jedenfalls zutrifft, wenn $\mathfrak{G}$ entweder die identische Permutation E oder eine Permutation der Ordnung 2 ist. Speziell ist

$$f(E) = \sum_{\mu=1}^{m} u_\mu \bar{u}_\mu$$

die Hermitesche Einheitsform in den m Variabeln u_μ. Es gilt nun folgender

Hilfssatz 3. *Es seien A und B zwei Elemente der Gruppe $\mathfrak{G}$. Ist für ein spezielles Wertsystem $u_1, u_2, \ldots, u_m$*

(18) $$|f(A)| = f(E), \qquad |f(B)| = f(E),$$

so wird

(19) $$f(A)f(B) = f(E)f(AB).$$

Es genügt, wie man leicht erkennt, den Fall

(20) $$f(E) = \sum_{\mu=1}^{m} |u_\mu|^2 = 1$$

zu behandeln. Man bestimme dann, was bekanntlich möglich ist, eine unitäre Matrix

$$U = (u_{\mu\nu}), \qquad (\mu, \nu = 1, 2, \ldots, m)$$

in der

$$u_{11} = u_1,\ u_{12} = u_2,\ \ldots,\ u_{1m} = u_m$$

wird, und betrachte die zu $\mathfrak{M}$ äquivalenten, ebenfalls unitäre Darstellung $U\mathfrak{M}U^{-1}$ von $\mathfrak{G}$, bei der dem Element G die Matrix

$$N_G = U M_G U^{-1} = U M_G U^* = (d_{\mu\nu}^G)$$

entspricht. Hierbei wird

$$d_{\mu\nu}^G = \sum_{\varrho,\sigma}{}_1^m u_{\mu\varrho} c_{\varrho\sigma}^G \bar{u}_{\nu\sigma},$$

also speziell

$$d_{11}^G = \sum_{\varrho,\sigma}{}_1^m c_{\varrho\sigma}^G u_\varrho \bar{u}_\sigma = f(G).$$

Die Größen d_{11}^A und d_{11}^B sind daher wegen (18) und (20) vom absoluten Betrage 1. Da ferner für jedes Element G von $\mathfrak{G}$ die Matrix N_G unitär und folglich

$$\sum_{\mu=1}^m |d_{1\mu}^G|^2 = \sum_{\mu=1}^m |d_{\mu 1}^G|^2 = 1$$

ist[10]), so müssen die Koeffizienten

$$d_{1\nu}^A,\ d_{\nu 1}^A,\ d_{1\nu}^B,\ d_{\nu 1}^B \qquad (\nu = 2, 3, \ldots, m)$$

sämtlich gleich Null sein. Aus $N_{AB} = N_A N_B$ folgt daher

$$d_{11}^{AB} = \sum_{\mu=1}^m d_{1\mu}^A d_{\mu 1}^B = d_{11}^A d_{11}^B.$$

Dies liefert die zu beweisende Gleichung (19).

Aus dem Hilfssatz 3 ergibt sich insbesondere:

Hilfssatz 4. *Es sei $u_1, u_2, \ldots, u_m$ ein spezielles Wertsystem, das nicht aus lauter Nullen besteht. Ist für eine oder mehrere in der Gruppe $\mathfrak{G}$ enthaltene Transpositionen T*

$$f(T) = -f(E),$$

so ist auch für jedes Element R der durch diese Transpositionen erzeugten Untergruppe von $\mathfrak{G}$

$$f(R) = \zeta(R) f(E),$$

wo $\zeta(R)$ gleich ± 1 zu setzen ist, je nachdem R eine gerade oder eine ungerade Permutation ist.

§ 4.

Präzisere Fassung des Satzes II. Beweis des Satzes I*.

Die früher betrachtete Matrix M, die mit Hilfe der Hermiteschen Form H und der unitären Darstellung $\mathfrak{M}$ der Gruppe $\mathfrak{G}$ gebildet wurde,

[10]) Hieraus folgt zugleich, daß stets $|f(G)| \leq f(E)$ ist.

läßt sich unter Benutzung der zuletzt eingeführten Bezeichnungen als die Koeffizientenmatrix der Hermiteschen Form

$$F(u_1, u_2, \ldots, u_m) = \sum_G f(G) h_{1\gamma_1} h_{2\gamma_2} \ldots h_{n\gamma_n}$$

deuten. Der Satz II besagt, daß diese Form zugleich mit der Form H positiv ist. Es gilt aber noch der weitergehende Satz:

III. *Ist D die Determinante der positiven Hermiteschen Form H, so ist*

(21) $$F - Df(E) = F(u_1, u_2, \ldots, u_m) - D(u_1\bar{u}_1 + u_2\bar{u}_2 + \cdots + u_m\bar{u}_m)$$

eine nichtnegative Hermitesche Form. Für ein spezielles Wertsystem $u_1, u_2, \ldots, u_m$, das nicht aus lauter Nullen besteht, ist dann und nur dann

(22) $$F - Df(E) = 0,$$

wenn $\mathfrak{G}$ die zu H gehörende Permutationsgruppe $\mathfrak{H}$ als Untergruppe enthält und für jedes Element R von $\mathfrak{H}$

(23) $$f(R) = \zeta(R) f(E)$$

ist.

Sind die zuletzt genannten Bedingungen erfüllt, so ist, wie man unmittelbar erkennt, die Gleichung (22) gewiß richtig. Unter Berücksichtigung der Hilfssätze 2 und 4 können wir also schließen, daß nur folgendes zu beweisen ist: Für jedes spezielle Wertsystem $u_1, u_2, \ldots, u_m$, das nicht aus lauter Nullen besteht, ist

$$F \geqq Df(E)$$

und das Gleichheitszeichen gilt hier nur dann, wenn jede Transposition $T = (\varkappa, \lambda)$, für die $h_{\varkappa\lambda}$ von Null verschieden ist, in der Gruppe $\mathfrak{G}$ vorkommt und der Bedingung $f(T) = -f(E)$ genügt. Der Einfachheit wegen können wir auch annehmen, daß

$$f(E) = \sum_{\mu=1}^{m} |u_\mu|^2 = 1$$

ist.

Es sei also $u_1, u_2, \ldots, u_m$ ein solches Wertsystem. Ist dann α einer der Indizes $1, 2, \ldots, n$, so sei wie früher H_α die Teilform (17) von H und $\mathfrak{G}_\alpha$ die Untergruppe von $\mathfrak{G}$, deren Permutationen den Index α ungeändert lassen. Unter D_α verstehe man die Determinante von H_α und und unter F_α die Summe

$$F_\alpha = \sum f(G_\alpha) h_{1\gamma_1} \ldots h_{\alpha-1, \gamma_{\alpha-1}} h_{\alpha+1, \gamma_{\alpha+1}} \ldots h_{n\gamma_n},$$

wo G_α alle Permutationen von $\mathfrak{G}_\alpha$ durchläuft. Dann wird

$$F = F_\alpha h_{\alpha\alpha} + F', \qquad D = D_\alpha h_{\alpha\alpha} + D',$$

wo F' und D' von $h_{\alpha\alpha}$ nicht mehr abhängen. Ich denke mir nun die n^2-1 von $h_{\alpha\alpha}$ verschiedenen Koeffizienten $h_{\varkappa\lambda}$ von H festgehalten und ersetze $h_{\alpha\alpha}$ durch eine (reelle) Variable t. Bei der aus H hervorgehenden Hermiteschen Form

$$H^{(t)} = \Sigma\, h_{\varkappa\lambda}\, x_\varkappa \bar{x}_\lambda + t\, x_\alpha \bar{x}_\alpha$$

treten dann an Stelle von F und D die Ausdrücke

$$F^{(t)} = F_\alpha t + F', \qquad D^{(t)} = D_\alpha t + D'.$$

Für $t=0$ ist nun $H^{(0)}$ gewiß keine positive Form mehr und da ihre Teilform H_α noch positiv ist, so muß ihre Determinante $D^{(0)} = D'$ eine nicht positive Zahl sein[11]). Läßt man nun t von $h_{\alpha\alpha}$ gegen 0 abnehmen, so gibt es daher einen wohlbestimmten Wert $t_0 \geqq 0$ derart, daß $H^{(t)}$ für $t > t_0$ eine positive und für $t < t_0$ eine indefinite Form wird. Für $t = t_0$ ist dann $H^{(t_0)}$ offenbar eine nichtnegative Form von verschwindender Determinante, d. h. es wird

$$D^{(t_0)} = 0, \qquad t_0 = -\frac{D'}{D_\alpha}.$$

Für $t > t_0$ ist ferner nach Satz II gewiß $F^{(t)} > 0$, also ist auch $F^{(t_0)} \geqq 0$. Ist nun $F_\alpha > D_\alpha$, so wird, weil $h_{\alpha\alpha} > t_0$ ist,

$$F - D = (F_\alpha - D_\alpha) h_{\alpha\alpha} + F' - D' > F^{(t_0)} - D^{(t_0)} = F^{(t_0)} \geqq 0.$$

Soll daher $F \leqq D$ sein, so muß für jedes α auch

(24) $$F_\alpha \leqq D_\alpha$$

sein. Ist nun β ein von α verschiedener Index aus der Reihe $1, 2, \ldots, n$ und bezeichnet man mit $F_{\alpha\beta}$ und $D_{\alpha\beta}$ die Koeffizienten von $h_{\beta\beta}$ in den Ausdrücken F_α und D_α, so lehrt dieselbe Überlegung, angewandt auf die Form H_α und die Gruppe $\mathfrak{G}_\alpha$, daß die Ungleichung (24) nur dann bestehen kann, wenn auch $F_{\alpha\beta} \leqq D_{\alpha\beta}$ ist. Setzt man diese Betrachtung fort, so erkennt man: Sind $\varkappa$ und λ zwei beliebige Indizes aus der Reihe $1, 2, \ldots, n$ und bezeichnet man mit $\Phi_{\varkappa\lambda}$ und $\Delta_{\varkappa\lambda}$ die Koeffizienten von

$$\frac{h_{11} h_{22} \ldots h_{nn}}{h_{\varkappa\varkappa} h_{\lambda\lambda}}$$

in den Entwicklungen von F und D, so kann nur dann $F \leqq D$ sein, wenn auch $\Phi_{\varkappa\lambda} \leqq \Delta_{\varkappa\lambda}$ ist. Nun ist aber

$$\Delta_{\varkappa\lambda} = h_{\varkappa\varkappa} h_{\lambda\lambda} - h_{\varkappa\lambda} h_{\lambda\varkappa} = h_{\varkappa\varkappa} h_{\lambda\lambda} - |h_{\varkappa\lambda}|^2$$

und, wenn T die Transposition $(\varkappa, \lambda)$ bedeutet, wegen $f(E) = 1$

$$\Phi_{\varkappa\lambda} = h_{\varkappa\varkappa} h_{\lambda\lambda} + f(T)\,|h_{\varkappa\lambda}|^2 \quad \text{oder} \quad = h_{\varkappa\varkappa} h_{\lambda\lambda},$$

[11]) Dies wird gewöhnlich etwas anders bewiesen, vgl. Hadamard, loc. cit. [2]) S. 242, und E. Fischer, loc. cit. [3]) S. 34.

je nachdem T in der Gruppe $\mathfrak{G}$ vorkommt oder nicht. Folglich wird

$$\Phi_{\varkappa\lambda} - \Delta_{\varkappa\lambda} = [1 + f(T)]\,|h_{\varkappa\lambda}|^2 \quad \text{oder} \quad = |h_{\varkappa\lambda}|^2.$$

Da nun aber $|f(T)| \leqq f(E) = 1$ ist [vgl. die Fußnote [10])], so ist jedenfalls

$$\Phi_{\varkappa\lambda} \geqq \Delta_{\varkappa\lambda},$$

und ist insbesondere $h_{\varkappa\lambda}$ von Null verschieden, so steht hier das Gleichheitszeichen nur dann, wenn $\mathfrak{G}$ die Transposition $T = (\varkappa, \lambda)$ enthält und $f(T) = -1$ wird. Sind nun diese Bedingungen für alle nicht verschwindenden Koeffizienten $h_{\varkappa\lambda}$ erfüllt, so wird $F = D$. In allen übrigen Fällen ist mindestens einmal $\Phi_{\varkappa\lambda} > \Delta_{\varkappa\lambda}$ und daher $F > D$.

Damit ist der Satz III vollständig bewiesen.

Ist wie früher $\chi(G)$ der Charakter der von uns betrachteten unitären Darstellung $\mathfrak{M}$ von $\mathfrak{G}$, so wird die Spur der Hermiteschen Form (21) gleich

$$\sum_G \chi(G)\, h_{1\gamma_1} h_{2\gamma_2} \cdots h_{n\gamma_n} - mD. \tag{25}$$

Da die Form (21) nicht negativ ist, so muß diese Differenz positiv oder Null sein, und den Wert Null erhält sie nur dann, wenn die Form (21) identisch gleich Null ist. Der zweite Teil des Satzes III lehrt uns ferner, daß dieser Fall nur dann eintritt, wenn $\mathfrak{G}$ die zu H gehörende Permutationsgruppe $\mathfrak{H}$ enthält und die Gleichung (23) für jedes Element R von $\mathfrak{H}$ bei beliebiger Wahl der Größen $u_1, u_2, \ldots, u_m$ besteht. Dann müssen auch die Spuren der auf beiden Seiten von (23) stehenden Formen übereinstimmen, d. h. es muß

$$\chi(R) = m\zeta(R) \tag{26}$$

werden. Sind diese Bedingungen umgekehrt erfüllt, so ist gewiß die Differenz (25) gleich Null. Dies liefert den Satz I* in folgender präziserer Fassung:

IV. *Ist $\mathfrak{G}$ eine beliebige Permutationsgruppe in den n Vertauschungsziffern* 1, 2, ..., n *und* $\chi(G)$ *ein Charakter des Grades* m *von* $\mathfrak{G}$, *so ist für jede positive Hermitesche Form H mit der Determinante D*

$$s = \sum \chi(G)\, h_{1\gamma_1} h_{2\gamma_2} \cdots h_{n\gamma_n} \geqq mD.$$

Das Gleichheitszeichen steht hier dann und nur dann, wenn $\mathfrak{G}$ die zu H gehörende Permutationsgruppe $\mathfrak{H}$ als Untergruppe enthält, und für jedes Element R von $\mathfrak{H}$ die Gleichung (26) *gilt.*

Es verdient noch hervorgehoben zu werden, daß aus (26) auch umgekehrt die Gleichung (23) folgt (vgl. den Anfang des § 3). In Verbindung mit dem Hilfssatz 4 (oder auch direkt) ergibt sich hieraus, daß die Gleichung (26) für alle Elemente R von $\mathfrak{H}$ besteht, wenn sie für die in $\mathfrak{H}$ vorkommenden Transpositionen richtig ist.

§ 5.

Folgerungen aus dem Satze IV.

Für eine Diagonalform

$$H = h_{11} x_1 \bar{x}_1 + h_{22} x_2 \bar{x}_2 + \cdots + h_{nn} x_n \bar{x}_n$$

wird stets $s = mD$. Enthält aber insbesondere $\mathfrak{G}$ keine Transposition T oder ist für jede in $\mathfrak{G}$ vorkommende Transposition $\chi(T)$ von $-m$ verschieden, so ist für jede positive Hermitesche Form, die keine Diagonalform ist, $s > mD$. Diese Bedingung ist gewiß erfüllt, wenn $\mathfrak{G}$ die Einheitsgruppe $\mathfrak{E}$ ist oder, wenn $n > 2$ ist und $\mathfrak{G}$ entweder die alternierende Gruppe $\mathfrak{A}$ oder die zyklische Gruppe $\mathfrak{C}$ der Ordnung n bedeutet, die durch den Zyklus

$$C = (1, 2, \ldots, n)$$

erzeugt wird. In den ersten beiden Fällen sei $\chi(G)$ der Hauptcharakter von $\mathfrak{G}$, also $\chi(G) = 1$.

Für $\mathfrak{G} = \mathfrak{E}$ wird dann $s = h_{11} h_{22} \ldots h_{nn}$ und es ergibt sich, daß für jede positive Hermitesche Form H

$$D \leqq h_{11} h_{22} \ldots h_{nn}$$

wird, und daß hier das Gleichheitszeichen nur dann steht, wenn H eine Diagonalform ist. Dies ist der in der Einleitung erwähnte Hadamardsche Satz.

Ist ferner $\mathfrak{G} = \mathfrak{A}$, so wird für den Hauptcharakter $\chi(G) = 1$

$$s = P = \sum h_{1\alpha_1} h_{2\alpha_2} \ldots h_{n\alpha_n},$$

wo $\alpha_1, \alpha_2, \ldots, \alpha_n$ alle $\frac{n!}{2}$ geraden Permutationen durchläuft. Setzt man ebenso

$$Q = \sum h_{1\beta_1} h_{2\beta_2} \ldots h_{n\beta_n},$$

wobei für $\beta_1, \beta_2, \ldots, \beta_n$ alle $\frac{n!}{2}$ ungeraden Permutationen zu setzen sind, so wird

$$D = P - Q.$$

Die Ausdrücke P und Q kann man passend *den positiven und den negativen Teil der Determinante D* nennen. Aus IV. ergibt sich nun wegen $P - D = Q$ der Satz

V. *Ist H eine positive Hermitesche Form, so ist der positive Teil P ihrer Determinante D stets eine positive und der negative Teil Q eine nicht negative reelle Zahl. Den Wert Null erhält Q dann und nur dann, wenn H eine Diagonalform ist.*

In dem dritten vorhin erwähnten Falle $\mathfrak{G} = \mathfrak{C}$ erhält man, wenn ε eine n-te Einheitswurzel ist, einen Charakter $\chi(G)$ von $\mathfrak{G}$, indem man

$$\chi(C^\nu) = \varepsilon^\nu, \qquad (\nu = 0, 1, \ldots, n-1)$$

setzt. Die Ungleichung $s \geqq mD$ läßt sich dann in der Form

$$D \leqq \sum_{\nu=0}^{n-1} \varepsilon^\nu h_{1,1+\nu} h_{2,2+\nu} \cdots h_{n,n+\nu}$$

schreiben, wobei $h_{\varkappa,\varkappa+\nu}$ durch $h_{\varkappa,\varkappa+\nu-n}$ zu ersetzen ist, wenn $\varkappa + \nu > n$ ist. Auch hier steht das Gleichheitszeichen nur dann, wenn die positive Hermitesche Form H eine Diagonalform wird.

§ 6.

Beispiele zu den Sätzen III und IV.

Die Fälle $n = 1, 2, 3$ liefern noch nichts besonders Bemerkenswertes. Interessante und, wie es scheint, nicht triviale Relationen erhält man aber schon im Falle $n = 4$.

Es sei zunächst $\mathfrak{G} = \mathfrak{A}_4$ die alternierende Gruppe des Grades 4. Diese Gruppe, die durch die beiden Permutationen

$$A = (1,2)(3,4), \qquad B = (1,2,3)$$

erzeugt wird, besitzt außer dem Hauptcharakter noch zwei lineare Charaktere $\chi_\nu(G)$, die durch die Gleichungen

$$\chi_\nu(A) = 1, \qquad \chi_\nu(B) = \varrho^\nu, \qquad (\varrho = e^{\frac{2\pi i}{3}}, \quad \nu = 1, \ -1)$$

gekennzeichnet sind. Setzt man zur Abkürzung

$$a = h_{11}h_{22}h_{33}h_{44}, \quad b = h_{12}h_{21}h_{34}h_{43}, \quad c = h_{13}h_{31}h_{24}h_{42}, \quad d = h_{14}h_{41}h_{23}h_{32},$$
$$\alpha = h_{11}h_{23}h_{34}h_{42}, \quad \beta = h_{22}h_{13}h_{34}h_{41}, \quad \gamma = h_{33}h_{12}h_{24}h_{41}, \quad \delta = h_{44}h_{12}h_{23}h_{31},$$

so liefert der Satz IV für jede positive Hermitesche Form H mit vier Veränderlichen, deren Determinante wie immer mit D zu bezeichnen ist,

$$a + b + c + d + 2\,\Re(\alpha\varrho^\nu + \beta\varrho^{-\nu} + \gamma\varrho^\nu + \delta\varrho^{-\nu}) \geqq D,$$

wobei unter $\Re(u)$ wie üblich der reelle Teil der Größe u zu verstehen ist. Für reelle $h_{\varkappa\lambda}$, d. h. für positive quadratische Formen H ergibt sich insbesondere

$$a + b + c + d - (\alpha + \beta + \gamma + \delta) \geqq D. \tag{27}$$

Das Gleichheitszeichen steht hier in allen Fällen nur dann, wenn H eine Diagonalform ist.

Außer den drei linearen Charakteren besitzt die Gruppe $\mathfrak{A}_4$ noch einen einfachen Charakter des Grades 3. Die zugehörige irreduzible Darstellung

$\mathfrak{M}$ von $\mathfrak{A}_4$ erhält man in unitärer Form am einfachsten, indem man die linearen Transformationen bestimmt, welche die drei Linearformen

$$x_1 + x_2 - x_3 - x_4, \qquad x_1 - x_2 + x_3 - x_4, \qquad x_1 - x_2 - x_3 + x_4$$

erfahren, wenn x_1, x_2, x_3, x_4 den 12 Permutationen von $\mathfrak{A}_4$ unterworfen werden. Die zugehörige positive Hermitesche Matrix M wird dann

$$\mathsf{M} = \begin{pmatrix} a+b-c-d, & \alpha - \bar{\beta} - \gamma + \bar{\delta}, & \bar{\alpha} - \beta + \bar{\gamma} - \delta \\ \bar{\alpha} - \beta - \bar{\gamma} + \delta, & a - b + c - d, & \alpha + \beta - \gamma - \bar{\delta} \\ \alpha - \bar{\beta} + \gamma - \bar{\delta}, & \bar{\alpha} + \beta - \bar{\gamma} - \delta, & a - b - c + d \end{pmatrix}.$$

Insbesondere sind also die drei in der Hauptdiagonale von M stehenden Ausdrücke positiv und mindestens gleich D. Die erste sich so ergebende Ungleichung lautet ausführlich geschrieben

$$(28) \qquad h_{11} h_{22} h_{33} h_{44} + |h_{12}|^2 |h_{34}|^2 \geqq |h_{13}|^2 |h_{24}|^2 + |h_{14}|^2 |h_{23}|^2 + D.$$

Ein genaueres Resultat erhält man, indem man die durch die Permutationen

$$(1,2) \quad \text{und} \quad (1,3,2,4)$$

erzeugte Gruppe der Ordnung 8 betrachtet und auf jeden ihrer vier linearen Charaktere den Satz IV anwendet. Die vier Ungleichungen, die sich hierbei ergeben, kann man zu der Formel

$$h_{11} h_{22} h_{33} h_{44} + |h_{12}|^2 |h_{34}|^2 \pm |h_{13}|^2 |h_{24}|^2 \pm |h_{14}|^2 |h_{23}|^2 \geqq$$
$$|h_{11} h_{22} |h_{34}|^2 + |h_{12}|^2 h_{33} h_{44} \pm 2\,\mathfrak{R}(h_{13} h_{24} h_{32} h_{41})| + D$$

zusammenfassen. Das Gleichheitszeichen steht hier nur dann, wenn

$$h_{13} = h_{14} = h_{23} = h_{24} = 0$$

ist. Zwei weitere, analog gebildete Ungleichungen erhält man die Indize 2 und 3 oder 2 und 4 miteinander vertauscht.

Die hier angegebenen Ungleichungen bleiben auch richtig, wenn man nur vorausgesetzt, daß H eine nicht negative Hermitesche Form ist. Die Zahl D ist dann gleich Null zu setzen.

Es sei noch bemerkt, daß man aus den Ungleichungen, die die Sätze III und IV liefern, noch weitere erhalten kann, indem man beachtet, daß zugleich mit $H = \sum h_{\varkappa\lambda} x_\varkappa \bar{x}_\lambda$ auch die Hermiteschen Formen

$$\sum h_{\varkappa\lambda}^p x_\varkappa \bar{x}_\lambda, \qquad \sum h_{\varkappa\lambda}^p h_{\lambda\varkappa}^q x_\varkappa \bar{x}_\lambda \qquad (p, q = 1, 2, 3, \ldots)$$

positiv sind [12]), und daß für jedes System von $r > n$ Indizes $\nu_1 \leqq \nu_2 \leqq \cdots \leqq \nu_r$ aus der Reihe $1, 2, \ldots, n$ die Form

[12]) Vgl. meine Arbeit, Bemerkungen zur Theorie der beschränkten Bilinearformen mit unendlich vielen Veränderlichen, Journal für Mathematik 140 (1911), S. 1—28 (S. 14).

$$\sum_{\varrho, \sigma}^{r} {}_1\, h_{\nu_\varrho, \nu_\sigma} x_\varrho \bar{x}_\sigma$$

nichtnegativ ist. Geht man z. B. von einer positiven Hermiteschen Form H mit drei Variabeln aus und betrachtet die nichtnegative Form mit vier Variabeln, die zur Koeffizientenmatrix

$$\begin{pmatrix} h_{11} & h_{12} & h_{13} & h_{13} \\ h_{21} & h_{22} & h_{23} & h_{23} \\ h_{31} & h_{32} & h_{33} & h_{33} \\ h_{31} & h_{32} & h_{33} & h_{33} \end{pmatrix}$$

gehört, so liefert die Ungleichung (28) die Relation

$$h_{11} h_{22} h_{33}^2 + |h_{12}|^2 h_{33}^2 \geqq 2\,|h_{13}|^2\,|h_{23}|^2.$$

§ 7.

Die Jacobische Transformation einer nichtnegativen Hermiteschen Form mit unendlich vielen Veränderlichen.

Es sei

$$H = \sum_{\varkappa, \lambda}^{n} {}_1\, h_{\varkappa\lambda}\, x_\varkappa \bar{x}_\lambda \qquad (\bar{h}_{\varkappa\lambda} = h_{\lambda\varkappa})$$

eine beliebige Hermitesche Form mit n Veränderlichen. Setzt man

$$(29) \qquad D^{\varkappa_1, \varkappa_2, \ldots, \varkappa_\nu}_{\lambda_1, \lambda_2, \ldots, \lambda_\nu} = \begin{vmatrix} h_{\varkappa_1\lambda_1} & h_{\varkappa_1\lambda_2} & \ldots & h_{\varkappa_1\lambda_\nu} \\ h_{\varkappa_2\lambda_1} & h_{\varkappa_1\lambda_2} & \ldots & h_{\varkappa_2\lambda_\nu} \\ \cdot & \cdot & \cdot & \cdot \\ h_{\varkappa_\nu\lambda_1} & h_{\varkappa_\nu\lambda_2} & \ldots & h_{\varkappa_\nu\lambda_\nu} \end{vmatrix},$$

so ist die hierzu konjugiert komplexe Größe gleich $D^{\lambda_1, \lambda_2, \ldots, \lambda_\nu}_{\varkappa_1, \varkappa_2, \ldots, \varkappa_\nu}$. Insbesondere sind die Hauptunterdeterminanten $D^{\varkappa_1, \varkappa_2, \ldots, \varkappa_\nu}_{\varkappa_1, \varkappa_2, \ldots, \varkappa_\nu}$ von H reelle und, wenn H eine nichtnegative Form ist, nichtnegative Zahlen. Zwischen den Determinanten (29) besteht die Beziehung

$$(30) \quad D^{\varkappa_1, \ldots, \varkappa_\nu, \lambda}_{\varkappa_1, \ldots, \varkappa_\nu, \lambda}\, D^{\varkappa_1, \ldots, \varkappa_\nu, \mu}_{\varkappa_1, \ldots, \varkappa_\nu, \mu} - \left| D^{\varkappa_1, \ldots, \varkappa_\nu, \lambda}_{\varkappa_1, \ldots, \varkappa_\nu, \mu} \right|^2 = D^{\varkappa_1, \ldots, \varkappa_\nu}_{\varkappa_1, \ldots, \varkappa_\nu}\, D^{\varkappa_1, \ldots, \varkappa_\nu, \lambda, \mu}_{\varkappa_1, \ldots, \varkappa_\nu, \lambda, \mu}.$$

Hieraus folgt in bekannter Weise, daß der Rang r der Form H in folgender Weise gekennzeichnet werden kann: Es gibt mindestens eine Hauptunterderminante r-ten Grades $D^{\varkappa_1, \varkappa_2, \ldots, \varkappa_r}_{\varkappa_1, \varkappa_2, \ldots, \varkappa_r}$, die nicht verschwindet, während die aus ihr durch einmalige oder zweimalige Ränderung entstehenden Hauptunterderminanten

$$(31) \qquad D^{\varkappa_1, \ldots, \varkappa_r, \lambda}_{\varkappa_1, \ldots, \varkappa_r, \lambda} \quad \text{und} \quad D^{\varkappa_1, \ldots, \varkappa_r, \lambda, \mu}_{\varkappa_1, \ldots, \varkappa_r, \lambda, \mu}$$

sämtlich Null sind. Ist insbesondere H eine nichtnegative Form, so kann die erste der Determinanten (31) nicht verschwinden, wenn die zweite von Null verschieden ist. In diesem Falle gibt es daher, solange $\varrho < r$ ist, zu jeder nicht verschwindenden Hauptunterdeterminante des Grades ϱ mindestens eine aus ihr durch einmalige Ränderung hervorgehende Hauptunterdeterminante des Grades $\varrho + 1$, die ebenfalls nicht Null ist.

Sind speziell die r ersten Abschnittsdeterminanten

$$D_\varrho = D^{1, 2, \ldots, \varrho}_{1, 2, \ldots, \varrho}$$

von Null verschieden und setzt man

$$u_\varrho = \sum_{\varkappa=\varrho}^{n} x_\varkappa D^{1, \ldots, \varrho-1, \varkappa}_{1, \ldots, \varrho-1, \varrho}, \qquad (\varrho = 1, 2, \ldots, n)$$

so gilt für H die Jacobische Zerlegungsformel

$$H = \sum_{\varrho=1}^{r} \frac{u_\varrho \bar{u}_\varrho}{D_{\varrho-1} D_\varrho}. \qquad (D_0 = 1)$$

Durch Koeffizientenvergleichen folgt hieraus

$$(32) \qquad h_{\varkappa\lambda} = \sum_{\varrho=1}^{r} \frac{1}{D_{\varrho-1} D_\varrho} D^{1, \ldots, \varrho-1, \varkappa}_{1, \ldots, \varrho-1, \varrho} D^{1, \ldots, \varrho-1, \varrho}_{1, \ldots, \varrho-1, \lambda}$$

Ich denke mir nun eine nicht negative Hermitesche Form

$$H = \sum_{\varkappa, \lambda}{}_1^\infty h_{\varkappa\lambda} x_\varkappa \bar{x}_\lambda$$

mit unendlich vielen Veränderlichen gegeben. Das Summenzeichen soll hierbei nur eine rein symbolische Bedeutung haben, vorausgesetzt wird lediglich, daß $h_{\varkappa\lambda}$ und $h_{\lambda\varkappa}$ konjugiert komplexe Größen sind und daß für jedes n

$$H_n = \sum_{\varkappa, \lambda}{}_1^n h_{\varkappa\lambda} x_\varkappa \bar{x}_\lambda$$

eine nichtnegative Hermitesche Form ist. Der Rang r der Form H, d. h. die größte unter den Zahlen ν, für die eine der Determinanten (29) von Null verschieden ist, kann endlich oder unendlich sein. Der Fall $r = 0$, in dem alle Koeffizienten $h_{\varkappa\lambda}$ gleich Null sind, wollen wir von der Betrachtung ausschließen. Auf Grund der früher gemachten Bemerkung über das Verhalten der Hauptunterdeterminanten einer nichtnegativen Hermiteschen Form mit endlich vielen Veränderlichen können wir ein wohlbestimmtes System von Indizes

$$1 \leqq \varkappa_1 < \varkappa_2 < \varkappa_3 < \cdots$$

in folgender Weise bestimmen: $\varkappa_1$ soll die kleinste Zahl bedeuten, für die $D^{\varkappa_1}_{\varkappa_1} = h_{\varkappa_1\varkappa_1}$ von Null verschieden (also positiv) ist, ferner sei $\varkappa_2$ die kleinste

Zahl, für die $D^{\varkappa_1, \varkappa_2}_{\varkappa_1, \varkappa_2} > 0$ ist, ebenso $\varkappa_3$ die kleinste Zahl, die der Bedingung $D^{\varkappa_1, \varkappa_2, \varkappa_3}_{\varkappa_1, \varkappa_2, \varkappa_3} > 0$ genügt, usw. Diese Zahlen will ich die *charakteristischen Indizes der Form H* nennen. Nur dann, wenn H von endlichem Range r ist, ist die Anzahl der $\varkappa_\mu$ endlich und zwar gleich r. Unter $\varkappa_{r+1}$ ist in diesem Fall im folgenden das Zeichen ∞ zu verstehen.

Die Determinanten

$$\Delta_\mu = D^{\varkappa_1, \varkappa_2, \ldots, \varkappa_\mu}_{\varkappa_1, \varkappa_2, \ldots, \varkappa_\mu} \qquad (\mu = 1, 2, 3, \ldots)$$

sind nach Voraussetzung reelle positive Zahlen. Setzt man für jedes α

$$p_{\alpha \varkappa_\mu} = \frac{1}{\sqrt{\Delta_{\mu-1}\Delta_\mu}} D^{\varkappa_1, \ldots, \varkappa_{\mu-1}, \alpha}_{\varkappa_1, \ldots, \varkappa_{\mu-1}, \varkappa_\mu}, \qquad (\Delta_0 = 1)$$

so wird

$$\bar{p}_{\alpha \varkappa_\mu} = \frac{1}{\sqrt{\Delta_{\mu-1}\Delta_\mu}} D^{\varkappa_1, \ldots, \varkappa_{\mu-1}, \varkappa_\mu}_{\varkappa_1, \ldots, \varkappa_{\mu-1}, \alpha}.$$

Ist insbesondere $\alpha < \varkappa_\mu$, so wird

$$D^{\varkappa_1, \ldots, \varkappa_{\mu-1}, \alpha}_{\varkappa_1, \ldots, \varkappa_{\mu-1}, \alpha} = 0$$

und hieraus folgt wegen (30), daß $p_{\alpha \varkappa_\mu} = 0$ wird. Setzt man daher, wenn γ keiner der Zahlen $\varkappa_\mu$ gleich ist, $p_{\alpha\gamma} = 0$, so wird in allen Fällen $p_{\alpha\beta} = 0$, sobald $\alpha < \beta$ ist.

Ist nun $\varkappa$ eine beliebige positive ganze Zahl und bedeutet m die wohlbestimmte Zahl, für die $\varkappa_m \leqq \varkappa < \varkappa_{m+1}$ wird, so ist für jedes $\lambda \leqq \varkappa$

$$\begin{matrix} h_{\varkappa_1\varkappa_1}, & \ldots, & h_{\varkappa_1\varkappa_m}, & h_{\varkappa_1\varkappa}, & h_{\varkappa_1\lambda} \\ \cdot & \cdot & \cdot & \cdot & \cdot \\ h_{\varkappa_m\varkappa_1}, & \ldots, & h_{\varkappa_m\varkappa_m}, & h_{\varkappa_m\varkappa}, & h_{\varkappa_m\lambda} \\ h_{\varkappa\varkappa_1}, & \ldots, & h_{\varkappa\varkappa_m}, & h_{\varkappa\varkappa}, & h_{\varkappa\lambda} \\ h_{\lambda\varkappa_1}, & \ldots, & h_{\lambda\varkappa_m}, & h_{\lambda\varkappa}, & h_{\lambda\lambda} \end{matrix}$$

die Koeffizientenmatrix einer nichtnegativen Hermiteschen Form vom Range m, deren m erste Abschnittsdeterminanten die Werte $\Delta_1, \Delta_2, \ldots, \Delta_m$ haben, also von Null verschieden sind. Wendet man auf diese Form die Zerlegungsformel (32) an, so ergibt sich insbesondere

$$h_{\varkappa\lambda} = \sum_{\mu=1}^{m} \frac{1}{\Delta_{\mu-1}\Delta_\mu} D^{\varkappa_1, \ldots, \varkappa_{\mu-1}, \varkappa}_{\varkappa_1, \ldots, \varkappa_{\mu-1}, \varkappa_\mu} D^{\varkappa_1, \ldots, \varkappa_{\mu-1}, \varkappa_\mu}_{\varkappa_1, \ldots, \varkappa_{\mu-1}, \lambda}$$

oder, was dasselbe ist,

$$h_{\varkappa\lambda} = \sum_{\mu=1}^{m} p_{\varkappa, \varkappa_\mu} \bar{p}_{\lambda, \varkappa_\mu}.$$

Diese Gleichung läßt sich unter Berücksichtigung der früher gemachten Festsetzungen über die Zahlen $p_{\varkappa\lambda}$ auch in der Form

(33) $$h_{\varkappa\lambda}=\sum_{\nu=1}^{\varkappa} p_{\varkappa\nu}\overline{p}_{\lambda\nu}=\sum_{\nu=1}^{\lambda} p_{\varkappa\nu}\overline{p}_{\lambda\nu}$$

schreiben. Hieraus folgt

$$h_{\lambda\varkappa}=\overline{h}_{\varkappa\lambda}=\sum_{\nu=1}^{\varkappa} p_{\lambda\nu}\overline{p}_{\varkappa\nu}=\sum_{\nu=1}^{\lambda} p_{\lambda\nu}\overline{p}_{\varkappa\nu}$$

und daher ist die Gleichung (33) auch für $\varkappa<\lambda$ richtig.

Bezeichnet man nun die unendliche Matrix

(34) $$\begin{pmatrix} p_{11} & 0 & 0 & \dots \\ p_{21} & p_{22} & 0 & \dots \\ p_{31} & p_{32} & p_{33} & \dots \\ \cdot & \cdot & \cdot & \cdot \end{pmatrix}$$

mit P, so bedeutet die Gleichung (33) in den Bezeichnungen des Matrizenkalkuls nur, daß $PP^*=P\overline{P}'$ mit der Koeffizientenmatrix $(h_{\varkappa\lambda})$ der Form H übereinstimmt. Wir können also den Satz aussprechen:

VI. *Zu jeder nichtnegativen Hermiteschen Form H mit unendlich vielen Veränderlichen läßt sich eine unendliche Matrix P vom Typus* (34) *so bestimmen, daß die Koeffizientenmatrix von H gleich PP^* wird. Sind $\varkappa_1, \varkappa_2, \dots$ die charakteristischen Indizes der Form H, so genügt es, wenn λ eine der Zahlen $\varkappa_\mu$ ist,*

$$p_{\varkappa\lambda}=\frac{1}{\sqrt{\Delta_{\mu-1}\Delta_\mu}}D^{\varkappa_1,\dots,\varkappa_{\mu-1},\varkappa}_{\varkappa_1,\dots,\varkappa_{\mu-1},\varkappa_\mu}$$

und, wenn λ von allen Zahlen $\varkappa_1, \varkappa_2, \dots$ verschieden ist, $p_{\varkappa\lambda}=0$ zu setzen. Sind demnach die $h_{\varkappa\lambda}$ sämtlich reell, so können auch die $p_{\varkappa\lambda}$ als reelle Zahlen gewählt werden.

Auf dieses Analogon zur Jacobischen Transformation einer quadratischen Form mit endlich vielen Veränderlichen hat im Falle $r=\infty$, $\varkappa_\mu=\mu$ bereits O. Toeplitz[13]) aufmerksam gemacht und hieraus wichtige Folgerungen gezogen.

§ 8.

Beziehungen zur Integralrechnung.

Es seien

(35) $$f_1(t), f_2(t), f_3(t), \dots$$

unendlich viele reelle oder komplexe Funktionen einer reellen Variabeln t, die in einem endlichen oder unendlichen Intervall $a<t<b$ definiert sein

[13]) Die Jacobische Transformation der quadratischen Formen von unendlich vielen Veränderlichen, Göttinger Nachrichten 1907, S. 101—109.

sollen. Versteht man unter $\bar{f}_\varkappa(t)$ die zu $f_\varkappa(t)$ konjugiert komplexe Funktion und setzt man nur voraus, daß die Integrale

$$(36) \qquad h_{\varkappa\lambda} = \int_a^b f_\varkappa(t)\, \bar{f}_\lambda(t)\, dt \qquad (\varkappa, \lambda = 1, 2, \ldots)$$

als eigentliche oder uneigentliche Integrale einen Sinn haben, so lassen sich diese Zahlen bekanntlich als die Koeffizienten einer nichtnegativen Hermiteschen Form H deuten. In der Tat sind $h_{\varkappa\lambda}$ und $h_{\lambda\varkappa}$ konjugiert komplexe Größen, ferner wird für jedes n und für jedes Wertsystem x_1, $x_2, \ldots, x_n$

$$H_n = \sum_{\varkappa, \lambda}^{n} h_{\varkappa\lambda} x_\varkappa \bar{x}_\lambda = \int_a^b |f_1(t) x_1 + \cdots + f_n(t) x_n|^2 dt \geqq 0.$$

Nimmt man insbesondere an, daß die Funktionen $f_\chi(t)$ im Intervall $a < t < b$ sämtlich stetig sind, so ist die Determinante von H_n dann und nur dann gleich Null, wenn die Funktionen $f_1, f_2, \ldots, f_n$ linear abhängig sind[14]). Die charakteristischen Indizes $\varkappa_1, \varkappa_2, \ldots$ der Form H haben in diesem Fall eine sehr einfache Bedeutung: $f_{\varkappa_1}$ ist die erste nicht identisch verschwindende Funktion, $f_{\varkappa_2}$ die erste Funktion, die von $f_{\varkappa_1}$ linear unabhängig ist usw. Der Rang r von H gibt insbesondere die Anzahl der linear unabhängigen unter den Funktionen (35) an. Ein bemerkenswertes Beispiel liefert der Fall

$$a = 0, \qquad b = \infty, \qquad f_\varkappa(t) = e^{-\frac{t}{2}} t^{p_\varkappa - \frac{1}{2}}, \qquad h_{\varkappa\lambda} = \Gamma(p_\varkappa + \bar{p}_\lambda),$$

wobei $p_1, p_2, \ldots$ beliebige Größen mit positiven reellen Bestandteilen bedeuten können.

Es liegt nun die Frage nahe, ob man auf diese Weise alle nichtnegativen Hermiteschen Formen erhalten kann. Auf Grund des Satzes VI erkennt man leicht, daß diese Frage im bejahenden Sinne zu beantworten ist.

VII. *Ist $H = \Sigma h_{\varkappa\lambda} x_\varkappa \bar{x}_\lambda$ eine nichtnegative Hermitesche Form mit endlich oder unendlich vielen Veränderlichen, so kann man für jedes Intervall (a, b) eine Folge von endlich oder unendlich vielen Funktionen $f_1(t), f_2(t), \ldots$ bestimmen, so daß die Gleichungen* (36) *bestehen.*

Man wähle nämlich im Intervall (a, b) irgendein System von reellen, normiert orthogonalen Funktionen $\varphi_1(t), \varphi_2(t), \ldots$, d. h. ein System von Funktionen, die den Gleichungen

$$\int_a^b \varphi_\alpha^2\, dt = 1, \qquad \int_a^b \varphi_\alpha \varphi_\beta\, dt = 0 \qquad (\alpha \neq \beta)$$

[14]) Vgl. z. B. E. Fischer, loc. cit. [2]), S. 39.

genügen. Ferner bestimme man die Konstanten $p_{11}, p_{21}, p_{22}, \ldots$ derart, daß die Koeffizienten $h_{\varkappa\lambda}$ die Darstellung (33) zulassen. Setzt man dann

$$f_\varkappa(t) = p_{\varkappa 1}\varphi_1(t) + p_{\varkappa 2}\varphi_2(t) + \ldots + p_{\varkappa\varkappa}\varphi_\varkappa(t),$$

so wird

$$\int_a^b f_\varkappa(t)\bar{f}_\lambda(t)\,dt = p_{\varkappa 1}\bar{p}_{\lambda 1} + p_{\varkappa 2}\bar{p}_{\lambda 2} + \ldots + p_{\varkappa\varkappa}\bar{p}_{\lambda\varkappa} = h_{\varkappa\lambda}.$$

Es ergibt sich zugleich, daß, wenn die Konstanten $h_{\varkappa\lambda}$ sämtlich reell sind, auch die $f_\varkappa(t)$ als reelle Funktionen gewählt werden können. Sind insbesondere a und b endliche Zahlen, so lassen sich die $\varphi_\varkappa(t)$ und demnach auch die $f_\varkappa(t)$ als gewöhnliche oder als trigonometrische Polynome wählen.

Aus dem Satze VII geht hervor, daß jede Ungleichung für die Koeffizienten einer nicht negativen Hermiteschen Form als eine Relation zwischen gewissen Integralen geschrieben werden kann, also vom Typus der vielbenutzten Schwarzschen Ungleichung

$$\left|\int_a^b f(t)g(t)\,dt\right|^2 \leqq \int_a^b |f|^2\,dt \int_a^b |g(t)|^2\,dt$$

ist. Beschränkt man sich auf die Betrachtung reeller Funktionen und setzt man zur Abkürzung für je zwei Funktionen $f(t)$ und $g(t)$

$$\int_a^b f(t)g(t)\,dt = (fg), \qquad \frac{(fg)}{\sqrt{(ff)(gg)}} = (f,g),$$

so besagen z. B. die in § 5 angegebenen Ungleichungen (27) und (28) nur, daß für je vier reelle Funktionen f, g, φ, ψ folgende Relationen bestehen:

$$1 + (f,g)^2(\varphi,\psi)^2 + (f,\varphi)^2(g,\psi)^2 + (f,\psi)^2(g,\varphi)^2 \geqq$$
$$(f,g)[(\varphi,f)(\varphi,g) + (\psi,f)(\psi,g)] + (\varphi,\psi)[(f,\varphi)(f,\psi) + (g,\varphi)(g,\psi)] + \Delta$$

und

$$1 + (f,g)^2(\varphi,\psi)^2 \geqq (f,\varphi)^2(g,\psi)^2 + (f,\psi)^2(g,\varphi)^2 + \Delta.$$

Hierbei bedeutet Δ die Determinante

$$\Delta = \begin{vmatrix} (f,f), & (f,g), & (f,\varphi), & (f,\psi) \\ (g,f), & (g,g), & (g,\varphi), & (g,\psi) \\ (\varphi,f), & (\varphi,g), & (\varphi,\varphi), & (\varphi,\psi) \\ (\psi,f), & (\psi,g), & (\psi,\varphi), & (\psi,\psi) \end{vmatrix},$$

die in jedem Falle nichtnegativ ist und für stetige Funktionen nur dann verschwindet, wenn die vier Funktionen linear abhängig sind.

(Eingegangen am 1. September 1917.)

32.

Über die Verteilung der Wurzeln bei gewissen algebraischen Gleichungen mit ganzzahligen Koeffizienten

Mathematische Zeitschrift 1, 377 - 402 (1918)

In seiner Note, „Sur quelques théorèmes d'Algèbre" (Comptes Rendus, Bd. 100, 1885, S. 439–440) hat Stieltjes gezeigt, daß einige der in den Anwendungen häufig vorkommenden Klassen von Polynomen, insbesondere die Kugelfunktionen und die Hermiteschen Polynome, sich durch gewisse Maximaleigenschaften ihrer Diskriminanten kennzeichnen lassen. Diesen Sätzen lassen sich noch andere, ähnlich geartete an die Seite stellen, unter anderem auch ein Satz, der zur Charakterisierung der sog. Laguerreschen Polynome dienen kann (§§ 1–3). Vor allem kommt es mir aber darauf an, zu zeigen, daß man auf Grund dieser Resultate die bekannte von Cauchy herrührende Bemerkung über die Möglichkeit, mit Hilfe der Diskriminante einer Gleichung eine untere Schranke für die Wurzeldifferenzen anzugeben, in bemerkenswerter Weise weiter verfolgen kann. Es ergibt sich, daß bei gewissen allgemeinen Klassen von Gleichungen mit ganzzahligen Koeffizienten zwischen der Größe des höchsten Koeffizienten und der Größe der Wurzeln ein enger Zusammenhang besteht (§§ 5–8). Als besonders überraschend erscheint mir der Satz IX, der schon für den Fall der „total reellen" *ganzen* algebraischen Zahlen ein neues Resultat liefert und auch rein zahlentheoretische Anwendungen zuläßt.

§ 1.

Ein Satz von Stieltjes.

Im folgenden bezeichne ich den Ausdruck

$$\Delta(x_1, x_2, \ldots, x_n) = \prod_{\substack{1 \\ \varkappa < \lambda}}^{n} (x_\varkappa - x_\lambda)^2 \qquad (n \geqq 2)$$

als die *Diskriminante der n Größen* x_ν. Erscheinen diese Zahlen insbesondere als die Wurzeln der Gleichung

$$a_0x^n + a_1x^{n-1} + \ldots + a_n = 0,$$

so verstehe ich unter der *Diskriminante der Gleichung* den Ausdruck

$$D = a_0^{2n-2}\,\Delta(x_1, x_2, \ldots, x_n).$$

Sind $a_0, a_1, \ldots, a_n$ ganze rationale Zahlen, so ist bekanntlich auch D eine ebensolche Zahl.

In seiner oben erwähnten Note hat nun Stieltjes einen Satz ausgesprochen, der folgendermaßen formuliert werden soll:

I. *Sind* $x_1, x_2, \ldots, x_n$ *reelle Zahlen, die den Bedingungen*

$$(1)\qquad -1 \leqq x_\nu \leqq 1 \qquad (\nu = 1, 2, \ldots, n)$$

unterworfen werden, so ist der größte Wert, den $\Delta(x_1, x_2, \ldots, x_n)$ *annehmen kann, gleich*

$$(2)\qquad M_n = \frac{2^2\cdot 3^3 \ldots n^n \cdot 2^2 \cdot 3^3 \ldots (n-2)^{n-2}}{3^3\cdot 5^5 \ldots (2n-3)^{2n-3}}. \qquad (M_2 = 4)$$

Dieses Maximum erreicht Δ *nur für die Nullstellen* $x_1, x_2, \ldots, x_n$ *des Polynoms* $F_n(x)$, *das als der Koeffizient von* z^n *in der Entwicklung von* $\sqrt{1 - 2xz + z^2}$ *nach Potenzen von z auftritt und auch als das Integral*

$$F_n = \int_x^1 P_{n-1}\,dx = -\frac{1}{2^{n-1}(n-1)!}\cdot\frac{d^{n-2}(x^2-1)^{n-1}}{dx^{n-2}}$$

der $(n-1)$*-ten Kugelfunktion charakterisiert werden kann.*

Der Beweis, den Stieltjes nicht angibt, läßt sich mit Hilfe der Differentialrechnung leicht erbringen. Da Δ eine stetige Funktion ist und (1) ein abgeschlossenes Gebiet $\mathfrak{G}$ darstellt, so gibt es in $\mathfrak{G}$ gewiß Stellen, an denen Δ seinen größten Wert M_n erhält. An einer solchen Stelle sind jedenfalls die x_ν voneinander verschieden und, da Δ symmetrisch ist, so kann angenommen werden, daß $x_1 < x_2 < \ldots < x_n$ ist. Für $n = 2$ ist $\Delta \leqq 4$ und nur dann gleich 4, wenn $x_1 = -1$, $x_2 = 1$ ist. Ist aber $n > 2$, so ist für $1 < \nu < n$ jedenfalls $-1 < x_\nu < 1$ und daher

$$\frac{1}{\Delta}\frac{\partial\Delta}{\partial x_\nu} = 2\sum_{\lambda=1}^{n}{}' \frac{1}{x_\nu - x_\lambda} = 0. \qquad (\lambda \neq \nu).$$

Setzt man also

$$f(x) = (x - x_1)(x - x_2)\ldots(x - x_n), \qquad f_\nu(x) = \frac{f(x)}{x - x_\nu},$$

so muß

$$(3)\qquad \sum_{\lambda=1}^{n}{}' \frac{1}{x - x_\lambda} = \frac{f_\nu'(x)}{f_\nu(x)}$$

für $x = x_\nu$ verschwinden. Dies liefert

$$f''(x_\nu) = 2 f_\nu'(x_\nu) = 0.$$

Da nun $f''(x)$ nur $n-2$ Nullstellen besitzt, so muß $x_1 = -1$, $x_n = 1$ sein. Zugleich erkennen wir, daß $(x^2-1)f''(x)$ durch $f(x)$ teilbar und als Polynom n-ten Grades, abgesehen von einem konstanten Faktor, gleich $f(x)$ sein muß. Da der Koeffizient von x^n in $(x^2-1)f''(x)$ gleich $n(n-1)$ ist, so erhalten wir

$$(x^2-1)f''(x) = n(n-1)f(x).$$

Durch diese Differentialgleichung wird aber das Polynom $f(x)$ bis auf einen konstanten Faktor eindeutig bestimmt und, da aus

$$(4) \qquad \varphi = \sqrt{1 - 2xz + z^2} = \sum_{n=0}^{\infty} F_n z^n, \qquad (x^2-1)\frac{\partial^2\varphi}{\partial x^2} = z^2 \frac{\partial^2 \varphi}{\partial z^2}$$

folgt, daß auch das Polynom F_n der Differentialgleichung genügt, so ist $f(x) = \text{const.}\, F_n(x)$.

Es handelt sich also nur noch darum, die Diskriminante M_n der Nullstellen $x_1, x_2, \ldots, x_n$ von $F_n(x)$ zu berechnen. Setzt man nun

$$F_n(x) = c_n x^n + c_n' x^{n-1} + \ldots, \qquad c_n = -\frac{1 \cdot 3 \ldots 2n-3}{1.2 \ldots n}$$

und bezeichnet mit y_β und z_γ die Nullstellen von $F_n'(x)$ und $F_{n-1}'(x)$, so wird

$$(-1)^{\frac{n(n-1)}{2}} M_n = \frac{1}{c_n^n} \prod_{\alpha=1}^{n} F_n'(x_\alpha) = \frac{n^n}{c_n^{n-1}} \prod_{\beta=1}^{n-1} F_n(y_\beta).$$

Aus (4) folgt aber wegen $z\frac{\partial\varphi}{\partial z} = (x-z)\frac{\partial\varphi}{\partial x}$ die Gleichung

$$n F_n(x) = x F_n'(x) - F_{n-1}'(x).$$

Daher ist $n F_n(y_\beta) = -F_{n-1}'(y_\beta)$ und

$$(5) \qquad (-1)^{\frac{n(n-1)}{2}} M_n = \frac{(-1)^{n-1} n}{c_n^{n-1}} \prod_{\beta=1}^{n-1} F_{n-1}'(y_\beta)$$

$$= \frac{(-1)^{n-1} n \cdot (n-1)^{n-1} c_{n-1}^{n-1}}{n^{n-2} c_n^{n-1} c_n^{n-2}} \prod_{\gamma=1}^{n-2} F_n'(z_\gamma).$$

Nun besteht aber für die Polynome F_n' (die negativ genommenen Kugelfunktionen) die Rekursionsformel

$$(n-1)F_n' - (2n-3)xF_{n-1}' + (n-2)F_{n-2}' = 0.$$

Hieraus ergibt sich $(n-1)F'_n(z_\gamma) = -(n-2)F'_{n-2}(z_\gamma)$ und daher ist wegen (5)

$$(-1)^{\frac{1}{2}n(n-1)} M_n = -\frac{(n-1)(n-2)^{n-2} c_{n-1}^{n-1}}{n^{n-3} c_n^{2n-3}} \prod_{\gamma=1}^{n-2} F'_{n-2}(z_\gamma).$$

Andererseits liefert (5)

$$(-1)^{\frac{1}{2}(n-1)(n-2)} M_{n-1} = \frac{(-1)^{n-2}(n-1)}{c_{n-1}^{n-2}} \prod_{\gamma=1}^{n-2} F'_{n-2}(z_\gamma).$$

Daher ist

$$\frac{M_n}{M_{n-1}} = \frac{(n-2)^{n-2}}{n^{n-3}} \left(\frac{c_{n-1}}{c_n}\right)^{2n-3} = \frac{(n-2)^{n-2}}{n^{n-3}} \left(\frac{n}{2n-3}\right)^{2n-3} = \frac{n^n (n-2)^{n-2}}{(2n-3)^{2n-3}}.$$

Hieraus folgt in Verbindung mit $M_2 = 4$ die zu beweisende Gl. (2).

§ 2.

Das Maximum der Diskriminante im Gebiete $x_1^2 + x_2^2 + \ldots + x_n^2 \leqq 1$.

Stieltjes hat a. a. O. noch hervorgehoben, daß der Ausdruck

$$e^{-\frac{1}{2}(x_1^2 + x_2^2 + \ldots + x_n^2)} \Delta(x_1, x_2, \ldots, x_n)$$

seinen größten Wert $e^{-\frac{n(n-1)}{2}} \cdot 2^2 \cdot 3^3 \ldots n^n$ nur dann erhält, wenn x_1, $x_2, \ldots, x_n$ die Nullstellen des n-ten Hermiteschen Polynoms

$$H_n(x) = x^n - 1 \cdot \binom{n}{2} x^{n-2} + 1 \cdot 3 \cdot \binom{n}{4} x^{n-4} - \ldots = (-1)^n e^{\frac{x^2}{2}} \frac{d^n e^{-\frac{x^2}{2}}}{dx^n}$$

sind. Ich brauche im folgenden einen anderen, ähnlichen Satz:

II. *Für reelle Zahlen $x_1, x_2, \ldots, x_n$, die der Bedingung*

$$(6) \qquad x_1^2 + x_2^2 + \ldots + x_n^2 \leqq 1$$

genügen, ist das Maximum M'_n von $\Delta(x_1, x_2, \ldots, x_n)$ gleich

$$(7) \qquad M'_n = \frac{2^2 \cdot 3^3 \ldots n^n}{(n^2 - n)^{\frac{1}{2}(n^2 - n)}}$$

und diesen Wert nimmt Δ nur dann an, wenn die Größen $x_\nu \sqrt{n^2 - n}$ der Gleichung $H_n(x) = 0$ genügen.

Zunächst erkennt man in bekannter Weise leicht, daß an jeder Stelle $x_1, x_2, \ldots, x_n$ des Gebietes (6), an der die Funktion Δ ihr Maximum M'_n erreicht,

$$x_1^2 + x_2^2 + \ldots + x_n^2 = 1$$

sein muß. Die Gesamtheit der Wertsysteme, die dieser Gleichung genügen, erhält man, indem man

$$x_1 = \cos\vartheta_1,\quad x_2 = \sin\vartheta_1 \cos\vartheta_2, \ldots,\quad x_{n-1} = \sin\vartheta_1 \ldots \sin\vartheta_{n-2} \cos\vartheta_{n-1},$$
$$x_n = \sin\vartheta_1 \ldots \sin\vartheta_{n-2} \sin\vartheta_{n-1}$$

setzt und für die „Polarkoordinaten" $\vartheta_1, \vartheta_2, \ldots, \vartheta_{n-1}$ alle reellen Werte zuläßt. Die Zahl M'_n erscheint daher als das Maximum der periodischen Funktion

$$\Delta(x_1, x_2, \ldots, x_n) = \Phi(\vartheta_1, \vartheta_2, \ldots, \vartheta_{n-1})$$

der ϑ_ν. Soll nun $\Delta = \Phi = M'_n$ werden, so muß insbesondere, da

$$\frac{\partial x_\mu}{\partial \vartheta_{n-1}} = 0,\quad \frac{\partial x_{n-1}}{\partial \vartheta_{n-1}} = -x_n,\quad \frac{\partial x_n}{\partial \vartheta_{n-1}} = x_{n-1} \qquad (\mu < n-1)$$

ist,

$$\frac{\partial \Phi}{\partial \vartheta_{n-1}} = -\frac{\partial \Delta}{\partial x_{n-1}} x_n + \frac{\partial \Delta}{\partial x_n} x_{n-1} = 0$$

werden. Wegen der Symmetrie von Δ folgt ebenso für je zwei Indizes α und β

(8) $$-\frac{\partial \Delta}{\partial x_\alpha} x_\beta + \frac{\partial \Delta}{\partial x_\beta} x_\alpha = 0.$$

Setzt man nun

$$f(x) = \prod_{\nu=1}^{n} (x - x_\nu) = x^n - c_1 x^{n-1} + \ldots,\qquad f_\nu(x) = \frac{f(x)}{x - x_\nu},$$

so folgt aus (8) nach Division durch Δ wegen (3) und $f'(x_\nu) = f_\nu(x_\nu)$, $f''(x_\nu) = 2 f'_\nu(x_\nu)$

$$x_\beta \frac{f''(x_\alpha)}{f'(x_\alpha)} = x_\alpha \frac{f''(x_\beta)}{f'(x_\beta)}.$$

Ist nun etwa x_1 von Null verschieden und setzt man

$$\frac{1}{x_1} \cdot \frac{f''(x_1)}{f'(x_1)} = \gamma,$$

so verschwindet das Polynom n-ten Grades $\gamma x f' - f''$ für alle n Nullstellen von $f(x)$. Daher muß

$$\gamma x f' - f'' = \gamma n f$$

sein. Durch Vergleichen der Koeffizienten von x^{n-1} und x^{n-2} erhält man hieraus

$$c_1 = 0,\qquad -2 c_2 \gamma = n(n-1),$$

und da

$$x_1^2 + x_2^2 + \ldots + x_n^2 = c_1^2 - 2 c_2 = 1$$

sein soll, so ergibt sich $2c_2 = -1$, also $\gamma = n(n-1)$. Folglich ist

$$n(n-1)xf' - f'' = n^2(n-1)f.$$

Setzt man nun $x_\nu\sqrt{n^2-n} = \xi_\nu$ und $\Pi(x-\xi_\nu) = g(x)$, so genügt

$$g(x) = (n^2-n)^{\frac{n}{2}} f\left(\frac{x}{\sqrt{n^2-n}}\right)$$

der Differentialgleichung

$$xg' - g'' = ng,$$

die auch durch das Hermitesche Polynom H_n befriedigt wird. Durch diese Differentialgleichung ist aber das Polynom g bis auf einen konstanten Faktor eindeutig bestimmt. Daher wird $g = H_n$ und folglich ist

$$(9) \qquad (n^2-n)^{\frac{1}{2}(n^2-n)} M'_n = \Delta(\xi_1, \xi_2, \ldots, \xi_n) = D_n$$

nichts anderes als die Diskriminante von $H_n = 0$.

Um nun D_n zu berechnen, hat man sich der bekannten, leicht zu beweisenden Formeln

$$(10) \qquad H'_n = nH_{n-1}, \qquad H_n - xH_{n-1} + (n-1)H_{n-2} = 0$$

zu bedienen. Bezeichnet man die Nullstellen von H_{n-1} mit η_β, so wird

$$(-1)^{\frac{1}{2}n(n-1)} D_n = \prod_{\alpha=1}^{n} H'_n(\xi_\alpha) = n^n \prod_{\alpha=1}^{n} H_{n-1}(\xi_\alpha) = n^n \prod_{\beta=1}^{n-1} H_n(\eta_\beta).$$

Aus der zweiten der Gleichungen (10) folgt daher

$$(-1)^{\frac{1}{2}n(n-1)} D_n = (-1)^{n-1} n^n (n-1)^{n-1} \prod_{\beta=1}^{n-1} H_{n-2}(\eta_\beta).$$

Andererseits ist aber

$$(-1)^{\frac{1}{2}(n-1)(n-2)} D_{n-1} = (n-1)^{n-1} \prod_{\beta=1}^{n-1} H_{n-2}(\eta_\beta).$$

Dies ergibt wegen $D_2 = 4$

$$D_n = n^n D_{n-1} = 2^2 \cdot 3^3 \ldots n^n.$$

Aus (9) folgt nun die zu beweisende Formel (7).

Auf das Kugelgebiet (6) des n-dimensionalen Raumes läßt sich leicht auch ein beliebiges symmetrisches ellipsoidales Gebiet

$$E = a\sum_{\nu=1}^{n} x_\nu^2 + 2b\sum_{\kappa<\lambda}{}_1^n x_\kappa x_\lambda \leq 1$$

zurückführen. Hierbei soll E eine positiv definite quadratische Form sein, was dann und nur dann der Fall ist, wenn $a > b > -\frac{a}{n-1}$ ist. Setzt man $\Sigma x_\nu = s_1$ und

$$\alpha = \frac{\sqrt{a+(n-1)b} - \sqrt{a-b}}{n}, \qquad \beta = \sqrt{a-b},$$

so wird

$$E = \sum_{\nu=1}^{n} (\alpha s_1 + \beta x_\nu)^2.$$

Hieraus folgt unmittelbar:

II*. *Das Maximum von $\Delta(x_1, x_2, \ldots, x_n)$ im Gebiete $E \leqq 1$ ist gleich*

$$\frac{M'_n}{\beta^{n^2-n}} = \frac{2^2 \cdot 3^3 \ldots n^n}{[(a-b)(n^2-n)]^{\frac{1}{2}(n^2-n)}}.$$

§ 3.

Das Maximum der Diskriminante in einigen anderen Gebieten.

III. *Für nicht negative reelle Größen $x_1, x_2, \ldots, x_n$, die der Bedingung*

$$x_1 + x_2 + \ldots + x_n \leqq 1$$

genügen, ist das Maximum M''_n von $\Delta(x_1, x_2, \ldots, x_n)$ gleich

(11) $$M''_n = \frac{2^2 \cdot 3^3 \ldots n^n \cdot 2^2 \cdot 3^3 \ldots (n-1)^{n-1}}{(n^2-n)^{n^2-n}}.$$

Diesen Wert nimmt Δ nur dann an, wenn die Größen $(n^2-n)x_\nu$ die Nullstellen des Polynoms

$$G_n = \frac{x}{1!} - \binom{n-1}{1}\frac{x^2}{2!} + \binom{n-1}{2}\frac{x^3}{3!} - \ldots \pm \frac{x^n}{n!}$$

sind, das zu dem ***Laguerreschen*** *Polynom*

$$L_{n-1} = \frac{e^x}{(n-1)!} \cdot \frac{d^{n-1}(e^{-x}x^{n-1})}{dx^{n-1}} = 1 - \binom{n-1}{1}\frac{x}{1!} + \binom{n-1}{2}\frac{x^2}{2!} - \ldots \pm \frac{x^{n-1}}{(n-1)!}$$

in der Beziehung $G_n = \int_0^x L_{n-1}\,dx$ steht.

Ähnlich wie im Falle des Satzes II müssen hier die Stellen $x_1, x_2, \ldots, x_n$, für die $\Delta = M''_n$ wird, der Bedingung $\Sigma x_\nu = 1$ genügen. Setzt man

$$x_1 = \cos^2\vartheta_1, \quad x_2 = \sin^2\vartheta_1 \cos^2\vartheta_2, \ldots,$$

$$x_{n-1} = \sin^2\vartheta_1 \ldots \sin^2\vartheta_{n-2} \cos^2\vartheta_{n-1}, \quad x_n = \sin^2\vartheta_1 \ldots \sin^2\vartheta_{n-2} \sin^2\vartheta_{n-1}$$

und $\Delta(x_1, x_2, \ldots, x_n) = \Psi(\vartheta_1, \vartheta_2, \ldots, \vartheta_{n-1})$, so wird wieder M''_n das Maximum der periodischen Funktion Ψ von $\vartheta_1, \vartheta_2, \ldots, \vartheta_{n-1}$. Da insbesondere

$$\frac{\partial x_{n-1}}{\partial \vartheta_{n-1}} = -\frac{\partial x_n}{\partial \vartheta_n}, \quad \sin^2\vartheta_1 \ldots \sin^2\vartheta_{n-2} \sin\vartheta_{n-1} \cos\vartheta_{n-1} \frac{\partial x_n}{\partial \vartheta_{n-1}} = 2x_{n-1}x_n$$

wird, so muß an jeder Stelle, an der $\Delta = M_n''$ wird, wegen $\frac{\partial \Psi}{\partial \vartheta_{n-1}} = 0$

$$x_{n-1} x_n \left(\frac{\partial \Delta}{\partial x_{n-1}} - \frac{\partial \Delta}{\partial x_n} \right) = 0$$

und allgemein für je zwei Indizes α und β

$$x_\alpha x_\beta \left(\frac{\partial \Delta}{\partial x_\alpha} - \frac{\partial \Delta}{\partial x_\beta} \right) = 0$$

sein. Setzt man wie in den früheren Fällen

$$f(x) = \prod_{\nu=1}^{n} (x - x_\nu) = x^n - c_1 x^{n-1} + \ldots,$$

so ergibt sich hier

$$x_\alpha x_\beta \left(\frac{f''(x_\alpha)}{f'(x_\alpha)} - \frac{f''(x_\beta)}{f'(x_\beta)} \right) = 0.$$

Wären nun alle x_ν von Null verschieden, so müßten die n Ausdrücke $\frac{f''(x_\nu)}{f'(x_\nu)}$ einander gleich, etwa gleich γ sein. Das ist nicht möglich, da alsdann das Polynom $\gamma f' - f''$ des Grades $n-1$ die n Nullstellen x_1, $x_2, \ldots, x_n$ aufweisen würde. Es muß also eine der Zahlen x_ν, etwa x_n verschwinden. Ist dann $\frac{f''(x_1)}{f'(x_1)} = \gamma$, so erhalten wir

$$\frac{f''(x_1)}{f'(x_1)} = \frac{f''(x_2)}{f'(x_2)} = \ldots = \frac{f''(x_{n-1})}{f'(x_{n-1})} = \gamma.$$

Daher ist $x(\gamma f' - f'')$ für alle n Werte $x_1, x_2, \ldots, x_n$ gleich Null und also

$$x(\gamma f' - f'') = \gamma n f. \tag{12}$$

Das liefert insbesondere durch Vergleichen der Koeffizienten von x^{n-1} die Gleichung $n^2 - n = \gamma c_1$. Da nun $c_1 = \Sigma x_\nu = 1$ ist, so ergibt sich $\gamma = n^2 - n$. Setzt man demnach $(n^2 - n) x_\nu = \xi_\nu$ und

$$g(x) = \prod_{\nu=1}^{n} (x - \xi_\nu) = (n^2 - n)^n f\left(\frac{x}{n^2 - n}\right),$$

so folgt aus (12)

$$x(g' - g'') = n g.$$

Durch diese Differentialgleichung ist das Polynom $g(x)$ wieder bis auf einen konstanten Faktor eindeutig bestimmt, und da auch das Polynom $G_n(x)$ ihr genügt, so ist $g(x) = \text{const.}\, G_n(x)$.

Es handelt sich also wieder nur darum, die Diskriminante

$$(n^2 - n)^{n^2 - n} M_n'' = \Delta(\xi_1, \xi_2, \ldots, \xi_n) = D_n$$

der Wurzeln von $G_n(x) = 0$ zu berechnen. Auf Grund der leicht zu beweisenden Relationen

$$n G_n = (x - n + 1) G'_n + (n - 1) G'_{n-1},$$

$$(n - 1) G'_n - (2n - 3 - x) G'_{n-1} + (n - 2) G'_{n-2} = 0$$

erhält man nun ganz ähnlich wie im Falle des § 1

$$D_n = n^n (n - 1)^{n-1} D_{n-1},$$

was wegen $D_2 = 4$ für D_n den Wert

$$D_n = 2^2 \cdot 3^3 \ldots n^n \cdot 2^2 \cdot 3^3 \ldots (n - 1)^{n-1}$$

und für M''_n den in der Formel (11) angegebenen Wert liefert.

In ganz ähnlicher Weise wie bei den Hermiteschen Polynomen H_n ergibt sich für die Diskriminante der Nullstellen des Laguerreschen Polynoms L_n der Wert $2^3 \cdot 3^5 \cdot 4^7 \ldots n^{2n-1}$. Man hat sich hierbei der Gleichungen

$$L'_n = -n L_{n-1}, \quad n L_n - (2n - 1 - x) L_{n-1} + (n - 1) L_{n-2} = 0$$

zu bedienen.

Es sei noch erwähnt, daß man die Diskriminanten der hier vorkommenden Polynome F_n, H_n, G_n und L_n auch mit Hilfe eines von Stieltjes[1]) und Herrn Hilbert[2]) angegebenen allgemeinen Satzes über die Diskriminante einer abbrechenden hypergeometrischen Reihe berechnen kann.

Auf einen weiteren Satz über $\Delta(x_1, x_2, \ldots, x_n)$ hat mich Herr G. Pólya aufmerksam gemacht:

IV. *Für komplexe Größen $x_1, x_2, \ldots, x_n$, deren absolute Beträge höchstens gleich 1 sind, ist das Maximum von $|\Delta(x_1, x_2, \ldots, x_n)|$ gleich n^n, und dieser Wert wird nur dann erreicht, wenn $x_1, x_2, \ldots, x_n$ abgesehen von einem gemeinsamen Faktor mit den n Wurzeln der Gleichung $x^n - 1 = 0$ übereinstimmen.*

Der Beweis ergibt sich hier unmittelbar vermittelst der Gleichung

$$\Delta(x_1, x_2, \ldots, x_n) = \left| x_\alpha^\beta \right|^2, \quad (\alpha = 1, 2, \ldots, n, \ \beta = 0, 1, \ldots, n - 1)$$

indem man auf die rechts stehende Determinante den bekannten Hadamardschen Satz über den Maximalwert des absoluten Betrages einer Determinante, deren Elemente im Einheitskreise liegen, anwendet.

---

[1]) „Sur les polynômes de Jacobi", Comptes Rendus, Bd. 100 (1885), S. 620–622.

[2]) „Über die Diskriminante der im Endlichen abbrechenden hypergeometrischen Reihe", Journal f. Math., Bd. 103 (1888), S. 337–345.

§ 4.

Einführung einiger abkürzender Bezeichnungen.

Bei den im folgenden zu behandelnden Gleichungen

$$(13) \qquad f(x) = a_0 x^n + a_1 x^{n-1} + \ldots + a_n = 0$$

sollen die Koeffizienten a_ν stets als ganze rationale Zahlen mit dem größten gemeinsamen Teiler 1 vorausgesetzt werden. Den ersten Koeffizienten a_0 nehme ich als positiv an. Die n Wurzeln von (13) bezeichne ich zumeist mit $x_1, x_2, \ldots, x_n$ und die Potenzsumme Σx_ν^m mit s_m.

Definition. *Von einer Gleichung mit ganzzahligen Koeffizienten und nicht verschwindender Diskriminante sage ich, sie gehöre*

1. *zur Klasse R, wenn ihre Wurzeln alle reell sind;*
2. *zur Klasse P, wenn sie nur positive reelle Wurzeln besitzt;*
3. *zur Klasse E, wenn ihre Wurzeln sämtlich vom absoluten Betrage 1 sind.*

Die noch zu betrachtende vierte Klasse K soll ferner alle ganzzahligen Gleichungen umfassen, deren Wurzeln sämtlich im Innern des Einheitskreises liegen, wobei (im Gegensatz zu den drei anderen Fällen) auch mehrfache Wurzeln vorkommen dürfen.

Unter $R(a)$ verstehe ich die Gesamtheit der Gleichungen der Klasse R, bei denen der erste Koeffizient a_0 den vorgeschriebenen Wert a hat. Das Zeichen $R(|w| \leqq \lambda)$ soll ferner die Menge aller Gleichungen von R kennzeichnen, deren Wurzeln im Intervall $-\lambda \leqq x \leqq \lambda$ liegen. Soll außerdem noch a_0 den vorgeschriebenen Wert a haben, so spreche ich von der Teilklasse $R(a; |w| \leqq \lambda)$ von R. Ähnliche Bezeichnungen gelten auch für die Klassen P, E und K.

Diese vier Klassen von Gleichungen hängen in gewisser Weise zusammen. Gehört nämlich $f(x) = 0$ zur Klasse P, so ist $f(x^2) = 0$ eine Gleichung der Klasse R. Ist ferner (13) eine Gleichung der Klasse E und sind alle x_ν von ± 1 verschieden, so ist $n = 2m$ eine gerade Zahl und $a_\nu = a_{n-\nu}$. Unter den Größen

$$y_\nu = x_\nu + x_\nu^{-1} = 2\,\Re(x_\nu)$$

sind nur m voneinander verschieden und diese genügen der Gleichung

$$(14) \qquad g(y) = a_0 y^m + a_1 y^{m-1} + (a_2 - m a_0) y^{m-2} + \ldots = 0,$$

die zur Klasse $R(|w| < 2)$ gehört. Ist umgekehrt $g(y) = 0$ eine Gleichung dieser Klasse, deren Grad m ist, so ist die Gleichung $x^m g(x + x^{-1}) = 0$ in E enthalten. Die Gl. (14) nenne ich die zu (13) *assoziierte Gleichung*

Bezeichnet man die zu ihr gehörenden Potenzsummen mit $t_1, t_2, \ldots$, so wird insbesondere

$$t_1 = s_1, \qquad t_2 = s_2 + 2m.$$

Ist ferner (13) eine Gleichung der Klasse K, so gehören die beiden Gleichungen

$$f(x) \pm x^m f(x^{-1}) = 0$$

zur Klasse E. Für je zwei ganze Zahlen α und β, die der Bedingung $|\alpha| > |\beta|$ genügen, ist außerdem zugleich mit $f(x) = 0$ auch die Gleichung

$$\alpha f(x) + \beta x^n f(x^{-1}) = 0$$

in K enthalten. Insbesondere gehört $f(x) = 0$ dann und nur dann zur Klasse K, wenn die Gleichung

$$\frac{1}{x}(a_0 f(x) - a_n x^n f(x^{-1})) = 0$$

des Grades $n-1$ diese Eigenschaft hat[3]).

Es sei noch erwähnt, daß man unter Benutzung dieser Bezeichnungen einen bekannten wichtigen Satz von Kronecker[4]) kurz so aussprechen kann: *Jede Wurzel einer Gleichung der Klasse* $E(1)$ *ist eine Einheitswurzel.*

§ 5.

Über das kleinste Intervall, in dem die Wurzeln einer Gleichung der Klasse K liegen.

Setzt man zur Abkürzung

$$n' = 2^2 \cdot 3^3 \ldots n^n = e^{2\log 2 + 3\log 3 + \ldots + n\log n}$$

und deutet, wenn α_n und β_n zwei Zahlenfolgen sind, im Anschluß an bekannte von P. Bachmann und E. Landau eingeführte Bezeichnungen durch

$$\alpha_n = \Omega(\beta_n)$$

an, daß $\lim\limits_{n=\infty} \frac{\alpha_n}{\beta_n}$ existieren und von Null verschieden sein soll, so ergibt sich mit Hilfe der Eulerschen Summationsformel

$$n' = \Omega\left(n^{\frac{1}{2}(n^2+n)+\frac{1}{12}} e^{-\frac{n^2}{4}}\right). \tag{15}$$

---

[3]) Diese Sätze habe ich in meiner Arbeit, „Über Potenzreihen, die im Innern des Einheitskreises beschränkt sind“, Journ.. f. Math., Bd. 147 (1917), S. 205—232 (vgl. insbesondere S. 208 und 230) bewiesen.

[4]) „Zwei Sätze über Gleichungen mit ganzzahligen Coeffizienten“, Werke, Bd. 1, S. 105—108. Vgl. auch Hilbert, „Bericht über die Theorie der algebraischen Zahlkörper“, Jahresbericht der Deutschen Mathematiker-Vereinigung, Bd. 4 (1897), S. 221.

Die in § 1 bestimmte Zahl M_n läßt sich nun in der Form

$$M_n = 2^{n^2+n} \frac{(2n-1)^{2n-1}}{(n-1)^{n-1} n^n} \frac{n'^4}{(2n)'}$$

schreiben. Hieraus folgt wegen (15) ohne Mühe

$$(16) \qquad M_n = \Omega\left(\frac{n^{n+\frac{1}{4}}}{2^{n^2-2n}}\right) < c\,\frac{n^{n+\frac{1}{4}}}{2^{n^2-2n}},$$

wo c eine gewisse Konstante bedeutet.

Es sei nun, wenn α, β und γ drei positive Konstanten sind, eine Gleichung (13) der Klasse R gegeben, die den Bedingungen

$$a_0 \leqq \alpha \beta^n, \qquad |x_\nu| \leqq \gamma \qquad (\nu = 1, 2, \ldots, n;\ n \geqq 2)$$

genügt. Für die Diskriminante

$$D = a_0^{2n-2} \Delta(x_1, x_2, \ldots, x_n)$$

der Gleichung besteht dann die Ungleichung

$$D \leqq \alpha^{2n-2} \beta^{2n^2-2n} \gamma^{n^2-n} M_n,$$

also wegen (16), da D eine positive ganze Zahl ist[5]),

$$(17) \qquad 1 \leqq D < c \cdot 2^n \alpha^{2n-2} \left(\frac{\beta^2 \gamma}{2}\right)^{n^2-n} n^{n+\frac{1}{4}}.$$

Ist nun $\beta^2 \gamma < 2$, so konvergiert dieser Ausdruck mit wachsendem n gegen 0 und ist also, abgesehen von endlich vielen Werten $n = 2, 3, \ldots, N$ kleiner als 1. Für $n > N$ kann daher (17) nicht gelten. Ist aber $n \leqq N$, so ist

$$|a_\nu| = a_0 \left| \sum x_{\lambda_1} x_{\lambda_2} \ldots x_{\lambda_\nu} \right| \leqq \alpha \beta^n \binom{n}{\nu} \gamma^n,$$

also unterhalb einer allein von α, β und γ abhängenden Schranke gelegen. Daher kommen für die ganzen Zahlen $a_0, a_1, \ldots$ nur endlich viele Werte in Betracht. Wir erhalten also:

V. *Sind α, β, γ drei positive Konstanten und ist $\beta^2 \gamma < 2$, so gibt es unter den Gleichungen*

$$(18) \qquad f(x) = a_0 x^n + a_1 x^{n-1} + \ldots + a_n = 0 \qquad (a_0 > 0)$$

mit ganzzahligen Koeffizienten und lauter reellen, voneinander verschiedenen Wurzeln (für die Gesamtheit aller Gradzahlen n)[6]) *nur endlich*

---

[5]) Es ist sogar, wie Herr Hilbert, „Über diophantische Gleichungen", Gött. Nachrichten 1897, S. 48—54, bewiesen hat, abgesehen von gewissen nur bei $n \leqq 3$ vorkommenden Ausnahmefällen, $D > 1$.

[6]) Daß der vorhin ausgeschlossene Fall $n = 1$ keine Ausnahme bildet, ist ohne weiteres klar.

viele, bei denen $a_0 \leqq \alpha \beta^n$ *ist und die Wurzeln alle im Intervall* $-\gamma \leqq x \leqq \gamma$ *liegen.*

Hieraus ergibt sich insbesondere, daß bei vorgeschriebenem a_0 die Klasse $R(a_0;\ |w| \leqq \gamma)$ für $\gamma < 2$ nur endlich viele Gleichungen (eventuell keine) enthalten kann: Für $\gamma = 2$ ist das aber, wie auch a_0 gewählt wird, nicht mehr der Fall. Denn wählt man für a_1 irgendeine zu a_0 teilerfremde Zahl aus der Reihe $1, 2, \ldots, a_0 - 1$, so ist für jedes n

$$h(x) = a_0 x^{2n} + a_1 x^{2n-1} = 0$$

eine Gleichung der Klasse K und demnach (vgl. § 4)

$$h(x) + x^{2n} h(x^{-1}) = a_0 x^{2n} + a_1 x^{2n-1} + a_1 x + a_0 = 0$$

in der Klasse $E(a_0)$ enthalten[7]). Die hierzu assoziierte Gleichung gehört dann zur Klasse $R(a_0;\ |w| \leqq 2)$. Wir können also den Satz aussprechen:

VI. *Bei gegebenem* a_0 *gibt es für* $0 < \gamma < 2$ *nur endlich viele, dagegen für* $\gamma \geqq 2$ *unendlich viele Gleichungen* (18) *mit ganzzahligen Koeffizienten, deren Wurzeln sämtlich reell, voneinander verschieden und in dem Intervall* $-\gamma \leqq x \leqq \gamma$ *gelegen sind.*

Am kürzesten kann man diesen Satz so formulieren:

VI*. *Für jedes* a_0 *ist in der Klasse* $R(a_0)$

$$\lambda = \operatorname{Lim\,inf} \operatorname{Max}(|x_1|, |x_2|, \ldots, |x_n|) = 2^{8)}.$$

Es verdient noch hervorgehoben zu werden, daß für $a_0 = 1$ der Satz VI sich aus dem am Schluß des § 4 erwähnten Satze von Kronecker ergibt. Denn sind die Wurzeln x_ν der Gleichung (18) reell, voneinander verschieden und im Intervall $-2 \leqq x \leqq 2$ gelegen, so genügen, wenn $x_\nu = 2\cos\varphi_\nu$ $(0 \leqq \varphi_\nu \leqq \pi)$ gesetzt wird, die $2n$ Größen $e^{i\varphi_\nu}$ und $e^{-i\varphi_\nu}$ der Gleichung

$$F(x) = x^n f(x + x^{-1}) = x^{2n} + b_1 x^{2n-1} + \ldots = 0$$

und sind daher Einheitswurzeln. Ist aber $|x_\nu| \leqq \gamma < 2$, so lassen sich zwei allein von γ abhängende Zahlen λ und μ angeben, so daß $0 < \lambda \leqq \varphi_\nu \leqq \mu < \pi$ wird. Es gibt aber nur endlich viele Einheitswurzeln $e^{i\varphi_\nu}$, die mit allen konjugiert algebraischen Zahlen dieser Bedingung genügen.

Eine weitere interessante Folgerung aus dem Satze V ergibt sich,

---

[7]) Für $a_0 = 1$ hat man hierbei $a_1 = 0$ zu setzen.

[8]) Diese Zahl λ kann entweder als die kleinste Häufungsstelle der Menge aller in Betracht kommenden Zahlen $M = \operatorname{Max}(|x_1|, |x_2|, \ldots, |x_n|)$ oder auch etwas genauer so gedeutet werden: Man denke sich die sämtlichen Gleichungen der Klasse $R(a_0)$ nach dem bekannten Cantorschen Verfahren als abzählbare Folge $G_1 = 0$, $G_2 = 0, \ldots$ angeordnet. Bestimmt man dann für $G_\nu = 0$ die zugehörige Zahl M_ν, so ist $\lambda = \operatorname{Lim\,inf}_{\nu=\infty} M_\nu$.

indem man $\gamma = 1$ setzt. Es handelt sich dann also um Gleichungen der Klasse $R(|w| \leqq 1)$. Auf derartige Gleichungen führen insbesondere die Kugelfunktionen und andere in der Analysis häufig vorkommende Polynome. Die Bedingung $\beta^2\gamma < 2$ lautet hier $\beta < \sqrt{2}$ und aus V folgt insbesondere, daß für die Klasse $R(|w| \leqq 1)$

$$\lambda' = \operatorname{Lim\,inf} \sqrt[n]{a_0} \geqq \sqrt{2} = 1{,}414\ldots$$

ist. Daß $\lambda' \leqq 2$ ist, lehrt schon die Betrachtung der Gleichungen

$$\cos(n \arccos x) = 2^{n-1} x^n + \ldots = 0.$$

Man kann aber noch eine etwas genauere Abschätzung erhalten. Es seien nämlich

$$Q_\nu(x) = a_0^{(\nu)} x^\nu + a_1^{(\nu)} x^{\nu-1} + \ldots$$

die durch die Rekursionsformel

$$Q_{\nu+1} = (2x-1)Q_\nu + (x^2 - x)Q_{\nu-1}, \quad Q_0 = 1, \quad Q_1 = 2x - 1$$

bestimmten Polynome. Man erkennt leicht, daß die Funktionen

$$Q_n,\ Q_{n-1},\ \ldots,\ Q_0 \tag{19}$$

im Intervall $0 \leqq x \leqq 1$ eine zu Q_n gehörende Sturmsche Kette im allgemeineren Sinne darstellen. Da ferner $F_\nu(0) = (-1)^\nu$, $F_\nu(1) = 1$ ist, so gehen in (19) beim Übergang von 0 zu 1 genau n Vorzeichenwechsel verloren. Daher sind die Wurzeln von $Q_n(x) = 0$ reell, voneinander verschieden und im Intervall $0 < x < 1$ enthalten. Die Gleichung $Q_\nu(x^2) = 0$ des Grades 2ν gehört daher zur Klasse $R(|w| < 1)$ und ihr erster Koeffizient $a_0^{(\nu)}$ bestimmt sich vermittelst der Rekursionsformel

$$a_0^{(\nu+1)} = 2a_0^{(\nu)} + a_0^{(\nu-1)}, \quad a_0^{(0)} = 1, \quad a_0^{(1)} = 2.$$

Hieraus folgt in bekannter Weise

$$a_0^{(\nu)} = \frac{1}{2\sqrt{2}}\left[(1+\sqrt{2})^{\nu+1} - (1-\sqrt{2})^{\nu+1}\right],$$

also

$$\lim_{\nu=\infty} \sqrt[2\nu]{a_0^{(\nu)}} = \sqrt{1+\sqrt{2}}.$$

Dieses Beispiel zeigt, daß die zu untersuchende Größe λ' im Intervall

$$\sqrt{2} = 1{,}414\ldots \leqq \lambda' \leqq \sqrt{1+\sqrt{2}} = 1{,}553\ldots$$

liegt. Dieses Ergebnis können wir ausführlicher folgendermaßen ausdrücken:

VII. *Hat man eine Folge von unendlich vielen Gleichungen*

$$c_0^{(\nu)} x^{n_\nu} + c_1^{(\nu)} x^{n_\nu - 1} + \ldots = 0 \qquad (c_0^{(\nu)} > 0)$$

mit ganzzahligen Koeffizienten und lauter reellen, voneinander verschie-

denen Wurzeln, die im Intervall $-1 \leqq x \leqq 1$ *liegen, so können für* $\beta < \sqrt{2}$ *die Quotienten* $\frac{c_0^{(\nu)}}{\beta^{n_\nu}}$ *nicht unterhalb einer endlichen Schranke bleiben, dagegen kann dies für* $\beta \geqq \sqrt{1+\sqrt{2}}$ *eintreten.*

Auf eine Verallgemeinerung des Satzes VI hat mich Herr G. Pólya aufmerksam gemacht:

VI**. *Ist* $p \leqq x \leqq q$ *ein gegebenes Intervall, dessen Länge* $q-p$ *kleiner als 4 ist, so kann es bei vorgeschriebenem* a_0 *nur endlich viele Gleichungen* (18) *mit ganzzahligen Koeffizienten geben, deren Wurzeln sämtlich reell, voneinander verschieden und in diesem Intervall gelegen sind.*

Setzt man nämlich $\frac{1}{2}(p+q) = x_0$, $\frac{1}{2}(q-p) = \gamma$, so wird $|x_\nu - x_0| \leqq \gamma < 2$ und daher

$$1 \leqq D = a_0^{2n-2} \Delta(x_1 - x_0, x_2 - x_0, \ldots, x_n - x_0)$$
$$\leqq a_0^{2n-2} \gamma^{n^2-n} M_n < c a_0^{2n-2} \cdot 2^n \left(\frac{\gamma}{2}\right)^{n^2-n} n^{n+\frac{1}{4}}.$$

Dieser Ausdruck konvergiert wieder mit wachsendem n gegen 0 und daher kann die Ungleichung nur für endlich viele Werte $n \leqq N$ erfüllt sein. Aus

$$|x_\nu| \leqq |x_0| + \gamma, \qquad |a_\nu| = a_0 \left|\sum x_{\lambda_1} x_{\lambda_2} \ldots x_{\lambda_\nu}\right| \leqq a_0 \binom{n}{\nu} (|x_0| + \gamma)^\nu$$

folgt dann wie früher, daß nur endlich viele Gleichungen in Betracht kommen.

§ 6.

Über das arithmetische Mittel der Quadrate der Wurzeln einer Gleichung der Klasse R.

Aus der Formel (15) ergibt sich für das in § 2 bestimmte Maximum M_n von $\Delta(x_1, x_2, \ldots, x_\nu)$ im Gebiete $\Sigma x_\nu^2 \leqq 1$

$$M_n' = \frac{n'}{(n^2-n)^{\frac{1}{2}(n^2-n)}}$$
$$= \Omega\left(n^{\frac{1}{2}(3n-n^2)+\frac{1}{12}} e^{\frac{1}{4}(2n-n^2)}\right) < c' \cdot n^{\frac{1}{2}(3n-n^2)+\frac{1}{12}} e^{\frac{1}{4}(2n-n^2)},$$

wo c' wieder eine Konstante bedeutet. Sind nun wieder α, β, γ drei gegebene positive Zahlen und betrachtet man eine Gleichung (18) der Klasse R, die den Bedingungen

$$a_0 \leqq \alpha \beta^n, \qquad s_2 = x_1^2 + x_2^2 + \ldots + x_n^2 \leqq \gamma n$$

genügt, so wird

$$D = a_0^{2n-2} \Delta(x_1, x_2, \ldots, x_n) \leqq \alpha^{2n-2} \beta^{2n^2-2n} (\gamma n)^{\frac{1}{2}(n^2-n)} M_n',$$

also
$$1 \leqq D < c' \alpha^{2n-2} e^{\frac{n}{4}} n^{n+\frac{1}{12}} \left(\frac{\beta^4 \gamma}{e^{\frac{1}{2}}}\right)^{\frac{1}{2}(n^2-n)}.$$

Für $\beta^4 \gamma < e^{\frac{1}{2}}$ konvergiert dies gegen Null und die Ungleichung kann daher, sobald n eine gewisse Zahl N übertrifft, nicht mehr bestehen. Für $n \leqq N$ ist ferner wegen $x_\nu^2 \leqq \gamma n$
$$|a_\nu| = a_0 \left| \sum x_{\lambda_1} x_{\lambda_2} \dots x_{\lambda_\nu} \right| \leqq \alpha \beta^n \cdot \binom{n}{\nu} (\gamma n)^{\frac{\nu}{2}}$$
unterhalb einer endlichen Schranke gelegen. Hieraus folgt:

VIII. *Sind α, β, γ drei positive Konstanten und $\beta^4 \gamma < e^{\frac{1}{2}}$, so kann es nur endlich viele Gleichungen*[9]) (18) *mit ganzzahligen Koeffizienten und lauter reellen, voneinander verschiedenen Wurzeln $x_1, x_2, \dots, x_n$ geben, die den Bedingungen*
$$a_0 \leqq \alpha \beta^n, \qquad \frac{a_1^2 - 2a_0 a_2}{n a_0^2} = \frac{x_1^2 + x_2^2 + \dots + x_n^2}{n} \leqq \gamma$$
genügen.

Insbesondere enthält also bei gegebenem a_0 die Klasse $R(a_0)$ für $\gamma < e^{\frac{1}{2}}$ nur endlich viele Gleichungen, bei denen $s_2 \leqq \gamma n$ wird. Daß dies für $\gamma \geqq 2$, wie auch a_0 gewählt wird, nicht mehr richtig ist, erkennt man folgendermaßen. Setzt man b für $a_0 = 1$ gleich 0 und für $a_0 > 1$ gleich 1, so gehört die Gleichung
$$a_0 x^{2n} + b x^n + a_0 = 0$$
zur Klasse E und die assoziierte Gleichung, die hier die Form
$$(20) \qquad a_0 x^n - n a_0 x^{n-2} + \frac{n(n-3)}{2} a_0 x^{n-4} + \dots + b + \varepsilon_n a_0 = 0$$
$$(\varepsilon_n = 0,\ 2 \text{ oder } -2)$$
hat, zur Klasse R (vgl. § 4). Für $n > 2$ wird nun bei dieser Gleichung $s_2 = 2n$. Wir können also den Satz aussprechen:

IX. *Bei vorgeschriebenem a_0 gibt es für*
$$\gamma < e^{\frac{1}{2}} = 1{,}6487 \dots$$
nur endlich viele, dagegen für $\gamma \geqq 2$ unendlich viele Gleichungen (18) *mit ganzzahligen Koeffizienten und lauter reellen, voneinander verschiedenen Wurzeln $x_1, x_2, \dots, x_n$, die der Bedingung*
$$\frac{x_1^2 + x_2^2 + \dots + x_n^2}{n} \leqq \gamma$$
genügen.

Ähnlich wie im vorigen Paragraphen können wir auch sagen:

[9]) Wenn hier und im folgenden von endlich oder unendlich vielen Gleichungen gesprochen wird, so ist das stets so gemeint, daß ihr Grad nicht festgehalten werden soll.

IX*. *Für jedes a_0 ist in der Klasse $R(a_0)$*

$$e^{\frac{1}{2}} \leqq \text{Lim inf} \frac{x_1^2 + x_2^2 + \ldots + x_n^2}{n} \leqq 2.$$

Daß dieser Limes inferior, den ich mit $\lambda_2(a_0)$ bezeichnen will, mindestens gleich 1 sein muß, ist leicht einzusehen. Denn nehmen wir, was offenbar zulässig ist, alle x_ν als von 0 verschieden an, so wird

$$\frac{x_1^2 + x_2^2 + \ldots + x_n^2}{n} > (x_1^2 x_2^2 \ldots x_n^2)^{\frac{1}{n}} = \left(\frac{a_n^2}{a_0^2}\right)^{\frac{1}{n}} \geqq \frac{1}{a_0^{2/n}},$$

und da $a_0^{2/n}$ mit wachsendem n gegen 1 konvergiert, so ist gewiß $\lambda_2(a_0) \geqq 1$. Es wirkt aber überraschend, daß man hier 1 durch die wesentlich größere Zahl $e^{\frac{1}{2}}$ ersetzen kann.

Der Satz IX läßt sich in ähnlicher Weise, wie das beim Satze VI auf Anregung des Herrn Pólya geschehen war, noch etwas verallgemeinern:

IX**. *Bei vorgeschriebenem a_0 läßt sich zu jedem positiven $\gamma < e^{\frac{1}{2}}$ eine Zahl $N = N(a_0, \gamma)$ bestimmen, so daß für $n \geqq N$ in jeder ganzzahligen Gleichung mit dem höchsten Gliede $a_0 x^n$ und lauter reellen, voneinander verschiedenen Wurzeln $x_1, x_2, \ldots, x_n$ bei beliebig gewähltem x_0*

$$\frac{S_2(x_0)}{n} = \frac{(x_1 - x_0)^2 + (x_2 - x_0)^2 + \ldots + (x_n - x_0)^2}{n} > \gamma$$

wird. Hält man außerdem noch x_0 fest, so kann es nur endlich viele Gleichungen dieser Art geben, für die $S_2(x_0) \leqq n\gamma$ wird.

Der Beweis ergibt sich wieder, indem man die Diskriminante D der Gleichung in der Form

$$D = a_0^{2n-2} \Delta(x_1 - x_0, x_2 - x_0, \ldots, x_n - x_0)$$

schreibt. Soll $S_2(x_0) \leqq n\gamma$ sein, so muß

$$1 \leqq D \leqq a_0^{2n-2} (n\gamma)^{\frac{1}{2}(n^2-n)} M_n' < c' a_0^{2n-2} e^{\frac{n}{4}} n^{n+\frac{1}{12}} \left(\frac{\gamma}{e^{\frac{1}{2}}}\right)^{\frac{1}{2}(n^2-n)}$$

sein. Für $\gamma < e^{\frac{1}{2}}$ kann diese Ungleichung, sobald n eine gewisse Schranke $N(a_0, \gamma)$ übertrifft, nicht mehr bestehen. Hierbei ist $N(a_0, \gamma)$ von x_0 unabhängig. Bei festgehaltenem x_0 führt auch die Annahme $n \leqq N(a_0, \gamma)$ wegen $|x_\nu| \leqq |x_0| + \sqrt{n\gamma}$ nur auf endlich viele Gleichungen, für die $(S_2 x_0) \leqq n\gamma$ sein kann.

Der erste Teil dieses Satzes besagt nur, daß für $n > N$ das Minimum von

$$S_2(x_0) = s_2 - 2 s_1 x_0 + n x_0^2$$

größer als $n\gamma$ ist. Dieses Minimum wird für $x_0 = \frac{s_1}{n}$ erreicht und hat den Wert $s_2 - \frac{s_1^2}{n}$. *Für $n > N(a_0, \gamma)$ ist daher*

$$\frac{x_1^2 + x_2^2 + \ldots + x_n^2}{n} > \gamma + \left(\frac{x_1 + x_2 + \ldots + x_n}{n}\right)^2. \tag{21}$$

Will man für ein gegebenes $\gamma < e^{\frac{1}{2}}$, z. B. für $\gamma = 1{,}5$, eine einigermaßen brauchbare Abschätzung für $N(a_0, \gamma)$ erhalten, so empfiehlt es sich, nicht von der Formel (15) Gebrauch zu machen, sondern folgendermaßen zu schließen. Setzt man

$$\mu_n = a_0^{2n-2}(n\gamma)^{\frac{1}{2}(n^2-n)} M'_n = a_0^{2n-2}\gamma^{\frac{1}{2}(n^2-n)} \frac{n'}{(n-1)^{\frac{1}{2}(n^2-n)}},$$

so wird

$$\frac{\mu_{n+1}}{\mu_n} = a_0^2\gamma^n(n+1)\left(1+\frac{1}{n}\right)^n\left(1-\frac{1}{n}\right)^{\frac{1}{2}(n^2-n)} < a_0^2\gamma^n(n+1)\cdot e\cdot e^{-\frac{1}{2}(n^2-n)\cdot\frac{1}{n}},$$

also

$$\frac{\mu_{n+1}}{\mu_n} < (n+1)\, e^{\frac{3}{2}} a_0^2 \left(\frac{\gamma}{e^{\frac{1}{2}}}\right)^n.$$

Hieraus folgt

$$\mu_n < n!\, e^{\frac{3n-3}{2}} a_0^{2n-2}\left(\frac{\gamma}{e^{\frac{1}{2}}}\right)^{\frac{1}{2}(n^2-n)} < \sqrt{2\pi}\, n^{n+\frac{1}{2}} e^{-n+1}\cdot e^{\frac{3n-3}{2}} a_0^{2n-2}\left(\frac{\gamma}{e^{\frac{1}{2}}}\right)^{\frac{1}{2}(n^2-n)}.$$

Es ist also gewiß $\mu_n < 1$, sobald

$$2(n-1)\log a_0 + \log\sqrt{2\pi} - \frac{1}{2} + \frac{n}{2} + \left(n+\frac{1}{2}\right)\log n < \frac{n^2-n}{2}\log\left(\gamma^{-1}e^{\frac{1}{2}}\right)$$

wird. Beachtet man nun, daß für $n > e^3 = 20{,}08\ldots$

$$\log\sqrt{2\pi} - \frac{1}{2} + \frac{1}{2} + \frac{3}{2}\log n < \frac{n-1}{2},$$

so erkennt man (nach Division durch $n-1$), daß es nur darauf ankommt, eine Zahl $N(a_0, \gamma) > e^3$ zu bestimmen, so daß

$$1 + 2\log a_0 + \log N < \frac{N}{2}\log\left(\gamma^{-1}e^{\frac{1}{2}}\right)$$

wird. Für $\gamma = 1{,}5$ und $\gamma = 1{,}53$ habe ich auf diese Weise gefunden, daß es jedenfalls genügt,

$$N(a_0, 1{,}5) \geqq 130\,(1 + 2\log a_0), \qquad N(a_0, 1{,}53) \geqq 170\,(1 + 2\log a_0)$$

zu setzen. *Im Falle $a_0 = 1$ ist also insbesondere für $n \geqq 130$*

$$\frac{x_1^2 + x_2^2 + \ldots + x_n^2}{n} > \frac{3}{2} + \left(\frac{x_1 + x_2 + \ldots + x_n}{n}\right)^2.$$

§ 7.

Über Gleichungen mit positiven reellen Wurzeln.

Gehört die Gleichung

$$(22)\quad f(x) = a_0 x^n + a_1 x^{n-1} + \ldots + a_n = a_0 \prod_{\nu=1}^{n} (x - x_\nu) = 0 \quad (a_0 > 0)$$

zur Klasse P, so ist

$$f(x^2) = a_0 x^{2n} + a_1 x^{2n-2} + \ldots + a_n = a_0 \prod_{\mu=1}^{2n} (x - y_\mu) = 0$$

eine Gleichung der Klasse R, und hierbei wird das arithmetische Mittel der Quadrate der y_μ gleich dem arithmetischen Mittel der x_ν. Wendet man auf $f(x^2) = 0$ die Sätze der §§ 5 und 6, so ergeben sich analoge Aussagen über $f(x) = 0$. Der Satz VI liefert unter Berücksichtigung des Zusatzes VI** nichts Neues. Dagegen ergeben sich aus VII und IX Folgerungen, die hervorgehoben zu werden verdienen.

X. *Hat man eine Folge von unendlich vielen Gleichungen*

$$c_0^{(\nu)} x^{n_\nu} + c_1^{(\nu)} x^{n_\nu - 1} + \ldots = 0 \qquad (c_0^{(\nu)} > 0)$$

mit ganzzahligen Koeffizienten und lauter reellen, positiven Wurzeln, die voneinander verschieden und höchstens gleich 1 sind, so können für $\beta < 2$ *die Quotienten* $\frac{c_0^{(\nu)}}{\beta^{n_\nu}}$ *nicht unterhalb einer endlichen Schranke bleiben, dagegen kann dies für* $\beta \geqq 1 + \sqrt{2} = 2{,}414\ldots$ *eintreten.*

XI. *Bei vorgeschriebenem* a_0 *gibt es für* $\gamma < e^{\frac{1}{2}}$ *nur endlich viele, dagegen für* $\gamma \geqq 2$ *unendlich viele Gleichungen* (22) *mit ganzzahligen Koeffizienten und lauter reellen positiven, voneinander verschiedenen Wurzeln, für die*

$$\frac{x_1 + x_2 + \ldots + x_n}{n} \leqq \gamma$$

wird.

Um ein System von unendlich vielen Gleichungen der Klasse $P(a_0)$ zu erhalten, die der Bedingung $\Sigma x_\nu = 2n$ genügen, hat man nur in dem Beispiel (20) des vorigen Paragraphen n durch $2n$ und x^2 durch x zu ersetzen. Das liefert für jedes n eine Gleichung

$$(23)\quad a_0 x^n - 2n a_0 x^{n-1} + n(2n-3) a_0 x^{n-2} - \ldots + (b \pm 2a_0) = 0$$

der gewünschten Art.

Man kann die Sätze X und XI wieder kurz zusammenfassen:

Für die Klasse $P(w \leqq 1)$ *ist*

$$2 \leqq \operatorname{Lim\,inf} \sqrt[n]{a_0} \leqq 1 + \sqrt{2},$$

ferner ist bei gegebenem a_0 für die Klasse $P(a_0)$

$$e^{\frac{1}{2}} \leqq \operatorname{Lim\,inf} \frac{x_1 + x_2 + \ldots + x_n}{n} \leqq 2.$$

Die Untersuchung des arithmetischen Mittels der x_ν läßt sich auch ohne Benutzung der Ergebnisse des vorigen Paragraphen mit Hilfe des Satzes III durchführen, doch erhält man hierbei, wie aus

$$(n\gamma)^{n^2-n} M_n'' = \gamma^{n^2-n} \frac{n'^2}{n^n (n-1)^{n^2-n}} = \Omega\left(e^{\frac{n}{2}} n^{n+\frac{1}{6}} \left(\gamma e^{-\frac{1}{2}}\right)^{n^2-n}\right)$$

hervorgeht (vgl. die Formeln (11) und (15)), kein besseres Resultat.

Von Interesse ist noch folgender Satz:

XII. *Bei vorgeschriebenem a_0 gibt es für*

$$\delta < e^{\frac{1}{2}} + e = 4{,}367\ldots$$

nur endlich viele, dagegen für $\delta \geqq 6$ unendlich viele Gleichungen (22) *mit ganzzahligen Koeffizienten und lauter reellen, positiven Wurzeln, die voneinander verschieden sind und der Bedingung*

$$\frac{x_1^2 + x_2^2 + \ldots + x_n^2}{n} \leqq \delta$$

genügen. Oder, was auf dasselbe hinauskommt: Für die Klasse $P(a_0)$ ist

$$e^{\frac{1}{2}} + e \leqq \operatorname{Lim\,inf} \frac{x_1^2 + x_2^2 + \ldots + x_n^2}{n} \leqq 6. \tag{24}$$

Auf die untere Schranke $e^{\frac{1}{2}} + e$ wird man geführt, indem man auf die Gleichung (22) die Formel (21) in Verbindung mit dem Satze XI anwendet. Betrachtet man andererseits die Gleichungen (23) der Klasse $P(a_0)$, so wird hier für jedes $n > 2$

$$s_2 = x_1^2 + x_2^2 + \ldots + x_n^2 = 4n^2 - 2n(2n-3) = 6n.$$

Ebenso wie im Falle des vorigen Paragraphen ist es mir bis jetzt nicht gelungen, die Abschätzung des Limes inferior (24) genauer durchzuführen.

§ 8.

Die Gleichungen der Klassen E und K.

Es sei

$$f(z) = a_0 z^n + a_1 z^{n-1} + \ldots + a_n = a_0 \prod_{\nu=1}^{n} (z - z_\nu) = 0 \quad (a_0 > 0) \tag{25}$$

eine Gleichung der Klasse E, d. h. eine Gleichung mit ganzzahligen Koeffizienten, deren Wurzeln z_ν voneinander verschieden und vom absoluten Betrage 1 sind. Ich nehme noch an, daß unter den z_ν die Zahlen ± 1

nicht vorkommen und $a_1 \geqq 0$ ist. Das letztere kann durch die Substitution $z \mid -z$ stets erreicht werden. Die der ebenfalls zu E gehörenden Gleichung $f(z^2) = 0$ entsprechende assoziierte Gleichung der Klasse R (vgl. § 4) hat die Form

$$(26) \qquad a_0 x^n + (a_1 - n a_0) x^{n-2} + \ldots = a_0 \prod_{\nu=1}^{n} (x - x_\nu) = 0,$$

und es ist insbesondere

$$s_2 = \sum_{\nu=1}^{n} x_\nu^2 = 2n - \frac{2a_1}{a_0} = 2n - 2\left|\sum_{\nu=1}^{n} z_\nu\right|.$$

Ist nun $0 < \gamma < e^{\frac{1}{2}}$, so gibt es bei vorgeschriebenem a_0 nach Satz IX nur endlich viele Gleichungen (26), für die $s_2 \leqq n\gamma$ wird. Daher gibt es auch nur endlich viele Gleichungen (25) der Klasse E, für die

$$\left|\frac{z_1 + z_2 + \ldots + z_n}{n}\right| \geqq 1 - \frac{\gamma}{2}$$

wird, und das gilt offenbar auch, wenn ich die Annahme $z_\nu \neq \pm 1$, $a_1 \geqq 0$ falle lasse.

Gehört ferner die Gleichung (25) zur Klasse K, so ist

$$(27) \quad z^2 f(z) + z^n f(z^{-1}) = a_0 z^{n+2} + a_1 z^{n+1} + (a_2 + a_n) z^n + \ldots = 0$$

eine Gleichung der Klasse E, bei der die Summe der Wurzeln gleich Σz_ν ist. Wird nun a_0 festgehalten und ist $0 < \gamma < e^{\frac{1}{2}}$, so läßt sich, wie aus dem vorhin Bewiesenen folgt, zu jedem γ' zwischen γ und $e^{\frac{1}{2}}$ eine Zahl N' angeben, so daß für $n > N'$ das arithmetische Mittel der Wurzeln von (27) absolut kleiner als $1 - \frac{\gamma'}{2}$ wird. Ist nun

$$N \geqq N', \qquad N \geqq \frac{4 - 2\gamma'}{\gamma' - \gamma},$$

so wird für $n > N$

$$\left|\frac{z_1 + z_2 + \ldots + z_n}{n}\right| < \frac{n+2}{n}\left(1 - \frac{\gamma'}{2}\right) < 1 - \frac{\gamma}{2}.$$

Die endlich vielen n, die eine Ausnahme bilden können, führen, da die Klasse $K(a_0)$ überhaupt nur endlich viele Gleichungen eines vorgegebenen Grades enthält, nur auf endlich viele Gleichungen $f(z) = 0$.

Wir können also den Satz aussprechen:

XIII. *Ist a_0 eine gegebene ganze Zahl und* (25) *eine Gleichung mit ganzzahligen Koeffizienten, deren Wurzeln entweder alle vom absoluten Betrage* 1 *und voneinander verschieden sind oder sämtlich im Innern des Einheitskreises liegen (wobei auch mehrfache Wurzeln vorkommen können),* *so liegt für jede Zahl* $\varrho > 1 - \frac{e^{\frac{1}{2}}}{2}$ *der Schwerpunkt* $\frac{1}{n}(z_1 + z_2 + \ldots + z_n)$ *der Wurzelpunkte, abgesehen von endlich vielen Ausnahmefällen, im Innern des Kreises* $|z| \leqq \varrho$. *Für jede der beiden Klassen* $E(a_0)$ *und* $K(a_0)$ *ist also bei vorgeschriebenem* a_0

$$(28) \qquad \operatorname{Lim\,sup} \left| \frac{z_1 + z_2 + \ldots + z_n}{n} \right| \leqq 1 - \frac{e^{\frac{1}{2}}}{2} = 0{,}1756\ldots$$

Hieraus folgt z. B. leicht, daß bei gegebenem a_0 in beiden Fällen nur endlich viele Gleichungen existieren können, für die mehr als vier Fünftel der Wurzeln in der Halbebene $\Re(z) \geqq \frac{1}{2}$ liegen.

Für $a_0 = 1$ kommt nur die Klasse $E(1)$ in Betracht und aus dem in § 4 erwähnten Satze von Kronecker folgt auf Grund bekannter Eigenschaften der Einheitswurzeln, daß in diesem Falle der Limes superior (28) gleich 0 ist. Ob dies auch für $a_0 > 1$ richtig ist, habe ich bis jetzt nicht entscheiden können.

Einen weiteren hierher gehörigen Satz verdanke ich einer freundlichen Mitteilung des Herrn G. Pólya:

XIV. *Sind* α *und* β *gegebene positive Konstanten, und betrachtet man die Gesamtheit aller Gleichungen* (25) *mit ganzzahligen Koeffizienten und nicht verschwindender Diskriminante, für die* $a_0 < \alpha\beta^n$ *ist, so können, sobald n eine gewisse Schranke übertrifft, nicht alle Wurzeln in einem Kreise liegen, dessen Radius kleiner als* $\frac{1}{\beta^2}$ *ist. Ist ferner C ein gegebener Kreis mit dem Radius* $r < 1$, *so kann es bei vorgeschriebenem* a_0 *nur endlich viele Gleichungen* (25) *mit ganzzahligen Koeffizienten und nicht verschwindender Diskriminante geben, deren Wurzeln sämtlich in C liegen.*

Der Beweis ergibt sich auf Grund des Satzes IV ganz ebenso wie in den früheren Fällen. Man hat hierbei nur zu beachten, daß $r^{n^2-n}n^n$ für $0 < r < 1$ mit wachsendem n dem Grenzwert 0 zustrebt.

§ 9.

Anwendungen auf total reelle algebraische Zahlkörper.

Ein algebraischer Zahlkörper $\mathsf{K} = \mathsf{P}(\vartheta)$ des Grades n heißt bekanntlich *total reell*, wenn K und die zu K konjugierten Körper nur reelle Zahlen enthalten. Ist ξ eine Zahl von K, so mögen die zu ξ konjugierten Zahlen mit $\xi', \xi'', \ldots, \xi^{(n-1)}$ und die rationalen Zahlen

$$S(\xi) = \xi + \xi' + \ldots + \xi^{(n-1)}, \qquad N(\xi) = \xi\xi' \ldots \xi^{(n-1)}$$

wie üblich als die Spur und die Norm von ξ bezeichnet werden. Ebenso soll, wenn $\mathfrak{a}$ ein (ganzes) Ideal des Körpers ist, unter $N(\mathfrak{a})$ die Norm von $\mathfrak{a}$ verstanden werden.

Aus dem Satze VII ergibt sich zunächst:

XV. *Es sei* $r < \sqrt{2}$ *eine positive Konstante und* $\mathfrak{a}$ *ein Ideal des (total reellen) Körpers* K. *Sind dann* α *und* β *zwei von Null verschiedene, durch* $\mathfrak{a}$ *teilbare ganze Zahlen von* K, *die den Bedingungen*

$$|\beta^{(\nu)}| < |\alpha^{(\nu)}|, \quad |N(\alpha)| \leqq r^n N(\mathfrak{a}) \qquad (\nu = 0, 1, \ldots, n-1)$$

genügen, so können die n *Zahlen* $\frac{\beta^{(\nu)}}{\alpha^{(\nu)}}$ *nicht voneinander verschieden sein. Eine Ausnahme kann nur für endlich viele Körper* K *und bei jedem von ihnen nur für endlich viele Zahlen* $\frac{\beta}{\alpha}$ *eintreten.*

Betrachtet man nämlich die Gleichung

$$\prod_{\nu=0}^{n-1} (x\alpha^{(\nu)} - \beta^{(\nu)}) = c_0 x^n + c_1 x^{n-1} + \ldots + c_n = 0,$$

so sind $c_0, c_1, \ldots, c_n$ ganze rationale Zahlen, deren größter gemeinsamer Teiler gleich der Norm $N(\mathfrak{d})$ des größten gemeinsamen Idealteilers $\mathfrak{d} = (\alpha, \beta)$ der Zahlen α und β ist[10]. Nach Division durch $N(\mathfrak{d})$ entsteht eine Gleichung

$$(29) \qquad a_0 x^n + a_1 x^{n-1} + \ldots + a_n = 0$$

mit ganzen rationalen Koeffizienten, in der

$$|a_0| = \frac{|N(\alpha)|}{N(\mathfrak{d})} \leqq \frac{|N(\alpha)|}{N(\mathfrak{a})} \leqq r^n$$

ist. Die Wurzeln $\frac{\beta^{(\nu)}}{\alpha^{(\nu)}}$ dieser Gleichung sind reell und absolut kleiner als 1. Verlangt man nun noch, daß sie voneinander verschieden sein sollen, so kommen nach Satz VII nur endlich viele Gleichungen (29) und also auch nur endlich viele Zahlen $\frac{\beta}{\alpha}$ in Betracht. Außerdem ist jede dieser Ausnahmezahlen eine erzeugende Größe des zu betrachtenden Körpers K. Hieraus folgt die Richtigkeit unserer Behauptung.

Wählt man z. B. für $\mathfrak{a}$ das Hauptideal $\mathfrak{o} = (1)$ und versteht unter ω eine von Null verschiedene ganze Zahl des Körpers, so sind für $\alpha = 1 + \omega + \omega^2$, $\beta = \omega$ die Bedingungen $|\beta^{(\nu)}| < |\alpha^{(\nu)}|$ von selbst erfüllt. Für $r < \sqrt{2}$ folgt daher, wenn von endlich vielen Körpern K abgesehen wird, aus der Annahme $N(1 + \omega + \omega^2) \leqq r^n$, daß unter den Zahlen $\frac{\beta^{(\nu)}}{\alpha^{(\nu)}} = 1 + \omega^{(\nu)} + \omega^{(\nu)-1}$ einander gleiche vorkommen müssen. Dies tritt nur dann ein, wenn eine der Zahlen $\omega', \omega'', \ldots, \omega^{(n-1)}$ entweder gleich ω oder gleich ω^{-1} wird.

Bedeutet ferner α eine rationale Primzahl p und $\mathfrak{a}$ einen Idealteiler von p, dessen Norm gleich p^a sei, so lautet die Bedingung $|N(\alpha)| < r^n N(\mathfrak{a})$ einfach $p^{n-a} < r^n$. Ist also dies der Fall, so kann im allgemeinen eine

[10]) Vgl. die in Fußnote [5]) zitierte Arbeit von Herrn Hilbert.

durch $\mathfrak{a}$ teilbare Zahl β, die mit allen zu ihr konjugierten Zahlen absolut kleiner als p ist, nicht eine den Körper erzeugende Zahl sein. Eine Ausnahme kann nur bei endlich vielen total reellen Körpern eintreten.

Von größerem Interesse sind die Folgerungen, die sich aus den Ergebnissen des § 6 ziehen lassen. Es mögen nämlich $\omega_1, \omega_2, \ldots, \omega_n$ eine Basis im Gebiete $\mathfrak{o}$ der ganzen Zahlen von K bilden. Ist

$$\xi = x_1\omega_1 + x_2\omega_2 + \ldots + x_n\omega_n$$

die zugehörige Fundamentalform, so setze man für $m = 1, 2, \ldots$

$$F_{2m}(\xi) = \sum_{\nu=1}^{n} \xi^{(\nu)^{2m}} = \sum S(\omega_{\lambda_1}\omega_{\lambda_2}\ldots\omega_{\lambda_{2m}})\, x_{\lambda_1}x_{\lambda_2}\ldots x_{\lambda_{2m}}.$$

Diese homogene Funktion der Variabeln x_ν hat ganze rationale Koeffizienten und ist positiv definit. Läßt man $x_1, x_2, \ldots, x_n$ alle ganzen rationalen Zahlen durchlaufen, für die ξ von den konjugierten Zahlen $\xi^{(\nu)}$ verschieden ausfällt, so sei μ_{2m} der kleinste Wert, den $F_{2m}(\xi)$ annimmt. Aus dem Satze IX folgt nun: *Zu jeder positiven Größe* $\gamma < e^{\frac{1}{2}}$ *gehört eine Zahl* $N(\gamma)$ *derart, daß für* $n \geqq N(\gamma)$ *stets* $\mu_2 > \gamma n$ *wird.* Für positive Zahlen $u_1, u_2, \ldots, u_n$ gelten aber bekanntlich, wenn $s_k = \Sigma u_\nu^k$ gesetzt wird, die Ungleichungen

$$\frac{s_1}{n} \leqq \sqrt{\frac{s_2}{n}} \leqq \sqrt[3]{\frac{s_3}{n}} \leqq \cdots$$

Ist daher $\mu_{2m} = F_{2m}(\xi)$, so wird für $n \geqq N(\gamma)$

$$\mu_{2m} \geqq n\left(\frac{F_2(\xi)}{n}\right)^m \geqq n\left(\frac{\mu_2}{n}\right)^m > \gamma^m n.$$

Man kann noch ein etwas genaueres Resultat ableiten. Ist $F_{4m}(\xi) = \mu_{4m}$, so können die Zahlen

(30) $$\xi^{2m}, \xi'^{2m}, \ldots, (\xi^{(n-1)})^{2m}$$

nur dann nicht voneinander verschieden sein, wenn n gerade ist und die n Zahlen $\xi^{(\nu)}$ in $\frac{n}{2}$ Paare von entgegengesetzt gleichen Zahlen zerfallen. In diesem Fall sind unter den Zahlen (30) genau $\frac{n}{2}$ voneinander verschieden und diese genügen einer irreduziblen Gleichung mit ganzen rationalen Koeffizienten, wobei der höchste Koeffizient gleich 1 wird. Wendet man nun auf diese Gleichung die Formel (21) des § 6 an und beachtet noch, daß das arithmetische Mittel der Zahlen (30) gleich dem der unter ihnen verschiedenen ist, und daß das Analoge auch für die Potenzen $(\xi^{(\nu)})^{4m}$ gilt, so ergibt sich, daß für $\frac{n}{2} \geqq N(\gamma)$

$$\frac{\mu_{4m}}{n} > \gamma + \left(\frac{F_{2m}(\xi)}{n}\right)^2 \geqq \gamma + \left(\frac{\mu_{2m}}{n}\right)^2$$

wird. Setzt man daher

$$\gamma_2 = \gamma, \quad \gamma_4 = \gamma + \gamma_2^2, \quad \gamma_8 = \gamma + \gamma_4^2, \ldots,$$

so wird insbesondere für $n \geqq 2N(\gamma)$

$$\mu_{2\lambda} > \gamma_{2\lambda} n.$$

Für $\gamma = 1{,}53$ wird z. B. $\gamma_8 > 16$, außerdem genügt es $N(1{,}5) = 130$, $N(1{,}53) = 170$ zu setzen (vgl. den Schluß des § 6). Daher ist speziell

$$(31) \qquad \mu_2 > \frac{3n}{2} \quad (\text{für } n \geqq 130), \qquad \mu_8 > 16n \quad (\text{für } n \geqq 340)\text{[11]}.$$

Um hiervon eine Anwendung zu machen, betrachte ich die (in unserem Falle positive) *Grundzahl d* des Körpers K. Aus einem bekannten Satze von Minkowski[12]) ergibt sich für total reelle Körper

$$(32) \qquad d > \left(\frac{n^n}{n!}\right)^2 > \frac{e^{2n - \frac{1}{6n}}}{2\pi n},$$

und hieraus folgt die wichtige Tatsache, daß unter den Körpern aller möglichen Grade nur endlich viele die vorgeschriebene Grundzahl d besitzen können. Um dies zu beweisen, genügt es jedoch für d irgendeine untere Schranke anzugeben, die mit n über alle Grenzen wächst. Die Ungleichung (32) beweist Minkowski mit Hilfe seines allgemeinen Satzes über die in gewissen konvexen Bereichen liegenden Gitterpunkte. Für total reelle Körper gestatten nun unsere Ergebnisse eine untere Schranke von der gewünschten Art allein unter Benutzung des in arithmetischer Hinsicht wesentlich elementareren Minkowskischen Satzes über Linearformen abzuleiten. Auf Grund dieses Satzes lassen sich nämlich die ganzen rationalen Zahlen x_ν so wählen, daß

$$0 < |\xi| \leqq \sqrt{d}, \quad |\xi'| < 1, \quad \ldots, \quad |\xi^{(n-1)}| < 1$$

wird[13]). Hierbei sind die n Zahlen $\xi^{(\nu)}$ gewiß voneinander verschieden. Für $n \geqq 130$ wird daher wegen (31)

$$d + n - 1 > F_2(\xi) > \frac{3n}{2}, \quad \text{d. h.} \quad d > \frac{n}{2} + 1.$$

Eine bessere Abschätzung erhält man mit Hilfe des Satzes I. Es wird nämlich

$$\begin{aligned} d &\leqq \Delta(\xi, \xi', \ldots, \xi^{(n-1)}) \\ &= \prod_{\nu=1}^{n-1} (\xi - \xi^{(\nu)})^2 \Delta(\xi', \xi'', \ldots, \xi^{(n-1)}) < (\sqrt{d} + 1)^{2n-2} \cdot M_{n-1}, \end{aligned}$$

---

11) Für $\gamma = e^{\frac{1}{2}}$ wird $\gamma_8 = 20{,}7\ldots$, für genügend große Werte von n ist daher sogar $\mu_8 > 20n$.

12) „Geometrie der Zahlen", S. 134.

13) Vgl. den in Fußnote 4) zitierten Hilbertschen „Bericht", S. 212.

woraus sich auf Grund der Formel (16) eine Ungleichung der Formel $d > \text{const.}\, \frac{2^n}{n}$ ergibt. Wählt man ferner, was ebenfalls möglich ist, die x_ν so, daß

$$0 < |\xi| \leqq d^{\frac{1}{2n-2}}, \quad |\xi'| < d^{\frac{1}{2n-2}}, \quad \ldots, \quad |\xi^{(n-2)}| < d^{\frac{1}{2n-2}}, \quad |\xi^{(n-1)}| < 1$$

wird, und nimmt man an, die $\xi^{(\nu)}$ seien auch hier voneinander verschieden, so liefert die zweite der Ungleichungen (31) für $n \geqq 340$

$$(n-1) d^{\frac{4}{n-1}} + 1 > F_8(\xi) > 16n,$$

also $d > 2^{n-1}$. Die hier über die $\xi^{(\nu)}$ gemachte Voraussetzung ist für *primitive* Körper K gewiß erfüllt.

Es dürfte von Interesse sein, diese noch sehr in den Anfängen steckende Betrachtung weiter zu verfolgen.

Berlin, den 27. Februar 1918.

(Eingegangen am 27. Februar 1918.)

33.

Einige Bemerkungen zu der vorstehenden Arbeit des Herrn G. Pólya: Über die Verteilung der quadratischen Reste und Nichtreste

Nachrichten von der königlichen Gesellschaft der Wissenschaften zu Göttingen, Mathematisch-Physikalische Klasse 1918, 30 - 36

Vorgelegt von E. Landau in der Sitzung vom 22. Februar 1918.

Ist $\chi(n)$ ein eigentlicher Charakter mod. k $(k > 2)$ und setzt man

$$s_n = \chi(1) + \chi(2) + \cdots + \chi(n),$$

so wird, wenn s die größte unter den Zahlen $|s_n|$ (für alle n und alle χ bei gegebenem k) bedeutet,

(1)
$$\overline{\lim_{k=\infty}} \frac{s}{\sqrt{k}\log k} \leqq \frac{1}{\pi}.$$

Allgemeiner gilt auch für das Maximum S von $|s_b - s_a|$ für $1 \leqq a < b$

$$\overline{\lim_{k=\infty}} \frac{S}{\sqrt{k}\log k} \leqq \frac{1}{\pi}.$$

Diese interessanten Ungleichungen beweist Herr Pólya im ersten Teil der vorstehenden Arbeit, indem er von dem für $\chi(n)$ geltenden Analogon zur Gaußschen Summenformel ausgeht, später aber von einigen Sätzen über Fouriersche Reihen Gebrauch macht. Begnügt man sich aber damit, die etwas weniger präzisen Formeln

(2)
$$\overline{\lim_{k=\infty}} \frac{s}{\sqrt{k}\log k} \leqq \frac{2}{\pi}, \quad \overline{\lim_{k=\infty}} \frac{S}{\sqrt{k}\log k} \leqq \frac{2}{\pi}$$

zu beweisen, so kann man, wie im folgenden gezeigt wird, auf Grund der Summenformel mit durchaus elementaren Hilfsmitteln zum Ziele gelangen. In dem Falle $\chi(-1) = 1$ wird man für die

Zahl s auch auf diesem Wege auf die genauere Schranke $\frac{1}{\pi}$ geführt. Noch einfacher ergibt sich, daß für alle Werte von k

$$s < \sqrt{k} \log k \tag{3}$$

ist, und daß dasselbe auch für S gilt. Schon diese rohere Abschätzung reicht aus, um die weitere bemerkenswerte Gleichung

$$\lim_{k=\infty} \frac{\log s}{\log k} = \frac{1}{2} \tag{4}$$

zu beweisen.

Aus (1) folgert Herr Pólya, daß für genügend große Werte von k

$$\left| \sum_{n=1}^{\infty} \frac{\chi(n)}{n} \right| < \frac{1}{2} \log k + \log \log k$$

ist. Die weniger genaue Formel (3) liefert für alle Werte von k

$$\left| \sum_{n=1}^{\infty} \frac{\chi(n)}{n} \right| < \frac{1}{2} \log k + \log \log k + 1.$$

Wendet man die Abschätzungsformel (3) unter der Annahme, daß k eine Fundamentaldiskriminante ist, auf das (erweiterte) Jacobische Symbol $\chi(n) = \left(\frac{k}{n}\right)$ an, so liefert die Gleichung für die Klassenanzahl der Theorie der binären quadratischen Formen nach einer einfachen Hilfsbetrachtung den Satz:

Ist $D > 0$ eine Zahl der Form $4n$ oder $4n+1$, die kein Quadrat ist, und bedeuten T, U die kleinsten positiven Zahlen, die der Pellschen Gleichung $t^2 - Du^2 = 4$ genügen, so ist stets

$$\varepsilon = \frac{T + U\sqrt{D}}{2} < D^{\sqrt{D}},$$

genauer wird

$$\overline{\lim_{D=\infty}} \frac{\log \log \varepsilon}{\log D} = \frac{1}{2}, \quad \overline{\lim_{D=\infty}} \frac{\log \varepsilon}{\sqrt{D} \log D} \leq \frac{1}{2}.$$

Diese Abschätzungen sind wesentlich besser, als die von Herrn R. Remak[1]), Herrn O. Perron[2]) und Frl. Th. Schmitz[3]) auf

1) Abschätzung der Lösung der Pellschen Gleichung im Anschluß an den Dirichletschen Existenzbeweis, Journ. für Math., Bd. 143 (1913), S. 250—254.

2) Abschätzung der Lösung der Pellschen Gleichung, ebenda, Bd. 144 (1914), S. 71—73.

3) Abschätzung der Lösung der Pellschen Gleichung, Archiv d. Math. u. Phys., 3. Reihe, Bd. 24 (1916), S. 87—89.

elementarerem Wege gewonnenen. Die beste dieser Abschätzungen, die von Frl. Schmitz, liefert nur $\varepsilon < 4e^{8D}$, also insbesondere

$$\overline{\lim_{D=\infty}} \frac{\log \varepsilon}{D} \leqq 8.$$

1. Setzt man $\varrho = e^{\frac{2\pi i}{k}}$ und

$$G = \sum_{\nu=1}^{k-1} \chi(\nu)\varrho^{\nu}, \tag{5}$$

so wird bekanntlich (vergl. Pólya, Formeln (2) u. (3)) für $\lambda = 0, 1, 2, \ldots$

$$\sum_{\nu=1}^{k-1} \chi(\nu)\varrho^{\lambda\nu} = \bar{\chi}(\lambda).G, \quad |G| = \sqrt{k}. \tag{6}$$

Hieraus folgt, indem man $\lambda = 1, 2, \ldots, n$ setzt und addiert,

$$\bar{s}_n.G = \sum_{\nu=1}^{k-1} \chi(\nu)\varrho^{\nu}\frac{1-\varrho^{n\nu}}{1-\varrho^{\nu}}. \tag{7}$$

Setzt man noch

$$\chi(-1) = \sigma = \pm 1$$

und beachtet, daß $\chi(k-\nu) = \sigma\chi(\nu)$ und für ein gerades k stets $\chi\left(\frac{k}{2}\right) = 0$ ist, so läßt sich (6) auch in der Form

$$\bar{s}_n.G = \sum_{\mu=1}^{q} \chi(\mu)\left[\varrho^{\mu}\frac{1-\varrho^{n\mu}}{1-\varrho^{\mu}} + \sigma\varrho^{-\mu}\frac{1-\varrho^{-n\mu}}{1-\varrho^{-\mu}}\right] \quad \left(q = \left[\frac{k-1}{2}\right]\right)$$

oder, was dasselbe ist, in der Form

$$\bar{s}_n.G = \sum_{\mu=1}^{q} \chi(\mu)\frac{\varrho^{\mu}-\sigma+\sigma\varrho^{-n\mu}-\varrho^{(n+1)\mu}}{1-\varrho^{\mu}} \tag{8}$$

schreiben. Das liefert wegen $|1-\varrho^{\mu}| = 2\sin\frac{\mu\pi}{k}$

$$s\sqrt{k} \leqq \sum_{\mu=1}^{q} \frac{2}{\sin\frac{\mu\pi}{k}}. \tag{9}$$

Da nun für $0 < \varphi < \frac{\pi}{2}$ die Ungleichung $\sin\varphi > \frac{2\varphi}{\pi}$ gilt, so ergibt sich hieraus

$$s\sqrt{k} < \sum_{\mu=1}^{q} \frac{2}{\frac{2}{\pi}\cdot\frac{\mu\pi}{k}} = \sum_{\mu=1}^{q} \frac{k}{\mu} < k\log k,$$

also $s < \sqrt{k}\log k$.

2. Um eine etwas genauere Abschätzung zu erhalten, wähle man eine feste Zahl m zwischen 2 und $\frac{k}{2}$ und schreibe (9) in der Form

$$s\sqrt{k} \leqq \sum_{\alpha} \frac{2}{\sin\frac{\alpha\pi}{k}} + \sum_{\beta} \frac{2}{\sin\frac{\beta\pi}{k}}, \quad \left(1 \leqq \alpha \leqq \frac{k}{m},\ \frac{k}{m} < \beta < \frac{k}{2}\right).$$

Aus

$$\sin\frac{\alpha\pi}{k} \geqq \frac{\alpha\pi}{k}\cdot\frac{m}{\pi}\sin\frac{\pi}{m}, \quad \sin\frac{\beta\pi}{k} > \sin\frac{\pi}{m} > \frac{2}{\pi}\cdot\frac{\pi}{m}$$

folgt dann

$$s\sqrt{k} < \frac{k}{m\sin\frac{\pi}{m}} \sum_{\alpha} \frac{2}{\alpha} + \frac{k}{2}\cdot\frac{2m}{2} < \frac{2k\log k}{m\sin\frac{\pi}{m}} + \frac{km}{2}.$$

Daher ist

$$\overline{\lim_{k=\infty}} \frac{s}{\sqrt{k}\log k} \leqq \frac{2}{m\sin\frac{\pi}{m}}.$$

Läßt man nun m über alle Grenzen wachsen, so erhält man die erste der Formeln (2).

Ist insbesondere $\sigma = \chi(-1) = 1$, so ergibt sich aus (8) genauer

$$\bar{s}_n G = \sum_{\mu=1}^{q} \chi(\mu)\left[-1 + \frac{\varrho^{-n\mu} - \varrho^{(n+1)\mu}}{1-\varrho^{\mu}}\right],$$

also

$$s\sqrt{k} \leqq \sum_{\mu=1}^{q} \left[1 + \frac{1}{\sin\frac{\mu\pi}{k}}\right] < \frac{k}{2} + \sum_{\mu=1}^{q} \frac{1}{\sin\frac{\mu\pi}{k}}.$$

Wendet man auf die rechts auftretende Summe die frühere Schlußweise an, so erhält man die Pólyasche Formel (1).

3. Die Gleichung (5) läßt sich, da $\chi(\nu) = s_\nu - s_{\nu-1}$ und $s_{k-1} = 0$ ist, auch in der Form

$$G = \sum_{\nu=1}^{k-2} s_\nu \varrho^\nu (1-\varrho)$$

schreiben. Daher ist

$$|G| = \sqrt{k} \leqq (k-2)\,s\,.\,|1-\varrho| = (k-2)\,s\,.\,2\sin\frac{\pi}{k} < \frac{2\pi s(k-2)}{k},$$

also

$$s > \frac{\sqrt{k}}{2\pi}\cdot\frac{k}{k-2} > \frac{\sqrt{k}}{2\pi}.$$

Dies liefert in Verbindung mit (3) die zu beweisende Formel (4).

4. Sind $a \geqq 0$ und $b > a$ zwei ganze Zahlen, so folgt aus (6)

$$G \sum_{\lambda=a+1}^{b} \bar{\chi}(\lambda) = G(\bar{s}_b - \bar{s}_a) = \sum_{\nu=1}^{k-1} \chi(\nu)\,\varrho^{(a+1)\nu}\,\frac{1-\varrho^{(b-a)\nu}}{1-\varrho^{\nu}}.$$

Hieraus ergibt sich für das Maximum S der Zahlen $|s_b - s_a|$ ganz ebenso wie früher, daß für alle Werte von k

$$S < \sqrt{k}\log k$$

und genauer

$$\varlimsup_{k=\infty} \frac{S}{\sqrt{k}\log k} \leqq \frac{2}{\pi}$$

ist.

Dieses Resultat läßt sich noch etwas anders deuten. Ist m eine zu k teilerfremde ganze Zahl, l eine beliebige ganze Zahl und wählt man $m' > 0$ derart, daß $mm' \equiv l$ (mod. k) wird, so wird

$$S_n^{(l,m)} = \sum_{\nu=0}^{n} \chi(l+m\nu) = \chi(m) \sum_{\nu=0}^{n} \chi(m'+\nu) = \chi(m)\,[s_{m'+n} - s_{m'-1}].$$

Daher ist S zugleich auch die größte unter den Zahlen $|S_n^{(l,m)}|$. Insbesondere ist also stets

$$\left|\sum_{\nu=0}^{n} \chi(l+m\nu)\right| < \sqrt{k}\log k. \tag{10}$$

Ich will hiervon gleich eine Anwendung machen. Ist D eine positive oder negative Diskriminantenzahl, d. h. eine ganze Zahl der Form $4n$ oder $4n+1$, die kein Quadrat ist, und setzt man

$$\Delta = |D|, \quad d_n = \sum_{\nu=1}^{n} \left(\frac{D}{\nu}\right),$$

so ist, wie ich behaupte, stets

$$d = \max.|d_n| < \sqrt{\Delta}\log \Delta. \tag{11}$$

Ist nämlich D eine Fundamentaldiskriminante, d. h. durch kein ungerades Quadrat teilbar und von der Form $4n+1$, $16n+8$ oder $16n+12$, so ist das Jacobische Symbol $\left(\frac{D}{\nu}\right) = \chi(\nu)$ ein eigentlicher Charakter mod. Δ und (11) erscheint nur als ein Spezialfall der Formel (3). Im allgemeinen Falle sei $D = D_0 m^2$, wo D_0 eine Fundamentaldiskriminante ist. Ist hierbei m zu D_0 teilerfremd, so wird

$$d_n = \sum_{\lambda=1}^{n} \left(\frac{D_0}{\lambda}\right), \tag{12}$$

wo λ nur noch die zu m teilerfremden Zahlen zu durchlaufen hat. Sind nun $l_1, l_2, \ldots, l_{\varphi(m)}$ die zu m teilerfremden Zahlen zwischen 0 und m, so kann (12) in der Form

$$d_n = \sum_{\mu=1}^{\varphi(m)} \sum_{\nu} \left(\frac{D_0}{l + m\nu}\right) \quad (0 < l_\mu + m\nu \leqq n)$$

geschrieben werden. Da nun $\left(\frac{D_0}{r}\right) = \chi(r)$ ein eigentlicher Charakter nach dem Modul $\Delta_0 = |D_0|$ ist, so folgt aus (10)

$$|d_n| < \varphi(m)\sqrt{\Delta_0}\log\Delta_0 < m\sqrt{\Delta_0}\log\Delta_0 < \sqrt{\Delta}\log\Delta.$$

Ist endlich m nicht zu D_0 teilerfremd, so sei $m = m_1 m_2$, wo m_1 zu D_0 teilerfremd ist und m_2 nur Primzahlen enthält, die auch in D_0 aufgehen. Setzt man dann

$$D_1 = D_0 m_1^2, \quad \Delta_1 = |D_1|,$$

so wird

$$d_n = \sum_{\nu=1}^{n}\left(\frac{D}{\nu}\right) = \sum_{\nu=1}^{n}\left(\frac{D_1}{\nu}\right)$$

und, da D_1 der vorhin gemachten Voraussetzung genügt,

$$|d_n| < \sqrt{\Delta_1}\log\Delta_1 < \sqrt{\Delta}\log\Delta.$$

5. Ist $D > 0$ und bedeutet $\varepsilon = \varepsilon(D)$ die Fundamentaleinheit der Pellschen Gleichung $t^2 - Du^2 = 4$, so gilt bekanntlich für die Klassenanzahl h der primitiven quadratischen Formen $ax^2 + bxy + cy^2$ mit der Diskriminante $D = b^2 - 4ac$ die Gleichung

$$\frac{h\log\varepsilon}{\sqrt{D}} = \sum_{n=1}^{\infty}\left(\frac{D}{n}\right)\frac{1}{n}.$$

Haben nun d_n und d die frühere Bedeutung, so folgt hieraus (vergl. Pólya, Formel (14))

$$\frac{h\log\varepsilon}{\sqrt{D}} = \sum_{n=1}^{\infty}\frac{d_n}{n(n+1)} \leqq \sum_{n=1}^{d-1}\frac{n}{n(n+1)} + \sum_{n=d}^{\infty}\frac{d}{n(n+1)}$$
$$= \frac{1}{2} + \frac{1}{3} + \cdots + \frac{1}{d} + 1 < \log d + 1.$$

Daher ist wegen (11)

(13) $$\log\varepsilon \leqq h\log\varepsilon < \sqrt{D}\left(\frac{1}{2}\log D + \log\log D + 1\right).$$

und demnach

(14) $$\overline{\lim_{D=\infty}}\,\frac{\log\varepsilon}{\sqrt{D}\log D} \leqq \frac{1}{2}, \quad \overline{\lim_{D=\infty}}\,\frac{\log\log\varepsilon}{\log D} \leqq \frac{1}{2}.$$

Nun ist aber speziell, wie in bekannter Weise geschlossen wird, für $D' = 2^{2\lambda+1}$, $\lambda > 1$

$$\varepsilon(D') = [\varepsilon(8)]^{2^{\lambda-2}} = (3+\sqrt{8})^{\frac{1}{4}\sqrt{\frac{D'}{2}}},$$

also

$$\log\log\varepsilon(D') = \frac{1}{2}\log D' + \log\frac{\log(3+\sqrt{8})}{4\sqrt{2}}.$$

Hieraus folgt, daß der zweite der Ausdrücke (14) genau gleich $\frac{1}{2}$ ist.

Für $D > e^{\frac{11}{2}} = 244{,}69\ldots$ ist insbesondere

$$\frac{1}{2}\log D + \log\log D + 1 < \log D,$$

also wegen (13)

$$\varepsilon < D^{\sqrt{D}}.$$

Eine ziemlich einfache Rechnung zeigt, daß dies auch für $D \leqq 244$ richtig ist. Um hieraus eine Abschätzung der Fundamentaleinheit $\eta(a)$ der Gleichung $x^2 - ay^2 = 1$ zu gewinnen, hat man nur zu beachten, daß $\eta(a) \leqq \varepsilon^3(a)$ oder $\eta(a) = \varepsilon(4a)$ ist, je nachdem a eine Diskriminantenzahl ist oder nicht.

Zusatz bei der Korrektur: Herr Landau machte mich darauf aufmerksam, daß die Pólyasche Methode im Falle $\sigma = 1$ ohne weiteres gestattet, in der Formel (1) die Konstante $\frac{1}{\pi}$ durch $\frac{1}{2\pi}$ zu ersetzen. Mein Verfahren liefert also auch für $\sigma = 1$ den doppelten Wert.

34.
Über die Herleitung der Gleichung $\sum_{n=1}^{\infty} \frac{1}{n^2} = \frac{\pi^2}{6}$ (mit K. Knopp)

Archiv der Mathematik und Physik (3) 27, 174 - 176 (1918)

Für diese Gleichung gibt es eine ganze Reihe von Beweisen, von denen zwei allgemein bekannt sind. Der eine leitet sie aus der Produktzerlegung von $\sin \pi x$ (oder was auf dasselbe hinauskommt, aus der Partialbruchzerlegung von $\operatorname{ctg} \pi x$) her, der andere aus der Gleichung

$$\sum_{n=1}^{\infty} \frac{\cos 2n\pi x}{n^2} = \pi^2(x^2 - x + \tfrac{1}{6}), \quad (0 \leqq x \leqq 1)$$

die in der Theorie der Fourierschen Reihen begründet wird. In der neueren Literatur haben wir noch zwei weitere, wesentlich anders geartete Beweise gefunden: einen Beweis von C. Denquin (Nouv. Ann. (4) **12**, S. 127—135, 1912), der unser Resultat durch eine ganz elementare, wenn auch sehr weitläufige Rechnung aus der Gleichung

$$\frac{\pi}{4} = 1 - \tfrac{1}{3} + \tfrac{1}{5} - \cdots$$

herleitet, und einen Beweis, den F. Goldscheider (Archiv d. Math. u. Phys. (3) **20**, S. 323—324, 1913) im Anschluß an eine von P. Stäckel (ebenda Bd. 13, S. 362, 1908) herrührende Aufgabe veröffentlicht hat. Dieser Beweis geht von der Gleichung

$$\sum_{n=1}^{\infty} \frac{1}{n^2} = \int_0^1 \int_0^1 \frac{dx\,dy}{1 - xy}$$

aus und gelangt durch direkte Auswertung des Integrals zum Ziele.

Aber schon Euler hat in einer halbvergessenen, erst durch P. Stäckel (Bibl. Math. (3) 8, S. 37—60) im Jahre 1907 wieder veröffentlichten Abhandlung aus dem Journal littéraire de l'Allemagne 1743 ein sehr einfaches und elegantes Verfahren zur Berechnung der Summe der Reihe $\sum_{n=1}^{\infty}\frac{1}{n^2}$ angegeben. Euler geht von den Gleichungen

$$\arcsin x = \sum_{\nu=0}^{\infty}\frac{(2\nu)!}{2^{2\nu}(\nu!)^2}\frac{x^{2\nu+1}}{2\nu+1}, \quad (\arcsin x)^2 = \tfrac{1}{2}\sum_{\nu=1}^{\infty}\frac{(\nu-1)!^2}{(2\nu)!}(2x)^{2\nu} \quad (|x|\leqq 1)$$

aus, von denen die zweite[1]) mit Hilfe der Differentialgleichung

$$(1-x^2)y'' - xy' - 2 = 0$$

für $y = (\arcsin x)^2$ bewiesen wird. Indem er durch $\sqrt{1-x^2}$ dividiert und zwischen 0 und 1 integriert, erhält er auf Grund der sich durch partielle Integration ergebenden Formeln

$$\int_0^1 \frac{x^{2\nu+1}}{\sqrt{1-x^2}}dx = \frac{2^{2\nu}(\nu!)^2}{(2\nu+1)!}, \qquad \int_0^1 \frac{x^{2\nu}}{\sqrt{1-x^2}}dx = \frac{(2\nu)!}{2^{2\nu}(\nu!)^2}\cdot\frac{\pi}{2}$$

die Gleichungen

$$\tfrac{1}{2}\left(\frac{\pi}{2}\right)^2 = \sum_{\nu=0}^{\infty}\frac{1}{(2\nu+1)^2}, \quad \tfrac{1}{3}\left(\frac{\pi}{2}\right)^3 = \tfrac{1}{2}\sum_{\nu=1}^{\infty}\frac{1}{\nu^2}\cdot\frac{\pi}{2},$$

deren jede das zu beweisende Resultat enthält.

Gelegentlich der von uns gemeinsam geleiteten Übungen des Math. Proseminars an der Berliner Universität sind wir nun auf eine Bemerkung geführt geworden, die vielleicht einiges Interesse verdient. Man kann nämlich auch ohne Benutzung der Integralrechnung die Reihe $\sum_{n=1}^{\infty}\frac{1}{n^2}$ zu der Reihenentwicklung für $(\arcsin x)^2$ in Beziehung bringen, indem man direkt zeigt:

Aus $\sum_{n=1}^{\infty}\frac{1}{n^2} = s$ folgt

$$s = 3\sum_{\nu=1}^{\infty}\frac{(\nu-1)!^2}{(2\nu)!} = 6(\arcsin\tfrac{1}{2})^2 = 6\cdot\frac{\pi^2}{36}, \quad \text{d. h.} \quad s = \frac{\pi^2}{6}.$$

Beweis. Setzt man

$$s_m = \sum_{n=m}^{\infty}\frac{m!}{n^2(n+1)\ldots(n+m)}, \quad (m=1,2,\ldots),$$

so wird, da bekanntlich

$$\sum_{n=k}^{\infty}\frac{1}{n(n+1)\ldots(n+m+1)} = \frac{1}{(m+1)\,.\,k(k+1)\ldots(k+m)}$$

1) Diese Formel findet sich auch bei Cauchy (Analyse algébrique, S. 550, 1821), der sie Stainville (1815) zuschreibt.

und daher

$$\sum_{n=m+1}^{\infty}\left[\frac{m!}{n^2(n+1)\ldots(n+m)}-\frac{(m+1)!}{n^2(n+1)\ldots(n+m+1)}\right]$$

$$=\sum_{n=m+1}^{\infty}\frac{m!}{n(n+1)\ldots(n+m+1)}=\frac{m!^2}{(m+1).(2m+1)!}$$ ist,

$$s_m-s_{m+1}=\frac{m!}{m^2(m+1)\ldots(m+m)}+\frac{m!^2}{(m+1).(2m+1)!}=\frac{(m-1)!^2}{(2m)!}+2\frac{m!^2}{(2m+2)!}.$$

Diese Folge von Gleichungen ergibt in Verbindung mit $s-s_1=1$ durch Addition

$$s-s_m=1+\sum_{\nu=1}^{m-1}\left[\frac{(\nu-1)!^2}{(2\nu)!}+2\frac{\nu!^2}{(2\nu+2)!}\right]=\sum_{\nu=1}^{m-1}\frac{(\nu-1)!^2}{(2\nu)!}+2\sum_{\nu=1}^{m}\frac{(\nu-1)!^2}{(2\nu)!}.$$

Da aber
$$s_m<\frac{m!}{m}\sum_{n=m}^{\infty}\frac{1}{n(n+1)\ldots(n+m)}=2\frac{(m-1)!^2}{(2m)!}<\frac{1}{m^2}$$

ist, so nähert sich s_m mit wachsendem m dem Grenzwert 0. Daher ist, wie behauptet,

$$s=3\sum_{\nu=1}^{\infty}\frac{(\nu-1)!^2}{(2\nu)!}.$$

Berlin, im Februar 1918. K. Knopp und I. Schur.

35.

Über die Koeffizientensummen einer Potenzreihe mit positivem reellen Teil

Archiv der Mathematik und Physik (3) 27, 126 - 135 (1918)

Man verdankt den Herren L. Fejér und E. Landau einige interessante Resultate über die Koeffizientensummen

$$s_n = c_0 + c_1 + \cdots + c_n \qquad (n = 0, 1, 2, \ldots$$

einer Potenzreihe $f(x) = c_0 + c_1 x + c_2 x^2 + \cdots,$

die im Kreise $|x| < 1$ konvergent und beschränkt ist. Es genügt hierbei, allein den Fall zu betrachten, daß $|f(x)| \leqq 1$ für $|x| < 1$ ist; von einer solchen Funktion will ich sagen, *sie gehöre zur Klasse E.* Herr Fejér[1]) hat gezeigt, daß aus der Beschränktheit von $f(x)$ noch nicht die Beschränktheit der Summen s_n folgt; es gibt sogar im Kreise $|x| \leqq 1$ stetige Funktionen, bei denen die Zahlen $|s_n|$ nicht unterhalb einer endlichen Schranke liegen.[2]) Dagegen kann bei einer beschränkten Potenzreihe nicht $\lim |s_n| = \infty$ sein. Dies folgt z. B. aus der Tatsache, daß für jede Funktion der Klasse E

$$(1) \qquad |s_0|^2 + |s_1|^2 + \cdots + |s_n|^2 \leqq n + 1$$

1) Über gewisse Potenzreihen an der Konvergenzgrenze, Münch. Ber. 1910, Nr. 3.

2) Ein Beispiel dieser Art, das einfacher ist als das Fejérsche, hat Herr Landau im § 3 seines Buches: Darstellung und Begründung einiger neuerer Ergebnisse der Funktionentheorie (Berlin 1916) angegeben.

ist.[1]) Für jedes gegebene n ist es ferner Herrn **Landau**[2]) gelungen, die genaue obere Grenze G_n von $|s_n|$ für die Gesamtheit aller Funktionen der Klasse E zu bestimmen; es ist

$$G_n = 1 + \left(\frac{1}{2}\right)^2 + \left(\frac{1\cdot 3}{2\cdot 4}\right)^2 + \cdots + \left(\frac{1\cdot 3 \cdots (2n-1)}{2\cdot 4 \cdots 2n}\right)^2 \sim \frac{1}{\pi}\log n,$$

und nur dann wird $|s_n| = G_n$, wenn $f(x)$ die Form

$$f(x) = \varepsilon\,\frac{x^n\,P_n(x^{-1})}{P_n(x)},\quad P_n(x) = \sum_{\nu=0}^{n}\binom{-\frac{1}{2}}{\nu}x^\nu,\quad |\varepsilon| = 1 \quad \text{hat.}^{3)}$$

Es dürfte nun von einigem Interesse sein, zu zeigen, daß ganz ähnliche Resultate auch für eine andere wichtige Klasse von Funktionen gelten, nämlich für die Potenzreihen

$$g(x) = \tfrac{1}{2} + a_1 x + a_2 x^2 + \ldots,$$

die im Kreise $|x| < 1$ konvergent sind und daselbst einen positiven reellen Bestandteil besitzen. Eine solche Potenzreihe bezeichne ich kurz als *eine Funktion der Klasse* R. Setzt man

$$s_n = \tfrac{1}{2} + a_1 + a_2 + \ldots + a_n = \sigma_n + i\sigma'_n,$$

so handelt es sich hier darum, die kleinsten Werte, die für die Zahlen $\sigma_n = \Re(s_n)$ in Betracht kommen, zu untersuchen[4]). Daß nicht alle σ_n positiv zu sein brauchen, zeigt schon das einfache Beispiel

$$g(x) = \frac{1}{2}\,\frac{1-x}{1+x} = \frac{1}{2} - x + x^2 - \ldots,$$

bei dem alle σ_n mit ungeradem Index gleich $-\frac{1}{2}$ sind. Dagegen kann nicht $\lim \sigma_n = -\infty$ sein, denn es ist stets (vergl. P. II, § 11)

$$\sigma_0 + \sigma_1 + \ldots + \sigma_n \geqq 0.$$

---

1) Vgl. meine Arbeit: Über Potenzreihen, die im Innern des Einheitskreises beschränkt sind, Journal f. Math. Bd. 147, S. 205—232 und Bd. 148, S. 128—145. Im folgenden werden diese beiden Teile der Arbeit mit P. I und P. II zitiert. Die Ungleichung (1) wird in P. II, § 11 bewiesen.

2) Abschätzung der Koeffizientensumme einer Potenzreihe (Zweite Abhandlung), Archiv d. Math. u. Phys. (3) Bd. 21 (1913), S. 250—255. — Vergl. auch O. **Szász**, Ungleichungen für die Koeffizienten einer Potenzreihe, Mathematische Zeitschrift. Bd. 1 (1918), S. 163—183.

3) Für jede gegebene Funktion $f(x)$ der Klasse E ist, wie Herr H. **Bohr** (Gött. Nachr., math.-phys. Kl. 1917, S. 119—128) bewiesen hat $\lim\limits_{n=\infty}(G_n - |s_n|) = \infty$. Dieses schöne Resultat habe ich in P. II, S. 130 (Fußnote) irrtümlicherweise in der unvollständigen, weit weniger besagenden Form $\limsup\limits_{n=\infty}(G_n - |s_n|) = \infty$ wiedergegeben. Während sich diese Gleichung, wie ich a. a. O. ausführe, aus der Ungleichung (1) leicht ergibt, ist das für $\lim\limits_{n=\infty}(G_n - |s_n|) = \infty$ keineswegs der Fall.

4) Die obere Grenze von σ_n (und auch von $|s_n|$) ist in diesem Fall einfach gleich $n + \frac{1}{2}$.

Ich werde aber zeigen:

I. *Es gibt Funktionen der Klasse R, für welche die Zahlen σ_n nicht nach unten beschränkt sind. Setzt man*

$$m_\lambda = 5 \cdot 9 \ldots (4\lambda + 1),\ \mu = \sum_{\lambda=1}^{\infty} \frac{1}{m_\lambda} \quad \textit{und}$$

(2)
$$g_\lambda(x) = \tfrac{1}{2} + \sum_{\nu=1}^{\infty} \cos \frac{3\pi\nu}{m_\lambda} \cdot x^\nu,$$

so wird (3) $G(x) = \frac{1}{\mu} \sum_{\lambda=1}^{\infty} \frac{1}{m_\lambda} g_\lambda(x) = \frac{1}{2} + A_1 x + A_2 x^2 + \ldots$

eine Potenzreihe dieser Art.

Ein Analogon zum Landauschen Resultat stellt folgender Satz dar:

II. *Bei gegebenem $n \geqq 1$ ist die genaue untere Grenze von σ_n für die Gesamtheit aller Funktionen der Klasse R gleich dem Minimum M_n der Funktion*

$$K_n(\varphi) = \tfrac{1}{2} + \cos\varphi + \cos 2\varphi + \cdots + \cos n\varphi = \frac{\sin\frac{(2n+1)\varphi}{2}}{2\sin\frac{\varphi}{2}}$$

für reelle Werte von φ. Für die Zahlen M_n gilt die Gleichung

(4)
$$\lim_{n=\infty} \frac{M_n}{n} = \cos u_0 = -0{,}217\ldots,$$

wo u_0 diejenige Wurzel der Gleichung $\operatorname{tg} u = u$ bedeutet, die zwischen π und 2π gelegen ist. Im Intervall $-\pi < \varphi \leqq \pi$ nimmt $K_n(\varphi)$ für $n = 1$ den Wert M_n nur an der Stelle π und für $n > 1$ nur an zwei Stellen φ_n und $-\varphi_n$ an. Nur dann wird $\sigma_n = M_n$, wenn $g(x)$ im Falle $n = 1$ gleich $\frac{1}{2}(1-x)(1+x)^{-1}$ und im Falle $n > 1$ von der Form

(5)
$$g(x) = \frac{p}{2}\,\frac{1+xe^{i\varphi_n}}{1-xe^{i\varphi_n}} + \frac{q}{2}\,\frac{1+xe^{-i\varphi_n}}{1-xe^{-i\varphi_n}}$$

ist; hierbei bedeuten p und q zwei reelle, nicht negative Konstanten, deren Summe den Wert 1 hat.

1. Für jedes reelle φ ist

$$\frac{1}{4}\,\frac{1+xe^{i\varphi}}{1-xe^{i\varphi}} + \frac{1}{4}\,\frac{1+xe^{-i\varphi}}{1-xe^{-i\varphi}} = \tfrac{1}{2} + x\cos\varphi + x^2\cos 2\varphi + \ldots$$

eine Funktion der Klasse *R*. Speziell gilt dies also für die durch (2) definierten Funktionen $g_\lambda(x)$. Da ferner für $0 < r < 1$ und $|x| \leqq r$

$$|g_\lambda(x)| < \tfrac{1}{2} + r + r^2 + \cdots < \frac{1}{1-r}$$

ist, so ist die Reihe (3) im Kreise $|x| \leqq r$ gleichmäßig konvergent. Wegen $m_\lambda > 0$ gehört auch die durch diese Reihe dargestellte Funktion $G(x)$ zur Klasse R. Nach dem Weierstraßschen Reihensatz wird

$$A_\nu = \frac{1}{\mu} \sum_{\lambda=1}^{\infty} \frac{1}{m_\lambda} \cos \frac{3\pi\nu}{m_\lambda}$$

und daher ist für jedes $n \geqq 1$.

$$S_n = \tfrac{1}{2} + \sum_{\nu=1}^{n} A_\nu = \frac{1}{\mu} \sum_{\lambda=1}^{\infty} \frac{1}{m_\lambda} \frac{\sin \frac{3(2n+1)\pi}{2m_\lambda}}{2 \sin \frac{3\pi}{2m_\lambda}}.$$

Ist nun insbesondere $2n+1$ eine der Zahlen $m_1, m_2, \cdots$, etwa gleich m_ν, so wird, weil $\frac{m_\nu}{m_\lambda}$ für $\lambda \leqq \nu$ eine ganze Zahl der Form $4q+1$ ist,

$$2\mu S_n = \sum_{\alpha=1}^{\nu} \frac{1}{m_\alpha} \frac{-1}{\sin \frac{3\pi}{2m_\alpha}} + \sum_{\beta=\nu+1}^{\infty} \frac{1}{m_\beta} \frac{\sin \frac{3m_\nu\pi}{2m_\beta}}{\sin \frac{3\pi}{2m_\beta}}.$$

Nun ist aber
$$-\frac{1}{m_\alpha \sin \frac{3\pi}{2m_\alpha}} < -\frac{1}{\frac{3\pi}{2}}$$

und, da für $0 < \varphi < \frac{\pi}{2}$ die Ungleichung $\sin\varphi > \frac{2\varphi}{\pi}$ gilt,

$$\left| \frac{\sin \frac{3m_\nu\pi}{2m_\beta}}{m_\beta \sin \frac{3\pi}{2m_\beta}} \right| < \frac{\frac{3m_\nu\pi}{2m_\beta}}{\frac{2m_\beta}{\pi} \cdot \frac{3\pi}{2m_\beta}} = \frac{\pi}{2} \cdot \frac{m_\nu}{m_\beta}.$$

Daher ist für $2n+1 = m_\nu$

$$2\mu S_n < -\frac{2\nu}{3\pi} + \frac{\pi}{2} \sum_{\beta=\nu+1}^{\infty} \frac{m_\nu}{m_\beta} \leqq -\frac{2\nu}{3\pi} + \frac{\pi}{2} \left(\frac{1}{9} + \frac{1}{9.13} + \frac{1}{9.13.17} + \cdots \right).$$

Unter den (reellen) Koeffizientensummen der Reihe $G(x)$ sind demnach insbesondere die Summen

$$S_{\frac{m_1-1}{2}}, \quad S_{\frac{m_2-1}{2}}, \ldots$$

nicht nach unten beschränkt. Damit ist der Satz I bewiesen.

2. Daß für jede Funktion $g(x)$ der Klasse R und für jedes n

(6) $$\sigma_n \geqq M_n$$

sein muß, folgt am einfachsten aus dem allgemeinen Satz (vergl. P. II, § 10): *Sind*

$$g(x) = \frac{a_0}{2} + \sum_{\nu=1}^{\infty} a_\nu x^\nu, \quad h(x) = \frac{b_0}{2} + \sum_{\nu=1}^{\infty} b_\nu x^\nu \qquad (a_0 \text{ und } b_0 \text{ reell})$$

zwei für $|x|<1$ konvergente Potenzreihen mit positivem reellem Bestandteil, so gilt dasselbe auch für die Reihe

$$p(x) = \frac{a_0 b_0}{2} + \sum_{\nu=1}^{\infty} a_\nu b_\nu x^\nu.$$

Setzt man insbesondere bei gegebenem $n \geqq 1$

$$h(x) = \frac{1-2M_n}{2} + x + x^2 + \cdots + x^n,$$

so wird für $x = e^{i\varphi}$

$$\Re(h(x)) = \frac{1-2M_n}{2} + \cos\varphi + \cos 2\varphi + \ldots + \cos n\varphi \geqq 0$$

und hieraus folgt, daß $\Re(h(x))$ für $|x|<1$ positiv ist. Daher ist für jede Funktion $g(x)$ der Klasse R der reelle Teil von

$$p(x) = \frac{1-2M_n}{2} + a_1 x + a_2 x^2 + \cdots + a_n x^n$$

im Innern des Einheitskreises positiv. Läßt man nun x in $\Re(p(x)) > 0$ gegen 1 konvergieren, so erhält man die zu beweisende Ungleichung (6).

Ist insbesondere $K_n(\varphi_n) = M_n$, so wird für die Funktion

$$g(x) = \tfrac{1}{2} + x\cos\varphi_n + x^2\cos 2\varphi_n + \cdots$$

gewiß $\sigma_n = M_n$. Daher ist M_n in der Tat die genaue untere Grenze von σ_n für die Klasse R.

3. Ich wende mich nun zum Beweise der Limesgleichung (4). Da $K_n(\varphi)$ eine gerade Funktion mit der Periode 2π ist, so genügt es, um ihr Minimum M_n zu bestimmen, das Intervall $0 \leqq \varphi \leqq \pi$ zu betrachten. Zerlegt man dieses Intervall in die Teilintervalle

$$0 \leqq \varphi \leqq \frac{2\pi}{2n+1}, \quad \frac{2\pi}{2n+1} \leqq \varphi < \frac{4\pi}{2n+1}, \quad \ldots, \quad \frac{2n\pi}{2n+1} \leqq \varphi \leqq \pi$$

und bezeichnet sie mit $J_0, J_1, \ldots, J_n$, so wird $K_n(\varphi)$ in $J_0, J_2, \ldots$ niemals negativ und in $J_1, J_3, \ldots$ niemals positiv. Ist ferner $2\nu-1 < n$ und α eine Stelle von $J_{2\nu-1}$, so setze man

$$\alpha' = \frac{4\pi}{2n+1} + \alpha \quad \text{oder} \quad \alpha' = 2\pi - \left(\frac{4\pi}{2n+1} + \alpha\right),$$

je nachdem die erste oder die zweite Zahl $\leqq \pi$ ausfällt.[1]) In beiden Fällen liegt dann α' in $J_{2\nu+1}$ und nimmt bei passend gewähltem α jeden Wert in diesem Teilintervall an. Beachtet man nun, daß

$$\sin\frac{(2n+1)\alpha}{2} \leqq 0, \quad \sin\frac{\alpha'}{2} > \sin\frac{\alpha}{2} > 0$$

1) Der zweite Fall kommt nur für $2\nu+1 = n$ in Betracht.

ist, so erkennt man, daß

$$K_n(\alpha') = \frac{\sin\frac{(2n+1)\alpha}{2}}{2\sin\frac{\alpha'}{2}} \geqq K_n(\alpha)$$

wird, wobei nur dann $K_n(\alpha') = K_n(\alpha)$ wird, wenn beide Ausdrücke gleich 0 sind. Hieraus folgt, daß die Funktion $K_n(\varphi)$ ihren kleinsten Wert M_n zwischen 0 und π nur im Teilintervall J_1 annimmt. Durch Betrachtung der Ableitung von $K_n(\varphi)$ ergibt sich ferner, daß es in J_1 nur eine Stelle φ_n gibt, für die $K_n(\varphi) = M_n$ wird. Für $n = 1$ ist das die Stelle π, für $n > 1$ eine Stelle im Innern von J_1. Im Intervall $-\pi < \varphi \leqq \pi$ ist daher $K_n(\varphi) = M_n$ nur für $\varphi = \pi$, bzw für $\varphi = \pm\varphi_n$.

Setzt man nun $\varphi = \frac{2\pi + 2\psi}{2n+1}$, $(n > 1)$

so wird $\mathsf{M}_n = -M_n$ das Maximum von

$$L_n(\psi) = -K_n(\varphi) = \frac{\sin\psi}{2\sin\frac{\pi+\psi}{2n+1}}$$

im Intervall $0 \leqq \psi \leqq \pi$, und es gibt nur eine Stelle ψ_n in diesem Intervall, an der $L_n(\psi)$ den Wert M_n erhält. Ich betrachte nun den Ausdruck

$$\frac{L_n(\psi)}{2n+1} = \frac{\sin\psi}{2(\pi+\psi)} \cdot \frac{1}{\frac{2n+1}{\pi+\psi}\sin\frac{\pi+\psi}{2n+1}} \qquad (0 < \psi < \pi). \tag{7}$$

Da $\frac{\sin t}{t}$ im Intervall $0 \leqq t \leqq \frac{\pi}{2}$ monoton fällt, so nimmt der Ausdruck (7) mit wachsendem n beständig ab. Für $\psi = \psi_{n+1}$ ist daher

$$\frac{\mathsf{M}_n}{2n+1} \geqq \frac{L_n(\psi)}{2n+1} > \frac{L_{n+1}(\psi)}{2n+3} = \frac{\mathsf{M}_{n+1}}{2n+3} > 0.$$

Hieraus folgt, daß

$$\lim_{n=\infty} \frac{\mathsf{M}_n}{2n+1} = \mathsf{M} \tag{8}$$

existiert. Ich behaupte nun, daß M nichts anderes ist, als das Maximum M' der Funktion

$$Q(\psi) = \frac{\sin\psi}{2(\pi+\psi)}$$

im Intervall $0 \leqq \psi \leqq \pi$. Aus (7) folgt nämlich für $0 < \psi < \pi$

$$Q(\psi) < \frac{L_n(\psi)}{2n+1} < \frac{Q(\psi)}{\frac{2n+1}{2\pi} \cdot \sin\frac{2\pi}{2n+1}}. \tag{9}$$

Für $\psi = \psi_n$ ergibt sich hieraus die Ungleichung

$$\frac{\mathsf{M}_n}{2n+1} < \frac{Q(\psi_n)}{\frac{2n+1}{2\pi} \cdot \sin\frac{2\pi}{2n+1}} \leqq \frac{\mathsf{M}'}{\frac{2n+1}{2\pi} \cdot \sin\frac{2\pi}{2n+1}},$$

die für $n \to \infty$ in $\mathsf{M} \leq \mathsf{M}'$ übergeht. Andererseits folgt aus (9), wenn $\mathsf{M}' = Q(\psi_0)$ ist, $\mathsf{M}' < \frac{L_n(\psi_0)}{2n+1} \leq \frac{\mathsf{M}_n}{2n+1}$, also $\mathsf{M}' \leq \mathsf{M}$. Daher ist in der Tat $\mathsf{M} = \mathsf{M}'$.

Um nun die Zahl M näher zu bestimmen, hat man nur die Gleichung $Q'(\psi) = 0$ zu betrachten, die

$$\operatorname{tg}\psi = \operatorname{tg}(\pi + \psi) = \pi + \psi$$

liefert. Die Gleichung $\operatorname{tg} u = u$ besitzt im Intervall $\pi \leq u \leq 2\pi$ nur eine Lösung $u_0 = \pi + \psi_0$, die zwischen π und $\frac{3\pi}{2}$ liegt. Daher ist

$$\mathsf{M} = Q(\psi_0) = \frac{\cos\psi_0}{2} = -\frac{\cos u_0}{2}$$

und hieraus folgt wegen (8) die zu beweisende Gleichung (4).

4. Etwas schwieriger gestaltet sich der Beweis für den letzten Teil des Satzes II. Ich werde zunächst zeigen, daß eine Funktion $g(x)$ der Klasse R, für die $\sigma_n = M_n$ wird, die Form

$$g(x) = \sum_{\nu=1}^{n} \frac{p_\nu}{2} \frac{1 + x e^{i\vartheta_\nu}}{1 - x e^{i\vartheta_\nu}} \tag{10}$$

haben muß, wo die ϑ_ν voneinander verschiedene reelle Größen des Intervalls $-\pi < \vartheta \leq \pi$ bedeuten und die p_ν nicht negative reelle Zahlen sein sollen, deren Summe gleich 1 ist.

Eine im Innern des Einheitskreises konvergente Potenzreihe

$$g(x) = \tfrac{1}{2} + a_1 x + a_2 x^2 + \ldots$$

gehört dann und nur dann zur Klasse R, wenn

$$f(x) = \frac{1 - g(x)}{1 + g(x)} = c_0 + c_1 x + c_2 x^2 + \cdots \qquad (c_0 = \tfrac{1}{3})$$

für $|x| < 1$ konvergiert und der Bedingung $|f(x)| < 1$ genügt, also in unserer Ausdrucksweise zur Klasse E gehört. Damit ferner $g(x)$ eine rationale Funktion der Form (10) sei, ist ferner bekanntlich notwendig und hinreichend, daß $f(x)$ die Form

$$f(x) = \varepsilon \prod_{\lambda=1}^{l} \frac{x + \omega_\lambda}{1 + x\overline{\omega}_\lambda} \qquad (|\omega_\lambda| < 1,\ |\varepsilon| = 1,\ l \leq n) \tag{11}$$

habe (vgl. z. B. P. I, § 8). Für jedes $n \geq 1$ ist

$$s_n = S(c_1, c_2, \ldots, c_n)$$

eine wohl bestimmte ganze rationale Funktion von $c_1, c_2, \ldots, c_n$. Unsere Zahl M_n läßt sich demnach als das Minimum des reellen Teils von S für die Gesamtheit derjenigen Funktionen der Klasse E auffassen, die noch der Bedingung $f(0) = \frac{1}{3}$ genügen. Die Koeffizienten

c einer Potenzreihe der Klasse E lassen nun, wie ich in der mit P. I zitierten Arbeit gezeigt habe[1]), eine Parameterdarstellung

$$c_\nu = \psi(\gamma_0, \gamma_1, \ldots, \gamma_\nu) \qquad (\nu = 0, 1, 2, \ldots) \tag{12}$$

zu, wobei die Parameter γ_λ nur den Bedingungen $|\gamma_\lambda| \leqq 1$ zu genügen haben und ψ eine gewisse ganze rationale Funktion von

$$\gamma_0, \overline{\gamma}_0, \gamma_1, \overline{\gamma}_1, \ldots, \gamma_{\nu-1}, \overline{\gamma}_{\nu-1}, \gamma_\nu$$

bedeutet. In unserem Fall ist noch $\gamma_0 = c_0 = \frac{1}{3}$ zu setzen. Dann und nur dann wird $f(x)$ eine rationale Funktion der Form (11), wenn unter den Zahlen $\gamma_1, \gamma_2, \ldots \gamma_n$ eine genau vom absoluten Betrage 1 ist. Setzt man nun

$$S(c_1, c_2, \ldots, c_n) = T(\gamma_1, \gamma_2, \ldots, \gamma_n),$$

so erscheint M_n als das Minimum des reellen Teils von T in dem durch

$$|\gamma_1| \leqq 1, |\gamma_2| \leqq 1, \ldots, |\gamma_n| \leqq 1$$

charakterisierten Gebiet. Ich habe nur zu zeigen, daß in jedem Wertsystem $\gamma'_1, \gamma'_2, \ldots, \gamma'_n$, das der Gleichung

$$\Re(s_n) = \Re(T) = M_n$$

genügt, eine der Zahlen $|\gamma'_\nu|$ gleich 1 sein muß. Hierzu bilde ich unter Benutzung der in P. I, § 1 eingeführten Bezeichnungen die rationale Funktion

$$\varphi(x) = [x; \tfrac{1}{3}, \gamma'_1, \gamma'_2, \ldots, \gamma'_n] = \tfrac{1}{3} + c'_1 x + c'_2 x^2 + \ldots,$$

deren Pole in jedem Falle außerhalb des Einheitskreises liegen. Wären nun alle $|\gamma'_\nu|$ kleiner als 1, so wäre das Maximum m von $|\varphi(x)|$ für $|x| \leqq 1$ kleiner als 1, und es ließe sich eine Zahl $r > 1$ angeben, so daß $\varphi(x)$ für $|x| \leqq r$ der Bedingung $|\varphi(x)| \leqq 1$ genügt. Für jedes z im Kreise $|z| \leqq r$ würde demnach

$$\varphi(zx) = \tfrac{1}{3} + c'_1 zx + c'_2 z^2 x^2 + \ldots,$$

als Funktion von x gedeutet, zur Klasse E gehören. Setzt man also

$$S(c'_1 z, c'_2 z^2, \ldots, c'_n z^n) = F(z),$$

so wäre für $z| \leqq r$

$$\Re(F(z)) \geqq \Re(F(1)) = M_n.$$

Dies ist aber nicht möglich, da der reelle Teil der ganzen rationalen Funktion $F(z)$ seinen kleinsten Wert nicht für $z = 1$, sondern am Rande des diesen Punkt einschließenden Kreises $|z| \leqq r$ annimmt. Hierbei ist zu beachten, daß $F(z)$ sich wegen

$$F(0) = \tfrac{1}{2}, \ \Re(F(1)) = M_n < 0$$

---

1) Vgl. auch G. Hamel, Eine charakteristische Eigenschaft beschränkter analytischer Funktionen, Math. Annalen, Bd. 78 (1918), S. 257—269.

gewiß nicht auf die Konstante reduziert. Dies zeigt aber, daß jede Funktion $f(x)$ der Klasse E, für die $f(0) = \frac{1}{2}$ und $\Re(s_n) = \Re(S) = M_n$ wird, von der Form (11), die zugehörige Funktion $g(x)$ der Klasse R also von der Form (10) sein muß.[1])

Sind nun in (10) etwa die l ersten der Zahlen p_ν positiv und die folgenden gleich Null, so wird, wenn a_ν wie immer der Koeffizient von x^ν in der Entwicklung von $g(x)$ ist,

$$1 = p_1 + p_2 + \dots + p_l, \Re(a_\nu) = p_1 \cos \nu \vartheta_1 + p_2 \cos \nu \vartheta_2 + \dots + p_l \cos \nu \vartheta_l$$

und also

$$\sigma_n = \sum_{\lambda=1}^{l} p_\lambda \left(\tfrac{1}{2} + \cos \vartheta_\lambda + \dots + \cos n \vartheta_\lambda\right) = \sum_{\lambda=1}^{l} p_\lambda K_n(\vartheta_\lambda).$$

Die Gleichung $\sigma_n = M_n$ liefert demnach

$$\sum_{\lambda=1}^{l} p_\lambda \left(K_n(\vartheta_\lambda) - M_n\right) = 0,$$

und da M_n das Minimum der Funktion $K_n(\varphi)$ ist und die p_λ sämtlich positiv sind, so muß für jedes λ

$$K(\vartheta_\lambda) = M_n \qquad (-\pi < \vartheta_\lambda \leqq \pi) \tag{13}$$

sein. Wir haben aber gesehen, daß in dem Intervall $-\pi < \varphi \leqq \pi$ nur die Werte $\quad \vartheta_\lambda = \pi$ (für $n = 1$), $\vartheta_\lambda = \pm \varphi_n$ (für $n > 1$) der Gleichung (13) genügen. Soll also $\sigma_n = M_n$ sein, so muß, wie wir zu beweisen haben, $g(x)$ für $n = 1$ gleich $\frac{1}{2}(1 - x)(1 + x)^{-1}$ und für $n > 1$ eine Funktion der Form (5) sein.

Es sei noch bemerkt, daß man bei dem hier durchgeführten Beweis an Stelle der Parameterdarstellung (12) die Resultate des Herrn Carathéodory[2]) über den von ihm eingeführten konvexen Körper K_{2n} der Betrachtung zugrunde legen kann.

5. Unsere Ergebnisse über die Koeffizientensumme s_n lassen eine naheliegende Verallgemeinerung zu. Auf genau demselben Wege beweist man:

III. *Sind* $\alpha_1, \alpha_2, \dots, \alpha_n$ *beliebige reelle oder komplexe Zahlen* ($\alpha_n \neq 0$), *so ist die untere Grenze des reellen Teils* τ_n *von*

$$t_n = \alpha_1 a_1 + \alpha_2 a_2 + \dots + \alpha_n a_n$$

für die Gesamtheit aller Funktionen

$$g(x) = \tfrac{1}{2} + a_1 x + a_2 x^2 + \dots$$

---

1) Eine ganz ähnliche Betrachtung habe ich in P. II, § 9 durchgeführt.

2) Über den Variabilitätsbereich der Fourier'schen Konstanten von positiven harmonischen Funktionen, Palermo Rend., Bd. 32 (1911), S. 193—217.

der Klasse R gleich dem Minimum M_n^* *des trigonometrischen Polynoms*

$$T_n(\varphi) = \Re\,(\alpha_1 e^{i\varphi} + \alpha_2 e^{2i\varphi} + \ldots + \alpha_n e^{ni\varphi})$$

für reelle Werte von φ. *Sind* $\vartheta_1, \vartheta_2, \ldots, \vartheta_l$ *diejenigen Stellen im Intervall* $-\pi < \varphi \leqq \pi$, *für die* $T_n(\varphi) = M_n^*$ *wird, so ist dann und nur dann* $\tau_n = M_n^*$, *wenn* $g(x)$ *eine rationale Funktion der Form*

$$g(x) = \sum_{\lambda=1}^{l} \frac{p_\lambda}{2} \frac{1 + x e^{i\vartheta_\lambda}}{1 - x e^{i\vartheta_\lambda}}$$

ist, wobei $p_1, p_2, \ldots, p_\lambda$ *reelle, nicht negative Zahlen bedeuten, deren Summe gleich* 1 *ist.*

Ein interessantes Beispiel liefert der Fall

$$\alpha_\nu = \frac{1}{\nu}, \quad T_n(\varphi) = \frac{\cos\varphi}{1} + \frac{\cos 2\varphi}{2} + \ldots + \frac{\cos n\varphi}{n},$$

der auf die Summen $\quad t_n = \frac{a_1}{1} + \frac{a_2}{2} + \ldots + \frac{a_n}{n}$

führt. Hier wird M_n^* gleich $T_n(\pi)$ oder $T_n\left(\pi - \frac{\pi}{n+1}\right)$, je nachdem n ungerade oder gerade ist, und im Intervall $0 \leqq \varphi \leqq \pi$ sind das die einzigen Funktionswerte von $T_n(\varphi)$, die gleich M_n^* sind. Für alle Werte von n ist $M_n^* \geqq -1$, ferner ist

$$\lim_{n=\infty} M_n^* = -\log 2.^{1)}$$

Berlin, den 10. April 1918.

36.

Über das Maximum des absoluten Betrages eines Polynoms in einem gegebenen Intervall

Mathematische Zeitschrift 4, 271 - 287 (1919)

Bei seinen Untersuchungen über die Approximation stetiger Funktionen durch Polynome ist Tschebyschef bekanntlich auf eine Reihe merkwürdiger Sätze über das Verhalten des absoluten Betrages eines Polynoms in einem gegebenen Intervall geführt worden. Weitere interessante Resultate verdankt man insbesondere Herrn A. Markoff, seinem jung verstorbenen Bruder W. Markoff und in neuerer Zeit Herrn S. Bernstein. Eines der schönsten und einfachsten unter diesen Resultaten ist der bekannte Satz des Herrn A. Markoff[1]) über die Ableitung eines gegebenen Polynoms. Im folgenden will ich zeigen, daß dieser Satz sich nach verschiedenen Richtungen hin noch wesentlich ergänzen läßt. Insbesondere gebe ich an, wie der A. Markoffsche Satz zu modifizieren ist, wenn man nur solche Polynome in Betracht zieht, die an einem oder an beiden Endpunkten des vorgeschriebenen Intervalls verschwinden. In engem Zusammenhang hiermit steht die Frage nach den Beziehungen zwischen dem absoluten Betrage eines für $x = 0$ verschwindenden Polynoms $f(x)$ und dem von $\frac{f(x)}{x}$. Bei diesen Untersuchungen bediene ich mich der einfachen Beweismethode, die Herr M. Riesz[2]) mit ausgezeichnetem Erfolg zur Herleitung und Vertiefung einiger der Hauptsätze dieser Theorie benutzt hat. Sie beruht in erster Linie auf der Heranziehung passend gewählter Interpolationsformeln.

---

[1]) „Über ein Problem von D. J. Mendelejeff" (russisch), Abh. der Akad. der Wiss. zu St. Petersburg, Bd. 62 (1889), S. 1–24.

[2]) „Eine trigonometrische Interpolationsformel und einige Ungleichungen für Polynome", Jahresber. der Deutschen Math.-Ver., Bd. 23 (1914), S. 354–368, und „Über einen Satz des Herrn Serge Bernstein", Acta Math., Bd. 40 (1916), S. 337 bis 347. — Die zuerst genannte Arbeit werde ich im folgenden mit I zitieren.

§ 1.

Kurze Herleitung des A. Markoffschen Satzes.

Die Koeffizienten der im folgenden zu betrachtenden Polynome sollen, wenn nicht das Gegenteil hervorgehoben wird, beliebige komplexe Zahlen bedeuten können. Das Maximum einer (stetigen) Funktion $\varphi(x)$ in einem endlichen Intervall $a \leqq x \leqq b$ bezeichne ich mit $\operatorname{Max}(\varphi; a, b)$. Unter $T_n(x)$ verstehe ich wie üblich das von Tschebyschef so oft betrachtete Polynom

$$T_n(x) = \cos(n \arccos x) = \tfrac{1}{2}\left[(x + \sqrt{x^2-1})^n + (x - \sqrt{x^2-1})^n\right] =$$

$$= \sum_{\nu=0}^{\left[\frac{n}{2}\right]} \frac{(-1)^\nu n}{2(n-\nu)} \binom{n-\nu}{\nu} (2x)^{n-2\nu}.$$

Es wird also

$$(1) \qquad T_n(\cos\varphi) = \cos n\varphi, \quad T_n'(\cos\varphi) = \frac{n \sin n\varphi}{\sin\varphi},$$

$$\operatorname{Max}(|T_n|; -1, 1) = 1, \quad \operatorname{Max}(|T_n'|; -1, 1) = n^2.$$

In diesen Bezeichnungen läßt sich der Satz des Herrn A. Markoff so aussprechen:

Für jedes Polynom

$$f(x) = a_0 x^n + a_1 x^{n-1} + \ldots + a_{n-1} x + a_n$$

besteht die Ungleichung

$$\operatorname{Max}(|f'|; -1, 1) \leqq n^2 \cdot \operatorname{Max}(|f|; -1, 1)$$

und das Gleichheitszeichen gilt hier nur für Polynome $f(x)$ der Form const. $T(x)$[3]).

Ein wichtiges Analogon zu diesem Satz verdankt man Herrn S. Bernstein[4]):

Für jedes trigonometrische Polynom

$$F(\varphi) = \frac{a_0}{2} + \sum_{\nu=1}^{n} (a_\nu \cos\nu\varphi + b_\nu \sin\nu\varphi)$$

---

[3]) Herr A. Markoff hat diesen Satz a. a. O. nur für reelle Koeffizienten a_ν bewiesen; daß er auch für komplexe a_ν gilt, hat zuerst Herr M. Riesz (I, S. 359) gezeigt.

[4]) „Sur l'ordre de la meilleure approximation des fonctions continues par des polynomes de degré donné", Mémoires publiés par la Classe des Sciences de l'Académie de Belgique, Bd. 4 (1912), S. 1–103 [S. 19–20]. Vgl. auch L. Fejér, „Über konjugierte trigonometrische Reihen", Journal f. r. u. a. Math., Bd. 144 (1914), S. 48 bis 56 [S. 50, Fußnote], und M. Fekete, „Über einen Satz des Herrn Serge Bernstein", ebenda Bd. 146 (1915), S. 88–94.

besteht die Ungleichung

$$\mathrm{Max}(|F'(\varphi)|;0,2\pi)\leqq n\cdot\mathrm{Max}(|F(\varphi)|;0,2\pi);$$

das Gleichheitszeichen gilt nur für Ausdrücke der Form const. $\sin n(\varphi-\varphi_0)$.

Für diesen Satz hat Herr M. Riesz (I, S. 356) einen besonders einfachen Beweis angegeben, der nur von der leicht abzuleitenden Identität

$$F'(\varphi)=\frac{1}{2n}\sum_{\nu=1}^{2n}F(\varphi+\varphi_\nu)\frac{(-1)^{\nu+1}}{1-\cos\varphi_\nu}\qquad\left(\varphi_\nu=\frac{(2\nu-1)\pi}{2n}\right)$$

Gebrauch macht. Herr Riesz hat auch gezeigt, daß der Markoffsche Satz sich aus dem Bernsteinschen verhältnismäßig leicht folgern läßt. Noch etwas direkter kann man folgendermaßen schließen.

Es genügt offenbar die Ungleichung

$$|f'(x)|\leqq Mn^2\qquad(M=\mathrm{Max}(|f|;-1,1))\tag{2}$$

für $0\leqq x\leqq 1$ zu beweisen. Für $0\leqq x\leqq\cos\frac{\pi}{2n}$ folgt dies unmittelbar, indem man $x=\cos\varphi$ setzt und den Bernsteinschen Satz auf das Kosinuspolynom $F(\varphi)=f(\cos\varphi)$ anwendet (vgl. Riesz, I, S. 360). Denn aus

$$F'(\varphi)=-\sin\varphi f'(\cos\varphi),\qquad|F'(\varphi)|\leqq Mn$$

ergibt sich für $-1<x<1$

$$|f'(x)|\leqq\frac{Mn}{\sqrt{1-x^2}},\tag{3}$$

also speziell für $0\leqq x\leqq\cos\frac{\pi}{2n}$

$$|f'(x)|\leqq\frac{Mn}{\sqrt{1-\cos^2\frac{\pi}{2n}}}=\frac{Mn}{\sin\frac{\pi}{2n}}<Mn^2.$$

Um nun (2) auch für

$$\cos\frac{\pi}{2n}<x\leqq 1\tag{4}$$

zu beweisen, setze man $\alpha_\mu=\cos\frac{\mu\pi}{n}$ und

$$g(x)=(x^2-1)T_n'(x)=2^{n-1}n\prod_{\mu=0}^{n}(x-\alpha_\mu),\tag{5}$$

so daß also

$$g(\cos\varphi)=-n\sin\varphi\sin n\varphi$$

wird. Nach der Lagrangeschen Interpolationsformel wird

$$f(x)=\sum_{\mu=1}^{n}g_\mu(x)\frac{f(\alpha_\mu)}{g'(\alpha_\mu)},\qquad\left(g_\mu(x)=\frac{g(x)}{x-\alpha_\mu}\right)$$

also

$$f'(x)=\sum_{\mu=0}^{n}g_\mu'(x)\frac{f(\alpha_\mu)}{g'(\alpha_\mu)}.$$

Für $f(x) = T_n(x)$ geht diese Formel wegen

(6) $$\operatorname{sign} g'(\alpha_\mu) = (-1)^\mu = T_n(\alpha_\mu)$$

in

$$T'_n(x) = \sum_{\mu=0}^{n} \frac{g'_\mu(x)}{|g'(\alpha_\mu)|}$$

über. Ich behaupte nun, daß die $n+1$ Ausdrücke $g_\mu(x)$ im Intervall (4) nur positive Werte annehmen. Für $\mu = 0$ ist das gewiß richtig, weil die Nullstellen von

$$g'_0(x) = \frac{d}{dx}\left(\frac{g(x)}{x-1}\right)$$

links von $\cos\frac{\pi}{n} < \cos\frac{\pi}{2n}$ liegen und $\lim\limits_{x=\infty} g'_0(x) = +\infty$ ist. Ist aber $\mu > 0$, so wird in

$$g'_\mu(x) = \frac{(x-\alpha_\mu)\,g'(x) - g(x)}{(x-\alpha_\mu)^2}$$

für $\cos\frac{\pi}{2n} < x \leqq 1$

$$g(x) \leqq 0, \qquad x - \alpha_\mu > 0$$

und $g'(x) > 0$, weil

(7) $$g'(\cos\varphi) = \frac{1}{\sin\varphi}(n\cos\varphi\sin n\varphi + n^2\sin\varphi\cos n\varphi)$$

für $0 \leqq \varphi < \frac{\pi}{2n}$ positiv ist. Daher ist in der Tat, $g'_\mu(x) > 0$ im Intervall (4) und folglich

$$|f'(x)| \leqq \sum_{\mu=0}^{n} g'_\mu(x) \frac{|f(\alpha_\mu)|}{|g'(x_\mu)|} \leqq \sum_{\mu=0}^{n} g'_\mu(x) \frac{M}{|g'(\alpha_\mu)|} = M\,T'_n(x) \leqq M\,n^2.$$

Zugleich ergibt sich, daß in der nun bewiesenen Ungleichung (2) das Gleichheitszeichen nur dann stehen kann, wenn die $n+1$ Zahlen $f(\alpha_\mu)$ sich von den entsprechenden Zahlen (6) nur um einen konstanten Faktor unterscheiden. Dann wird aber $f(x) = \text{const.}\, T_n(x)$.

Beachtet man, daß die Funktionen $g_\mu(x)$ nur reelle Nullstellen besitzen und daß $g_\mu(-x) = (-1)^n g_{n-\mu}(x)$ ist, so folgt aus dem über $g'_\mu(x)$ Bewiesenen, daß auch die höheren Ableitungen von $g_\mu(x)$ außerhalb des Intervalls

(8) $$-\cos\frac{\pi}{2n} < x < \cos\frac{\pi}{2n}$$

keinen Vorzeichenwechsel erleiden. Hieraus schließt man in derselben Weise wie vorhin für $f'(x)$ im Intervall (4), daß für $k = 1, 2, \ldots, n$ außerhalb des Intervalls (8) die Ungleichung

$$|f^{(k)}(x)| \leqq M \cdot |T_n^{(k)}(x)|$$

besteht. Im Innern des Intervalls (8) ist, wie W. Markoff in seiner im Jahre 1892 erschienenen und neuerdings in den Mathematischen Annalen (Bd. 77 (1916), S. 213–258) wiederabgedruckten Abhandlung „Über Polynome, die in einem gegebenen Intervalle möglichst wenig von Null abweichen" auf wesentlich komplizierterem Wege bewiesen hat,

$$|f^{(k)}(x)| < M \cdot T_n^{(k)}(1) = M \frac{n^2(n^2-1^2)(n^2-2^2)\ldots(n^2-(k-1)^2)}{1.\,3.\,5\ldots(2k-1)}.$$

Es wäre von Interesse, für diesen allgemeinen Satz einen ähnlich einfachen Beweis zu kennen wie für den Fall $k=1$.

§ 2.

Präzisere Fassung des A. Markoffschen Satzes.

I. *Ist $f(x)$ ein Polynom n-ten Grades, für das*

$$\mathrm{Max}(|f|;\ -1,\ 1) = M$$

ist, so ist stets

$$|f'(\pm 1)| \leqq M n^2,$$

wobei das Gleichheitszeichen auszuschließen ist, wenn $f(x)$ nicht die Form const. $T_n(x)$ *hat. Besitzt ferner $|f'(x)|$ an einer Stelle ξ des Intervalls $-1 \leqq x \leqq 1$ ein (relatives) Maximum, so ist (für $n \geqq 3$)*

$$|f'(\xi)| < \frac{Mn^2}{2}. \tag{9}$$

Der erste Teil dieses Satzes ist uns schon bekannt, der zweite Teil ergibt sich folgendermaßen. Haben die Zahlen α_μ sowie die Ausdrücke $g(x)$ und $g_\mu(x)$ dieselbe Bedeutung wie in § 1, so liefert die Lagrangesche Interpolationsformel für alle Werte von t und x

$$f(tx) = \sum_{\mu=0}^{n} g_\mu(t) \frac{f(x\alpha_\mu)}{g'(\alpha_\mu)}.$$

Differentiiert man nach t und setzt dann $t=1$, so ergibt sich

$$xf'(x) = \sum_{\mu=0}^{n} g'_\mu(1) \frac{f(x\alpha_\mu)}{g'(\alpha_\mu)} = \sum_{\mu=0}^{n} A_\mu f(x\alpha_\mu).$$

Hierbei wird wegen (5)

$$A_0 = \frac{1}{g'(1)} \left[\frac{d}{dt}\left(\frac{g(t)}{t-1}\right)\right]_{t=1} = \frac{g''(1)}{2g'(1)} = \frac{2T'_n(1) + 4T''_n(1)}{4T'_n(1)} = \frac{2n^2+1}{6}$$

und für $\mu > 0$

$$A_\mu = \frac{(1-\alpha_\mu)g'(1) - g(1)}{g'(\alpha_\mu)(1-\alpha_\mu)^2} = \frac{g'(1)}{g'(\alpha_\mu)} \cdot \frac{1}{1-\alpha_\mu}.$$

Die Formel (7) liefert nun

$$g'(1) = 2n^2, \qquad g'(\alpha_n) = g'(-1) = (-1)^n g'(1), \qquad g'(\alpha_\nu) = (-1)^\nu n^2$$
$$(\nu = 1, 2, \ldots, n-1).$$

Wir erhalten also die Identität

$$(10) \qquad x f'(x) = \frac{2n^2+1}{6} f(x) + \frac{(-1)^n}{2} f(-x) + \sum_{\nu=1}^{n-1} \frac{(-1)^\nu}{\sin^2 \frac{\nu\pi}{2n}} f\left(x \cos \frac{\nu\pi}{n}\right),$$

die für jedes Polynom $f(x)$ gilt, dessen Grund höchstens gleich n ist. Daher ist auch

$$x f''(x) = \frac{2n^2+1}{6} f'(x) + \frac{(-1)^n}{2} f'(-x) + \sum_{\nu=1}^{n-1} \frac{(-1)^\nu}{\sin^2 \frac{\nu\pi}{2n}} f'\left(x \cos \frac{\nu\pi}{n}\right).$$

Aus dieser Gleichung und der aus (10) durch Differentiation nach x folgenden ergibt sich durch Addition

$$f'(x) + 2x f''(x) = \frac{2n^2+1}{3} f'(x) + \sum_{\nu=1}^{n-1} (-1)^\nu \frac{1+\cos \frac{\nu\pi}{n}}{\sin^2 \frac{\nu\pi}{2n}} f'\left(x \cos \frac{\nu\pi}{n}\right)$$

oder, was dasselbe ist,

$$(11) \qquad -\frac{n^2-1}{3} f'(x) + x f''(x) = \sum_{\nu=1}^{n-1} (-1)^\nu \operatorname{ctg}^2 \frac{\nu\pi}{2n} f'\left(x \cos \frac{\nu\pi}{n}\right).$$

Bedeutet nun $\bar{f}(x)$ dasjenige Polynom, das man aus $f(x)$ erhält, indem man alle Koeffizienten von $f(x)$ durch die konjugiert komplexen Werte ersetzt, so folgt aus (11) für reelle Werte von x

$$-\frac{n^2-1}{3} |f'(x)|^2 + x \Re(f''(x) \bar{f}'(x)) = \sum_{\nu=1}^{n-1} (-1)^\nu \operatorname{ctg}^2 \frac{\nu\pi}{2n} \Re\left(\bar{f}'(x) f'\left(x \cos \frac{\nu\pi}{n}\right)\right).$$

Besitzt nun $|f'(x)|$ an der Stelle $x = \xi$ ein Maximum, so gilt dasselbe für $|f'(x)|^2 = f'(x)\bar{f}'(x)$ und daher wird

$$f''(\xi)\bar{f}'(\xi) + f'(\xi)\bar{f}''(\xi) = 2\Re(f''(\xi)\bar{f}'(\xi)) = 0,$$

also

$$-\frac{n^2-1}{3} |f'(\xi)|^2 = \sum_{\nu=1}^{n-1} (-1)^\nu \operatorname{ctg}^2 \frac{\nu\pi}{2n} \Re\left(\bar{f}'(\xi) f'\left(\xi \cos \frac{\nu\pi}{n}\right)\right).$$

Hieraus folgt

$$(12) \qquad \frac{n^2-1}{3} |f'(\xi)| \leqq \sum_{\nu=1}^{n-1} \operatorname{ctg}^2 \frac{\nu\pi}{2n} \left| f'\left(\xi \cos \frac{\nu\pi}{n}\right)\right|.$$

Ist hierbei insbesondere $-1 \leqq \xi \leqq 1$, so wird wegen (3)

$$\left| f'\left(\xi \cos \frac{\nu\pi}{n}\right)\right| \leqq \frac{Mn}{\sqrt{1-\xi^2 \cos^2 \frac{\nu\pi}{n}}} \leqq \frac{Mn}{\sqrt{1-\cos^2 \frac{\nu\pi}{n}}} = \frac{Mn}{\sin \frac{\nu\pi}{n}}.$$

Aus (12) folgt daher

$$|f'(\xi)| \leqq \frac{3Mn}{2(n^2-1)} \sum_{\nu=1}^{n-1} \frac{\cos\frac{\nu\pi}{2n}}{\left(\sin\frac{\nu\pi}{2n}\right)^3}.$$

Da nun, wie man leicht zeigt, für $0 < \varphi < \frac{\pi}{2}$

$$\varphi^3 \cos\varphi < \sin^3\varphi$$

ist, so erhalten wir

$$|f'(\xi)| < \frac{12}{\pi^3} \cdot \frac{Mn^4}{n^2-1} \sum_{\nu=1}^{n-1} \frac{1}{\nu^3}.$$

Für $n = 3$ liefert dies

$$|f'(\xi)| < 9M \cdot \frac{243}{16\pi^3} = 9M \cdot 0{,}486\ldots$$

und für $n \geqq 4$

$$|f'(\xi)| < Mn^2 \cdot \frac{12n^2}{\pi^3(n^2-1)} \sum_{\nu=1}^{\infty} \frac{1}{\nu^3} \leqq Mn^2 \cdot \frac{12 \cdot 16}{15\pi^3} \sum_{\nu=1}^{\infty} \frac{1}{\nu^3} = Mn^2 \cdot 0{,}496\ldots$$

Die zu beweisende Ungleichung (9) ist also in allen Fällen richtig.

Bedeutet M' das größte im Intervall $-1 \leqq x \leqq 1$ liegende relative Maximum von $|f'(x)|$ und m_n die obere Grenze der Zahlen $\frac{M'}{Mn^2}$ für alle Polynome des Grades n, so ergibt sich genauer

$$\mu = \limsup_{n=\infty} m_n \leqq \frac{12}{\pi^3} \sum_{\nu=1}^{\infty} \frac{1}{\nu^3} = 0{,}465\ldots.$$

Setzt man ferner insbesondere $f(x) = T_n(x)$, so wird $|f'(x)|$ an den beiden Endpunkten des Intervalls $\cos\frac{2\pi}{n} \leqq x \leqq \cos\frac{\pi}{n}$ gleich Null und besitzt demnach im Innern dieses Intervalls ein Maximum. Für jedes feste ψ zwischen 0 und π ist daher

$$m_n \geqq \frac{1}{n^2}\left|T_n'\left(\cos\frac{\pi+\psi}{n}\right)\right| = \frac{\sin\psi}{n\sin\frac{\pi+\psi}{n}}$$

und folglich

$$\mu \geqq \lim_{n=\infty} \frac{\sin\psi}{n\sin\frac{\pi+\psi}{n}} = \frac{\sin\psi}{\pi+\psi}.$$

Das Maximum dieser Funktion von ψ im Intervall $0 \leqq \psi \leqq \pi$ ist gleich $\cos\psi_0 = 0{,}217\ldots$, wo ψ_0 die diesem Intervall angehörende Lösung der Gleichung $\operatorname{tg}\psi = \pi + \psi$ bedeutet. Wir erhalten also

$$0{,}217\ldots \leqq \mu \leqq 0{,}465\ldots.$$

Eine genauere Abschätzung dieser Konstanten μ dürfte nicht leicht sein.

§ 3.

Über Polynome, die an einem Endpunkt des zu betrachtenden Intervalls verschwinden.

Daß wir uns bis jetzt auf die Betrachtung des Intervalls $(-1, 1)$ beschränkt haben, ist natürlich ohne Bedeutung. Für ein beliebiges endliches Intervall (a, b) lautet der A. Markoffsche Satz in unserer präziseren Fassung folgendermaßen: Ist $f(x)$ ein Polynom des Grades n und

$$\mathrm{Max}\,(|f|;\ a, b) = M,$$

so wird stets

$$|f'(a)| \leqq \frac{2Mn^2}{b-a}, \qquad |f'(b)| \leqq \frac{2Mn^2}{b-a},$$

wobei das Gleichheitszeichen auszuschließen ist, wenn $f(x)$ nicht von der Form

$$f(x) = \text{const.}\ T_n\left(\frac{2x-a-b}{b-a}\right)$$

ist. Besitzt ferner $|f'(x)|$ an einer Stelle ξ des Intervalls (a, b) ein Maximum, so wird

(13) $$|f'(\xi)| < \frac{Mn^2}{b-a}.$$

Auf Grund dieses Satzes läßt sich der A. Markoffsche Satz noch in folgender Weise ergänzen:

II. *Ist $f(x)$ ein Polynom des Grades n, das an einem der beiden Endpunkte des Intervalls $a \leqq x \leqq b$ verschwindet, so ist stets*

$$\mathrm{Max}\,(|f'|;\ a, b) \leqq \frac{2n^2}{b-a}\cos^2\frac{\pi}{4n}\cdot \mathrm{Max}\,(|f|;\ a, b)$$

und es gibt auch Polynome $f(x)$ dieser Art, für die hier das Gleichheitszeichen gilt.

Es genügt offenbar, den Beweis für irgendein spezielles Intervall (a, b) zu erbringen, und hier empfiehlt es sich $a = 0$, $b = 1$ zu wählen. Außerdem können wir uns auf den Fall

(14) $$f(0) = 0, \quad \mathrm{Max}\,(|f|;\ 0, 1) = 1$$

beschränken und $n > 1$ annehmen[5]). Wir haben nun zu zeigen, daß alsdann für $0 \leqq x \leqq 1$

(15) $$|f'(x)| \leqq 2n^2\cos^2\frac{\pi}{4n}$$

---

[5]) Für $n = 1$ kommt hier nur der Fall $f(x) = e^{i\alpha}x$ in Betracht, der auf $|f'(x)| = 1 = 2\cdot 1^2\cos^2\frac{\pi}{4}$ führt.

wird. Ein spezielles Polynom n-ten Grades, das den Bedingungen (14) genügt, ist insbesondere

$$U_n(x) = T_n\left(2\cos^2\frac{\pi}{2n}\cdot x - \cos\frac{\pi}{2n}\right) = T_n\left(\left(1+\cos\frac{\pi}{2n}\right)x - \cos\frac{\pi}{2n}\right).$$

Dieser Ausdruck hat noch folgende Eigenschaften: An den n Stellen

$$(16)\qquad \beta_\nu = \frac{\cos\frac{\nu\pi}{n} + \cos\frac{\pi}{2n}}{1+\cos\frac{\pi}{2n}} \qquad (\nu = 0, 1, \ldots, n-1)$$

des Intervalls $0 < x \leqq 1$ wird $U_n(x)$ abwechselnd $+1$ und -1, außerdem ist wegen (1)

$$U_n'(0) = 2\cos^2\frac{\pi}{4n}T_n'\left(-\cos\frac{\pi}{2n}\right) = (-1)^{n-1}\, n \operatorname{ctg}\frac{\pi}{4n},$$

$$U_n'(1) = 2\cos^2\frac{\pi}{4n}T_n'(1) = 2n^2\cos^2\frac{\pi}{4n}.$$

Setzt man nun

$$h(x) = x(x-\beta_0)(x-\beta_1), \ldots, (x-\beta_{n-1}) = x h_1(x),$$

so folgt aus der Lagrangeschen Interpolationsformel

$$(17)\qquad f(x) = \sum_{\nu=0}^{n-1} \frac{h(x)}{x-\beta_\nu}\,\frac{f(\beta_\nu)}{h'(\beta_\nu)} = x\sum_{\nu=0}^{n-1}\frac{h_1(x)}{x-\beta_\nu}\,\frac{f(\beta_\nu)}{h'(\beta_\nu)}.$$

Für $f(x) = U_n(x)$ läßt sich diese Gleichung wegen

$$\operatorname{sign} h'(\beta_\nu) = (-1)^\nu = U_n(\beta_\nu)$$

insbesondere in der Form

$$(18)\qquad U_n(x) = \sum_{\nu=0}^{n-1}\frac{h(x)}{x-\beta_\nu}\,\frac{1}{|h'(\beta_\nu)|} = x\sum_{\nu=1}^{n-1}\frac{h_1(x)}{x-\beta_\nu}\,\frac{1}{|h'(\beta_\nu)|}$$

schreiben. Da nun die Ableitungen der n Funktionen $\frac{h(x)}{x-\beta_\nu}$ alle ihre Nullstellen im Intervall $0 < x < 1$ besitzen, so sind sie für $x \leqq 0$ und für $x \geqq 1$ von demselben Vorzeichen. Aus (17) und (18) folgt daher, daß für diese Werte von x

$$(19)\quad |f^{(m)}(x)| \leqq \sum_{\nu=0}^{n-1}\left|\frac{d^m}{dx^m}\left(\frac{h(x)}{x-\beta_\nu}\right)\right|\frac{1}{|h'(\beta_\nu)|} = |U_n^{(m)}(x)| \quad (m = 0, 1, \ldots, n)$$

ist. Insbesondere wird

$$|f'(0)| \leqq n\operatorname{ctg}\frac{\pi}{4n}, \qquad |f'(1)| \leqq 2n^2\cos^2\frac{\pi}{4n},$$

und hierbei ist die an zweiter Stelle stehende Schranke die größere, denn dies besagt nur, daß

$$2\sin\frac{\pi}{4n}\cos\frac{\pi}{4n}=\sin\frac{\pi}{2n}>\frac{2}{\pi}\cdot\frac{\pi}{2n}=\frac{1}{n}$$

ist. Um nun zu erkennen, daß die zu beweisende Ungleichung (15) auch für $0<x<1$ richtig ist, brauchen wir nur zu zeigen, daß für $0<\xi<1$

$$|f'(\xi)|<2n^2\cos^2\frac{\pi}{4n}$$

wird, sobald $|f'(x)|$ an der Stelle $x=\xi$ ein Maximum besitzt. Dies folgt aber aus (13), weil in unserem Falle

$$\frac{Mn^2}{b-a}=n^2=2n^2\cos^2\frac{\pi}{4}<2n^2\cos^2\frac{\pi}{4n}$$

ist.

Diese Betrachtung zeigt auch, daß für ein Polynom $f(x)$ des Grades $n>1$, das den Bedingungen (14) genügt, in der Ungleichung (15) das Gleichheitszeichen nur für $x=1$ stehen kann. Ferner tritt dies nur dann ein, wenn für $\nu=0,1,\ldots,n-1$

$$f(\beta_\nu)=e^{i\alpha}\operatorname{sign}h'(\beta_\nu)=e^{i\alpha}U_n(\beta_\nu)\qquad(\alpha\text{ reell})$$

wird, d. h. wenn $f(x)$ von der Form $e^{i\alpha}U_n(x)$ ist.

§ 4.

Fortsetzung.

Die Formeln (17) und (18) gestatten uns, noch einen weiteren interessanten Satz abzuleiten:

III. *Für jedes Polynom*

$$f(x)=a_0x^n+a_1x^{n-1}+\ldots+a_n,$$

das an der Stelle $x=0$ *verschwindet und der Bedingung* $\operatorname{Max}(|f|;0,1)=1$ *genügt, ist*

$$|a_0|\leqq 2^{2n-1}\left(\cos\frac{\pi}{4n}\right)^{2n}\tag{20}$$

und für $0\leqq x\leqq 1$

$$\left|\frac{f(x)}{x}\right|\leqq n\operatorname{ctg}\frac{\pi}{4n}.\tag{21}$$

In diesen beiden Ungleichungen sind die Gleichheitszeichen auszuschließen, wenn $f(x)$ *nicht von der Form* $e^{i\alpha}U_n(x)$ *ist, und auch in diesem Fall gilt in* (21) *das Gleichheitszeichen nur für* $x=0$[6]).

Die Ungleichung (20) ergibt sich unmittelbar aus (19), indem man hierin $m=n$ setzt. Um (21) zu beweisen, setze man (vgl. Formel (16))

[6]) Unter $\frac{f(x)}{x}$ ist hierbei, wie überall im folgenden, die zugehörige ganze rationale Funktion zu verstehen

$$\beta = \beta_{n-1} = \frac{\cos\frac{\pi}{2n} - \cos\frac{\pi}{n}}{1 + \cos\frac{\pi}{2n}} = \frac{\sin\frac{3\pi}{4n}\sin\frac{\pi}{4n}}{\cos^2\frac{\pi}{4n}}.$$

Dann wird für $\beta \leqq x \leqq 1$

$$\left|\frac{f(x)}{x}\right| \leqq \frac{1}{\beta} = \frac{\cos\frac{\pi}{4n}}{\sin\frac{3\pi}{4n}} \operatorname{ctg}\frac{\pi}{4n} < \frac{1}{\frac{2}{\pi}\cdot\frac{3\pi}{4n}} \operatorname{ctg}\frac{\pi}{4n} = \tfrac{2}{3} n \operatorname{ctg}\frac{\pi}{4n},$$

so daß also (21) gewiß richtig ist. Für $x < \beta$ sind aber die in (17) auftretenden n Ausdrücke $\frac{h_1(x)}{x-\beta_\nu}$, da β die kleinste Nullstelle von $h_1(x)$ ist, von demselben Vorzeichen. Daher folgt aus (17) und (18)

$$\left|\frac{f(x)}{x}\right| \leqq \sum_{\nu=0}^{n-1} \left|\frac{h_1(x)}{x-\beta_\nu}\right| \frac{1}{|h'(\beta_\nu)|} = \left|\frac{U_n(x)}{x}\right|,$$

wobei das Gleichheitszeichen nur für $f(x) = e^{i\alpha} U_n(x)$ gilt. Da nun

$$\lim_{x=0} \left|\frac{U_n(x)}{x}\right| = |U_n'(0)| = n \operatorname{ctg}\frac{\pi}{4n}$$

ist, so haben wir nur noch zu zeigen, daß für $0 < x < \beta$

(22) $$|U_n(x)| < x n \operatorname{ctg}\frac{\pi}{4n}$$

ist. Setzt man

$$x = \frac{-\cos\varphi + \cos\frac{\pi}{2n}}{1 + \cos\frac{\pi}{2n}}, \quad \text{also} \quad U_n(x) = T_n(-\cos\varphi) = (-1)^n \cos n\varphi,$$

so besagt (22) nur, daß für $\frac{\pi}{2n} < \varphi < \frac{\pi}{n}$

$$F(\varphi) = n\left(\cos\frac{\pi}{2n} - \cos\varphi\right) + \sin\frac{\pi}{2n}\cos n\varphi > 0$$

ist. Dies ist aber gewiß richtig, weil $F(\varphi)$ und $F'(\varphi)$ für $\varphi = \frac{\pi}{2n}$ verschwinden und

$$F''(\varphi) = n\cos\varphi - n^2 \sin\frac{\pi}{2n}\cos n\varphi$$

in dem Intervall $\frac{\pi}{2n} < \varphi < \frac{\pi}{n}$ positiv ist.

Beachtet man, daß die Sätze II und III auch für Polynome mit komplexen Koeffizienten gelten, so ergibt sich allgemeiner:

III*. *Es sei $z = z_0$ eine reelle oder komplexe Nullstelle des Polynoms*

$$f(z) = a_0 z^n + a_1 z^{n-1} + \ldots + a_{n-1} z + a_n$$

und z_1 eine beliebige andere Stelle in der z-Ebene. Ist für alle Punkte z

auf der geradlinigen Verbindungsstrecke der Punkte z_0 und z_1 der absolute Betrag von $f(z)$ höchstens gleich M, so ist für diese Werte von z

$$\left|\frac{f(z)}{z-z_0}\right| \leqq \frac{M}{|z_1-z_0|}\cdot n \operatorname{ctg}\frac{\pi}{4n}, \qquad |f'(z)| \leqq \frac{M}{|z_1-z_0|}\cdot 2n^2\cos^2\frac{\pi}{4n}.$$

Ferner ist

$$|a_0| \leqq \frac{M}{|z_1-z_0|^n}\cdot 2^{2n-1}\left(\cos\frac{\pi}{4n}\right)^{2n}.$$

Das Gleichheitszeichen ist in diesen Ungleichungen auszuschließen, wenn $f(z)$ nicht von der Form

$$\text{const.}\, T_n\left(2\cos^2\frac{\pi}{4n}\cdot\frac{z-z_0}{z_1-z_0} - \cos\frac{\pi}{2n}\right)$$

ist.

§ 5.

Über Polynome, die an den beiden Endpunkten eines Intervalls verschwinden.

IV. *Für jedes Polynom des Grades $n \geqq 2$*

$$f(x) = a_0x^n + a_1x^{n-1} + \ldots + a_{n-1}x + a_n,$$

das an den Stellen $x=0$ und $x=1$ verschwindet und der Bedingung Max $(|f|;\, 0, 1) = 1$ *genügt, ist*

(23) $$|a_0| \leqq 2^{2n-1}\left(\cos\frac{\pi}{2n}\right)^n,\text{ [7]}$$

ferner ist für $0 \leqq x \leqq 1$

(24) $$|f'(x)| \leqq 2n\operatorname{ctg}\frac{\pi}{2n}, \qquad \left|\frac{f(x)}{x(x-1)}\right| \leqq 2n\operatorname{ctg}\frac{\pi}{2n}.$$

In diesen Ungleichungen ist das Gleichheitszeichen auszuschließen, wenn $f(x)$ nicht die Form $e^{i\alpha}V_n(x)$ hat; hierbei ist

$$V_n(x) = T_n\left(\cos\frac{\pi}{2n}(2x-1)\right)$$

zu setzen.

Der Beweis ergibt sich ganz ähnlich wie in den Paragraphen 3 und 4. Setzen wir hier

$$\gamma_\nu = \frac{\cos\frac{\nu\pi}{n} + \cos\frac{\pi}{2n}}{2\cos\frac{\pi}{2n}} \qquad (\nu = 1, 2, \ldots, n-1)$$

[7]) Für Polynome mit reellen Koeffizienten findet sich diese Ungleichung schon bei **Tschebyschef**, „Théorie des mécanismes connus sous le nom de parallélogammes“, Werke Bd. I, S. 111—143 [S. 139].

und

$$k(x) = x(x-1)(x-\gamma_1)(x-\gamma_2)\ldots(x-\gamma_{n-1}) = x(x-1)\,k_1(x),$$

so wird

$$(25)\qquad f(x) = \sum_{\nu=1}^{n-1} \frac{k(x)}{x-\gamma_\nu}\,\frac{f(\gamma_\nu)}{k'(\gamma_\nu)} = x(x-1)\sum_{\nu=1}^{n-1}\frac{k_1(x)}{x-\gamma_\nu}\,\frac{f(\gamma_\nu)}{k'(\gamma_\nu)}$$

und speziell, weil

$$(26)\qquad \operatorname{sign} k'(\gamma_\nu) = (-1)^\nu = V_n(\gamma_\nu)$$

ist,

$$(27)\qquad V_n(x) = \sum_{\nu=1}^{n-1}\frac{k(x)}{x-\gamma_\nu}\,\frac{1}{|k'(\gamma_\nu)|} = x(x-1)\sum_{\nu=1}^{n-1}\frac{k_1(x)}{x-\gamma_\nu}\,\frac{1}{|k'(\gamma_\nu)|}.$$

Hieraus folgt wieder für $x \leqq 0$ und $x \geqq 1$

$$|f^{(m)}(x)| \leqq \sum_{\nu=1}^{n-1}\left|\frac{d^m}{dx^m}\left(\frac{k(x)}{x-\gamma_\nu}\right)\right|\frac{1}{|k'(\gamma_\nu)|} = \left|V_n^{(m)}(x)\right| \qquad (m = 0, 1, \ldots, n),$$

was für $m = n$ insbesondere die Ungleichung (23) liefert. Da ferner

$$V_n'(0) = (-1)^{n-1}V_n'(1) = (-1)^{n-1}\cdot 2\cos\frac{\pi}{2n}\,T_n'\left(\cos\frac{\pi}{2n}\right) = (-1)^{n-1}\cdot 2n\operatorname{ctg}\frac{\pi}{2n}$$

ist, so erhalten wir

$$|f'(0)| \leqq 2n\operatorname{ctg}\frac{\pi}{2n}, \qquad |f'(1)| \leqq 2n\operatorname{ctg}\frac{\pi}{2n}.$$

Daß die erste der Ungleichungen (24) auch für $0 < x < 1$ gilt, folgt wieder, indem man beachtet, daß an jeder Stelle ξ dieses Intervalls, an der $|f'(x)|$ ein Maximum erreicht, wegen

$$|f'(\xi)| < n^2 = n^2\cdot\tfrac{2}{2}\operatorname{ctg}\frac{\pi}{2\cdot 2} \leqq n^2\cdot\frac{2}{n}\operatorname{ctg}\frac{\pi}{2n}$$

ist. Die hierbei benutzte Ungleichung für $\operatorname{ctg}\frac{\pi}{2n}$ ist gewiß richtig, da $\varphi\operatorname{ctg}\varphi$ im Intervall $0 \leqq \varphi \leqq \frac{\pi}{2}$ beständig abnimmt.

Beim Beweis der zweiten unter den Ungleichungen (24) können wir uns offenbar auf das Intervall $0 \leqq x \leqq \frac{1}{2}$ beschränken und $n > 2$ annehmen. Setzt man

$$\gamma = \gamma_{n-1} = \frac{1}{2} - \frac{\cos\frac{\pi}{n}}{2\cos\frac{\pi}{2n}},$$

so wird für $\gamma \leqq x \leqq \frac{1}{2}$

$$\left|\frac{f(x)}{x(x-1)}\right| \leqq \frac{1}{\gamma(1-\gamma)} = \frac{4\cos\frac{\pi}{2n}}{\sin\frac{3\pi}{2n}}\operatorname{ctg}\frac{\pi}{2n} < \frac{4}{\frac{2}{\pi}\cdot\frac{3\pi}{2n}}\operatorname{ctg}\frac{\pi}{2n} = \frac{4}{3}\cdot n\operatorname{ctg}\frac{\pi}{2n}.$$

Für $0 \leqq x < \gamma$ sind aber, weil γ die kleinste Nullstelle von $k_1(x)$ ist, die $n-1$ Ausdrücke $\frac{k_1(x)}{x-\gamma_\nu}$ von demselben Vorzeichen. Aus (25) und (27) folgt daher

$$\left|\frac{f(x)}{x(x-1)}\right| \leqq \left|\frac{V_n(x)}{x(x-1)}\right|.$$

Wir haben also nur noch zu zeigen, daß für $0 \leqq x \leqq \gamma$

$$\left|\frac{V_n(x)}{x(x-1)}\right| \leqq 2n \operatorname{ctg}\frac{\pi}{2n} \tag{28}$$

ist. Für $x = 0$ ist hier das Gleichheitszeichen zu setzen, für $0 < x < \gamma$ geht (28) durch die Substitution

$$x = \frac{-\cos\varphi + \cos\frac{\pi}{2n}}{2\cos\frac{\pi}{2n}} \qquad \left(\frac{\pi}{2n} < \varphi < \frac{\pi}{n}\right)$$

in die Ungleichung

$$-\frac{4\cos n\varphi \cos^2\frac{\pi}{2n}}{\cos^2\frac{\pi}{2n} - \cos^2\varphi} < 2n \operatorname{ctg}\frac{\pi}{2n}$$

über, die nur besagt, daß

$$G(\varphi) = \sin\frac{\pi}{n}\cos n\varphi + n\left(\cos^2\frac{\pi}{2n} - \cos^2\varphi\right)$$

im Intervall $\frac{\pi}{2n} < \varphi < \frac{\pi}{n}$ stets positiv ist. Dies ist aber gewiß richtig, denn für $n = 3$ wird

$$G(\varphi) = 4\cos\frac{\pi}{6}\left(\cos^2\frac{\pi}{6} - \cos^2\varphi\right)\left(\cos\frac{\pi}{6} - \cos\varphi\right)$$

und für $n > 3$ ist $G\left(\frac{\pi}{2n}\right) = G'\left(\frac{\pi}{2n}\right) = 0$ und, solange φ zwischen $\frac{\pi}{2n}$ und $\frac{\pi}{n}$ bleibt,

$$G''(\varphi) = -n^2\sin\frac{\pi}{n}\cos n\varphi + 2n\cos 2\varphi > 0.$$

Bei dieser Betrachtung ergibt sich zugleich, daß das Gleichheitszeichen in einer der Ungleichungen (23) und (24) nur dann stehen kann, wenn die $n-1$ Ausdrücke $f(\gamma_\nu)$ sich von den entsprechenden Zahlen (26) nur um einen konstanten Faktor vom absoluten Betrage 1 unterscheiden, d. h. wenn $f(x)$ von der Form $e^{i\alpha}V_n(x)$ ist. Ist $n > 2$, so gehen genauer auch in diesem speziellen Fall die Ungleichungen (24) nur für $x = 0$ und $x = 1$ in Gleichungen über.

Aus dem Satze IV folgt wieder allgemeiner:

IV*. *Sind z_0 und z_1 zwei reelle oder komplexe Wurzeln der Gleichung*

$$f(z) = a_0 z^n + a_1 z^{n-1} + \ldots + a_{n-1}z + a_n = 0$$

und ist auf der geradlinigen Verbindungsstrecke dieser beiden Punkte $|f(z)| \leqq M$, *so ist für alle Punkte auf dieser Strecke*

$$|f'(z)| \leqq \frac{M}{|z_1 - z_0|} \cdot 2n \operatorname{ctg} \frac{\pi}{2n}, \qquad \left| \frac{f(z)}{(z-z_0)(z-z_1)} \right| \leqq \frac{M}{|z_1 - z_0|^2} \cdot 2n \operatorname{ctg} \frac{\pi}{2n},$$

ferner ist

$$|a_0| \leqq \frac{2^{2n-1}}{|z_1 - z_0|^n} \left(\cos \frac{\pi}{2n} \right)^n.$$

In allen diesen Ungleichungen ist das Gleichheitszeichen auszuschließen, wenn $f(z)$ *nicht von der Form*

$$\text{const.}\ T_n \left(\frac{2z - z_0 - z_1}{z_1 - z_0} \cdot \cos \frac{\pi}{2n} \right)$$

ist.

§ 6.

Über Polynome, die im Mittelpunkt eines Intervalls verschwinden.

Der Vollständigkeit halber will ich noch auf einen weiteren Fall aufmerksam machen, der sich in ähnlicher Weise erledigen läßt.

V. *Es sei* $f(x)$ *ein Polynom des Grades* $n > 2$, *das an der Stelle* $x = 0$ *verschwindet und der Bedingung* $\operatorname{Max}(|f|; -1, 1) = 1$ *genügt. Dann ist für* $-1 \leqq x \leqq 1$

$$\left| \frac{f(x)}{x} \right| \leqq m, \tag{29}$$

wobei m gleich $n-1$ *oder gleich n zu setzen ist, je nachdem n gerade oder ungerade ist. Nur dann, wenn n ungerade und* $f(x) = e^{i\alpha} T_n(x)$ *ist, kann in* (29) *das Gleichheitszeichen stehen, und zwar allein für* $x = 0$. *Aber auch für ein gerades n kann in* (29), *solange* $f(x)$ *keiner weiteren Bedingung unterworfen wird, die obere Schranke m durch keine kleinere Zahl ersetzt werden.*

Setzt man

$$\alpha_\mu = \cos \frac{\mu\pi}{m}, \quad l(x) = x(x^2 - 1) T_m'(x) = 2^{n-1} n x \prod_{\mu=0}^{m} (x - \alpha_\mu) = x\, l_1(x),$$

so wird sowohl für gerade als auch für ungerade Werte von n

$$f(x) = \sum_{\mu=0}^{m} \frac{l(x)}{x - \alpha_\mu} \cdot \frac{f(\alpha_\mu)}{l'(\alpha_\mu)}. \tag{30}$$

Diese Formel gilt insbesondere auch für $f(x) = T_m(x)$, weil $T_m(x)$ für ungerades m an der Stelle $x = 0$ verschwindet. Nun ist aber, wenn σ_μ das Vorzeichen von α_μ bedeutet,

$$T_m(\alpha_\mu) = (-1)^\mu = \operatorname{sign} l_1'(\alpha_\mu) = \sigma_\mu \cdot \operatorname{sign} l'(\alpha_\mu).$$

Aus (30) folgt daher

$$(31)\qquad T_m(x) = \sum_{\mu=0}^{m} \frac{l(x)}{x-\alpha_\mu} \cdot \frac{\sigma_\mu}{|l'(\alpha_\mu)|}.$$

Setzt man

$$\alpha = \alpha_{\frac{m-1}{2}} = \cos\frac{(m-1)\pi}{2m} = \sin\frac{\pi}{2m},$$

so sind $-\alpha$ und α die absolut kleinsten unter den Zahlen α_μ. Hieraus folgt leicht, daß für $-\alpha < x < 0$ und für $0 < x < \alpha$

$$\operatorname{sign} \frac{l(x)}{x-\alpha_\mu} = (-1)^{\frac{m-1}{2}} \sigma_\mu \operatorname{sign} x$$

ist. Für diese Werte von x (und also auch für $x=0$) ergibt sich daher aus (30) und (31)

$$(32)\qquad \left|\frac{f(x)}{x}\right| \leqq \sum_{\mu=0}^{m} \left|\frac{l_1(x)}{x-\alpha_\mu}\right| \frac{1}{|l'(\alpha_\mu)|} = (-1)^{\frac{m-1}{2}} \frac{T_m(x)}{x} = \left|\frac{T_m(x)}{x}\right|.$$

Setzt man nun $x = \sin\varphi$, so wird $T_m(x) = \cos m\left(\frac{\pi}{2} - \varphi\right) = (-1)^{\frac{m-1}{2}} \sin m\varphi$ und wir erhalten für $-\alpha < x < \alpha$, d. h. für $-\frac{\pi}{2m} < \varphi < \frac{\pi}{2m}$

$$(33)\qquad \left|\frac{f(x)}{x}\right| \leqq \left|\frac{\sin m\varphi}{\sin\varphi}\right| \leqq m.$$

Ist ferner $\alpha \leqq |x| \leqq 1$, so wird

$$\left|\frac{f(x)}{x}\right| \leqq \frac{1}{\alpha} = \frac{1}{\sin\frac{\pi}{2m}} < \frac{1}{\frac{2}{\pi}\cdot\frac{\pi}{2m}} = m.$$

Damit ist die Ungleichung (29) für das ganze Intervall $-1 \leqq x \leqq 1$ bewiesen. Das Gleichheitszeichen kommt hierbei nur dann in Betracht, wenn es in (32) und (33) überall gilt. Dann muß aber $x = 0$ sein und außerdem müssen sich die $m+1$ Zahlen $f(\alpha_\mu)$ von den entsprechenden Zahlen $T_m(\alpha_\mu)$ nur um einen Faktor der Form $e^{i\alpha}$ unterscheiden. Da hierzu noch $f(0) = T_m(0) = 0$ hinzukommt, so muß der Grad n von $f(x)$ gleich m und $f(x) = e^{i\alpha} T_m(x)$ sein. Für ein gerades $n > 2$ ist also in (29) das Gleichheitszeichen auszuschließen[8]). Setzt man aber, wenn ε irgendeine positive Zahl bedeutet,

$$f(x) = \frac{1+\varepsilon x}{1+\varepsilon} T_m(x),$$

so wird

$$\lim_{x=0} \left|\frac{f(x)}{x}\right| = \frac{m}{1+\varepsilon},$$

[8]) Die Ungleichung (29) ist auch für $n=2$ richtig, hierbei kann aber, wenn $x = \pm 1$ ist, das Gleichheitszeichen gelten.

und da dieser Ausdruck dem Werte m beliebig nahe gebracht werden kann, so läßt sich in (29) auch für ein gerades n die obere Schranke m durch keine kleinere Zahl ersetzen.

In ähnlicher Weise wie in den früheren Fällen können wir aus V allgemeiner schließen:

V*. ***Es sei** $f(z)$ **ein Polynom** n**-ten Grades, das an der Stelle** z_0 **verschwindet. Sind** z_1 **und** z_2 **zwei in bezug auf** z_0 **symmetrisch gelegene Punkte, und ist auf der geradlinigen Strecke, die** z_1 **und** z_2 **verbindet,** $|f(z)| \leqq M$**, so ist für diese Werte von** z*

$$\left|\frac{f(z)}{z-z_0}\right| \leqq M(n-1) \quad \text{oder} \quad \left|\frac{f(z)}{z-z_0}\right| \leqq Mn,$$

je nachdem** n **gerade oder ungerade ist. Für** $n > 2$ **gilt hierbei das Gleichheitszeichen nur dann, wenn** n **ungerade,** $z = z_0$ **und** $f(z)$ **von der Form const. $T_n\left(\frac{z-z_0}{z_1-z_0}\right)$ ***ist.***

(Eingegangen am 11. Januar 1919.)

37.

Einige Bemerkungen zu der vorstehenden Arbeit „A. Speiser, Zahlentheoretische Sätze aus der Gruppentheorie“

Mathematische Zeitschrift 5, 7 - 10 (1919)

Das Problem, die einfachsten algebraischen Zahlkörper zu bestimmen, in denen eine gegebene endliche Gruppe linearer Substitutionen rational darstellbar ist, gehört zu den schwierigsten Aufgaben der Gruppentheorie. In der vorstehenden Arbeit ist es Herrn Speiser gelungen, zu den bis jetzt erledigten Spezialfällen einige neue interessante Fälle hinzuzufügen. Besonders bemerkenswert ist sein Satz über irreduzible Gruppen ungeraden Grades mit reellem Charakter. Die Grundlage seiner Untersuchungen bildet der an und für sich interessante zahlentheoretische Satz, den Herr Speiser im § 1 seiner Arbeit ableitet. Im folgenden will ich zeigen, daß die in meiner Arbeit „Neue Begründung der Theorie der Gruppencharaktere“[2]) entwickelten Methoden es gestatten, auf kürzerem Wege ein allgemeineres Resultat zu erhalten.

Es bedeute wie bei Herrn Speiser K einen algebraischen Zahlkörper, der in bezug auf den Grundkörper k ein Normalkörper ist. Die Galoissche Gruppe von K relativ zu k sei

$$\mathfrak{G} = G_0 + G_1 + \ldots + G_{g-1}.$$

Ist $A = (a_{\varkappa\lambda})$ eine Matrix, deren Koeffizienten dem Körper K angehören, so bezeichne man die zu A in bezug auf k konjugiert algebraischen Matrizen mit

$$A^S = (a_{\varkappa\lambda}^S) \qquad (S = G_0, G_1, \ldots, G_{g-1}).$$

Ordnet man den g Elementen S von $\mathfrak{G}$ in K rationale Matrizen M_S des Grades m mit nicht verschwindenden Determinanten zu, für die Gleichungen der Form

---

[1]) Vgl. A. Speiser, Zahlentheoretische Sätze aus der Gruppentheorie. Diese Zeitschrift, 5 (1919), S. 1–6.

[2]) Sitzungsberichte der Berliner Akademie, Jahrg. 1905, S. 406–432.

(1) $$M_S^T M_T = r_{S,T} M_{ST} \qquad (S, T = G_0, G_1, \ldots, G_{g-1})$$

bestehen, so sprechen wir von einer *zum Faktorensystem $r_{S,T}$ gehörenden Darstellung* $\mathfrak{M} = \{M_S\}$ des Grades m von $\mathfrak{G}$. Für jede in K rationale Matrix A des Grades m, deren Determinante nicht verschwindet, bilden zugleich mit den M_S auch die Matrizen

$$N_S = A^S M_S A^{-1}$$

eine zum Faktorensystem $r_{S,T}$ gehörende Darstellung $\mathfrak{N}$, die zu $\mathfrak{M}$ *äquivalent* heißen möge. Die Darstellung $\mathfrak{M}$ nennen wir *irreduzibel*, wenn sich keine zu ihr äquivalente Darstellung $\mathfrak{N}$ angeben läßt, die in den üblichen Bezeichnungen die Form

$$\mathfrak{N} = \begin{pmatrix} \mathfrak{N}_1 & 0 \\ \mathfrak{N}_3 & \mathfrak{N}_4 \end{pmatrix}$$

hat.

Multipliziert man die Matrizen M_S der Darstellung $\mathfrak{M}$ mit irgend welchen von Null verschiedenen Größen c_S des Körpers K, so bilden die Matrizen $c_S M_S$ eine neue Darstellung, die zum Faktorensystem

$$r'_{S,T} = \frac{c_S^T c_T}{c_{ST}} r_{S,T}$$

gehört. Zwei derartige Faktorensysteme sind als nicht wesentlich von einander verschieden anzusehen, sie mögen als einander *assoziiert* bezeichnet werden. Gehört zu einem Faktorensystem $r_{T,S}$ eine Darstellung $\{M_S\}$ des Grades m, so lehrt die Betrachtung der Determinanten der Matrizen M_S, daß die m-ten Potenzen der Zahlen $r_{S,T}$ ein dem System $\varrho_{S,T} = 1$ assoziiertes Faktorensystem bilden.

Satz I. *Damit sich zu g^2 von Null verschiedenen Größen $r_{S,T}$ des Körpers K eine zu diesem Faktorensystem gehörende Darstellung der Gruppe $\mathfrak{G}$ angeben lasse, ist notwendig und hinreichend, daß sie den g^3 Gleichungen*

(2) $$r_{S,T}^U r_{ST,U} = r_{S,TU} r_{T,U} \qquad (S, T, U = G_0, G_1, \ldots, G_{g-1})$$

genügen. In jedem Falle ist das Faktorensystem $r_{S,T}^g$ dem System $\varrho_{S,T} = 1$ assoziiert.

Daß für die Größen $r_{S,T}$ eines Faktorensystems die Gleichungen (2) bestehen müssen, folgt unmittelbar aus den Gleichungen (1) auf Grund des assoziativen Gesetzes. Andere Bedingungen kommen aber nicht hinzu. Denn genügen die (von Null verschiedenen) Größen $r_{S,T}$ von K den Gleichungen (2) und setzt man ε_S gleich 1 oder 0, je nachdem S dem Einheitselement E von $\mathfrak{G}$ gleich oder von ihm verschieden ist, so bilden, wie man leicht zeigt, die g Matrizen

(3) $$M_S = (r_{P^{-1},PQ^{-1}}\,\varepsilon_{PQ^{-1}S^{-1}}) \qquad (P,Q = G_0, G_1, \ldots, G_{g-1})$$

des Grades g eine zum Faktorensystem $r_{S,T}$ gehörende Darstellung der Gruppe $\mathfrak{G}$[3]). Hieraus folgt zugleich unsere Behauptung über die Zahlen $r^g_{S,T}$.

Satz II. *Sind $\mathfrak{M} = \{M_S\}$ und $\mathfrak{N} = \{N_S\}$ zwei zum Faktorensystem $r_{S,T}$ gehörende Darstellungen der Grade m und $n \geqq m$ von $\mathfrak{G}$, so läßt sich stets eine Matrix A des Ranges m mit m Zeilen und n Spalten angeben, deren Koeffizienten dem Körper K angehören und die den g Gleichungen*

(4) $$A^S N_S = M_S A \qquad (S = G_0, G, \ldots, G_{g-1})$$

genügt.

Ist nämlich U eine beliebige in K rationale Matrix mit m Zeilen und n Spalten, und setzt man

(5) $$A = \sum_R M_R^{-1} U^R N_R, \qquad (R = G_0, G_1, \ldots, G_{g-1})$$

so wird

$$M_S^{-1} A^S N_S = \sum_R M_S^{-1} (M_R^S)^{-1} U^{RS} \cdot r_{R,S} N_{RS} = \sum_R M_{RS}^{-1} U^{RS} N_{RS} = A,$$

weil

$$M_R^S M_S = r_{R,S} M_{RS}, \quad \text{also} \quad r_{R,S} M_S^{-1} (M_R^S)^{-1} = M_{RS}^{-1}$$

ist. Wir haben also nur noch zu zeigen, daß die Matrix (5) bei passender Wahl von U den Rang m erhält. Dies ergibt sich folgendermaßen.

Bilden die Zahlen $\omega_1, \omega_2, \ldots, \omega_g$ eine Basis des Körpers K in bezug auf den Grundkörper k, so kann $U = \sum \omega_\gamma U_\gamma$ gesetzt werden, wobei die Koeffizienten $u^{(\gamma)}_{\mu\nu}$ der g Matrizen U_γ beliebige Größen des Körpers k bedeuten können. Es wird dann

(6) $$U^R = \sum_{\gamma=1}^{g} \omega_\gamma^R U_\gamma.$$

Man fasse nun irgendeine Unterdeterminante D des Grades m von A ins Auge. Würde D für alle $u^{(\gamma)}_{\mu\nu}$ von k verschwinden, so müßte das auch zutreffen, wenn die $u^{(\gamma)}_{\mu\nu}$ ganz beliebige Größen bedeuten. Da aber die Determinante der g^2 Zahlen ω_γ^R von Null verschieden ist, so können wir die U_γ so wählen, daß in (6) an Stelle der zu U algebraisch konjugierten Matrizen U^R beliebig vorgeschriebene Matrizen U_R treten. Ist nun B eine ganz beliebige Matrix mit m Zeilen und n Spalten und setzen wir $U_R = M_R B N_R^{-1}$, so tritt in (5) an Stelle von A die Matrix gB. Da

[3]) Vgl. die analoge Betrachtung in meiner Arbeit, „Über die Darstellung der endlichen Gruppen durch gebrochene lineare Substitutionen", Journ. für Math., 127 (1904), S. 20–50 [S. 24].

hierin die Unterdeterminante D gewiß nicht identisch Null ist, so kann D auch nicht für alle Matrizen U mit Koeffizienten aus dem Körper K verschwinden.

Nimmt man insbesondere $m = n$ an, so folgt aus dem Satze II, daß *zwei Darstellungen, die zu demselben Faktorensystem gehören, stets einander äquivalent sind, wenn nur ihre Grade übereinstimmen.* Für das Faktorensystem $r_{S,T} = 1$ liefert dies schon das Resultat des Herrn Speiser.

Ist ferner $m < n$ und genügt die in K rationale Matrix A des Ranges m den Gleichungen (4), so können wir zwei Matrizen P und Q der Grade m und n mit nicht verschwindenden Determinanten bestimmen, deren Koeffizienten dem Körper K angehören, so daß

$$A^* = PAQ^{-1} = (E_m, 0)$$

wird, wobei E_m die Einheitsmatrix des Grades m bedeutet. Setzt man dann

$$P^S M_S P^{-1} = M_S^*, \quad Q^S N_S Q^{-1} = N_S^*,$$

so wird

$$A^* N_S^* = M_S^* A^*.$$

Hieraus folgt aber, daß die Darstellung $\mathfrak{N}^* = \{N_S^*\}$ die Form

$$\mathfrak{N}^* = \begin{pmatrix} \mathfrak{M}^* & 0 \\ \mathfrak{N}_3 & \mathfrak{N}_4 \end{pmatrix}$$

hat. Sind also insbesondere $\mathfrak{M}$ und $\mathfrak{N}$ beide irreduzibel, so muß $m = n$ sein und die beiden Darstellungen sind einander äquivalent. Als Schlußresultat ergibt sich nun ohne weiteres:

Satz III. *Sieht man zwei äquivalente Darstellungen als nicht voneinander verschieden an, so gehört zu jedem Faktorensystem $r_{S,T}$ nur eine irreduzible Darstellung $\mathfrak{M}$. Der Grad n jeder anderen zu $r_{S,T}$ gehörenden Darstellung $\mathfrak{N}$ ist ein Vielfaches des Grades m von $\mathfrak{M}$ und $\mathfrak{N}$ ist der Darstellung*

$$\begin{pmatrix} \mathfrak{M} & 0 & 0 & \ldots \\ 0 & \mathfrak{M} & 0 & \ldots \\ 0 & 0 & \mathfrak{M} & \ldots \\ \ldots & \ldots & \ldots & \ldots \end{pmatrix}$$

äquivalent, die $\mathfrak{M}$ genau $\frac{n}{m}$-mal enthält. Dies gilt insbesondere auch für die Darstellung (3), *und daher ist m ein Teiler der Ordnung g der Gruppe $\mathfrak{G}$.*

(Eingegangen am 8. April 1919.)

38.

Beispiele für Gleichungen ohne Affekt

Jahresbericht der Deutschen Mathematiker-Vereinigung 29, 145 - 150 (1920)

Eine Gleichung n-ten Grades mit rationalen Koeffizienten wird bekanntlich nach Kronecker als eine Gleichung ohne Affekt bezeichnet, wenn ihre Galoissche Gruppe in bezug auf den Körper der rationalen Zahlen mit der symmetrischen Gruppe n-ten Grades übereinstimmt. Daß für jedes n derartige Gleichungen existieren, hat zuerst Hilbert (Journal f. Math. **110** [1892], S. 104—129) mit Hilfe seines allgemeinen Irreduzibilitätssatzes bewiesen. Zwei andere Beweise hat M. Bauer (Journal f. Math. **132** [1907], S. 34—35 und Math. Ann. **64** [1907], S. 325—327) angegeben, die beide den Vorzug besitzen, daß sie ein wirkliches Verfahren liefern, bei vorgegebenem n nach endlich vielen Schritten eine Gleichung ohne Affekt rechnerisch zu bilden. Das einfachere von den beiden Verfahren ist das in den Math. Ann. mitgeteilte. Es stützt sich lediglich auf einen sehr schönen Satz von Dedekind, der zuerst in einer Abhandlung von Frobenius (Berl. Ber. 1896, S. 689—703) veröffentlicht worden ist. Aber auch nach dieser Methode gestaltet sich die Rechnung für größere Werte von n noch recht umständlich.

Im folgenden will ich nun zeigen, daß eine verhältnismäßig geringfügige Abänderung des Bauerschen Verfahrens uns die Möglichkeit gibt, für jedes n Gleichungen ohne Affekt direkt hinzuschreiben, sobald man nur eine ungerade Primzahl p kennt, die den Bedingungen $\frac{n}{2} < p < n$ genügt.[1]) Setzt man dann nämlich $n = p + m$, *so ist z. B.*

$$F(x) = [x(x-2)(x-4)\dots(x-2p+2) - p - 1]\, x(x+2)\dots(x+2m-2) + 2p = 0$$

eine Gleichung ohne Affekt. Ist $n \geqq 3$ eine Primzahl, so genügt es schon, die noch einfacher zu bildende Gleichung

$$G(x) = x^3(x-2)(x-4)\dots(x-2n+6) - 2 = 0$$

zu betrachten.

Der beim Studium des Polynoms $F(x)$ zu benutzende Satz von Dedekind wird a. a. O. mit Hilfe der Idealtheorie bewiesen. Um nun recht deutlich hervortreten zu lassen, daß der Satz von durchaus elemen-

1) Derartige Primzahlen gibt es für $n \geqq 4$ nach dem Tschebyschefschen Satze stets. Auch M. Bauer macht von diesem Satze Gebrauch.

tarem Charakter ist, gebe ich hier diesen Beweis in einer Fassung wieder, bei der alle Hilfsmittel der Idealtheorie ausgeschaltet werden und nur noch von den einfachsten Sätzen der Theorie der höheren Kongruenzen Gebrauch gemacht wird.

§ 1. Der Dedekindsche Satz.

Ist p eine Primzahl, so soll im folgenden unter einer Primfunktion m-ten Grades mod. p ein ganzzahliges Polynom $P(t)$ verstanden werden, das mod. p irreduzibel ist und in dem der Koeffizient von t^m den Wert Eins hat. In bezug auf den Doppelmodul (p, P) bilden die ganzzahligen Polynome

$$g(t) = a_0 + a_1 t + \cdots + a_{m-1} t^{m-1}$$

ein Galoissches Feld (einen endlichen Körper) $\Gamma_m(p)$ mit p^m Elementen. Eine ganzzahlige Gleichung $D(x) = 0$, die mod. p irreduzibel ist, besitzt dann, wenn ihr Grad d mod. p ein Teiler von m ist, in $\Gamma_m(p)$ genau d verschiedene Wurzeln, und ist ξ eine unter ihnen, so stimmen sie mit $\xi, \xi^p, \xi^{p^2}, \ldots, \xi^{p^{d-1}}$ überein, während $\xi^{p^d} \equiv \xi$ ist.[1])

Diese einfachen Regeln reichen schon zum Beweis des Dedekindschen Satzes aus, der folgendermaßen lautet:

Es sei

$$f(x) = x^n - a_1 x^{n-1} + a_2 x^{n-2} - \cdots + (-1)^n a_n$$

ein ganzzahliges Polynom. Kennt man eine Primzahl p, für die

$$f(x) \equiv f_1(x) f_2(x) \ldots f_k(x) \pmod{p}$$

wird, wobei $f_1, f_2, \ldots, f_k$ voneinander verschiedene (inkongruente) Primfunktionen mod. p sind[2]), *so enthält die Galoissche Gruppe der Gleichung $f(x) = 0$, falls der Grad von $f_k(x)$ gleich n_k ist, mindestens eine Permutation, die in k Zykeln der Ordnungen $n_1, n_2, \ldots, n_k$ zerfällt.*

Ist nämlich m das kleinste gemeinsame Vielfache der Zahlen $n_1, n_2, \ldots, n_k$, so bilde man das Galoissche Feld $\Gamma = \Gamma_m(p)$ und bestimme in Γ für jedes k ein Element ξ_k, für das $f_k(\xi_k) \equiv 0$ wird. Bezeichnet man dann die n voneinander verschiedene Elemente

$$(1) \qquad \xi_1, \xi_1^p, \ldots, \xi_1^{p^{n_1-1}}, \ldots, \xi_k, \xi_k^p, \ldots, \xi_k^{p^{n_k-1}}$$

mit $\eta_1, \eta_2, \ldots, \eta_n$, so wird in Γ

$$(2) \qquad f(x) \equiv (x - \eta_1)(x - \eta_2) \ldots (x - \eta_n).$$

Sind andererseits $w_1, w_2, \ldots, w_n$ die Wurzeln der Gleichung $f(x) = 0$, so wird

$$(3) \qquad f(x) = (x - w_1)(x - w_2) \ldots (x - w_n).$$

1) Vgl. z. B. H. Weber, Lehrbuch der Algebra. 2. Aufl. Bd. II, S. 302—310.

2) Eine solche Zerlegung ist dann und nur dann möglich, wenn p nicht in der Diskriminante der Gleichung $f(x) = 0$ aufgeht.

Hieraus kann man schließen: *Sind*

$$F_1(x_1, x_2, \ldots, x_n), \quad F_2(x_1, x_2, \ldots, x_n), \ldots, F_r(x_1, x_2, \ldots, x_n)$$

irgendwelche ganzzahlige Polynome, die für $x_\nu = w_\nu$ verschwinden, so kann man durch eine geeignete Anordnung der Elemente $\eta_1, \eta_2, \ldots, \eta_n$ erreichen, daß in Γ auch

$$F_1(\eta_1, \eta_2, \ldots, \eta_n) \equiv 0, \quad F_2(\eta_1, \eta_2, \ldots, \eta_n) \equiv 0, \ldots, F_r(\eta_1, \eta_2, \ldots, \eta_n) \equiv 0$$

wird. Denn bedeuten $c_1, c_2, \ldots, c_n$ die elementaren symmetrischen Funktionen der x_ν und bildet man vermittels der Hilfsvariabeln $u_1, u_2, \ldots, u_n$

$$L(x_1, \ldots, x_n, u_1, \ldots, u_n) = \Pi(u_1 F_1 + \cdots + u_n F_n),$$

das Produkt über alle $n!$ Permutationen von $x_1, x_2, \ldots, x_n$ erstreckt, so wird

$$L(x_1, \ldots, x_n, u_1, \ldots, u_n) = M(c_1, \ldots, c_n, u_1, \ldots, u_n),$$

wobei auch M ein Polynom mit ganzzahligen Koeffizienten wird. Da nun wegen (3) $M(a_1, \ldots, a_n, u_1, \ldots, u_n) = 0$ ist und wegen (2) in Γ

$$M(a_1, \ldots, a_n, u_1, \ldots, u_n) \equiv L(\eta_1, \ldots, \eta_n, u_1, \ldots, u_n)$$

wird, so muß einer der $n!$ Faktoren von $L(\eta_1, \ldots, \eta_n, u_1, \ldots, u_n)$ für alle Werte der u_ν verschwinden. Hieraus folgt unsere Behauptung.

Ist nun G die Gruppe der Gleichung $f(x) = 0$, so setze man

$$G(x, u_1, \ldots, u_n) = \Pi(x - u_1 w_\alpha - \cdots - u_n w_\nu),$$

das Produkt über alle Permutationen von G erstreckt. Das Polynom G hat dann ganze rationale Koeffizienten, und aus dem Vorhergehenden folgt, daß bei passender Anordnung von $\eta_1, \eta_2, \ldots, \eta_n$ in Γ

$$G(x, u_1, \ldots, u_n) \equiv \Pi(x - u_1 \eta_\alpha - \cdots - u_n \eta_\nu) \tag{4}$$

wird. Man bezeichne nun die Koeffizienten von G mit $A_1, A_2, \ldots$ und drücke sie vermöge der Relation (4) durch $\eta_1, \eta_2, \ldots, \eta_n$ aus. Ist dann

$$A_\lambda \equiv B_\lambda(\eta_1, \eta_2, \ldots, \eta_n),$$

so wird nach dem Fermatschen Satz

$$A_\lambda^p \equiv A_\lambda \equiv B_\lambda(\eta_1^p, \eta_2^p, \ldots, \eta_n^p)$$

und daher auch

$$G(x, u_1, \ldots, u_n) \equiv \Pi(x - u_1 \eta_\alpha^p - \cdots - u_n \eta_\nu^p).$$

Folglich gibt es insbesondere in G eine Permutation $A = \begin{pmatrix} 1 & 2 & \ldots & n \\ \alpha & \beta & \ldots & \nu \end{pmatrix}$, für die

$$\eta_1^p \equiv \eta_\alpha, \quad \eta_2^p \equiv \eta_\beta, \ldots, \eta_n^p \equiv \eta_\nu$$

wird. Beachtet man aber, daß die η_λ abgesehen von der Reihenfolge mit den Elementen (1) des Feldes Γ übereinstimmen, so erkennt man, daß diese Permutation A in k Zykeln der Ordnungen $n_1, n_2, \ldots, n_k$ zerfällt.

§ 2. Aufstellung von Gleichungen ohne Affekt.

Um bei vorgegebenem n eine Gleichung n-ten Grades $F(x) = 0$ zu bilden, die keinen Affekt hat, geht M. Bauer (Math. Ann. **64**, S. 326) von der Bemerkung aus, daß die Gleichung gewiß diese Eigenschaft besitzt, wenn sie folgenden drei Bedingungen genügt:

1. Im Körper der rationalen Zahlen ist die Gleichung irreduzibel.

2. Ihre Galoissche Gruppe G enthält einen Zyklus der Ordnung p, wobei p eine oberhalb $\frac{n}{2}$ und unterhalb n liegende Primzahl ist.

3. In G kommt außerdem noch eine Transposition vor.

Denn wegen 1. ist G transitiv, und eine transitive Permutationsgruppe des Grades n mit den Eigenschaften 2. und 3. umfaßt, wie man leicht schließt, alle $n!$ Permutationen. M. Bauer gelingt es nun, den drei Forderungen Genüge zu leisten, indem er bei 1. von dem Eisensteinschen Irreduzibilitätskriterium und bei 2. und 3. von dem Dedekindschen Satz Gebrauch macht. Hierdurch erzielt er eine große Kürze und Einheitlichkeit der Darstellung. Praktisch führt aber seine Vorschrift noch auf umständliche Rechnungen, da er ein System von Kongruenzen für die Koeffizienten von $F(x)$ zu befriedigen hat, bei dem mindestens zwei Moduln vorkommen, die mit wachsendem n immer größer werden. Dieser Schwierigkeit geht man aus dem Wege, indem man die Bedingung 3. nicht mit Hilfe des Dedekindschen Satzes zu befriedigen sucht, sondern auf Grund der bei Gleichungen von Primzahlgrad schon von Kronecker benutzten Forderung.[1])

3*. Die Gleichung $F(x) = 0$ soll $n - 2$ reelle und zwei komplexe Wurzeln besitzen.

Daß nun die in der Einleitung angegebene Gleichung $F(x) = 0$ den Bedingungen 1., 2. und 3*. genügt, erkennt man folgendermaßen:

a) Die Irreduzibilität von $F(x)$ folgt aus dem Eisensteinschen Satz, da
$$F(x) \equiv x^n \pmod{2}, \quad F(0) = 2p \equiv 2 \pmod{4} \quad \text{ist.}$$

b) Nach dem ungeraden Primzahlmodul p ist
$$x(x-2)(x-4)\ldots(x-2p+2) \equiv x^p - x,$$
folglich wird
$$F(x) \equiv (x^p - x - 1)\, x(x+2)\ldots(x+2m-2) \pmod{p}.$$
Da aber nach einer bekannten, leicht zu beweisenden Regel das Polynom $x^p - x - a$ für jede durch p nicht teilbare Zahl a mod. p irreduzibel ist, so zerfällt $F(x)$ nach dem Modul p in eine Primfunktion des

1) Vgl. H. Weber a. a. O., 2. Aufl. Bd. I, S. 653.

Grades p und $m = n - p$ in kongruente Linearfaktoren. Die Bedingung 2. ist demnach auf Grund des Dedekindschen Satzes erfüllt.

c) Setzt man zur Abkürzung sign. $F(x) = \sigma(x)$, so wird, wie man leicht sieht,

$$\sigma(-2m+1) = (-1)^{m+1}, \quad \sigma(-2m+3) = (-1)^m, \ldots, \sigma(-3) = (-1)^3,$$
$$\sigma(-1) = (-1)^2,$$
$$\sigma(1) = 1, \quad \sigma(3) = -1, \quad \sigma(5) = 1, \ldots, \sigma(2p-3) = -1, \quad \sigma(2p-1) = 1.$$

Das liefert $m-1$ negative und $p-1$ positive, also im ganzen $n-2$ reelle Wurzeln von $F(x) = 0$. Alle Wurzeln können aber nicht reell sein. Denn setzt man

$$F(x) = c_0 + c_1 x + c_2 x^2 + \cdots = c_0 \prod_{\nu=1}^{n} (1 - \alpha_\nu x),$$

so müßte, wenn alle α_ν reell wären,

$$S = c_1^2 - 2c_0 c_2 = c_0^2(\alpha_1^2 + \alpha_2^2 + \cdots + \alpha_n^2) > 0$$

sein. In unserem Fall ist aber für $m = 1$

$$S = (p+1)^2 - 4p \cdot 2 \cdot 4 \ldots (2p-2) < 0$$

und für $m > 1$ (wegen $m < p$)

$$\frac{S}{2^2 \cdot 4^2 \ldots (2m-2)^2} = (p+1)^2 - \frac{4p \cdot 2 \cdot 4 \ldots (2p-2)}{2 \cdot 4 \ldots (2m-2)}$$
$$+ \frac{4p(p+1)}{2 \cdot 4 \ldots (2m-2)} \left(\frac{1}{2} + \frac{1}{4} + \cdots + \frac{1}{2m-2}\right)$$
$$< 4p^2 - 4p(2p-2) + \frac{4p(p+1)}{2m-2} \cdot \frac{m-1}{2} = 9p - 3p^2 \leqq 0.$$

Auf demselben Wege ergibt sich auch allgemeiner, daß, wenn $a_1, a_2, \ldots, a_{p-1}$ irgendwelche positive, nach wachsender Größe geordnete ganze Zahlen bedeuten, die gerade, durch p nicht teilbar und mod. p inkongruent sind, die Gleichung

$$[x(x-a_1)(x-a_2)\ldots(x-a_{p-1}) - p - 1]\, x(x+a_1)\ldots(x+a_{m-1}) + 2p = 0$$

den Bedingungen 1., 2. und 3*. genügt und also ohne Affekt ist.

Ist n eine Primzahl, so hat bekanntlich die zu betrachtende Gleichung bereits keinen Affekt, wenn allein die Bedingungen 1. und 3*. erfüllt sind. Gewöhnlich wird die Existenz derartiger Gleichungen für jeden Primzahlgrad n mit Hilfe einer Stetigkeitsbetrachtung bewiesen (vgl. H. Weber, a. a. O., Bd. I, S. 655). Es genügt aber schon, wenn $b_1, b_2, \ldots, b_{n-3}$ irgendwelche voneinander verschiedene ganze Zahlen bedeuten, die positiv und gerade sind, die Gleichung

$$G(x) = x^3(x-b_1)(x-b_2)\ldots(x-b_{n-3}) - 2 = 0 \qquad (n > 3)$$

zu betrachten. Denn erstens ist $G(x)$ wieder auf Grund des Eisensteinschen Kriteriums irreduzibel. Ist ferner $b_1 < b_2 < \cdots < b_{n-3}$, so wird

$$G(0) < 0, \quad G(b_1 - 1) > 0, \quad G(b_2 - 1) < 0, \quad \ldots, \quad G(b_{n-3} - 1) < 0,$$
$$G(b_{n-3} + 1) > 0.$$

Dies führt auf $n - 2$ reelle Wurzeln von $G(x) = 0$. Die beiden übrigbleibenden Wurzeln müssen aber komplex sein. Denn in einer Gleichung mit lauter reellen Wurzeln dürfen bekanntlich zwei aufeinanderfolgende mittlere Koeffizienten nicht gleichzeitig verschwinden, während bei uns die Koeffizienten von x und x^2 gleich Null sind.

39.
Über einen von Herrn L. Lichtenstein benutzten Integralsatz

Mathematische Zeitschrift 7, 232 - 234 (1920)

In der vorstehenden Arbeit[1]) macht Herr Lichtenstein von folgendem Satze Gebrauch, der mit Hilfe der Potentialtheorie bewiesen wird:

Es sei S eine geschlossene Fläche, die man etwa als stetig gekrümmt voraussetzen kann, und es bedeute ϱ den Abstand zweier Punkte σ und σ' auf S. Versteht man unter $d\sigma$ und $d\sigma'$ die zu σ und σ' gehörenden Oberflächenelemente, so sind die Eigenwerte ν der linearen homogenen Integralgleichung

$$\zeta(\sigma) = \nu \int_S \frac{\zeta(\sigma')}{\varrho} d\sigma'$$

sämtlich positiv. Genauer ist der Kern $\frac{1}{\varrho}$ für die Fläche S im Hilbertschen Sinne positiv definit und abgeschlossen, d. h. es ist für jede auf S definierte stetige Funktion $\zeta = \zeta(\sigma)$, die nicht identisch verschwindet, stets

$$J = \int_S \int_S \frac{\zeta\zeta'}{\varrho} d\sigma\, d\sigma' > 0 \qquad (\zeta' = \zeta(\sigma')).$$

Für diesen bemerkenswerten Satz will ich im folgenden einen direkten Beweis angeben, aus dem sogar noch etwas mehr hervorgeht:

Setzt man für $\varepsilon > 0$

$$J(\varepsilon) = \int_S \int_S \frac{\zeta\zeta'}{\sqrt{\varrho^2 + \varepsilon}} d\sigma\, d\sigma',$$

so ist, sobald die stetige Funktion ζ nicht identisch verschwindet,

$$J > J(\varepsilon) > 0.$$

---

[1]) Untersuchungen über die Gleichgewichtsfiguren rotierender Flüssigkeiten, deren Teilchen einander nach dem Newtonschen Gesetze anziehen. Zweite Abhandlung. Stabilitätsbetrachtungen. Math. Zeitschrift, 5 (1919), S. 126–231, insb. S. 151–153.

Da offenbar $J = \lim_{\eta \to 0} J(\eta)$ ist, so brauchen wir nur nachzuweisen, daß für $0 < \eta < \varepsilon$

(1) $$J(\eta) > J(\varepsilon) > 0$$

ist. Der Beweis beruht auf der bekannten Formel

$$\frac{1}{\sqrt{a}} = \frac{2}{\sqrt{\pi}} \int_0^\infty e^{-at^2} dt \qquad (a > 0).$$

Hieraus folgt, wenn

$$F(t) = \int_S \int_S e^{-\varrho^2 t^2} \zeta \zeta' \, d\sigma \, d\sigma'$$

gesetzt wird,

$$J(\varepsilon) = \frac{2}{\sqrt{\pi}} \int_0^\infty e^{-\varepsilon t^2} F(t) dt, \quad J(\eta) - J(\varepsilon) = \frac{2}{\sqrt{\pi}} \int_0^\infty (e^{-\eta t^2} - e^{-\varepsilon t^2}) F(t) dt.$$

Daß die hierbei vorgenommene Vertauschung der Integrationsfolge für $\varepsilon > \eta > 0$ zulässig ist, liegt auf der Hand. Die Ungleichungen (1) sind nun gewiß richtig, wenn wir nachweisen können, daß $F(t) \geqq 0$ ist und für einen positiven Wert von t nur dann Null ist, wenn ζ identisch verschwindet. Hierzu genügt es aber, wenn x, y, z und x', y', z' die rechtwinkligen Koordinaten der Punkte σ und σ' sind, $e^{-\varrho^2 t^2}$ in der Form

$$e^{-\varrho^2 t^2} = e^{-(x^2+y^2+z^2)t^2} e^{-(x'^2+y'^2+z'^2)t^2} \sum_{\alpha, \beta, \gamma}^{\infty} {}_0 \frac{x^\alpha y^\beta z^\gamma \cdot x'^\alpha y'^\beta z'^\gamma}{\alpha! \, \beta! \, \gamma!} \cdot (2t^2)^{\alpha+\beta+\gamma}$$

zu schreiben. Setzt man

$$e^{-(x^2+y^2+z^2)t^2} \zeta(\sigma) = \chi(\sigma),$$

so folgt hieraus

$$F(t) = \sum_{\alpha, \beta, \gamma}^{\infty} {}_0 \frac{(2t^2)^{\alpha+\beta+\gamma}}{\alpha! \, \beta! \, \gamma!} \left\{ \int_S x^\alpha y^\beta z^\gamma \chi(\sigma) d\sigma \right\}^2.$$

Dies setzt in Evidenz, daß $F(t) \geqq 0$ ist. Soll ferner für ein festes positives t der Ausdruck $F(t)$ gleich Null sein, so muß jedes der Integrale

$$\int_S x^\alpha y^\beta z^\gamma \chi(\sigma) d\sigma \qquad (\alpha, \beta, \gamma = 0, 1, 2, \ldots)$$

verschwinden. Dies kann aber nur dann eintreten, wenn χ oder, was dasselbe ist, ζ identisch Null ist. Um dies zu erkennen, braucht man nur zu beachten, daß die zunächst nur auf der Fläche S erklärte stetige Funktion χ zu einer im ganzen Raum definierten stetigen Funktion $\bar{\chi}$ erweitert werden kann, die auf S mit χ übereinstimmt[2]), und daß $\bar{\chi}$ in jedem be-

[2]) Vgl. H. Tietze, Über Funktionen, die auf einer abgeschlossenen Menge stetig sind, Journ. f. Math. **145** (1915), S. 9–14. Einen besonders einfachen Beweis für den hier anzuwendenden Satz des Herrn Tietze hat Herr F. Hausdorff, Über

schränkten räumlichen Bereiche mit beliebiger Genauigkeit durch Polynome in x, y, z approximiert werden kann.

Die hier durchgeführte Betrachtung gilt offenbar auch dann, wenn an Stelle der Oberflächenintegrale Raumintegrale betrachtet werden. Ist also B ein beschränkter (abgeschlossener) räumlicher Bereich und setzt man

$$J(\varepsilon) = \int\limits_B \int\limits_B \frac{\zeta\zeta'}{\sqrt{\varrho^2+\varepsilon}}\, dv\, dv',$$

wo dv und dv' Volumenelemente bedeuten, so gelten wieder die Ungleichungen (1) für jede in B definierte nicht identisch verschwindende stetige Funktion ζ.

Im Anschluß hieran ist noch folgende Bemerkung von Interesse: Ist $K(\sigma, \sigma')$ eine für alle Punkte σ und σ' des räumlichen Bereiches B definierte stetige symmetrische Funktion und weiß man, daß für jede in B definierte stetige Funktion ζ

$$\int\limits_B \int\limits_B K(\sigma, \sigma')\zeta\zeta'\, dv\, dv' \geqq 0 \tag{2}$$

ist, so ist auch für jede in B gelegene geschlossene Fläche S

$$\int\limits_S \int\limits_S K(\sigma, \sigma')\zeta\zeta'\, d\sigma\, d\sigma' \geqq 0. \tag{3}$$

Denn (2) besagt nur, daß für jedes n und für je n Punkte $\sigma_1, \sigma_2, \ldots, \sigma_n$ von B die quadratische Form $\sum\limits_{\alpha, \beta}{}_1^n K(\sigma_\alpha, \sigma_\beta) x_\alpha x_\beta$ nicht negativ ist[3]). Da sich auch das Integral (3) als Grenzwert derartiger quadratischer Formen auffassen läßt, so kann es ebenfalls nie negativ ausfallen.

---

halbstetige Funktionen und deren Verallgemeinerung, Math. Zeitschrift **5** (1919), S. 292–309 [S. 296], angegeben. – Herr Lichtenstein macht mich darauf aufmerksam, daß dieser Satz in etwas weniger allgemeiner Fassung schon bei H. Lebesgue, Sur le problème de Dirichlet, Rendiconti del Circolo mat. di Palermo, **24** (1907), S. 371–402 [S. 379–380] vorkommt.

[3]) Vgl. W. H. Young, A note on a class of symmetric functions and on a theorem required in the theory of integral equations, Messenger of Mathematics, Bd. XL (1910), S. 37–43.

(Eingegangen am 26. September 1919.)

40.
Über lineare Transformationen in der Theorie der unendlichen Reihen

Journal für die reine und angewandte Mathematik 151, 79 - 111 (1921)

In seiner Arbeit „Über allgemeine lineare Mittelbildungen"*) hat Herr *O. Toeplitz* darauf aufmerksam gemacht, daß die meisten der in der Reihentheorie vorkommenden Mittelbildungen sich als „zeilenfinite" lineare Transformationen der Form

$$y_\varkappa = \sum_{\lambda=1}^{n_\varkappa} a_{\varkappa\lambda} x_\lambda \qquad (\varkappa = 1, 2, \ldots)$$

mit gegebenen Koeffizienten $a_{\varkappa\lambda}$ auffassen lassen, wobei verlangt wird, daß jede konvergente unendliche Zahlenfolge x_n in eine ebenfalls konvergente Folge y_n *mit demselben Grenzwert* übergehen soll. Die von Herrn *Toeplitz* in diesem Fall angegebenen notwendigen und hinreichenden Bedingungen für die Koeffizienten $a_{\varkappa\lambda}$ gelten auch für die nicht zeilenfiniten linearen Transformationen

$$\text{(A.)} \qquad y_\varkappa = \sum_{\lambda=1}^{\infty} a_{\varkappa\lambda} x_\lambda \qquad (\varkappa = 1, 2, \ldots)$$

von derselben Art (vgl. *Steinhaus*, a. a. O., S. 129). In der Reihentheorie hat man es aber häufig auch mit linearen Transformationen zu tun, an die weitergehende Forderungen gestellt werden, und zwar handelt es sich zumeist um zwei Arten von Operationen: erstens um solche, die jede konvergente Folge x_n in eine ebenfalls konvergente Folge y_n überführen

*) Prace matematyczno-fizyczne, Bd. 22 (1911), S. 113—119. — Vgl. auch *H. Steinhaus*, „Kilka słów o uogólnieniu pojęcia granicy", ebenda, S. 121—134.

(wobei nicht notwendig $\lim y_n = \lim x_n$ zu sein braucht), und zweitens um solche, bei denen allgemeiner jede beschränkte Folge x_n in eine konvergente Folge y_n übergeht. Je nachdem der erste oder der zweite Fall vorliegt, sage ich, die Substitution A sei *konvergenzerhaltend* oder *konvergenzerzeugend.* Eine konvergenzerhaltende Operation, bei der jedesmal $\lim y_n = \lim x_n$ wird, bezeichne ich als regulär*). Auf diesen Fall beziehen sich die Untersuchungen der Herren *Toeplitz* und *Steinhaus.*

In ähnlicher Weise, wie das Herrn *Toeplitz* für die regulären Transformationen gelungen ist, lassen sich auch für die allgemeineren konvergenzerhaltenden und konvergenzerzeugenden Operationen die notwendigen und hinreichenden Bedingungen angeben, denen die Koeffizienten $a_{\varkappa\lambda}$ zu genügen haben. Die Durchführung der Untersuchung bietet keine wesentlichen Schwierigkeiten dar, die Ergebnisse, zu denen man gelangt, scheinen mir aber für die Theorie der unendlichen Reihen von erheblicher Wichtigkeit zu sein. Sie gestatten nicht nur, viele Betrachtungen nach einem einheitlichen Prinzip durchzuführen, sondern auch in fast allen Fällen zu entscheiden, ob die Bedingungen, die für die aufzustellenden Behauptungen angegeben werden und zumeist nur als hinreichend erscheinen, auch notwendig sind. Darunter fallen die meisten Untersuchungen über Mittelbildungen, über die Multiplikation unendlicher Reihen, aber auch scheinbar tiefer liegende Sätze, wie z. B. der *Abel*sche Stetigkeitssatz in der Theorie der Potenzreihen**) und die einfachste seiner Umkehrungen, der bekannte Satz des Herrn *Tauber.*

Es sei noch erwähnt, daß die hier behandelten Fragen viele Berührungspunkte mit den Untersuchungen über Integraloperationen der Form

$$y_\varkappa(r) = \int_a^b A_\varkappa(r, s)\, x(s)\, ds$$

aufweisen, die man den Herren *H. Lebesgue****) und *H. Hahn*†) verdankt.

*) Diese Bezeichnung habe ich schon in meiner Arbeit „Über die Äquivalenz der *Cesàro*schen und *Hölder*schen Mittelwerte“, Math. Ann. Bd. 74 (1913), S. 447—458, benutzt.

**) Auf die Tatsache, daß der *Abel*sche Stetigkeitssatz in diesen Kreis von Betrachtungen hineingehört, hat schon Herr *Steinhaus* (a. a. O., S. 131) hingewiesen.

***) Sur les intégrales singulières, Annales de Toulouse (3) Bd. 1 (1910), S. 25—117.

†) „Über die Darstellung gegebener Funktionen durch singuläre Integrale“, Denkschriften der Wiener Akademie, Bd. 93 (1916).

§ 1.

Die drei Hauptsätze.

Eine lineare Transformation A ist in erster Linie durch die unendliche Matrix $A = (a_{\varkappa\lambda})$ der gegebenen Koeffizienten charakterisiert. Die Gleichungen (A.) schreibe ich wie üblich auch abgekürzt in der Form $(y) = A\,(x)$, wobei (x) und (y) als Zeichen für die unendlichen Zahlenfolgen der x_n und y_n erscheinen. Im Falle der Konvergenz bezeichne ich die Grenzwerte von (x) und (y) kurz mit x und y.

Hilfssatz. *Sind $a_1, a_2, \ldots$ gegebene reelle oder komplexe Konstanten, so ist die Reihe*

$$(1.) \qquad a_1 x_1 + a_2 x_2 + \cdots,$$

dann und nur dann für jede konvergente Folge x_n konvergent, wenn die Reihe

$$(2.) \qquad a_1 + a_2 + \cdots$$

absolut konvergiert.

Ist nämlich (2.) absolut konvergent, so konvergiert (1.) sogar für jede beschränkte Folge x_n. Nimmt man aber die Reihe (2.) als nicht absolut konvergent an, so setze man

$$s_n = |a_1| + |a_2| + \cdots + |a_n|$$

und wähle

$$x_n = 0 \text{ oder } x_n = \frac{|a_n|}{a_n} \cdot \frac{1}{s_n},$$

je nachdem a_n gleich Null oder von Null verschieden ist. Dann wird $\lim x_n = 0$, während (1.) in die Reihe $\Sigma \frac{|a_n|}{s_n}$ übergeht, die nach einem bekannten Satz von *Abel* zugleich mit $\Sigma\,|a_n|$ divergiert.

Soll nun die lineare Transformation A konvergenzerzeugend oder auch nur konvergenzerhaltend sein, so muß für jedes $\varkappa$ die Reihe $\sum\limits_{\lambda} a_{\varkappa\lambda}\, x_\lambda$ konvergieren, sobald nur $\lim x_n$ existiert. Nach dem Hilfssatz kann dies nur dann eintreten, wenn die *Zeilenreihen*

$$a_{\varkappa 1} + a_{\varkappa 2} + \cdots$$

sämtlich absolut konvergent sind. *Diese Annahme soll im folgenden stets gemacht werden.* Ich setze noch

$$\sigma_\varkappa = \sum_{\lambda=1}^{\infty} a_{\varkappa\lambda}, \quad \zeta_\varkappa = \sum_{\lambda=1}^{\infty} |a_{\varkappa\lambda}|$$

und bezeichne die Zahlen $\sigma_\varkappa$ als die *Zeilensummen* und die $\zeta_\varkappa$ als die

*Zeilennormen**). Das Hauptziel der Untersuchung bildet nun der Beweis der nachstehenden Sätze:

I. *Die lineare Transformation $A = (a_{\varkappa\lambda})$ ist dann und nur dann konvergenzerhaltend, wenn folgende drei Bedingungen erfüllt sind:*

1. *Für jedes λ existiert der Grenzwert*

$$a_\lambda = \lim_{\varkappa=\infty} a_{\varkappa\lambda}, \tag{3.}$$

den ich den λ-ten Kolonnengrenzwert nenne.

2. *Die Zeilensummen $\sigma_1, \sigma_2, \ldots$ nähern sich einem endlichen Grenzwert σ.*

3. *Die Zeilennormen $\zeta_1, \zeta_2, \ldots$ liegen unterhalb einer endlichen Schranke.*

Sind diese Bedingungen erfüllt, so ist die Reihe

$$\alpha = a_1 + a_2 + \cdots \tag{4.}$$

absolut konvergent, und es wird für jede konvergente Folge x_n mit dem Grenzwert x

$$y = \lim_{\varkappa=\infty} \sum_{\lambda=1}^{\infty} a_{\varkappa\lambda} x_\lambda = (\sigma - \alpha) x + a_1 x_1 + a_2 x_2 + \cdots \tag{5.}$$

II. *Eine konvergenzerhaltende Operation A ist dann und nur dann regulär, wenn die Kolonnengrenzwerte a_λ sämtlich gleich 0 sind und der Grenzwert σ der Zeilensummen $\sigma_\varkappa$ den Wert 1 hat (Satz von Toeplitz).*

III. *Die lineare Transformation A ist dann und nur dann konvergenzerzeugend, wenn außer den drei Bedingungen des Satzes I noch folgende Bedingung erfüllt ist:*

4. *Die Reihen $\sum_\lambda |a_{\varkappa\lambda}|$ sind in bezug auf $\varkappa$ gleichmäßig konvergent, d. h. zu jedem positiven ε läßt sich eine allein von ε abhängende ganze Zahl l derart angeben, daß für alle Werte von $\varkappa$*

$$|a_{\varkappa, l+1}| + |a_{\varkappa, l+2}| + \cdots \leqq \varepsilon \tag{6.}$$

wird.

In diesem Falle ist für jede beschränkte Folge x_n

$$\lim_{\varkappa=\infty} \sum_{\lambda=1}^{\infty} a_{\varkappa\lambda} x_\lambda = a_1 x_1 + a_2 x_2 + \cdots \tag{7.}$$

Ich werde auch noch zeigen, daß die Bedingung 4. sich auf die etwas einfachere Form bringen läßt:

4'. *Die Folge $\zeta_1, \zeta_2 \ldots$ der Zeilennormen muß konvergent und*

*) Bei anderen Betrachtungen empfiehlt es sich allerdings, die Zahlen $\Sigma |a_{\varkappa\lambda}|^2$ die Zeilennormen zu nennen.

$$\lim_{\varkappa=\infty} \zeta_\varkappa = \alpha' = |a_1| + |a_2| + \cdots \tag{8.}$$

sein.

§ 2.

Die Bedingungen der drei Hauptsätze sind hinreichend.

Dieser Beweis ist sehr leicht zu erbringen. Sind nämlich die Bedingungen 1. und 3. erfüllt und ist $\zeta_\varkappa \leqq M$, so wird für jedes λ

$$|a_{\varkappa 1}| + |a_{\varkappa 2}| + \cdots + |a_{\varkappa\lambda}| \leqq M.$$

Hält man λ fest und läßt $\varkappa$ über alle Grenzen wachsen, so ergibt sich

$$|a_1| + |a_2| + \cdots + |a_\lambda| \leqq M.$$

Daher ist die Reihe (4.) absolut konvergent und zugleich erhält man

$$\alpha' = \sum_{\lambda=1}^{\infty} |a_\lambda| \leqq M.$$

Es sei nun $x_1, x_2, \ldots$ eine konvergente Folge mit dem Grenzwert x. Setzt man $x_\lambda = x + \xi_\lambda$ und führt die gewiß konvergenten Reihen

$$\eta_\varkappa = \sum_{\lambda=1}^{\infty} a_{\varkappa\lambda}\, \xi_\lambda, \quad \eta = \sum_{\lambda=1}^{\infty} a_\lambda\, \xi_\lambda$$

ein, so wird $\lim \eta_\varkappa = \eta$. Denn ist $\varepsilon > 0$ gegeben, so bestimme man, was wegen $\lim \xi_\lambda = 0$ jedenfalls möglich ist, m derart, daß für $\lambda > m$

$$|\xi_\lambda| < \frac{\varepsilon}{3M}$$

wird. Alsdann kann k so gewählt werden, daß für $\varkappa > k$

$$\left| \sum_{\lambda=1}^{m} (a_{\varkappa\lambda} - a_\lambda)\, \xi_\lambda \right| < \frac{\varepsilon}{3}$$

wird. Für $\varkappa > k$ ist dann

$$|\eta_\varkappa - \eta| \leqq \left| \sum_{\lambda=1}^{m} (a_{\varkappa\lambda} - a_\lambda)\, \xi_\lambda \right| + \sum_{\lambda=m+1}^{\infty} (|a_{\varkappa\lambda}| + |a_\lambda|)\, |\xi_\lambda| < \frac{\varepsilon}{3} + 2M \cdot \frac{\varepsilon}{3M} = \varepsilon,$$

also in der Tat $\lim \eta_\varkappa = \eta$. Da ferner

$$y_\varkappa = \sum_{\lambda=1}^{\infty} a_{\varkappa\lambda}\, x_\lambda = \sigma_\varkappa x + \sum_{\lambda=1}^{\infty} a_{\varkappa\lambda}\, \xi_\lambda \tag{9.}$$

ist, und auf Grund der Bedingung 2. die Zahlen $\sigma_\varkappa$ den endlichen Grenzwert σ besitzen sollen, so wird

$$y = \lim_{\varkappa=\infty} y_\varkappa = \sigma x + \sum_{\lambda=1}^{\infty} a_\lambda\, \xi_\lambda = \sigma x + \sum_{\lambda=1}^{\infty} a_\lambda\, (x_\lambda - x),$$

was die zu beweisende Gleichung (5.) liefert.

Ist außerdem noch $a_\lambda = 0$ für alle λ und $\sigma = 1$, so wird $y = x$, die Transformation A ist also in diesem Fall regulär.

Nimmt man noch außer den Bedingungen 1.—3. auch die Bedingung 4. als erfüllt an, und genügt bei gegebenem ε die Zahl l den Ungleichungen (6.), so wird auch

$$(10.)\qquad |a_{l+1}| + |a_{l+2}| + \cdots \leqq \varepsilon.$$

Betrachtet man nun irgend eine beschränkte Zahlenfolge x_n und ist $|x_n| \leqq X$, so kann die Zahl k_1 so gewählt werden, daß für $\varkappa > k_1$

$$\left|\sum_{\lambda=1}^{l} (a_{\varkappa\lambda} - a_\lambda)\, x_\lambda\right| < \varepsilon$$

wird. Dann ist, wenn die Summe der gewiß konvergenten Reihe $\Sigma\, a_\lambda x_\lambda$ mit y bezeichnet wird, wegen (6.) und (10.) für $\varkappa > k_1$

$$|y_\varkappa - y| \leqq \left|\sum_{\lambda=1}^{l} (a_{\varkappa\lambda} - a_\lambda)\, x_\lambda\right| + \sum_{\lambda=l+1}^{\infty} (|a_{\varkappa\lambda}| + |a_\lambda|)\,|x_\lambda| < \varepsilon + 2X\varepsilon.$$

Daher ist, wie behauptet, y der Grenzwert der Folge $(y) = A(x)$.

Auch daß die Bedingungen 4. und 4'. dasselbe besagen, ist leicht zu erkennen. Um aus der Voraussetzung 4. die Richtigkeit der Gleichung (8.) zu folgern, schließt man in bekannter Weise folgendermaßen: Ist ε gegeben und genügt l den Ungleichungen (6.), so bestimme man k_2 derart, daß für $\varkappa > k_2$

$$\sum_{\lambda=1}^{l} \big||a_{\varkappa\lambda}| - |a_\lambda|\big| < \varepsilon$$

wird. Dann ist für $\varkappa > k_2$

$$|\zeta_\varkappa - \alpha'| \leqq \sum_{\lambda=1}^{l} \big||a_{\varkappa\lambda}| - |a_\lambda|\big| + \sum_{\lambda=l+1}^{\infty} (|a_{\varkappa\lambda}| + |a_\lambda|) < \varepsilon + 2\varepsilon$$

und daher $\lim \zeta_\varkappa = \alpha'$. Ist umgekehrt diese Bedingung erfüllt, so bestimme man, wenn ε gegeben ist, eine Zahl r, für die

$$\sum_{\lambda=r+1}^{\infty} |a_\lambda| < \frac{\varepsilon}{3}$$

wird, und wähle dann k_3 derart, daß für $\varkappa > k_3$ die Ungleichungen

$$\zeta_\varkappa - \alpha' < \frac{\varepsilon}{3}, \quad \sum_{\lambda=1}^{r} (|a_\lambda| - |a_{\varkappa\lambda}|) < \frac{\varepsilon}{3}$$

bestehen. Für $\varkappa > k_3$ ist alsdann

$$\sum_{\lambda=r+1}^{\infty} |a_{\varkappa\lambda}| = (\zeta_\varkappa - \alpha') + \sum_{\lambda=1}^{r} (|a_\lambda| - |a_{\varkappa\lambda}|) + \sum_{\lambda=r+1}^{\infty} |a_\lambda| < \frac{\varepsilon}{3} + \frac{\varepsilon}{3} + \frac{\varepsilon}{3}.$$

Wählt man noch außerdem, was gewiß möglich ist, die Zahl s so, daß für $\varkappa = 1, 2, \ldots, k_3$

$$\sum_{\lambda=s+1}^{\infty} |a_{\varkappa\lambda}| \leqq \varepsilon$$

wird, so bestehen, wenn l die größere der beiden Zahlen r und s ist, die Ungleichungen (6.) für alle Werte von $\varkappa$.

§ 3.

Beweis der Sätze I und II.

Um zu zeigen, daß die Bedingungen dieser beiden Sätze auch notwendig erfüllt sein müssen, empfiehlt es sich, einen etwas allgemeineren Satz zu beweisen:

IV. *Die lineare Transformation A führt dann und nur dann jede Nullfolge (x) in eine konvergente Folge $(y) = A(x)$ über, wenn die Koeffizienten $a_{\varkappa\lambda}$ den Bedingungen* 1. *und* 3. *des Satzes* I *genügen.*

Sind diese Bedingungen erfüllt, so ergibt sich aus dem in § 2 Bewiesenen unter Berücksichtigung der Gleichung (9.), daß, sobald $\lim x_\varkappa = 0$ ist,

$$\lim y_\varkappa = a_1 x_1 + a_2 x_2 + \cdots$$

wird.

Weiß man umgekehrt, daß die Folge (y) für jede Nullfolge (x) konvergent ist, so wird speziell, wenn bei gegebenem λ die Zahl x_λ gleich 1 und alle übrigen x_μ gleich 0 gesetzt werden, $\lim x_\varkappa = 0$ und $y_\varkappa = a_{\varkappa\lambda}$. Daher muß der Grenzwert $\lim\limits_{\varkappa=\infty} a_{\varkappa\lambda} = a_\lambda$ für jedes λ existieren.

Wesentlich schwieriger ist es zu zeigen, daß auch die Bedingung 3. erfüllt sein muß.

Man erkennt leicht, daß es genügt, den Beweis nur für reelle Zahlen $a_{\varkappa\lambda}$ zu erbringen. Ich nehme also an, A sei eine reelle lineare Transformation, die jede (reelle) Nullfolge (x) in eine konvergente Folge (y) überführt, und unterscheide dann mehrere Fälle:

1. *Die Grenzwerte $a_1, a_2, \ldots$ sind sämtlich gleich Null*).*

Dann wird bei gegebenem n die Summe $|a_{\varkappa 1}| + \cdots + |a_{\varkappa n}|$ kleiner als jede vorgeschriebene positive Zahl, sobald nur $\varkappa$ groß genug gewählt wird. Liegen nun die Zeilennormen $\zeta_\varkappa$ nicht unterhalb einer endlichen Schranke, so wähle man m_1 derart, daß $\zeta_{m_1} > 1$ wird. Zu dieser Zahl bestimme man eine Zahl n_1, für die

$$|a_{m_1, n_1+1}| + |a_{m_1, n_1+2}| + \cdots < 1$$

wird. Nun wähle ich, was jedenfalls möglich ist, eine Zahl m_2, die den Bedingungen $\zeta_{m_2} > 2^2$ und

*) In diesem Fall unterscheidet sich die Betrachtung nur wenig von der *Toeplitz*schen.

$$|a_{m_2,1}| + \cdots + |a_{m_2,n_1}| < 1$$

genügt, und kann dann durch passende Wahl von n_2 erreichen, daß

$$|a_{m_2,n_1+n_2+1}| + |a_{m_2,n_1+n_2+2}| + \cdots < 1$$

wird. Indem ich in dieser Weise fortfahre, erhalte ich zwei Folgen positiver ganzer Zahlen m_ν und n_ν, die folgender Bedingung genügen: Setzt man $n_1 + n_2 + \cdots + n_\nu = q_\nu$, so wird für jedes ν

$$(11.)\qquad \zeta_{m_\nu} > \nu^2,\quad \sum_\alpha |a_{m_\nu,\alpha}| < 1,\quad \sum_\gamma |a_{m_\nu,\gamma}| < 1. \qquad {\scriptstyle (1 \leqq \alpha \leqq q_{\nu-1},\ \gamma > q_\nu)}$$

Dann ist gewiß

$$(12.)\qquad \sum_\beta |a_{m_\nu,\beta}| > \nu^2 - 2. \qquad {\scriptstyle (q_{\nu-1} < \beta \leqq q_\nu)}$$

Man setze nun für $\lambda \leqq q_1$

$$x_\lambda = \text{sign}\, a_{m_\nu,\lambda}$$

und allgemein für $q_{\nu-1} < \lambda \leqq q_\nu$

$$x_\lambda = \frac{1}{\nu}\, \text{sign}\, a_{m_\nu,\lambda}.$$

Die Zahlen x_λ konvergieren dann mit wachsendem λ gegen Null, die zugehörige Folge (y) ist aber nicht konvergent. Denn aus (11.) und (12.) folgt

$$y_{m_\nu} = \sum_\alpha a_{m_\nu,\alpha} x_\alpha + \sum_\beta a_{m_\nu,\beta} x_\beta + \sum_\gamma a_{m_\nu,\gamma} x_\gamma$$

$$\geqq -\sum_\alpha |a_{m_\nu,\alpha}| + \frac{1}{\nu} \sum_\beta |a_{m_\nu,\beta}| - \sum_\gamma |a_{m_\nu,\gamma}| > \frac{\nu^2 - 2}{\nu} - 2.$$

Daher enthält die Folge (y) eine Teilfolge, deren Zahlen über alle Grenzen wachsen.

2. *Die Zahlen a_λ sind nicht sämtlich gleich Null und die Reihe Σa_λ ist absolut konvergent.*

Man betrachte dann die lineare Substitution

$$y'_\varkappa = \sum_{\lambda=1}^{\infty} (a_{\varkappa\lambda} - a_\lambda)\, x_\lambda = y_\varkappa - \sum_{\lambda=1}^{\infty} a_\lambda x_\lambda.$$

Diese Operation führt ebenso wie A jede Nullfolge (x) in eine konvergente Folge (y') über, sie genügt aber den Bedingungen des ersten Falles. Nach dem bereits Bewiesenen liegen daher die Summen

$$\zeta'_\varkappa = \sum_{\lambda=1}^{\infty} |a_{\varkappa\lambda} - a_\lambda|$$

unterhalb einer endlichen Schranke, und da $\zeta_\varkappa \leqq \zeta'_\varkappa + \Sigma |a_\lambda|$ ist, so gilt dasselbe auch für die $\zeta_\varkappa$.

3. *Die Zahlen a_λ sind sämtlich positiv und die Reihe Σa_λ ist divergent.*

Für je zwei Zahlen λ und $\mu > \lambda$ läßt sich dann k so wählen, daß für $\varkappa > k$ die Größen $a_{\varkappa 1}, \ldots, a_{\varkappa\lambda}$ sämtlich positiv werden und außerdem

$$a_{\varkappa,\lambda+1} + a_{\varkappa,\lambda+2} + \cdots + a_{\varkappa,\mu} > \frac{1}{2}(a_{\lambda+1} + a_{\lambda+2} + \cdots + a_\mu)$$

wird. Um nun eine Nullfolge (x) zu erhalten, für welche die Folge (y) divergent wird, wähle ich eine ganze Zahl n_1 derart, daß $a_1 + \cdots + a_{n_1} > 1$ wird, und bestimme sodann eine Zahl m_1, für die

$$a_{m_1,1} + a_{m_1,2} + \cdots + a_{m_1,n_1} > \frac{1}{2}(a_1 + a_2 + \cdots + a_{n_1}) > \frac{1}{2}$$

wird. Nun wähle ich eine Zahl p_1, die der Bedingung

$$\sum_\lambda |a_{m_1,\lambda}| < 1 \qquad (\lambda = n_1 + p_1 + 1, n_1 + p_1 + 2 \ldots)$$

genügt. Dann läßt sich n_2 so bestimmen, daß

$$a_{n_1+p_1+1} + a_{n_1+p_1+2} + \cdots + a_{n_1+p_1+n_2} > 2^2$$

ausfällt, ferner eine Zahl m_2 wählen, für die $a_{m_2,1}, a_{m_2,2}, \ldots, a_{m_2,n_1+p_1}$ positiv werden und außerdem

$$a_{m_2,n_1+p_1+1} + a_{m_2,n_1+p_1+2} + \cdots + a_{m_2,n_1+p_1+n_2} > \frac{1}{2} \cdot 2^2$$

gilt. Zu dieser Zahl m_2 kann ich dann p_2 so wählen, daß

$$\sum_\mu |a_{m_2,\mu}| < 1 \qquad (\mu = n_1 + p_1 + n_2 + p_2 + 1, \ldots$$

wird. Indem ich in dieser Weise fortfahre, erhalte ich drei Folgen positiver ganzer Zahlen m_ν, n_ν und p_ν, die für jedes ν folgenden Ungleichungen genügen, wobei $r_\nu = n_1 + p_1 + \cdots + n_\nu + p_\nu$ zu setzen ist:

$$a_{m_\nu,\alpha} > 0, \sum_\beta a_{m_\nu,\beta} > \frac{\nu^2}{2}, \sum_\gamma |a_{m_\nu,\gamma}| < 1, \; (1 \leqq \alpha \leqq r_{\nu-1}, r_{\nu-1} < \beta \leqq r_{\nu-1} + n_\nu, \gamma > r_\nu).$$

Nun setze ich die ersten n_1 Zahlen x_λ gleich 1, die folgenden p_1 gleich 0, die nächsten n_2 gleich $\frac{1}{2}$, die darauf folgenden p_2 gleich 0 usw. Dann wird

$$\begin{aligned} y_{m_\nu} &= \sum_\alpha a_{m_\nu,\alpha} x_\alpha + \sum_\beta a_{m_\nu,\beta} x_\beta + \sum_\gamma a_{m_\nu,\gamma} x_\gamma \\ &> 0 + \frac{1}{\nu} \sum_\beta a_{m_\nu,\beta} - \sum_\gamma |a_{m_\nu,\gamma}| > \frac{1}{\nu} \cdot \frac{\nu^2}{2} - 1. \end{aligned}$$

Daher ist die Folge (y) gewiß nicht konvergent, während $\lim x_\lambda = 0$ ist.

4. *Die Zahlen a_λ sind beliebig und die Reihe $\Sigma |a_\lambda|$ ist divergent.* Sind dann die Zahlen

$$a_{m_1}, a_{m_2}, \ldots$$

positiv und

$$a_{n_1}, a_{n_2}, \ldots$$

negativ, so betrachte man die beiden linearen Substitutionen

$$y'_\varkappa = \sum_{\lambda=1}^{\infty} a_{\varkappa,m_\lambda} x'_\lambda, \quad y''_\varkappa = \sum_{\lambda=1}^{\infty} (-a_{\varkappa,n_\lambda}) x''_\lambda,$$

die etwa mit A' und A'' bezeichnet werden mögen. Führt nun A jede Nullfolge in eine konvergente Folge über, so müssen auch A' und A'' diese Eigenschaft haben. Denn würde z. B. der Nullfolge (x') eine divergente Folge $(y') = A'(x')$ entsprechen, so setze man

$$x_{m_1} = x'_1, \ x_{m_2} = x'_2, \ldots$$

und alle übrigen x_λ gleich Null. Die so entstehende Folge (x) ist dann eine Nullfolge, die durch A in die divergente Folge $(y) = (y')$ übergeht. Da nun $\Sigma |a_\lambda|$ divergent sein soll, so sind bei mindestens einer der Operationen A' und A'' die Voraussetzungen des dritten Falles erfüllt, der, wie wir gesehen haben, nicht in Betracht kommt.

Es kann also nur einer der beiden ersten Fälle eintreten, und in diesen Fällen ergab sich, daß die Zahlen $\zeta_\varkappa$ nach oben beschränkt sein müssen. Damit ist der Satz IV vollständig bewiesen.

Der Satz I ergibt sich nun unmittelbar. Denn ist A eine konvergenzerhaltende Operation, so geht speziell auch jede Nullfolge (x) in eine konvergente Folge $A(x)$ über. Daher muß A wegen IV den Bedingungen 1. und 3. des Satzes I genügen. Betrachtet man noch die Folge

$$(13.) \qquad x_1 = 1, \ x_2 = 1, \ldots,$$

für die $y_\varkappa = \sigma_\varkappa$ wird, so erkennt man, daß auch die Bedingung 2. erfüllt sein muß.

Verlangt man noch, daß A regulär sein, d. h. den Grenzwert jeder konvergenten Folge (x) ungeändert lassen soll, so lehrt die Betrachtung der Folge (13.) und der Nullfolgen

$$x_\lambda = 1, \ x_\mu = 0, \qquad (\mu \neq \lambda)$$

daß

$$\sigma = \lim_{\varkappa = \infty} \sigma_\varkappa = 1, \ a_\lambda = \lim_{\varkappa = \infty} a_{\varkappa\lambda} = 0$$

sein muß. Dies liefert den Satz II.

Aus dem Satz I ergibt sich unmittelbar als wichtige Folgerung:

V. *Eine konvergenzerhaltende lineare Transformation führt jede beschränkte Folge (x) in eine ebenfalls beschränkte Folge (y) über.*

§ 4.

Beweis des Satzes III.

Da eine konvergenzerzeugende Substitution $A = (a_{\varkappa\lambda})$ zugleich auch konvergenzerhaltend ist, so muß sie gewiß den Bedingungen 1.—3. des Satzes I genügen. Wir haben nur zu zeigen, daß, wenn die Bedingung

4. nicht erfüllt ist, eine beschränkte Folge (x) angegeben werden kann, für welche die Folge $(y) = A(x)$ divergent ausfällt. Es genügt allein den Fall zu behandeln, daß die Zahlen a_λ sämtlich verschwinden. Denn trifft das nicht zu, so betrachte man an Stelle von A die lineare Transformation

$$(B.) \qquad y'_\varkappa = \sum_{\lambda=1}^{\infty} (a_{\varkappa\lambda} - a_\lambda)\, x_\lambda.$$

Da $\Sigma |a_\lambda|$ nach Satz I konvergieren muß und daher auch $\Sigma a_\lambda x_\lambda$ für jede beschränkte Folge (x) konvergent ist, so ist zugleich mit A auch B konvergenzerzeugend. Bei dieser Operation sind aber die Kolonnengrenzwerte sämtlich gleich 0 und außerdem ist auch für B die Bedingung 4. nicht erfüllt, wenn sie für A nicht gilt.

Es sei also A eine konvergenzerzeugende Operation, für die die Kolonnengrenzwerte a_λ sämtlich verschwinden und die Bedingung 4. nicht erfüllt ist. Die Koeffizienten $a_{\varkappa\lambda}$ dürfen wir wieder als reell annehmen. Es muß dann mindestens eine Zahl $\varepsilon > 0$ vorhanden sein, für die, wie auch l gewählt werden mag, die Ungleichung

$$|a_{\varkappa,l+1}| + |a_{\varkappa,l+2}| + \cdots \leqq \varepsilon$$

nicht für alle Werte von $\varkappa$ besteht. Zu jedem l lassen sich dann auch unendlich viele $\varkappa$ angeben, für die

$$|a_{\varkappa,l+1}| + |a_{\varkappa,l+2}| + \cdots \geqq \varepsilon$$

wird. Ich wähle nun eine ganze Zahl m_1, die der Bedingung

$$|a_{m_1,1}| + |a_{m_1,2}| + \cdots \geqq \varepsilon$$

genügt, und bestimme n_1 derart, daß

$$|a_{m_1,n_1+1}| + |a_{m_1,n_1+2}| + \cdots < \frac{\varepsilon}{4}$$

wird. Nun kann ich (wie aus der Voraussetzung $a_1 = a_2 = \cdots = 0$ folgt) eine Zahl $m_2 > m_1$ wählen, für die die beiden Ungleichungen

$$|a_{m_2,1}| + \cdots + |a_{m_2,n_1}| < \frac{\varepsilon}{4}, \quad |a_{m_2,n_1+1}| + |a_{m_2,n_1+2}| + \cdots \geqq \varepsilon$$

gelten, und dann eine Zahl n_2 bestimmen, für die

$$|a_{m_2,n_1+n_2+1}| + |a_{m_2,n_1+n_2+2}| + \cdots < \frac{\varepsilon}{4}$$

wird. Setze ich dieses Verfahren fort, so erhalte ich zwei Folgen positiver ganzer Zahlen m_ν, n_ν $(m_\nu < m_{\nu+1})$ von der Art, daß, wenn $n_1 + \cdots + n_\nu = s_\nu$ gesetzt wird, für jedes ν die Ungleichungen

$$\sum_\alpha |a_{m_\nu,\alpha}| < \frac{\varepsilon}{4}, \quad \sum_{\beta'} |a_{m_\nu,\beta'}| \geqq \varepsilon, \quad \sum_\gamma |a_{m_\nu,\gamma}| < \frac{\varepsilon}{4} \quad (1 \leqq \alpha \leqq s_{\nu-1},\ \beta' > s_{\nu-1},\ \gamma > s_\nu)$$

bestehen. Dann ist, wenn β die Zahlen $s_{\nu-1}+1, \ldots, s_\nu$ durchläuft,

$$\sum_\beta |a_{m_\nu, \beta}| > \varepsilon - \frac{\varepsilon}{4} = \frac{3\varepsilon}{4}.$$

Ich setze nun für $\lambda = 1, 2, \ldots, n_1$

$$x_\lambda = \operatorname{sign} a_{m_1, \lambda}$$

und allgemein für $s_{\nu-1} < \lambda \leqq s_\nu$

$$x_\lambda = (-1)^{\nu-1} \operatorname{sign} a_{m_\nu, \lambda}.$$

Dann wird, wenn ν ungerade ist,

$$y_{m_\nu} = \sum_\alpha a_{m_\nu, \alpha} x_\alpha + \sum_\beta a_{m_\nu, \beta} x_\beta + \sum_\gamma a_{m_\nu, \gamma} x_\gamma > -\frac{\varepsilon}{4} + \frac{3\varepsilon}{4} - \frac{\varepsilon}{4} = \frac{\varepsilon}{4}$$

und ebenso für ein gerades ν

$$-y_{m_\nu} > -\frac{\varepsilon}{4} + \frac{3\varepsilon}{4} - \frac{\varepsilon}{4} = \frac{\varepsilon}{4}.$$

Die Folge (y) enthält dann eine divergente (oszillierende) Teilfolge und ist daher nicht konvergent, während doch die Folge (x) beschränkt ist.

Damit ist auch der Satz III vollständig bewiesen. Es hat sich sogar ergeben, daß die Bedingungen 1.—4. erfüllt sein müssen, sobald nur verlangt wird, daß A jede Folge (x), deren Zahlen einen der Werte 0, 1 oder -1 haben, in eine konvergente Folge überführen soll.

Aus dem Satze III ergibt sich insbesondere:

VI. *Es gibt keine reguläre lineare Substitution, die zugleich auch als konvergenzerzeugend zu bezeichnen ist*)*.

Denn ist A regulär, so müssen alle Kolonnengrenzwerte gleich 0 sein. Wäre nun A zugleich auch konvergenzerzeugend, so würde aus der Formel (7.) folgen, daß für jede konvergente Folge (x) mit dem Grenzwert x der Grenzwert y der Folge $A(x)$ gleich 0 ist. Dies widerspricht aber der Annahme, daß stets $y = x$ sein soll.

Noch eine andere Folgerung aus dem Satze III ist beachtenswert: Eine konvergenzerzeugende Substitution $A = (a_{\varkappa\lambda})$ behält diese Eigenschaft, wenn alle Koeffizienten $a_{\varkappa\lambda}$ durch ihre absoluten Beträge ersetzt werden. Dies folgt einfach aus der Tatsache, daß beim Übergang von A zu $B = (|a_{\varkappa\lambda}|)$ an Stelle der Zahlen a_λ und $\sigma_\varkappa$ die Zahlen $|a_\lambda|$ und $\zeta_\varkappa$ treten. Die Gleichung (8.) zeigt nun, daß B allen Bedingungen des Satzes III genügt.

---

*) Dieser Satz findet sich schon bei Herrn *Steinhaus* (a. a. O., S. 129).

§ 5.
Eine Ergänzung zum Satze I.

Es sei wieder

(14.) $$y_\varkappa = \sum_{\lambda=1}^{\infty} a_{\varkappa\lambda} x_\lambda \qquad (\varkappa = 1, 2, \ldots)$$

eine konvergenzerhaltende Substitution, und man setze wie früher

$$a_\lambda = \lim_{\varkappa=\infty} a_{\varkappa\lambda}, \; \sigma = \lim_{\varkappa=\infty} \sum_{\lambda=1}^{\infty} a_{\varkappa\lambda}, \; \alpha = \sum_{\lambda=1}^{\infty} a_\lambda.$$

Nimmt man die Folge (x) als nicht beschränkt an, so läßt sich im allgemeinen über das infinitäre Verhalten der Folge (y) nichts Bestimmtes aussagen. Bemerkenswert ist aber folgender Satz, der sich auf einen für die Anwendungen wichtigen Spezialfall bezieht:

VII. *Sind die Koeffizienten $a_{\varkappa\lambda}$ der (konvergenzerhaltenden) Substitution* (14.) *nicht negative reelle Zahlen, so kann für reelle Zahlen x_λ, unter denen nur endlich viele negativ sein sollen, geschlossen werden, daß* $\lim y_\varkappa = \infty$ *ist, wenn entweder $\sigma > \alpha$ und* $\lim x_\lambda = \infty$ *ist, oder wenn die Reihe*

(15.) $$a_1 x_1 + a_2 x_2 + \cdots$$

divergent ist.

Hierbei ist natürlich anzunehmen, daß die Reihen (14.) für die zu betrachtenden x_λ sämtlich konvergieren. Zu beachten ist ferner, daß in unserm Fall σ nicht kleiner als α sein kann. Denn für jedes n folgt aus

$$\sigma_\varkappa = \sum_{\lambda=1}^{\infty} a_{\varkappa\lambda} \geqq \sum_{\lambda=1}^{n} a_{\varkappa\lambda},$$

indem man $\varkappa$ über alle Grenzen wachsen läßt,

$$\sigma \geqq \sum_{\lambda=1}^{n} a_\lambda, \text{ d. h. } \sigma \geqq \sum_{\lambda=1}^{\infty} a_\lambda.$$

Es sei nun zunächst $\sigma > \alpha$ und $\lim x_\lambda = \infty$. Es genügt den Fall zu behandeln, daß alle x_λ positiv sind. Denn trifft das nicht zu und ist $x_\lambda > 0$ für $\lambda > n$, so betrachte man an Stelle der $y_\varkappa$ die Ausdrücke

$$y_\varkappa^* = \sum_{\lambda=n+1}^{\infty} a_{\varkappa\lambda} x_\lambda.$$

Diese Gleichungen bestimmen wieder eine konvergenzerhaltende lineare Substitution, bei der an Stelle von σ und α die Zahlen

$$\sigma^* = \sigma - (a_1 + a_2 + \cdots + a_n), \; \alpha^* = \alpha - (a_1 + a_2 + \cdots + a_n)$$

treten, so daß auch $\sigma^* > \alpha^*$ wird. Weiß man nun, daß $\lim y_\varkappa^* = \infty$ ist, so folgt dasselbe wegen

$$\lim_{\varkappa=\infty} \sum_{\lambda=1}^{n} a_{\varkappa\lambda} x_\lambda = \sum_{\lambda=1}^{n} a_\lambda x_\lambda$$

auch für die $y_\varkappa$. — Es sei also $x_\lambda > 0$ für alle Werte von λ. Ist nun G eine gegebene positive Zahl, so wähle man l derart, daß für $\lambda > l$

$$x_\lambda > \frac{2G}{\sigma - \alpha}$$

wird. Dann wird

$$y_\varkappa \geqq \sum_{\lambda=l+1}^{\infty} a_{\varkappa\lambda} x_\lambda \geqq \frac{2G}{\sigma-\alpha} \sum_{\lambda=l+1}^{\infty} a_{\varkappa\lambda} = \frac{2G}{\sigma-\alpha}(\sigma_\varkappa - \sum_{\lambda=1}^{l} a_{\varkappa\lambda}).$$

Der rechts stehende Ausdruck konvergiert mit wachsendem $\varkappa$ gegen

$$\frac{2G}{\sigma-\alpha}(\sigma - \sum_{\lambda=1}^{l} a_\lambda) \geqq \frac{2G}{\sigma-\alpha}(\sigma-\alpha) = 2G$$

und ist daher, wenn $\varkappa$ eine gewisse Zahl k übertrifft, größer als G. Zu jedem G läßt sich also k so wählen, daß $y_\varkappa > G$ für $\varkappa > k$ wird, d. h. es ist $\lim y_\varkappa = \infty$.

Sind ferner die Zahlen x_λ von einer gewissen Stelle an nicht negativ und ist die Reihe (15.) divergent, so bestimme man, wenn $G > 0$ gegeben ist, eine Zahl m derart, daß für $\lambda > m$

$$x_\lambda \geqq 0, \; a_1 x_1 + a_2 x_2 + \cdots + a_m x_m > 2G$$

wird. Dies ist jedenfalls möglich, weil alle a_λ nicht negativ sind, die Reihe (15.) im Falle der Divergenz also eigentlich divergent ist. Es wird dann

$$y_\varkappa \geqq \sum_{\lambda=1}^{m} a_{\varkappa\lambda} x_\lambda,$$

und da diese Summe mit wachsendem $\varkappa$ gegen $\sum_{\lambda=1}^{m} a_\lambda x_\lambda$ konvergiert, so ergibt sich wieder, daß $y_\varkappa$ von einer gewissen Stelle an größer als G, also $\lim y_\varkappa = \infty$ ist.

Zu bemerken ist noch, daß, wenn die Reihe (15.) konvergent ist, im Falle $\sigma = \alpha$ die Annahme $\lim x_\lambda = \infty$ noch keine bestimmten Schlüsse über das infinitäre Verhalten der $y_\varkappa$ zuläßt. Betrachtet man z. B. die Substitution

$$y_\varkappa = \sum_{\lambda=\varkappa}^{2\varkappa} \frac{x_\lambda}{\lambda^2},$$

bei der alle a_λ verschwinden und $\sigma = \alpha = 0$ ist, so wird $\lim y_\varkappa = \log 2$ für $x_\lambda = \lambda$ und $\lim y_\varkappa = \infty$ für $x_\lambda = \lambda^2$.

Ich erwähne auch noch, daß in dem hier betrachteten Falle $a_{\varkappa\lambda} \geqq 0$ die Bedingung $\sigma = \alpha$ mit der Bedingung 4′. des § 1 identisch ist. Durch $\sigma = \alpha$ wird also die Substitution (14.) als eine konvergenzerzeugende Operation charakterisiert.

§ 6.

Gruppeneigenschaften der konvergenzerhaltenden Transformationen.

Sind $A = (a_{\varkappa\lambda})$ und $B = (b_{\varkappa\lambda})$ zwei unendliche Matrizen und sind die Reihen

(16.) $$p_{\varkappa\lambda} = \sum_{\lambda=1}^{\infty} a_{\varkappa\nu} b_{\nu\lambda} \qquad (\varkappa, \lambda = 1, 2, \ldots)$$

sämtlich konvergent, so bezeichne man wie üblich die Matrix $(p_{\varkappa\lambda})$ mit AB. Nimmt man insbesondere an, daß A und B konvergenzerhaltende Substitutionen sind, so sind die Reihen (16.), wie aus dem Satze I folgt, sogar absolut konvergent, das Produkt AB hat demnach einen Sinn. Man kann auch leicht direkt zeigen, daß AB den Bedingungen des Satzes I genügt, also wieder konvergenzerhaltend ist. Dies folgt aber einfacher aus dem präziseren Satz:

VIII. *Sind A und B zwei konvergenzerhaltende lineare Substitutionen, so ist für jede beschränkte Folge (x)*

(17.) $$AB(x) = A(B(x)).$$

Oder ausführlicher: Setzt man

$$y_\varkappa = \sum_{\lambda=1}^{\infty} b_{\varkappa\lambda} x_\lambda, \quad z_\varkappa = \sum_{\lambda=1}^{\infty} a_{\varkappa\lambda} y_\lambda,$$

so wird

$$z_\varkappa = \sum_{\lambda=1}^{\infty} p_{\varkappa\lambda} x_\lambda.$$

Diese Gleichung besagt nämlich nur, daß

$$\sum_{\lambda=1}^{\infty} x_\lambda \sum_{\nu=1}^{\infty} a_{\varkappa\nu} b_{\nu\lambda} = \sum_{\nu=1}^{\infty} a_{\varkappa\nu} \sum_{\lambda=1}^{\infty} b_{\nu\lambda} x_\lambda$$

ist. Daß diese Umordnung zulässig ist, folgt aber einfach aus der Tatsache, daß die Doppelreihe

(18.) $$\sum_{\lambda,\nu}{}_1^\infty a_{\varkappa\nu} b_{\nu\lambda} x_\lambda$$

absolut konvergent ist. Denn ist

$$\zeta'_\nu = \sum_{\lambda=1}^{\infty} |b_{\nu\lambda}| \leqq M, \quad |x_\lambda| \leqq X,$$

so wird für jedes n

$$\sum_{\lambda,\nu}{}_1^n |a_{\varkappa\nu} b_{\nu\lambda} x_\lambda| \leqq X \sum_{\nu=1}^{n} |a_{\varkappa\nu}| \left(\sum_{\lambda=1}^{n} |b_{\nu\lambda}|\right) \leqq XM \sum_{\nu=1}^{\infty} |a_{\varkappa\nu}|.$$

Wählt man noch eine dritte konvergenzerhaltende Substitution $C = (c_{\varkappa\lambda})$ und setzt

$$q_{\varkappa\lambda} = \sum_{\nu=1}^{\infty} b_{\varkappa\nu}\, c_{\nu\lambda},$$

so folgt aus VII für $x_\lambda = c_{\lambda\beta}$

$$\sum_{\lambda=1}^{\infty} p_{\alpha\lambda}\, c_{\lambda\beta} = \sum_{\nu=1}^{\infty} a_{\alpha\nu}\, q_{\nu\beta}. \qquad (\alpha, \beta = 1, 2, \ldots)$$

Diese Gleichung besagt nur, daß

$$(19.) \qquad (AB)\,C = A\,(BC)$$

ist. Für die Zusammensetzung der konvergenzerhaltenden Substitutionen gilt also das assoziative Gesetz. Die Koeffizienten der Substitution (19.), die auch mit ABC bezeichnet werden kann, sind nichts anderes als die absolut konvergenten Doppelreihen $\sum\limits_{\mu,\nu} a_{\varkappa\mu}\, b_{\mu\nu}\, c_{\nu\lambda}$.

Aus (17.) folgt unmittelbar, daß das Produkt AB zweier konvergenzerhaltender Substitutionen von derselben Art ist. Zugleich ergibt sich, daß, wenn A und B regulär sind, auch AB regulär ist. Da ferner (17.) für jede beschränkte Folge (x) gilt, so erkennt man mit Rücksicht auf den Satz V ohne weiteres, daß AB eine konvergenzerzeugende Substitution wird, sobald nur mindestens eine der beiden (konvergenzerhaltenden) Substitutionen A und B diese Eigenschaft besitzt. Dieses Resultat kann mit Hilfe der Bezeichnungen der Gruppentheorie so ausgedrückt werden:

IX. *Die regulären und die konvergenzerzeugenden Substitutionen bilden zwei Untergruppen* $\mathfrak{R}$ *und* $\mathfrak{Z}$ *innerhalb der Gruppe* $\mathfrak{H}$ *aller konvergenzerhaltenden Substitutionen. Diese Untergruppen besitzen (auf Grund des Satzes* VI) *kein Element gemeinsam. Die Gruppe* $\mathfrak{Z}$ *der konvergenzerzeugenden Operationen ist eine invariante Untergruppe von* $\mathfrak{H}$.

Ich betone ausdrücklich, daß ich hierbei ein System $\mathfrak{S}$ von Operationen irgendwelcher Art, die zusammensetzbar sind und dem assoziativen Gesetz genügen, als eine Gruppe bezeichne, sobald nur das Produkt von je zwei Elementen von $\mathfrak{S}$ wieder in $\mathfrak{S}$ vorkommt. Es wird also nicht verlangt, daß die Inversen der Elemente von $\mathfrak{S}$ der Gruppe angehören sollen. Diese Inversen brauchen überhaupt nicht zu existieren, ebenso kann auch die identische Operation nicht vorhanden sein.

Es sei noch erwähnt, daß die zu einer konvergenzerhaltenden Transformation $A = (a_{\varkappa\lambda})$ gehörende Doppelreihe

$$A\,(x, y) = \sum_{\varkappa,\lambda}{}_1^{\infty}\, a_{\varkappa\lambda}\, x_\varkappa\, y_\lambda$$

absolut konvergent ist, sobald nur die Reihe $\Sigma x_\varkappa$ absolut konvergiert und die Folge y_λ beschränkt ist. Dies ergibt sich ganz ebenso wie vorhin für die Doppelreihe (18.). Der Ausdruck $A(x, y)$ braucht aber nicht eine im *Hilbert*schen Sinne beschränkte Bilinearform zu sein. Schon allein die hierbei zu machende Voraussetzung, daß die Reihen $\sum_\varkappa |a_{\varkappa\lambda}|^2$ sämtlich konvergent und unterhalb einer endlichen Schranke gelegen sein sollen, braucht nicht erfüllt zu sein. Die Bilinearform $A(x, y)$ ist aber jedenfalls beschränkt, wenn je zwei Koeffizienten $a_{\varkappa\lambda}$ und $a_{\lambda\varkappa}$ entweder einander gleich oder konjugiert komplex sind. Denn in diesem Fall sind alle Reihen

$$\sum_{\lambda=1}^{\infty} |a_{\varkappa\lambda}|, \quad \sum_{\varkappa=1}^{\infty} |a_{\varkappa\lambda}|$$

konvergent und unterhalb einer endlichen Schranke gelegen. Dies ist aber nach den Ergebnissen des § 2 meiner Arbeit „Bemerkungen zur Theorie der beschränkten Bilinearformen mit unendlich vielen Veränderlichen"*) eine hinreichende Bedingung für das Beschränktsein der Bilinearform $A(x, y)$.

§ 7.

Reversible Operationen.

Es sei wieder

$$y_\varkappa = \sum_{\lambda=1}^{\infty} a_{\varkappa\lambda} x_\lambda \qquad (\varkappa = 1, 2, \ldots) \tag{20.}$$

eine konvergenzerhaltende Substitution A. Eine (unendliche) Matrix $B = (b_{\varkappa\lambda})$ nenne ich eine zu A inverse Matrix $A^{(-1)}$, wenn ihre Elemente für alle Indizespaare $\varkappa, \lambda$ den Gleichungen

$$\sum_{\nu=1}^{\infty} a_{\varkappa\nu} b_{\nu\lambda} = e_{\varkappa\lambda}, \quad \sum_{\nu=1}^{\infty} b_{\varkappa\nu} a_{\nu\lambda} = e_{\varkappa\lambda} \quad (e_{\alpha\alpha} = 1, e_{\alpha\beta} = 0 \text{ für } \alpha \neq \beta) \tag{21.}$$

genügen, die wie üblich auch kürzer in der Form

$$AB = E, \; BA = E \tag{21'.}$$

geschrieben werden können. Hierbei ist natürlich noch zu verlangen, daß die Reihen (21.) sämtlich konvergieren sollen.

Die Gleichungen (21'.) können entweder keine oder nur eine oder auch mehrere (unendlich viele) Lösungen besitzen. Es kann aber jedenfalls nicht mehr als eine inverse Matrix $A^{(-1)}$ geben, zu der wieder eine konvergenzerhaltende Substitution gehört. Denn sind B und B_1 zwei der-

*) Dieses Journal, Bd. 140 (1911), S. 1–28.

artige Lösungen von (21'.), so ergibt sich, weil für die Zusammensetzung der konvergenzerhaltenden Substitutionen das assoziative Gesetz gilt,

$$B_1 = B_1 E = B_1 (AB) = (B_1 A) B = EB = B.$$

Wir stellen nun folgende Definitionen auf:

Definition I. *Besitzt eine konvergenzerhaltende Substitution A eine Inverse, die wieder konvergenzerhaltend ist, so bezeichnen wir diese mit* A^{-1} *und nennen A eine algebraisch umkehrbare Substitution.*

Definition II. *Eine konvergenzerhaltende Substitution A bezeichnen wir als reversibel, wenn für je zwei Zahlenfolgen* (x) *und* (y), *zwischen denen die Beziehung* $(y) = A(x)$ *besteht (d. h. die Gleichungen* (20.) *gelten), aus der Konvergenz der Folge* (y) *auch die von* (x) *folgt. Ist außerdem A noch algebraisch umkehrbar, so soll A eine eigentlich reversible Substitution heißen.*

Ist nun A algebraisch umkehrbar und denkt man sich irgend eine *beschränkte* Folge (y) gegeben, die in der Form (20.) darstellbar ist, so ergibt sich *unter der Annahme, daß auch die Folge* (x) *beschränkt ist*, auf Grund des Satzes VIII

$$A^{-1}(y) = A^{-1}(A(x)) = E(x) = (x).$$

Umgekehrt genügt auch die Folge $(x) = A^{-1}(y)$ der Beziehung $(y) = A(x)$. Soll nun dies die einzige Lösung der Gleichungen (20.) sein, so muß offenbar noch verlangt werden, daß zu A überhaupt keine *Nullösung* gehören soll, d. h. keine Folge x_λ, die den Gleichungen

$$0 = \sum_{\lambda=1}^{\infty} a_{\varkappa\lambda}\, x_\lambda \qquad (\varkappa = 1, 2, \ldots)$$

genügt, ohne aus lauter Nullen zu bestehen. In diesem und nur in diesem Falle ist A zugleich auch als reversibel zu bezeichnen. Wir können also sagen:

X. *Ist A eine konvergenzerhaltende Substitution, die algebraisch umkehrbar ist, so besitzen die Gleichungen* (20.), *wenn* (y) *eine gegebene beschränkte Folge ist, nur eine beschränkte Lösung* (x), *nämlich die Lösung* $(x) = A^{-1}(y)$. *Insbesondere gibt es keine beschränkte Nullösung. Eine algebraisch umkehrbare Substitution ist dann und nur dann reversibel, wenn sie überhaupt keine Nullösungen (also auch keine nicht beschränkten) besitzt.*

Man macht sich das Ganze an folgenden Beispielen klar:

1. Hat A die Form

$$A = \begin{pmatrix} a_{11} & 0 & 0 & \dots \\ a_{21} & a_{22} & 0 & \dots \\ a_{31} & a_{32} & a_{33} & \dots \\ \dots & \dots & \dots & \dots \end{pmatrix}$$

und sind die Elemente $a_{\varkappa\varkappa}$ sämtlich von Null verschieden, so besitzt A nur eine Inverse $A^{(-1)}$, die nicht notwendig konvergenzerhaltend zu sein braucht. In jedem Fall gehört aber zu A keine Nullösung, und bei gegebenem (y) ist $(x) = A^{(-1)}(y)$ die einzige Lösung der Gleichungen (20.). Reversibel ist die Substitution dann und nur dann, wenn sie algebraisch umkehrbar ist, d. h. wenn die Inverse $A^{(-1)}$ den Bedingungen des Satzes I genügt. Die gewöhnliche Mittelbildung

$$y_\varkappa = \frac{1}{\varkappa}(x_1 + x_2 + \dots + x_\varkappa)$$

ist z. B. nicht reversibel, dagegen gilt das*), wenn α irgendeine Konstante mit positivem Realteil ist, für die Transformation

$$y_\varkappa = \alpha x_\varkappa + \frac{1-\alpha}{\varkappa}(x_1 + x_2 + \dots + x_\varkappa).$$

2. Die konvergenzerhaltende Substitution A habe die Form

$$(22.)\qquad A = \begin{pmatrix} a_{11} & a_{12} & a_{13} & \dots \\ 0 & a_{22} & a_{23} & \dots \\ 0 & 0 & a_{33} & \dots \\ \dots & \dots & \dots & \dots \end{pmatrix},$$

wobei die $a_{\varkappa\varkappa}$ wieder von Null verschieden sein sollen. Auch hier existiert nur eine Inverse $A^{(-1)}$, aber *selbst dann, wenn diese Inverse konvergenzerhaltend ist, braucht A nicht in unserem Sinne reversibel zu sein.* Wohl das einfachste Beispiel dieser Art liefert die Substitution

$$(23.)\qquad y_\varkappa = 2x_\varkappa - x_{\varkappa+1},$$

deren Inverse

$$(24.)\qquad x_\varkappa = \frac{y_\varkappa}{2} + \frac{y_{\varkappa+1}}{2^2} + \frac{y_{\varkappa+2}}{2^3} + \dots$$

ist. Beide Substitutionen (23.) und (24.) sind als regulär zu bezeichnen, zu (23.) gehört aber die Nullösung $x_\varkappa = 2^\varkappa$. Daher ist (23.) algebraisch

*) Vgl. meine in der Einleitung zitierte Arbeit. Eine Verallgemeinerung dieses Satzes hat Frl. *M. Verbeek* in ihrer Inaug.-Dissertation „Über spezielle rekurrente Folgen und ihre Bedeutung für die Theorie der linearen Mittelbildungen und Kettenbrüche" (Bonn, 1917) bewiesen.

umkehrbar, aber nicht reversibel. Dagegen besitzt (24.) keine Nullösung und stellt daher eine eigentlich reversible Operation dar.

3. Ein besonders interessantes Beispiel von der Form (22.) liefert die Substitution

$$(25.)\qquad y_\varkappa = x_\varkappa - c_\varkappa x_{\varkappa+2} - c_{\varkappa+1} x_{\varkappa+3} - \cdots, \qquad (\varkappa=1,2,\ldots)$$

die mit dem Kettenbruch

$$(26.)\qquad 1 + \frac{c_1|}{|1} + \frac{c_2|}{|1} + \cdots$$

zusammenhängt. Nimmt man die Reihe

$$(27.)\qquad |c_1| + |c_2| + \cdots$$

als konvergent an, so wird (25.) eine konvergenzerhaltende Operation. Setzt man für $m \leqq n$

$$D_n^{(m)} = \begin{vmatrix} 1, -1, 0, \ldots, 0, 0 \\ c_m, 1, -1, \ldots, 0, 0 \\ 0, c_{m+1}, 1, \ldots, 0, 0 \\ \ldots\ldots\ldots\ldots \\ 0, 0, 0, \ldots 1, -1 \\ 0, 0, 0, \ldots \quad c_n, 1 \end{vmatrix}$$

und außerdem

$$D_k^{(k+1)} = D_k^{(k+2)} = 1, \; D_k^{(k+3)} = D_k^{(k+4)} = \cdots = 0, \qquad (k=-1,0,1,2,\ldots)$$

so kann die Inverse von (25.) in der Form

$$x_\varkappa = y_\varkappa + c_\varkappa D_{\varkappa-2}^{(\varkappa)} y_{\varkappa+2} + c_{\varkappa+1} D_{\varkappa-1}^{(\varkappa)} y_{\varkappa+3} + c_{\varkappa+2} D_\varkappa^{(\varkappa)} y_{\varkappa+4} + \cdots$$

geschrieben werden. Diese Substitution ist wieder konvergenzerhaltend. Dies folgt leicht aus dem Satze I mit Hilfe der bekannten Ungleichungen

$$|D_n^{(m)}| \leqq (1 + |c_m|)(1 + |c_{m+1}|) \cdots (1 + |c_n|).$$

Die Substitution (25.) ist also, sofern nur die Reihe (27.) konvergiert, algebraisch umkehrbar, *sie ist aber auch reversibel.* Eine Nullösung $x_\varkappa$ von (25.) müßte nämlich den Gleichungen

$$(28.)\qquad x_1 - c_1 x_3 - c_2 x_4 \cdots = 0$$

und

$$0 = x_\varkappa - x_{\varkappa+1} - c_\varkappa x_{\varkappa+2} \qquad (\varkappa=1,2,\ldots)$$

genügen. Hieraus folgt aber, daß die $\varkappa$-te Partialsumme der Reihe (28.) nichts anderes als $x_\varkappa$ ist. Es müßte also $\lim x_\varkappa = 0$ sein und dies würde, da (25.) als algebraisch umkehrbare Substitution jedenfalls keine beschränkte Nullösung aufweist, erfordern, daß alle $x_\varkappa$ gleich 0 sind.

4. Eine allgemeine Klasse von linearen Substitutionen mit unendlich vielen Inversen stellen die sog. *Jacobi*schen Transformationen

$$y_\varkappa = c_{\varkappa-1}\, x_{\varkappa-1} + x_\varkappa - x_{\varkappa+1} \qquad (\varkappa = 1, 2, \ldots, x_0 = 0.) \tag{29.}$$

dar, deren Zusammenhang mit den Kettenbrüchen der Form (26.) bekannt ist. Konvergenzerhaltend ist (29.) dann und nur dann, wenn $\lim c_\varkappa$ einen endlichen Wert hat. Haben die Ausdrücke $D_n^{(m)}$ dieselbe Bedeutung wie vorhin, und nimmt man die $c_\varkappa$ als von Null verschieden an, so erhält man alle zu (29.) inversen Substitutionen $A^{(-1)} = (b_{\varkappa\lambda})$, indem man

$$b_{11} = t,\ b_{1\mu} = (-1)^\mu \frac{D_{\mu-2}^{(2)} - D_{\mu-2}^{(1)}\, t}{c_1\, c_2 \ldots c_{\mu-1}},\ b_{\varkappa\lambda} = D_{\varkappa-2}^{(1)}\, b_{1\lambda} - D_{\varkappa-2}^{(\lambda+1)} \qquad (\varkappa, \mu > 1, \lambda \geqq 1)$$

setzt*). Hierbei kann der Parameter t einen beliebigen Wert haben. Jede Nullösung von (29.) hat ferner die Form

$$x_1 = \xi,\ x_\mu = \xi\, D_{\mu-2}^{(1)}.$$

Sind nun die Zahlen $|D_n^{(1)}|$ unterhalb einer endlichen Schranke gelegen (was z. B. eintritt, wenn die Reihe (27.) konvergent ist), so kann es gewiß keinen Wert von t geben, für den die Substitution $A^{(-1)}$ konvergenzerhaltend wird. Wählt man aber z. B. alle c_ν gleich 1, so wird $A^{(-1)}$, wie eine einfache Rechnung zeigt, nur dann eine konvergenzerhaltende Operation, wenn t den speziellen Wert

$$t = \frac{\sqrt{5} - 1}{2}$$

erhält. Die zugehörige Substitution $A^{(-1)}$ läßt sich dann in der einfachen Form

$$x_\varkappa = \sum_{\lambda=1}^{\varkappa} (-1)^{\varkappa-1} f_\lambda\, t^\varkappa\, x_\lambda + \sum_{\mu=\varkappa+1}^{\infty} f_\varkappa\, t^\mu\, y_\mu \tag{30.}$$

schreiben. Hierbei bedeuten $f_1, f_2, \ldots$ die sog. *Fibonacci*schen Zahlen

$$f_1 = 1,\ f_2 = 1,\ f_n = f_{n-1} + f_{n-2}.$$

Aber auch in diesem Fall ist die Substitution (29.) nur algebraisch umkehrbar, aber nicht reversibel. Dies folgt einfach daraus, daß die Zahlen $x_\varkappa = f_\varkappa$ eine Nullösung von (29.) liefern. Die inverse Substitution (30.) ist auch hier wieder als eigentlich reversibel zu bezeichnen.

Es bereitet keine Mühe, nach diesem Prinzip auch allgemeinere Klassen von konvergenzerhaltenden Substitutionen herzustellen, die algebraisch um-

---

*) Eine ähnliche Betrachtung findet sich bei *O. Toeplitz*, Zur Theorie der quadratischen Formen mit unendlichvielen Veränderlichen, Gött. Nachrichten, math.-phys. Klasse, 1910, S. 489—506.

kehrbar, aber nicht reversibel sind. Geht man ferner von irgendeiner reversiblen Substitution (20.) aus, so bestimmen die Gleichungen

$$y_1 = 0, y_\varkappa = \sum_{\lambda=1}^{\infty} a_{\varkappa-1,\lambda}\, x_\lambda \qquad (\varkappa=2,3,\ldots)$$

eine lineare Transformation, die reversibel ist, ohne algebraisch umkehrbar zu sein.

Es verdient noch hervorgehoben zu werden, daß, wenn eine algebraisch umkehrbare Substitution A regulär ist, auch ihre Inverse A^{-1} regulär sein muß. Ebenso leicht erkennt man, daß eine konvergenzerzeugende Substitution weder algebraisch umkehrbar noch reversibel sein kann.

§ 8.

Über die Multiplikation unendlicher Reihen.

Gegeben seien zwei unendliche Reihen

$$(u) \qquad u_1 + u_2 + \cdots,$$

$$(v) \qquad v_1 + v_2 + \cdots$$

mit den Partialsummen

$$U_n = u_1 + u_2 + \cdots + u_n, \quad V_n = v_1 + v_2 + \cdots + v_n.$$

Die nach der *Cauchy*schen Regel gebildete Produktreihe

$$(w) \qquad w_1 + w_2 + \cdots$$

wird bekanntlich erhalten, indem man

$$w_n = u_1 v_n + u_2 v_{n-1} + \cdots + u_n v_1 \qquad (n=1,2,\ldots)$$

setzt. Ihre Partialsummen mögen mit W_n bezeichnet werden. Im Falle der Konvergenz sollen U, V, W die Summen der entsprechenden Reihen bedeuten. Sind alle drei Reihen konvergent, so ist jedenfalls, wie schon *Abel* gezeigt hat, $W = UV$. Herr *Mertens**) hat ferner bewiesen, daß die Reihe (w) konvergent ist, sobald nur die Reihen (u) und (v) konvergent sind, und mindestens eine von ihnen absolut konvergiert.

Dieser Satz folgt nun sehr einfach aus unserem Satz I, wobei sich noch folgender Zusatz ergibt, aus dem hervorgeht, daß das *Mertens*sche Resultat in einem gewissen Sinne durch kein schärferes ersetzt werden kann: *Geht man von irgendeiner Reihe (u) aus, die nicht absolut konvergent ist, so läßt sich stets eine konvergente Reihe (v) angeben, für welche die Produktreihe (w) divergent wird.*

---

*) „Über die Multiplikationsregel für zwei unendliche Reihen". dieses Journal, Bd. 79 (1875), S. 182–184.

Es ist nämlich

$$(31.)\qquad W_n = u_n V_1 + u_{n-1} V_2 + \cdots + u_1 V_n.$$

Denkt man sich die Reihe (u) beliebig gegeben, so definieren diese Gleichungen eine lineare Transformation $A = (a_{\varkappa\lambda})$, welche die V_n in die W_n überführt. Wird nun verlangt, daß (w) konvergieren soll, sobald nur (v) konvergiert, so bedeutet das nur, daß A eine konvergenzerhaltende Operation sein soll. In den Bezeichnungen des § 1 wird hier nun

$$\sigma_n = U_n, \; \zeta_n = |u_1| + |u_2| + \cdots + |u_n|.$$

Die dritte Bedingung des Satzes I besagt hier nur, daß die Reihe (u) absolut konvergent sein muß. Ist das aber der Fall, so wird

$$\sigma = \lim_{n=\infty} \sigma_n = U, \; a_\lambda = \lim_{\varkappa=\infty} a_{\varkappa\lambda} = \lim_{\varkappa=\infty} u_{\varkappa+1-\lambda} = 0.$$

Die Bedingungen 1. und 2. des Satzes I sind daher von selbst erfüllt. Nimmt man aber die Reihe (u) als nicht absolut konvergent an, so wird A keine konvergenzerhaltende Substitution, und dies bedeutet nur, daß sich die Reihe (v) so wählen läßt, daß die V_n einem endlichen Grenzwert zustreben, die W_n aber nicht.

Man kann auch leicht untersuchen, wann die lineare Transformation (31.) als reversibel zu bezeichnen ist. Beschränkt man sich, was offenbar gestattet ist, auf den Fall $u_1 \neq 0$ und setzt

$$f(x) = \sum_{\nu=1}^{\infty} u_\nu x^{\nu-1}, \; \frac{1}{f(x)} = \sum_{\nu=1}^{\infty} u'_\nu x^{\nu-1},$$

so erhält die zu (31.) inverse Substitution die Form

$$V_n = u'_n W_1 + u'_{n-1} W_2 + \cdots + u'_1 W_n.$$

Damit diese Substitution wieder konvergenzerhaltend sei, ist notwendig und hinreichend, daß auch die Reihe $\Sigma u'_n$ absolut konvergiere. Ist dies nicht der Fall, so kann die Reihe (w) konvergieren, ohne daß (v) diese Eigenschaft hat. Dies steht im Einklang mit den Ergebnissen der Herren *Pringsheim*, *Voß* und *Cajori*, aus denen hervorgeht, daß es unendlich viele Paare nur bedingt konvergenter oder auch divergenter Reihen (u), (v) gibt, die auf eine konvergente Produktreihe (w) führen*).

*) Vgl. insbesondere *A. Pringsheim*, „Über die Anwendung der Cauchyschen Multiplicationsregel auf bedingt convergente oder divergente Reihen". Transactions of the Amer. Math. Soc. Bd. II (1901). S. 404—412.

Auch die Untersuchungen von *Cesàro* über die Bedeutung der von ihm eingeführten Mittelbildungen für die Multiplikation der Reihen lassen sich in den Rahmen unserer Theorie einordnen. Setzt man $U_n^{(-1)} = u_n$ und

$$U_n^{(r)} = \sum_{\nu=1}^{n} U_\nu^{(r-1)} = \binom{n+r-1}{r} C_n^{(r)}(u), \qquad (r=0,1,2,\ldots)$$

so heißt bekanntlich die Reihe (u) im *Cesàro*schen Sinne von der r-ten Ordnung summierbar, wenn

$$\lim_{n=\infty} C_n^{(r)}(u) = U^{(r)}$$

existiert und einen endlichen Wert hat. Die Reihe (u) möge ferner von der r-ten Ordnung oszillierend genannt werden, wenn die Zahlen $|C_n^{(r)}(u)|$ für alle Werte von n unterhalb einer endlichen Schranke liegen*). Führt man für die Reihen (v) und (w) die analogen Bezeichnungen ein, so wird für $s = 0, 1, \ldots, r$

$$W_n^{(r)} = \sum_{\nu=1}^{n} U_\nu^{(r-s-1)} V_{n+1-\nu}^{(s)}$$

und also

$$(32.) \qquad C_n^{(r)}(w) = \frac{1}{p_n^{(r)}} \sum_{\nu=1}^{n} p_{n+1-\nu}^{(s)} U_\nu^{(r-s-1)} C_{n+1-\nu}^{(s)}(v),$$

wobei die Abkürzung

$$p_k^{(l)} = \binom{k+l-1}{l}$$

benutzt worden ist. Hält man nun wieder die Zahlen u_ν fest, so bestimmen die Gleichungen (32.) eine lineare Transformation, welche die $C_n^{(s)}(v)$ in die $C_n^{(r)}(w)$ überführt. Wendet man auf sie den Satz I an, so ergibt eine einfache Betrachtung folgendes Resultat:

XI. *Man gehe von einer gegebenen Reihe (u) aus und schreibe zwei nicht negative ganze Zahlen r und $s \leqq r$ vor. Verlangt man nun, daß für jede Reihe (v), die von der s-ten Ordnung summierbar ist, die Produktreihe (w) von der r-ten Ordnung summierbar sein soll, so lauten die notwendigen und hinreichenden Bedingungen folgendermaßen: Die Reihe (u) muß von der r-ten Ordnung summierbar sein, und außerdem müssen die Ausdrücke*

$$(33.) \qquad \frac{1}{n^r} \sum_{\nu=1}^{n} (n+1-\nu)^s \, |U_\nu^{(r-s-1)}|$$

*) Es wird hierbei nicht verlangt, daß r die kleinste Zahl sein soll, die dieser Bedingung genügt. Dasselbe gilt auch für den Fall der Summierbarkeit.

unterhalb einer endlichen Schranke liegen. Es ist dann stets $W^{(r)} = U^{(r)}\,V^{(s)}$. *Für* $s < r$ *sind beide Bedingungen von selbst erfüllt, wenn* (u) *schon von der* $(r-s-1)$*-ten Ordnung summierbar ist. Für* $s = r$ *folgt bereits allein aus der zweiten Bedingung, daß die Reihe* (u) *als absolut konvergent angenommen werden muß.*

Dieser Satz liefert das Hauptergebnis von *Cesàro**) in präziserer Fassung.

Es bereitet auch keine Mühe zu entscheiden, wann die lineare Transformation (32.) eine konvergenzerzeugende Operation ist, d. h. unter welchen Bedingungen für die Reihe (u) die Produktreihe (w) von der r-ten Ordnung summierbar wird, sobald nur (v) von der s-ten Ordnung oszillierend ist. Auf Grund des Satzes III gelangt man leicht zu dem Ergebnis, *daß dies dann und nur dann eintritt, wenn* (u) *von der* r*-ten Ordnung summierbar ist und der Ausdruck* (33.) *mit wachsendem* n *gegen* 0 *konvergiert***). Es wird dann stets $W^{(r)} = 0$. Für $s < r$ sind die beiden Bedingungen erfüllt, wenn (u) schon von der $(r-s-1)$-ten Ordnung summierbar und $U^{(r-s-1)} = 0$ ist. Der Fall $s = r$ ist hier ohne Interesse, weil dann bereits die zweite Bedingung erfordert, daß alle u_ν verschwinden.

Geht man z. B. von irgendeiner konvergenten Reihe (u) mit der Summe $U = 0$ aus und wählt für (v) eine beliebige Reihe, die von der s-ten Ordnung oszillierend ist, so wird (w) stets von der $(s+1)$-ten Ordnung summierbar und $W^{(s+1)} = 0$ sein.

In ganz ähnlicher Weise wie die *Cauchy*sche Produktreihe (w) läßt sich auch die nach der *Dirichlet*schen Multiplikationsregel gebildete Reihe

$$(w') \qquad w'_1 + w'_2 + \cdots, \quad w'_n = \sum_{d|n} u_d\, v_{\frac{n}{d}}$$

behandeln. Auch hier gilt, wie zuerst *Stieltjes****) bewiesen hat, das Analogon zum *Mertens*schen Satz: Sind die Reihen (u) und (v) konvergent

*) Sur la multiplication des séries, Bull. des Sciences Math. (2) XIV (1890), S. 114—120. Vgl. auch *Bromwich*, An Introduction to the Theory of Infinite Series (London, 1908), § 125.

**) Man hat hierbei ebenso wie beim Beweis des Satzes XI nur zu beachten, daß, wenn (u) von der r-ten Ordnung summierbar ist, $\lim_{n=\infty} n^{-r}\, U_n^{(r-s-1)} = 0$ wird.

***) Note sur la multiplication de deux séries, Nouvelles Annales de Math. (3) VI (1887), S. 210—213. Vgl. auch *E. Landau*, Handbuch der Lehre von der Verteilung der Primzahlen, Bd. II, § 185.

und ist mindestens eine von ihnen absolut konvergent, so konvergiert auch die Reihe (w') und ihre Summe ist gleich UV. Nach unserer Methode ergibt sich dieses Resultat wieder mit dem Zusatz: Ist (u) eine gegebene nicht absolut konvergente Reihe, so kann stets eine konvergente Reihe (v) gewählt werden, für welche die Reihe (w') divergent wird.

§ 9.

Das Dedekindsche Konvergenzkriterium und seine Verallgemeinerung.

Eine Folge reeller oder komplexer Zahlen

$$\gamma_1, \gamma_2, \ldots \tag{34.}$$

möge als eine Faktorenfolge für konvergente Reihen bezeichnet werden, wenn für *jede* konvergente Reihe

$$u_1 + u_2 + \cdots \tag{35.}$$

auch die Reihe

$$\gamma_1 u_1 + \gamma_2 u_2 + \cdots \tag{36.}$$

konvergent ist. Ferner soll (34.) eine Faktorenfolge für oszillierende Reihen heißen, wenn die Reihe (36.) konvergiert, sobald nur die Partialsummen von (35.) beschränkt sind. Das bekannte *Dedekind*sche Konvergenzkriterium besagt nun, daß die γ_n die zuerst genannte Eigenschaft besitzen, wenn die Reihe

$$|\gamma_1 - \gamma_2| + |\gamma_2 - \gamma_3| + \cdots \tag{37.}$$

konvergiert, und daß auch die zweite Forderung erfüllt ist, wenn außerdem noch $\lim \gamma_n = 0$ ist. Herr *Hadamard* *) hat umgekehrt bewiesen, daß diese Bedingungen auch als notwendige zu bezeichnen sind.

Dies ergibt sich fast unmittelbar aus unseren Sätzen I und III. Denn setzt man

$$U_n = u_1 + u_2 + \cdots + u_n, \quad V_n = \gamma_1 u_1 + \gamma_2 u_2 + \cdots + \gamma_n u_n,$$

so wird

$$V_n = \sum_{\lambda=1}^{n-1} (\gamma_\lambda - \gamma_{\lambda+1}) U_\lambda + \gamma_n U_n, \tag{38.}$$

und es handelt sich nur darum, zu untersuchen, unter welchen Bedingungen diese lineare Transformation der U_ν in die V_ν konvergenzerhaltend bzw. konvergenzerzeugend ist. In den früheren Bezeichnungen wird hier

*) Deux théorèmes d'Abel sur la convergence des séries. Acta Math. Bd. 27 (1913). S. 177–183.

$$a_\lambda = \gamma_\lambda - \gamma_{\lambda+1},\ \sigma_n = \gamma_1,\ \zeta_n = \sum_{\lambda=1}^{n-1} |\gamma_\lambda - \gamma_{\lambda+1}| + |\gamma_n|.$$

Die Bedingungen 1. und 2. des Satzes I sind von selbst erfüllt. Die dritte Bedingung ($\zeta_n <$ Const.) besagt insbesondere, daß die Reihe (37.) konvergieren muß, und dies genügt auch, weil alsdann

$$\lim_{n=\infty} \gamma_n = \gamma_1 - \sum_{\lambda=1}^{\infty} (\gamma_\lambda - \gamma_{\nu+1})$$

existiert, demnach auch $|\gamma_n|$ beschränkt ist. Die Konvergenz der Reihe (37.) ist also die einzige notwendige und hinreichende Bedingung dafür, daß die Transformation (38.) konvergenzerhaltend sei. Soll sie außerdem noch konvergenzerzeugend sein, so kommt noch die Bedingung 4′. des § 1 hinzu, die sich hier offenbar auf $\lim \gamma_n = 0$ reduziert.

Auf eine Verallgemeinerung des *Dedekind*schen Konvergenzkriteriums hat Herr *Bromwich**) aufmerksam gemacht: Man setze

$$\Delta^0 \gamma_\nu = \gamma_\nu,\ \Delta^k \gamma_\nu = \Delta^{k-1} \gamma_\nu - \Delta^{k-1} \gamma_{\nu+1} = \sum_{\lambda=0}^{k} (-1)^\lambda \binom{k}{\lambda} \gamma_{\nu+\lambda};$$

ist $\lim n^k \gamma_n = 0$ und ist die Reihe

$$(39.)\qquad \sum_{\nu=1}^{\infty} \nu^k \left|\Delta^{k+1} \gamma_\nu\right|$$

konvergent, so wird die Reihe $\Sigma \gamma_\nu u_\nu$ konvergent, sobald nur die Reihe Σu_ν von der k-ten Ordnung oszillierend ist. Eine andere Verallgemeinerung spielt in den interessanten Untersuchungen des Herrn *H. Bohr* über die Summabilität der *Dirichlet*schen Reihen eine wichtige Rolle: Ist $\lim \gamma_n = 0$ und ist die Reihe (39.) konvergent, so geht jede von der k-ten Ordnung oszillierende Reihe Σu_ν in eine Reihe $\Sigma \gamma_\nu u_\nu$ über, die von der k-ten Ordnung summierbar ist**).

An diese Sätze läßt sich eine etwas allgemeinere Betrachtung anknüpfen: Sind k und l zwei gegebene nicht negative ganze Zahlen, so bezeichne man die Größen γ_n als eine Faktorenfolge vom Typus (s_k, s_l), wenn *jede* von der k-ten Ordnung summierbare Reihe Σu_ν auf eine Reihe $\Sigma \gamma_\nu u_\nu$ führt, die von der l-ten Ordnung summierbar ist. Ist dies ferner

*) On the limits of certain infinite series and integrals, Math. Ann. Bd. 65 1908), S. 350–369.

**) *H. Bohr*, Bidrag til de *Dirichlet*ske Raekkers Theorie, Inaug.-Diss., Kopenhagen 1910, S. 61.

schon der Fall, sobald nur Σu_ν von der k-ten Ordnung oszillierend ist, so nenne man die γ_n eine Faktorenfolge vom Typus (o_k, s_l) *). Um nun diese Faktorenfolgen durch notwendige und hinreichende Bedingungen zu charakterisieren, führe man für Σu_ν die im vorigen Paragraphen erklärten Mittelwerte $C_n^{(k)}(u)$ ein. Hat $C_n^{(l)}(v)$ die entsprechende Bedeutung für die Reihe $\Sigma \gamma_\nu u_\nu$, so wird, wie eine einfache Rechnung ergibt,

$$C_n^{(l)}(v) = \Sigma a_{n\nu} C_\nu^{(k)}(u), \tag{40.}$$

wo

$$\binom{n+l-1}{l} a_{n\nu} = \binom{\nu+k-1}{k} \sum_{\mu=0}^{m} \binom{n-\nu+l-k-1}{l-\mu} \binom{k+1}{\mu} \overline{\Delta}^{k+1-\mu} \gamma_\nu$$

zu setzen ist. Hierbei soll $m = \mathrm{Min}\,(k+1, l)$ sein und $\overline{\Delta}^{k+1-\mu}\gamma_\nu$ den Ausdruck bedeuten, der aus $\Delta^{k+1-\mu}\gamma_\nu$ hervorgeht, wenn $\gamma_{n+1}, \gamma_{n+2}, \ldots$ durch 0 ersetzt werden. Indem ich nun auf Grund unserer Sätze I und III untersucht habe, unter welchen Bedingungen die lineare Transformation (40.) konvergenzerhaltend bzw. konvergenzerzeugend ist, bin ich zu folgendem einfachen Ergebnis gelangt:

XII. *Ist $k \geqq l$, so stellen die Zahlen γ_n dann und nur dann eine Faktorenfolge vom Typus (s_k, s_l) dar, wenn die Reihe* (39.) *konvergent und* $\gamma_n = O(n^{l-k})$ ist**). *Soll die Faktorenfolge zugleich auch vom Typus (o_k, s_l) sein, so kommt nur noch hinzu, daß $\gamma_n = o(n^{l-k})$ sein muß. Für $k < l$ gibt es keine Faktorenfolge vom Typus (s_k, s_l) oder (o_k, s_l), die nicht schon vom Typus (s_k, s_k) bzw. (o_k, s_k) ist.*

Auf den Beweis, der eine recht umständliche Rechnung erfordert, soll hier nicht eingegangen werden.

Wendet man den Satz XII auf die Zahlen $\gamma_n = \frac{1}{n^\alpha}$ $(0 < \alpha \leqq 1)$ an und beachtet, daß in diesem Fall die Reihe (39.) für jedes $k \geqq 0$ konvergiert, so ergibt sich: Ist die Reihe Σu_ν von der k-ten Ordnung

---

*) Hierbei ist zu beachten, daß für $k' \leqq k$ $l' \geqq l$ die Faktorenfolgen vom Typus (s_k, s_l) oder (o_k, s_l) unter denen vom Typus $(s_{k'}, s_{l'})$ bzw. $(o_{k'}, s_{l'})$ enthalten sind.

**) Nach dem Vorgange der Herren *P. Bachmann* und *E. Landau* wird hierbei durch eine Gleichung $\alpha_n = O(\beta_n)$ oder $\alpha_n = o(\beta_n)$ zum Ausdruck gebracht, daß $\left|\frac{\alpha_n}{\beta_n}\right| <$ Const. bzw. $\lim \frac{\alpha_n}{\beta_n} = 0$ sein soll.

summierbar ($k > 0$), so ist die Reihe

$$\frac{u_1}{1^\alpha} + \frac{u_2}{2^\alpha} + \cdots \tag{41.}$$

in allen Fällen von der Ordnung $k - [\alpha]$, aber nicht immer von der Ordnung $k - [\alpha] - 1$ summierbar; ist ferner Σu_ν von der k-ten Ordnung oszillierend, so ist die Reihe (41.) stets von der k-ten, aber auch für $\alpha = 1$ nicht immer von der $(k-1)$-ten Ordnung summierbar. Dieses Resultat bildet eine der Grundlagen der Lehre von der Summabilität der *Dirichlet*schen Reihen*).

§ 10.
Anwendungen auf Potenzreihen.

Ist die Reihe

$$s = c_0 + c_1 + c_2 + \cdots \tag{42.}$$

konvergent und setzt man für $|x| < 1$

$$f(x) = c_0 + c_1 x + c_2 x^2 + \cdots,$$

so ist bekanntlich

$$\lim_{x \to 1} f(x) = s.$$

Hierbei kann x auf dem Radius $0 \ldots 1$ oder auch längs irgendeiner im Innern des Einheitskreises verlaufenden Kurve, für die

$$\frac{|1-x|}{1-|x|} < \text{Const.}$$

ist, der Stelle 1 zustreben. Dies ist der *Abel*sche Stetigkeitssatz in der *Stolz-Pringsheim*schen Fassung**).

Es ist leicht zu sehen, daß auch dieser Satz nur als ein Spezialfall unseres Satzes I aufgefaßt werden kann (vgl. Einleitung). Setzt man nämlich

$$s_n = c_0 + c_1 + \cdots + c_n,$$

so wird für $|x| < 1$

$$f(x) = \sum_{\lambda=0}^{\infty} s_\lambda (1-x) x^\lambda.$$

Ist nun $x_1, x_2, \ldots$ irgendeine gegebene Folge von Punkten, die den Bedingungen

$$|x_\varkappa| < 1, \quad \lim_{\varkappa = \infty} x_\varkappa = 1 \tag{43.}$$

*) Vergl. *H. Bohr*, a. a. O. und *M. Riesz*, Sur les séries de *Dirichlet*, Comptes Rendus, Bd. 148 (1909), S. 1658—1660.

**) Vergl. *A. Pringsheim*, Über zwei *Abel*sche Sätze, die Stetigkeit von Reihensummen betreffend, Sitzungsber. der Bayer. Akad., Bd. 27 (1897), S. 343 — 356.

genügen, so bestimmen die Gleichungen

$$f(x_\varkappa) = \sum_{\lambda=0}^{\infty} (1 - x_\varkappa)\, x_\varkappa^\lambda \cdot s_\lambda$$

eine lineare Transformation A, welche die Zahlenfolge s_λ in die Folge $f(x_\varkappa)$ überführt. In den so oft benutzten Bezeichnungen wird hierbei

$$a_\lambda = \lim_{\varkappa=\infty} (1 - x_\varkappa)\, x_\varkappa^\lambda = 0, \quad \sigma = \lim_{\varkappa=\infty} \sum_{\lambda=0}^{\infty} (1 - x_\varkappa)\, x_\varkappa^\lambda = 1$$

und

$$(44.) \qquad \zeta_\varkappa = \sum_{\lambda=0}^{\infty} |1 - x_\varkappa|\, |x_\varkappa|^\lambda = \frac{|1 - x_\varkappa|}{1 - |x_\varkappa|}.$$

Liegen nun diese Zahlen unterhalb einer endlichen Schranke (was für reelle positive $x_\varkappa$ von selbst der Fall ist), so wird A eine konvergenzerhaltende (reguläre) Operation und daher ist, wie zu beweisen war,

$$\lim_{\varkappa=\infty} f(x_\varkappa) = \lim_{\lambda=\infty} s_\lambda = s.$$

Zugleich ergibt sich aber auch, daß *zu jeder Folge von gegen* 1 *konvergierenden Zahlen* $x_\varkappa$, *für welche die Ausdrücke* (**44.**) *nicht unterhalb einer endlichen Schranke liegen, eine konvergente Reihe* (42.) *angegeben werden kann, bei der* lim $f(x_n)$ *nicht existiert.*

Nimmt man die $x_\varkappa$ als reell und positiv an, so erscheint A als eine reguläre lineare Substitution mit positiven Koeffizienten. Aus dem Satze VII ergibt sich daher, daß für eine Potenzreihe $f(x)$ mit reellen Koeffizienten, die an der Stelle $x = 1$ eigentlich divergent ist, d. h. der Bedingung $\lim s_\lambda = \infty$ genügt, auch $\lim f(x_\varkappa) = \infty$ wird. Dies liefert eine bekannte wichtige Ergänzung zum *Abel*schen Stetigkeitssatz*).

Auch die von *Frobenius* und Herrn *O. Hölder***) angegebene Verallgemeinerung des *Abel*schen Satzes, die sich auf den Fall einer von der k-ten Ordnung summierbaren Reihe (42.) bezieht, läßt sich in genau derselben Weise behandeln.

Eine andere Verallgemeinerung, die von *Cesàro* herrührt, lautet: Sind zwei für $|x| < 1$ konvergente Potenzreihen

$$f(x) = \sum_{\nu=0}^{\infty} a_\nu x^\nu, \quad g(x) = \sum_{\nu=0}^{\infty} b_\nu x^\nu$$

mit reellen nicht negativen Koeffizienten gegeben, die für $x = 1$ divergent

*) Vergl. *A. Pringsheim*, Über das Verhalten von Potenzreihen auf dem Konvergenzkreise, Sitzungsber. der Bayer. Akad. Bd. 30 (1900), S. 37–100.

**) Vergl. *E. Landau*, Darstellung und Begründung einiger neuerer Ergebnisse der Funktionentheorie, Berlin 1916, zweites Kapitel.

sind, so ist (für reelle x)

$$\lim_{x\to 1} \frac{f(x)}{g(x)} = \lim_{n=\infty} \frac{a_n}{b_n}$$

unter der Voraussetzung, daß der rechtsstehende Limes existiert. Um diesen Satz nach unserer Methode zu erhalten, setze man $a_n = b_n u_n$. Für reelle positive Zahlen $x_\varkappa$, die den Bedingungen (43.) genügen, erscheint dann

$$\frac{f(x_\varkappa)}{g(x_\varkappa)} = \sum_{\lambda=0}^{\infty} \frac{b_\lambda x_\varkappa^\lambda}{g(x_\varkappa)} \cdot u_\lambda \qquad (\varkappa = 1, 2, \ldots)$$

als eine lineare Transformation der u_λ, die offenbar wieder den Bedingungen des Satzes II genügt, also regulär ist. Sobald also $\lim u_\lambda = u$ existiert, konvergieren auch die Zahlen $\frac{f(x_\varkappa)}{g(x_\varkappa)}$ gegen u.

Im Allgemeinen wird die hier entwickelte Betrachtungsweise nur dann anwendbar sein, wenn es sich um Behauptungen handelt, die für *beliebige* konvergente bzw. beschränkte Zahlenfolgen (oder unendliche Reihen) gelten sollen. Unsere Methode wird, soweit sie hier ausgebildet ist, dagegen versagen, falls die zu behandelnden Zahlenfolgen noch weiteren Bedingungen unterworfen werden. Von dieser Art sind insbesondere die in neuerer Zeit entstandenen wichtigen Ergänzungen zum *Abel*schen Satz, die als die Umkehrungssätze bekannt sind*). Nur beim *Tauber*schen Satz**) gelingt es, den Beweis mit Hilfe eines schon von Herrn *Tauber* benutzten Kunstgriffs auf unsere Resultate über lineare Transformationen zurückzuführen. Hierbei ergibt sich auch eine nicht uninteressante Bemerkung zum viel tiefer liegenden ersten Satz des Herrn *Littlewood****).

Der *Tauber*sche Satz lautet: *Ist* $c_n = o\left(\frac{1}{n}\right)$ *und existiert* $\lim_{x\to 1} f(x)$ *bei Annäherung längs des Radius* 0…1, *so ist die Reihe* Σc_n *konvergent.* Um nun den Beweis zu erbringen und zugleich auch zu untersuchen, inwiefern die Beschränkung auf reelle x wesentlich ist, setze man $c_n = \frac{u_n}{n}$ und betrachte irgendeine Zahlenfolge $x_n = r_n e^{i\varphi_n}$, die den Bedingungen (43.) ge-

*) Vergl. *E. Landau*, a. a. O., §§ 7—11.

**) *A. Tauber*, Ein Satz aus der Theorie der unendlichen Reihen, Monatshefte für Math. u. Phys., Bd. 8 (1897), S. 273—277.

***) The Converse of *Abel*'s Theorem on Power Series. London Math. Soc. Proc. (2), Bd. 9 (1911), S. 434—448.

nügt. Dann definieren die Gleichungen

$$(45.)\qquad s_\varkappa - f(x_\varkappa) = \sum_{\mu=1}^{\varkappa} \frac{1-x_\varkappa^\mu}{\mu}\cdot u_\mu - \sum_{\nu=\varkappa+1}^{\infty} \frac{x_\varkappa^\nu}{\nu}\cdot u_\nu$$

eine lineare Transformation $A = (a_{\varkappa\lambda})$ der u_λ. Der *Tauber*sche Satz beruht nun einfach darauf, daß A für $x_\varkappa = 1 - \frac{1}{\varkappa}$ eine konvergenzerhaltende Operation wird. Es genügt offenbar sogar, eine (reelle) Zahlenfolge $x_\varkappa$ anzugeben, für die A eine Operation wird, die jede Nullfolge u_λ in eine konvergente Folge überführt. Unter welchen Bedingungen das (auch für komplexe $x_\varkappa$) eintritt, wissen wir auf Grund des Satzes IV des § 3. Da hier in den früheren Bezeichnungen

$$(46.)\qquad a_\lambda = \lim_{\varkappa=\infty} \frac{1-x_\varkappa^\lambda}{\lambda} = 0$$

ist, so hat man nur zu untersuchen, ob die Zahlen

$$(47.)\qquad \zeta_\varkappa = \sum_{\lambda=1}^{\infty} |a_{\varkappa\lambda}| = \sum_{\mu=1}^{\varkappa} \frac{|1-x_\varkappa^\mu|}{\mu} + R_\varkappa,\ R_\varkappa = \sum_{\nu=\varkappa+1}^{\infty} \frac{r_\varkappa^\nu}{\nu}$$

unterhalb einer endlichen Schranke liegen. Die Herren *Landau*, *Hardy* und *Littlewood* haben auch komplexe $x_\varkappa$ angegeben, für die das der Fall ist, und auf diese Weise die *Tauber*sche Voraussetzung, daß $\lim\limits_{x\to 1} f(x)$ für reelle x existieren soll, durch anders geartete Voraussetzungen ersetzt*). Für reelle positive $x_\varkappa = 1 - \frac{\xi_\varkappa}{\varkappa}$ wird insbesondere

$$(48.)\qquad \zeta_\varkappa = \sum_{\mu=1}^{\varkappa} \frac{1}{\mu} + \log(1-x_\varkappa) + 2R_\varkappa = \log \xi_\varkappa + C + 2R_\varkappa + o(1),$$

wo C die *Euler*sche Konstante bedeutet. Soll $\zeta_\varkappa <$ Const. sein, so müssen wegen (47.) auch die Zahlen $R_\varkappa$ unterhalb einer endlichen Schranke bleiben. Aus (48.) folgt dann noch, daß die $\xi_\varkappa$ in einem endlichen Intervall

$$0 < \alpha \leqq \xi_\varkappa \leqq \beta$$

liegen müssen. Ist dies aber der Fall, so wird von selbst

$$R_\varkappa < \frac{1}{\varkappa} \sum_{\nu=\varkappa+1}^{\infty} x_\varkappa^\nu < \frac{1}{\varkappa(1-x_\varkappa)} = \frac{1}{\xi_\varkappa} < \text{Const.}$$

Diese Betrachtung liefert also das Resultat: Für reelle positive Zahlen

$$x_\varkappa = 1 - \frac{\xi_\varkappa}{\varkappa} < 1,\ \lim_{\varkappa=\infty} x_\varkappa = 1$$

kann dann und dann geschlossen werden, daß für jede Potenzreihe $f(x)$, deren Koeffizienten der Bedingung $\lim n\,c_n = 0$ genügen,

---

*) Vergl. *E. Landau*, a. a. O., § 8.

$$\lim_{\varkappa=\infty}[s_\varkappa - f(x_\varkappa)] = 0$$

sein muß, wenn die $\xi_\varkappa$ zwischen zwei endlichen positiven Zahlen α und β liegen.

Der *Littlewood*sche Satz besagt, daß das *Tauber*sche Resultat richtig bleibt, wenn die Voraussetzung $c_n = o\left(\frac{1}{n}\right)$ durch $c_n = O\left(\frac{1}{n}\right)$ ersetzt wird*). Dieser Satz würde sich offenbar unmittelbar ergeben, wenn es gelänge, eine den Bedingungen (43.) genügende (reelle) Zahlenfolge $x_\varkappa$ anzugeben, für welche die lineare Transformation (45.) eine konvergenzerzeugende Operation wird. Ich will nun zeigen, daß es eine Zahlenfolge dieser Art nicht gibt, auch dann nicht, wenn man komplexe $x_\varkappa$ zuläßt. Aus der Bedingung 4'. des § 1 folgt nämlich mit Rücksicht auf (46.), daß die Ausdrücke (47.) gegen 0 konvergieren müßten. Wegen $R_\varkappa < \zeta_\varkappa$ müßte also auch $\lim R_\varkappa = 0$ sein. Setzt man ferner $r_\varkappa = 1 - \frac{\varrho_\varkappa}{\varkappa}$, so ergibt sich aus

$$\zeta_\varkappa \geqq \sum_{\mu=1}^{\varkappa} \frac{1-r_\varkappa^\mu}{\mu} + R_\varkappa = \sum_{\mu=1}^{\varkappa} \frac{1}{\mu} + \log(1-r_\varkappa) + R_\varkappa = \log\varrho_\varkappa + C + 2R_\varkappa + o(1),$$

daß die $\varrho_\varkappa$ als nach oben beschränkt anzunehmen wären. Ist nun $\varrho_\varkappa \leqq \varrho$, also $r_\varkappa \geqq 1 - \frac{\varrho}{\varkappa}$, so wird für $\varkappa > \varrho$

$$R_\varkappa > \sum_{\nu=\varkappa+1}^{2\varkappa} \frac{r_\varkappa^\nu}{\nu} > \left(1-\frac{\varrho}{\varkappa}\right)^{2\varkappa} \sum_{\nu=\varkappa+1}^{2\varkappa} \frac{1}{\nu}.$$

Der rechts stehende Ausdruck konvergiert nun mit wachsendem $\varkappa$ gegen $e^{-2\varrho}\log 2$, und daher kann nicht $\lim R_\varkappa = 0$ sein.

Wir erkennen auf diese Weise, daß zu jeder Zahlenfolge $x_\varkappa$, die den Bedingungen (43.) genügt, eine Potenzreihe $f(x)$ angegeben werden kann, bei der $n|c_n| <$ Const. ist, aber $\lim_{\varkappa=\infty}[s_\varkappa - f(x_\varkappa)]$ nicht existiert**).

*) Einen noch weiter gehenden Satz haben später (im Jahre 1914) die Herren *Hardy* und *Littlewood* bewiesen. Vergl. *E. Landau*, a. a. O., § 9.

**) Kurz vor Abschluß der Korrekturen ist mir eine im Tôhoku Math. Journal, Bd. 12 (1917), S. 291—326, erschienene Arbeit des Herrn *T. Kojima* bekannt geworden, in der für *zeilenfinite* Substitutionen der Form $y_\varkappa = \sum_{\lambda=1}^{\varkappa} a_{\varkappa\lambda} x_\lambda$ die Theorie und auch die von mir in den §§ 8 und 9 behandelten Anwendungen der *konvergenzerhaltenden* Operationen bereits vollständig entwickelt werden. Ein Analogon zu den konvergenzerzeugenden Transformationen bei Integraloperationen $v(x) = \int_a^x a(x,y)u(y)\,dx$ behandelt Herr *Kojima* in einer späteren Arbeit (ebenda, Bd. 14 (1918), S. 64—79).

Berlin, im Juni 1918.

41.

Über algebraische Gleichungen, die nur Wurzeln mit negativen Realteilen besitzen

Zeitschrift für Angewandte Mathematik und Mechanik 1, 307 - 311 (1921)

Bei verschiedenen Anwendungen, insbesondere bei den **Stabilitätsproblemen** der Mechanik, wird man auf die Aufgabe geführt, zu entscheiden, unter welchen Bedingungen eine algebraische Gleichung

$$f(x) = a_0 + a_1 x + \ldots + a_n x^n = 0 \quad . \quad . \quad . \quad . \quad . \quad . \quad . \quad . \quad (1)$$

mit reellen Koeffizienten die Eigenschaft besitzt, daß die Realteile ihrer Wurzeln $x_1, x_2, \ldots, x_n$ sämtlich negativ sind[1]). Als notwendig erweist es sich, daß alle a_ν gleiches Vorzeichen haben, und für $n = 2$ ist diese Bedingung auch hinreichend. Dies folgt unmittelbar aus der Zerlegung von $f(x)$ in lineare und quadratische reelle Faktoren. Eine Lösung unserer Aufgabe für Gleichungen beliebigen Grades hat **Routh** a. a. O. mit Hilfe der **Cauchy**schen Indextheorie entwickelt. Etwas später ist A. **Hurwitz**[2]) durch Betrachtung einer gewissen quadratischen Form auf ein besonders einfaches und elegantes Kriterium geführt worden, das folgendermaßen lautet: **Nimmt man den Koeffizienten a_0 als positiv an, so sind die Realteile der Wurzeln der Gleichung (1) dann und nur dann sämtlich negativ, wenn die n Determinanten**

$$D_1 = a_1, \quad D_2 = \begin{vmatrix} a_1 & a_0 \\ a_3 & a_2 \end{vmatrix}, \quad D_3 = \begin{vmatrix} a_1 & a_0 & 0 \\ a_3 & a_2 & a_1 \\ a_5 & a_4 & a_3 \end{vmatrix}, \quad \ldots, \quad D_n = \begin{vmatrix} a_1 & a_0 & 0 & \ldots & 0 \\ a_3 & a_2 & a_1 & \ldots & 0 \\ . & . & . & . & . \\ a_{2n-1} & a_{2n-2} & a_{2n-3} & \ldots & a_n \end{vmatrix}$$

sämtlich positiv ausfallen. Hierbei hat man a_ν für $\nu > n$ gleich Null zu setzen.

Einen elementareren Beweis für den **Hurwitz**schen Satz, der nur von einfachen Sätzen über Resultanten Gebrauch macht, hat L. **Orlando**[3]) angegeben. Er geht hierbei

---

[1]) Vergl. z. B. E. J. **Routh**, A treatise on the stability of a given state of motion, London 1877, S. 74 bis 81; auch: Die Dynamik der Systeme starrer Körper, Deutsche Ausgabe Bd. II, Leipzig 1898, S. 222 bis 234.

[2]) A. **Hurwitz**, Math. Ann. Bd. 46 (1895), S. 273 bis 284.

[3]) L. **Orlando**, Math. Ann. Bd. 71 (1912), S. 233 bis 245.

von der an und für sich interessanten und überaus leicht zu beweisenden Bemerkung aus, daß die Gleichung (1) dann und nur dann die verlangte Eigenschaft besitzt, wenn die Gleichung des Grades $\binom{n}{2}$, der die $\binom{n}{2}$ Summen $x_\varkappa + x_\lambda$ $(\varkappa < \lambda)$ genügen, lauter positive Koeffizienten aufweist. Erwähnt seien auch noch zwei Noten des Herrn Chipard und Liénard[1]). Hier wird mit Hilfe der Theorie der quadratischen Formen ein ähnliches Kriterium wie das Hurwitzsche abgeleitet, ohne daß die Hurwitzsche Arbeit zitiert wird.

Im folgenden will ich auf einen neuen Zugang zum Hurwitzschen Kriterium aufmerksam machen, der mir besonders einfach zu sein scheint.. Ich gelange zu dem Hurwitzschen Satz auf dem Umweg über zwei andere Kriterien, die beide für die Praxis bereits völlig ausreichend sind. Sie haben noch den Vorzug, daß sie auch für Gleichungen mit komplexen Koeffizienten ihre Geltung behalten.

Zur Abkürzung werde ich im folgenden eine Gleichung mit reellen oder komplexen Koeffizienten, deren Wurzeln lauter negative Realteile besitzen, als eine Hurwitzsche Gleichung bezeichnen.

1. Eine Hilfsbetrachtung. Jedem Polynom

$$f(x) = a_0 + a_1 x + a_2 x^2 + \ldots + a_n x^n$$

mit reellen oder komplexen Koeffizienten ordne ich das Polynom

$$f^*(x) = \bar{a}_0 - \bar{a}_1 x + \bar{a}_2 x^2 - \ldots + (-1)^n \bar{a}_n x^n$$

zu. Hierbei soll wie üblich das Ueberstreichen der a_ν den Uebergang zu den konjugiert komplexen Größen andeuten, so daß, wenn die ursprüngliche Gleichung nur reelle Koeffizienten hat, das Polynom f^* sich lediglich in den Vorzeichen jedes zweiten Gliedes von f unterscheidet. Sind dann $x_1, x_2, \ldots x_n$ die Wurzeln von $f(x) = 0$, ist also

$$f(x) = a_n \prod_{\nu=1}^{n} (x - x_\nu) \quad \ldots \ldots \ldots \quad (2),$$

so wird, da für $f = gh \ldots$ offenbar auch $f^* = g^* h^* \ldots$ wird,

$$f^*(x) = \bar{a}_n \prod_{\nu=1}^{n} (-x - \bar{x}_\nu) \quad \ldots \ldots \ldots \quad (3).$$

Sind nun $u, v; u_\nu, v_\nu$ $(\nu = 1, 2 \ldots n)$ reelle Größen und setzen wir

$$x = u + iv, \quad x_\nu = u_\nu + i v_\nu,$$

so wird

$$|x + \bar{x}_\nu|^2 - |x - x_\nu|^2 = 4 u u_\nu.$$

Für ein negatives u_ν entsprechen daher die drei möglichen Fälle

$$|x - x_\nu| < |x + \bar{x}_\nu|, \quad |x - x_\nu| > |x + \bar{x}_\nu|, \quad |x - x_\nu| = |x + \bar{x}_\nu|$$

den drei Fällen

$$u < 0, \quad u > 0, \quad u = 0.$$

Aus (2) und (3) folgt also unmittelbar: Ist $f(x) = 0$ eine Hurwitzsche Gleichung, so wird[2])

$$\left.\begin{array}{l} 0 \leq |f(x)| < |f^*(x)| \text{ für } \Re(x) < 0 \\ 0 \leq |f^*(x)| < |f(x)| \text{ für } \Re(x) > 0 \\ 0 < |f(x)| = |f^*(x)| \text{ für } \Re(x) = 0 \end{array}\right\} \quad \ldots \ldots \quad (4).$$

Auf Grund dieser Ungleichungen ergibt sich nun leicht der Hilfssatz: Sind α und β zwei reelle oder komplexe Größen und ist $|\alpha| > |\beta|$, so ist $f(x) = 0$ dann und nur dann eine Hurwitzsche Gleichung, wenn die Gleichung

$$g(x) = \alpha f(x) - \beta f^*(x) = 0 \quad \ldots \ldots \ldots \quad (5)$$

diese Eigenschaft besitzt.

Denn ist $f(x) = 0$ eine Hurwitzsche Gleichung, so wird für $\Re(x) \geq 0$

$$|\alpha f(x)| > |\beta f^*(x)|.$$

Daher kann für ein solches x nicht $\alpha f(x) = \beta f^*(x)$ sein. Ferner folgt aus (5)

$$g^*(x) = \bar{\alpha} f^*(x) - \bar{\beta} f(x) \quad \ldots \ldots \ldots \quad (6).$$

---

[1]) Comptes Rendus, Paris, Bd 157 (1913), S. 691 bis 694 und S. 835 bis 840. Vergl. hierzu M. Fujiwara, The Tôkoku Math. Journ., 1915, Bd. 8, S. 78 bis 82.

[2]) Für Gleichungen, deren Wurzeln sämtlich positive Imaginärteile besitzen, findet sich eine ähnliche Bemerkung bei Laguerre, Oeuvres, Bd. I., S. 360

Die Elimination von $f^*(x)$ aus (5) und (6) liefert aber

$$f(x) = \alpha_1 g(x) - \beta_1 g^*(x),$$

wobei

$$\alpha_1 = \frac{\bar{\alpha}}{|\alpha|^2 - |\beta|^2}, \quad \beta_1 = -\frac{\beta}{|\alpha|^2 - |\beta|^2}$$

zu setzen ist. Da auch $|\alpha_1| > |\beta_1|$ ist, so ist die Beziehung zwischen $f(x)$ und $g(x)$ eine reziproke.

2. Das erste Kriterium. Ist nun $f(x) = 0$ eine Hurwitzsche Gleichung und bedeutet ξ irgend eine komplexe Zahl mit negativem Realteil, so wird wegen (4)

$$|f^*(\xi)| > |f(\xi)| \quad \ldots\ldots\ldots\ldots \quad (7).$$

Daher ist auf Grund unseres Hilfssatzes auch

$$g(x) = f^*(\xi) f(x) - f(\xi) f^*(x) = 0$$

eine Hurwitzsche Gleichung. Diese Gleichung hat aber die Wurzel $x = \xi$. Folglich ist auch

$$f_1(x) = \frac{g(x)}{x - \xi} = 0$$

eine algebraische Gleichung mit lauter Wurzeln von negativem Realteil. Weiß man umgekehrt, daß $f_1(x) = 0$ eine Hurwitzsche Gleichung ist, so gilt dasselbe auch für $g(x) = 0$. Kommt noch hinzu, daß ξ der Bedingung (7) genügt, so ergibt sich aus dem Hilfssatz, daß auch $f(x) = 0$ eine Hurwitzsche Gleichung ist. Dies liefert aber den Satz:

Es sei ξ eine beliebige, fest gewählte Größe mit negativem Realteil. Die Gleichung n-ten Grades $f(x) = 0$ ist dann und nur dann eine Hurwitzsche Gleichung, wenn $f(\xi)$ von kleinerem absoluten Betrage als $f^*(\xi)$ ausfällt und die Gleichung des Grades $n-1$

$$f_1(x) = \frac{f^*(\xi) f(x) - f(\xi) f^*(x)}{x - \xi} = 0$$

eine Hurwitzsche Gleichung ist[1]).

Da man dieses Reduktionsverfahren auch auf die Gleichung $f_1(x) = 0$ und die sich aus ihr ergebenden weiteren Gleichungen anwenden kann, so wird man in jedem Fall nach höchstens $n-1$, bei reellen Koeffizienten nach $n-2$ Schritten entscheiden können, ob $f(x) = 0$ eine Hurwitzsche Gleichung ist oder nicht. Hierbei kann man sich bei der Fortsetzung des Verfahrens entweder jedesmal derselben Größe ξ oder auch eines Systems von beliebig vorgeschriebenen Größen $\xi, \xi_1, \ldots$ mit lauter negativen Realteilen bedienen.

Sei z. B. die Gleichung fünften Grades mit reellen Koeffizienten $f(x) = 1 + x + 5x^2 + 7x^3 + 4x^4 + 8x^5 = 0$ vorgelegt. Wir wählen $\xi = -1$ und erhalten:

$$f(x) = 1 + x + 5x^2 + 7x^3 + 4x^4 + 8x^5, \quad f(-1) = -6$$
$$f^*(x) = 1 - x + 5x^2 - 7x^3 + 4x^4 - 8x^5, \quad f^*(-1) = 26$$

$$f^*(-1) f(x) - f(-1) f^*(x) = 32 + 20x + 160x^2 + 140x^3 + 128x^4 + 160x^5$$
$$f_1(x) = 32 - 12x \ldots\ldots$$

Da hier die Vorzeichen wechseln, ist $f_1(x) = 0$ und somit auch $f(x) = 0$ keine Hurwitzsche Gleichung. Erhielte man in f_1 noch lauter gleiche Zeichen, so müßte man $f_2(x)$ aus $f_1(x)$ in derselben Weise bilden, wie f_1 aus f gewonnen wurde. Im äußersten Falle wäre so bis f_3 fortzufahren, welches ein Polynom zweiten Grades ist.

3. Das zweite Kriterium. Der Quotient

$$F(x, \xi) = \frac{f^*(\xi) f(x) - f(\xi) f^*(x)}{x - \xi},$$

den wir vorhin mit $f_1(x)$ bezeichnet haben, ist eine ganze rationale Funktion der beiden Variabeln x und ξ. Seine Entwicklung nach Potenzen von ξ laute

$$F(x, \xi) = F_0(x) + F_1(x)\,\xi + \ldots + F_{n-1}(x)\,\xi^{n-1}.$$

[1]) Dieser Satz steht in engem Zusammenhang mit einer von mir in der Math. Zeitschrift, Bd. 1, 1918, S. 387, gemachten Bemerkung über algebraische Gleichungen, deren Wurzeln sämtlich im Innern des Einheitskreises liegen. Eine weitgehende und wichtige Verallgemeinerung dieser Bemerkung enthält die demnächst in der Math. Zeitschrift erscheinende Arbeit des Herrn A. Cohn: »Ueber die Anzahl der Wurzeln einer algebraischen Gleichung in einem Kreise«.

Multipliziert man mit $x-\xi$ und vergleicht die Koeffizienten von 1 und ξ, so erhält man speziell

$$\bar{a}_0 f(x) - a_0 f^*(x) = x F_0, \quad -\bar{a}_1 f(x) - a_1 f^*(x) = -F_0 + x F_1 \quad . \quad . \quad . \quad (8).$$

Hieraus folgt $\quad x^2 (F_0 + \xi F_1) = f(x)\,\varphi(x) - f^*(x)\,\psi(x) \quad . \quad . \quad . \quad . \quad . \quad . \quad . \quad (9),$

wobei

$$\varphi(x) = a_0 x - \bar{a}_1 \xi x + \bar{a}_0 \xi, \quad \psi(x) = a_0 x + a_1 \xi x + a_0 \xi \quad . \quad . \quad . \quad . \quad (10)$$

zu setzen ist.

Ich behaupte nun, daß man unser erstes Kriterium durch das folgende ersetzen kann:

Es sei ξ eine beliebige, fest gewählte Größe mit negativem Realteil. Dann und nur dann ist $f(x)=0$ eine Hurwitzsche Gleichung, wenn a_0 und a_1 den Bedingungen

$$a_0 \neq 0, \quad \Re\left(\frac{a_1}{a_0}\right) > 0 \quad . \quad . \quad . \quad . \quad . \quad . \quad . \quad . \quad . \quad . \quad (11)$$

genügen und die Gleichung des Grades $n-1$

$$H(x) = F_0(x) + \xi F_1(x) = 0$$

eine Hurwitzsche Gleichung darstellt.

Für eine Gleichung $f(x) = 0$, deren Wurzeln lauter negative Realteile besitzen, sind die Bedingungen (11) gewiß erfüllt. Denn $\frac{a_1}{a_0}$ ist nichts anderes als die negativ genommene Summe der reziproken Werte der n Wurzeln der Gleichung. Um zu zeigen, daß zugleich mit $f(x)=0$ auch $H(x)=0$ eine Hurwitzsche Gleichung ist, schließen wir folgendermaßen: Für $\Re(\xi) < 0$ und $\Re(x) \geqq 0$ ist, wie wir schon wissen, jedenfalls $F(x,\xi)$ von Null verschieden. Setzt man $\xi = \frac{1}{\eta}$, so stimmt wieder das Vorzeichen des Realteiles von η mit dem von ξ überein. Daher ist für $\Re(\eta) < 0$, $\Re(x) \geqq 0$ auch

$$\Phi(x,\eta) = F_0 \eta^{n-1} + F_1 \eta^{n-2} + \ldots + F_{n-1} \neq 0.$$

Es sei nun x irgend eine feste Größe, für die $\Re(x) \geqq 0$ ist. Ist $F_0(x) \neq 0$, so erscheint $\Phi(x,\eta) = 0$ als eine Gleichung des Grades $n-1$ für η, deren Wurzeln nach dem eben Gesagten sämtlich in der Halbebene $\Re(\eta) \geqq 0$ liegen müssen. Dasselbe gilt daher auch für die Summe $-\frac{F_1}{F_0}$ ihrer $n-1$ Wurzeln. Für $\Re(\xi) < 0$ kann daher nicht $H(x) = 0$ sein, da dies

$$\Re\left(-\frac{F_1}{F_0}\right) = \Re\left(\frac{1}{\xi}\right) < 0$$

liefern würde. Ist ferner $F_0(x) = 0$, so kann gewiß nicht zugleich auch $H(x) = 0$ sein. Denn sonst wäre auch $F_1(x) = 0$, also wegen (8)

$$\bar{a}_0 f(x) - a_0 f^*(x) = 0, \quad \bar{a}_1 f(x) + a_1 f^*(x) = 0.$$

Dies würde aber wegen $f(x) \neq 0$

$$\bar{a}_0 a_1 + a_0 \bar{a}_1 = 0,$$

d. h. $\Re\left(\frac{a_1}{a_0}\right) = 0$ liefern. Da demnach für $\Re(x) \geqq 0$ niemals $H(x) = 0$ wird, so liegen die Wurzeln dieser Gleichung sämtlich in der Halbebene $\Re(x) < 0$.

Es sei nun umgekehrt bekannt, daß die Gleichung $H(x) = 0$ eine Hurwitzsche Gleichung ist. Wir haben dann zu zeigen, daß, wenn a_0 und a_1 den Bedingungen (11) genügen, auch $f(x) = 0$ eine Hurwitzsche Gleichung ist. Dies ergibt sich folgendermaßen. Aus (9) folgt

$$x^2 H(x) = f(x)\,\varphi(x) - f^*(x)\,\psi(x),$$
$$x^2 H^*(x) = f^*(x)\,\varphi^*(x) - f(x)\,\psi^*(x).$$

Folglich wird $\quad [\varphi^* \varphi - \psi^* \psi] f = x^2 [H \varphi^* + H^* \psi].$

Hierbei ist insbesondere

$$\varphi^*(x) = -a_0 x + a_1 \bar{\xi} x + a_0 \bar{\xi}.$$

Wäre nun x eine Wurzel von $f(x) = 0$, deren Realteil positiv oder Null ist, so müßte, da x wegen $a_0 \neq 0$ als von Null verschieden anzusehen ist,

$$H(x)\varphi^*(x) + H^*(x)\psi(x) = 0 \quad . \quad . \quad . \quad . \quad . \quad . \quad . \quad . \quad . \quad (12)$$

sein. Auf Grund der Ungleichungen (4) ist hierin

$$|H(x)| > |H^*(x)| \text{ oder } |H(x)| = |H^*(x)| > 0.$$

Die Gleichung (12) erweist sich daher gewiß als unmöglich, wenn wir zeigen, daß

$$|\varphi^*(x)| > |\psi(x)|$$

ist. Diese Ungleichung erhält nach Division durch $|a_0 x \xi|$ die Gestalt

$$\left| -\frac{1}{\xi} + \frac{\bar{a}_1}{\bar{a}_0} + \frac{1}{x} \right| > \left| \frac{1}{\xi} + \frac{a_1}{a_0} + \frac{1}{x} \right|.$$

Für

$$t = -\frac{a_1}{a_0} - \frac{1}{x}, \quad \eta = \frac{1}{\xi}$$

steht hier also $|t + \bar{\eta}| > |t - \eta|$. Dies ist aber wegen $\Re(t) < 0$, $\Re(\eta) < 0$ nur ein Spezialfall der Ungleichungen (4).

Es sei noch ausdrücklich erwähnt, daß in unserem Fall der Grad von $H(x)$ nicht kleiner als $n - 1$ ausfallen kann. Denn träte dies ein, so würde aus (9) und (10)

$$a_n(\bar{a}_0 - \bar{a}_1 \xi) - (-1)^n \bar{a}_n (a_0 + a_1 \xi) = 0$$

folgen. Speziell wäre also

$$|\bar{a}_0 - \bar{a}_1 \xi| = |a_0 + a_1 \xi|, \text{ d. h. } \left| \frac{1}{\xi} - \frac{\bar{a}_1}{\bar{a}_0} \right| = \left| \frac{1}{\xi} + \frac{a_1}{a_0} \right|.$$

Für $\Re\left(\frac{1}{\xi}\right) < 0$, $\Re\left(\frac{a_1}{a_0}\right) > 0$ widerspricht dies aber wieder den Ungleichungen (4).

4. Das Hurwitzsche Kriterium. Sind insbesondere die Koeffizienten a_ν der Gleichung $f(x) = 0$ reelle Zahlen und setzt man

$$g(x) = a_0 + a_2 x^2 + a_4 x^4 + \ldots, \quad h(x) = a_1 x + a_3 x^3 + \ldots,$$

so wird

$$f(x) = g(x) + h(x), \quad f^*(x) = g(x) - h(x).$$

Die Formel (9) läßt sich nun auf die einfachere Form

$$\tfrac{1}{2} x^2 H(x) = (a_0 x + a_0 \xi) h(x) - a_1 \xi x g(x)$$

bringen und hieraus folgt leicht

$$K(x) = \tfrac{1}{2} H(x) = a_0 a_1 - \xi(a_1 a_2 - a_0 a_3) x + a_0 a_3 x^2 - \xi(a_1 a_4 - a_0 a_5) x^3 + \ldots$$

Für $a_0 > 0$ ist also $f(x) = 0$ dann und nur dann eine Hurwitzsche Gleichung, wenn $a_1 > 0$ ist und die Gleichung $K(x) = 0$ des Grades $n - 1$ für irgend ein ξ mit negativem Realteil eine Hurwitzsche Gleichung darstellt. Will man im Gebiet der reellen Zahlen bleiben, so braucht man nur ξ als negative reelle Zahl, etwa $\xi = -1$ zu wählen.

Um nun zu dem Hurwitzschen Determinantenkriterium zu gelangen, nehme man den Satz für die Gleichung $K(x) = 0$ des Grades $n - 1$ im Falle $\xi = -1$ als bereits bewiesen an. Damit $f(x) = 0$ eine Hurwitzsche Gleichung darstelle, erweist sich dann für $a_0 > 0$ als notwendig und hinreichend, daß $a_1 > 0$ sei und die zu $K(x) = 0$ gehörenden $n - 1$ Determinanten

$$\Delta_1 = a_1 a_2 - a_0 a_3, \quad \Delta_2 = \begin{vmatrix} a_1 a_2 - a_0 a_3, & a_0 a_1 \\ a_1 a_4 - a_0 a_5, & a_0 a_3 \end{vmatrix}, \ldots$$

positiv ausfallen. Schreibt man nun $a_0 a_1 \Delta_\nu$ in der Form

$$a_0 a_1 \Delta_\nu = \begin{vmatrix} a_0 a_1, & 0 & 0 & 0 & \ldots \\ a_0 a_3, & a_1 a_2 - a_0 a_3, & a_0 a_1, & 0 & \ldots \\ a_0 a_5, & a_1 a_4 - a_0 a_5, & a_0 a_3, & a_1 a_2 - a_0 a_3, & \ldots \\ \cdot & \cdot & \cdot & \cdot & \cdot \end{vmatrix}$$

und addiert die erste Kolonne zur zweiten, die dritte zur vierten usw., so entstehen für $\nu = 1, 2, 3 \ldots$ die Formeln

$$a_0 a_1 \Delta_1 = a_0 a_1 D_2, \quad a_0 a_1 \Delta_2 = a_0 a_1 a_0 D_3, \quad a_0 a_1 \Delta_3 = a_0 a_1 a_0 a_1 D_4 \ldots,$$

wobei $D_2, D_3 \ldots$ die zur Gleichung $f(x) = 0$ gehörenden Hurwitzschen Determinanten sind. Die Bedingungen

$$a_1 > 0, \ \Delta_1 > 0, \ \Delta_2 > 0, \ldots, \ \Delta_{n-1} > 0$$

sind also identisch mit den Bedingungen

$$D_1 = a_1 > 0, \ D_2 > 0, \ D_3 > 0, \ldots, \ D_n > 0.$$

98

42.

Über die Gaußschen Summen

Nachrichten von der königlichen Gesellschaft zu Göttingen.
Mathematisch-Physikalische Klasse 1921, 147 - 153

Im folgenden will ich zeigen, daß die Gaußsche Summenformel

$$(1)\qquad g = \sum_{\nu=0}^{n-1} e^{\frac{2\pi i \nu^2}{n}} = i^{\left(\frac{n-1}{2}\right)^2} \sqrt{n} \qquad (n \text{ ungerade})$$

sich überraschend leicht mit Hilfe der einfachsten Regeln des Matrizenkalküls beweisen läßt. Auf diesem Wege ergibt sich zugleich ein nicht uninteressanter Zusammenhang zwischen den allgemeineren Gaußschen Summen

$$(2)\qquad g(a, n) = \sum_{\nu=0}^{n-1} e^{\frac{2\pi i a \nu^2}{n}} = \left(\frac{a}{n}\right) i^{\left(\frac{n-1}{2}\right)^2} \sqrt{n} \qquad ((a, n) = 1)$$

und einem bekannten Satz von Zolotareff über das Legendresche Symbol, der von Herrn Lerch auch auf das Jacobische Symbol $\left(\frac{a}{n}\right)$ übertragen worden ist. Eine ähnliche Deutung läßt auch eine von H. Weber herrührende Formel über mehrfache Gaußsche Summen zu.

§ 1. Setzt man zur Abkürzung $\varepsilon = e^{\frac{2\pi i}{n}}$, so wird

$$s_m = \sum_{\nu=0}^{n-1} \varepsilon^{\nu m}$$

gleich n oder gleich 0, je nachdem m durch n teilbar ist oder nicht. Hieraus folgt in bekannter Weise für ein ungerades n

$$|g|^2 = \sum_{\mu, \nu}{}_0^{n-1} \varepsilon^{\nu^2 - \mu^2} = \sum_{\lambda, \mu}{}_0^{n-1} \varepsilon^{(\lambda+\mu)^2 - \mu^2} = \sum_{\lambda=0}^{n-1} \varepsilon^{\lambda^2} s_{2\lambda} = n.$$

Ich betrachte nun die Matrix n-ten Grades

$$M = (\varepsilon^{\varkappa\lambda}), \qquad (\varkappa, \lambda = 0, 1, \ldots, n-1).$$

Der Ausdruck g ist nichts anderes als die Spur von M, also gleich der Summe der n charakteristischen Wurzeln ω_ν von M. Um die ω_ν zu berechnen, bilde ich die Potenzen von M. Es wird insbesondere

$$(3) \qquad M^2 = \left(\sum_{\nu=0}^{n-1} \varepsilon^{\varkappa\nu+\nu\lambda}\right) = (s_{\varkappa+\lambda}),$$

$$(4) \qquad M^4 = \left(\sum_{\nu=0}^{n-1} s_{\varkappa+\nu}\, s_{\nu+\lambda}\right) = n^2 E,$$

wobei E die Einheitsmatrix bedeutet. Da nun bekanntlich die charakteristischen Wurzeln von M^k für jedes ganzzahlige k mit den k-ten Potenzen der Wurzeln von M übereinstimmen, so folgt aus (4) $\omega_\nu^4 = n^2$, jede der n Größen ω_ν ist also von der Form $i^\alpha \sqrt{n}$ $(\alpha = 0, 1, 2, 3)$. Ist nun m_α der Vielfachheitsgrad der Wurzel $i^\alpha \sqrt{n}$, so wird

$$g = \sum_{\nu=0}^{n-1} \omega_\nu = \sqrt{n}\,[m_0 - m_2 + i(m_1 - m_3)].$$

Dieser Ausdruck kann nur dann der Gleichung $|g|^2 = n$ genügen, wenn er von der Form $g = \sigma\zeta\sqrt{n}$ ist, wo $\sigma = \pm 1$ und ζ gleich 1 oder i zu setzen ist. Beachtet man noch, daß die Spur $\sum \omega_\nu^2$ von M^2 wegen (3) gleich $\sum s_{2\nu}$, also für ein ungerades n gleich n ist, so erhält man die vier Gleichungen

$$\sum m_\alpha = n, \quad \sum m_\alpha i^\alpha = \sigma\zeta, \quad \sum m_\alpha i^{2\alpha} = 1, \quad \sum m_\alpha i^{-\alpha} = \sigma\zeta^{-1}$$
$$(\alpha = 0, 1, 2, 3).$$

Hieraus ergibt sich

$$(5) \quad \begin{cases} 4m_0 = n + 1 + \sigma(\zeta + \zeta^{-1}), & 4m_1 = n - 1 + \sigma i(\zeta^{-1} - \zeta), \\ 4m_2 = n + 1 - \sigma(\zeta + \zeta^{-1}), & 4m_3 = n - 1 - \sigma i(\zeta^{-1} - \zeta). \end{cases}$$

Damit nun die rechtsstehenden Ausdrücke durch 4 teilbare ganze Zahlen werden, muß $\zeta = i^{\left(\frac{n-1}{2}\right)^2}$, d. h. gleich 1 oder gleich i sein, je nachdem $n \equiv 1$ oder $n \equiv -1 \pmod{4}$ ist. Es kommt also nur noch darauf an, zu zeigen, daß das Vorzeichen σ gleich $+1$ zu wählen ist [1]).

1) Daß g jedenfalls von der Form $\pm i^{\left(\frac{n-1}{2}\right)^2} \sqrt{n}$ sein muß, läßt sich bekanntlich auch direkt ohne besondere Mühe beweisen. Doch wollte ich auch dieses nicht als bekannt voraussetzen.

Dies ergibt sich aber recht einfach, indem man die Determinante $\Delta = |\varepsilon^{\varkappa\lambda}|$ der Matrix M auf zwei verschiedene Arten berechnet. Einerseits ist nämlich Δ gleich dem Produkt der charakteristischen Wurzeln von M, also

$$\Delta = n^{\frac{n}{2}} \cdot i^{m_1 + 2m_2 - m_3}.$$

Dies läßt sich, wie aus den Formeln (5) folgt, in der Form

$$\Delta = n^{\frac{n}{2}} \cdot i^{\frac{n+1}{2} - n\sigma}$$

oder wegen $i^{\sigma} = \sigma i$ auch in der Form

$$\Delta = n^{\frac{n}{2}} \cdot \sigma i^{\frac{1-n}{2}} = n^{\frac{n}{2}} \cdot \sigma i^{\frac{n^2-n}{2}} \tag{6}$$

schreiben. Andererseits ist aber

$$\Delta = \begin{vmatrix} 1 & 1 & \dots & 1 \\ 1 & \varepsilon & \dots & \varepsilon^{n-1} \\ 1 & \varepsilon^2 & \dots & \varepsilon^{2(n-1)} \\ \cdot & \cdot & \dots & \cdot \\ 1 & \varepsilon^{n-1} & \dots & \varepsilon^{(n-1)(n-1)} \end{vmatrix} = \prod_{\varkappa > \lambda} {}_0^{n-1} (\varepsilon^{\varkappa} - \varepsilon^{\lambda}),$$

also

$$\Delta = \prod_{\varkappa > \lambda} e^{\frac{\pi i(\varkappa + \lambda)}{n}} \left(e^{\frac{\pi i(\varkappa - \lambda)}{n}} - e^{\frac{\pi i(\lambda - \varkappa)}{n}} \right) \qquad (\varkappa, \lambda = 0, 1, \dots, n-1)$$

$$= e^{\frac{\pi i}{n} \sum_{\varkappa > \lambda} (\varkappa + \lambda)} \prod_{\varkappa > \lambda} 2i \sin \frac{\pi(\varkappa - \lambda)}{n}.$$

Die Summe $\sum_{\varkappa > \lambda} (\varkappa + \lambda)$ hat aber den Wert $\frac{n(n-1)^2}{2}$, ist also für unser ungerades n durch $2n$ teilbar. Daher wird

$$\Delta = i^{\frac{n^2-n}{2}} \prod_{\varkappa > \lambda} 2 \sin \frac{\pi(\varkappa - \lambda)}{n}.$$

Da nun die hier auftretenden Sinuswerte sämtlich positiv sind und jedenfalls $|\Delta| = n^{\frac{n}{2}}$ ist, so erhalten wir

$$\Delta = n^{\frac{n}{2}} \cdot i^{\frac{n^2-n}{2}}. \tag{7}$$

Vergleicht man dies mit der Formel (6), so erhält man die zu beweisende Gleichung $\sigma = 1$.

§ 2. Betrachtet man, wenn a irgend eine zu n teilerfremde ganze Zahl bedeutet, an Stelle von M die Matrix $M_a = \left(e^{\frac{2\pi i a \varkappa \lambda}{n}}\right)$, so liefert (für ein ungerades n) genau dieselbe Überlegung die beiden Formeln

$$g(a, n) = \sum_{\nu=0}^{n-1} e^{\frac{2\pi i a \nu^2}{n}} = \sigma_a i^{\left(\frac{n-1}{2}\right)^2} \sqrt{n},$$

$$\Delta_a = \left| e^{\frac{2\pi i a \varkappa \lambda}{n}} \right| = \sigma_a n^{\frac{n}{2}} i^{\frac{n^2-n}{2}},$$

wobei $\sigma_a = \pm 1$ ist. Die zweite Formel läßt sich nun wegen (7) auch in der Form

$$\Delta_a = \sigma_a \Delta_1 \tag{8}$$

schreiben. Ist nun aber $a_\varkappa$ der kleinste nichtnegative Rest von $a\varkappa$ nach dem Modul n, so geht die Determinante Δ_a aus Δ_1 hervor, indem man die Zeilen von Δ_1 der Permutation

$$P_a = \begin{pmatrix} 0 & 1 & 2 & \dots & n-1 \\ a_0 & a_1 & a_2 & \dots & a_{n-1} \end{pmatrix}$$

unterwirft. Weiß man demnach, was sich ja bekanntlich mit Hilfe der Gaußschen Summenformel (1) ohne Mühe beweisen läßt, daß σ_a mit dem Jacobischen Symbol $\left(\frac{a}{n}\right)$ übereinstimmt, so liefert die Formel (8) den Zolotareff-Lerchschen Satz[1]): „Das Jacobische Symbol $\left(\frac{a}{n}\right)$ ist gleich 1 oder -1, je nachdem die Permutation P_a gerade oder ungerade ist." Umgekehrt folgt aus diesem Satz die Gleichung $\sigma_a = \left(\frac{a}{n}\right)$, also auch die verallgemeinerte Summenformel (2).

§ 3. Ist

$$\varphi = \sum_{\alpha, \beta}{}_1^k a_{\alpha\beta} x_\alpha x_\beta \qquad (a_{\alpha\beta} = a_{\beta\alpha})$$

eine quadratische Form mit ganzzahligen Koeffizienten, deren Determinante D von Null verschieden ist, so gilt, wie zuerst

1) Vgl. P. Bachmann, Niedere Zahlentheorie (erster Teil), Leipzig 1902, S. 280–282.

H. Weber[1]) bewiesen hat, für jedes zu D teilerfremde positive ungerade n die Formel

$$(9)\qquad G_\varphi = \sum_{x_1, x_2 \ldots, x_k} e^{\frac{2\pi i}{n}\sum_{\alpha,\beta}^k a_{\alpha\beta} x_\alpha x_\beta} = \left(\frac{D}{n}\right) n^{\frac{k}{2}} i^{k\left(\frac{n-1}{2}\right)^2}.$$

Hierbei soll jede der Zahlen $x_1, x_2, \ldots, x_k$ ein vollständiges Restsystem mod. n durchlaufen. Diese wichtige Formel läßt sich, wie Herr C. Jordan[2]) und H. Minkowski[3]) gezeigt haben, recht einfach mit Hilfe einer Transformation der Variabeln auf den Fall

$$\varphi = a_1 x_1^2 + a_2 x_2^2 + \cdots + a_k x_k^2$$

zurückführen, in dem sie unmittelbar aus der Summenformel (2) folgt. Man kann sie aber aus einem Satz folgern, der eine Verallgemeinerung des Zolotareff-Lerchschen Satzes darstellt:

Man betrachte eine ganzzahlige lineare Transformation

$$(c)\qquad x'_\alpha = c_{\alpha 1} x_1 + c_{\alpha 2} x_2 + \cdots + c_{\alpha k} x_k,$$

deren Determinante $D = D_c$ von Null verschieden ist. Ist n eine zu D teilerfremde positive ganze Zahl, so erfahren die $N = n^k$ Wertsysteme

$$(10)\qquad (x_1, x_2, \ldots, x_k), \qquad (x_\varkappa = 0, 1, \ldots, n-1)$$

wenn man auf die $x_\varkappa$ die Substitution c anwendet und die $x'_\varkappa$ mod. n reduziert, eine gewisse Permutation P_c. Für ein ungerades n ist diese Permutation gerade oder ungerade, je nachdem das Jacobische Symbol $\left(\frac{D}{n}\right)$ gleich 1 oder gleich -1 ist.

Der Beweis läßt sich folgendermaßen erbringen: Für je zwei Substitutionen a und b ist offenbar

$$P_{ab} = P_b P_a \text{ und } \left(\frac{D_{ab}}{n}\right) = \left(\frac{D_a}{n}\right)\left(\frac{D_b}{n}\right).$$

Ist der Satz für a und b einzeln richtig, so gilt er also auch für ab. Nun läßt sich aber bekanntlich jede ganzzahlige Substitution c aus „elementaren" Substitutionen der Form

1) Über die mehrfachen Gaußischen Summen, Journ. f. Math. Bd. 74 (1872), S. 14—56.

2) Sur les sommes de Gauß à plusieurs variables, C. R. Bd. 73 (1871), Seite 1316—1319.

3) Werke Bd. I, S. 45 ff.

$(c_1)\quad x'_\alpha = x_\alpha,\quad x'_\varkappa = a x_\varkappa \qquad (\alpha \neq \varkappa)$

$(c_2)\quad x'_\alpha = x_\alpha,\quad x'_\varkappa = x_\varkappa \pm x_\lambda \qquad (\alpha \neq \varkappa)$

$(c_3)\quad x'_\alpha = x_\alpha,\quad x'_\varkappa = x_\lambda,\quad x'_\lambda = x_\varkappa \qquad (\alpha \neq \varkappa,\ \alpha \neq \lambda,\ \varkappa \neq \lambda)$

zusammensetzen. Es genügt also unseren Satz für diese speziellen Fälle zu beweisen. Im Falle (c_1) folgt er unmittelbar aus dem Zolotareff-Lerchschen Satz. Im Falle (c_2) ist die n-te Potenz von P_{c_2} die identische Permutation, für ein ungerades n ist daher P_{c_2} eine gerade Permutation und zugleich $\left(\frac{D_{c_2}}{n}\right) = \left(\frac{1}{n}\right) = 1$. Bei einer Substitution (c_3) zerfällt aber P_{c_3} in lauter Zykeln der Ordnung 2 und hierbei ist die Anzahl der ungeändert bleibenden Systeme (10) gleich n^{k-1}. Der Charakter der Permutation P_{c_3} ist also gleich

$$(-1)^{\frac{n^k - n^{k-1}}{2}} = (-1)^{\frac{n-1}{2}},$$

dies ist aber wegen $D_{c_3} = -1$ nichts anderes als $\left(\frac{D_{c_3}}{n}\right)$.

Um nun die Webersche Formel zu beweisen, führe man die zu der quadratischen Form φ gehörende Bilinearform

$$\varphi(x, y) = \sum_{\alpha,\beta}{}_1^k a_{\alpha\beta} x_\alpha y_\beta = \sum_{\alpha=1}^{k} \varphi_\alpha(x) y_\alpha = \sum_{\alpha=1}^{k} \varphi_\alpha(y) x_\alpha$$

ein und betrachte die Matrix des Grades $N = n^k$

$$M_\varphi = \left(e^{\frac{2\pi i}{n}\varphi(x,y)}\right),$$

wobei jedes der Symbole x und y die in irgend einer festen Reihenfolge aufgeschriebenen N Wertsysteme (10) durchlaufen soll. Es wird nun, wenn s_m dieselbe Bedeutung hat wie früher,

$$M_\varphi^2 = \left(\sum_z e^{\frac{2\pi i}{n}[\varphi(x,z) + \varphi(z,y)]}\right) = \left(\prod_{\alpha=1}^{k} s_{\varphi_\alpha(x) + \varphi_\alpha(y)}\right)$$

eine symmetrische Matrix, die in jeder Zeile nur an einer Stelle ein von Null verschiedenes Element, nämlich das Element N enthält. Daher ist wieder M_φ^4 abgesehen vom Faktor N^2 gleich der Einheitsmatrix. Ferner ist (für ein ungerades n) in der Hauptdiagonale von M_φ^2 nur ein Element von Null verschieden, also die Spur von M_φ^2 gleich N. Man schließt nun in genau derselben Weise wie in § 1, daß die Spur G_φ von M_φ von der Form

$$G_\varphi = \sigma_\varphi i^{\left(\frac{N-1}{2}\right)^2} \sqrt{N} \qquad (\sigma_\varphi = \pm 1) \tag{11}$$

ist, und daß die Determinante Δ_φ von M_φ den Wert

$$\Delta_\varphi = \sigma_\varphi i^{\frac{N^2-N}{2}} N^{\frac{N}{2}} \tag{12}$$

hat. Ist aber speziell φ die Einheitsform $\varphi_0 = \sum x_\varkappa^2$, so folgt aus der Summenformel (1) unmittelbar

$$G_{\varphi_0} = i^{k\left(\frac{n-1}{2}\right)^2} \sqrt{n^k}.$$

Daher ist

$$\sigma_{\varphi_0} i^{\left(\frac{N-1}{2}\right)^2} = i^{k\left(\frac{n-1}{2}\right)^2}. \tag{13}$$

Versteht man nun unter a die lineare Transformation

$$x'_\alpha = \varphi_\alpha(x) = a_{\alpha 1} x_1 + a_{\alpha 2} x_2 + \cdots + a_{\alpha k} x_k, \qquad (\alpha = 1, 2, \ldots, k),$$

so geht die Determinante

$$\Delta_\varphi = \left| e^{\frac{2\pi i}{n}(\varphi_1(x) y_1 + \cdots + \varphi_k(x) y_k)} \right|$$

aus der Determinante

$$\Delta_{\varphi_0} = \left| e^{\frac{2\pi i}{n}(x_1 y_1 + \cdots + x_k y_k)} \right|$$

hervor, indem man auf die Zeilen von Δ_{φ_0} die Permutation P_a anwendet. Da aber die Determinante der Substitution a gleich D ist, so folgt aus unserem Hilfssatz $\Delta_\varphi = \left(\frac{D}{n}\right) \Delta_{\varphi_0}$. Die Formeln (12) und (13) liefern demnach

$$\sigma_\varphi = \left(\frac{D}{n}\right) \sigma_{\varphi_0}, \quad \sigma_\varphi i^{\left(\frac{N-1}{2}\right)^2} = \left(\frac{D}{n}\right) i^{k\left(\frac{n-1}{2}\right)^2}.$$

Trägt man dies in die Formel (11) ein, so erhält man die Webersche Summenformel (9).

43.

Über eine fundamentale Eigenschaft der Invarianten einer allgemeinen binären Form (mit A. Ostrowski)

Mathematische Zeitschrift 15, 81 - 105 (1922)

Wendet man auf die Variablen x, y der binären Form

$$f(x, y) = a_0 x^n + \binom{n}{1} a_1 x^{n-1} y + \binom{n}{2} a_2 x^{n-2} y^2 + \ldots + a_n y^n$$

eine allgemeine lineare homogene Transformation

$$(s) \qquad x = \alpha\xi + \gamma\eta, \qquad y = \beta\xi + \delta\eta$$

an, so entsteht eine neue Form

$$\varphi(\xi, \eta) = a_0' \xi^n + \binom{n}{1} a_1' \xi^{n-1} \eta + \binom{n}{2} a_2' \xi^{n-2} \eta^2 + \ldots + a_n' \eta^n.$$

Hierbei erscheinen die $a_\varkappa'$ als allein durch s bestimmte lineare Formen der a_λ

$$a_\varkappa' = \sum_{\lambda=0}^{n} t_{\varkappa\lambda} a_\lambda \qquad (\varkappa = 0, 1, \ldots, n).$$

Die so durch s erzeugte lineare Transformation in $n+1$ Variablen nennt man vielfach die zu s gehörende induzierte Transformation; sie soll mit $T(s)$ bezeichnet werden[1]). Diese Transformationen bilden eine mit der linearen Gruppe der Substitutionen s isomorphe Gruppe $\mathfrak{G}$, die wir im folgenden die *Fundamentalgruppe* der (binären) Invariantentheorie nennen wollen. In der Tat kann man ja die gesamte Theorie der Invarianten binärer Formen als die Lehre von den Invarianten der Gruppe $\mathfrak{G}$ auffassen.

Es war nun von Interesse, diese Gruppe unabhängig von der Transformation der x, y allein als lineare Gruppe in $n+1$ Variablen zu kenn-

[1]) Diese Transformation ist im wesentlichen gleichbedeutend mit der von A. Hurwitz, Zur Invariantentheorie, Mathematische Annalen **43** (1893), S. 381–404, betrachteten Potenztransformation $P_n(s)$.

zeichnen. Eine solche Charakterisierung ergibt sich aus einem Satz, den Ostrowski unter anderen Ergebnissen in seiner Arbeit *Über eine neue Eigenschaft der Diskriminanten und Resultanten binärer Formen*[2]) aufgestellt hat, und der hier folgendermaßen ausgesprochen werden kann:

Die Gruppe $\mathfrak{G}$ *läßt sich definieren als die Gesamtheit aller linearen Transformationen der* $a_\varkappa$, *welche die Diskriminante* D *der Form* $f(x, y)$ *ungeändert lassen*[3]).

Es erscheint uns nun merkwürdig, daß dieser Satz nicht umgekehrt zur Kennzeichnung der Diskriminante innerhalb der Gesamtheit aller Invarianten F von $f(x, y)$ dienen kann, daß vielmehr der weit allgemeinere Satz gilt:

I. *Jede (nicht konstante) Invariante* F *der Form* $f(x, y)$ *läßt außer den Transformationen der Fundamentalgruppe* $\mathfrak{G}$ *keine weiteren linearen Transformationen der* $a_\varkappa$ *zu. Eine Ausnahme bilden nur für ein gerades* $n = 2\nu > 2$ *die Potenzen der quadratischen Invariante*

$$J = a_0 a_n - \binom{n}{1} a_1 a_{n-1} + \binom{n}{2} a_2 a_{n-2} - \cdots \pm \binom{n}{\nu-1} a_{\nu-1} a_{\nu+1} \mp \frac{1}{2}\binom{n}{\nu} a_\nu^2.$$

Daß $\mathfrak{G}$ die größte *kontinuierliche* Gruppe linearer Transformationen ist, welche eine Invariante F (abgesehen von dem Ausnahmefall) zuläßt, folgt bereits aus einem schönen Resultat von Herrn G. Kowalewski[4]), auf das schon Ostrowski am Schluß der oben zitierten Arbeit hingewiesen hat. Der Beweis unseres Satzes I wird auch in einem wichtigen Punkte von einem Hilfssatz (Satz III) Gebrauch machen, der implicite schon bei Herrn Kowalewski vorkommt.

Dieser Beweis wird im folgenden mit durchaus elementaren Hilfsmitteln erbracht werden, wobei auch aus der Invariantentheorie nur die sehr leicht zu beweisende Tatsache benutzt wird, daß jede Invariante einer binären Form gewissen drei partiellen Differentialgleichungen genügt. Der Zusammenhang unserer Überlegung mit der Theorie der kontinuierlichen Gruppen ist aber naturgemäß ein sehr enger. Man kann geradezu sagen, daß wir uns einer älteren Auffassungsweise von Lie anschließen, bei der die infinitesimalen Operationen lediglich als die linken Seiten gewisser Differentialgleichungen erscheinen.

[2]) Mathematische Annalen **79** (1919), S. 360–387.

[3]) Wenn wir in der vorliegenden Arbeit sagen, eine Form bleibe bei einer linearen Transformation ungeändert oder lasse eine solche zu, so sehen wir von einem eventuell hinzutretenden konstanten Faktor ab. Ferner schließen wir lineare Transformationen mit verschwindender Determinante von der Betrachtung aus.

[4]) Über die projektive Gruppe der Normkurve und eine charakteristische Eigenschaft des sechsdimensionalen Raumes, Leipz. Berichte, math.-phys. Klasse **54** (1902), S. 371–392.

Unsere Methode führt nicht allein im Falle der Invarianten einer binären Form zum Ziele. Auch in anderen Fällen erweist sie sich als brauchbar, um die sämtlichen linearen Transformationen zu bestimmen, die eine gegebene Form zuläßt. Beispiele dieser Art, die dem formalen Kalkül der Potenzreihen entnommen sind und auch an und für sich ein gewisses Interesse beanspruchen, behandeln wir in den §§ 5 und 6 dieser Arbeit.

Der Satz I läßt sich, wie Ostrowski in einigen späteren Arbeiten unter Heranziehung wesentlich tiefer liegender Hilfsmittel vielleicht etwas mehr begrifflichen Charakters darlegen wird, auch auf den Fall mehrerer Grundformen mit beliebig vielen Variablen $x, y, \ldots$ übertragen. In der vorliegenden Abhandlung waren wir vor allem bestrebt, den Beweis möglichst elementar zu führen.

Die drei ersten Paragraphen dieser Arbeit sind in gemeinsamen Besprechungen beider Autoren entstanden. Die Ausführungen des § 4 rühren von A. Ostrowski, die der §§ 5 und 6 von I. Schur her.

§ 1.

Der Grundgedanke der Beweismethode.

Für jede Form $F = F(a)$ der Variablen $a_0, a_1, \ldots, a_n$ setzen wir im folgenden überall

$$\frac{\partial F}{\partial a_\nu} = F_\nu \qquad (\nu = 0, 1, \ldots, n).$$

Genügt nun F einer Differentialgleichung von der Gestalt

$$C = \sum_{\varkappa, \lambda}{}_0^n c_{\varkappa\lambda}\, a_\lambda F_\varkappa = 0 \tag{1}$$

mit konstanten Koeffizienten $c_{\varkappa\lambda}$, so betrachten wir die Matrix $C = (c_{\varkappa\lambda})$, die wir stets mit demselben Buchstaben bezeichnen wie die linke Seite der Differentialgleichung.

Eine wichtige Rolle wird nun bei uns die einfache Bemerkung spielen:

II. *Genügt F der Differentialgleichung* (1) *und ist $P = (p_{\varkappa\lambda})$ eine lineare Transformation, die F ungeändert läßt, so genügt F auch der Differentialgleichung $C_1 = 0$ mit der Koeffizientenmatrix*

$$C_1 = PCP^{-1}.$$

Denn aus

$$a'_\varkappa = \sum_{\lambda=0}^{n} p_{\varkappa\lambda}\, a_\lambda, \qquad F(a') = \gamma \cdot F(a)$$

folgt durch Differentiation nach $a_\varkappa$

$$\gamma F_\varkappa(a) = \sum_{\mu=0}^{n} p_{\mu\varkappa} F_\mu(a').$$

Setzt man nun

$$a_\lambda = \sum_{\nu=0}^{n} p'_{\lambda\nu} a'_\nu,$$

so wird

$$\gamma C = \sum_{\varkappa,\lambda} c_{\varkappa\lambda} a_\lambda \cdot \gamma F_\varkappa(a) = \sum_{\varkappa,\lambda,\mu,\nu} c_{\varkappa\lambda} p'_{\lambda\nu} p_{\mu\varkappa} a'_\nu F_\mu(a') = 0.$$

Für

$$\sum_{\varkappa,\lambda} p_{\mu\varkappa} c_{\varkappa\lambda} p'_{\lambda\nu} = c'_{\mu\nu}, \quad \text{d. h.} \quad C_1 = (c'_{\mu\nu})$$

erhält man demnach

$$\sum_{\mu,\nu} c'_{\mu\nu} a'_\nu F_\mu(a') = 0.$$

Das liefert aber den Satz II, wenn man noch beachtet, daß die a'_ν voneinander unabhängig sind und daher durch die a_ν ersetzt werden können.

Handelt es sich nun darum, die Gruppe $\mathfrak{F}$ aller Transformationen P zu bestimmen, welche die gegebene Form F ungeändert lassen, so wird zuweilen folgende Schlußweise gute Dienste leisten: Kennt man eine *Basis* der Schar $\mathfrak{D}$ aller Differentialgleichungen der Form (1) für die gegebene Funktion F, d. h. ein System

$$C_1 = 0, \; C_2 = 0, \ldots, C_k = 0$$

von linear unabhängigen Differentialgleichungen, aus denen sich jede andere Differentialgleichung von $\mathfrak{D}$ linear zusammensetzen läßt, so ergibt der Satz II, daß für jede Transformation P der Gruppe $\mathfrak{F}$ Gleichungen von der Gestalt

$$PC_\varkappa P^{-1} = \sum_{\lambda=1}^{k} d_{\varkappa\lambda} C_\lambda \qquad (\varkappa = 1, 2, \ldots, k) \tag{2}$$

gelten müssen. Hierbei ist jede dieser Gleichungen als eine Relation zwischen Matrizen aufzufassen. Bezeichnet man nun die rechte Seite von (2) mit $C'_\varkappa$,[5]) so lassen sich diese Gleichungen auch in der Form

$$PC_\varkappa = C'_\varkappa P \qquad (\varkappa = 1, 2, \ldots, k) \tag{3}$$

schreiben und liefern nun gewisse *lineare* Bedingungen für die zu bestimmenden Koeffizienten $p_{\alpha\beta}$ der Substitution P, im Gegensatz zu der komplizierteren Gleichung, welche die Invarianz von F gegenüber P zum Ausdruck bringt.

---

[5]) Das Zeichen M' für die zu einer Matrix M gehörende transponierte Matrix wird in dieser Arbeit nirgends benutzt.

Zu beachten ist allerdings, daß in (3) die $C_\varkappa$ als bekannt anzusehen sind, die $C'_\varkappa$ aber nicht. Diese Matrizen werden aber in vielen Fällen von so speziellem Bau sein, daß die Diskussion des Problems, alle P zu bestimmen, zu Ende geführt werden kann.

Im Falle einer Invariante F der binären Form $f(x, y)$ wird nun eine Basis der zugehörigen Schar $\mathfrak{D}$ durch den oben erwähnten Hilfssatz von Herrn Kowalewski geliefert:

III. *Für jede (nicht konstante) Invariante F der binären Form $f(x, y)$ bilden die drei Differentialgleichungen*

$$(4)\quad \begin{cases} C_1 = a_0F_1 + 2a_1F_2 + \ldots + na_{n-1}F_n = 0 \\ C_2 = na_1F_0 + (n-1)a_2F_1 + \ldots + a_nF_{n-1} = 0 \\ C_3 = na_0F_0 + (n-2)a_1F_1 + \ldots + (n-2n)a_nF_n = 0 \end{cases}$$

eine Basis der zu F gehörenden Schar $\mathfrak{D}$. Eine Ausnahme tritt nur für $n > 2$ ein, wenn F eine Potenz der (in der Einleitung erwähnten) quadratischen Invariante J ist.

Von diesem Satz, dessen Beweis im § 3 in einer gegenüber dem Kowalewskischen Beweis etwas vereinfachten und unseren Betrachtungen mehr angepaßten Darstellung erbracht werden wird, soll schon jetzt Gebrauch gemacht werden.

§ 2.

Beweis des Satzes I.

Um diesen Satz zu beweisen, haben wir nur zu zeigen, daß eine Substitution $P = (p_{\varkappa\lambda})$, die für die Matrizen C_ν der drei Differentialgleichungen (4) Gleichungen der Form

$$(5)\qquad PC_\nu = (\varrho_\nu C_1 + \sigma_\nu C_2 + \tau_\nu C_3)P$$

genügt, der Fundamentalgruppe $\mathfrak{G}$ angehört, d. h. für eine passend gewählte Substitution

$$s = \begin{pmatrix} \alpha & \beta \\ \gamma & \delta \end{pmatrix}$$

die Form der durch s induzierten Transformation $T(s)$ erhält. Den Beweis zerlegen wir in eine Reihe einzelner Schritte:

1. Um zu zeigen, daß P zu $\mathfrak{G}$ gehört, genügt es offenbar dies für irgendein Produkt $Q = G_1PG_2$ zu beweisen, wo G_1 und G_2 in der Gruppe $\mathfrak{G}$ enthalten sind. Wir werden nun G_1 und G_2 so wählen, daß in $Q = (q_{\varkappa\lambda})$ die beiden Elemente q_{0n} und q_{n0} gleichzeitig verschwinden. Hierbei bedienen wir uns der drei Transformationen von $\mathfrak{G}$

$$(H_1^{(t)})\quad a'_\varkappa = t^\varkappa a_0 + \binom{\varkappa}{1} t^{\varkappa-1} a_1 + \binom{\varkappa}{2} t^{\varkappa-2} a_2 + \ldots + a_\varkappa$$

$$(H_2^{(u)})\quad a'_\varkappa = a_\varkappa + \binom{n-\varkappa}{1} u\, a_{\varkappa+1} + \binom{n-\varkappa}{2} u^2 a_{\varkappa+2} + \ldots + u^{n-\varkappa}\cdot a_n$$

$$(H_3)\quad a'_\varkappa = a_{n-\varkappa},$$

die zu den drei Substitutionen

$$s_1 = \begin{pmatrix} 1 & 0 \\ t & 1 \end{pmatrix}, \qquad s_2 = \begin{pmatrix} 1 & u \\ 0 & 1 \end{pmatrix}, \qquad s_3 = \begin{pmatrix} 0 & 1 \\ 1 & 0 \end{pmatrix}$$

gehören. Insbesondere bewirkt die linksseitige Multiplikation von P mit H_3 eine Umkehrung der Reihenfolge der Zeilen und die rechtsseitige Multiplikation mit H_3 das Analoge für die Kolonnen. Bildet man nun $H_1^{(t)} P$, so tritt an Stelle von p_{n0} der Ausdruck

$$p_{00} t^n + \binom{n}{1} t^{n-1} p_{10} + \ldots + \binom{n}{1} t p_{n-1,0} + p_{n0}.$$

Durch geeignete Wahl von t kann dieser Ausdruck gewiß zu Null gemacht werden, wenn nicht

$$p_{00} = p_{10} = \ldots = p_{n-1,0}$$

ist. In diesem Fall steht aber in $H_3 P$ in der ersten Kolonne an letzter Stelle eine Null.

Wir können also von vornherein annehmen, daß p_{n0} bereits Null ist. Es darf dann vorausgesetzt werden, daß nicht gleichzeitig auch in der ersten Zeile von P

$$(6)\qquad p_{00} = p_{01} = \ldots = p_{0,n-1} = 0$$

ist. Denn ist dies der Fall, so ersetze man P durch $H_3 P = (r_{\varkappa\lambda})$. In dieser Matrix ist nämlich noch $r_{n0} = p_{00} = 0$, aber nicht zugleich

$$r_{00} = r_{01} = \ldots = r_{0,n-1} = 0.$$

Denn dies würde nur bedeuten, daß in P auch

$$p_{n0} = p_{n1} = \ldots = p_{n,n-1} = 0$$

wäre, was zusammen mit (6) das Verschwinden der Determinante von P nach sich ziehen würde.

Bildet man nun $P H_2^{(u)} = (q_{\varkappa\lambda})$, so wird von selbst $q_{n0} = p_{n0} = 0$ und außerdem

$$q_{0n} = p_{00} u^n + p_{01} u^{n-1} + \ldots + p_{0n}.$$

Dieser Ausdruck hängt noch jedenfalls von u ab und kann wieder durch passende Wahl von u zum Verschwinden gebracht werden.

Wir nehmen daher an, daß in $P = (p_{\varkappa\lambda})$ von vornherein

$$p_{n0} = p_{0n} = 0$$

ist, und werden zunächst zeigen, daß dann P von selbst eine Diagonalmatrix werden muß.

2. Setzen wir in der Formel (5)

$$\varrho_\nu C_1 + \sigma_\nu C_2 + \tau_\nu C_3 = C_\nu'$$

und bilden die Matrix $C_\nu' P = (v_{\varkappa\lambda}^{(\nu)})$, so wird, wie man leicht erkennt,

$$v_{\varkappa\lambda}^{(\nu)} = \varrho_\nu \varkappa p_{\varkappa-1,\lambda} + \sigma_\nu (n - \varkappa) p_{\varkappa+1,\lambda} + \tau_\nu (n - 2\varkappa) p_{\varkappa\lambda}. \tag{7}$$

Hierbei ist $p_{\alpha\beta} = 0$ zu setzen, wenn einer der Indizes negativ oder größer als n wird. Da nun $p_{n0} = 0$ sein soll und nicht alle Elemente $p_{\alpha 0}$ der ersten Kolonne von P verschwinden können, so gibt es einen Index m $(0 \leqq m < n)$ von der Art, daß p_{m0} als das letzte nicht verschwindende unter den Elementen $p_{\alpha 0}$ erscheint. Die Gleichung $P C_3 = C_3' P$ liefert nun insbesondere für die Indizes $\varkappa = m + 1$, $\lambda = 0$

$$n p_{m+1,0} = \varrho_3 (m + 1) p_{m0}, \tag{8}$$

weil die beiden anderen in (7) vorkommenden Glieder in unserem Fall von selbst fortfallen. Aus (8) folgt wegen $p_{m+1,0} = 0$, $p_{m0} \neq 0$, daß $\varrho_3 = 0$ sein muß. Ebenso ergibt sich aus $P C_3 = C_3' P$ durch Betrachtung der letzten Kolonne, daß auch σ_3 verschwinden muß.

3. Die Gleichung (5) hat also für $\nu = 3$ die einfache Form

$$P C_3 = \tau_3 C_3 P,$$

und dies liefert

$$(n - 2\lambda) p_{\varkappa\lambda} = \tau_3 (n - 2\varkappa) p_{\varkappa\lambda}. \tag{9}$$

Ist nun $p_{0\beta} \neq 0$, so wird wegen $p_{0n} = 0$ jedenfalls $\beta < n$ und

$$n - 2\beta = \tau_3 n. \tag{10}$$

Für $p_{\alpha 0} \neq 0$ wird ebenso wegen $p_{n0} = 0$ auch $\alpha < n$ und

$$n = \tau_3 (n - 2\alpha).$$

Diese beiden Gleichungen liefern aber

$$n^2 = (n - 2\alpha)(n - 2\beta),$$

was nur für $\alpha = \beta = 0$ möglich ist. Zugleich ergibt sich aus (10) $\tau_3 = 1$. Aus (9) folgt nun unmittelbar, daß für $\varkappa \neq \lambda$ das Element $p_{\varkappa\lambda}$ gleich 0 sein muß. Die Matrix P ist also in der Tat eine Diagonalmatrix.

4. Für eine solche Matrix P enthält nun $C_1' = P C_1 P^{-1}$ nur in der ersten Nebendiagonale unterhalb der Hauptdiagonale von Null verschiedene Elemente. Daher muß $C_1' = \varrho_1 C_1$ werden, und vergleichen wir nun in der Gleichung $P C_1 = \varrho_1 C_1 P$ links und rechts die Elemente, so erhalten wir insbesondere $p_{\varkappa\varkappa} = \varrho_1 p_{\varkappa-1,\varkappa-1}$, also

$$p_{\varkappa\varkappa} = \varrho_1^{\varkappa} p_{00}.$$

Eine Diagonalmatrix P, deren Elemente $p_{\varkappa\varkappa}$ diese Form haben, läßt sich aber, wenn α eine Lösung der Gleichung $\alpha^n = p_{00}$ bedeutet, als die durch die Substitution

$$s = \begin{pmatrix} \alpha & 0 \\ 0 & \alpha\varrho_1 \end{pmatrix}$$

induzierte Transformation $T(s)$ auffassen.

§ 3.

Beweis des Kowalewskischen Hilfssatzes.

Auch den Beweis dieses Satzes, den wir als Satz III bezeichnet haben, wollen wir in einer Reihe von einzelnen Schritten führen.

1. Eine Invariante F der binären Form $f(x, y)$ ist jedenfalls eine isobare Form der Variablen a_ν. Ist ihr Gewicht gleich p, so wird $a_\lambda F_\varkappa$ isobar vom Gewichte $p + \lambda - \varkappa$. Genügt daher F einer Differentialgleichung der Form (1), so müssen in $C = \sum c_{\lambda\varkappa} a_\lambda F_\varkappa$ die Teilsummen der Glieder von gleichem Gewicht, d. h. derjenigen mit konstanter Differenz $\varkappa - \lambda$ einzeln verschwinden. Wir können uns daher auf die Betrachtung von Gleichungen der Form

$$x_\varkappa a_0 F_\varkappa + x_{\varkappa+1} a_1 F_{\varkappa+1} + \ldots + x_n a_{n-\varkappa} F_n = 0,$$
$$x_0 a_\varkappa F_0 + x_1 a_{\varkappa+1} F_1 + \ldots + x_{n-\varkappa} a_n F_{n-\varkappa} = 0$$

beschränken. Die linksstehenden Ausdrücke bezeichnen wir mit

$$D_\varkappa(x_\nu) = D_\varkappa(x_0, x_1, \ldots, x_n) \quad \text{und} \quad D_{-\varkappa}(x_\nu) = D_{-\varkappa}(x_0, x_1, \ldots, x_n),$$

wobei im ersten Fall $x_0, x_1, \ldots, x_{\varkappa-1}$ und im zweiten Fall $x_{n-\varkappa+1}, \ldots, x_n$ gleich Null zu setzen sind.

Daß F bei der Transformation $a'_\varkappa = a_{n-\varkappa}$ ungeändert bleibt, hat zur Folge, daß, wenn F der Differentialgleichung $D_\lambda(x_\nu) = 0$ genügt, auch der Ausdruck

$$D^*_\lambda(x_\nu) = D_{-\lambda}(x_n, x_{n-1}, \ldots, x_1, x_0) \qquad (\lambda = 0, \pm 1, \pm 2, \ldots)$$

verschwinden muß.

Jedenfalls genügt F, als Invariante von $f(x, y)$, den drei Differentialgleichungen (4) des vorigen Paragraphen. Die früher mit C_1, C_2, C_3 bezeichneten Ausdrücke nennen wir jetzt A, B und C. In den neuen Bezeichnungen wird

$$A = D_1(\nu), \qquad B = A^* = D_{-1}(n - \nu), \qquad C = D_0(n - 2\nu).$$

Um deutlicher zu machen, daß in $A = D_1(\nu)$ die Werte $\nu < 0$ und $\nu > n$ nicht zulässig sind, empfiehlt es sich,

$$A = D_1(k_\nu) \qquad (k_0 = 0,\ k_1 = 1, \ldots,\ k_n = n)$$

zu setzen, mit der Festsetzung, daß für $\nu < 0$ und $\nu > n$ k_ν gleich Null sein soll.

2. Genügt eine Form $F = F(a)$ den beiden Differentialgleichungen

$$R = \sum_{\varkappa,\lambda}{}_0^n r_{\varkappa\lambda} a_\lambda F_\varkappa = 0, \qquad S = \sum_{\varkappa,\lambda}{}_0^n s_{\varkappa\lambda} a_\lambda F_\varkappa = 0,$$

so verschwindet bekanntlich auch der „Klammerausdruck"

$$(R, S) = \sum_{\varkappa,\lambda}{}_0^n a_\lambda F_\varkappa \Big[\sum_{\nu=0}^{n} (r_{\varkappa\nu} s_{\nu\lambda} - s_{\varkappa\nu} r_{\nu\lambda})\Big].$$

Speziell wird für $\varkappa, \lambda = 0, \pm 1, \pm 2, \ldots$, wie eine einfache Rechnung lehrt,

$$(11) \qquad (D_\varkappa(x_\nu), D_\lambda(y_\nu)) = D_{\varkappa+\lambda}(x_\nu y_{\nu-\varkappa} - y_\nu x_{\nu-\lambda}),$$

wobei alle x_α, y_α für $\alpha < 0$ und $\alpha > n$ durch Nullen zu ersetzen sind.

3. Es sei nun $\mu \leqq n$ der größte positive Index, für den die zu betrachtende Invariante F einer Differentialgleichung $M = D_\mu(x_\nu) = 0$ mit nicht lauter verschwindenden Koeffizienten x_ν genügt[6]). Da jedenfalls $A = D_1(k_\nu) = 0$ ist, so ist $\mu \geqq 1$, und wir werden, wie sich bald zeigen wird, nur zu zeigen haben, daß abgesehen vom Ausnahmefall $F = J^r$ der Index μ den Wert 1 haben muß.

Zunächst schließen wir die Fälle $\mu = n - 1$ und $\mu = n$ aus.

Auf Grund der Formel (11) wird auch

$$(A, M) = D_{\mu+1}(k_\nu x_{\nu-1} - x_\nu k_{\nu-\mu}) = 0.$$

Dies liefert $k_\nu x_{\nu-1} = x_\nu k_{\nu-\mu}$ oder genauer

$$(\mu + 1) x_\mu = x_{\mu+1}, \; (\mu + 2) x_{\mu+1} = 2 x_{\mu+2}, \ldots, n x_{n-1} = (n - \mu) x_n .$$

Wir erhalten also $x_\nu = \binom{\nu}{\mu} x_\mu$. Wählt man $x_\mu = 1$, so kann

$$M = D_\mu(l_\nu) \qquad \left(l_\nu = \binom{\nu}{\mu} \quad \text{für} \quad \nu = 0, 1, \ldots, n\right)$$

gesetzt werden. Ist insbesondere $\mu = 1$, so wird $M = A$. Zugleich ergibt sich, daß auch keine Differentialgleichung $D_{-\varkappa}(y_\nu) = 0$ für $\varkappa > \mu$ bestehen kann, weil sonst auch $D_\varkappa(y_{n-\nu}) = 0$ wäre. Für $\varkappa = \mu$ hat man ferner, wenn von einem konstanten Faktor abgesehen wird, nur die eine Gleichung $D_{-\mu}(l_{n-\nu}) = 0$.

4. Sei $R = D_0(z_\nu) = 0$ eine Differentialgleichung für F. Dann wird auch

$$(R, M) = D_\mu(z_\nu l_\nu - l_\nu z_{\nu-\mu}) = 0.$$

---

[6]) Mit diesem größten Index μ operiert auch Herr Kowalewski, l. c.[4]).

Hieraus folgt, da dieser Ausdruck sich von M nur durch einen konstanten Faktor d unterscheiden darf,

$$z_\mu - z_0 = z_{\mu+1} - z_1 = \ldots = z_n - z_{n-\mu} = d. \tag{12}$$

Für $\mu = 1$ erhält man insbesondere

$$z_1 - z_0 = z_2 - z_1 = \ldots = z_n - z_{n-1} = d,$$

also $z_\nu = z_0 + d\nu$. Ist nun früher $C = D_0(n - 2\nu)$, so wird

$$R = \sum_{\nu=0}^{n} z_\nu a_\nu F_\nu = \left(z_0 + \frac{dn}{2}\right) \sum_{\nu=0}^{n} a_\nu F_\nu - \frac{d}{2} C.$$

Da nun $C = 0$ und $\sum a_\nu F_\nu = mF$ ist, falls m den Grad der homogenen Funktion F bedeutet, so muß $z_0 + \frac{dn}{2} = 0$ sein, d. h. R ist von der Form konst. C. Es gibt also für $\mu = 1$, wie zu beweisen ist, im wesentlichen nur die drei Differentialgleichungen $A = 0$, $B = 0$, $C = 0$. Im folgenden können wir daher $\mu > 1$ annehmen.

5. Neben $M = D_\mu(l_\nu) = 0$ genügt F noch der Differentialgleichung

$$M^* = N = D_{-\mu}(l_{n-\nu}) = 0,$$

also auch der Gleichung

$$(M, N) = D_0(u_\nu) = 0.$$

Hierbei ist

$$u_\nu = l_\nu l_{n-\nu+\mu} - l_{n-\nu} l_{\nu+\mu}$$

zu setzen. Es muß also wegen (12)

$$u_\mu - u_0 = u_{\mu+1} - u_1 = \ldots = u_n - u_{n-\mu} \tag{13}$$

sein.

Ist nun

$$n - q\mu = r \qquad (r = 0, 1, 2, \ldots, \mu - 1)$$

und bedeutet ϱ eine der Zahlen $0, 1, \ldots, r$, so betrachten wir die Ausdrücke

$$u_{\varkappa\mu+\varrho} = l_{\varkappa\mu+\varrho} l_{n-(\varkappa-1)\mu-\varrho} - l_{(\varkappa+1)\mu+\varrho} l_{n-\varkappa\mu-\varrho} \qquad (\varkappa = 0, 1, \ldots, q). \tag{14}$$

Bezeichnet man den gemeinsamen Wert der Differenzen (13) mit w, so folgt aus

$$u_{\mu+\varrho} - u_\varrho = u_{2\mu+\varrho} - u_{\mu+\varrho} = \ldots = u_{q\mu+\varrho} - u_{(q-1)\mu+\varrho} = w$$

offenbar

$$u_{\varkappa\mu+\varrho} = u_\varrho + \varkappa w. \tag{15}$$

Andererseits liefert aber (14) wegen $n + \mu - \varrho > n$, $(q+1)\mu + \varrho > n$

$$\sum_{\varkappa=0}^{q} u_{\varkappa\mu+\varrho} = l_\varrho l_{n+\mu-\varrho} - l_{(q+1)\mu+\varrho} l_{n-q\mu-\varrho} = 0.$$

Aus (15) folgt daher

(16) $$0 = (q+1)u_\varrho + \frac{q(q+1)}{2}w, \quad \text{d. h.} \quad 2u_\varrho = -qw.$$

Für $r > 0$ ergibt sich insbesondere $u_0 = u_1$, was wegen

(17) $$u_0 = -l_n l_\mu, \qquad u_1 = -l_{n-1} l_{\mu+1}$$

die Gleichung $\binom{n}{\mu} = (\mu+1)\binom{n-1}{\mu}$ oder, was dasselbe ist, $n = (n-\mu)(\mu+1)$ liefert. Dies führt nur auf den zunächst ausgeschlossenen Fall $\mu = n-1$.

Wir können also annehmen, daß $r = 0$, also $n = q\mu$ ist. Für $\varrho = 0$ folgt nun aus (15) und (16)

$$q u_{\varkappa\mu} = (q - 2\varkappa)u_0.$$

Für $\varkappa = q-1$ ergibt sich insbesondere, indem man die l_α einführt,

$$2(q-1) l_\mu l_{q\mu} = q l_{2\mu} l_{(q-1)\mu}$$

oder, was dasselbe ist,

$$2(q-1)\binom{q\mu}{\mu} = q\binom{2\mu}{\mu}\binom{(q-1)\mu}{\mu}.$$

Eine einfache Umformung liefert

$$2(q-1)\frac{(q-1)\mu+1}{(q-2)\mu+1}\cdot\frac{(q-1)\mu+2}{(q-2)\mu+2}\cdots\frac{q\mu}{(q-1)\mu} = q\cdot\frac{\mu+1}{1}\cdot\frac{\mu+2}{2}\cdots\frac{2\mu}{\mu}.$$

Für $q > 2$ werden nun die Brüche auf der linken Seite kleiner als die entsprechenden Brüche auf der rechten Seite. Da nun $\mu > 1$ ist, so würde folgen

$$2(q-1)\cdot\frac{q\mu}{(q-1)\mu} > q\cdot\frac{2\mu}{\mu},$$

was nicht möglich ist.

Der allein noch zu behandelnde Fall $q = 2$, $n = 2\mu$ erledigt sich, indem man die Gleichung

$$u_\mu - u_0 = u_{\mu+1} - u_1$$

betrachtet. Wegen (17) und

$$u_\mu = l_\mu l_n - l_{n-\mu} l_{2\mu} = 0, \quad u_{\mu+1} = l_{\mu+1} l_{n-1} - l_{n-\mu-1} l_{2\mu+1} = l_{\mu+1} l_{2\mu-1}$$

liefert sie $l_\mu l_{2\mu} = 2 l_{\mu+1} l_{2\mu-1}$ oder

$$\binom{2\mu}{\mu} = 2(\mu+1)\binom{2\mu-1}{\mu},$$

d. h. $2 = 2(\mu+1)$, was wieder nicht möglich ist.

6. Es bleiben also nur noch die Fälle $\mu = n-1 > 1$ und $\mu = n$ zu behandeln.

Ist zunächst $\mu = n$, so wird

$$M = a_0 F_n, \qquad M^* = a_n F_0.$$

Wir bilden nun mit Hilfe der Formel (11) Schritt für Schritt die Klammerausdrücke [7])

$$K_1 = (A, M^*), \quad K_2 = \left(A, \tfrac{1}{2} K_1\right), \quad K_3 = \left(A, \tfrac{1}{3} K_2\right), \ldots.$$

Eine einfache Rechnung liefert in den früheren Bezeichnungen

$$(-1)^\nu K_\nu = D_{\nu-n}\left(\binom{n}{\nu}, -\binom{n}{\nu-1}, \binom{n}{\nu-2}, \ldots, \pm 1, 0, \ldots, 0\right).$$

Da nun alle diese Ausdrücke für unsere Invariante F verschwinden müssen, so ergibt sich für $\nu = 0, 1, \ldots, n$

$$\binom{n}{\nu} a_{n-\nu} F_0 - \binom{n}{\nu-1} a_{n-\nu+1} F_1 + \ldots + (-1)^\nu a_n F_\nu = 0.$$

Dies liefert aber

$$F_0 = F_1 = \ldots = F_n = 0, \quad \text{d. h.} \quad F = \text{konst.}$$

7. Für $\mu = n - 1$ wird

$$M = a_0 F_{n-1} + n a_1 F_n, \qquad M^* = n a_{n-1} F_0 + a_n F_1.$$

Bildet man wieder die iterierten Ausdrücke K_ν, so wird hier, wie man ebenfalls ohne Mühe erkennt,

$$(-1)^{\nu-1} K_{\nu-1} = D_{\nu-n}\left(\binom{n}{\nu}\nu, -\binom{n}{\nu-1}(\nu-2), \binom{n}{\nu-2}(\nu-4), \ldots\right).$$

Das liefert für F die Differentialgleichungen

$$(18) \quad \begin{cases} n a_{n-1} F_0 + a_n F_1 = 0 \\ 2\binom{n}{2} a_{n-2} F_0 - 2 a_n F_2 = 0 \\ 3\binom{n}{3} a_{n-3} F_0 - \binom{n}{2} a_{n-2} F_1 - \binom{n}{1} a_{n-1} F_2 + 3 a_n F_3 = 0 \quad \text{usw.} \end{cases}$$

Entwickelt man nun F nach fallenden Potenzen von a_0, so sei

$$F = a_0^r G_0 + a^{r-1} G_1 + \ldots + G_r.$$

Aus den Gleichungen (18) ergibt sich nun hintereinander

$$\frac{\partial G_0}{\partial a_1} = 0, \quad \frac{\partial G_0}{\partial a_2} = 0, \ldots, \frac{\partial G_0}{\partial a_{n-1}} = 0.$$

Daher ist $G_0 = \gamma a_n^s$, wobei γ eine Konstante bedeutet. Die n-te der Gleichungen (18) liefert aber noch

$$n a_0 F_0 - (n-2)\binom{n}{1} a_1 F_1 + (n-4)\binom{n}{2} a_2 F_2 - \ldots + (-1)^n (n-2n) a_n F_n = 0.$$

[7]) Auch hier lehnt sich unser Beweis an den des Herrn **Kowalewski** an, der mit diesen iterierten Klammerausdrücken mehrfach operiert. Wir machen von ihnen aber im Gegensatz zu Herrn **Kowalewski** nur in den für die Rechnung besonders einfachen Ausnahmefällen $\mu = n$ und $\mu = n - 1$ Gebrauch.

Vergleicht man hier wieder links und rechts die Koeffizienten von a_0^r, so erhält man

$$n\,r\,G_0 + n(-1)^{n-1} a_n \frac{\partial G_0}{\partial a_n} = 0,$$

also $r + (-1)^{n-1} s = 0$. Folglich muß n eine gerade Zahl und $r = s$ sein. Setzt man $n = 2\nu$ und (wie früher)

$$J = a_0 a_n - \binom{n}{1} a_1 a_{n-1} + \ldots \pm \frac{1}{2}\binom{n}{\nu} a_\nu^2,$$

so genügt J und folglich auch jede Potenz von J der Differentialgleichung

$$a_0 \frac{\partial z}{\partial a_{n-1}} + n a_1 \frac{\partial z}{\partial a_n} = 0,$$

die auch für unsere Invariante F besteht. Dasselbe gilt daher für

$$F^{(1)} = F - \gamma J^r,$$

und es würde sich wieder ergeben, daß, wenn $F^{(1)}$ nicht Null ist, dieser Ausdruck ein Glied der Form $\gamma' a_0^{r'} a_n^{r'}$ enthalten müßte. Hierbei wäre aber $r' < r$, was der Tatsache widerspricht, daß $F^{(1)}$ eine homogene Funktion von demselben Grade wie F sein muß. Es muß also in dem Falle $\mu = n - 1$ unsere Invariante F von der Gestalt γJ^r sein. Damit ist der Satz III in allen Teilen bewiesen.

§ 4.

Eine Folgerung aus dem Satze III.

Schreibt man eine Form F der Variablen a_ν in der Gestalt

$$F = \sum K a_0^{\alpha_0} a_1^{\alpha_1} \ldots a_n^{\alpha_n}$$

und besteht diese Summe aus k verschiedenen Gliedern, so besagt eine Differentialgleichung vom Typus

(19) $$x_0 a_0 F_0 + x_1 a_1 F_1 + \ldots + x_n a_n F_n = 0,$$

daß für jedes der k Glieder von F die Gleichung

(20) $$\alpha_0 x_0 + \alpha_1 x_1 + \ldots + \alpha_n x_n = 0$$

erfüllt ist. Dies bedeutet aber, daß die Form F isobar vom Gewichte 0 bei der Gewichtsbestimmung ist, bei der a_0 das Gewicht x_0, a_1 das Gewicht x_1 usw. hat. Die Tatsache, daß es, von einem konstanten Faktor abgesehen, nur eine Differentialgleichung von der Form (19) gibt, der F genügt (vom Ausnahmefall abgesehen), besagt also, daß es im wesentlichen nur eine Gewichtsbestimmung gibt, bei der F isobar vom Gewichte 0 ist. Nun gibt es aber für jede Invariante F bekanntlich zwei wesentlich verschiedene Gewichtsbestimmungen, bei denen sie isobar ist. Gäbe es noch eine dritte Gewichtsbestimmung, die von den beiden bekannten unabhängig wäre, und in bezug auf die F isobar wäre, so ließen sich aus den drei Gewichtsbestimmungen zwei solche herleiten, in bezug auf die F isobar vom Gewichte 0 wäre. Da dies aber (vom Ausnahmefall abgesehen) unmöglich ist, erhalten wir das Resultat:

IV. *Jede Gewichtsbestimmung für die Koeffizienten* $a_0, a_1, \ldots, a_n$ *der binären Form n-ten Grades* $f(x, y)$, *bei der eine Invariante* F *dieser Form, die nicht die Gestalt* γJ^ν *hat, isobar ist, läßt sich aus den beiden bekannten Gewichtsbestimmungen:*

(I) $x_0 = 1, x_1 = 1, \ldots, x_n = 1$; (II) $x_0 = 0, x_1 = 1, x_2 = 2, \ldots, x_n = n$ *linear zusammensetzen.*

Für einige Invarianten läßt sich dieser Satz auch durch direkte Untersuchung ihrer Gewichtseigenschaften bestätigen.

Die Anzahl N der linear unabhängigen Differentialgleichungen (19) ist genau gleich der Anzahl der linear unabhängigen Lösungen der k linearen homogenen Gleichungen (20). Weiß man insbesondere, daß $N = 1$ ist, so darf jedenfalls nicht k kleiner als $(n+1) - 1 = n$ sein. Die Bedingung $N = 1$ ist nun nach Satz III für jede Invariante F der Form $f(x, y)$, abgesehen vom Ausnahmefall, gewiß erfüllt.

Hat aber F die Form γJ^r $(r > 1)$, wo

$$J = a_0 a_n - \binom{n}{1} a_1 a_{k-1} + \ldots \pm \frac{1}{2} \binom{n}{\frac{n}{2}} a_{\frac{n}{2}}^2$$

ist, so sind hier die einzelnen Glieder unabhängige Funktionen der a_i, und daher besteht J^ν aus genau so vielen Gliedern, wie

$$(z_0 + z_1 + \ldots + z_{\frac{n}{2}})^\nu,$$

wo z_i beliebige Unbestimmten sind, also für $\nu > 1$ aus mehr als n Gliedern. Daher folgt:

IV′. *Eine (nicht konstante) Invariante* F *der binären Form n-ten Grades* $f(x, y)$, *die nicht von der Gestalt* γJ *ist, enthält mindestens n verschiedene Glieder.*

Dieser einfache Satz scheint in der Literatur nirgends erwähnt zu sein. Die untere Schranke n für die Gliederanzahl ist vermutlich für größere Werte von n noch sehr ungenau.

§ 5.
Über eine spezielle Klasse von Formen.

Es sei

$$\varphi(x) = c_0 + c_1 x + c_2 x^2 + \dots$$

eine gegebene Potenzreihe. Ferner sei

$$g(x) = a_1 x + a_2 x^2 + \dots$$

eine Potenzreihe, deren Koeffizienten a_ν im folgenden als voneinander unabhängige Variable angesehen werden sollen. Entwickelt man $\varphi(g)$ nach Potenzen von x, so sei

$$\varphi(g) = \varphi_0 + \varphi_1 x + \varphi_2 x^2 + \dots.$$

Hierin ist φ_n eine wohlbestimmte ganze rationale Funktion der Variablen $a_1, a_2, \dots, a_n$. Führen wir noch eine Hilfsvariable a_0 ein und setzen

$$F = F^{(n)} = a_0^n \varphi_n\left(\frac{a_1}{a_0}, \frac{a_2}{a_0}, \dots, \frac{a_n}{a_0}\right), \tag{21}$$

so wird F, sofern $\varphi(x)$ sich nicht auf die Konstante c_0 reduziert, eine Form in den Variablen $a_0, a_1, \dots, a_n$ vom Grade n und auch vom Gewichte n. Sie genügt daher der Differentialgleichung

$$C_0 = \sum_{\nu=0}^{n} (1-\nu) a_\nu F_\nu = 0 \qquad \left(F_\nu = \frac{\partial F}{\partial a_\nu}\right).$$

Wir wollen nun zeigen, daß es unter gewissen Voraussetzungen über die Funktion $\varphi(x)$ möglich ist, die Gesamtheit $\mathfrak{F}$ der linearen Transformationen

$$a'_\varkappa = \sum_{\lambda=0}^{n} p_{\varkappa\lambda} a_\lambda, \tag{P}$$

welche die Form F ungeändert lassen, genau zu bestimmen.

Diese Voraussetzungen lauten:

a) *Die Koeffizienten* $c_1, c_2, \dots$ *sollen sämtlich von* 0 *verschieden sein.*

b) *Für jedes* $n > 2$ *sollen für* F $n-1$ *Differentialgleichungen der Form*

$$C_\nu = \gamma_\nu^{(\nu)} a_0 F_\nu + \gamma_{\nu+1}^{(\nu)} a_1 F_{\nu+1} + \dots + \gamma_n^{(\nu)} a_{n-\nu} F_n = 0 \tag{22}$$
$$(\nu = 1, 2, \dots, n-1)$$

bestehen, wobei die Konstanten $\gamma_\lambda^{(\nu)}$ *noch von* n *abhängen können.*

Für welche Funktionen $\varphi(x)$ diese Voraussetzungen gleichzeitig erfüllt sind, soll im nächsten Paragraphen untersucht werden. Zunächst gehen wir daran, unter der Annahme, daß sie gelten, die Gruppe $\mathfrak{F}$ für jedes n zu bestimmen.

1. Aus a) folgt, daß in der Entwicklung von F jedes Potenzprodukt $a_0^{\alpha_1} a_1^{\alpha_2} \ldots a_n^{\alpha_n}$ von der Dimension n und vom Gewichte n mit einem von Null verschiedenen Koeffizienten versehen vorkommt. Insbesondere gilt das für die Potenzprodukte

$$(23) \qquad a_1^n, \quad a_1^{n-2} a_2 a_0, \quad a_1^{n-3} a_3 a_0^2, \ldots, a_1 a_{n-1} a_0^{n-2}, \quad a_n a_0^{n-1}.$$

Hieraus folgt zugleich, daß F_ν ein Glied der Form konst. $a_1^{n-\nu} a_0^{\nu-1}$ explizite enthält. Dies hat offenbar zur Folge, daß die Ausdrücke

$$(24) \qquad a_1 F_{\varkappa+1}, \quad a_2 F_{\varkappa+2}, \ldots, a_{n-\varkappa} F_n \qquad (\varkappa = 0, 1, \ldots, n-1)$$

und

$$(25) \qquad a_{\lambda+1} F_1, \quad a_{\lambda+2} F_2, \ldots, a_n F_{n-\lambda} \qquad (\lambda = 1, 2, \ldots, n-1)$$

bei festem $\varkappa$ bzw. festem λ linear unabhängig sind. Insbesondere müssen daher in den Differentialgleichungen (22) die Koeffizienten $\gamma_1^{(1)}, \gamma_2^{(2)}, \ldots, \gamma_{n-1}^{(n-1)}$ von Null verschieden sein.

2. Wir behaupten nun, daß unter den von uns gemachten Voraussetzungen die n Differentialgleichungen

$$C_0 = 0, \quad C_1 = 0, \ldots, C_{n-1} = 0$$

für $n > 2$ in dem früheren Sinne eine Basis der Schar $\mathfrak{D}$ aller für F bestehenden Differentialgleichungen der Form

$$(26) \qquad C = \sum_{\varkappa, \lambda = 0}^{n} c_{\varkappa\lambda} a_\lambda F_\varkappa = 0$$

bilden (vgl. § 1).

Um dies zu erkennen, genügt es (wie in § 3), nur Differentialgleichungen vom Typus

$$D_\varkappa = D_\varkappa(x_0, x_1, \ldots, x_n) = 0 \quad (\varkappa = 0, \pm 1, \pm 2, \ldots, \pm n)$$

zu betrachten. Die Fälle $\varkappa = \pm n$ sind gewiß auszuschließen, da sie nur auf $F_n = 0$ bzw. $F_0 = 0$ führen würden. Ist ferner $\varkappa$ eine der Zahlen $0, 1, \ldots, n-1$, also

$$D_\varkappa = x_\varkappa a_0 F_\varkappa + x_{\varkappa+1} a_1 F_{\varkappa+1} + \ldots + x_n a_{n-\varkappa} F_n,$$

so muß

$$D_\varkappa = \frac{x_\varkappa}{\gamma_\varkappa^{(\varkappa)}} C_\varkappa$$

werden, da sich sonst eine lineare Beziehung zwischen den Funktionen (24) ergeben würde. Es sei also $\varkappa = -\lambda$ eine der Zahlen $-1, -2, \ldots, -(n-1)$. In

$$D_{-\lambda} = x_0 a_\lambda F_0 + x_1 a_{\lambda+1} F_1 + \ldots + x_{n-\lambda} a_n F_{n-\lambda} = 0,$$

muß dann x_0 wegen der linearen Unabhängigkeit der Funktionen (25) von Null verschieden sein. Man bilde nun durch Anwendung der Klammeroperation die Differentialgleichung

$$\Delta_0^{(\lambda)} = (C_\lambda, D_{-\lambda}) = D_0(u_0, u_1, \ldots, u_n) = 0,$$

wo

$$u_\nu = \gamma_\nu^{(\lambda)} x_{\nu-\lambda} - x_\nu \gamma_{\nu+\lambda}^{(\lambda)}$$

zu setzen ist; hierbei hat man unter $\gamma_\alpha^{(\lambda)}$ für $\alpha < \lambda$ oder $\alpha > n$ der Wert Null zu verstehen. Nach dem schon Bewiesenen müßte sich $\Delta_0^{(\lambda)}$ von C_0 nur um einen konstanten Faktor unterscheiden. In $\Delta_0^{(\lambda)}$ ist aber die Summe aller Koeffizienten gleich Null, in C_0 ist diese Summe aber gleich

$$s = \sum_{\nu=0}^{n} (1-\nu) = (n+1)\left(1 - \frac{n}{2}\right),$$

also für $n > 2$ gewiß von Null verschieden. Daher müßten alle u_ν verschwinden. Dies widerspricht aber wegen $u_0 = -x_0 \gamma_\lambda^{(\lambda)}$ der Annahme, daß $x_0 \neq 0$ sein soll.

3. Bezeichnen wir wie bei früheren Gelegenheiten die zur Differentialgleichung $C_\nu = 0$ gehörende Koeffizientenmatrix ebenfalls mit C_ν, so wird

$$C_0 = ((1-\alpha)\, e_{\alpha\beta}), \quad C_1 = (\gamma_\alpha^{(1)} e_{\alpha,\beta+1}), \quad C_2 = (\gamma_\alpha^{(2)} e_{\alpha,\beta+2}), \ldots,$$

wobei $e_{\alpha\beta}$ gleich 1 oder 0 zu setzen ist, je nachdem $\alpha = \beta$ oder $\alpha \neq \beta$ ist. Die Matrix $P = (p_{\alpha\beta})$ einer Transformation der zu bestimmenden Gruppe $\mathfrak{F}$ hat nun, wie aus dem unter 2. Bewiesenen folgt, die Eigenschaft, daß

$$P C_\nu P^{-1} = C_\nu' \qquad (\nu = 0, 1, \ldots, n-1)$$

eine lineare Verbindung von $C_0, C_1, \ldots, C_{n-1}$ darstellt, also gewiß eine „Dreiecksmatrix" wird, d. h. eine Matrix, die oberhalb der Hauptdiagonale lauter Nullen enthält. Wir behaupten nun, daß auch P eine solche Dreiecksmatrix sein muß.

Es sei nämlich

$$C_0' = P C_0 P^{-1} = \varrho_0 C_0 + \varrho_1 C_1 + \ldots + \varrho_{n-1} C_{n-1}. \tag{27}$$

Das ist eine zu C_0 ähnliche Matrix, ihre Spur ist demnach gleich der Spur $s = \Sigma(1-\nu)$ von C_0. Die Spur der rechts stehenden Matrix ist aber gleich $\varrho_0 s$. Aus $s \neq 0$ folgt daher $\varrho_0 = 1$. Man schreibe nun die Gleichung (27) in der Form

$$P C_0 - C_0 P = (\varrho_1 C_1 + \varrho_2 C_2 + \ldots + \varrho_{n-1} C_{n-1}) P \tag{28}$$

und bezeichne das allgemeine Element der rechts stehenden Matrix mit $q_{\alpha\beta}$. Das entsprechende Element links hat, wie man leicht erkennt, den Wert $(\alpha - \beta)\, p_{\alpha\beta}$. Beachtet man nun, daß $\varrho_1 C_1 + \ldots + \varrho_{n-1} C_{n-1}$ eine Dreiecksmatrix ist, die in der Hauptdiagonale lauter Nullen enthält, so ergibt sich zunächst $q_{0\beta}=0$. Das liefert

$$p_{01}=p_{02}=\ldots=p_{0n}=0.$$

Weiß man nun schon, daß $p_{\alpha\beta}$ für $\alpha<\nu$ und $\beta>\alpha$ gleich Null ist, so wird auch

$$q_{\nu,\nu+1}=q_{\nu,\nu+2}=\ldots=q_{\nu,n}=0.$$

Daher müssen auch die entsprechenden Elemente $p_{\alpha\beta}$ verschwinden. Für $\alpha<\beta$ sind also in der Tat alle $p_{\alpha\beta}$ gleich Null.

4. Um nun die Gleichung (28) weiter zu diskutieren, empfiehlt es sich, in folgender Weise vorzugehen. Man zerlege P_1 nach den Nebendiagonalen Δ_ν, d. h. man schreibe P in der Form

$$P=P_0+P_1+\ldots+P_n,$$

wobei

$$P_\nu=(p_{\nu\alpha}\,e_{\alpha,\beta+\nu})$$

in der Nebendiagonale Δ_ν dieselben Elemente wie P, sonst aber lauter Nullen enthält. Zerlegt man nun die in (28) links und rechts auftretenden Matrizen in derselben Weise und beachtet, daß

$$P_\nu C_0-C_0P_\nu=\nu P_\nu$$

wird, so zerfällt (28) in die n Gleichungen

$$(29)\qquad \begin{cases} P_1=\varrho_1C_1P_0\\ 2P_2=\varrho_1C_1P_1+\varrho_2C_2P_0\\ \ldots\ldots\ldots\ldots\\ nP_n=\varrho_1C_1P_{n-1}+\varrho_2C_2P_{n-2}+\ldots+\varrho_nC_nP_0,\end{cases}$$

wobei aber $C_n=0$ zu setzen ist.

5. Wir benutzen nun einen Satz, der der Lieschen Theorie entnommen ist, aber auch direkt sehr leicht bewiesen werden kann:

Genügt die Form F der Differentialgleichung (26) *mit der Koeffizientenmatrix C, so bleibt F für jeden Wert des Parameters ξ bei der linearen Transformation*

$$S(\xi)=e^{\xi C}=E+\frac{\xi}{1!}C+\frac{\xi^2}{2!}C^2+\ldots$$

ungeändert[8]).

In unserem Fall liefern insbesondere die Differentialgleichungen $C_\nu=0$ für $\nu=1,2,\ldots,n-1$ wohlbestimmte Transformationen $S_\nu(\xi_\nu)$, die fol-

[8]) Vgl. H. F. Baker, On the Exponential Theorem for a Simple Transitive Continuous Group, and the Calculation of the Finite Equations from the Constants of Structure, Proceedings of the London Math. Soc. **34** (1902), S. 91–127.

gende Eigenschaft besitzen: $S_\nu(\xi_\nu)$ läßt die Variablen $a_0, a_1, \ldots, a_{\nu-1}$ ungeändert und führt a_ν in $\gamma_\nu^{(\nu)}\xi_\nu a_0 + a_\nu$ über. Bildet man nun

$$S_1(\xi_1)P = P^{(1)}, \quad S_2(\xi_2)P^{(1)} = P^{(2)}, \ldots, S_{n-1}(\xi_{n-1})P^{(n-2)} = P^{(n-1)},$$

so kann man Schritt für Schritt $\xi_1, \xi_2, \ldots, \xi_{n-1}$ so wählen, daß in $P^{(n-1)} = (r_{\alpha\beta})$ die Elemente $r_{10}, r_{20}, \ldots, r_{n-1,0}$ gleich Null werden. Nehmen wir von vornherein an, P selbst habe schon diese Eigenschaft, so enthält insbesondere für $\nu = 1, 2, \ldots, n-1$ die Matrix P_ν in der ersten Kolonne lauter Nullen. Beachtet man nun, daß in der ersten Kolonne von $C_\nu P_0$ das nicht verschwindende Element $\gamma_\nu^{(\nu)} p_{00}$ auftritt, so erhält man aus den $n-1$ ersten der Gleichungen (29) hintereinander

$$\varrho_1 = 0, \quad \varrho_2 = 0, \quad \ldots, \quad \varrho_{n-1} = 0.$$

Dann wird aber zugleich

$$P_1 = 0, \quad P_2 = 0, \quad \ldots, \quad P_{n-1} = 0, \quad P_n = 0.$$

Die Matrix P wird also eine Diagonalmatrix.

6. Als isobare Form läßt F jedenfalls die Transformationen

$$(A(\varrho)) \qquad a'_\varkappa = \varrho a_\varkappa$$

$$(B(\sigma)) \qquad a'_\varkappa = \sigma^\varkappa a_\varkappa$$

zu. Setzt man nun

$$P = A(p_{00})B\left(\frac{p_{11}}{p_{00}}\right)Q,$$

so erhält die Transformation Q der zu F gehörenden Gruppe $\mathfrak{F}$ die Gestalt

$$a'_\varkappa = \tau_\varkappa a_\varkappa,$$

wobei insbesondere $\tau_0 = \tau_1 = 1$ wird. Da aber unsere Form F die Potenzprodukte (23) explizite enthält, so kann sie bei der Transformation Q nur dann ungeändert bleiben, wenn alle $\tau_\varkappa$ gleich 1 werden.

Unsere Diskussion hat nun folgendes Resultat ergeben:

V. *Sind für die Potenzreihe* $\varphi(x)$ *die Voraussetzungen* a) *und* b) *erfüllt, so ist für jedes* $n > 2$ *die Gruppe* $\mathfrak{F}$ *der linearen Transformationen, welche die durch die Gleichung* (21) *bestimmte Form* F *ungeändert lassen, identisch mit der* $(n+1)$*-gliedrigen kontinuierlichen Gruppe, die durch die Transformationen*

$$A(\varrho), \quad B(\sigma), \quad S_1(\xi_1), \quad S_2(\xi_2), \quad \ldots, \quad S_{n-1}(\xi_{n-1})$$

erzeugt wird.

Zu beachten ist hierbei, daß man zur Erzeugung der Gruppe $\mathfrak{F}$ nicht notwendig die Transformationen S_ν zu berechnen braucht. Es genügt, an Stelle der S_ν irgendwelche $n-1$ Transformationen T_ν der Gruppe $\mathfrak{F}$ zu kennen, die folgende Eigenschaften haben: Die Koeffizienten von T_ν sind ganze rationale Funktionen des Parameters ξ_ν, und ferner läßt T_ν die Variablen $a_0, a_1, \ldots, a_{\nu-1}$ ungeändert, während a_ν in $\alpha_\nu \xi_\nu a_0 + a_\nu$ übergeführt wird. Hierbei sollen die Konstanten $\alpha_1, \alpha_2, \ldots, \alpha_{\nu-1}$ von Null verschieden sein.

§ 6.

Fortsetzung der Diskussion.

Wir gehen nun dazu über, die Gesamtheit der Potenzreihen $\varphi(x)$, auf die unsere bisherigen Betrachtungen anwendbar sind, genauer zu bestimmen.

VI. *Die einzigen Potenzreihen* $\varphi(x)$, *für welche die Voraussetzungen* a) *und* b) *des vorigen Paragraphen erfüllt sind, werden erhalten, indem man*

$$\varphi(x) = a + bx + c\Phi(dx) \tag{30}$$

setzt, wobei $\Phi(x)$ *eine der Funktionen*

$$e^x, \quad (1+x)^\mu, \quad \log(1+x), \quad (1+x)\log(1+x) \tag{31}$$

bedeutet. Die Konstanten a, b, c, d *unterliegen hierbei nur den Bedingungen*

$$c \neq 0, \quad d \neq 0, \quad b + cd\Phi'(0) \neq 0.$$

Für $\Phi(x) = (1+x)^\mu$ *ist außerdem noch zu verlangen, daß* μ *keine der Zahlen* $0, 1, 2, \ldots$ *sein soll.*

In den früheren Bezeichnungen wird nämlich

$$\varphi(g) = \sum_{n=0}^{\infty} a_0^{-n} F^{(n)}(a_0, a_0 a_1, \ldots, a_0 a_n) x^n. \tag{32}$$

Setzt man nun

$$\varphi'(g) = \sum_{\lambda=1}^{\infty} \lambda c_\lambda g^{\lambda-1} = \sum_{n=0}^{\infty} \psi_n(a_1, a_2, \ldots, a_n) x^n \qquad (\psi_0 = c_1), \tag{33}$$

so folgt für $\nu > 0$ aus (32) durch Differentiation nach a_ν

$$x^\nu \varphi'(g) = \sum_{n=0}^{\infty} a_0^{-n+1} F_\nu^{(n)}(a_0, a_0 a_1, \ldots, a_0 a_n) x^n.$$

Das liefert, wenn wieder n festgehalten und $F^{(n)} = F$ gesetzt wird,

$$F_\nu(a_0, a_1, \ldots, a_n) = a_0^{n-1} \psi_{n-\nu}\left(\frac{a_1}{a_0}, \frac{a_2}{a_0}, \ldots, \frac{a_n}{a_0}\right).$$

Verlangen wir nun für jedes $n > 1$, daß $n-1$ Differentialgleichungen der Form (22) für F bestehen sollen, so ist das gleichbedeutend mit der

Forderung, daß die Funktionen ψ_n für jedes $m \geqq 1$ einer in den Variablen $a_1, a_2, \ldots$ identischen Gleichung von der Gestalt

$$(34) \qquad k_0 \psi_m + k_1 a_1 \psi_{m-1} + k_2 a_2 \psi_{m-2} + \ldots + k_m a_m \psi_0 = 0 \qquad (k_0 \neq 0)$$

genügen sollen, wobei die k_μ noch von m abhängen können.

Für $n \geqq 4$ enthält nun ψ_n insbesondere die Glieder

$$(n+1) c_{n+1} a_1^n, \quad 2\binom{n}{2} c_n a_1^{n-2} a_2, \quad 3\binom{n-1}{3} c_{n-1} a_1^{n-4} a_2^2.$$

Vergleicht man nun in (34) links und rechts die Koeffizienten von a_1^m, $a_1^{m-2} a_2$ und $a_1^{m-4} a_2^2$, so ergibt sich für $m \geqq 4$

$$(m+1) k_0 c_{m+1} + m k_1 c_m = 0,$$

$$2\binom{m}{2} k_0 c_m + 2\binom{m-1}{2} k_1 c_{m-1} + (m-1) k_2 c_{m-1} = 0,$$

$$3\binom{m-1}{3} k_0 c_{m-1} + 3\binom{m-2}{3} k_1 c_{m-2} + 2\binom{m-2}{2} k_2 c_{m-2} = 0.$$

Daher muß die Determinante

$$\begin{vmatrix} (m+1) c_{m+1}, & m c_m, & 0 \\ 2\binom{m}{2} c_m, & 2\binom{m-1}{2} c_{m-1}, & (m-1) c_{m-1} \\ 3\binom{m-1}{3} c_{m-1}, & 3\binom{m-2}{3} c_{m-2}, & 2\binom{m-2}{2} c_{m-2} \end{vmatrix}$$

gleich Null sein. Setzt man nun

$$c_n = \frac{\gamma_1 \gamma_2 \ldots \gamma_n}{n!} \qquad (n = 1, 2, \ldots),$$

so liefert dies nach einer einfachen Umformung die Rekursionsformel

$$\gamma_{m+1} = 2\gamma_m - \gamma_{m-1} \qquad (m \geqq 4).$$

Hieraus folgt aber, wenn unter α, β, γ, δ die Zahlen

$$\alpha = \gamma_1, \quad \beta = \gamma_2, \quad \gamma = \gamma_3, \quad \delta = \gamma_3 - \gamma_4$$

verstanden werden, für $n \geqq 3$

$$\gamma_n = \gamma - (n-3)\delta,$$

also

$$\varphi(x) = c_0 + \frac{\alpha x}{1!} + \frac{\alpha\beta}{2!} x^2 + \alpha\beta \sum_{n=3}^{\infty} \frac{\gamma(\gamma-\delta)(\gamma-2\delta)\ldots(\gamma-(n-3)\delta)}{n!} x^n$$

Ist nun $\delta = 0$, so wird

$$\varphi(x) = c_0 - \frac{\alpha\beta}{\gamma^2} + \alpha\left(1 - \frac{\beta}{\gamma}\right) x + \frac{\alpha\beta}{\gamma^2} e^{\gamma x}.$$

Für $\delta \neq 0$ wird aber

$$\varphi''(x) = \alpha\beta(1+\delta x)^{\frac{\gamma}{\delta}}.$$

Entsprechend den drei zu berücksichtigenden Fällen

$$(\gamma+2\delta)(\gamma+\delta) \neq 0, \quad \gamma+2\delta = 0, \quad \gamma+\delta = 0$$

erhält man hieraus durch zweimalige Integration für $\varphi(x)$ die drei übrigen im Satz VI angegebenen Formen.

Wir haben nun umgekehrt zu zeigen, daß für jede Funktion $\varphi(x)$ von der Form (30) die zugehörigen Funktionen ψ_n der Variablen $a_1, a_2, \ldots$ Relationen von der Gestalt (34) genügen. Hierbei ist folgendes zu beachten. Geht man von $\varphi(x)$ zu einer Funktion

$$\varphi_1(x) = a + bx + c\varphi(dx)$$

über und setzt entsprechend der Gleichung (33)

$$\varphi_1'(g) = \sum_{n=0}^{\infty} \chi_n(a_1, a_2, \ldots, a_n) x^n,$$

so wird

$$\chi_0 = b + cdc_1, \quad \chi_n(a_1, a_2, \ldots, a_n) = cd \cdot \psi_n(da_1, da_2, \ldots, da_n).$$

Genügen daher für ein gegebenes m die Ausdrücke ψ_n der Relation (34), so wird

$$k_0\chi_m + dk_1 a_1 \chi_{m-1} + \ldots + dk_{m-1}a_{m-1}\chi_1 + \frac{dk_m a_m c_1}{b+cdc_1}\chi_0 = 0.$$

Wir brauchen demnach die Betrachtung nur für die vier Funktionen (31) durchzuführen. In diesen vier Fällen macht aber die Aufstellung der Relationen (34) keine Mühe. Man erhält für $\varphi(x) = e^x$

$$m\psi_m - a_1\psi_{m-1} - 2a_2\psi_{m-2} - \ldots - ma_m\psi_0 = 0,$$

für $\varphi(x) = (1+x)^\mu$

$$m\psi_m + (m-\mu)a_1\psi_{m-1} + \ldots + (m-m\mu)a_m\psi_0 = 0,$$

für $\varphi(x) = \log(1+x)$

$$\psi_m + a_1\psi_{m-1} + \ldots + a_m\psi_0 = 0$$

und endlich für $\varphi(x) = (1+x)\log(1+x)$

$$m\psi_m + (m-1)a_1\psi_{m-1} + (m-2)a_2\psi_{m-2} + \ldots + a_{m-1}\psi_1 - ma_m\psi_0 = 0.$$

Hieraus ergeben sich auch ohne weiteres in jedem der vier zu betrachtenden Fälle die $n-1$ Differentialgleichungen (22), denen bei gegebenem n die zugehörige Form $F = F^{(n)}$ der Variablen $a_0, a_1, \ldots, a_n$ genügt. Wir beherrschen demnach auch die Gruppe $\mathfrak{F}$ der linearen Transformationen, die F ungeändert lassen, in jedem der vier Fälle.

Der Vollständigkeit wegen wollen wir auch die analytische Bedeutung der sich so ergebenden Gruppen $\mathfrak{F}$ genauer zu kennzeichnen versuchen. Hierzu beweisen wir folgenden

Hilfssatz. *Es sei*

$$P(x) = A_0 + A_1 x + A_2 x^2 + \dots$$

eine beliebige Potenzreihe. Bei gegebenem $n > 1$ *setze man, wenn* ν *eine der Zahlen* $1, 2, \dots, n-1$ *und* ϱ *eine beliebige Konstante bedeutet,*

$$Q(x) = (1 + \varrho x^\nu)^{\frac{n-\nu}{\nu}} P\left(\frac{x}{(1+\varrho x^\nu)^{\frac{1}{\nu}}}\right).$$

Entwickelt man dann $Q(x)$ *nach Potenzen von* x, *so wird der Koeffizient* B_n *von* x^n *wieder gleich* A_n.

Um nämlich B_n zu berechnen, hat man in

$$Q(x) = \sum_{\lambda=0}^{\infty} A_\lambda x^\lambda (1 + \varrho x^\nu)^{\frac{n-\nu-\lambda}{\nu}}$$

für $\lambda = 1, 2, \dots, n$ jeden Summanden nach Potenzen von x zu entwickeln. Hierbei liefert das λ-te Glied nur solche Potenzen x^m, für die $m \equiv \lambda \pmod{\nu}$ wird. Ist demnach

$$n = q\nu + \mu \qquad (0 < \mu \leqq \nu),$$

so haben wir nur die Teilsumme

$$Q_1(x) = \sum_{k=0}^{q} A_{k\nu+\mu} x^{k\nu+\mu} (1 + \varrho x^\nu)^{\frac{q\nu-\nu-k\nu}{\nu}}$$

zu berücksichtigen. Für $k < q$ ist aber hierin der k-te Summand ein Polynom des Grades $(q-1)\nu + \mu < n$. Die Potenz x^n tritt demnach nur im letzten Summanden, und zwar mit dem Koeffizienten $A_{q\nu+\mu} = A_n$ auf.

Im folgenden setze man zur Abkürzung

$$x^* = \frac{x}{(1+\varrho x^\nu)^{\frac{1}{\nu}}}.$$

Ist nun zunächst

$$\varphi(g) = e^g = \sum_{n=0}^{\infty} \varphi_n(a_1, \dots, a_n) x^n,$$

so bleibt nach unserem Hilfssatz φ_n für jedes n ungeändert, wenn für $\nu = 1, 2, \dots, n-1$ und beliebiges ϱ an Stelle von $g(x)$ die Funktion

$$g^{(1)}(x) = g(x^*) + \frac{n-\nu}{\nu} \log(1 + \varrho x^\nu)$$

tritt.

Dasselbe gilt für $\varphi(g) = (1+g)^\mu$, wenn $g(x)$ durch

$$g^{(2)}(x) = (1+\varrho x^\nu)^{\frac{n-\nu}{\mu\nu}}[1+g(x^*)] - 1$$

ersetzt wird.

Im Falle $\varphi(g) = \log(1+g)$ bleibt φ_n schon ungeändert, wenn man für $g(x)$ die Funktion

$$g^{(3)}(x) = e^{\varrho x^\nu}[1+g(x)] - 1 \qquad (\nu = 1, 2, \ldots, n-1)$$

treten läßt.

Ist endlich $\varphi(g) = (1+g)\log(1+g)$, so ändert sich, wie wieder aus unserem Hilfssatz ohne Mühe folgt, der Koeffizient φ_n von x^n nicht, falls $g(x)$ durch die Funktion

$$g^{(4)}(x) = (1+\varrho x^\nu)^{\frac{n-\nu}{\nu}}[1+g(x^*)] - \beta_\nu x^n - 1$$

ersetzt wird. Hierbei soll β_ν den Koeffizienten von x^n in der Entwicklung von

$$(1+\varrho x^\nu)^{\frac{n-\nu}{\nu}}[1+g(x^*)]\log(1+\varrho x^\nu)^{\frac{n-\nu}{\nu}}$$

bedeuten [9]).

In jedem der vier Fälle ist der Übergang von $g(x)$ zu $g^{(\alpha)}(x)$ gleichbedeutend mit einer wohlbestimmten linearen Transformation

$$(T_\nu(\varrho)) \qquad a'_\varkappa = p_{\varkappa 0} + p_{\varkappa 1}a_1 + \ldots + p_{\varkappa\varkappa}a_\varkappa$$

der Koeffizienten $a_1, a_2, \ldots$ Hierbei sind die $p_{\varkappa\lambda}$ ganze rationale Funktionen des Parameters ϱ, und insbesondere wird

$$a'_1 = a_1, \quad a'_2 = a_2, \quad \ldots, \quad a'_{\nu-1} = a_{\nu-1}, \quad a'_\nu = \alpha_\nu\varrho + a_\nu,$$

wo α_ν eine gewisse von Null verschiedene Konstante bedeutet.

In Verbindung mit dem im vorigen Paragraphen Bewiesenen können wir nun unser Ergebnis folgendermaßen aussprechen:

Bedeutet $\varphi(x)$ eine der Funktionen

$$e^x, \quad (1+x)^\mu, \quad \log(1+x), \quad (1+x)\log(1+x) \qquad (\mu \neq 0, 1, 2, \ldots)$$

und setzt man

$$\varphi(a_1x + a_2x^2 + \ldots) = \sum_{n=0}^{\infty}\varphi_n(a_1, a_2, \ldots, a_n)x^n,$$

so läßt sich für $n > 2$ jede lineare Transformation

$$a'_\varkappa = q_{\varkappa 0} + q_{\varkappa 1}a_1 + \ldots + q_{\varkappa n}a_n \qquad (\varkappa = 1, 2, \ldots, n)$$

---

[9]) Eine einfache Rechnung liefert

$$\beta_\nu = \frac{n-\nu}{\nu}\left[a_{n-\nu}\varrho + a_{n-2\nu}\frac{\varrho^2}{2} + a_{n-3\nu}\frac{\varrho^3}{3} + \ldots\right].$$

der Variablen $a_1, a_2, \ldots, a_n$, welche die Funktion φ_n bis auf einen konstanten Faktor ungeändert läßt, bei passender Wahl der Parameter $\varrho, \xi_1, \xi_2, \ldots, \xi_{n-1}$ aus der Transformation $a'_\varkappa = \varrho^\varkappa a_\varkappa$ und den vorhin charakterisierten Transformationen

$$T_1(\xi_1), \quad T_2(\xi_2), \quad \ldots, \quad T_{n-1}(\xi_{n-1})$$

zusammensetzen. Diese Funktionen $\varphi(x)$ sind zugleich im wesentlichen die einzigen, für die sich die Diskussion in derselben Weise durchführen läßt.

Die beiden Fälle

$$\varphi(x) = \log(1+x), \qquad \varphi(x) = (1+x)^{-1}$$

sind insbesondere für die Theorie der symmetrischen Funktionen von Wichtigkeit. Deutet man nämlich $a_1, a_2, \ldots, a_n$ als die elementaren symmetrischen Funktionen von n Veränderlichen $x_1, x_2, \ldots, x_n$, so wird im ersten Fall

$$\varphi_n(a_1, a_2, \ldots, a_n) = \frac{(-1)^{n-1}}{n}(x_1^n + x_2^n + \ldots + x_n^n),$$

und im zweiten Fall

$$\varphi_n(a_1, a_2, \ldots, a_n) = (-1)^n w_n(x_1, x_2, \ldots, x_n),$$

wo w_n die sog. Wronskische Alephfunktion n-ten Grades bedeutet, d. h. die Summe aller Produkte von der Dimension n, die sich mit Hilfe von $x_1, x_2, \ldots, x_n$ bilden lassen.

(Eingegangen am 30. Juli 1921.)

44.

Über Ringbereiche im Gebiete der ganzzahligen linearen Substitutionen

Sitzungsberichte der Preussischen Akademie der Wissenschaften 1922, Physikalisch-Mathematische Klasse, 145 - 168

Man denke sich einen beliebigen Integritätsbereich $\mathfrak{J}$ gegeben, dessen Elemente nicht notwendig gewöhnliche Zahlgrößen zu sein brauchen; es kann sich z. B. auch um rationale Funktionen, Polynome oder Potenzreihen handeln. Unter einem *Ring oder Ringbereich n-ten Grades über* $\mathfrak{J}$ verstehe ich im folgenden ein System $\mathfrak{R}$ von linearen homogenen Substitutionen in n Veränderlichen (Matrizen n-ten Grades), das den Bedingungen genügt:

1. Die Koeffizienten aller Substitutionen von $\mathfrak{R}$ gehören dem Bereich $\mathfrak{J}$ an.

2. Sind A und B zwei gleiche oder verschiedene Substitutionen von $\mathfrak{R}$, so sollen auch $A+B$, $A-B$ und AB in $\mathfrak{R}$ enthalten sein.

3. Bedeutet E die identische Substitution (die Einheitsmatrix), so soll für jedes Element a von $\mathfrak{J}$ auch die Substitution aE in $\mathfrak{R}$ vorkommen.

Sind je zwei Substitutionen von $\mathfrak{R}$ miteinander vertauschbar, so heiße $\mathfrak{R}$ ein *kommutativer* Ringbereich. Die Anzahl $r \leqq n^2$ der (in bezug auf $\mathfrak{J}$) linear unabhängigen unter den Substitutionen von $\mathfrak{R}$ nenne ich den *Rang* des Ringbereiches. Handelt es sich insbesondere um den *absoluten* Integritätsbereich $\mathfrak{J} = \mathfrak{J}_0$, d. h. um die Gesamtheit der ganzen rationalen Zahlen, so bezeichne ich $\mathfrak{R}$ kurz als einen *ganzzahligen* Ringbereich.

Für jeden Integritätsbereich $\mathfrak{J}$ können Ringe n-ten Grades über $\mathfrak{J}$ folgendermaßen erhalten werden. Man gehe von einem beliebigen System $\mathfrak{A}$ von endlich oder unendlich vielen Matrizen n-ten Grades aus, deren Koeffizienten sämtlich in $\mathfrak{J}$ enthalten sind. Für jeden Komplex von endlich vielen, nicht notwendig voneinander verschiedenen Elementen $A, B, \cdots, K$ von $\mathfrak{A}$ denke man sich alle endlichen Summen der Form

$$R = \sum c_{\alpha,\beta,\ldots,\varkappa} A^\alpha B^\beta \cdots K^\varkappa \qquad (\alpha, \beta, \cdots, \varkappa = 0, 1, 2, \cdots)$$

gebildet, wobei die $c_{\alpha,\beta,\ldots,\varkappa}$ wieder dem Integritätsbereich $\mathfrak{J}$ angehören sollen. Die Gesamtheit dieser Matrizen R stellt dann einen Ringbereich n-ten Grades über $\mathfrak{J}$ dar, den *durch* $\mathfrak{A}$ *erzeugten Ring* $R = (\mathfrak{A})$.

Eine Frage, die uns hier vor allem beschäftigen wird, ist die nach der *Klassenanzahl* eines gegebenen Ringbereiches $\mathfrak{R}$ über $\mathfrak{J}$. Auf diesen Begriff wird man folgendermaßen geführt. Es sei P eine Matrix n-ten Grades mit

Koeffizienten aus $\mathfrak{J}$, deren Determinante Δ von Null verschieden sein soll. Bildet man für jedes Element A von $\mathfrak{R}$ die Matrix $PAP^{-1} = A_1$, so kann es eintreten, daß die Koeffizienten von A_1 für jedes A wieder in $\mathfrak{J}$ enthalten sind. Die A_1 bilden dann einen mit $\mathfrak{R}$ isomorphen Ring n-ten Grades über $\mathfrak{J}$, den wir kurz mit $\mathfrak{R}_1 = P\mathfrak{R}P^{-1}$ bezeichnen und einen dem Ring $\mathfrak{R}$ *ähnlichen* Ring nennen wollen. Die Ähnlichkeitstransformation P ist durch $\mathfrak{R}_1$ noch nicht eindeutig bestimmt. Läßt sie sich insbesondere *unimodular* wählen, d. h. derart, daß ihre Determinante Δ eine Einheit von $\mathfrak{J}$ (für $\mathfrak{J} = \mathfrak{J}_0$ also gleich ± 1) wird, so bezeichnen wir $\mathfrak{R}_1$ als einen mit $\mathfrak{R}$ *äquivalenten* Ring und deuten dies kurz durch $\mathfrak{R}_1 \backsim \mathfrak{R}$ an. Zwei $\mathfrak{R}$ ähnliche Ringe sind offenbar auch untereinander ähnlich, und dasselbe gilt auch für die Äquivalenz[1]. Die sämtlichen dem Ring $\mathfrak{R}$ ähnlichen Ringe zerfallen auf diese Weise in wohlbestimmte Klassen einander äquivalenter Ringe, wobei die Anzahl $h \doteq h(\mathfrak{R})$ der Klassen endlich oder unendlich groß sein kann. Diese Klassen ändern sich offenbar nicht, wenn man nicht von $\mathfrak{R}$, sondern von irgendeinem dem Ring $\mathfrak{R}$ ähnlichen Ring $\mathfrak{R}_1$ ausgeht, insbesondere ist also $h(\mathfrak{R}) = h(\mathfrak{R}_1)$[2].

Legt man der Betrachtung einen Integritätsbereich $\mathfrak{J}$ zugrunde, der zugleich ein Rationalitätsbereich (Körper) ist, so wird stets $h(\mathfrak{R}) = 1$. In jedem anderen Fall führt die Entscheidung der Frage, ob $h(\mathfrak{R})$ für einen gegebenen Ringbereich $\mathfrak{R}$ über $\mathfrak{J}$ endlich ist oder nicht, im allgemeinen auf ein schwieriges Problem. In der Literatur sind nur einige wenige Fälle erledigt worden. Ein Fall, der mit der Theorie der algebraischen Zahlkörper in engem Zusammenhang steht, wird im folgenden eine wichtige Rolle spielen (§ 3). Von ganz anderer Art ist ein Satz, den zuerst Hr. L. Bieberbach[3] bewiesen hat: Ist $\mathfrak{H}$ eine endliche Gruppe linearer homogener Substitutionen mit ganzen rationalen Koeffizienten und legt man der Betrachtung den absoluten Integritätsbereich $\mathfrak{J}_0$ zugrunde, so ist die Klassenanzahl des durch $\mathfrak{H}$ erzeugten Ringes endlich. Der Beweis gelingt hier sehr einfach mit Hilfe eines wichtigen Satzes von C. Jordan über gewisse reduzierte positiv definite quadratische Formen, der auch in der Minkowskischen Reduktionstheorie seine Gültigkeit behält. Dieses wichtige formentheoretische Hilfsmittel gestattet auch, wie an einer anderen Stelle gezeigt werden soll, noch einen etwas allgemeineren Fall zu erledigen. Es versagt aber überall da, wo es sich um Ringbereiche handelt, die nicht durch Substitutionen erzeugt werden können, welche eine positiv definite quadratische oder Hermitesche Form ungeändert lassen.

---

[1] Hierbei ist folgendes zu beachten. Setzen wir für zwei Ähnlichkeitstransformationen P und Q

$$\mathfrak{R}_1 = P\mathfrak{R}P^{-1} = Q\mathfrak{R}Q^{-1},$$

so soll das bedeuten, daß $PAP^{-1} = QAQ^{-1}$ für jedes Element A von $\mathfrak{R}$ wird. Die gegenseitige Zuordnung der Elemente A und A_1 in den beiden isomorphen Ringen $\mathfrak{R}$ und $\mathfrak{R}_1$ soll also unabhängig von der Wahl von P festgelegt sein. Hieraus folgt dann auch ein wohlbestimmter Isomorphismus zwischen je zwei dem Ring $\mathfrak{R}$ ähnlichen Ringen.

[2] Die hier eingeführte Klasseneinteilung kann auch für jedes beliebige System $\mathfrak{A}$ von Matrizen mit Koeffizienten aus $\mathfrak{J}$ definiert werden. Die Anzahl der Klassen ändert sich aber nicht, wenn man an Stelle von $\mathfrak{A}$ den durch $\mathfrak{A}$ erzeugten Ringbereich $\mathfrak{R}$ treten läßt.

[3] *Über die Bewegungsgruppen des n-dimensionalen euclidischen Raumes mit einem endlichen Fundamentalbereich*, Göttinger Nachrichten 1910.

In der vorliegenden Arbeit werde ich mich zumeist auf den Fall des absoluten Integritätsbereiches $\mathfrak{J}_0$, also auf ganzzahlige Ringbereiche beschränken. Zu jedem solchen Ringbereich $\mathfrak{R}$ gehört eine wichtige charakteristische Zahl, die Grundzahl oder Diskriminante D von $\mathfrak{R}$, deren Bedeutung für andere Fragestellungen schon Dedekind und Molien anerkannt haben. Ich werde zeigen, daß für die Endlichkeit der Klassenanzahl von $\mathfrak{R}$ das Nichtverschwinden von D eine notwendige Bedingung ist. Unter gewissen weiteren Annahmen über $\mathfrak{R}$ wird sich diese Bedingung auch als hinreichend erweisen. Dies gilt insbesondere für den Fall, daß $\mathfrak{R}$ ein kommutativer Ringbereich ist.

§ 1.

Einige einfache Eigenschaften der ganzzahligen Ringbereiche.

Versteht man unter $\mathfrak{G}$ die Gesamtheit aller Matrizen n-ten Grades mit ganzen rationalen Koeffizienten, so erscheint jeder ganzzahlige Ring n-ten Grades $\mathfrak{R}$ als ein Teilring von $\mathfrak{G}$. Ist nun $E_{\alpha\beta}$ die Matrix, die in der α-ten Zeile und β-ten Kolonne das Element 1, sonst lauter Nullen enthält, so läßt sich $\mathfrak{G}$ als ein n^2-gliedriger Modul mit der Basis

$$E_{11}, E_{12}, \cdots, E_{nn}$$

auffassen. Bedeutet r den Rang von $\mathfrak{R}$ (vgl. Einleitung), so muß $\mathfrak{R}$ als Teilmodul dieses Moduls $\mathfrak{G}$ nach einem bekannten Satze von Dedekind eine Basis von r Elementen besitzen, d. h. es lassen sich in $\mathfrak{R}$ linear unabhängige r Matrizen

$$A_1, A_2, \cdots, A_r \tag{1.}$$

angeben, so daß jedes Element A von $\mathfrak{R}$ auf eine und nur Weise in der Form

$$A = x_1 A_1 + x_2 A_2 + \cdots + x_r A_r$$

darstellbar wird. Hierbei bedeuten die x_ϱ *ganze* rationale Zahlen. Die Basis (1.) ist bis auf unimodulare ganzzahlige Transformationen eindeutig bestimmt.

Da nun die Produkte $A_\alpha A_\beta$ wieder in $\mathfrak{R}$ vorkommen sollen, so wird

$$A_\alpha A_\beta = \sum_{\gamma=1}^{r} a_{\gamma\alpha\beta} A_\gamma \qquad (\alpha, \beta = 1, 2, \cdots, r)$$

mit ganzen rationalen r^3 Koeffizienten $a_{\gamma\alpha\beta}$, zwischen denen in bekannter Weise die Relationen

$$\sum_{\varrho=1}^{r} a_{\varrho\alpha\beta} a_{\gamma\varrho\delta} = \sum_{\varrho=1}^{r} a_{\gamma\alpha\varrho} a_{\varrho\beta\delta} \qquad (\alpha, \beta, \gamma, \delta = 1, 2, \cdots, r)$$

bestehen[1]. Die mit Hilfe der ganzen rationalen Zahlen

$$d_{\alpha\beta} = \sum_{\varrho,\sigma}^{r}{}_1 a_{\varrho\alpha\beta} a_{\sigma\varrho\sigma} = \sum_{\varrho,\sigma}^{r}{}_1 a_{\varrho\alpha\sigma} a_{\sigma\beta\varrho} = d_{\beta\alpha}$$

[1] Vgl. G. Frobenius, *Theorie der hyperkomplexen Größen*, Sitzungsberichte der Berliner Akademie 1903, S. 504—537.

gebildete quadratische Form

$$f = \sum_{\alpha,\beta}{}_1^r d_{\alpha\beta} x_\alpha x_\beta$$

nenne ich die zur Basis (1.) gehörende *Grundform* des Ringes $\mathfrak{R}$ und ihre Determinante $D = |d_{\alpha\beta}|$ die *Grundzahl* oder *Diskriminante* von $\mathfrak{R}$. Ist D von Null verschieden, so bestimmen die A_α in der von Frobenius eingeführten Terminologie ein Dedekindsches System hyperkomplexer Größen.

Geht man von der Basis (1.) mit Hilfe einer unimodularen ganzzahligen Transformation

$$A'_\alpha = \sum_{\beta=1}^{r} u_{\alpha\beta} A_\beta$$

zu der Basis $A'_1, A'_2, \cdots, A'_r$ über, so tritt an Stelle von $d_{\alpha\beta}$ die Zahl

$$d'_{\alpha\beta} = \sum_{\varrho,\tau}{}_1^r u_{\alpha\varrho} u_{\beta\tau} d_{\varrho\tau}.$$

Die Grundform f geht hierbei in eine ihr unimodular äquivalente Form f von derselben Determinante D über. Zu jedem ganzzahligen Ring $\mathfrak{R}$ gehört demnach eine von der Wahl der Basis unabhängige Grundzahl D und eine wohlbestimmte Klasse äquivalenter quadratischer Formen f mit der Determinante D.

Ist $\mathfrak{S}$ ein mit $\mathfrak{R}$ isomorpher ganzzahliger Ringbereich beliebigen Grades, und entspricht hierbei dem Element A_ϱ von $\mathfrak{R}$ in $\mathfrak{S}$ das Element B_ϱ, so bilden auch die B_ϱ eine Basis von $\mathfrak{S}$. Die Konstanten $a_{\gamma\alpha\beta}$ und also auch die $d_{\alpha\beta}$ bleiben beim Übergang von den A_ϱ zu den B_ϱ ungeändert. Dies gilt insbesondere für den Fall, daß $\mathfrak{S} = P\mathfrak{R}P^{-1}$ ein $\mathfrak{R}$ ähnlicher Ring ist. Die Grundzahl D ist also, wie wir sagen können, eine *Ähnlichkeitsinvariante*.

Klasseninvarianten, d. h. Größen, die für alle mit $\mathfrak{R}$ äquivalenten ganzzahligen Ringbereiche denselben Wert haben, sind insbesondere die größten gemeinsamen Teiler $t(A)$ der n^2 Koeffizienten der einzelnen Substitutionen A von $\mathfrak{R}$[1]. Unter diesen Teilern sind gewisse von besonderer Wichtigkeit.

Bilden nämlich die A_ϱ wieder eine Basis von $\mathfrak{R}$, so betrachte man die Gesamtheit der ganzzahligen Matrizen A^*, die von den A_ϱ linear abhängen, d. h. in der Form

$$A^* = y_1 A_1 + y_2 A_2 + \cdots + y_r A_r$$

mit ganzen oder gebrochenen Koeffizienten y_ϱ darstellbar sind. Diese A^* bilden wieder einen Ringbereich $\mathfrak{R}^*$ vom Range r, der $\mathfrak{R}$ als Teilring enthält und von der Wahl der Basis (1.) offenbar unabhängig ist. Ist $\mathfrak{R}^* = \mathfrak{R}$, so möge $\mathfrak{R}$ ein *Vollring* heißen; sonst nenne ich $\mathfrak{R}^*$ den *zu $\mathfrak{R}$ gehörenden Vollring*. Stellen nun die Matrizen $A^*_1, A^*_2, \cdots, A^*_r$ eine Basis von $\mathfrak{R}^*$ dar, so wird

$$A_\varrho = \sum_{\tau=1}^{r} c_{\varrho\tau} A^*_\tau \qquad (\varrho = 1, 2, \cdots, r)$$

mit ganzen rationalen Koeffizienten $c_{\varrho\tau}$. Nach dem Hauptsatz der Theorie

---

[1] Genauer lassen sich auch die übrigen Elementarteiler der Matrix A als Klasseninvarianten auffassen. Doch wird hiervon im folgenden kein Gebrauch gemacht werden.

der Elementarteiler kann man die Basiselemente A_ϱ und A^*_ϱ durch andere B_ϱ und B^*_ϱ derart ersetzen, daß

$$B_\varrho = e_\varrho B^*_\varrho$$

wird, wobei

$$e_1, e_2, \cdots, e_r$$

positive ganze Zahlen sind, von denen jede durch die vorhergehende teilbar ist. Diese Zahlen, die außerdem von der Wahl der Ausgangsbasen A_ϱ und A^*_ϱ unabhängig, also allein durch $\mathfrak{R}$ bestimmt sind, nenne ich die *Elementarteiler des Ringes* $\mathfrak{R}$.

Ein Vollring ist dadurch charakterisiert, daß seine Elementarteiler sämtlich gleich 1 sind. Allgemein ist offenbar $e_\varrho = t(B_\varrho)$, und ist für irgendein Element A von $\mathfrak{R}$

$$A = x_1 B_1 + x_2 B_2 + \cdots + x_r B_r,$$

so wird der zu A gehörende Teiler $t(A)$ nichts anderes als der größte gemeinsame Teiler der Zahlen $x_1 e_1, x_2 e_2, \cdots, x_r e_r$.

Geht man vermittels einer unimodularen ganzzahligen Transformation U von $\mathfrak{R}$ zu dem äquivalenten Ring $\mathfrak{S} = U \mathfrak{R} U^{-1}$ über, so sind auch die zugehörigen Vollringe $\mathfrak{R}^*$ und $\mathfrak{S}^*$ äquivalente Ringe, und zwar wird wieder $\mathfrak{S}^* = U \mathfrak{R}^* U^{-1}$. Weiß man dagegen nur, daß $\mathfrak{R}$ und $\mathfrak{S}$ ähnliche Ringbereiche sind, so brauchen $\mathfrak{R}^*$ und $\mathfrak{S}^*$ keineswegs einander ähnlich zu sein. Setzt man z. B.

$$A = \begin{pmatrix} 0 & 1 \\ 1 & 0 \end{pmatrix}, \quad B = \begin{pmatrix} 1 & 0 \\ 0 & -1 \end{pmatrix}, \quad P = \begin{pmatrix} 1 & 1 \\ -1 & 1 \end{pmatrix},$$

so wird $B = PAP^{-1}$. Die durch A und B erzeugten Ringe $\mathfrak{R}$ und $\mathfrak{S} = P \mathfrak{R} P^{-1}$ sind also als ähnliche Ringe zu bezeichnen. Hierbei ist $\mathfrak{R}$ ein Vollring, der zu $\mathfrak{S}$ gehörende Vollring $\mathfrak{S}^*$ wird dagegen durch

$$C = \begin{pmatrix} 1 & 0 \\ 0 & 0 \end{pmatrix} = \frac{1}{2} E + \frac{1}{2} B$$

erzeugt; er ist also von $\mathfrak{S}$ verschieden und dem Ring $\mathfrak{R}^* = \mathfrak{R}$ nicht ähnlich.

§ 2.

Zwei Sätze über die Klassenanzahl eines ganzzahligen Ringbereiches.

I. *Es sei $\mathfrak{R}$ ein ganzzahliger Ring des Grades n. Dann und nur dann ist die Klassenanzahl h von $\mathfrak{R}$ endlich, wenn sich eine feste Schranke $M > 0$ angeben läßt, so daß jeder dem Ring $\mathfrak{R}$ ähnliche Ring $\mathfrak{S}$ mit Hilfe einer ganzzahligen Ähnlichkeitstransformation P, deren Determinante $|P|$ dem absoluten Betrage nach höchstens gleich M ist, auf die Form $\mathfrak{S} = P \mathfrak{R} P^{-1}$ gebracht werden kann.*

Ist nämlich diese Bedingung erfüllt, so bestimme man, was bekanntlich für jede ganzzahlige Matrix P stets möglich ist, eine unimodulare ganzzahlige

Matrix U derart, daß

$$(2.)\qquad Q = UP = \begin{pmatrix} c_{11} & c_{12} & \cdots & c_{1n} \\ 0 & c_{22} & \cdots & c_{2n} \\ \cdot & \cdot & \cdot & \cdot \\ 0 & 0 & \cdots & c_{nn} \end{pmatrix}$$

und außerdem

$$(3.)\qquad c_{\alpha\alpha} > 0\,, \quad \text{abs.}\, c_{\alpha\beta} \leqq \frac{1}{2} c_{\beta\beta} \qquad (\alpha < \beta)$$

wird. Ist nun abs $|P| \leqq M$, so wird

$$(4.)\qquad c_{11}\,,\, c_{22} \cdots c_{nn} \leqq M\,.$$

Es gibt aber nur endlich viele ganzzahlige Matrizen der Form (2.), die den Bedingungen (3.) und (4.) genügen. Unter diesen bestimme man diejenigen Matrizen

$$(5.)\qquad Q_1\,,\, Q_2\,, \cdots, Q_k\,,$$

für welche die Ringbereiche $\mathfrak{R}_\varkappa = Q_\varkappa \mathfrak{R} Q_\varkappa^{-1}$ nur ganzzahlige Matrizen enthalten. Für den gegebenen zu $\mathfrak{R}$ ähnlichen Ring $\mathfrak{S}$ muß nun Q mit einer der Matrizen (5.) übereinstimmen; ist aber $Q = Q_\varkappa$, so wird $\mathfrak{S} = U^{-1}\mathfrak{R}_\varkappa U$ mit $\mathfrak{R}_\varkappa$ äquivalent. Die Klassenanzahl h von $\mathfrak{R}$ ist daher höchstens gleich k.

Weiß man umgekehrt, daß zu $\mathfrak{R}$ nur endlich viele Klassen äquivalenter Ringe gehören, so wähle man in jeder Klasse $\mathfrak{K}_\alpha$ nach Belieben einen Ring

$$(6.)\qquad \mathfrak{R}_\alpha = S_\alpha \mathfrak{R} S_\alpha^{-1} \qquad (\alpha = 1, 2, \cdots, h).$$

Ein $\mathfrak{R}$ ähnlicher Ring $\mathfrak{S}$ muß dann einem wohlbestimmten unter den Ringen $\mathfrak{R}_\alpha$ äquivalent sein, also eine Darstellung der Form

$$(7.)\qquad \mathfrak{S} = U \mathfrak{R}_\alpha U^{-1} \qquad (U \text{ unimodular})$$

zulassen. Bezeichnet man nun mit M den größten unter den absoluten Beträgen der Determinanten

$$|S_1|, |S_2|, \cdots, |S_h|,$$

so wird für $P = US_\alpha$ gewiß $\mathfrak{S} = P\mathfrak{R}P^{-1}$ mit der Nebenbedingung abs. $|P| \leqq M$

II. *Die Klassenanzahl h eines ganzzahligen Ringes $\mathfrak{R}$ ist dann und nur dann endlich, wenn der zu $\mathfrak{R}$ gehörende Vollring $\mathfrak{R}^*$ eine endliche Klassenanzahl h^* besitzt*[1].

Beim Beweis ist zu beachten, daß jede mit $\mathfrak{R}$, d. h. mit allen Matrizen von $\mathfrak{R}$ vertauschbare Matrix auch mit allen Elementen von $\mathfrak{R}^*$ vertauschbar ist. Dies folgt unmittelbar aus der Definition von $\mathfrak{R}^*$. Ist daher für zwei Ähnlichkeitstransformationen P und Q

$$P\mathfrak{R}P^{-1} = Q\mathfrak{R}Q^{-1},$$

so ist auch

$$P\mathfrak{R}^*P^{-1} = Q\mathfrak{R}^*Q^{-1}.$$

[1] Die Zahlen h und h^* haben aber keineswegs immer denselben Wert.

Es sei nun zunächst bekannt, daß h eine endliche Zahl ist. Man wähle dann wie vorhin h Repräsentanten (6.) der zu $\mathfrak{R}$ gehörenden h Klassen. Ist nun $\mathfrak{S}'$ ein dem Vollring $\mathfrak{R}^*$ ähnlicher Ring und ist hierbei $\mathfrak{S}' = T\mathfrak{R}^*T^{-1}$, so enthält $\mathfrak{S} = T\mathfrak{R}T^{-1}$ als Teilkomplex von $\mathfrak{S}'$ nur ganzzahlige Matrizen und erscheint demnach als ein dem Ring $\mathfrak{R}$ ähnlicher Ring. Folglich muß $\mathfrak{S}$ einem der Ringe (6.) äquivalent sein. Geht nun $\mathfrak{S}$ durch die unimodulare Transformation U aus $\mathfrak{R}_\alpha$ hervor, so wird

$$\mathfrak{S} = T\mathfrak{R}T^{-1} = US_\alpha\mathfrak{R}S_\alpha^{-1}U^{-1}.$$

Daher ist auch

$$\mathfrak{S}' = T\mathfrak{R}^*T^{-1} = US_\alpha\mathfrak{R}^*S_\alpha^{-1}U^{-1}.$$

Dies zeigt aber, daß h^* gleich ist der Anzahl derjenigen unter den Ringen

$$S_1\mathfrak{R}^*S_1^{-1},\quad S_2\mathfrak{R}^*S_2^{-1},\cdots,\quad S_h\mathfrak{R}^*S_h^{-1},$$

die nur ganzzahlige Matrizen enthalten.

Etwas tieferliegend ist die Behauptung, daß aus der Endlichkeit von h^* auch die von h folgt. Der Beweis ergibt sich folgendermaßen: Ist $\mathfrak{S} = T\mathfrak{R}T^{-1}$ ein $\mathfrak{R}$ ähnlicher (ganzzahliger) Ring, so bilde man den allein durch $\mathfrak{S}$ (nicht auch durch T) bestimmten Komplex $\mathfrak{S}' = T\mathfrak{R}^*T^{-1}$. Seine Substitutionen $S' = (a_{\alpha\beta})$ sind nicht notwendig ganzzahlig. Bedeutet aber $m = e_r$ den größten Elementarteiler von $\mathfrak{R}$, so hat jedes Element R^* von $\mathfrak{R}^*$ die Form $\frac{1}{m}R$, wobei R in $\mathfrak{R}$ enthalten ist. Hieraus folgt aber, daß auch mS' in $\mathfrak{S}$ vorkommt und folglich ganzzahlige Koeffizienten hat. Daher lassen sich alle $a_{\alpha\beta}$ als rationale Zahlen mit dem gemeinsamen Nenner m schreiben.

Man betrachte nun nach dem Vorgange von Hrn. Burnside[1] die Gesamtheit $\mathfrak{H}$ der ganzzahligen Matrizen n-ten Grades H, für die HS' bei beliebiger Wahl von S' innerhalb $\mathfrak{S}'$ wieder ganzzahlige Koeffizienten erhält. In $\mathfrak{H}$ gibt es dann ein Element H_0 derart, daß alle H die Form GH_0 erhalten, wobei G ganzzahlig ist. Da $\mathfrak{H}$ unter anderem auch mE enthält, so ist die Determinante von H_0 ein Teiler von m^n. Außerdem gehört, weil $\mathfrak{S}'$ als (multiplikative) Gruppe aufgefaßt werden kann, für jedes S' auch H_0S' zu $\mathfrak{H}$. Folglich wird

$$H_0S' = T'H_0,$$

wobei T' ganzzahlige Koeffizienten hat. Daher ist

$$\mathfrak{T}' = H_0\mathfrak{S}'H_0^{-1} = H_0T\mathfrak{R}^*T^{-1}H_0^{-1}$$

ein $\mathfrak{R}^*$ ähnlicher ganzzahliger Ringbereich.

Ist nun h^* eine endliche Zahl, so kann eine (allein von $\mathfrak{R}^*$ abhängende) Schranke M^* so gewählt werden, daß für eine gewisse ganzzahlige Ähnlichkeitstransformation Q

$$\mathfrak{T}' = Q\mathfrak{R}^*Q^{-1},\quad \text{abs}\,|Q| \leq M^*$$

wird. Dann erhält man aber, wenn $\bar{H}_0$ die zu H_0 adjungierte Matrix bedeutet,

$$\mathfrak{S}' = \bar{H}_0Q\mathfrak{R}^*Q^{-1}\bar{H}_0^{-1}$$

---

[1] *On the arithmetical nature of the coefficients in a group of linear substitutions* (Third Paper), Proceeding of the London Math. Society (2) 7 (1908), S. 8—13.

und folglich auch

$$\mathfrak{S} = \overline{H}_0 Q \mathfrak{R} Q^{-1} \overline{H}_0^{-1}.$$

Jeder dem Ring $\mathfrak{R}$ ähnlicher Ring $\mathfrak{S}$ läßt sich daher aus $\mathfrak{R}$ mit Hilfe einer Ähnlichkeitstransformation $P = \overline{H}_0 Q$ ableiten, deren Determinante $|P|$ der Bedingung

$$\text{abs}\,|P| = \text{abs}\,|\overline{H}_0| \cdot \text{abs}\,|Q| \leqq (m^n)^n M^* = M$$

genügt. Da diese Schranke M von der speziellen Wahl von $\mathfrak{S}$ unabhängig ist, so ist nach Satz I die Klassenanzahl h von $\mathfrak{R}$ endlich.

§ 3.

Ganzzahlige Ringbereiche und Zahlringe in algebraischen Zahlkörpern.

Es sei $\mathrm{P}(\vartheta)$ ein algebraischer Zahlkörper des Grades n und

$$\mathfrak{o} = [\omega_1, \omega_2, \cdots, \omega_n]$$

die Gesamtheit der ganzen algebraischen Zahlen von $\mathrm{P}(\vartheta)$. Unter

$$(8.) \qquad \mathfrak{r} = [\rho_1, \rho_2, \cdots, \rho_n]$$

verstehe man eine Ordnung (Zahlring) von $\mathfrak{o}$ im Dedekindschen Sinne[1]. Es sollen hier die mit $\mathfrak{r}$ (einstufig) isomorphen ganzzahligen Ringbereiche $\mathfrak{R}$ des Grades n untersucht werden. Es wird also verlangt, daß jeder Zahl α von $\mathfrak{r}$ eine wohlbestimmte Matrix $A = M(\alpha)$ von $\mathfrak{R}$ entsprechen soll, so daß für je zwei Zahlen α und β von $\mathfrak{w}$

$$(9.) \qquad M(\alpha \pm \beta) = M(\alpha) \pm M(\beta), \quad M(\alpha\beta) = M(\alpha)\, M(\beta)$$

wird; außerdem soll $\mathfrak{R}$ nur diese $M(\alpha)$ enthalten.

Auf die Bedeutung dieser Ringbereiche für die Theorie der Ideale des Zahlrings $\mathfrak{r}$ hat schon Hr. A. Châtelet[2] aufmerksam gemacht. Seine Ergebnisse lassen sich noch etwas vereinfachen und vervollständigen.

Man betrachte irgendein Ideal

$$(10.) \qquad \mathfrak{a} = [\alpha_1, \alpha_2, \cdots, \alpha_n]$$

von $\mathfrak{r}$, das nicht notwendig in der Hilbertschen Terminologie regulär, d. h. zu dem Führer $\mathfrak{f}$ von $\mathfrak{r}$ teilerfremd zu sein braucht. Für jede Zahl α von $\mathfrak{r}$ wird dann

$$\alpha\alpha_\varkappa = \sum_{\lambda=1}^{n} a_{\varkappa\lambda}\,\alpha_\lambda \qquad (\varkappa = 1, 2, \cdots, n)$$

mit ganzen rationalen Koeffizienten $a_{\varkappa\lambda}$. Ordnet man nun der Zahl α die

---

[1] Vgl. Dedekind, *Über die Anzahl der Idealklassen in den verschiedenen Ordnungen eines endlichen Körpers*, Braunschweig 1877, und Hilbert, *Die Theorie der algebraischen Zahlkörper*, Jahresbericht der Deutschen Math.-Vereinigung, Bd. 4 (1837), § 31—35.

[2] *Sur certaines ensembles de tableaux et leur applications à la théorie des nombres*, Annales de l'École Normale (3), Bd. 28 (1911), S. 188 ff.

Matrix $A = (a_{\varkappa\lambda})$ zu, so bilden die A einen mit $\mathfrak{r}$ isomorphen Ringbereich $\mathfrak{R}$ des Grades n. Wird die Basis $\alpha_\varkappa$ von $\mathfrak{a}$ durch eine andere Basis ersetzt, so tritt an Stelle von $\mathfrak{R}$ ein mit $\mathfrak{R}$ äquivalenter Ring. Für ein mit $\mathfrak{a}$ äquivalentes Ideal $\mathfrak{a}' = \mu\mathfrak{a}$ von $\mathfrak{r}$ wird man ferner hierbei, wenn in $\mathfrak{a}'$ die Basis $\mu\alpha_\varkappa$ der Betrachtung zugrunde gelegt wird, auf denselben Ringbereich $\mathfrak{R}$ geführt. Wir können also sagen, daß jeder Idealklasse $\mathfrak{C}$ des Zahlrings $\mathfrak{r}$ eine wohlbestimmte Klasse $\mathfrak{K}$ mit $\mathfrak{r}$ isomorpher, einander äquivalenter ganzzahliger Ringbereiche n-ten Grades entspricht.

Die zu den verschiedenen Idealklassen $\mathfrak{C}$ von $\mathfrak{r}$ gehörenden Ringbereichklassen $\mathfrak{K}$ enthalten aber hierbei nur einander ähnliche Ringe. Denn betrachtet man neben dem Ideal (10.) das »Einheitsideal« (8.) von $\mathfrak{r}$, so wird, wenn die Gleichungen

$$\alpha\rho_\varkappa = \sum_{\lambda=1}^{n} a^{(0)}_{\varkappa\lambda}\rho_\lambda\,, \quad \alpha_\varkappa = \sum_{\lambda=1}^{n} p_{\varkappa\lambda}\rho_\lambda$$

gelten und

$$A^{(0)} = (a^{(0)}_{\varkappa\lambda})\,, \quad P = (p_{\varkappa\lambda})$$

gesetzt wird,

$$A = (a_{\varkappa\lambda}) = PA^{(0)}P^{-1}\,.$$

Die beiden Ringbereiche $\mathfrak{R}_0$ und $\mathfrak{R}$, die zu den Idealen (8.) und (10.) gehören, stehen also in der Beziehung $\mathfrak{R} = P\mathfrak{R}_0P^{-1}$ zueinander. Unsere Betrachtung führt demnach nur auf Ringbereiche, die dem Ring $\mathfrak{R}_0$ ähnlich sind.

Es sei jetzt $\mathfrak{R}$ ein beliebiger mit $\mathfrak{r}$ isomorpher ganzzahliger Ringbereich des Grades n, wobei der Zahl α von $\mathfrak{r}$ die Matrix $A = M(\alpha)$ entsprechen möge. Aus $M(0) + M(0) = M(0)$ folgt dann, daß $M(0)$ die Nullmatrix ist. Setzt man ferner $M(1) = F$, so wird wegen

$$M(1)\,M(\alpha) = M(\alpha)\,M(1) = M(\alpha)$$

für jedes A von $\mathfrak{R}$

$$FA = AF = A\,. \tag{11.}$$

Sind nicht alle A gleich der Nullmatrix, was auf Grund des verlangten einstufigen Isomorphismus zwischen $\mathfrak{r}$ und $\mathfrak{R}$ auszuschließen ist, so muß F von nicht verschwindender Determinante und also wegen $F^2 = F$ gleich der Einheitsmatrix E sein. Denn nimmt man $|F| = 0$ an, so wird wegen (11.) auch stets $|A| = 0$. In der charakteristischen Determinante

$$\phi(x) = |xE - A| = x^n + a_1 x^{n-1} + \cdots + a_{n-1}x + a_n$$

von A wäre dann stets $a_n = 0$. Aus der CAYLEYschen Relation $\phi(A) = 0$ würde sich durch fortgesetzte Anwendung der Formeln (9.) auch

$$\phi(\alpha) = \alpha^n + a_1\alpha^{n-1} + \cdots + a_{n-1}\alpha = 0 \tag{12.}$$

ergeben. Wählt man aber, was jedenfalls möglich ist, für α eine Zahl von $\mathfrak{r}$, durch die der Körper $\mathrm{P}(\vartheta)$ erzeugt wird, so genügt α einer irreduziblen Gleichung n-ten Grades; eine Gleichung der Form (12.) kann daher nicht bestehen.

Es ist also $F = E$, und nun schließt man wieder, daß für jedes $A = M(\alpha)$ aus $\phi(A) = 0$ auch $\phi(\alpha) = 0$ folgt; d. h. α ist eine der charakteristischen Wurzeln der Matrix $M(\alpha)$. Ist ferner β eine den Körper $\mathrm{P}(\vartheta)$ erzeugende Zahl von $\mathfrak{r}$ und ist

$$m\alpha = c_0 + c_1\beta + c_2\beta^2 + \cdots + c_{n-1}\beta^{n-1} \tag{13.}$$

mit ganzen rationalen Koeffizienten m und c_ν, so wird auch

$$mA = c_0 E + c_1 B + c_2 B^2 + \cdots + c_{n-1} B^{n-1} \qquad (B = M(\beta)) \tag{14.}$$

Man betrachte nun, wenn die Koeffizienten von B mit $b_{\varkappa\lambda}$ bezeichnet werden, die n linearen homogenen Gleichungen

$$\beta\alpha_\varkappa = \sum_{\lambda=1}^{n} b_{\varkappa\lambda}\alpha_\lambda . \tag{15.}$$

Diese Gleichungen besitzen, da β eine charakteristische Wurzel von B ist, gewiß eine Lösung $\alpha_1, \alpha_2, \cdots, \alpha_n$, die nicht aus lauter Nullen besteht; offenbar kann man die $\alpha_\varkappa$ auch als Größen des Zahlrings $\mathfrak{r}$ wählen. Aus (15.) ergibt sich aber in Verbindung mit (13.) und (14.) in bekannter Weise auch

$$\alpha\alpha_\varkappa = \sum_{\lambda=1}^{n} a_{\varkappa\lambda}\alpha_\lambda .$$

Da dies nun für jede Zahl α von $\mathfrak{r}$ und die zugehörige Matrix $A = (a_{\varkappa\lambda})$ gilt, so erkennt man, daß die Gesamtheit $\mathfrak{a}$ der linearen Verbindungen

$$x_1\alpha_1 + x_2\alpha_2 + \cdots + x_n\alpha_n$$

mit ganzen rationalen Koeffizienten x_ν ein Ideal von $\mathfrak{r}$ darstellt. Da ferner jedes Ringideal n linear unabhängige Größen enthalten muß, so ergibt sich zugleich, daß die α_ν linear unabhängig sind und demnach eine Basis des Ideals $\mathfrak{a}$ bilden.

Diese Betrachtung zeigt aber, daß man auf dem früher geschilderten Wege die Gesamtheit aller mit $\mathfrak{r}$ isomorphen ganzzahligen Ringbereiche n-ten Grades erhält. Wir können also folgenden Satz aussprechen:

III. *Für jeden Zahlring $\mathfrak{r}$ eines algebraischen Zahlkörpers $\mathrm{P}(\vartheta)$ vom Grade n bilden die sämtlichen mit $\mathfrak{r}$ isomorphen ganzzahligen Ringbereiche n-ten Grades ein System von einander ähnlichen Ringen. Die Anzahl der Klassen einander äquivalenter Ringbereiche, in die dieses System zerfällt, ist genau gleich der Anzahl $h_\mathfrak{r}$ der verschiedenen zu $\mathfrak{r}$ gehörenden Idealklassen $\mathfrak{C}$*[1].

Dieser Satz gestattet also die Zahl $h_\mathfrak{r}$ elementar-arithmetisch, ohne Benutzung der Idealtheorie, zu charakterisieren. Zu beachten ist aber hierbei, daß $h_\mathfrak{r}$ bei uns nicht die von Dedekind genau untersuchte Anzahl der »regulären« Idealklassen von $\mathfrak{r}$ bedeutet, d. h. derjenigen Klassen, die auch reguläre Ring-

---

[1] Zu jedem mit $\mathfrak{r}$ isomorphen ganzzahligen Ring $\mathfrak{R}$ des Grades n gehört ein wohlbestimmter zweiter Ring $\mathfrak{R}'$ derselben Art, der dadurch entsteht, daß man die Matrizen A von $\mathfrak{R}$ durch die transponierten Matrizen ersetzt. Entsprechen den Ringen $\mathfrak{R}$ und $\mathfrak{R}'$ die Idealklassen $\mathfrak{C}$ und $\mathfrak{C}'$, so gilt insbesondere im Falle $\mathfrak{r} = \mathfrak{o}$ die Gleichung $\mathfrak{C}\mathfrak{C}' = \mathfrak{D}^{-1}$, wo $\mathfrak{D}$ die durch das Grundideal $\mathfrak{D}$ von $\mathfrak{o}$ bestimmte Idealklasse bedeutet.

ideale enthalten. Wir haben vielmehr auch die eventuell vorhandenen »irregulären« Idealklassen in Betracht zu ziehen. Es kommt nun noch hinzu:

III*. *Die Anzahl $h_{\mathfrak{r}}$ ist für jeden Zahlring* $\mathfrak{r}$ *eine endliche Zahl.*

Dieser Satz, der in der Literatur nirgends ausgesprochen zu sein scheint, läßt sich sehr leicht mit Hilfe des Satzes II des vorigen Paragraphen beweisen.

Geht man nämlich von dem Zahlring $\mathfrak{r} = \mathfrak{o}$ aus, der alle ganzen algebraischen Zahlen von $P(\vartheta)$ umfaßt, so wird $h_{\mathfrak{r}}$ nichts anderes als die Anzahl h der Idealklassen des Körpers, also gewiß eine endliche Zahl. Einer Basis $\omega_1, \omega_2, \cdots, \omega_n$ von $\mathfrak{o}$ entspricht in der früheren Weise ein mit $\mathfrak{o}$ isomorpher ganzzahliger Ringbereich $\mathfrak{R}$ des Grades n. Dieser Ring ist, wie wir behaupten, ein Vollring. Denn gehört zu ω_ν in $\mathfrak{R}$ die Matrix $A_\nu = (a^{(\nu)}_{\varkappa\lambda})$, so bilden offenbar $A_1, A_2, \cdots, A_n$ eine Basis von $\mathfrak{R}$. Gäbe es nun eine ganzzahlige Matrix $B = (b_{\varkappa\lambda})$, die sich mit Hilfe der A_ν in der Form

$$(16.)\qquad B = y_1 A_1 + y_2 A_2 + \cdots + y_n A_n$$

darstellen läßt, ohne daß die rationalen Koeffizienten y_ν sämtlich ganzzahlig ausfallen, so setze man

$$(17.)\qquad \beta = y_1 \omega_1 + y_2 \omega_2 + \cdots + y_n \omega_n .$$

Aus den nach Voraussetzung geltenden Gleichungen

$$\omega_\nu \omega_\varkappa = \sum_{\lambda=1}^{n} a^{(\nu)}_{\varkappa\lambda} \omega_\lambda$$

folgt in Verbindung mit (16.) und (17.)

$$\beta \omega_\varkappa = \sum_{\lambda=1}^{n} b_{\varkappa\lambda} \omega_\lambda .$$

Da die $b_{\varkappa\lambda}$ ganze rationale Zahlen sein sollen, so würde sich β als eine ganze algebraische Zahl ergeben. Eine solche Zahl kann aber nicht eine Darstellung der Form (17.) mit nicht lauter ganzzahligen y_ν zulassen.

Betrachtet man ferner innerhalb $\mathfrak{o}$ die Zahlen α des gegebenen Zahlrings $\mathfrak{r}$, so liefern die zugehörigen Elemente A von $\mathfrak{R}$ einen mit $\mathfrak{r}$ isomorphen Ringbereich $\mathfrak{R}_0$, der ebenso wie $\mathfrak{R}$ vom Range n ist. Jetzt erscheint aber $\mathfrak{R}$ als der zu $\mathfrak{R}_0$ gehörende Vollring. Auf Grund des Satzes III ist ferner in den früheren Bezeichnungen

$$h(\mathfrak{R}_0) = h_{\mathfrak{r}}, \quad h(\mathfrak{R}) = h(\mathfrak{R}_0^*) = h .$$

Da h eine endliche Zahl ist, so gilt nach Satz II dasselbe auch für $h_{\mathfrak{r}}$.

§ 4.

Reduzible und irreduzible Ringbereiche.

Man denke sich ein beliebiges System $\mathfrak{A}$ von Matrizen n-ten Grades gegeben, deren Koeffizienten den Körper Ω erzeugen. In bezug auf einen Körper K, der Ω als Teilkörper enthält, unterscheidet man nach dem Vorgange der HH. Loewy, Burnside und Taber reduzible und irreduzible, ferner noch vollständig und nicht vollständig reduzible Systeme $\mathfrak{A}$. Hierbei werden die irreduziblen Systeme zu den vollständig reduziblen gezählt. Ein in bezug auf K vollständig reduzibles System ist auch im Körper Z aller Zahlen vollständig reduzibel und umgekehrt[1].

Diese Unterscheidungen ändern sich nicht, wenn man an Stelle von $\mathfrak{A}$ die durch die Elemente von $\mathfrak{A}$ erzeugte Gruppe oder noch besser den durch $\mathfrak{A}$ erzeugten Ringbereich (über Ω) treten läßt.

Einer der wichtigsten Sätze der Theorie der linearen Substitutionen, der im wesentlichen auf Molien zurückgeht, aber erst von Hrn. Taber a. a. O. ausdrücklich formuliert worden ist, lautet nun:

IV. *Gegeben sei ein Ringbereich $\mathfrak{R}$ über einem beliebigen Zahlkörper Ω. Ist der Rang von $\mathfrak{R}$ gleich r und sind $A_1, A_2, \cdots, A_r$ linear unabhängige Elemente von $\mathfrak{R}$, so sei*

$$A_\alpha A_\beta = \sum_{\gamma=1}^{r} a_{\gamma\alpha\beta} A_\gamma . \qquad (\alpha, \beta = 1, 2, \cdots, r)$$

Man setze

$$d_{\alpha\beta} = \sum_{\varrho,\sigma}^{r} a_{\varrho\alpha\beta} a_{\sigma\varrho\sigma}$$

und bezeichne mit D die Determinante dieser r^2 Größen. Dann und nur dann ist $\mathfrak{R}$ in bezug auf den Körper Z aller Zahlen vollständig reduzibel, wenn die Zahl D von Null verschieden ist.

Daß das Nichtverschwinden von D eine hinreichende Bedingung für die vollständige Reduzibilität darstellt, soll hier aufs neue bewiesen werden[2]; es wird sich hierbei ein für unsere Untersuchung wichtiges Resultat ergeben.

Es genügt offenbar zu zeigen: Ist $\mathfrak{R}$ in Z reduzibel und bewirkt die Ähnlichkeitstransformation P die Zerlegung

$$\mathfrak{S} = P\mathfrak{R}P^{-1} = \begin{pmatrix} \mathfrak{R}_{11} & 0 \\ \mathfrak{R}_{21} & \mathfrak{R}_{22} \end{pmatrix}, \tag{18.}$$

so läßt sich, wenn D nicht verschwindet, eine andere Transformation Q angeben, so daß

$$Q\mathfrak{R}Q^{-1} = \begin{pmatrix} \mathfrak{R}_{11} & 0 \\ 0 & \mathfrak{R}_{22} \end{pmatrix} \tag{19.}$$

wird. Das ergibt sich aber sehr leicht nach der Methode, die ich im § 3 meiner Arbeit *Neue Begründung der Theorie der Gruppencharaktere* (Sitzungsberichte 1905, S. 406—432) für den Fall einer endlichen Gruppe benutzt habe. Es sei nämlich entsprechend der Zerlegung (18.)

$$B_\alpha = PA_\alpha P^{-1} = \begin{pmatrix} K_\alpha & 0 \\ L_\alpha & M_\alpha \end{pmatrix}.$$

---

[1] Vgl. insbesondere H. Taber, *Sur les groupes réductibles de transformations linéaires et homogènes*, Comptes Rendus, Bd. 142 (1906), S. 948—951, und meine Arbeit *Beiträge zur Theorie der Gruppen linearer homogener Substitutionen*, Transactions of the Amer. Math. Soc. (2), Bd. XV (1909), S. 159—175. Diese Arbeit werde ich im folgenden kurz mit B. zitieren.

[2] Das Umgekehrte folgt sehr einfach aus dem Satze I der von Frobenius und mir gemeinsam publizierten Arbeit *Über die Äquivalenz der Gruppen linearer Substitutionen*, Sitzungsberichte der Berl. Akademie 1906, S. 209—217.

Ist nun $D \neq 0$, so gehört zu der Matrix $(d_{\alpha\beta})$ die inverse Matrix $(d'_{\alpha\beta})$. Mit Hilfe der Zahlen $d'_{\alpha\beta}$ bilde man die rechteckige Matrix

$$F = -\sum_{\alpha,\beta}^{r} d'_{\alpha\beta} L_\alpha K_\beta . \qquad (20.)$$

Setzt man dann

$$R = \begin{pmatrix} E_1 & 0 \\ F & E_2 \end{pmatrix},$$

wobei E_1 und E_2 die Einheitsmatrizen der zu den Ringbereichen $\mathfrak{R}_{11}$ und $\mathfrak{R}_{22}$ gehörenden Grundzahlen, so liefert eine einfache Rechnung, die ich hier übergehe[1],

$$R\mathfrak{S}R^{-1} = \begin{pmatrix} \mathfrak{R}_{11} & 0 \\ 0 & \mathfrak{R}_{22} \end{pmatrix}.$$

Es genügt daher, in (19.) für Q die Transformation RP zu wählen.

Für unsere Zwecke ist noch folgendes zu beachten. Hat man die Zerlegung von $\mathfrak{R}$ weiter getrieben, und ist z. B.

$$\mathfrak{S} = P\mathfrak{R}P^{-1} = \begin{pmatrix} \mathfrak{R}_{11} & 0 & 0 \\ \mathfrak{R}_{21} & \mathfrak{R}_{22} & 0 \\ \mathfrak{R}_{31} & \mathfrak{R}_{32} & \mathfrak{R}_{33} \end{pmatrix},$$

so bestimme man zunächst, wenn $D \neq 0$ ist, auf dem vorhin geschilderten Wege

$$R = \begin{pmatrix} E_1 & 0 & 0 \\ 0 & E_2 & 0 \\ F_{31} & F_{32} & E_3 \end{pmatrix},$$

so daß

$$\mathfrak{S}' = R\mathfrak{S}R^{-1} = \begin{pmatrix} \mathfrak{R}_{11} & 0 & 0 \\ \mathfrak{R}_{21} & \mathfrak{R}_{22} & 0 \\ 0 & 0 & \mathfrak{R}_{33} \end{pmatrix}$$

wird, und sodann

$$S = \begin{pmatrix} E_1 & 0 & 0 \\ F_{21} & E_2 & 0 \\ 0 & 0 & E_3 \end{pmatrix}$$

derart, daß

$$\mathfrak{S}'' = S\mathfrak{S}'S^{-1} = \begin{pmatrix} \mathfrak{R}_{11} & 0 & 0 \\ 0 & \mathfrak{R}_{22} & 0 \\ 0 & 0 & \mathfrak{R}_{33} \end{pmatrix}$$

wird. Die Transformation

$$T = SR = \begin{pmatrix} E_1 & 0 & 0 \\ F_{21} & E_2 & 0 \\ F_{31} & F_{32} & E_3 \end{pmatrix}$$

führt dann direkt $\mathfrak{S}$ in $\mathfrak{S}''$ über.

[1] Diese einfache Bemerkung spielt eine wichtige Rolle in der in Vorbereitung befindlichen Berliner Inaugural-Dissertation des Hrn. M. HERZBERGER, in der die Theorie der hyperkomplexen Größen auf neuem Wege entwickelt wird.

Indem man diese Überlegung weiter verfolgt und die Bedeutung der Koeffizienten $d'_{\alpha\beta}$ in der Summe (20.) berücksichtigt, gelangt man zu dem Satz

V. *Man habe einen ganzzahligen Ringbereich* $\mathfrak{S}$ *des Grades* n, *der in der Form*

$$\mathfrak{S} = \begin{pmatrix} \mathfrak{R}_{11} & 0 & \cdots & 0 \\ \mathfrak{R}_{21} & \mathfrak{R}_{22} & \cdots & 0 \\ \cdot & \cdot & \cdot & \cdot \\ \mathfrak{R}_{k1} & \mathfrak{R}_{k2} & \cdots & \mathfrak{R}_{kk} \end{pmatrix} \tag{21.}$$

zerfällt. Ist die Diskriminante D *des Ringes* $\mathfrak{S}$ *von Null verschieden, so kann man eine Ähnlichkeitstransformation* T *der Form*

$$T = \begin{pmatrix} E_1 & 0 & \cdots & 0 \\ F_{21} & E_2 & \cdots & 0 \\ \cdot & \cdot & \cdot & \cdot \\ F_{k1} & F_{k2} & \cdots & E_k \end{pmatrix},$$

in der die Koeffizienten der Matrizen $F_{\varkappa\lambda}$ *rationale Zahlen mit dem gemeinsamen Nenner* D *sind, so bestimmen, daß*

$$T\mathfrak{S}T^{-1} = \begin{pmatrix} \mathfrak{R}_{11} & 0 & \cdots & 0 \\ 0 & \mathfrak{R}_{22} & \cdots & 0 \\ \cdot & \cdot & \cdot & \cdot \\ 0 & 0 & \cdots & \mathfrak{R}_{kk} \end{pmatrix} \tag{22}$$

wird. Dasselbe leistet dann auch die ganzzahlige Transformation $T_1 = DT$, *deren Determinante den Wert* D^n *hat.*

Von Wichtigkeit ist ferner der folgende Satz

VI. *Ist* $\mathfrak{R}$ *ein ganzzanliger (nicht notwendig vollständig reduzibler) Ringbereich, der im Körper* P *der rationalen Zahlen reduzibel ist, so kann man die Zerlegung von* $\mathfrak{R}$ *in (in bezug auf* P*) irreduzible Bestandteile mit Hilfe einer unimodularen ganzzahligen Ähnlichkeitstransformation durchführen.*

Man deute nämlich die Elemente A von $\mathfrak{R}$ als lineare Substitutionen

$$x'_\varkappa = \sum_{\lambda=1}^{n} a_{\varkappa\lambda}\, x_\lambda . \qquad (\varkappa = 1, 2, \cdots, n)$$

Ist $\mathfrak{R}$ in P reduzibel, so lassen sich $m < n$ linear unabhängige ganzzahlige Linearformen

$$y_\mu = \sum_{\lambda=1}^{n} p_{\mu\lambda}\, x_\lambda \qquad (\mu = 1, 2, \cdots, m)$$

angeben, die ein zu $\mathfrak{R}$ gehörendes *invariantes System* bilden, d. h. bei Anwendung einer beliebigen Substitution A von $\mathfrak{R}$ nur untereinander linear transformiert werden. Nach dem Hauptsatz der Theorie der Elementarteiler kann man zwei unimodulare ganzzahlige Transformationen

$$Y_\mu = \sum_{\nu=1}^{m} u_{\mu\nu} y_\nu , \quad X_\varkappa = \sum_{\lambda=1}^{n} v_{\varkappa\lambda}\, x_\lambda$$

so bestimmen, daß

$$Y_\mu = p_\mu X_\mu \qquad (p_\mu > 0)$$

wird. Setzt man nun $V = (v_{\kappa\lambda})$, so bilden $Y_1, Y_2, \cdots, Y_m$ ein zum Ring $\mathfrak{R}' = V\mathfrak{R}V^{-1}$ gehörendes invariantes System. Dasselbe gilt wegen der besonderen Form der Y_μ auch für $X_1, X_2, \cdots, X_m$ selbst. Dies bedeutet aber nur, daß $\mathfrak{R}'$ die Form hat

$$\mathfrak{R}' = \begin{pmatrix} \mathfrak{R}_{11} & 0 \\ \mathfrak{R}_{21} & \mathfrak{R}_{22} \end{pmatrix}.$$

Indem man diese Schlußweise mehrfach anwendet, erkennt man die Richtigkeit des zu beweisenden Satzes.

§ 5.

Ein notwendiges Kriterium für die Endlichkeit der Klassenanzahl.

VII. *Die Klassenanzahl h eines ganzzahligen Ringbereiches $\mathfrak{R}$ kann nur dann endlich sein, wenn die Diskriminante D von $\mathfrak{R}$ nicht verschwindet.*

Auf Grund des Satzes IV haben wir nur zu zeigen, daß aus der Endlichkeit von h die vollständige Reduzibilität von $\mathfrak{R}$ folgt. Ist nun $\mathfrak{R}$ im Körper P der rationalen Zahlen irreduzibel, so ist diese Bedingung erfüllt. Sei also $\mathfrak{R}$ in P reduzibel. Unter Berücksichtigung des Satzes VI können wir dann $\mathfrak{R}$ in der Form (21.) annehmen, wobei die $\mathfrak{R}_{\kappa\kappa}$ in P irreduzibel sein sollen. Neben $\mathfrak{R}$ betrachten wir dann den zugehörigen Ring der Form (22.), der hier mit $\mathfrak{R}'$ bezeichnet werden möge. Zu jeder Matrix A' von $\mathfrak{R}'$ gehört in $\mathfrak{R}$ mindestens eine Matrix A, die in den den $\mathfrak{R}_{\kappa\kappa}$ entsprechenden Zeilen und Spalten dieselben Größen enthält; wir wollen dies durch $A \to A'$ andeuten. Stellen nun $A'_1, A'_2, \cdots, A'_s$ eine Basis von $\mathfrak{R}'$ dar und ist

$$A' = x_1 A'_1 + x_2 A'_2 + \cdots + x_s A'_s,$$

so bilde man, wenn $A_r \to A'_r$ ist, die in $\mathfrak{R}$ enthaltene Matrix

$$B = A - x_1 A_1 - x_2 A_2 - \cdots - x_s A_s$$

Diese Matrix hat jedenfalls die Form

$$B = \begin{pmatrix} 0 & 0 & 0 & \cdots & 0 & 0 \\ B_{21} & 0 & 0 & \cdots & 0 & 0 \\ B_{31} & B_{32} & 0 & \cdots & 0 & 0 \\ \cdots & \cdots & \cdots & \cdots & \cdots & \cdots \\ B_{k1} & B_{k2} & B_{k3} & \cdots & B_{k,k-1} & 0 \end{pmatrix}$$

Man wende nun, wenn a irgendeine positive ganze Zahl ist, auf $\mathfrak{R}$ die Ähnlichkeitstransformation

$$P = \begin{pmatrix} E_1 & 0 & 0 & \cdots & 0 & 0 \\ 0 & aE_2 & 0 & \cdots & 0 & 0 \\ 0 & 0 & a^2E_3 & \cdots & 0 & 0 \\ \cdots & \cdots & \cdots & \cdots & \cdots & \cdots \\ 0 & 0 & 0 & \cdots & 0 & a^{k-1}E_k \end{pmatrix}$$

an. Dann wird $\mathfrak{R}_a = P\mathfrak{R}P^{-1}$ ein ganzzahliger Ring, in dem insbesondere dem Element B von $\mathfrak{R}$ eine Matrix B_a derselben Form entspricht, wobei aber an Stelle von $B_{\varkappa\lambda}$ das rechteckige Schema $a^{\varkappa-\lambda}B_{\varkappa\lambda}$ tritt. Ist nun B von Null verschieden, so wird der größte gemeinsame Teiler t_a der Koeffizienten von B_a eine durch a teilbare positive ganze Zahl. Dies ist aber bei endlicher Klassenanzahl h nicht möglich. Denn in diesem Fall dürfen unter den Zahlen

$$t_1, t_2, t_3, \cdots$$

nur höchstens h voneinander verschiedene vorkommen (vgl. § 1).

Wenn also h eine endliche Zahl ist, muß B für jedes A gleich Null sein. Dann sind aber $\mathfrak{R}$ und $\mathfrak{R}'$ (einstufig) isomorphe Ringbereiche. Als solche besitzen sie dieselbe Diskriminante D. Da aber $\mathfrak{R}'$ gewiß vollständig reduzibel ist, so muß D von Null verschieden sein. Zugleich ergibt sich, daß $\mathfrak{R}$ dem Ring $\mathfrak{R}'$ ähnlich sein muß.

Viel schwieriger dürfte die Entscheidung der Frage sein, ob das Nichtverschwinden der Diskriminante eine hinreichende Bedingung für die Endlichkeit der Klassenanzahl ist. Bei dieser Untersuchung kann man sich aber jedenfalls auf in P irreduzible Ringbereiche beschränken. Dies folgt aus dem Satz

VIII. *Ist $\mathfrak{R}$ ein ganzzahliger Ringbereich mit von Null verschiedener Diskriminante, und ist für jeden in bezug auf* P *irreduziblen Bestandteil $\mathfrak{R}_{\varkappa\varkappa}$ von $\mathfrak{R}$ die Klassenanzahl $h(\mathfrak{R}_{\varkappa\varkappa})$ endlich, so gilt dasselbe auch für die Klassenanzahl von $\mathfrak{R}$*[1].

Der Beweis ergibt sich ohne Mühe auf Grund der Sätze V und VI in Verbindung mit dem Satz I.

§ 6.

Kommutative Ringbereiche.

IX. *Die Klassenanzahl h eines kommutativen ganzzahligen Ringbereiches $\mathfrak{R}$ ist dann und nur dann endlich, wenn die Diskriminante von $\mathfrak{R}$ nicht verschwindet.*

Zum Beweis dieses Satzes, durch den die am Schluß des vorigen Paragraphen aufgeworfene Frage für kommutative Ringbereiche im bejahenden Sinne beantwortet wird, genügt es zu zeigen, daß die Klassenanzahl jedes kommutativen in P irreduziblen ganzzahligen Ringes $\mathfrak{R}$ endlich ist. In diesem Fall zerfällt aber $\mathfrak{R}$, wie aus bekannten Sätzen folgt (vgl. B., § 4), im Gebiete Z aller Zahlen in lauter lineare voneinander verschiedene Bestandteile. Genauer: ist n der Grad von $\mathfrak{R}$, so läßt sich in Z eine Ähnlichkeitstransformation P angeben, so daß für jedes Element A von $\mathfrak{R}$

$$PAP^{-1} = \begin{pmatrix} \alpha & 0 & \cdots & 0 \\ 0 & \alpha' & \cdots & 0 \\ \cdot & \cdot & \cdot & \cdot \\ 0 & 0 & \cdots & \alpha^{(n-1)} \end{pmatrix}$$

wird, wobei α einem algebraischen Zahlkörper $\mathrm{P}(\vartheta)$ vom Grade n angehört und

[1] Hierbei ist zu beachten, daß die in bezug auf P irreduziblen Bestandteile eines beliebigen ganzzahligen Ringbereiches auf Grund des Satzes VI als ganzzahlige Ringe aufgefaßt werden können.

$\alpha', \cdots, \alpha^{(n-1)}$ die zu α in bezug auf $P(\vartheta)$ konjugierten Zahlen bedeuten. Außerdem ist der Rang von $\Re$ genau gleich n.

Hieraus folgt aber, daß die den einzelnen A entsprechenden α einen mit $\Re$ somorphen Zahlring $\mathfrak{r}$ des Körpers $P(\vartheta)$ bilden. Wir haben also den im § 3 behandelten Fall vor uns und können auf Grund der Sätze III und III* gewiß behaupten, daß die Klassenanzahl von $\Re$ endlich ist.

§ 7.

Eine Hilfsbetrachtung.

Eine Matrix, deren Koeffizienten ganze Zahlen eines algebraischen Zahlkörpers $P(\vartheta)$ sind, möge kurz als eine *ganzzahlige Matrix aus* $P(\vartheta)$ bezeichnet werden. Ich behaupte nun:

X. *Zu jedem System*

$$A_1, A_2, \cdots, A_{n^2}$$

von n^2 ganzzahligen Matrizen n-ten Grades aus $P(\vartheta)$, die in $P(\vartheta)$ (und also auch im Gebiete Z aller Zahlen) linear unabhängig sind, lassen sich gewisse endlich viele ganze Zahlen des Körpers $P(\vartheta)$

$$\delta_1, \delta_2, \cdots, \delta_k \tag{23.}$$

angeben, denen folgende Eigenschaft zukommt: Ist

$$B_1, B_2, \cdots, B_{n^2}$$

ein zweites System von ganzzahligen Matrizen n-ten Grades aus $P(\vartheta)$, und weiß man, daß eine Ähnlichkeitstransformation P existiert, die den Bedingungen

$$PA_\nu P^{-1} = B_\nu \qquad (\nu = 1, 2, \cdots, n^2) \tag{24}$$

genügt, so kann man P als eine ganzzahlige Matrix aus $P(\vartheta)$ so wählen, daß die Determinante δ von P einer der Zahlen (23.) assoziiert ist.

Der Beweis ist leicht zu erbringen. Haben die n^2 Matrizen $E_{\alpha\beta}$ dieselbe Bedeutung wie in § 1, so wird, wenn $A_\nu = (a^{(\nu)}_{\alpha\beta})$ ist,

$$A_\nu = \sum_{\alpha, \beta} a^{(\nu)}_{\alpha\beta} E_{\alpha\beta}. \qquad (\nu = 1, 2, \cdots, n^2) \tag{25.}$$

Da die A_ν linear unabhängig sein sollen, ist die Determinante γ der n^4 Größen $a^{(\nu)}_{\alpha\beta}$ von Null verschieden. Die Umkehrung der Gleichungen (25.) liefert

$$\gamma E_{\alpha\beta} = \sum_{\nu=1}^{n^2} c^{(\nu)}_{\alpha\beta} A_\nu,$$

wobei auch die $c^{(\nu)}_{\alpha\beta}$ ganze Zahlen des Körpers $P(\vartheta)$ sind. Hieraus folgt

$$\gamma P E_{\alpha\beta} P^{-1} = \sum_{\nu=1}^{n^2} c_{\alpha\beta} B_\nu. \tag{26.}$$

Die Koeffizienten $p_{\alpha\beta}$ der Matrix P können von vornherein als ganze Zahlen aus $P(\vartheta)$ gewählt werden. Ihr größter gemeinsamer Idealteiler sei $\mathfrak{d}_1$. Sind nun

$$\mathfrak{a}_1, \mathfrak{a}_2, \cdots, \mathfrak{a}_h \tag{27.}$$

Repräsentanten der h Idealklassen von $P(\vartheta)$, so muß $\mathfrak{d}_1$ einem dieser Ideale äquivalent sein. Ist etwa $\mu\mathfrak{d}_1 = \mathfrak{a}_\lambda$ und ersetzt man P durch μP, so wird auch diese Matrix den Gleichungen (24.) genügen und ganzzahlige Koeffizienten aus $P(\vartheta)$ besitzen. Hierbei tritt aber an Stelle von $\mathfrak{d}_1$ das Ideal $\mathfrak{a}_\lambda$. Wir können daher von vornherein annehmen, daß $\mathfrak{d}_1$ eines der Ideale (27.) bedeutet.

Setzt man nun $\delta = |P|$ und bezeichnet die Koeffizienten von P^{-1} mit $\frac{q_{\varkappa\lambda}}{\delta}$, so folgt aus (26.), daß die n^4 Quotienten

$$\frac{\gamma p_{\alpha\beta} q_{\varkappa\lambda}}{\delta} \qquad (\alpha, \beta, \varkappa, \lambda = 1, 2, \cdots, n)$$

ganze algebraische Zahlen sind. Bedeutet daher $\mathfrak{d}_{n-1}$ den größten gemeinsamen Idealteiler der n^2 Zahlen $q_{\varkappa\lambda}$, so ist $\frac{\gamma}{\delta}\mathfrak{d}_1\mathfrak{d}_{n-1}$ ein ganzes Ideal. Sind nun $\mathfrak{e}_1, \mathfrak{e}_2, \cdots, \mathfrak{e}_n$ die Elementarteiler der Matrix P, so wird

$$\mathfrak{d}_{n-1} = \mathfrak{e}_1\mathfrak{e}_2, \cdots \mathfrak{e}_{n-1}, \quad \mathfrak{d}_n = (\delta) = \mathfrak{e}_1\mathfrak{e}_2, \cdots \mathfrak{e}_n.$$

Folglich ist $\gamma\mathfrak{d}_1$ durch $\mathfrak{e}_n$ teilbar. Da aber $\mathfrak{e}_n$ durch jedes der Ideale $\mathfrak{e}_\lambda$ teilbar ist[1], so erscheint (δ) als ein Teiler des Ideals $\gamma^n\mathfrak{d}_1^n$, das nach Voraussetzung mit einem der h Ideale

$$(28.) \qquad \gamma^n\mathfrak{a}_1^n, \ \gamma^n\mathfrak{a}_2^n, \ \cdots, \ \gamma^n\mathfrak{a}_h^n$$

übereinstimmt. Versteht man nun unter

$$(\delta_1), (\delta_2), \cdots, (\delta_k)$$

die sämtlichen Hauptideale, die unter den Teilern der h Ideale (28.) vorkommen, so genügen die k Zahlen $\delta_\varkappa$ den Bedingungen unseres Satzes.

Es sei noch bemerkt, daß aus dem Satze X ohne Mühe gefolgert werden kann: Bedeutet $\mathfrak{o}$ die Gesamtheit der ganzen Zahlen eines algebraischen Zahlkörpers $P(\vartheta)$ und ist $\mathfrak{R}$ in dem in der Einleitung festgelegten Sinne ein Ringbereich beliebigen Grades über $\mathfrak{o}$, der im Gebiete Z aller Zahlen irreduzibel (d. h. vom Range n^2) ist, so hat die Klassenanzahl von $\mathfrak{R}$ (in bezug auf $\mathfrak{o}$) einen endlichen Wert[2].

§ 8.

Ein allgemeines System von ganzzahligen Ringbereichen mit endlicher Klassenanzahl.

Beim Studium derjenigen ganzzahligen Ringbereiche, deren Klassenanzahl endlich ist, kommt es, wie unser Satz VIII lehrt, in erster Linie darauf an, die in P irreduziblen Ringe zu beherrschen. Ein solcher Ring $\mathfrak{R}$ ist in Z vollständig reduzibel und seine in Z irreduziblen Bestandteile

---

[1] Vgl. E. Steinitz, *Rechteckige Systeme und Moduln in algebraischen Zahlkörpern.* I., Math. Annalen Bd. 71 (1912), S. 328—354.

[2] Versteht man insbesondere unter $\mathfrak{R}$ die Gesamtheit aller ganzzahligen Matrizen n-ten Grades aus $P(\vartheta)$, so wird die Klassenanzahl von $\mathfrak{R}$, wie sich leicht zeigen läßt, gleich der Anzahl derjenigen Idealklassen von $P(\vartheta)$, deren n-te Potenz die Hauptklasse ist.

$$\mathfrak{A}, \mathfrak{A}', \cdots, \mathfrak{A}^{(s-1)}$$

sind alle von demselben Grade f. Sie lassen sich ferner so wählen, daß $\mathfrak{A}$ in einem gewissen algebraischen Körper des Grades s rational ist und $\mathfrak{A}', \cdots, \mathfrak{A}^{(s-1)}$ als die zu $\mathfrak{A}$ in bezug auf diesen Körper konjugiert algebraischen Gruppen erscheinen. Bestimmen ferner die Spuren der Matrizen von $\mathfrak{A}$ den Körper $P(\vartheta)$ des Grades l, so ist $\frac{s}{l} = m$ eine in f aufgehende ganze Zahl. Diese Zahl, deren Quadrat in dem Grade $n = sf$ von $\mathfrak{R}$ als Teiler enthalten ist, nenne ich den *Index* des Ringes $\mathfrak{R}$ (vgl. B. § 4). Die s irreduziblen Bestandteile von $\mathfrak{R}$ zerfallen dann in l Komplexe von je m in Z einander ähnlichen.

Besonders einfach ist nun der Fall $m = 1$, der sich auch kurz dadurch charakterisieren läßt, daß jede mit $\mathfrak{R}$ (d. h. mit allen Elementen von $\mathfrak{R}$) vertauschbare Matrix V von gewissen endlich vielen unter den Matrizen von $\mathfrak{R}$ linear abhängig ist. Wenn also V ganze rationale Koeffizienten besitzt, so ist V in dem zu $\mathfrak{R}$ gehörenden Vollring $\mathfrak{R}^*$ enthalten (vgl. § 1). Eine Matrix V dieser Art, die in $\mathfrak{R}$ enthalten ist, möge wie üblich ein *invariantes* Element von $\mathfrak{R}$ heißen und die Gesamtheit $\mathfrak{C}$ dieser invarianten Elemente das *Zentrum* von $\mathfrak{R}$ genannt werden. Der Vollring $\mathfrak{R}^*$ umfaßt dann alle ganzzahligen Matrizen, die mit dem Teilring $\mathfrak{C}$ von $\mathfrak{R}$ vertauschbar sind. Die Rangzahlen r und r' der Ringe $\mathfrak{R}$ und $\mathfrak{C}$ haben die Werte lf^2 und l[1]. Im Körper Z zerfällt ferner $\mathfrak{C}$ vollständig in lauter lineare Bestandteile. Genauer kann behauptet werden: Es läßt sich eine Ähnlichkeitstransformation Q angeben, so daß für jedes Element C von $\mathfrak{C}$

$$QCQ^{-1} = \begin{pmatrix} \gamma E_1 & 0 & \cdots & 0 \\ 0 & \gamma' E_1 & \cdots & 0 \\ \cdot & \cdot & \cdots & 0 \\ 0 & 0 & \cdots & \gamma^{(l-1)} E_1 \end{pmatrix} \tag{29.}$$

wird, wobei E_1 die Einheitsmatrix des Grades f bedeutet und γ eine ganze Zahl von $P(\vartheta)$ ist, zu der $\gamma', \cdots, \gamma^{(l-1)}$ konjugiert algebraisch sind. Die Gesamtheit der den verschiedenen Elementen C von $\mathfrak{C}$ entsprechenden γ erzeugt hierbei den ganzen Körper $P(\vartheta)$. Die Matrix Q kann außerdem in der Form

$$Q = \begin{pmatrix} L_1, & L_2, & \cdots, & L_l \\ L_1', & L_2', & \cdots, & L_l' \\ \cdot & \cdot & \cdots & \cdot \\ L_1^{(l-1)}, & L_2^{(l-1)}, & \cdots, & L_l^{(l-1)} \end{pmatrix} \tag{30.}$$

gewählt werden, wobei die L_λ ganzzahlige Matrizen f-ten Grades aus $P(\vartheta)$ sind und $L_\lambda', \cdots, L_\lambda^{(l-1)}$ die zu L_λ konjugiert algebraischen Matrizen bedeuten. Das Quadrat der Determinante von Q ist dann eine ganze rationale Zahl q. Hat man $\mathfrak{C}$ in dieser Weise zerfällt, so ergibt sich für den ganzen Ring $\mathfrak{R}$ von selbst die Zerfällung

[1] Dies gilt auch für $m > 1$ und, da $n = mlf$ ist, so wird

$$l = r', \quad f = \sqrt{\frac{r}{r'}}, \quad m = \sqrt{\frac{n^2}{rr'}}.$$

$$(31.)\qquad Q\mathfrak{R}Q^{-1} = \begin{pmatrix} \mathfrak{A} & 0 \cdots & 0 \\ 0 & \mathfrak{A}' \cdots & 0 \\ \cdot & \cdots & \cdot \\ 0 & 0 \cdots & \mathfrak{A}^{(l-1)} \end{pmatrix}$$

in seine in Z irreduziblen Bestandteile, wobei $\mathfrak{A}$ in P(ϑ) rational ausfällt und $\mathfrak{A}', \ldots, \mathfrak{A}^{(l-1)}$ zu $\mathfrak{A}$ konjugiert algebraisch sind.

Das bis jetzt Gesagte folgt aus bekannten Sätzen über irreduzible Gruppen linearer Substitutionen (vgl. B. § 4).

Nun können wir zum Beweis eines Satzes übergehen, der als das Hauptresultat dieser Arbeit anzusehen ist:

XI. *Die Klassenanzahl h eines ganzzahligen Ringbereiches $\mathfrak{R}$ mit nicht verschwindender Diskriminante, der im Gebiete* P *der rationalen Zahlen in lauter irreduzible Ringe vom Index* 1 *zerfällt, hat stets einen endlichen Wert.*

Auf Grund des Satzes VIII genügt es anzunehmen, daß $\mathfrak{R}$ selbst ein in P irreduzibler Ring vom Index 1 ist. Es seien nun

$$(32.)\qquad \mathfrak{R}, \mathfrak{R}_1, \mathfrak{R}_2, \cdots$$

Repräsentanten der verschiedenen zu $\mathfrak{R}$ gehörenden Klassen äquivalenter Ringe. Unter

$$(33.)\qquad \mathfrak{C}, \mathfrak{C}_1, \mathfrak{C}_2, \ldots$$

verstehe man die zugehörigen Zentren, die wieder untereinander ähnliche Ringe darstellen. Die Ringe (32.) kann man offenbar innerhalb der sie enthaltenden Klassen so wählen, daß jedesmal, wenn zu $\mathfrak{R}_\alpha$ und $\mathfrak{R}_\beta$ äquivalente Zentren gehören, $\mathfrak{C}_\alpha = \mathfrak{C}_\beta$ wird. Da nun die Klassenanzahl h' des kommutativen vollständig zerfallenden Ringes $\mathfrak{C}$ nach Satz IX einen endlichen Wert hat, so enthält dann das System (33.) nur endlich viele (höchstens h') verschiedene Ringe. Um nun einzusehen, daß h eine endliche Zahl ist, haben wir nur zu zeigen, daß unter den Ringen (32.) nur endlich viele dasselbe Zentrum besitzen können. Unter Berücksichtigung des Satzes I genügt es aber, hierzu zu beweisen: Ist $\mathfrak{S}$ ein $\mathfrak{R}$ ähnlicher Ring, dessen Zentrum mit dem Zentrum $\mathfrak{C}$ von $\mathfrak{R}$ übereinstimmt, so läßt sich eine ganzzahlige Ähnlichkeitstransformation P so bestimmen, daß

$$(34.)\qquad P\mathfrak{R}P^{-1} = \mathfrak{S}$$

wird und außerdem die Determinante $|P|$ dem absoluten Betrage nach unterhalb einer allein von $\mathfrak{R}$ abhängenden Schranke gelegen ist

Dies ergibt sich nun folgendermaßen. Man wähle unter Beibehaltung der früheren Bezeichnungen eine Matrix Q der Form (30.), für welche die Gleichungen (29.) bestehen. Neben der Gleichung (31.) gilt dann, weil $\mathfrak{C}$ auch das Zentrum von $\mathfrak{S}$ ist, in entsprechender Weise

$$(35.)\qquad Q\mathfrak{S}Q^{-1} = \begin{pmatrix} \mathfrak{B} & 0 \cdots & 0 \\ 0 & \mathfrak{B}' \cdots & 0 \\ \cdot & \cdots & \cdot \\ 0 & 0 \cdots & \mathfrak{B}^{(l-1)} \end{pmatrix}$$

Hierbei erscheinen $\mathfrak{A}$ und $\mathfrak{B}$ als im Körper $\mathrm{P}(\vartheta)$ rationale Gruppen, die in Z irreduzibel und einander ähnlich sind. Ferner lassen sich die Koeffizienten aller Matrizen von $\mathfrak{A}$ und $\mathfrak{B}$ in der Form $\frac{\alpha}{q}$ schreiben, wo α eine ganze Zahl von $\mathrm{P}(\vartheta)$ ist und q wie früher die ganze rationale Zahl $|Q|^2$ bedeutet. Da nun aber bekanntlich die in Z irreduzible Gruppe des Grades f genau f^2 linear unabhängige Elemente enthält, so folgt aus dem Satze X, daß die Gleichung

$$R\mathfrak{A}R^{-1} = \mathfrak{B} \tag{36.}$$

durch eine ganzzahlige Matrix R aus $\mathrm{P}(\vartheta)$ befriedigt werden kann, deren Determinante δ einer der Zahlen eines allein durch $\mathfrak{A}$ bestimmten Systems von endlich vielen ganzen Zahlen

$$\delta_1, \delta_2, \ldots, \delta_k$$

des Körpers $\mathrm{P}(\vartheta)$ assoziiert ist. Man setze nun, wenn $R', \ldots, R^{(l-1)}$ die zu R konjugiert algebraischen Matrizen bedeuten,

$$S = \begin{pmatrix} R & 0 & \cdots & 0 \\ 0 & R' & \cdots & 0 \\ \cdot & \cdot & \cdot & \cdot \\ 0 & 0 & \cdots & R^{(l-1)} \end{pmatrix}.$$

Dann folgt aus (31.), (35.) und (36.)

$$Q\mathfrak{S}Q^{-1} = SQ\mathfrak{R}Q^{-1}S^{-1}.$$

Setzt man also $Q^{-1}SQ = T$, so wird $\mathfrak{S} = T\mathfrak{R}T^{-1}$. Die zu (30.) inverse Matrix Q^{-1} hat aber, wie eine einfache Betrachtung lehrt, die Form

$$Q^{-1} = \begin{pmatrix} M_1, & M_1' & \cdots & M_1^{(l-1)} \\ M_2, & M_2' & \cdots & M_2^{(l-1)} \\ \cdot & \cdot & \cdot & \cdot \\ M_l, & M_l' & \cdots & M_l^{(l-1)} \end{pmatrix},$$

wobei die M_λ in $\mathrm{P}(\vartheta)$ rationale Matrizen des Grades f und $M_\lambda', \ldots, M_\lambda^{(l-1)}$ zu M_λ konjugiert sind. Man erkennt nun unmittelbar, daß die Koeffizienten von T rationale Zahlen sind. Außerdem lassen sie sich auf den gemeinsamen Nenner $q = |Q|^2$ bringen.

Setzt man nun $P = qT$, so wird P eine Matrix mit ganzen rationalen Koeffizienten, die der Gleichung (34.) genügt, und deren Determinante gleich wird

$$|P| = q^n|T| = q^n|S| = q^n N(\delta).$$

Die Norm $N(\delta)$ der Zahl δ ist aber abgesehen vom Vorzeichen eine der Zahlen

$$N(\delta_1), N(\delta_2), \ldots, N(\delta_k).$$

Jedenfalls liegt also, wie wir erreichen wollten, der absolute Betrag von $|P|$ unterhalb einer von der Wahl von $\mathfrak{S}$ unabhängigen Schranke.

Aus dem nun bewiesenen Satz XI folgt insbesondere, daß bei den ganzzahligen Ringbereichen der Grade $n = 2$ und $n = 3$ das Nichtverschwinden der Diskriminante eine notwendige und hinreichende Bedingung für die Endlichkeit der Klassenanzahl darstellt. Für $n = 4$ gibt es aber schon Ringbereiche (nämlich die in P irreduziblen Ringe vom Index 2), für welche die Frage nach der Endlichkeit der Klassenanzahl mit Hilfe der in dieser Arbeit entwickelten Methoden nicht entschieden werden kann. Nur in besonders gearteten Fällen gelingt die Entscheidung unter Benutzung der Theorie der quadratischen Formen; die Klassenanzahl erweist sich hierbei immer als eine endliche Zahl (vgl. Einleitung).

§ 9.

Eine ergänzende Bemerkung über Vollringe.

Im allgemeinen läßt sich für die zu einem ganzzahligen Ring $\mathfrak{R}$ gehörenden Klassen $\mathfrak{K}$ äquivalenter Ringe keine Kompositionsvorschrift angeben, die gestatten würde, sie als Elemente einer Gruppe zu deuten. Es soll hier nun ein Fall hervorgehoben werden, in dem dies wenigstens für einen Teil der Klassen $\mathfrak{K}$ gelingt.

Es sei nämlich $\mathfrak{R}$ ein in P irreduzibler *Vollring* n-ten Grades vom Index $m = 1$. Ein solcher Ring besitzt, wie aus den im vorigen Paragraphen gemachten Bemerkungen hervorgeht, eine wichtige Eigenschaft: *Ist $\mathfrak{C}$ das Zentrum von $\mathfrak{R}$, so ist $\mathfrak{R}$ identisch mit der Gesamtheit der ganzzahligen Matrizen n-ten Grades, die mit $\mathfrak{C}$ vertauschbar sind.*

Unter den zu $\mathfrak{R}$ gehörenden Klassen $\mathfrak{K}$, deren Anzahl auf Grund des Satzes XI endlich ist, betrachte man nun diejenigen Klassen

$$\mathfrak{K}_1, \mathfrak{K}_2, \cdots, \mathfrak{K}_g, \tag{37.}$$

deren Ringe mit $\mathfrak{C}$ äquivalente Zentren besitzen; hierbei möge $\mathfrak{K}_1$ den Ring $\mathfrak{R}$ enthalten. In jeder dieser Klassen $\mathfrak{K}_\alpha$ gibt es dann Ringe $\mathfrak{R}_\alpha$, deren Zentrum genau gleich $\mathfrak{C}$ ist; ein solcher Ring heiße kurz *normiert*. Ist nun

$$\mathfrak{R}_\alpha = P_\alpha \mathfrak{R} P_\alpha^{-1} \tag{38.}$$

mit ganzzahligem P_α, so ist P_α mit $\mathfrak{C}$ vertauschbar und also ein Element von $\mathfrak{R}$. Hieraus folgt zugleich, daß jedes Element R_α von $\mathfrak{R}_\alpha$ mit $\mathfrak{C}$ vertauschbar ist und demnach in $\mathfrak{R}$ vorkommt, was wir durch $\mathfrak{R}_\alpha < \mathfrak{R}$ andeuten.

Ich behaupte nun, daß $\mathfrak{R}_\alpha$ alle Elemente von $\mathfrak{R}$ umfaßt, so daß also der Übergang von $\mathfrak{R}$ zu $\mathfrak{R}_\alpha$ einen »Automorphismus« des Ringes $\mathfrak{R}$ liefert.

Hierzu genügt es offenbar zu zeigen, daß auch $P_\alpha^{-1} \mathfrak{R} P_\alpha$ ein ganzzahliger Ring ist. Dies ergibt sich folgendermaßen: Aus (38.) folgt wegen $\mathfrak{R}_\alpha < \mathfrak{R}$, daß jedenfalls die $\mathfrak{R}$ ähnlichen Ringe

$$P_\alpha^2 \mathfrak{R} P_\alpha^{-2}, \quad P_\alpha^3 \mathfrak{R} P_\alpha^{-3}, \cdots$$

ganzzahlig sind. Da nun die Klassenanzahl von $\mathfrak{R}$ endlich ist, so muß es zwei Exponenten $\lambda < \mu$ geben, so daß

$$P_\alpha^\lambda \mathfrak{R} P_\alpha^{-\lambda} \sim P_\alpha^\mu \mathfrak{R} P_\alpha^{-\mu}$$

wird. Dies bedeutet aber, daß eine unimodulare ganzzahlige Matrix V und eine mit $\mathfrak{R}$ vertauschbare, nicht notwendig ganzzahlige Matrix Z existieren, so daß

$$(39.)\qquad VP_\alpha^\lambda = P_\alpha^\mu Z$$

wird. Hierbei ist auch V mit $\mathfrak{C}$ vertauschbar und folglich in $\mathfrak{R}$ enthalten. Beachtet man noch, daß Z mit dem Element P_α von $\mathfrak{R}$ vertauschbar ist, so folgt aus (39.) für $\nu = \mu - \lambda$, daß $V = P_\alpha^\nu Z$, also

$$P_\alpha^{-1}(V\mathfrak{R}V^{-1})P_\alpha = P_\alpha^{\nu-1}\mathfrak{R}P_\alpha^{-(\nu-1)}$$

wird. Hier steht aber rechts ein ganzzahliger Ring, ferner stimmt $V\mathfrak{R}V^{-1}$, weil V unimodular und in $\mathfrak{R}$ enthalten ist, abgesehen von der Reihenfolge der Elemente, gewiß mit $\mathfrak{R}$ überein. Daher ist auch $P_\alpha^{-1}\mathfrak{R}P_\alpha$ ein ganzzahliger Ring.

Man betrachte nun zwei (gleiche oder verschiedene) Klassen $\mathfrak{K}_\alpha$ und $\mathfrak{K}_\beta$ aus der Reihe (37.). Sind dann

$$(40.)\qquad \mathfrak{R}_\alpha = P_\alpha \mathfrak{R} P_\alpha^{-1}, \quad \mathfrak{R}_\beta = P_\beta \mathfrak{R} P_\beta^{-1}$$

zwei normierte Repräsentanten dieser Klassen mit ganzzahligen P_α und P_β, so folgt aus $\mathfrak{R}_\beta < \mathfrak{R}$, daß auch

$$P_\alpha \mathfrak{R}_\beta P_\alpha^{-1} = P_\alpha P_\beta \mathfrak{R} P_\beta^{-1} P_\alpha^{-1}$$

ein ganzzahliger Ring mit dem Zentrum $\mathfrak{C}$ ist. Dieser Ring gehört einer gewissen Klasse $\mathfrak{K}_\gamma$ aus der Reihe (37.) an. Die Klasse $\mathfrak{K}_\gamma$ ist aber hierbei allein durch $\mathfrak{K}_\alpha$ und $\mathfrak{K}_\beta$ bestimmt. Dann wählt man an Stelle der Ringe (40.) zwei andere normierte Repräsentanten

$$\mathfrak{S}_\alpha = Q_\alpha \mathfrak{R} Q_\alpha^{-1}, \quad \mathfrak{S}_\beta = Q_\beta \mathfrak{R} Q_\beta^{-1}$$

dieser Klassen, so wird

$$Q_\alpha = UP_\alpha X, \quad Q_\beta = VP_\beta Y,$$

wobei X und Y zwei mit $\mathfrak{R}$ vertauschbare Matrizen bedeuten, während U und V unimodular, ganzzahlig und in $\mathfrak{R}$ enthalten sind. Beachtet man nun, daß X auch mit $\mathfrak{S}_\beta$ vertauschbar ist, so erhält man

$$Q_\alpha \mathfrak{S}_\beta Q_\alpha^{-1} = (UP_\alpha VP_\beta)\mathfrak{R}(UP_\alpha VP_\beta)^{-1}.$$

Setzt man

$$UP_\alpha VP_\alpha^{-1} = W,$$

so läßt sich dies in der Form

$$(41.)\qquad Q_\alpha \mathfrak{S}_\beta Q_\alpha^{-1} = W(P_\alpha \mathfrak{R}_\beta P_\alpha^{-1})W^{-1}$$

schreiben. Hierbei ist aber $P_\alpha V P_\alpha^{-1}$, weil V in $\mathfrak{R}$ enthalten ist, ganzzahlig und zugleich unimodular. Daher ist auch W eine ganzzahlige unimodulare Transformation. Die Gleichung (41.) setzt nun in Evidenz, daß $Q_\alpha \mathfrak{S}_\beta Q_\alpha^{-1}$ der mit Hilfe der Ringe (40.) bestimmten Klasse $\mathfrak{K}_\gamma$ angehört.

Setzt man nun

$$\mathfrak{K}_\gamma = \mathfrak{K}_\alpha \mathfrak{K}_\beta,$$

so gilt für diese Kompositionsvorschrift gewiß das assoziative Prinzip. Die Klasse $\mathfrak{K}_1$, die den Ring $\mathfrak{R}$ selbst enthält, spielt hier die Rolle der Einheit.

Ferner gibt es zu jeder Klasse $\mathfrak{K}_\alpha$ eine inverse Klasse. Denn ist wieder $P_\alpha \mathfrak{R} P_\alpha^{-1}$ ein normierter Ring von $\mathfrak{K}_\alpha$, so erscheint

$$P_\alpha^{-1} \mathfrak{R} P_\alpha = \overline{P}_\alpha \mathfrak{R} \overline{P}_\alpha^{-1}$$

als normierter Repräsentant einer wohlbestimmten Klasse $\mathfrak{K}_\alpha^{-1}$ aus der Reihe (37.). Hierbei liefert aber unsere Kompositionsregel

$$\mathfrak{K}_\alpha \mathfrak{K}_\alpha^{-1} = \mathfrak{K}_\alpha^{-1} \mathfrak{K}_\alpha = \mathfrak{K}_1 .$$

Dies zeigt aber, daß das System der Klassen (37.) als eine endliche Gruppe aufgefaßt werden kann. Auf die Bedeutung dieser Gruppe für die Theorie der Zahlringe eines algebraischen Zahlkörpers soll hier nicht näher eingegangen werden.

Ausgegeben am 15. Juni.

45.

Zur Arithmetik der Potenzreihen mit ganzzahligen Koeffizienten

Mathematische Zeitschrift 12, 95 - 113 (1922)

Unter $\mathfrak{G}$ verstehe ich im folgenden die Gesamtheit der Potenzreihen

(1) $$f = \alpha_0 + \alpha_1 x + \alpha_2 x^2 + \ldots,$$

deren Koeffizienten ganze Zahlen eines gegebenen algebraischen Zahlkörpers $K = P(\vartheta)$ vom Grade n sind. Mit $\mathfrak{K}$ bezeichne ich die Menge derjenigen Potenzreihen von $\mathfrak{G}$, die konvergent sind, d. h. einen von 0 verschiedenen Konvergenzradius besitzen. Innerhalb $\mathfrak{K}$ betrachte ich noch die Teilmenge $\mathfrak{F}$ der Potenzreihen f, die rationale Funktionen darstellen; eine derartige Funktion läßt sich stets, wie man leicht schließt, auf die Form $\frac{P}{Q}$ bringen, wo P und Q Polynome mit ganzzahligen Koeffizienten aus dem Körper K bedeuten.

Jede der drei Mengen $\mathfrak{G}$, $\mathfrak{K}$ und $\mathfrak{F}$ bildet, wenn man Summe, Differenz und Produkt von zwei Potenzreihen in der üblichen Weise erklärt, einen Integritätsbereich (Ordnung, Ring) $\mathfrak{J}$. Man kann nun nach den innerhalb $\mathfrak{J}$ geltenden Teilbarkeitsgesetzen fragen; insbesondere wird zu untersuchen sein, ob und in welchem Sinne hier von einer eindeutigen Zerlegung in irreduzible Faktoren gesprochen werden kann. Hierbei spielen, wie in jedem Integritätsbereich, eine besondere Rolle die *Einheiten*, d. h. diejenigen Reihen f von $\mathfrak{J}$, für die auch die Potenzreihenentwicklung von $\frac{1}{f}$ zu $\mathfrak{J}$ gehört. In unserem Fall ist f offenbar dann und nur dann eine Einheit, wenn $\alpha_0 = f(0)$ eine Einheit des Körpers K ist. Zwei Reihen f und g, für die $\frac{f}{g}$ eine Einheit von $\mathfrak{J}$ ist, mögen wie üblich *assoziierte* Elemente von $\mathfrak{J}$ heißen. Sieht man nun zwei derartige Reihen als nicht voneinander verschieden an, so läßt sich in dem einfachsten

Falle $K = P$ (d. h. $n = 1$), wie schon Herr E. Cahen[1]) mit Hilfe eines Analogons zum Euklidschen Algorithmus gezeigt hat, in jedem der drei Integritätsbereiche $\mathfrak{G}$, $\mathfrak{K}$ oder $\mathfrak{F}$ eine gegebene Reihe f auf eine und nur eine Weise in irreduzible Faktoren zerlegen. Im folgenden wird sich ergeben, daß dasselbe auch für Körper K höheren Grades gilt, sobald nur die Anzahl h der Idealklassen von K gleich 1 ist. Nimmt man aber $h > 1$ an, so besteht, wie schon das Beispiel $\vartheta = \sqrt{-5}$

$$2(2 + 2x + 3x^2) = [2 + (1 + \vartheta)x][2 + (1 - \vartheta)x]$$

zeigt, ein solcher Satz nicht mehr. In diesem Fall bedarf es der Entwicklung einer Idealtheorie innerhalb des zu untersuchenden Integritätsbereiches. Sie verläuft, wie sich im folgenden zeigen wird, in der Hauptsache analog der Dedekindschen Theorie der Körperideale, weist aber doch einige bemerkenswerte Abweichungen auf.

§ 1.

Die Reihenideale.

Es sei wieder $\mathfrak{J}$ einer der drei Integritätsbereiche $\mathfrak{G}$, $\mathfrak{K}$ oder $\mathfrak{F}$. In jedem Falle enthält $\mathfrak{J}$ die Gesamtheit $\mathfrak{o}$ der ganzen Zahlen von K. Sind f und g zwei Potenzreihen von $\mathfrak{J}$ und ist f innerhalb $\mathfrak{G}$ durch g teilbar, d. h. $f = gh$, wo auch h eine Reihe der Form (1) mit ganzzahligen Koeffizienten aus K bedeutet, so ist h wieder in $\mathfrak{J}$ enthalten. Um anzudeuten, daß eine Reihe f oder ein Komplex $\mathfrak{Q}$ von Reihen in einem anderen Komplex $\mathfrak{R}$ enthalten ist, schreibe ich $f < \mathfrak{R}$, bzw. $\mathfrak{Q} < \mathfrak{R}$.

Definition. *Unter einem Reihenideal $\mathfrak{A}$ von $\mathfrak{J}$ verstehe ich eine Teilmenge von $\mathfrak{J}$, die den beiden Bedingungen genügt:*

1. *Aus $f < \mathfrak{A}$, $g < \mathfrak{A}$ folgt $f + g < \mathfrak{A}$.*
2. *Ist $f < \mathfrak{A}$ und $g < \mathfrak{J}$, so ist $fg < \mathfrak{A}$.*

Der Bereich $\mathfrak{J}$ stellt selbst ein Reihenideal dar, das die Rolle des Ideals 1 spielen wird. Multipliziert man alle Elemente eines Reihenideals $\mathfrak{A}$ mit einer Potenzreihe f von $\mathfrak{J}$, so entsteht ein neues Reihenideal $\mathfrak{B} = f\mathfrak{A}$, und sind umgekehrt alle Elemente g eines Reihenideals $\mathfrak{B}$ durch f teilbar, so bilden die Quotienten $\frac{g}{f}$ ein Reihenideal $\mathfrak{A}$. Zu jeder Reihe f von $\mathfrak{J}$ gehört das *Reihenhauptideal* $(f) = f\mathfrak{J}$.

Ist allgemein $\mathfrak{S}$ irgendein System von endlich oder unendlich vielen Potenzreihen aus $\mathfrak{J}$, so bilden die sämtlichen linearen Verbindungen

$$fu + gv + \dots$$

[1]) Sur les séries intégro-entières, Comptes Rendus de l'Académie des Sciences, **152** (1911), S. 124–127.

von endlich vielen Elementen $f, g, \ldots$ aus $\mathfrak{S}$ mit Koeffizienten $u, v, \ldots$ aus $\mathfrak{J}$ ein Reihenideal $\mathfrak{A} = (\mathfrak{S})$, das ich das *durch* $\mathfrak{S}$ *erzeugte Reihenideal* nenne. Damit sind zugleich die Zeichen (f, g), (f, g, h), ... erklärt.

Reduziert sich insbesondere $\mathfrak{S}$ auf die Gesamtheit der Zahlen eines Ideals $\mathfrak{m}$ des Körpers K, so schreibe ich $(\mathfrak{S}) = \mathfrak{m}\mathfrak{J}$. Dieses Reihenideal umfaßt die sämtlichen Potenzreihen f von $\mathfrak{J}$, deren Koeffizienten durch $\mathfrak{m}$ teilbare ganze Zahlen des Körpers sind.

Sind $\mathfrak{A}$ und $\mathfrak{B}$ zwei Reihenideale (von $\mathfrak{J}$), und durchläuft f alle Elemente von $\mathfrak{A}$, g alle Elemente von $\mathfrak{B}$, so bedeutet $\mathfrak{A}\mathfrak{B} = \mathfrak{C}$ das durch das System aller Produkte fg erzeugte Reihenideal. Wir sagen dann auch, $\mathfrak{C}$ sei durch $\mathfrak{A}$ und durch $\mathfrak{B}$ teilbar, $\mathfrak{A}$ und $\mathfrak{B}$ seien Teiler von $\mathfrak{C}$. Es ist jedenfalls

$$\mathfrak{A}\mathfrak{B} < \mathfrak{A}, \quad \mathfrak{A}\mathfrak{B} < \mathfrak{B}.$$

Man darf aber nicht, wie in der Dedekindschen Idealtheorie schließen, daß jedes in einem Reihenideal $\mathfrak{A}$ enthaltene Reihenideal $\mathfrak{C}$ durch $\mathfrak{A}$ teilbar sei. Das gilt z. B. schon nicht für die Reihenideale

$$\mathfrak{A} = (2 + x,\ 2 - x), \quad \mathfrak{C} = (2x) < \mathfrak{A}.$$

Für die Multiplikation der Reihenideale gilt offenbar das Kommutations- und auch das Assoziationsprinzip.

Ist $\mathfrak{A}$ ein Reihenideal von $\mathfrak{J}$ und sind die konstanten Glieder $\alpha = f(0)$ der Elemente f von $\mathfrak{A}$ nicht sämtlich Null[2]), so liefern sie in ihrer Gesamtheit ein Ideal $\mathfrak{a}$ des Körpers K, das ich das *Leitideal* von $\mathfrak{A}$ nenne. Ist insbesondere $\mathfrak{A} = (f)$ ein Reihenhauptideal, für das $\alpha_0 = f(0)$ nicht verschwindet, so ist das Leitideal von $\mathfrak{A}$ gleich dem Hauptideal (α_0) des Körpers. Für jedes Körperideal $\mathfrak{m}$ ist ferner das Leitideal von $\mathfrak{m}\mathfrak{J}$ gleich $\mathfrak{m}$. Das Leitideal eines Produktes $\mathfrak{A}\mathfrak{B}$ ist offenbar nichts anderes als das Produkt der Leitideale von $\mathfrak{A}$ und $\mathfrak{B}$.

Für jedes nicht durch x teilbare Reihenideal $\mathfrak{A}$ betrachte ich für $\nu = 0, 1, 2, \ldots$ die Gesamtheit $\mathfrak{A}^{(\nu)}$ der durch x^ν teilbaren Reihen $f = \Sigma \alpha_\lambda x^\lambda$ von $\mathfrak{A}$, für die also $\alpha_0 = \alpha_1 = \ldots = \alpha_{\nu-1} = 0$ ist. Auch $\mathfrak{A}^{(\nu)}$ ist ein Reihenideal. Ich setze noch $\mathfrak{A}^{(\nu)} = x^\nu \mathfrak{A}_\nu$ und nenne

$$(2) \qquad \mathfrak{A}_0 = \mathfrak{A},\ \mathfrak{A}_1,\ \mathfrak{A}_2, \ldots$$

die *Folge der dem Reihenideal* $\mathfrak{A}$ *zugeordneten Reihenideale.* Ihre Leitideale

$$(3) \qquad \mathfrak{a}_0 = \mathfrak{a},\ \mathfrak{a}_1,\ \mathfrak{a}_2, \ldots$$

liefern die *Folge der dem Reihenideal* $\mathfrak{A}$ *zugeordneten Körperideale.* Da $x\mathfrak{A}^{(\nu)} < \mathfrak{A}^{(\nu+1)}$ ist, so wird

$$\mathfrak{A}_0 < \mathfrak{A}_1 < \mathfrak{A}_2 < \ldots,$$

[2]) Dafür sage ich auch, $\mathfrak{A}$ sei nicht durch x teilbar.

also auch

$$\mathfrak{a}_0 < \mathfrak{a}_1 < \mathfrak{a}_2 < \ldots.$$

In der Folge (3) ist also jedes Ideal durch alle folgenden teilbar. Da nun ein Körperideal $\mathfrak{a}$ nur endlich viele Idealteiler besitzt, so müssen die Ideale (3) von einer gewissen Stelle an übereinstimmen. Die kleinste Zahl k, für die

$$\mathfrak{a}_k = \mathfrak{a}_{k+1} = \mathfrak{a}_{k+2} = \ldots$$

wird, nenne ich den *Index* des Reihenideals $\mathfrak{A}$. Ferner heiße das Reihenideal

$$\mathfrak{A}_k = \mathfrak{A}^*$$

der *Kern* von $\mathfrak{A}$. Offenbar ist dann der Index von $\mathfrak{A}_\nu$ für $\nu < k$ gleich $k - \nu$ und für $\nu \geq k$ gleich 0. Der Kern von $\mathfrak{A}_\nu$ ist für jedes ν gleich $\mathfrak{A}^*$[3]).

Ist z. B. $\mathfrak{A} = (2 + x, 2^m x)$, so wird

$$\mathfrak{A}_1 = (2 + x, 2^m), \quad \mathfrak{A}_2 = (2 + x, 2^{m-1}), \ldots, \mathfrak{A}_m = (2 + x, 2),$$
$$\mathfrak{A}_{m+1} = \ldots = \mathfrak{J}.$$

Der Index von $\mathfrak{A}$ ist also $m + 1$ und der Kern von $\mathfrak{A}$ gleich $\mathfrak{J}$[4]).

§ 2.

Die regulären Reihenideale.

Ein Reihenideal $\mathfrak{A}$ von $\mathfrak{J}$, das nicht durch x teilbar ist, nenne ich *regulär*, wenn sein Index k gleich 0 ist, wenn also in der Folge (3) der zugeordneten Körperideale $\mathfrak{a}_\nu$ alle Glieder mit dem Leitideal $\mathfrak{a}$ von $\mathfrak{A}$ übereinstimmen. Insbesondere ist der Kern jedes beliebigen Reihenideals ein reguläres Reihenideal. Ferner ist, wie man ohne weiteres erkennt, jedes Reihenhauptideal (f) regulär, sofern nur das konstante Glied von f nicht verschwindet.

I. *Das Reihenideal $\mathfrak{A}$ ist dann und nur dann regulär, wenn jedes der zugeordneten Reihenideale $\mathfrak{A}_\nu$ mit $\mathfrak{A}$ übereinstimmt.*

Daß diese Bedingung hinreichend ist, liegt auf der Hand. Wir haben nur zu zeigen, daß aus

$$\mathfrak{a} = \mathfrak{a}_1 = \mathfrak{a}_2 = \ldots$$

für jedes ν auch $\mathfrak{A}_\nu = \mathfrak{A}$ folgt. Hierfür werde ich zwei Beweismethoden angeben; für $\mathfrak{J} = \mathfrak{G}$ sind beide Methoden zulässig, für $\mathfrak{J} = \mathfrak{K}$ gilt im allgemeinen nur die erste, für $\mathfrak{J} = \mathfrak{F}$ nur die zweite.

---

[3]) Ist $\mathfrak{A}$ durch x teilbar und $\mathfrak{A} = x^m \mathfrak{B}$, wobei die Elemente des Reihenideals $\mathfrak{B}$ nicht mehr alle für $x = 0$ verschwinden, so setze ich $\mathfrak{A}^* = \mathfrak{B}^*$.

[4]) Dieses Beispiel zeigt zugleich, daß der Index eines Reihenideals jeden Wert annehmen kann.

1. Man stelle, was bekanntlich stets möglich ist, das Leitideal $\mathfrak{a}$ von $\mathfrak{A}$ in der Form $\mathfrak{a} = (\alpha, \beta)$ dar, wo α und β von 0 verschiedene ganze Zahlen des Körpers K sein sollen. Nach Voraussetzung enthält dann $\mathfrak{A}$ zwei Reihen

$$f = \alpha + \alpha_1 x + \ldots, \quad g = \beta + \beta_1 x + \ldots$$

Sei nun

$$h = \gamma + \bar{\gamma} x + \ldots \tag{4}$$

eine Reihe von $\mathfrak{A}_\nu$. Wegen $\mathfrak{a}_\nu = \mathfrak{a}$ ist dann γ in $\mathfrak{a}$ enthalten. Daher lassen sich zwei ganze Zahlen ϱ und σ von K so bestimmen, daß

$$\gamma = \alpha\varrho + \beta\sigma$$

wird. Setzt man dann

$$h - \varrho f - \sigma g = x h_1, \quad h_1 = \gamma_1 + \bar{\gamma}_1 x + \ldots,$$

so wird $h_1 < \mathfrak{A}_{\nu+1}$, und da auch $\mathfrak{a}_{\nu+1} = \mathfrak{a}$ sein soll, so ist γ_1 wieder in $\mathfrak{a}$ enthalten, wir können daher zwei ganze Zahlen ϱ_1 und σ_1 aus K so wählen, daß

$$\gamma_1 = \alpha\varrho_1 + \beta\sigma_1$$

wird. Man setze dann

$$h_1 = \varrho_1 f - \sigma_1 g = x h_2, \quad h_2 = \gamma_2 + \bar{\gamma}_2 x + \ldots$$

usw. Indem wir dieses Verfahren fortsetzen, erhalten wir zwei Reihen

$$u = \varrho + \varrho_1 x + \ldots, \quad v = \sigma + \sigma_1 x + \ldots$$

aus $\mathfrak{G}$, für die

$$h = fu + gv \tag{5}$$

wird. Im Falle $\mathfrak{J} = \mathfrak{G}$ ergibt sich also, daß jedes Element h von $\mathfrak{A}_\nu$ in $\mathfrak{A}$ enthalten ist, und da andererseits $\mathfrak{A} < \mathfrak{A}_\nu$ ist, so wird $\mathfrak{A}_\nu = \mathfrak{A}$. Diese Überlegung führt aber auch für $\mathfrak{J} = \mathfrak{K}$ zum Ziel. Dann bilden die ganzen Zahlen

$$\lambda_1, \lambda_2, \ldots, \lambda_m \tag{6}$$

von K ein vollständiges Restsystem in bezug auf den Idealmodul (β), so können die Zahlen $\varrho, \varrho_1, \ldots$ Schritt für Schritt auch dem endlichen System (6) entnommen werden, wobei die zugehörigen $\sigma, \sigma_1, \ldots$ sich von selbst eindeutig bestimmen. Die Reihe u hat dann nur endlich viele voneinander verschiedene Koeffizienten und besitzt daher gewiß einen von 0 verschiedenen Konvergenzradius. Da im Falle $\mathfrak{J} = \mathfrak{K}$ auch f, g und h konvergente Potenzreihen sein sollen, so folgt aus (5), daß auch v nicht divergent sein kann. Dies zeigt wieder, daß $\mathfrak{A}_\nu = \mathfrak{A}$ sein muß.

2. Im Falle $\mathfrak{J} = \mathfrak{F}$ brauchen die Reihen u und v nicht notwendig als rationale Funktionen bestimmbar zu sein. Um auch in diesem Fall die Richtigkeit unseres Satzes darzutun, schließen wir folgendermaßen:

Für das Leitideal $\mathfrak{a}$ von $\mathfrak{A}$ mögen die Zahlen $\zeta_1, \zeta_2, \ldots, \zeta_n$ eine Basis bilden. Es gibt dann in $\mathfrak{A}$ n Reihen der Form

$$f_\varkappa = \zeta_\varkappa + \xi_\varkappa x + \ldots.$$

Ist nun wieder (4) ein Element von $\mathfrak{A}_\nu$, so ist $\gamma < \mathfrak{a}$ und daher in der Form

$$\gamma = c_{10}\zeta_1 + c_{20}\zeta_2 + \ldots + c_{n0}\zeta_n$$

mit ganzen rationalen Koeffizienten $c_{\varkappa 0}$ darstellbar. Setzt man

$$h - \sum_\varkappa c_{\varkappa 0} f_\varkappa = x h_1, \qquad h_1 = \gamma_1 + \gamma_1 x + \ldots,$$

so lassen sich wieder n ganze rationale Zahlen $c_{1\varkappa}$ so bestimmen, daß

$$\gamma_1 = c_{11}\zeta_1 + c_{21}\zeta_2 + \ldots + c_{n1}\zeta_n$$

wird, und dann setze man

$$h_1 - \sum_\varkappa c_{\varkappa 1} f_\varkappa = x h_2, \qquad h_2 = \gamma_2 + \bar{\gamma}_2 x + \ldots$$

usw. Auf diese Weise erhält man n wohlbestimmte Folgen $c_{\varkappa 0}, c_{\varkappa 1}, \ldots$ ganzer rationaler Zahlen, und setzt man

$$U_\varkappa = c_{\varkappa 0} + c_{\varkappa 1} x + \ldots,$$

so wird

$$h = f_1 U_1 + f_2 U_2 + \ldots + f_n U_n. \tag{7}$$

Stellen nun die Potenzreihen

$$h, f_1, f_2, \ldots, f_n \tag{8}$$

rationale Funktionen dar, so gilt dasselbe auch für die Reihen $U_\varkappa$. Denn drückt man in den Reihen (8) alle Koeffizienten durch die den Körper K erzeugende Zahl ϑ aus und ersetzt ϑ durch die konjugiert algebraischen Zahlen, so entstehen neue Reihen

$$h^{(\mu)}, f_1^{(\mu)}, f_2^{(\mu)}, \ldots, f_n^{(\mu)}, \tag{9}$$

die wieder rationale Funktionen darstellen (vgl. Einleitung). Da nun die Koeffizienten der Reihen $U_\varkappa$ rational sind, so folgt aus (7)

$$h^{(\mu)} = f_1^{(\mu)} U_1 + f_2^{(\mu)} U_2 + \ldots + f_n^{(\mu)} U_n \qquad (\mu = 0, 1, \ldots, n-1).$$

Diese n linearen Gleichungen, deren Determinante $|f_\varkappa^{(\mu)}|$ für $x = 0$ in die von Null verschiedene Determinante $|\zeta_\varkappa^{(\mu)}|$ übergeht, bestimmen die $U_\varkappa$ als rationale Funktionen von x. Aus (7) folgt also nicht nur für $\mathfrak{J} = \mathfrak{G}$, sondern auch für $\mathfrak{J} = \mathfrak{F}$, daß jedes Element h von $\mathfrak{A}_\nu$ in $\mathfrak{A}$ enthalten ist, was wieder $\mathfrak{A}_\nu = \mathfrak{A}$ liefert.

Diese Betrachtung lehrt zugleich (für $\nu = 0$), daß für die beiden Integritätsbereiche $\mathfrak{G}$ und $\mathfrak{F}$ jedes reguläre Reihenideal $\mathfrak{A}$ eine Basis

$f_1, f_2, \ldots, f_n$ in dem Sinne besitzt, daß jedes Element h von $\mathfrak{A}$ auf eine und nur eine Weise in der Form (7) darstellbar ist, wobei die $U_\varkappa$ Potenzreihen mit ganzen rationalen Koeffizienten bedeuten. Für $\mathfrak{J} = \mathfrak{K}$ versagt aber unsere Überlegung im allgemeinen. Denn die Reihen (9) brauchen, wenn die Reihen (8) von Null verschiedene Konvergenzradien besitzen, nicht für jedes μ dieselbe Eigenschaft zu haben[5]).

§ 3.

Weitere Eigenschaften der regulären Reihenideale.

Ist insbesondere das Leitideal $\mathfrak{a}$ des regulären Reihenideals $\mathfrak{A}$ ein Hauptideal $\mathfrak{a} = (\alpha)$ und ist f eine Potenzreihe von $\mathfrak{A}$, die mit dem konstanten Glied α beginnt, so erkennt man ähnlich wie auf S. 99, daß jedes Element h von $\mathfrak{A}$ die Form fu hat, wo u in $\mathfrak{G}$ und genauer auch für $\mathfrak{J} = \mathfrak{K}$ oder $\mathfrak{J} = \mathfrak{F}$ in $\mathfrak{J}$ enthalten ist. Das liefert den Satz

II. *Ein reguläres Reihenideal ist dann und nur dann ein Reihenhauptideal, wenn sein Leitideal ein Hauptideal ist.*

Ich beweise ferner:

III. *Sind $\mathfrak{A}$ und $\mathfrak{B}$ zwei Reihenideale und ist $\mathfrak{A}\mathfrak{B} = \mathfrak{C}$ ein reguläres Reihenideal, so sind auch $\mathfrak{A}$ und $\mathfrak{B}$ regulär.*

Unter Benutzung der in § 1 eingeführten Bezeichnungen erhalten wir nämlich für jedes ν offenbar $\mathfrak{A}^{(\nu)}\mathfrak{B} < \mathfrak{C}^{(\nu)}$, also auch $\mathfrak{A}_\nu \mathfrak{B} < \mathfrak{C}_\nu$. Ist daher $f_\nu = \alpha_\nu + \alpha_{\nu+1} x + \ldots$ eine gegebene Reihe von $\mathfrak{A}_\nu$ und $g = \beta + \beta_1 x + \ldots$ eine beliebige Reihe von $\mathfrak{B}$, so ist $f_\nu g$ in $\mathfrak{C}_\nu$, also, da $\mathfrak{C}$ regulär sein soll, auch in $\mathfrak{C} = \mathfrak{C}_\nu$ enthalten. Daher ist das konstante Glied $\alpha_\nu \beta$ von $f_\nu g$ durch das Leitglied $\mathfrak{a}\mathfrak{b}$ von $\mathfrak{C}$ teilbar. Da dies für jedes $\beta < \mathfrak{b}$ der Fall ist, so muß auch $\alpha_\nu \mathfrak{b}$ durch $\mathfrak{a}\mathfrak{b}$, folglich α_ν durch $\mathfrak{a}$ teilbar sein. Daher ist $\mathfrak{a}_\nu$ durch $\mathfrak{a}$ und, weil umgekehrt $\mathfrak{a}$ durch $\mathfrak{a}_\nu$ teilbar ist, gleich $\mathfrak{a}$. Also ist $\mathfrak{A}$ regulär. Ebenso schließt man, daß $\mathfrak{B}$ regulär ist.

IV. *Zu jedem regulären Reihenideal $\mathfrak{A}$ läßt sich ein reguläres Reihenideal $\mathfrak{M}$ angeben, so daß $\mathfrak{A}\mathfrak{M}$ ein Reihenhauptideal wird.*

Ist nämlich $\mathfrak{a}$ das Leitideal von $\mathfrak{A}$, so bestimme man, was jedenfalls möglich ist, eine durch $\mathfrak{a}$ teilbare ganze Zahl α des Körpers derart, daß

---

[5]) Ist $n > 2$ oder $n = 2$ und K ein reeller quadratischer Zahlkörper, so gibt es stets konvergente Potenzreihen f von $\mathfrak{G}$, für welche die konjugierten Reihen $f^{(\mu)}$ nicht sämtlich von Null verschiedene Konvergenzradien besitzen. Denn bestimmt man dann, was nach einem bekannten Satz von Minkowski stets möglich ist, eine ganze Zahl $\alpha \neq 0$ von K, deren absoluter Betrag kleiner als 1 ist, so muß es unter den konjugierten Zahlen $\alpha', \alpha'', \ldots, \alpha^{(n-1)}$ mindestens eine geben, die absolut größer als 1 ist. Ist $\beta = \alpha^{(\mu)}$ eine solche Zahl, so wird $f = \Sigma \alpha^{\nu^2} x^\nu$ eine beständig konvergente Reihe, während $f^{(\mu)} = \Sigma \beta^{\nu^2} x^\nu$ den Konvergenzradius 0 besitzt.

$\frac{(\alpha)}{\mathfrak{a}} = \mathfrak{m}$ ein zu $\mathfrak{a}$ teilerfremdes Ideal wird. Setzt man dann $\mathfrak{M} = \mathfrak{m}\mathfrak{J}$, so wird das Leitideal von

$$\mathfrak{B} = \mathfrak{A}\mathfrak{M} = \mathfrak{m}\mathfrak{J} \cdot \mathfrak{A}$$

das Hauptideal $\mathfrak{a}\mathfrak{m} = (\alpha)$. In den früheren Bezeichnungen wird nun für jedes ν, da jedenfalls $\mathfrak{B} < \mathfrak{A}$ ist, auch $\mathfrak{B}_\nu < \mathfrak{A}_\nu$. Daher ist auch $\mathfrak{b}_\nu < \mathfrak{a}_\nu$, d. h. $\mathfrak{b}_\nu$ ist durch $\mathfrak{a}_\nu = \mathfrak{a}$ teilbar. Andererseits sind aber gewiß die Koeffizienten jeder Potenzreihe von $\mathfrak{B}$ durch $\mathfrak{m}$ teilbar. Hieraus folgt aber, daß $\mathfrak{b}_\nu$ ein durch $\mathfrak{m}$ teilbares Ideal sein muß. Da nun $\mathfrak{a}$ und $\mathfrak{m}$ teilerfremd sein sollen, so ist $\mathfrak{b}_\nu$ auch durch $\mathfrak{a}\mathfrak{m} = \mathfrak{b}$ teilbar. Daher ist $\mathfrak{b}_\nu = \mathfrak{b}$, d. h. $\mathfrak{B}$ ist ein reguläres Reihenideal. Aus II folgt nun wegen $\mathfrak{b} = (\alpha)$, daß $\mathfrak{B}$ ein Reihenhauptideal ist.

V. *Sind $\mathfrak{A}$ und $\mathfrak{B}$ zwei reguläre Reihenideale, so ist auch $\mathfrak{C} = \mathfrak{A}\mathfrak{B}$ regulär.*

Denn wählt man die (regulären) Reihenideale $\mathfrak{M}$ und $\mathfrak{N}$ so, daß

$$\mathfrak{A}\mathfrak{M} = (f), \qquad \mathfrak{B}\mathfrak{N} = (g)$$

Reihenhauptideale werden, so wird

$$\mathfrak{A}\mathfrak{M} \cdot \mathfrak{B}\mathfrak{N} = \mathfrak{A}\mathfrak{B} \cdot \mathfrak{M}\mathfrak{N} = (fg)$$

als (durch x nicht teilbares) Reihenhauptideal regulär, daher ist nach Satz III auch $\mathfrak{A}\mathfrak{B}$ regulär.

Aus IV folgt ferner in genau derselben Weise wie in der gewöhnlichen Idealtheorie

VI. *Sind $\mathfrak{A}$, $\mathfrak{B}$, $\mathfrak{C}$ drei Reihenideale und ist hierbei $\mathfrak{A}$ regulär, so folgt aus $\mathfrak{A}\mathfrak{B} = \mathfrak{A}\mathfrak{C}$, daß $\mathfrak{B} = \mathfrak{C}$ sein muß. Ferner kann nur dann $\mathfrak{A}\mathfrak{B} < \mathfrak{A}\mathfrak{C}$ sein, wenn $\mathfrak{B} < \mathfrak{C}$ ist.*

§ 4.
Über die Teilbarkeit der Reihenideale.

Wir nannten schon in § 1 ein Reihenideal $\mathfrak{C}$ durch $\mathfrak{A}$ teilbar, wenn $\mathfrak{C}$ von der Form $\mathfrak{A}\mathfrak{B}$ ist, und haben an einem Beispiel gezeigt, daß aus $\mathfrak{C} < \mathfrak{A}$ noch nicht die Teilbarkeit von $\mathfrak{C}$ durch $\mathfrak{A}$ folgt. Aus den Sätzen IV und VI schließt man aber ganz ebenso wie in der Theorie der Körperideale:

VII. *Jedes beliebige Reihenideal $\mathfrak{C}$, das in einem regulären Reihenideal $\mathfrak{A}$ enthalten ist, ist durch $\mathfrak{A}$ teilbar.*

Es sei nun $\mathfrak{A}$ ein beliebiges Reihenideal vom Index k. Der Kern $\mathfrak{A}^* = \mathfrak{A}_k$ von $\mathfrak{A}$ ist dann ein reguläres Reihenideal, das $\mathfrak{A}$ enthält. Daher ist $\mathfrak{A}$ durch $\mathfrak{A}^*$ teilbar. Ich setze

$$\mathfrak{A} = \mathfrak{A}^* \overline{\mathfrak{A}}$$

und nenne $\overline{\mathfrak{A}}$ das aus $\mathfrak{A}$ *durch Reduktion hervorgehende* oder auch das zu $\mathfrak{A}$ gehörende *reduzierte* Reihenideal.

VIII. *Jedes reguläre Reihenideal $\mathfrak{D}$, das $\mathfrak{A}$ enthält, ist ein Teiler des Kerns $\mathfrak{A}^*$ von $\mathfrak{A}$. Der Kern von $\mathfrak{A}$ ist also das kleinste gemeinsame Vielfache aller regulären Reihenideale, die $\mathfrak{A}$ enthalten.*

Der Beweis ergibt sich unmittelbar auf Grund des Satzes VII. Ist nämlich k wieder der Index von $\mathfrak{A}$, so folgt aus $\mathfrak{A} < \mathfrak{D}$ auch $\mathfrak{A}_k < \mathfrak{D}_k$. Da aber $\mathfrak{D}$ regulär sein soll, so liefert dies $\mathfrak{A}^* < \mathfrak{D}$, also ist $\mathfrak{A}^*$ durch $\mathfrak{D}$ teilbar.

IX. *Für jedes ν gilt zwischen den den Reihenidealen $\mathfrak{A}$ und $\overline{\mathfrak{A}}$ zugeordneten Reihenidealen $\mathfrak{A}_\nu$ und $\overline{\mathfrak{A}}_\nu$ die Relation*

$$\mathfrak{A}_\nu = \mathfrak{A}^* \overline{\mathfrak{A}}_\nu. \tag{10}$$

Der Kern von $\overline{\mathfrak{A}}$ ist gleich $\mathfrak{J}$ und der Index von $\overline{\mathfrak{A}}$ ist gleich dem Index k von $\mathfrak{A}$.

Da nämlich jedenfalls $\mathfrak{A}_\nu < \mathfrak{A}_k$ ist, so muß $\mathfrak{A}_\nu$ durch $\mathfrak{A}^*$ teilbar sein; es sei etwa $\mathfrak{A}_\nu = \mathfrak{A}^* \mathfrak{Q}_\nu$. Aus $x^\nu \overline{\mathfrak{A}}_\nu < \overline{\mathfrak{A}}$ folgt nun

$$x^\nu \mathfrak{A}^* \overline{\mathfrak{A}}_\nu < \mathfrak{A}^* \overline{\mathfrak{A}} = \mathfrak{A},$$

also auch

$$x^\nu \mathfrak{A}^* \overline{\mathfrak{A}}_\nu < \mathfrak{A}^{(\nu)} = x^\nu \mathfrak{A}^* \mathfrak{Q}_\nu.$$

Das liefert $\overline{\mathfrak{A}}_\nu < \mathfrak{Q}_\nu$. Andererseits ergibt sich aus $x^\nu \mathfrak{A}_\nu < \mathfrak{A}$, daß

$$x^\nu \mathfrak{A}^* \mathfrak{Q}_\nu < \mathfrak{A}^* \overline{\mathfrak{A}}, \quad \text{also} \quad x^\nu \mathfrak{Q}_\nu < \overline{\mathfrak{A}}$$

sein muß. Folglich ist auch $x^\nu \mathfrak{Q}_\nu < (\overline{\mathfrak{A}})^{(\nu)} = x^\nu \overline{\mathfrak{A}}_\nu$, d. h. $\mathfrak{Q}_\nu < \overline{\mathfrak{A}}_\nu$. Dies liefert aber $\mathfrak{Q}_\nu = \overline{\mathfrak{A}}_\nu$. — Aus der nun bewiesenen Gleichung (10) folgt ferner, da $\mathfrak{A}_k$ das erste unter den Reihenidealen $\mathfrak{A}_\nu$ ist, das mit dem Kern $\mathfrak{A}^*$ von $\mathfrak{A}$ zusammenfällt, durch Fortheben von $\mathfrak{A}^*$, daß unter den zu $\overline{\mathfrak{A}}$ zugeordneten Reihenidealen $\overline{\mathfrak{A}}_\nu$ die vor $\overline{\mathfrak{A}}_k$ stehenden von $\mathfrak{J}$ verschiedenen, die folgenden aber gleich $\mathfrak{J}$ sind. Es ist also in der Tat der Kern von $\overline{\mathfrak{A}}$ gleich $\mathfrak{J}$ und sein Index gleich k.

Für das reduzierte Reihenideal $\overline{\mathfrak{A}}$ hat der Index k eine besonders einfache Bedeutung: $\overline{\mathfrak{A}}$ enthält Potenzen von x, unter denen x^k den kleinsten Exponenten aufweist.

X. *Sind $\mathfrak{A}$ und $\mathfrak{B}$ zwei beliebige Reihenideale, so ist*

$$(\mathfrak{A}\mathfrak{B})^* = \mathfrak{A}^* \mathfrak{B}^*, \qquad \overline{\mathfrak{A}\mathfrak{B}} = \overline{\mathfrak{A}}\,\overline{\mathfrak{B}}.$$

Denn aus $\mathfrak{A} = \mathfrak{A}^* \overline{\mathfrak{A}}$, $\mathfrak{B} = \mathfrak{B}^* \overline{\mathfrak{B}}$ folgt

$$\mathfrak{A}\mathfrak{B} = \mathfrak{A}^* \mathfrak{B}^* \overline{\mathfrak{A}}\,\overline{\mathfrak{B}} = (\mathfrak{A}\mathfrak{B})^* \overline{\mathfrak{A}\mathfrak{B}}. \tag{11}$$

Also ist $\mathfrak{A}^*\mathfrak{B}^*$ ein reguläres Reihenideal, das $\mathfrak{A}\mathfrak{B}$ enthält, demnach (nach Satz VIII) ein Teiler des Kerns von $\mathfrak{A}\mathfrak{B}$. Ist nun

$$(\mathfrak{A}\mathfrak{B})^* = \mathfrak{A}^*\mathfrak{B}^*\mathfrak{D},$$

so liefert (11)

$$\overline{\mathfrak{A}}\overline{\mathfrak{B}} = \mathfrak{D}\,\overline{\mathfrak{A}\mathfrak{B}}. \tag{12}$$

Sind aber k und l die Indizes von $\mathfrak{A}$ und $\mathfrak{B}$, so folgt aus $x^k < \overline{\mathfrak{A}}$, $x^l\overline{\mathfrak{B}}$

$$x^{k+l} < \overline{\mathfrak{A}}\overline{\mathfrak{B}}. \tag{13}$$

Daher ist der Kern von $\overline{\mathfrak{A}}\overline{\mathfrak{B}}$ gleich $\mathfrak{J}$. Aus (12) ergibt sich mithin (wieder nach Satz VIII), daß auch $\mathfrak{D} = \mathfrak{J}$ sein muß.

Die Formel (13) läßt erkennen, daß der Index m von $\mathfrak{A}\mathfrak{B}$ höchstens gleich $k + l$ sein kann. Es braucht aber durchaus nicht stets $m = k + l$ zu sein. Z. B. sind die Reihenideale

$$\mathfrak{A} = (2 + x, 2x), \qquad \mathfrak{B} = (2, x^2)$$

beide vom Index 2. Der Index m von

$$\mathfrak{A}\mathfrak{B} = (4 + 2x, 4x, 2x^2 + x^3, 2x^3)$$

ist aber nicht gleich $2 + 2$, sondern gleich 3.

Ich erwähne auch noch folgendes: Hat man für ein Reihenideal $\mathfrak{A}$ eine Zerlegung $\mathfrak{A} = \mathfrak{R}\mathfrak{S}$ gefunden, wo $\mathfrak{R}$ regulär ist und $\mathfrak{S}$ eine Potenz von x enthält, so muß $\mathfrak{R} = \mathfrak{A}^*$, $\mathfrak{S} = \overline{\mathfrak{A}}$ sein. Denn es wird dann $\mathfrak{R}^* = \mathfrak{R}$, $\mathfrak{S}^* = \mathfrak{J}$, also $\mathfrak{A}^* = \mathfrak{R}^*\mathfrak{S}^* = \mathfrak{R}$, was in Verbindung mit $\mathfrak{A} = \mathfrak{R}\overline{\mathfrak{A}} = \mathfrak{R}\mathfrak{S}$ auch $\mathfrak{S} = \overline{\mathfrak{A}}$ liefert.

§ 5.

Der größte gemeinsame Teiler zweier oder mehrerer Reihenideale.

Sind $\mathfrak{A}, \mathfrak{B}, \ldots$ mehrere Reihenideale unseres Integritätsbereiches $\mathfrak{J}$ und bedeutet

$$\mathfrak{E} = (\mathfrak{A}, \mathfrak{B}, \ldots)$$

das durch die Gesamtheit der Elemente von $\mathfrak{A}, \mathfrak{B}, \ldots$ erzeugte Reihenideal, so braucht $\mathfrak{E}$ keineswegs stets, wie das in der Dedekindschen Idealtheorie der Fall ist, ein gemeinsamer Teiler von $\mathfrak{A}, \mathfrak{B}, \ldots$ zu sein. Dagegen besitzt, wie aus Satz VIII folgt, der Kern $\mathfrak{D} = \mathfrak{E}^*$ als ein reguläres Reihenideal, das jedes der Reihenideale $\mathfrak{A}, \mathfrak{B}, \ldots$ enthält, diese Eigenschaft. Zugleich ist jedes *reguläre* Reihenideal $\mathfrak{T}$, das ein gemeinsamer Teiler von $\mathfrak{A}, \mathfrak{B}, \ldots$ ist, auch ein Teiler von $\mathfrak{D}$. Denn aus $\mathfrak{A} < \mathfrak{T}$, $\mathfrak{B} < \mathfrak{T}, \ldots$ folgt auch $\mathfrak{E} < \mathfrak{T}$.

Das Reihenideal $\mathfrak{D}$ bezeichne ich daher als den *größten gemeinsamen Teiler* von $\mathfrak{A}, \mathfrak{B}, \ldots$ und nenne diese Reihenideale *teilerfremd*, wenn

$\mathfrak{D} = \mathfrak{J}$ ist. Teilerfremde Reihenideale sind also solche, die keinen *regulären* Teiler gemeinsam haben. Wir können auch sagen: $\mathfrak{A}, \mathfrak{B}, \ldots$ sind teilerfremd, wenn sich eine Potenz x^m angeben läßt, die in der Form

$$x^m = f + g + \ldots$$

darstellbar ist, wobei $f < \mathfrak{A}$, $g < \mathfrak{B}, \ldots$ sein soll. Es gilt dann der Satz

XI. *Ist ein Produkt* $\mathfrak{B}\mathfrak{C}$ *von zwei beliebigen Reihenidealen durch das reguläre Reihenideal* $\mathfrak{A}$ *teilbar, und ist* $\mathfrak{B}$ *zu* $\mathfrak{A}$ *teilerfremd, so muß* $\mathfrak{C}$ *durch* $\mathfrak{A}$ *teilbar sein.*

Denn nach Voraussetzung gibt es eine Potenz von x^m von x, die in der Form

$$x^m = f + g, \qquad f < \mathfrak{A}, \qquad g < \mathfrak{B}$$

darstellbar ist. Für jedes Element h von $\mathfrak{C}$ ist daher

$$x^m h = fh + gh < \mathfrak{A}.$$

Folglich ist auch

$$x^m h < \mathfrak{A}^{(m)} = x^m \mathfrak{A}_m = x^m \mathfrak{A},$$

d. h. $h < \mathfrak{A}$. Das Reihenideal $\mathfrak{C}$ ist also ganz in $\mathfrak{A}$ enthalten und daher (nach Satz VII) durch $\mathfrak{A}$ teilbar.

Aus XI folgt in bekannter Weise

XI*. *Ist ein Reihenideal* $\mathfrak{A}$ *zu jedem der Reihenideale* $\mathfrak{B}_1, \mathfrak{B}_2, \ldots, \mathfrak{B}_r$ *teilerfremd, so ist* $\mathfrak{A}$ *auch zu dem Produkt* $\mathfrak{B}_1 \mathfrak{B}_2 \ldots \mathfrak{B}_r$ *teilerfremd.*

Hierbei brauchen die Reihenideale $\mathfrak{A}, \mathfrak{B}_1, \ldots, \mathfrak{B}_r$ nicht regulär zu sein.

§ 6.

Die Zerlegung der regulären Reihenideale in Primfaktoren.

Ein *reguläres, von* $\mathfrak{J}$ *verschiedenes* Reihenideal $\mathfrak{P}$ nenne ich *unzerlegbar* oder auch ein *Reihenprimideal*, wenn $\mathfrak{P}$ nur durch $\mathfrak{J}$ und sich selbst teilbar ist.

Ist nun $\mathfrak{A}$ ein beliebiges, von $\mathfrak{J}$ verschiedenes reguläres Reihenideal und hat die Folge der Reihenideale

(14) $$\mathfrak{A}, \mathfrak{B}, \mathfrak{C}, \ldots$$

die Eigenschaft, daß jedes durch das folgende teilbar und von ihm verschieden ist, so gilt dasselbe auch für die Leitideale

(15) $$\mathfrak{a}, \mathfrak{b}, \mathfrak{c}, \ldots$$

der Reihenideale (14). Um das zu erkennen, hat man nur zu beachten, daß $\mathfrak{B}, \mathfrak{C}, \ldots$ nach Satz III von selbst regulär sein müssen und daß z. B. aus $\mathfrak{b} = \mathfrak{c}$ folgen würde, daß der Quotient $\frac{\mathfrak{B}}{\mathfrak{C}}$ ein (reguläres) Reihenideal mit dem Leitideal $\mathfrak{o} = (1)$, also gegen unsere Voraussetzung gleich $\mathfrak{J}$ wäre. Da nun ein Körperideal $\mathfrak{a}$ nur endlich viele Idealteiler besitzt, muß die Folge (15) und demnach auch die Folge (14) abbrechen. Hieraus ergibt sich, daß $\mathfrak{A}$ durch mindestens ein Reihenprimideal teilbar sein muß, und auf Grund des Satzes XI* schließt man genau ebenso wie in der Theorie der Körperideale:

XII. *Jedes reguläre, von $\mathfrak{J}$ verschiedene Reihenideal $\mathfrak{A}$ ist, wenn von der Reihenfolge der Faktoren abgesehen wird, auf eine einzige Weise als Produkt*

$$\mathfrak{A} = \mathfrak{P}_1 \mathfrak{P}_2 \dots \mathfrak{P}_r$$

von Reihenprimidealen darstellbar.

Um eine Anwendung von diesem Weg zu machen, will ich zeigen: Ist β eine (von Null verschiedene) ganze Zahl des Körpers K und

$$f = \alpha_0 + \alpha_1 x + \dots \qquad (\alpha_0 \neq 0)$$

eine Reihe von $\mathfrak{G}$, so weist die Entwicklung von $\frac{\beta}{f}$ nach Potenzen von x nur dann lauter ganzzahlige Koeffizienten auf, wenn β und alle Koeffizienten α_ν von f durch α_0 teilbar sind.[6]) Denn es ist dann das Reihenhauptideal $\beta\mathfrak{J}$ durch $(f) = f\mathfrak{J}$ teilbar. Ist aber

$$(\beta) = \mathfrak{p}_1 \mathfrak{p}_2 \dots \mathfrak{p}_r$$

die Zerlegnng des Körperideals (β) in Primideale, so lautet die Zerlegung von $\beta\mathfrak{J}$ in Reihenprimideale einfach

$$\beta\mathfrak{J} = \mathfrak{p}_1\mathfrak{J} \cdot \mathfrak{p}_2\mathfrak{J} \dots \mathfrak{p}_r\mathfrak{J}.$$

Daher muß auch jeder Primfaktor von (f) die Gestalt $\mathfrak{p}_s\mathfrak{J}$ haben, (f) ist demnach von der Form $\mathfrak{a}\mathfrak{J}$. Das Körperideal $\mathfrak{a}$ ist aber hierbei nichts anderes als das Leitideal (α_0) von (f). Folglich ist $f = \alpha_0 f_1$, wo f_1 eine Potenzreihe mit ganzzahligen Koeffizienten bedeutet.

Hieraus schließt man leicht: Stellt eine Potenzreihe h von $\mathfrak{G}$ eine rationale Funktion dar und bringt man sie auf die Form $\frac{g}{f}$, wo f und g teilerfremde Polynome mit ganzzahligen Koeffizienten aus dem Körper K sind, so müssen alle Koeffizienten von f und g durch das konstante Glied von f teilbar sein. Dies folgt einfach daraus, daß auch die Resultante β von f und g als eine lineare Verbindung von f und g innerhalb $\mathfrak{G}$ durch f teilbar sein muß.

[6]) Einen einfachen direkten Beweis für diesen Satz hat mir Herr A. Ostrowski mitgeteilt.

§ 7.

Der Klassenbegriff.

Bezeichnet man zwei Reihenideale $\mathfrak{A}$ und $\mathfrak{B}$ von $\mathfrak{J}$ als *äquivalent* ($\mathfrak{A} \sim \mathfrak{B}$), wenn sich zwei Potenzreihen f und g von $\mathfrak{J}$ angeben lassen, für die

$$f\mathfrak{A} = g\mathfrak{B} \tag{16}$$

wird, so gelten für diesen Äquivalenzbegriff dieselben Regeln wie in der gewöhnlichen Idealtheorie, und man erhält eine Einteilung aller Reihenideale von $\mathfrak{J}$ in *Reihenidealklassen* $A, B, \ldots$

Sind insbesondere die beiden äquivalenten Reihenideale $\mathfrak{A}$ und $\mathfrak{B}$ nicht durch x teilbar, so kann man offenbar in (16) die Reihen f und g auch so wählen, daß ihre konstanten Glieder von Null verschieden ausfallen. Ist noch $\mathfrak{A}$ regulär, so muß $\mathfrak{B}$ als Teiler des regulären Reihenideals $f\mathfrak{A}$ ebenfalls regulär sein. Wenn also eine Klasse A ein reguläres Reihenideal enthält, so besteht sie aus lauter regulären Reihenidealen. Eine solche Klasse nenne ich kurz regulär.

XIII. *Zwei reguläre Reihenideale $\mathfrak{A}$ und $\mathfrak{B}$ sind dann und nur dann äquivalent, wenn ihre Leitideale $\mathfrak{a}$ und $\mathfrak{b}$ äquivalente Körperideale sind. Die Anzahl der regulären Reihenidealklassen von $\mathfrak{J}$ ist endlich, und zwar gleich der Anzahl h der Idealklassen des Körpers K.*

Denn besteht zwischen den beiden regulären Reihenidealen $\mathfrak{A}$ und $\mathfrak{B}$ die Gleichung (16) und ist

$$f = \varrho + \varrho_1 x + \ldots, \qquad g = \sigma + \sigma_1 x + \ldots \qquad (\varrho\sigma \neq 0),$$

so wird $\varrho\mathfrak{a} = \sigma\mathfrak{b}$, also $\mathfrak{a} \sim \mathfrak{b}$. Ist umgekehrt $\mathfrak{a} \sim \mathfrak{b}$ und $\varrho\mathfrak{a} = \sigma\mathfrak{b}$, so sind

$$\varrho\mathfrak{A} = \mathfrak{C}, \qquad \sigma\mathfrak{B} = \mathfrak{D}$$

zwei reguläre Reihenideale mit demselben Leitideal $\mathfrak{c}$. Ist nun aber $\mathfrak{m}$ ein Körperideal, für das $\mathfrak{m}\mathfrak{c}$ ein Hauptideal wird, so sind $\mathfrak{m}\mathfrak{C} = \mathfrak{m}\mathfrak{J}\mathfrak{C}$ und $\mathfrak{m}\mathfrak{D} = \mathfrak{m}\mathfrak{J}\mathfrak{D}$ reguläre Reihenideale mit einem Hauptideal als Leitideal. Nach Satz II sind daher

$$\mathfrak{m}\mathfrak{C} = \varrho\mathfrak{m}\mathfrak{A} = (g), \qquad \mathfrak{m}\mathfrak{D} = \sigma\mathfrak{m}\mathfrak{B} = (f)$$

Reihenhauptideale. Daher wird

$$\varrho f\mathfrak{m}\mathfrak{A} = \sigma g\mathfrak{m}\mathfrak{B},$$

also $\varrho f\mathfrak{A} = \sigma g\mathfrak{B}$, d. h. $\mathfrak{A} \sim \mathfrak{B}$. Hieraus folgt zugleich, daß die Anzahl h' der regulären Klassen von $\mathfrak{J}$ höchstens gleich h sein kann. Daß h' genau gleich h ist, ergibt sich, indem man beachtet, daß zu jedem Körperideal $\mathfrak{a}$ reguläre Reihenideale $\mathfrak{A}$ mit dem Leitideal $\mathfrak{a}$ gehören. z. B. $\mathfrak{A} = \mathfrak{a}\mathfrak{J}$.

Ist insbesondere $h = 1$, so wird jedes reguläre Reihenideal ein Reihenhauptideal, und man schließt in bekannter Weise:

XIV. *Liegt der Betrachtung ein Körper K zugrunde, in dem die Anzahl der Idealklassen gleich 1 ist, und sieht man zwei assoziierte Potenzreihen von $\mathfrak{J}$ als nicht voneinander verschieden an, so läßt sich jede Reihe f von $\mathfrak{J}$ innerhalb dieses Integritätsbereiches auf eine und nur eine Weise in der Form*

$$f = f_1 f_2 \ldots f_r$$

darstellen, wobei $f_1, f_2, \ldots f_r$ unzerlegbare Potenzreihen sind.

Zu beachten ist noch, daß die Anzahl der nicht regulären Reihenidealklassen von $\mathfrak{J}$ durchaus nicht endlich ist. Sind nämlich

$$\mathfrak{A} = \mathfrak{A}^* \overline{\mathfrak{A}}, \qquad \mathfrak{B} = \mathfrak{B}^* \overline{\mathfrak{B}}$$

zwei äquivalente (nicht durch x teilbare) Reihenideale, und ist etwa $f\mathfrak{A} = g\mathfrak{B}$, wobei die konstanten Glieder von f und g von Null verschieden sein sollen, so folgt aus der am Schluß des § 4 gemachten Bemerkung

$$f\mathfrak{A}^* = g\mathfrak{B}^*, \qquad \overline{\mathfrak{A}} = \overline{\mathfrak{B}}.$$

Hieraus folgt aber, daß wenn z. B. $\mathfrak{S}_\nu$ die Folge der Reihenideale

$$\mathfrak{S}_1 = (2, x), \qquad \mathfrak{S}_2 = (2, x^2), \qquad \mathfrak{S}_3 = (2, x^3), \ldots$$

durchläuft und $\mathfrak{R}_\nu$ $(\nu = 1, 2, \ldots)$ irgendwelche reguläre Reihenideale bedeuten, unter den Reihenidealen $\mathfrak{R}_\nu \mathfrak{S}_\nu$ nicht zwei einander äquivalent sind.

§ 8.

Über das Leitideal eines Reihenprimideals.

Die Entscheidung der Frage, ob ein vorgelegtes reguläres Reihenideal $\mathfrak{A}$ zerlegbar ist oder nicht, ist im allgemeinen schwierig. Einige einfache Kriterien lassen sich aber doch angeben.

Zunächst ist $\mathfrak{A}$ gewiß unzerlegbar, wenn das Leitideal $\mathfrak{a}$ von $\mathfrak{A}$ ein Primideal $\mathfrak{p}$ von K ist. Dasselbe gilt auch, wie man leicht sieht, wenn $\mathfrak{a}$ eine Potenz des Primideals $\mathfrak{p}$ ist und in den Elementen $f = \sum \alpha_\nu x^\nu$ von $\mathfrak{A}$ nicht alle α_1 durch $\mathfrak{p}$ teilbar sind.

Das gilt für jeden der von uns betrachteten drei Integritätsbereiche $\mathfrak{G}$, $\mathfrak{K}$ und $\mathfrak{F}$.

Von Interesse ist nun hier folgender Satz:

XV. *Legt man der Betrachtung einen beliebigen Körper K und einen der beiden Integritätsbereiche $\mathfrak{J} = \mathfrak{G}$ oder $\mathfrak{J} = \mathfrak{K}$ zugrunde, so ist jedes reguläre Reihenideal $\mathfrak{A}$, dessen Leitideal $\mathfrak{a}$ nicht Potenz eines Primideals ist, stets zerlegbar. Genauer: Ist $\mathfrak{a} = \mathfrak{b}\mathfrak{c}$, wo $\mathfrak{b}$ und $\mathfrak{c}$ teiler-*

fremde Körperideale sind, so läßt sich $\mathfrak{A}$ in zwei Faktoren $\mathfrak{B}$ und $\mathfrak{C}$ mit den Leitidealen $\mathfrak{b}$ *und* $\mathfrak{c}$ *zerlegen*[7]).

Es sei nämlich

$$\mathfrak{b} = \Pi\, \mathfrak{p}_\mu^{r_\mu}, \qquad \mathfrak{c} = \Pi\, \mathfrak{q}_\nu^{s_\nu}$$

die Zerlegung von $\mathfrak{b}$ und $\mathfrak{c}$ in Primidealfaktoren. Man bestimme $\varkappa$ und λ als ganze Zahlen von K derart, daß $\varkappa$ durch $\mathfrak{b}$, aber durch keine der Potenzen $\mathfrak{p}_\mu^{r_\mu+1}$ und ebenso λ durch $\mathfrak{c}$, aber durch keine der Potenzen $\mathfrak{q}_\nu^{s_\nu+1}$ teilbar wird. Ferner seien

$$\varrho = (\Pi\, \mathfrak{p}_\mu^{t_\mu})\,\mathfrak{m}, \qquad \sigma = (\Pi\, \mathfrak{q}_\nu^{u_\nu})\,\mathfrak{n} \qquad (t_\mu \geqq r_\mu,\ u_\nu \geqq s_\nu)$$

zwei beliebige durch $\mathfrak{a} = \mathfrak{b}\mathfrak{c}$ teilbare ganze Zahlen des Körpers. Hierbei soll das (durch $\mathfrak{c}$ teilbare) Ideal $\mathfrak{m}$ zu $\mathfrak{b}$ und das (durch $\mathfrak{b}$ teilbare) Ideal $\mathfrak{n}$ zu $\mathfrak{c}$ teilerfremd sein. Wähle ich nun β so, daß

$$\beta \equiv \varkappa \ (\text{mod. } \mathfrak{b}^2), \qquad \beta \equiv 1 \ (\text{mod. } \mathfrak{m})$$

wird, so wird $\mathfrak{b} = (\varrho, \beta)$, und hierbei ist β, weil $\mathfrak{c}$ ein Teiler von $\mathfrak{m}$ ist, zu $\mathfrak{c}$ teilerfremd. Ich kann daher γ so bestimmen, daß

$$\gamma \equiv \lambda \ (\text{mod. } \mathfrak{c}^2), \qquad \gamma \equiv 1 \ (\text{mod. } \beta\mathfrak{n})$$

wird. Es ist dann $\mathfrak{c} = (\sigma, \gamma)$, wobei β und γ keinen Idealteiler gemeinsam haben.

Da nun ϱ, σ und $\beta\gamma$ in dem Leitideal $\mathfrak{a}$ von $\mathfrak{A}$ enthalten sind, können wir jedenfalls in $\mathfrak{A}$ drei Potenzreihen der Form

$$f = \varrho + \varrho_1 x + \ldots, \qquad g = \sigma + \sigma_1 x + \ldots, \qquad h = \beta\gamma + \delta_1 x + \ldots$$

angeben. Da nun β und γ (als Hauptideale) teilerfremd sind, lassen sich stets zwei Reihen

$$u = \beta + \beta_1 x + \ldots, \qquad v = \gamma + \gamma_1 x + \ldots$$

mit ganzen Koeffizienten aus K so wählen, daß $uv = h$ wird. Denn die hierzu erforderlichen Gleichungen

$$\beta\gamma_1 + \gamma\beta_1 = \delta_1, \qquad \beta\gamma_2 + \gamma\beta_2 = \delta_2 - \beta_1\gamma_1, \ldots$$

lassen sich Schritt für Schritt befriedigen. Geschieht dies so, daß $\beta_1, \beta_2, \ldots$ einem festen Restsystem mod. β entnommen werden, so fällt u konvergent aus, und dann wird, wenn h eine konvergente Potenzreihe ist, auch v einen von Null verschiedenen Konvergenzradius besitzen.

Die beiden Reihenideale

$$\mathfrak{B} = (f, u), \qquad \mathfrak{C} = (g, v)$$

---

[7]) Für den Körper $K = P$ findet sich dieser Satz bereits bei Herrn Cahen, l. c. [1]).

haben dann die Leitideale $\mathfrak{b}$ und $\mathfrak{c}$. In

$$\mathfrak{B}\mathfrak{C} = (fg, fv, ug, uv)$$

sind ferner die vier erzeugenden Reihen in $\mathfrak{A}$ enthalten, und der größte gemeinsame Idealteiler ihrer konstanten Glieder ist gleich dem Leitideal

$$\mathfrak{a} = \mathfrak{b}\mathfrak{c} = (\varrho\sigma, \varrho\gamma, \beta\sigma, \beta\gamma)$$

von $\mathfrak{A}$. Hieraus schließt man aber unter Berücksichtigung der Tatsache, daß $\mathfrak{A}$ regulär sein soll, wie auf S. 99, daß $\mathfrak{B}\mathfrak{C} = \mathfrak{A}$ wird, und zwar gilt das nicht nur für $\mathfrak{J} = \mathfrak{G}$, sondern auch für $\mathfrak{J} = \mathfrak{K}$.

Für den Fall $K = P$ besagt unser Satz XV nur, daß eine Potenzreihe

$$h = bc + d_1 x + \ldots \qquad (b > 0,\ c > 0)$$

mit ganzen rationalen Koeffizienten, bei der b und c teilerfremde Zahlen sind, in der Form

$$h = (b + b_1 x + \ldots)(c + c_1 x + \ldots)$$

zerlegbar ist, wo auch b_ν und c_ν ganze rationale Zahlen bedeuten. Diese Zerlegung ist eindeutig festgelegt, wenn noch verlangt wird, daß alle b_ν dem System $0, 1, \ldots, b-1$ entnommen werden sollen. Zum Beispiel ist

$$6 + x = (2 + x + x^2 + x^5 + x^6 + x^{11} + \ldots)$$
$$(3 - x - x^2 + x^3 - 2x^5 + 2x^7 - x^8 + 2x^{10} + \ldots).$$

§ 9.

Über teilerfremde Potenzreihen.

Zwei oder mehrere Potenzreihen $f, g, \ldots$ aus dem Integritätsbereich $\mathfrak{J}$ nennen wir *teilerfremd*, wenn es die zugehörigen Reihenhauptideale $(f), (g), \ldots$ sind (vgl. § 5). Notwendig und hinreichend ist hierfür, daß es eine Potenz x^k von x geben soll, die eine Darstellung der Form

$$x^k = fu + gv + \ldots \tag{17}$$

zuläßt, wo auch $u, v, \ldots$ Potenzreihen von $\mathfrak{J}$ sind. Der kleinste Exponent k dieser Art ist nichts anderes als der Index des (reduzierten) Reihenideals

$$\mathfrak{A} = (f, g, \ldots)$$

ist[8]).

Sind nun $f, g, \ldots$ Polynome aus $\mathfrak{G}$ (d. h. solche mit ganzzahligen Koeffizienten aus dem Körper K), die im Sinne der gewöhnlichen Algebra

[8]) In dieser Bedeutung findet sich der Begriff des Index (für den Körper $K = P$) als „rang de jonction de $f, g, \ldots$" schon bei Herrn Cahen, l. c. [1]). — Zu beachten ist noch, daß, wenn $f, g, \ldots$ rationale Funktionen darstellen, der Wert des Index unabhängig davon ist, ob man $\mathfrak{A}$ als Reihenideal von $\mathfrak{J} = \mathfrak{G}$ oder von $\mathfrak{J} = \mathfrak{F}$ auffaßt.

teilerfremd sind, so lassen sich bekanntlich auch von Null verschiedene ganze Zahlen α von K angeben, die in der Form

$$\alpha = fP + gQ + \ldots \tag{18}$$

darstellbar sind, wobei auch $P, Q, \ldots$ Polynome aus $\mathfrak{G}$ sind. Ich will nun zeigen, daß das Analoge auch für Potenzreihen gilt.

XVI. *Sind $f, g, \ldots$ Potenzreihen aus unserem Integritätsbereich $\mathfrak{J}$, deren konstante Glieder nicht sämtlich verschwinden und die in dem hier eingeführten Sinne teilerfremd sind, so enthält das durch sie erzeugte Reihenideal $\mathfrak{A}$ auch von Null verschiedene Konstanten.*

Für diesen Satz gebe ich zwei Beweise an, von denen jeder eine bemerkenswerte Eigenschaft des Index k von $\mathfrak{A}$ liefert.

1. Für $k = 0$ und $k = 1$ ist unser Satz evident, da im ersten Fall $\mathfrak{A}$ die Zahl 1 und im zweiten Fall das konstante Glied jeder Potenzreihe $q < \mathfrak{A}$ enthält. Ist aber $k > 1$, so sei ε eine primitive k-te Einheitswurzel. Für jedes Element

$$q(x) = \gamma_0 + \gamma_1 x + \ldots \qquad (\gamma_0 \neq 0)$$

von $\mathfrak{A}$ bilde ich dann das Produkt

$$q_1(x) = q(\varepsilon x)\, q(\varepsilon^2 x) \ldots q(\varepsilon^{k-1} x).$$

Diese Funktion von x liefert offenbar, nach Potenzen von x entwickelt, eine Reihe, die zugleich mit $q(x)$ zum Integritätsbereich $\mathfrak{J}$ gehört[9]). Daher ist

$$q(x)\, q_1(x) = \gamma_0^k + \delta_1 x^k + \delta_2 x^{2k} + \ldots$$

in $\mathfrak{A}$ enthalten. Da aber x^k ein Element von $\mathfrak{A}$ sein soll, so kommt auch

$$\gamma_0^k = q(x)\, q_1(x) - x^k(\delta_1 + \delta_2 x^k + \ldots)$$

in $\mathfrak{A}$ vor.

2. Man bezeichne die Abschnitte der Potenzreihen $f, g, \ldots$ mit $f_\nu, g_\nu \ldots$ und setze

$$f = f_\nu + x^{\nu+1} \bar{f}_\nu, \qquad g = g_\nu + x^{\nu+1} g_\nu, \ldots \qquad (\nu = 0, 1, 2, \ldots).$$

Aus $x^k < \mathfrak{A}$ folgt, daß für $\nu \geqq k - 1$ auch die Polynome $f_\nu, g_\nu, \ldots$ in $\mathfrak{A}$ enthalten sind. Genügen nun die Potenzreihen $u, v, \ldots$ von $\mathfrak{J}$ der Gleichung (17), so wird insbesondere für $\nu \geqq k$

$$f_\nu u + g_\nu v + \ldots = x^k - x^{\nu+1}(\bar{f}_\nu u + \bar{g}_\nu v + \ldots) = x^k r_\nu(x), \tag{19}$$

wo $r_\nu(x)$ eine Potenzreihe von $\mathfrak{J}$ mit dem konstanten Glied 1, also eine Einheit von $\mathfrak{J}$ ist. Als Polynome aufgefaßt mögen nun $f_\nu, g_\nu, \ldots$ das

---

9) Dies gilt nicht nur für $\mathfrak{J} = \mathfrak{G}$, sondern auch für $\mathfrak{J} = \mathfrak{K}$ und $\mathfrak{J} = \mathfrak{F}$.

Polynom t_ν als größten gemeinsamen Teiler (im gewöhnlichen Sinne) besitzen. Da es hierbei bei t_ν auf einen konstanten Faktor nicht ankommt, denke ich mir t_ν als ein Polynom mit ganzzahligen Koeffizienten aus dem Körper K irgendwie festgelegt. Bei passender Wahl der ganzen von Null verschiedenen Zahlen $\alpha, \beta, \ldots$ aus K wird dann

$$\alpha f_\nu = t_\nu F_\nu, \quad \beta g_\nu = t_\nu G_\nu, \ldots,$$

wo $F_\nu, G_\nu, \ldots$ wieder Polynome mit ganzen algebraischen Koeffizienten werden. Die Gleichung (19) lehrt dann, daß für $\lambda = \alpha\beta\ldots$ das Produkt $\lambda x^k r_\nu(x)$ und folglich auch λ innerhalb unseres Bereiches $\mathfrak{G}$ durch t_ν teilbar wird. Hieraus folgt aber (vgl. § 6), daß t_ν *die Form*

$$t_\nu = \tau_\nu (1 + \mu_1 x + \mu_2 x^2 + \ldots) \tag{20}$$

haben muß, wo $\tau_\nu, \mu_1, \mu_2, \ldots$ *ganze Zahlen aus* K *sind.* Die Polynome $F_\nu, G_\nu, \ldots$ sind aber im gewöhnlichen Sinne teilerfremd, es gibt daher von Null verschiedene ganze Zahlen ϱ_ν aus K, die sich in der Form

$$\varrho_\nu = F_\nu P + G_\nu Q + \ldots$$

darstellen lassen, wobei $P, Q, \ldots$ Polynome aus dem Bereiche $\mathfrak{G}$ bedeuten. Dann wird aber

$$\varrho_\nu t_\nu = f_\nu P + g_\nu Q + \ldots$$

ein Element von $\mathfrak{A}$. Aus (20) folgt nun, daß auch die Konstante $\varrho_\nu \tau_\nu$ in $\mathfrak{A}$ vorkommen muß.

Zum Schluß will ich noch auf folgende Anwendung aufmerksam machen: Sind $f, g, \ldots$ Polynome mit ganzen Koeffizienten aus dem Körper K, die im gewöhnlichen Sinne teilerfremd sind, so sind sie als Potenzreihen von $\mathfrak{G}$ aufgefaßt auch in unserem Sinne teilerfremd, sofern nur der größte gemeinsame Idealteiler $\mathfrak{d}$ ihrer sämtlichen Koeffizienten gleich dem Ideal $\mathfrak{o} = (1)$ ist. Denn bestimmt man eine ganze Zahl $\alpha \neq 0$ von K, die in der Form (18) darstellbar ist, so ist α in dem Reihenideal $\mathfrak{A} = (f, g, \ldots)$ und folglich auch in dem Kern $\mathfrak{A}^*$ von $\mathfrak{A}$ enthalten. Daher ist $\mathfrak{A}^*$ ein Teiler von $\alpha\mathfrak{J}$ und folglich von der Form $\mathfrak{a}\mathfrak{J}$ (vgl. § 6). Das Körperideal $\mathfrak{a}$ muß hierbei ein Teiler des Ideals $\mathfrak{d} = \mathfrak{o}$ und also ebenfalls gleich $\mathfrak{o}$ sein. Es ist also in der Tat $\mathfrak{A}^* = \mathfrak{J}$. Sind nun

$$p = 1 + \varrho_1 x + \varrho_2 x^2 + \ldots, \quad q = 1 + \sigma_1 x + \sigma_2 x^2 + \ldots, \quad \ldots$$

beliebige Potenzreihen mit ganzen Koeffizienten aus K, und ersetzt man die Polynome $f, g, \ldots$ durch die Potenzreihen

$$M = fp, \quad N = gq, \ldots,$$

so erzeugen diese Reihen wieder das Reihenideal $\mathfrak{A}$ von $\mathfrak{J} = \mathfrak{G}$. Ist daher k der Index von $\mathfrak{A}$, so ergibt die beim zweiten Beweis des Satzes XVI durchgeführte Betrachtung, daß die Polynome $M_\nu, N_\nu, \ldots$, die als Abschnitte der Potenzreihen $M, N, \ldots$ auftreten, folgende Eigenschaft haben: Ist T_ν ihr größter gemeinsamer Teiler im gewöhnlichen Sinne, so ist T_ν für $\nu \geqq k$ entweder eine Konstante oder von der Form

$$T_\nu = \text{konst.}\,(1 + \mu_1 x + \ldots),$$

wo $\mu_1, \mu_2, \ldots$ *ganze* algebraische Zahlen sind [10]).

---

[10]) Zusatz bei der Korrektur. Während der Drucklegung dieser Arbeit ist die interessante Untersuchung von Frl. E. Noether, Idealtheorie in Ringbereichen, Math. Ann. 83 (1921), S. 24—66, erschienen. Einzelne meiner Resultate lassen sich zu der allgemeinen Theorie von Frl. Noether in Beziehung bringen, eine wesentliche Vereinfachung der Beweisführung dürfte sich aber hierbei wohl kaum ergeben. (26. 8. 21.)

(Eingegangen am 19. April 1921.)

46.

Ein Beitrag zur Hilbertschen Theorie der vollstetigen quadratischen Formen

Mathematische Zeitschrift 12, 287 - 297 (1922)

Eine beschränkte quadratische Form mit reellen Koeffizienten

$$A(x)=\sum_{\varkappa,\lambda}{}_{1}^{\infty} a_{\varkappa\lambda}\, x_\varkappa\, x_\lambda \qquad (a_{\varkappa\lambda}=a_{\lambda\varkappa})$$

nennt Herr Hilbert[1]) bekanntlich vollstetig, wenn für jede Folge von Punkten

$$(\xi^{(\nu)}) \qquad \xi_1^{(\nu)},\ \xi_2^{(\nu)},\ \xi_3^{(\nu)},\ \ldots \qquad (\nu=1,2,\ldots)$$

des durch die Bedingung

$$E(x)=\sum_{\lambda=1}^{\infty} x_\lambda^2 \leqq 1$$

definierten Raumes, für welche die Grenzwerte

$$\lim_{\nu\to\infty} \xi_\varkappa^{(\nu)}=\xi_\varkappa \qquad (\varkappa=1,2,\ldots)$$

einzeln existieren,

$$\lim_{\nu\to\infty} A(\xi^{(\nu)})=A(\xi)$$

ist. Der Hilbertsche Hauptsatz über vollstetige Formen lautet: Dann und nur dann ist $A(x)$ vollstetig, wenn sich $A(x)$ durch eine orthogonale Transformation

$$x_\varkappa=\sum_{\lambda=1}^{\infty} p_{\varkappa\lambda}\, y_\lambda$$

auf die Form

$$A(x)=\sum_{\lambda=1}^{\infty} \omega_\lambda\, y_\lambda^2$$

---

[1]) Grundzüge einer allgemeinen Theorie der linearen Integralgleichungen (Vierte Mitteilung), Göttinger Nachrichten 1906, S. 157–227.

bringen läßt, wobei $\lim_{\lambda \to \infty} \omega_\lambda = 0$ wird. — Während nun die Beschränktheit einer Form $A(x)$ allein durch ihre Koeffizienten $a_{\varkappa\lambda}$ charakterisiert werden kann, nämlich durch die Forderung, daß die charakteristischen Wurzeln

(1) $$\alpha_{n1}, \alpha_{n2}, \ldots, \alpha_{nn}$$

aller Abschnitte

$$A_n(x) = \sum_{\varkappa, \lambda}{}_1^n a_{\varkappa\lambda} x_\varkappa x_\lambda$$

in einem endlichen Intervall liegen sollen, erscheint die Vollstetigkeit auch unter Hinzunahme des Hauptsatzes als eine Eigenschaft von höherem transzendenten Charakter. Es dürfte nun nicht ohne Interesse sein, auch die Vollstetigkeit allein mit Hilfe des Systems der Wurzeln (1) zu kennzeichnen. Ein solches Kriterium wird im folgenden angegeben (Satz II). Beim Beweis dieses Satzes habe ich Gewicht darauf gelegt, von dem Begriff des Spektrums keinen Gebrauch zu machen. Ich setze nur die einfachsten Sätze über beschränkte Formen und orthogonale Substitutionen sowie den Hilbertschen Hauptsatz über vollstetige Formen als bekannt voraus[2]).

§ 1.

Eine Hilfsbetrachtung über quadratische Formen mit endlich vielen Variablen.

I. *Ist*

$$A = \sum_{\varkappa, \lambda}{}_1^n a_{\varkappa\lambda} x_\varkappa x_\lambda$$

eine reelle quadratische Form

$$B = \sum_{\varkappa, \lambda}{}_1^{n-1} a_{\varkappa\lambda} x_\varkappa x_\lambda$$

ihr $(n-1)$*-ter Abschnitt, und bezeichnet man die charakteristischen Wurzeln von* A *mit*

(2) $$\alpha_1 \geqq \alpha_2 \geqq \alpha_3 \geqq \ldots \geqq \alpha_n,$$

die von B *mit*

(3) $$\beta_1 \geqq \beta_2 \geqq \beta_3 \geqq \cdots \geqq \beta_{n-1},$$

so ist stets

(4) $$\alpha_1 \geqq \beta_1 \geqq \alpha_2 \geqq \beta_2 \geqq \ldots \geqq \alpha_{n-1} \geqq \beta_{n-1} \geqq \alpha_n.$$

---

[2]) Das hier bewiesene Kriterium ist mir bereits seit vielen Jahren bekannt. Einen anderen Beweis, der sich auf Sätze über das Spektrum stützt, hat mir schon vor längerer Zeit Herr E. Hellinger mitgeteilt.

Dies ist ein bekannter Satz über quadratische Formen. Er läßt sich umkehren:

I*. *Ist eine quadratische Form B mit $n-1$ Variablen gegeben, deren charakteristische Wurzeln die Größen* (3) *sind, und wählt man n beliebige Größen* (2), *so daß die Bedingungen* (4) *erfüllt sind, so kann man eine Form A mit n Variablen herstellen, deren* $(n-1)$-*ter Abschnitt die Form B ist und deren charakteristische Wurzeln die Größen* $\alpha_1, \alpha_2, \ldots, \alpha_n$ *sind.*

Man bestimme nämlich die orthogonale Transformation

$$x_\varkappa = p_{\varkappa 1} y_1 + p_{\varkappa 2} y_2 + \ldots + p_{\varkappa, n-1} y_{n-1} \quad (\varkappa = 1, 2, \ldots, n-1),$$

so daß B in

$$\mathsf{B} = \beta_1 y_1^2 + \beta_2 y_2^2 + \ldots + \beta_{n-1} y_{n-1}^2$$

übergeht. Es genügt dann zu zeigen, daß B sich zu

$$(5) \qquad \mathsf{A} = \beta_1 y_1^2 + \ldots + \beta_{n-1} y_{n-1}^2 + 2\sum_{\nu=1}^{n-1} c_\nu y_\nu y_n + c_n y_n^2$$

so ergänzen läßt, daß die Nullstellen der charakteristischen Determinante $D(\lambda)$ von A die Größen α_ν werden. Denn alsdann liefert die aus A durch die orthogonale Transformation

$$y_\varkappa = \sum_{\lambda=1}^{n-1} p_{\lambda \varkappa} x_\lambda, \quad y_n = x_n \quad (\varkappa = 1, 2, \ldots, n-1)$$

hervorgehende Form A eine Lösung unserer Aufgabe. Der zu beweisende Satz, der für $n = 2$ leicht zu bestätigen ist, sei für $n' < n$ schon als richtig erkannt. Ist nun $\alpha_\varkappa = \beta_\varkappa$ für irgendein $\varkappa$ und läßt man in B das Glied $\beta_\varkappa y_\varkappa^2$ fort, so entstehe die Form B_1. Die Größen

$$(2') \qquad \alpha_1, \alpha_2, \ldots, \alpha_{\varkappa-1}, \alpha_{\varkappa+1}, \ldots, \alpha_n$$

genügen dann wieder in bezug auf B_1 der hier zu stellenden Forderung. Man bilde nun durch Ränderung von B_1 eine Form A_1 der Variablen $y_1, \ldots, y_{\varkappa+1}, y_{\varkappa-1}, \ldots, y_n$ mit den Wurzeln (2′). Die Form $\mathsf{A} = \alpha_\varkappa y_\varkappa^2 + \mathsf{A}_1$ stellt dann eine Lösung unserer Aufgabe dar. Ist aber niemals $\alpha_\varkappa = \beta_\varkappa$, so sind insbesondere die $n-1$ Größen (3) voneinander verschieden. Setzt man

$$\varphi(\lambda) = (\lambda - \alpha_1)(\lambda - \alpha_2)\ldots(\lambda - \alpha_n), \quad \psi(\lambda) = (\lambda - \beta_1)(\lambda - \beta_2)\ldots(\lambda - \beta_{n-1}),$$

so wird in diesem Falle $\psi'(\beta_\varkappa) \neq 0$, $\varphi(\beta_\varkappa)\psi'(\beta_\varkappa) \leqq 0$, wobei das Gleichheitszeichen nur noch für $\varkappa = n-1$ (im Falle $\beta_{n-1} = \alpha_n$) in Betracht kommt. Man braucht dann in (5) nur

$$c_\nu = \sqrt{-\frac{\varphi(\beta_\nu)}{\psi'(\beta_\nu)}}, \quad c_n = \alpha_1 + \ldots + \alpha_n - \beta_1 - \ldots - \beta_{n-1}$$

zu setzen. Denn es wird dann

$$D(\lambda) = |\lambda E - \mathsf{A}| = \psi(\lambda)\left[\lambda - c_n - \frac{c_1^2}{\lambda - \beta_1} - \dots - \frac{c_{n-1}^2}{\lambda - \beta_{n-1}}\right],$$

und diese Funktion stimmt mit $\varphi(\lambda)$ in den Koeffizienten λ^n und λ^{n-1} und außerdem an den $n-1$ Stellen β_ν überein. Daher ist $D(\lambda) = \varphi(\lambda)$[3]).

§ 2.

Formulierung des Kriteriums für vollstetige Formen.

Es sei nun $A(x) = \sum a_{\varkappa\lambda} x_\varkappa x_\lambda$ eine quadratische Form mit unendlich vielen Variablen, die wir zunächst nur als beschränkt voraussetzen. Für jeden Abschnitt $A_n(x)$ von $A(x)$ denke man sich die charakteristischen Wurzeln (1) bestimmt, und es sei hierbei

$$\alpha_{n1} \geqq \alpha_{n2} \geqq \dots \geqq \alpha_{nn}.$$

Wir betrachten dann *das zu $A(x)$ gehörende Dreiecksschema*

$$(6) \qquad \begin{matrix} \alpha_{11} & & \\ \alpha_{21} & \alpha_{22} & \\ \alpha_{31} & \alpha_{32} & \alpha_{33} \\ \cdot\;\cdot & \cdot\;\cdot & \cdot\;\cdot\;\cdot \end{matrix}$$

Hierin ist wegen I in der ϱ-ten „Kolonne"

$$(7) \qquad \alpha_{\varrho\varrho} \leqq \alpha_{\varrho+1,\varrho} \leqq \alpha_{\varrho+2,\varrho} \leqq \dots$$

und in der σ-ten „Diagonale"

$$(8) \qquad \alpha_{\sigma 1} \geqq \alpha_{\sigma+1,2} \geqq \alpha_{\sigma+2,3} \geqq \dots$$

Außerdem liegen, da $A(x)$ beschränkt sein soll, alle $\alpha_{\varkappa}$ in einem endlichen Intervall. Daher existieren auch die Grenzwerte

$$\lim_{\nu\to\infty} \alpha_{\nu\varrho} = \alpha_\varrho, \qquad \lim_{\nu\to\infty} \alpha_{\sigma+\nu,\nu+1} = \alpha_\sigma^*.$$

Hierbei wird offenbar

$$\alpha_1 \geqq \alpha_2 \geqq \dots, \qquad \alpha_1^* \leqq \alpha_2^* \leqq \dots$$

---

[3]) Herr H. Hamburger macht mich darauf aufmerksam, daß für den Fall

$$\alpha_1 > \beta_1 > \alpha_2 > \beta_2 > \dots > \beta_{n-1} > \alpha_n$$

ein Beweis des Satzes I* auch leicht aus der Theorie der Kettenbrüche folgt. Vgl. z. B. die Formel (8) in der Arbeit von E. Hellinger und O. Toeplitz, Zur Einordnung der Kettenbruchtheorie in die Theorie der quadratischen Formen von unendlichvielen Veränderlichen, J. für Math. **144** (1914), S. 212–238.

Folglich existieren auch die Grenzwerte

$$\lim_{\varrho\to\infty} \alpha_\varrho = \alpha, \qquad \lim_{\sigma\to\infty} \alpha_\sigma^* = \alpha^*.$$

Wegen $\alpha_{\nu\varrho} \geqq a_{\nu,\nu-\varrho+1}$ für $\nu \geqq 2\varrho - 1$ ist ferner $\alpha_\varrho \geqq \alpha_\varrho^*$, also auch $\alpha \geqq \alpha^*$.

Die Zahlen α_ϱ und α_σ^* will ich die *charakteristischen Zahlen erster und zweiter Art* von $A(x)$ nennen. Sie sind für jede beschränkte Form von Wichtigkeit. Insbesondere beweist man ohne Mühe, daß jede Häufungsstelle h der $\alpha_{\varkappa\lambda}$, die von den α_ϱ und α_σ^* verschieden ist, der Bedingung $\alpha \geqq h \geqq \alpha^*$ genügen muß. Aus dem Satze I* des vorigen Paragraphen ergibt sich ferner, daß zu jedem Schema (6), das den Bedingungen (7) und (8) genügt, eine quadratische Form $A(x)$ angegeben werden kann, zu der (6) als Dreiecksschema gehört. Diese Bedingungen sind also die einzigen, denen die Wurzeln der Abschnitte einer Form $A(x)$ unterworfen sind. Für eine beschränkte Form ist α_1 bekanntlich nichts anderes als die obere Grenze, α_1^* die untere Grenze von $A(x)$ unter der Nebenbedingung $E(x) = \sum x_\lambda^2 = 1$.

Im folgenden soll nun bewiesen werden:

II. *Die Form* $A(x)$ *ist dann und nur dann vollstetig, wenn* $\alpha = \alpha^* = 0$ *ist.*

§ 3.

Die charakteristischen Zahlen als Orthogonalinvarianten.

Wir wollen zunächst allgemein zeigen:

III. *Wendet man auf die beschränkte Form* $A(x)$ *eine orthogonale Transformation an, so bleiben die charakteristischen Zahlen* $\alpha_\varrho, \alpha_\sigma^*$ *ungeändert.*

Die charakteristischen Zahlen von $B = -A$ sind offenbar $\beta_\varrho = -\alpha_\varrho^*$, $\beta_\sigma^* = -\alpha_\sigma$. Für jede Konstante t sind ferner $t + \alpha_\varrho$, $t + \alpha_\sigma^*$ die charakteristischen Zahlen der Form $tE(x) + A(x)$. Hieraus folgt unmittelbar, daß wir nur zu zeigen haben:

III*. *Für jede beschränkte positiv definite Form*[4]) $A(x)$ *bleiben die charakteristischen Zahlen erster Art* $\alpha_1, \alpha_2, \ldots$ *bei einer orthogonalen Transformation ungeändert.*

Für α_1, die obere Grenze von $A(x)$ für $E(x) = 1$, ist das selbstverständlich. Um dasselbe auch für $\alpha_2, \alpha_3, \ldots$ zu beweisen, führen wir die auch sonst nützlichen „Determinantentransformationen" ein. Für jede

---

[4]) Hierunter verstehen wir im folgenden eine Form, deren untere Grenze α_1^* positiv ist.

endliche oder unendliche Matrix $L=(l_{\varkappa\lambda})$ bilde man bei festem $m\geqq 1$ die sämtlichen Unterdeterminanten

$$(9)\qquad D^{\varkappa_1,\varkappa_2,\ldots,\varkappa_m}_{\lambda_1,\lambda_2,\ldots,\lambda_m}=\begin{vmatrix} l_{\varkappa_1\lambda_1} & l_{\varkappa_1\lambda_2} & \ldots & l_{\varkappa_1\lambda_m}\\ l_{\varkappa_2\lambda_1} & l_{\varkappa_2\lambda_2} & \ldots & l_{\varkappa_2\lambda_m}\\ \cdot & \cdot & \cdot & \cdot\\ l_{\varkappa_m\lambda_1} & l_{\varkappa_m\lambda_2} & \ldots & l_{\varkappa_m\lambda_m}\end{vmatrix}\qquad \begin{pmatrix}\varkappa_1<\varkappa_2<\ldots<\varkappa_m,\\ \lambda_1<\lambda_2<\ldots<\lambda_m\end{pmatrix}.$$

Die hierbei zu betrachtenden Indizeskombinationen $\varrho_1<\varrho_2<\ldots<\varrho_m$ ordne man so an, daß $\varrho_1,\varrho_2,\ldots,\varrho_m$ vor der Kombination $\sigma_1,\sigma_2,\ldots,\sigma_m$ zu stehen kommt, wenn die *letzte* nicht verschwindende unter den Differenzen $\sigma_1-\varrho_1,\sigma_2-\varrho_2,\ldots,\sigma_m-\varrho_m$ positiv ausfällt. Die Matrix der Determinanten (9) erscheint dann als eine wohlbestimmte endliche oder unendliche Matrix $M=C_mL$[5]).

Bedeutet L_ν den ν-ten Abschnitt von L und M_ν den von M, so wird insbesondere für $n\geq m$

$$M_{\binom{n}{m}}=C_mL_n.$$

Sind nun $\omega_1,\omega_2,\ldots,\omega_n$ die charakteristischen Wurzeln der Matrix L_n, so sind dann bekanntlich die von C_mL_n die $\binom{n}{m}$ Produkte $\omega_{\varrho_1}\omega_{\varrho_2}\ldots\omega_{\varrho_m}$ $(\varrho_1<\varrho_2<\ldots.<\varrho_m)$. Hieraus folgt leicht, daß, wenn $L=A$ die Matrix einer beschränkten quadratischen Form $A(x)$ ist, sich auch M als Matrix einer ebensolchen Form auffassen läßt. Ist insbesondere $A(x)$ positiv definit, so wird in den früheren Bezeichnungen die größte Wurzel der Matrix $M_{\binom{n}{m}}$ gleich $\alpha_{n1}\alpha_{n2}\ldots\alpha_{nm}$. Daher tritt beim Übergang von A zu M an Stelle von α_1 die Zahl $\alpha_1\alpha_2\ldots\alpha_m$.

Für je zwei unendliche Matrizen L_1 und L_2, für die das Produkt L_1L_2 einen Sinn hat, ist ferner, wie aus der entsprechenden Gleichung für endliche Matrizen durch einen Grenzübergang ohne Mühe geschlossen werden kann,

$$(C_mL_1)(C_mL_2)=C_m(L_1L_2).$$

Ist daher P die Matrix einer orthogonalen Transformation, d. h. wird, wenn P' die Transponierte von P bedeutet, $P'P=PP'=E$, so wird auch

$$(C_mP')(C_mP)=(C_mP)(C_mP')=C_mE=E.$$

Da C_mP' die Transponierte von C_mP ist, so ergibt sich, daß C_mP zugleich mit P eine orthogonale Transformation bestimmt.

[5]) Für endliche Matrizen L stammt diese Bezeichnung von A. Hurwitz, Zur Invariantentheorie, Math. Ann. **45** (1894), S. 381–404.

Geht nun unsere positiv definite Form $A(x)$ vermittels der orthogonalen Transformation P in die Form $B(y)$ über, so wird die Matrix B der neuen Form gleich $P'AP$, demnach

$$C_m B = (C_m P')(C_m A)(C_m P).$$

Hierbei bleibt daher, da $C_m P$ orthogonal ist, die obere Grenze $\alpha_1 \alpha_2 \dots \alpha_m$ von $C_m A$ ungeändert. Gehören also zu B die charakteristischen Zahlen erster Art $\beta_1, \beta_2, \dots$, so wird für jedes m

$$\alpha_1 \alpha_2 \dots \alpha_m = \beta_1 \beta_2 \dots \beta_m.$$

Hieraus folgt aber, da die α_ν, β_ν positiv sind, für jedes ν die Gleichung $\alpha_\nu = \beta_\nu$.

§ 4.

Eine weitere Eigenschaft der charakteristischen Zahlen einer Form.

Es sei wieder $A(x)$ eine beschränkte Form mit den charakteristischen Zahlen $\alpha_\varrho, \alpha_\sigma^*$. Wir betrachten den n-ten „Restabschnitt"

$$A^{(n)}(x) = \sum_{\varkappa, \lambda}{}_n^\infty a_{\varkappa\lambda} x_\varkappa x_\lambda = A(0, \dots, 0, x_n, x_{n+1}, \dots)$$

von $A(x)$. Die zu ihm gehörenden charakteristischen Zahlen bezeichne man mit

$$\alpha_n^{(n)}, \alpha_{n+1}^{(n)}, \dots \quad \text{und} \quad \alpha_n^{*(n)}, \alpha_{n+1}^{*(n)}, \dots \qquad (\alpha_\nu^{(1)} = \alpha_\nu, \ \alpha_\nu^{*(1)} = \alpha_\nu^*)$$

und setze noch

$$\mu_n(A) = \alpha_n^{(n)}, \qquad \mu_n^*(A) = \alpha_n^{*(n)}.$$

Diese Zahlen sind nichts anderes als die obere, bzw. die untere Grenze von $A^{(n)}(x)$ unter der Nebenbedingung

$$E^{(n)}(x) = x_n^2 + x_{n+1}^2 + \dots = 1.$$

Es gilt nun der Satz

IV. *Durchläuft B die Gesamtheit der zu A ähnlichen, d. h. der aus A vermittels orthogonaler Transformationen hervorgehenden Formen, so erscheint für jedes n die Zahl α_n als die untere Grenze aller $\mu_n(B)$ und ebenso α_n^* als die obere Grenze aller $\mu_n^*(B)$.*

Da beim Übergang von A zu $-A$ an Stelle der Zahlen

$$\alpha_n, \quad \mu_n(B), \quad \alpha_n^*, \quad \mu_n^*(B)$$

die Zahlen

$$-\alpha_n^*, \quad -\mu_n^*(B), \quad -\alpha_n, \quad -\mu_n(B)$$

treten, so brauchen wir unseren Satz nur für die Zahlen α_n und $\mu_n(B)$ zu beweisen. Es sei nun

$$\begin{array}{lll} \alpha_{nn}^{(n)} & & \\ \alpha_{n+1,n}^{(n)}, & \alpha_{n+1,n+1}^{(n)} & \\ \alpha_{n+2,n}^{(n)}, & \alpha_{n+2,n+1}^{(n)}, & \alpha_{n+2,n+2}^{(n)} \\ \cdots & \cdots & \cdots \end{array}$$

das zu $A^{(n)}(x)$ gehörende Schema. Aus dem Satze I folgt dann offenbar für $\nu \geqq n$

$$(10) \qquad \alpha_{\nu n}^{(n)} \geqq \alpha_{\nu,n+1}^{(n+1)} \geqq \alpha_{\nu,n+1}^{(n)} \geqq \alpha_{\nu,n+2}^{(n+1)} \geqq \alpha_{\nu,n+2}^{(n)} \geqq \cdots \geqq \alpha_{\nu\nu}^{(n+1)} \geqq \alpha_{\nu\nu}^{(n)}.$$

Läßt man ν über alle Grenzen wachsen, so wird daher

$$\alpha_n^{(n)} \geqq \alpha_{n+1}^{(n+1)} \geqq \alpha_{n+1}^{(n)} \geqq \alpha_{n+2}^{(n+1)} \geqq \alpha_{n+2}^{(n)} \geqq \cdots.$$

Insbesondere ist also für $\lambda > n$ stets $\alpha_\lambda^{(n)} \leqq \alpha_\lambda^{(n+1)}$, also

$$\alpha_n = \alpha_n^{(1)} \leqq \alpha_n^{(2)} \leqq \alpha_n^{(3)} \leqq \cdots \leqq \alpha_n^{(n)}.$$

Dies liefert aber $\mu_n(A) \geqq \alpha_n$, und beachtet man wieder, daß beim Übergang von A zu B die Zahl α_n nach Satz III ungeändert bleibt, so erhält man auch

$$(11) \qquad \mu_n(B) \geqq \alpha_n.$$

Um nun zu zeigen, daß bei geeigneter Wahl der zu A ähnlichen Form B die Zahl $\mu_n(B)$ dem Wert α_n beliebig nahe gebracht werden kann, schließen wir folgendermaßen. Bleiben wir zunächst noch bei der Form A und betrachten wir für $k > n$ die beiden Formen

$$A_k^{(n)}(x) = \sum_{\varkappa,\lambda}{}_n^k a_{\varkappa\lambda} x_\varkappa x_\lambda, \qquad A_k^{(n+1)}(x) = \sum_{\varkappa,\lambda}{}_{n+1}^k a_{\varkappa\lambda} x_\varkappa x_\lambda,$$

so wird offenbar in unseren Bezeichnungen

$$\sum_{\varkappa=n}^{k} a_{\varkappa\varkappa} = \alpha_{k,n}^{(n)} + \alpha_{k,n+1}^{(n)} + \cdots + \alpha_{k,k}^{(n)} = a_{nn} + \alpha_{k,n+1}^{(n+1)} + \cdots + \alpha_{k,k}^{(n+1)},$$

also

$$\sum_{\nu=n+1}^{k} [\alpha_{k,\nu}^{(n+1)} - \alpha_{k,\nu}^{(n)}] = \alpha_{k,n}^{(n)} - a_{nn}.$$

Da nun die links auftretenden Differenzen wegen (10) nicht negativ sind, so wird

$$0 \leqq \alpha_{k,\nu}^{(n+1)} - \alpha_{k,\nu}^{(n)} \leqq \alpha_{k,n}^{(n)} - a_{nn}.$$

Hält man hierin ν fest und läßt k über alle Grenzen wachsen, so ergibt sich

$$0 \leqq \alpha_\nu^{(n+1)} - \alpha_\nu^{(n)} \leqq \mu_n(A) - a_{nn}.$$

Bei festem ν folgt hieraus für $n = 1, 2, \ldots, \nu - 1$ durch Addition

$$0 \leqq \mu_\nu(A) - \alpha_\nu \leqq [\mu_1(A) - a_{11}] + \ldots + [\mu_{\nu-1}(A) - a_{\nu-1,\nu-1}].$$

Ersetzt man hierin die Form A durch $B = (b_{\varkappa,\lambda})$ und schreibt für ν wieder n, so ergibt sich

$$(12)\quad 0 \leqq \mu_n(B) - \alpha_n \leqq [\mu_1(B) - b_{11}] + \ldots + [\mu_{n-1}(B) - b_{n-1,n-1}].$$

Es sei nun ε eine beliebig kleine positive Größe und

$$(13)\qquad \varepsilon = \varepsilon_1 + \varepsilon_2 + \ldots + \varepsilon_{n-1} \qquad (\varepsilon_\lambda > 0).$$

Man wähle jetzt, was jedenfalls möglich ist, eine zu A ähnliche Form $C = (c_{\varkappa\lambda})$, so daß

$$\mu_1(A) - c_{11} = \mu_1(C) - c_{11} < \varepsilon_1$$

wird. Hält man die erste Variable fest, so kann man die übrigen Variablen in der Weise orthogonal transformieren, daß in der neuentstehenden Form $D = (d_{\varkappa\lambda})$

$$\mu_1(D) - d_{11} = \mu_1(C) - c_{11} < \varepsilon_1, \qquad \mu_2(D) - d_{22} < \varepsilon_2$$

wird. Setzt man dieses Verfahren fort, so gelangt man nach $n - 1$ Schritten zu einer mit A ähnlichen Form $B = (b_{\varkappa\lambda})$, die gleichzeitig den Bedingungen

$$\mu_1(B) - b_{11} < \varepsilon_1, \qquad \mu_2(B) - b_{22} < \varepsilon_2, \ldots, \qquad \mu_{n-1}(B) - b_{n-1,n-1} < \varepsilon_{n-1}$$

genügt. Aus (12) und (13) folgt dann $\mu_n(B) - \alpha_n < \varepsilon$.

§ 5.

Beweis des Satzes II.

Wir haben zunächt zu beweisen, daß jede beschränkte Form $A(x)$, die den Bedingungen $\alpha = 0$, $\alpha^* = 0$ genügt, vollstetig ist. Haben also $\xi^{(\nu)}$ und ξ dieselbe Bedeutung wie in der Einleitung, so müssen wir zu jedem $\varepsilon > 0$ eine Zahl N so bestimmen, daß für $\nu > N$

$$(14)\qquad -\varepsilon < A(\xi^{(\nu)}) - A(\xi) < \varepsilon$$

wird.

Man wähle nun, was wegen $\lim \alpha_n = 0$ jedenfalls möglich ist, eine feste Zahl n so, daß $\alpha_n < \frac{\varepsilon}{4}$ wird, und bestimme eine orthogonale Transformation

$$x_\varkappa = \sum_{\lambda=1}^{\infty} p_{\varkappa\lambda}\, y_\lambda$$

derart, daß die aus A entstehende Form $B = (b_{\varkappa\lambda})$ der Bedingung

$\mu_n(B) - \alpha_n < \frac{\varepsilon}{4}$ genügt (vgl. Satz IV). Dann wird also $\mu_n(B) < \frac{\varepsilon}{2}$ und folglich für $E(y) \leqq 1$ stets

$$B^{(n)}(y) = \sum_{\varkappa, \lambda} {}_n^\infty b_{\varkappa\lambda} y_\varkappa y_\lambda < \frac{\varepsilon}{2}.$$

Es wird dann für jedes $m > n$ von selbst auch

$$B^{(m)}(y) < \frac{\varepsilon}{2}. \tag{15}$$

Setzt man nun

$$\eta_\varkappa^{(\nu)} = \sum_{\lambda=1}^\infty p_{\lambda\varkappa} \xi_\lambda^{(\nu)}, \qquad \eta_\varkappa = \sum_{\lambda=1}^\infty p_{\lambda\varkappa} \xi_\lambda,$$

so wird noch

$$A(\xi^{(\nu)}) = B(\eta^{(\nu)}), \quad A(\xi) = B(\eta), \quad \lim_{\nu \to \infty} \eta_\varkappa^{(\nu)} = \eta_\varkappa.$$

Da $\sum \eta_\lambda^2$ konvergent und

$$|B^{(m)}(\eta)| < \text{const.} \sum_{\lambda=m}^\infty \eta_\lambda^2$$

ist, können wir m noch so wählen, daß

$$|B^{(m)}(\eta)| < \frac{\varepsilon}{4} \tag{16}$$

wird. Es sei nun

$$B(y) = C^{(m)}(y) + B^{(m)}(y).$$

Die Form

$$C^{(m)}(y) = \sum_{\varkappa, \lambda} {}_1^m b_{\varkappa\lambda} y_\varkappa y_\lambda + 2 \sum_{\varkappa=1}^m y_\varkappa \sum_{\lambda=1}^\infty b_{\varkappa\lambda} y_\lambda$$

ist nun gewiß vollstetig, da jede beschränkte Linearform diese Eigenschaft besitzt. Wir können daher N_1 so bestimmen, daß für $\nu > N_1$

$$|C^{(m)}(\eta^{(\nu)}) - C^{(m)}(\eta)| < \frac{\varepsilon}{4} \tag{17}$$

wird. Aus der für alle Punkte $(y) = (\eta^{(\nu)})$ geltenden Formel (15) folgt aber in Verbindung mit (16) und (17) für $\nu > N_1$

$$\begin{aligned} A(\xi^{(\nu)}) - A(\xi) &= B(\eta^{(\nu)}) - B(\eta) \\ &= [C^{(m)}(\eta^{(\nu)}) - C^{(m)}(\eta)] + B^{(m)}(\eta^{(\nu)}) - B^{(m)}(\eta) \\ &< \frac{\varepsilon}{4} + \frac{\varepsilon}{2} + \frac{\varepsilon}{4} = \varepsilon. \end{aligned}$$

Betrachtet man nun an Stelle von A die Form $-A$ und benutzt erst jetzt, daß auch $\alpha^* = 0$ sein soll, so kann man ebenso N_2 so bestimmen, daß für $\nu > N_2$

$$-A(\xi^{(\nu)}) + A(\xi) < \varepsilon$$

wird. Für $\nu > \operatorname{Max}(N_1, N_2)$ gelten dann beide Ungleichungen (14).

Damit ist der erste Teil des Satzes II vollständig bewiesen, und hierbei haben wir vom Begriff des Spektrums der Form $A(x)$ keinen Gebrauch gemacht. Auch der Hilbertsche Hauptsatz über vollstetige Formen ist bis jetzt noch nicht benutzt worden. Wir bedienen uns aber seiner, um umgekehrt zu zeigen, daß für eine vollstetige Form $A(x)$ stets $\alpha = \alpha^* = 0$ sein muß. Dies ergibt sich am einfachsten mit Hilfe des Satzes IV, wobei sogar nur von der Ungleichung (11) und der aus ihr folgenden Ungleichung $\mu_n^*(B) \leqq \alpha_n^*$ Gebrauch gemacht wird. Ist nämlich

$$B(y) = \omega_1 y_1^2 + \omega_2 y_2^2 + \cdots$$

die Hilbertsche Normalform der gegebenen vollstetigen Form $A(x)$, so wird wegen $\lim \omega_n = 0$ in den Bezeichnungen des § 4

$$\lim_{n \to \infty} \mu_n(B) = \lim_{n \to \infty} \mu_n^*(B) = 0$$

und hieraus folgt wegen

$$\mu_n(B) \geqq \alpha_n \geqq \alpha \geqq \alpha^* \geqq \alpha_n^* \geqq \mu_n^*(B),$$

daß $\alpha = \alpha^* = 0$ sein muß.

Man kann aber auch etwas anders zum Ziele gelangen: Um die charakteristischen Zahlen α_ϱ, α_σ^* der Form $A(x)$ zu berechnen, kann man sich nach Satz III an Stelle von $A(x)$ der zugehörigen Normalform $B(y)$ bedienen. Für diese Form sind aber die charakteristischen Wurzeln des n-ten Abschnitts einfach die Größen $\omega_1, \omega_2, \ldots, \omega_n$. Man kennt also das zu $B(y)$ gehörende Dreiecksschema und eine einfache Betrachtung lehrt, daß *die von Null verschiedenen unter den Zahlen α_ϱ, α_σ^* mit den von Null verschiedenen unter den Hilbertschen reziproken Eigenwerten ω_n übereinstimmen.* Wegen $\lim \omega_n = 0$ liefert dies wieder $\alpha = \alpha^* = 0$.

(Eingegangen am 7. August 1921.)

47./48.

Antrittsrede von I. Schur und Erwiderung von M. Planck

Sitzungsberichte der Preussischen Akademie der Wissenschaften 1922, LXXX - LXXXII

Antrittsrede des Hrn. Schur.

Es gehört zu den alten Traditionen der Berliner Akademie, die Mathematik nach allen Seiten hin zu fördern und neben Analytikern und Geometern auch Vertreter der algebraisch-arithmetischen Richtung in ihrer Mitte zu sehen. In der ununterbrochenen Reihe glänzender Namen aus dieser Forschungsrichtung, die seit Dirichlets Eintritt in die Akademie ihr Mitgliederverzeichnis aufweist, steht als letzter der Name Georg Frobenius. Indem Sie mich, den Schüler und langjährigen Mitarbeiter von Frobenius, in Ihren Kreis aufgenommen haben, haben Sie sich, wie ich annehme, von dem Wunsche leiten lassen, auch fernerhin der Algebra und der Zahlentheorie in der Akademie einen Platz einzuräumen. Ich empfinde es als eine hohe Auszeichnung, daß Ihre Wahl auf mich gefallen ist, und spreche Ihnen meinen wärmsten Dank aus.

Schon während der Jahre meines Studiums an der Berliner Universität wandte sich meine Vorliebe der Algebra und insbesondere der Lehre von den linearen Substitutionen zu. Meine erste selbständige Arbeit behandelt ein Problem aus dieser Disziplin, die Frage nach den sämtlichen rationalen Isomorphismen der allgemeinen linearen Gruppe. Die Lösung gelang mir mit Hilfe der kurz vorher von Molien und Frobenius neu begründeten Theorie der endlichen Gruppen linearer Substitutionen. Hierdurch wurde ich dazu geführt, in diese Theorie tiefer einzudringen, und es war mir vergönnt, an ihrem weiteren Ausbau, ihrer Vereinfachung und Erweiterung neben Frobenius und anderen Forschern mitzuarbeiten. Was mich an diesen Untersuchungen so außerordentlich fesselte, war, daß hier mitten in dem Stillstand, der damals auf anderen Gebieten der Formentheorie herrschte, ein neues fruchtbares, auch für die Geometrie und die Analysis wichtiges Kapitel der Algebra entstanden war, das sich durch große Schönheit und Vollendung auszeichnete. Die »starren, künstlichen Gebilde der Algebra«, von denen Kronecker einmal spricht, gewinnen hier ein eigentümlich belebtes Aussehen und weisen eine Fülle von reizvollen und überraschenden Einzelheiten auf. Der algebraische Teil der Theorie kann, wenn auch manche Fragen, insbesondere solche invariantentheoretischer Natur, noch der Klärung bedürfen, als im wesentlichen abgeschlossen gelten. Auf große Schwierigkeiten stieß man erst, als man versuchte, auch arithmetische Probleme, die sich überall in der algebraischen Gruppentheorie aufdrängen und einen ihrer Hauptreize bilden, weiter zu verfolgen. Nicht nur die oft genannte Frage nach den algebraischen Zahlkörpern, in denen eine gegebene endliche Gruppe linearer Substitutionen darstellbar ist, auch andere Fragen von Interesse und Wichtigkeit, die mich auch gegenwärtig viel beschäftigen, harren noch der vollständigen Beantwortung.

Eine ähnliche Beobachtung machen wir auch auf anderen Gebieten der Algebra. Sie empfängt von der Geometrie und der Analysis immer neue

Anregungen und Problemstellungen. Im ersten Anlauf weiß sie vielfach die ihr gestellten Aufgaben erfolgreich zu fördern. Ist aber die Entwicklung so weit gediehen, daß aus ihr selbst heraus neue Probleme, zumal solche arithmetischen Charakters entstehen, so tritt oft eine Stockung ein. Dies liegt vielleicht in erster Linie daran, daß die Algebra im Gegensatz zu ihrem Stoffreichtum in ihrer Methodik einen Mangel an Vielseitigkeit zeigt. Während die eigentliche Zahlentheorie über einen großartig entwickelten Apparat analytischer und geometrischer Hilfsmittel verfügt, ist es der Algebra, auch in ihren mehr arithmetisch gefärbten Teilen nur in seltenen Fällen gelungen, die anderen großen Disziplinen für ihre Zwecke dienstbar zu machen.

Dies hat sich auch in neuerer Zeit nicht wesentlich geändert, obgleich das Verhältnis der Algebra zur Analysis ein engeres geworden ist. Die von Fredholm, Hilbert und Erhard Schmidt entwickelte Theorie der Integralgleichungen und die von Hilbert in bewundernswerter Weise ausgebaute Theorie der unendlich vielen Veränderlichen weisen weitgehende Analogien mit der Formenlehre auf. Von dieser Entwicklung angeregt, hat auch die Funktionentheorie begonnen, in viel höherem Maße, als das bis jetzt der Fall war, algebraische Methoden und Hilfsmittel heranzuziehen. Diese Untersuchungen, denen auch ich mich längere Zeit hindurch gewidmet habe, bieten gewiß viel Reizvolles und haben sowohl die Analysis als auch die Algebra um interessante Ergebnisse bereichert. Eine wesentliche Förderung beider Disziplinen in ihren wichtigsten Teilen hat jedoch diese Forschungsrichtung vorläufig noch nicht gebracht. Erfreulich ist aber jedenfalls, daß das Interesse der Analytiker für rein algebraische Probleme ein regeres geworden ist. Dies wird, wie ich hoffe, in der Zukunft doch noch dazu führen, die algebraische Forschung intensiver zu gestalten und den Kreis ihrer Methoden zu erweitern.

Erwiderung des Sekretars Hrn. Planck.

Mit Ihrem Eintritt in die Akademie, Hr. Kollege Schur, schließt sich wieder nach mehrjähriger Dauer die schmerzliche Lücke, welche der Tod von Frobenius in ihren Reihen gerissen hat, und wir begrüßen gerade Sie an dieser Stelle mit um so freudigerem und aufrichtigerem Gefühl, als wir genau wissen, daß Ihr unvergeßlicher Lehrer niemanden lieber als Sie als seinen Nachfolger gesehen hätte. Denn nach seinem eigenen Zeugnis üben Sie wie nur wenige Mathematiker die große Abelsche Kunst, die Probleme richtig zu formulieren, passend umzuformen, geschickt zu teilen und dann einzeln zu bewältigen.

So konnte es Ihnen schon in der ersten Periode Ihrer mit der Doktordissertation beginnenden literarischen Tätigkeit gelingen, die Theorie der linearen Substitutionen erheblich zu fördern und insbesondere die Theorie der Gruppendeterminanten durch neue Funde zu bereichern, indem Sie die Methoden von Frobenius vereinfachten, verbesserten und auf seinen Bahnen weiter fortschritten.

Die erzielten Erfolge führten Sie später bald auch auf entlegenere Anwendungsgebiete und regten Sie an zu der grundsätzlich äußerst interessanten Verwertung der algebraischen Methoden für die Lösung analytischer Probleme.

Auf allen von Ihnen betretenen Pfaden, mochte es sich handeln um Fragen aus der Theorie der Integralgleichungen oder auch der Theorie der quadratischen Formen von unendlich vielen Veränderlichen, um die Erkennung der Eigenschaften einer Potenzreihe aus dem Verhalten ihrer Koeffizienten oder um die Lage der Wurzeln einer Gleichung mit ganzzahligen Koeffizienten, haben Sie es verstanden, neue Zusammenhänge aufzuspüren und in vollendeter Klarheit zu formulieren. Ihrer jugendfrischen Schaffenskraft hofft die Akademie noch manchen wertvollen Beitrag für ihre Arbeiten verdanken zu können.

49.

Über eine Klasse von Mittelbildungen mit Anwendungen auf die Determinantentheorie

Sitzungsberichte der Berliner Mathematischen Gesellschaft 22, 9 - 20 (1923)

Einer der wichtigsten Sätze der Determinantentheorie ist der von Herrn Hadamard[2]) herrührende Satz: Ist

$$H = \sum_{\varkappa, \lambda}{}_1^n h_{\varkappa\lambda} u_\varkappa \bar{u}_\lambda \qquad (\bar{h}_{\varkappa\lambda} = h_{\lambda\varkappa})$$

eine positive Hermitesche Form, so genügt die Determinante D von H der Ungleichung

$$D \leqq h_{11} h_{22} \ldots h_{nn}, \tag{1}$$

und das Gleichheitszeichen gilt hier nur, wenn H von der Gestalt

$$H = h_{11} u_1 \bar{u}_1 + h_{22} u_2 \bar{u}_2 + \cdots + h_{nn} u_n \bar{u}_n \tag{2}$$

ist.

Bezeichnet man die charakteristischen Wurzeln von H mit $\omega_1, \omega_2, \ldots, \omega_n$, so läßt sich (1) in der Form

$$\omega_1 \omega_2 \ldots \omega_n \leqq h_{11} h_{22} \ldots h_{nn}$$

schreiben. Dies ist eine Ungleichung von der Gestalt

$$f(\omega_1, \omega_2, \ldots, \omega_n) \leqq f(h_{11}, h_{22}, \ldots, h_{nn}). \tag{3}$$

Im folgenden werde ich eine allgemeine Klasse von derartigen Ungleichungen zwischen den positiven reellen Größen ω_ν und $h_{\nu\nu}$ ableiten. Man wird auf sie durch das Studium einer besonderen Art von linearen homogenen Transformationen geführt, die an und für sich von Interesse sind.

§ 1. Einführung der Mittelbildungen und der zugehörigen konkaven Funktionen,

Man denke sich eine unitär orthogonale Transformation

$$v_\varkappa = \sum_{\lambda=1}^{n} p_{\varkappa\lambda} u_\lambda \qquad (\varkappa = 1, 2, \ldots, n) \tag{4}$$

1) Vortrag, gehalten am 31. Januar 1923 unter dem Titel: Einige Bemerkungen zur Determinantentheorie.

2) Résolution d'une question relative aux déterminants, Bull. des Sciences Math. (2), Bd. XVII (1893), S. 240—246.

bestimmt, durch die H auf die „Hauptachsen" transformiert, d. h. auf die Gestalt

$$H = \omega_1 v_1 \bar{v}_1 + \omega_2 v_2 \bar{v}_2 + \cdots + \omega_n v_n \bar{v}_n$$

gebracht wird. Es wird dann insbesondere

$$h_{\varkappa\varkappa} = \sum_{\lambda=1}^{n} \omega_\lambda |p_{\lambda\varkappa}|^2.$$

Hierbei wird bekanntlich

$$\sum_{\lambda=1}^{n} |p_{\lambda\varkappa}|^2 = 1, \qquad \sum_{\varkappa=1}^{n} |p_{\lambda\varkappa}|^2 = 1.$$

Der Übergang von den ω_λ zu den $h_{\varkappa\varkappa}$ geschieht also mit Hilfe einer linearen homogenen Transformation

$$X_\varkappa = \sum_{\lambda=1}^{n} a_{\varkappa\lambda} x_\lambda, \qquad (\varkappa = 1, 2, \ldots, n) \tag{5}$$

deren Koeffizienten folgende Eigenschaften aufweisen:

1. Alle $a_{\varkappa\lambda}$ sind nichtnegative reelle Zahlen.
2. Es ist für jedes $\varkappa$

$$\sum_{\lambda=1}^{n} a_{\varkappa\lambda} = 1, \qquad \sum_{\lambda=1}^{n} a_{\lambda\varkappa} = 1.$$

Eine derartige lineare Transformation M soll im folgenden kurz als eine *Mittelbildung* bezeichnet werden. Es sei noch bemerkt, daß keineswegs jede solche Mittelbildung aus einer unitär orthogonalen Transformation (4) hervorgeht, indem man $a_{\varkappa\lambda} = |p_{\lambda\varkappa}|^2$ setzt. Dies gilt z. B. schon nicht für die Mittelbildung

$$X_1 = \tfrac{1}{2} x_1 + \tfrac{1}{2} x_2, \quad X_2 = \tfrac{1}{3} x_1 + \tfrac{1}{6} x_2 + \tfrac{1}{2} x_3, \quad X_3 = \tfrac{1}{6} x_1 + \tfrac{1}{3} x_2 + \tfrac{1}{2} x_3.$$

Um nun für die positiven Hermiteschen Formen H Ungleichungen von der Form (3) zu erhalten, stellen wir uns die andere Aufgabe, alle Funktionen $f(x_1, x_2, \ldots, x_n)$ zu bestimmen, die für alle positiven Argumente $x_\varkappa$ definiert sind und die Eigenschaft besitzen, daß für jede Mittelbildung M bei beliebigen $x_\varkappa > 0$

$$f(x_1, x_2, \ldots, x_n) \leqq f(X_1, X_2, \ldots, X_n) \tag{6}$$

wird, wofür wir auch kürzer $f(x) \leqq f(X)$ oder $f \leqq f_M$ schreiben. Eine solche Funktion nenne ich im folgenden aus einem Grunde, der im § 3 deutlich werden wird, *konkav*; sie heiße ferner *eigentlich konkav*, wenn das Auftreten des Gleichheitszeichens in (6) erfordert, daß die $X_\varkappa$ abgesehen von der Reihenfolge mit den $x_\varkappa$ übereinstimmen.

Hierbei ist zu beachten, daß eine in unserem Sinne konkave Funktion eine *symmetrische Funktion der Variabeln* $x_1, x_2, \ldots, x_n$ *sein muß.* Denn ist P eine Permutation der $x_\varkappa$, so lassen sich P und P^{-1} als Mittelbildungen auffassen[3]). Daher ist

$$f \leqq f_P, \quad f_P \leqq (f_P)_{P^{-1}} = f, \quad \text{also } f_P = f.$$

§ 2. Kriterien für konkave Funktionen,

I. *Eine symmetrische Funktion f der positiven Veränderlichen $x_1, x_2, \ldots, x_n$, die an jeder Stelle stetige partielle Ableitungeu erster Ordnung*

$$f_\varkappa = \frac{\partial f}{\partial x_\varkappa} \qquad (\varkappa = 1, 2, \ldots, n)$$

besitzt, kann nur dann in unserem Sinne konkav sein, wenn stets

$$(x_1 - x_2)(f_1 - f_2) \leqq 0 \tag{7}$$

ist.

Dies ergibt sich folgendermaßen: Für $0 < \varepsilon < 1$ ist

$$X_1 = (1-\varepsilon)x_1 + \varepsilon x_2, \quad X_2 = \varepsilon x_1 + (1-\varepsilon)x_2, \quad X_3 = x_3, \ldots, X_n = x_n$$

eine Mittelbildung. Setzt man

$$x_1 - x_2 = u, \quad f_1 - f_2 = F,$$

so wird, weil X_1 und X_2 in der Form

$$X_1 = x_1 - \varepsilon u, \quad X_2 = x_2 + \varepsilon u$$

geschrieben werden können, nach dem Mittelwertsatz der Differentialrechnung

$$f(X) = f(x) - \varepsilon u F(x_1 - \varepsilon' u, x_2 + \varepsilon' u, x_3, \ldots, x_n). \qquad (0 < \varepsilon' < \varepsilon)$$

Wäre uF an der Stelle $x_1, x_2, \ldots, x_n$ positiv, so ließe sich ε so klein wählen, daß $f(X) < f(x)$ wird, was für eine konkave Funktion f nicht zulässig ist.

Die Bedingung (7) kann (für symmetrische Funktionen) auch so ausgesprochen werden: *Für* $x_1 > x_2$ *soll* $F = f_1 - f_2 \leqq 0$ *sein.* Dies beruht darauf, daß F wegen

$$\left\{\begin{aligned} f_1(x_1, x_2, x_3, \ldots, x_n) &= f_2(x_2, x_1, x_3, \ldots, x_n), \\ f_2(x_1, x_2, x_3, \ldots, x_n) &= f_1(x_2, x_1, x_3, \ldots, x_n) \end{aligned}\right\} \tag{8}$$

eine alternierende Funktion von x_1 und x_2 ist.

---

3) Man erkennt leicht, daß die Permutationen die einzigen Mittelbildungen von nicht verschwindender Determinante sind, deren Inversen gleichfalls als Mittelbildungen zu bezeichnen sind.

II. *Es sei $f(x_1, x_2, \ldots, x_n)$ eine für alle positiven $x_\varkappa$ definierte symmetrische Funktion, die an jeder Stelle stetige partielle Ableitungen erster und zweiter Ordnung*

$$f_\varkappa = \frac{\partial f}{\partial x_\varkappa}, \quad f_{\varkappa\lambda} = \frac{\partial^2 f}{\partial x_\varkappa \partial x_\lambda}$$

besitzt. Ist die Bedingung (7) *erfüllt und weiß man außerdem noch, daß an jeder Stelle, an der $F = f_1 - f_2$ verschwindet,*

$$G = f_{11} - 2f_{12} + f_{22} < 0 \tag{9}$$

wird, so ist f eine eigentlich konkave Funktion.

Für die Anwendungen ist noch zu beachten, daß die Bedingung (7) von selbst erfüllt ist, wenn bekannt ist, daß der Ausdruck G für *alle* $x_\varkappa > 0$ negativ ausfüllt. Denn aus (8) folgt, wenn wieder $u = x_1 - x_2$ gesetzt wird,

$$2F(x_1, x_2, \ldots, x_n) = F(x_1, x_2, \ldots, x_n) - F(x_1 - u, x_2 + u, x_3, \ldots, x_n).$$

Wegen

$$\frac{\partial F(x_1 - t, x_2 + t, x_3, \ldots, x_n)}{\partial t} = -G(x_1 - t, x_2 + t, x_3, \ldots, x_n)$$

wird daher

$$2F(x_1, x_2, \ldots, x_n) = (x_1 - x_2)\, G(x_1 - \vartheta u, x_2 + \vartheta u, x_3, \ldots, x_n), \quad (0 < \vartheta < 1)$$

also insbesondere $uF \leqq 0$, wenn stets $G < 0$ ist.

Der Satz II läßt sich folgendermaßen beweisen. Es sei $x_1, x_2, \ldots, x_n$ ein gegebenes System positiver Größen. Wegen der Symmetrieeigenschaft von f können wir annehmen, daß

$$x_1 \geqq x_2 \geqq \cdots \geqq x_n$$

sei. Wir denken uns den Ausdruck $f(X_1, X_2, \ldots, X_n)$ für die Gesamtheit aller Mittelbildungen M gebildet und betrachten ihn als Funktion der n^2 Koeffizienten $a_{\varkappa\lambda}$ von M. Da unsere Mittelbildungen offenbar eine beschränkte, abgeschlossene Punktmenge im Raum der n^2 Koordinaten $a_{\varkappa\lambda}$ charakterisieren, und f auf Grund der gemachten Voraussetzungen eine stetige Funktion ist, so muß $f(X_1, X_2, \ldots, X_n)$ ein Minimum μ besitzen. Dieses Minimum werde für die Mittelbildung

$$X'_\varkappa = \sum_{\lambda=1}^{n} b_{\varkappa\lambda} x_\lambda \qquad (\varkappa = 1, 2, \ldots, n) \tag{10}$$

erreicht. Wir haben dann nur zu zeigen, daß die $X'_\varkappa$ für unser spezielles Wertsystem $x_\varkappa$ abgesehen von der Reihenfolge mit den $x_\varkappa$ übereinstimmen müssen. Denn dies liefert insbesondere auch

$\mu = f(x_1, x_2, \ldots, x_n)$. Hierbei können wir uns die Linearformen (10) so angeordnet denken, daß für unsere speziellen $x_\varkappa$ auch

$$X_1' \geqq X_2' \geqq \cdots \geqq X_n'$$

wird.

Ich behaupte zunächst: Sind $\alpha > \beta$ und $\gamma > \delta$ zwei Paare von Indizes aus der Reihe $1, 2, \ldots, n$ und ist $x_\gamma > x_\delta$, so muß

$$b_{\alpha\delta} b_{\beta\gamma} = 0 \tag{11}$$

sein. Wären nämlich $b_{\alpha\delta}$ und $b_{\beta\gamma}$ beide von Null verschieden, also positiv, so würde für genügend kleines positives ε die lineare Substitution

$$X_\varkappa'' = \sum_{\lambda=1}^{n} c_{\varkappa\lambda} x_\lambda, \qquad (\varkappa = 1, 2, \ldots, n)$$

bei der $c_{\varkappa\lambda}$ mit Ausnahme der vier Koeffizienten

$$c_{\alpha\gamma} = b_{\alpha\gamma} + \varepsilon, \quad c_{\alpha\delta} = b_{\alpha\delta} - \varepsilon$$
$$c_{\beta\gamma} = b_{\beta\gamma} - \varepsilon, \quad c_{\beta\delta} = b_{\beta\delta} + \varepsilon$$

gleich $b_{\varkappa\lambda}$ wird, wieder eine Mittelbildung darstellen. Setzt man $x_\gamma - x_\delta = v$, so wird für unser Wertsystem $x_\varkappa$

$$f(X_1'', X_2'', \ldots, X_n'') = f(X_\alpha'', X_\beta'', \ldots) = f(X_\alpha' + \varepsilon v, X_\beta' - \varepsilon v, \ldots)$$
$$= f(X_\alpha', X_\beta', \ldots) + \varepsilon v F(X_\alpha', X_\beta', \ldots) + \frac{\varepsilon^2 v^2}{2} G(X_\alpha' + \varepsilon' v, X_\beta' - \varepsilon' v, \ldots)$$

mit $0 < \varepsilon' < \varepsilon$. Da nun $v > 0$ und $X_\alpha' \geqq X_\beta'$ sein soll, so wird auf Grund der über die Funktion f gemachten Voraussetzungen das mittlere Glied negativ oder Null und, wenn es den Wert Null hat, das letzte Glied bei genügend kleinem ε negativ. In beiden Fällen würde sich also ε so wählen lassen, daß $f(X'')$ kleiner als $f(X')$ ausfällt. Dies widerspricht aber der Annahme, daß $f(X') = \mu$ sein soll.

Es sei nun

$$x_1 = x_2 = \cdots = x_{k_1} > x_{k_1+1} = x_{k_1+2} = \cdots = x_{k_1+k_2} > \cdots \text{[4]}. \tag{12}$$

Die Matrix $B = (b_{\varkappa\lambda})$ der Mittelbildung (10) schreibe man in der Form

$$B = \begin{pmatrix} B_{11} & B_{12} & \ldots \\ B_{21} & B_{22} & \ldots \\ \ldots & \ldots & \ldots \end{pmatrix},$$

wobei die Teilmatrix $B_{\varrho\sigma}$ k_ϱ Zeilen und k_σ Spalten umfassen soll.

---

4) Sind alle $x_\varkappa$ einander gleich, so ist unmittelbar zu sehen, daß auch alle $X_\varkappa'$ denselben Wert haben müssen und zwar den Wert x_1.

Ich behaupte, daß hierin nur die Koeffizienten von $B_{11}, B_{22}, \ldots$ von Null verschieden sein können. Denn wäre zunächst ein in $B_{12}, B_{13}, \ldots$ vorkommender Koeffizient $b_{\beta\gamma}$ von Null verschieden, so würde aus (11) folgen, daß $B_{21}, B_{31}, \ldots$ aus lauter Nullen bestehen. Da nun aber in jeder Zeile und jeder Spalte von B die Koeffizientensumme gleich 1 sein soll, so wird, wenn $s_{\varrho\sigma}$ die Summe aller $k_\varrho k_\sigma$ Koeffizienten von $B_{\varrho\sigma}$ bedeutet,

$$k_1 = s_{11} + s_{12} + s_{13} + \cdots = s_{11} + s_{21} + s_{31} + \cdots.$$

Dies liefert, da wir schon wissen, daß $s_{21} = s_{31} = \cdots = 0$ ist,

$$s_{12} + s_{13} + \cdots = 0.$$

Dies widerspricht aber wegen $b_{\varkappa\lambda} \geqq 0$ der Voraussetzung, daß in $B_{12}, B_{13}, \ldots$ ein von Null verschiedener Koeffizient vorkommen soll.

Ebenso erkennt man, daß auch kein Koeffizient von $B_{21}, B_{31}, \ldots$ von Null verschieden sein kann. Indem man in dieser Weise fortfährt, gelangt man zu der Einsicht, daß alle $B_{\varrho\sigma}$ für $\varrho \neq \sigma$ aus lauter Nullen bestehen müssen.

Die Mittelbildung B zerfällt also in die Mittelbildungen $B_{11}, B_{22}, \ldots$ In Verbindung mit (12) ergibt sich nun unmittelbar, daß

$$X_1' = X_2' = \cdots = X_{k_1}' = x_1,$$
$$X_{k_1+1}' = X_{k_1+2}' = \cdots = X_{k_1+k_2}' = x_{k_1+1}, \ldots$$

wird; dies bedeutet aber nur, daß die $X_\varkappa'$ mit den $x_\varkappa$ übereinstimmen.

Die zuletzt durchgeführte Betrachtung liefert zugleich ein Ergebnis, das auch direkt ohne Mühe bewiesen werden kann:

III. *Ist* (10) *eine beliebig gegebene Mittelbildung, und sollen für das (reelle) Wertsystem* $x_1, x_2, \ldots, x_n$ *die* $X_\varkappa'$ *abgesehen von der Reihenfolge mit den* $x_\varkappa$ *übereinstimmen, so sind entweder die* $x_\varkappa$ *einander gleich oder die Mittelbildung zerfällt entsprechend den Systemen einander gleicher Werte* $x_\varkappa$ *in mehrere Einzelmittelbildungen. Genauer: Gelten, wenn die* $x_\varkappa$ *nach abnehmender Größe geordnet und wieder mit* $x_1, x_2, \ldots, x_n$ *bezeichnet werden, die Beziehungen* (12), *so lassen sich die Zeilen und Spalten der Matrix* $B = (b_{\varkappa\lambda})$ *so anordnen, daß die neue Matrix die Gestalt*

$$\begin{pmatrix} B_{11} & 0 & 0 & \ldots \\ 0 & B_{22} & 0 & \ldots \\ 0 & 0 & B_{33} & \ldots \\ \ldots & \ldots & \ldots & \ldots \end{pmatrix}$$

erhält, wobei $B_{\varrho\varrho}$ eine quadratische Matrix mit k_ϱ Zeilen und Spalten bedeutet.

Denn zunächst können, da für jedes p die Mittelbildung (12) auch

$$X'_\varkappa + p = \sum_{\lambda=1}^{n} b_{\varkappa\lambda}(x_\lambda + p)$$

liefert, die zu betrachtenden Werte $x_\varkappa$ als positiv angenommen werden. Wählt man nun eine beliebige eigentlich konkave Funktion f, so erhält für unser Wertsystem $x_\varkappa$ der Ausdruck $f(X'_1, X'_2, \ldots, X'_n)$ gewiß den kleinsten zulässigen Wert $\mu = f(x_1, x_2, \ldots, x_n)$. Dann gilt aber die oben durchgeführte Schlußweise.

§ 3. Einige spezielle konkave Funktionen.

Im folgenden führe ich die abkürzende Bezeichnung

$$F = f_1 - f_2 = \Delta f$$

ein. Dann kann

$$G = f_{11} - 2f_{12} + f_{22} = \Delta(\Delta f) = \Delta^2 f$$

gesetzt werden.

Die elementaren symmetrischen Funktionen der Variabeln $x_1, x_2, \ldots, x_n$ bezeichne ich mit $c_1, c_2, \ldots, c_n$ und die entsprechenden mit Hilfe von $x_3, x_4, \ldots, x_n$ gebildeten Ausdrücke mit $d_1, d_2, \ldots, d_{n-2}$. Außerdem sei noch

$$d_0 = 1, \quad d_{-1} = d_{n-1} = d_n = 0.$$

Dann wird

$$c_\nu = x_1 x_2 d_{\nu-2} + (x_1 + x_2) d_{\nu-1} + d_\nu. \tag{13}$$

Für positive Größen $x_\varkappa$ ist bekanntlich

$$c_1 > \frac{c_2}{c_1} > \frac{c_3}{c_2} > \cdots > \frac{c_n}{c_{n-1}} \tag{14}$$

und

$$\frac{c_1}{n} \geqq \sqrt{\frac{c_2}{n_2}} \geqq \sqrt[3]{\frac{c_3}{n_3}} \geqq \cdots \geqq \sqrt[n]{c_n}. \qquad \left(n_\nu = \binom{n}{\nu}\right) \tag{15}$$

IV. *Für positive $x_\varkappa$ sind $c_2, c_3, \ldots, c_n$ eigentlich konkave Funktionen.*

Dies folgt unmittelbar aus unserem Satze II. Denn es ist wegen (13)

$$\Delta c_\nu = (x_2 - x_1) d_{\nu-2}, \quad \Delta^2 c_\nu = -2 d_{\nu-2} < 0. \quad (\nu > 1)$$

IV*. *Für positive $x_\varkappa$ ist*

$$f = \frac{c_{\nu+1}}{c_\nu} \qquad (\nu = 1, 2, \ldots, n-1)$$

eine eigentlich konkave Funktion.

Denn es wird, wie eine einfache Rechnung liefert,

$$c_\nu^2 \Delta^2 f = 2\,[c_\nu + (x_1 - x_2)^2 d_{\nu-2}]\,[c_{\nu+1} d_{\nu-2} - c_\nu d_{\nu-1}].$$

Es ist aber wegen (13) und (14)

$$c_{\nu+1} d_{\nu-2} - c_\nu d_{\nu-1} = (x_1 + x_2)(d_\nu d_{\nu-2} - d_{\nu-1}^2) + d_{\nu+1} d_{\nu-2} - d_\nu d_{\nu-1} < 0.$$

IV**. *Für positive $x_\varkappa$ ist*

$$g = c_1^{n-\nu} c_\nu - (n-2)^{n-\nu} \binom{n-2}{\nu-2} c_n \qquad (\nu = 2, 3, \ldots, n-1)$$

eine eigentlich konkave Funktion.

Aus (15) folgt nämlich wegen $c_1 > d_1$

$$\Delta^2 g = c_1^{n-\nu} \Delta^2 c_\nu - (n-2)^{n-\nu} \binom{n-2}{\nu-2} \Delta^2 c_n$$

$$= -2\left[c_1^{n-\nu} d_{\nu-2} - (n-2)^{n-\nu} \binom{n-2}{\nu-2} d_{n-2}\right] < 0.$$

Eine allgemeine Klasse von Beispielen liefert der Satz

V. *Ist $\varphi(x)$ eine für $x > 0$ definierte zweimal stetig differenzierbare Funktion, die der Bedingung*

$$\varphi''(x) < 0$$

genügt, so stellt

$$f(x_1, x_2, \ldots, x_n) = \varphi(x_1) + \varphi(x_2) + \cdots + \varphi(x_n) \tag{16}$$

eine eigentlich konkave Funktion der positiven Veränderlichen $x_1, x_2, \ldots, x_n$ dar.

Denn es ist f symmetrisch und

$$\Delta^2 f = \varphi''(x_1) + \varphi''(x_2) < 0.$$

Allgemeiner stellt der Ausdruck (16) eine in unserem Sinne konkave Funktion von $x_1, x_2, \ldots, x_n$ dar, sobald $\varphi(x)$ eine stetige, im Jensenschen Sinne konkave Funktion von x ist, d. h. der Bedingung

$$\varphi\left(\frac{x_1 + x_2}{2}\right) \geqq \frac{1}{2}\,[\varphi(x_1) + \varphi(x_2)]$$

genügt[5]). Denn es ist dann für jede Mittelbildung

$$X_\varkappa = \sum_{\lambda=1}^{n} a_{\varkappa\lambda} x_\lambda$$

wegen $a_{\varkappa\lambda} \geqq 0$, $\sum_\lambda a_{\varkappa\lambda} = 1$ nach Herrn Jensen

$$\varphi\left[\sum_\lambda a_{\varkappa\lambda} x_\lambda\right] \geqq \sum_\lambda a_{\varkappa\lambda}\, \varphi(x_\lambda).$$

5) Vgl. J. L. W. V. Jensen, Sur les fonctions convexes et les inégalités entre les valeurs moyennes, Acta Math. 30 (1906), S. 175—193.

Addiert man über $\varkappa = 1, 2, \ldots, n$, so ergibt sich wegen $\sum_{\varkappa} a_{\varkappa\lambda} = 1$

$$\sum_{\varkappa} \varphi(X_{\varkappa}) \geqq \sum_{\lambda} \varphi(x_{\lambda}). \tag{17}$$

Diese Schlußweise zeigt aber noch nicht, daß, wenn $\varphi(x)$ zweimal stetig differenzierbar ist und $\varphi''(x)$ immer negativ ist, die in (17) auftretenden Summen von einander verschieden sind, es sei denn, daß die $X_{\varkappa}$ abgesehen von der Reihenfolge mit den x_{λ} übereinstimmen.

§ 4. **Anwendungen.**

Es sei wieder

$$H_n = \sum_{\varkappa, \lambda}{}_1^n h_{\varkappa\lambda} x_{\varkappa} \overline{x}_{\lambda} \qquad (\overline{h}_{\varkappa\lambda} = h_{\lambda\varkappa})$$

eine positive Hermitesche Form mit der Determinante D_n und den charakteristischen Wurzeln $\omega_1, \omega_2, \ldots, \omega_n$. Die elementaren symmetrischen Funktionen der $\omega_{\varkappa}$ bezeichne ich mit $c_1, c_2, \ldots, c_n$, die Potenzsummen $\sum \omega_{\varkappa}^m$ mit $s_1, s_2, \ldots$. Die entsprechenden Funktionen der Größen $h_{\varkappa\varkappa}$ seien $C_1, C_2, \ldots, C_n$, bzw. $S_1, S_2, \ldots$. Dann wird

$$c_1 = C_1, \quad c_2 = C_2 - \sum_{\varkappa < \lambda}{}_1^n |h_{\varkappa\lambda}|^2, \quad C_3 = \sum_{\varkappa < \lambda < \mu}{}_1^n \begin{vmatrix} h_{\varkappa\varkappa} & h_{\varkappa\lambda} & h_{\varkappa\mu} \\ h_{\lambda\varkappa} & h_{\lambda\lambda} & h_{\lambda\mu} \\ h_{\mu\varkappa} & h_{\mu\lambda} & h_{\mu\mu} \end{vmatrix}, \quad \ldots$$

$$s_1 = S_1, \quad s_2 = S_2 + 2 \sum_{\varkappa < \lambda}{}_1^n |h_{\varkappa\lambda}|^2, \quad s_3 = \sum_{\varkappa, \lambda, \mu}{}_1^n h_{\varkappa\lambda} h_{\lambda\mu} h_{\mu\varkappa}, \quad \ldots$$

Aus der Formel für c_2 oder s_2 folgt insbesondere, daß die $\omega_{\varkappa}$ nur dann abgesehen von der Reihenfolge mit den $h_{\varkappa\varkappa}$ übereinstimmen, wenn H_n eine „Diagonalform" $\sum_{\nu=1}^{n} h_{\nu\nu} x_{\nu} \overline{x}_{\nu}$ ist.

Dies zeigt: *Jede eigentlich konkave Funktion $f(x_1, x_2, \ldots, x_n)$ der positiven Veränderlichen $x_{\varkappa}$ liefert eine Ungleichung der Form*

$$f(\omega_1, \omega_2, \ldots, \omega_n) \leqq f(h_{11}, h_{22}, \ldots, h_{nn}),$$

in der das Gleichheitszeichen nur dann gilt, wenn H_n eine Diagonalform ist. Ist f insbesondere eine rationale (symmetrische) Funktion, so erhält man eine Ungleichung zwischen zwei rationalen Funktionen der $h_{\varkappa\lambda}$.

Der Hadamardsche Determinantensatz ist insbesondere in der Aussage enthalten, daß $x_1 x_2 \ldots x_n$ für $x_{\varkappa} > 0$ eine eigentlich konkave Funktion darstellt. Dies folgt aus IV oder auch aus V für $\varphi(x) = \log x$.

Die weiteren Ergebnisse des vorigen Paragraphen liefern bemerkenswerte Ergänzungen zum Hadamardschen Satz.

Aus IV* folgt, daß nicht nur $C_n \geqq c_n$ ist, sondern genauer

$$\frac{C_n}{c_n} \geqq \frac{C_{n-1}}{c_{n-1}} \geqq \frac{C_{n-2}}{c_{n-2}} \geqq \cdots \geqq \frac{C_2}{c_2} = \frac{C_1}{c_1} = 1$$

wird. Ist H_n keine Diagonalform, so steht hier überall das Ungleichheitszeichen.

Der Satz IV** liefert für $\nu = 2$

$$C_1^{n-2} C_2 - (n-2)^{n-2} C_n \geqq c_1^{n-2} c_2 - (n-2)^{n-2} c_n$$

oder

$$C_n - c_n \leqq \frac{c_1^{n-2}}{(n-2)^{n-2}} (C_2 - c_2).$$

Diese Ungleichung können wir in Verbindung mit dem Hadamardschen Satz auch in der Form

$$0 \leqq h_{11} h_{22} \ldots h_{nn} - D_n \leqq \left(\frac{h_{11} + h_{22} + \cdots + h_{nn}}{n-2}\right)^{n-2} \sum_{\substack{1 \\ \varkappa < \lambda}}^{n} |h_{\varkappa\lambda}|^2$$

schreiben. Hieraus folgt wegen $1 + x < e^x$

(18) $$0 \leqq h_{11} h_{22} \ldots h_{nn} - D_n \leqq e^2 . e^{\sum\limits_{\nu=1}^{n} (h_{\nu\nu} - 1)} \sum_{\substack{1 \\ \varkappa < \lambda}}^{n} |h_{\varkappa\lambda}|^2 .$$

Wendet man diese Ungleichung auf die Hermitesche Form an, die aus H_n vermittelst der linearen Transformation $\sqrt{h_{\varkappa\varkappa}}\, v_\varkappa = u_\varkappa$ hervorgeht, so erhält man für H_n

$$0 \leqq h_{11} h_{22} \ldots h_{nn} - D_n \leqq e^2 . h_{11} h_{22} \ldots h_{nn} \sum_{\substack{1 \\ \varkappa < \lambda}}^{n} \frac{|h_{\varkappa\lambda}|^2}{h_{\varkappa\varkappa} h_{\lambda\lambda}}$$ [6]).

Von Wichtigkeit sind auch die für jede positive Hermitesche Form geltenden Ungleichungen

(19) $$s_m \geqq S_m, \qquad (m = 2, 3, 4, \ldots)$$

die sich aus unserem Satz V ergeben, indem man $\varphi(x) = -x^m$ setzt. Für jedes m steht hier wieder das Gleichheitszeichen nur dann, wenn H_n eine Diagonalform ist. Für $m = 3$ kann man die Ungleichung (19) in der Form

(20) $$\sum_{\substack{1 \\ \varkappa < \lambda}}^{n} |h_{\varkappa\lambda}|^2 (h_{\varkappa\varkappa} + h_{\lambda\lambda}) + 2 \sum_{\substack{1 \\ \varkappa < \lambda < \mu}}^{n} \Re (h_{\varkappa\lambda} h_{\lambda\mu} h_{\mu\varkappa}) \geqq 0$$

schreiben.

Wir haben bis jetzt angenommen, daß H_n positiv definit sei. Ein einfacher Grenzübergang lehrt aber, daß die von uns ge-

1) Es ist mir nicht gelungen zu entscheiden, ob der in diesen Formeln auftretende Faktor e^2 (für alle Werte von n) durch eine kleinere Zahl ersetzt werden kann.

wonnenen Ungleichungen auch für nichtnegative Formen gelten, nur daß sie in diesem Fall auch für Formen, die keine Diagonalformen sind, in Gleichungen übergehen können.

Einige unserer Formeln lassen auch beachtenswerte Anwendungen auf unendliche Determinanten und Formen mit unendlich vielen Veränderlichen zu.

Es sei zunächst $(a_{\varkappa\lambda})$ eine unendliche Matrix mit den Abschnittsdeterminanten

$$\varDelta_n = \begin{vmatrix} a_{11} & a_{12} & \dots & a_{1n} \\ a_{21} & a_{22} & \dots & a_{2n} \\ \cdot & \cdot & \cdot & \cdot \\ a_{n1} & a_{n2} & \dots & a_{nn} \end{vmatrix}.$$

Setzt man voraus, daß die unendlichen Reihen

$$\sum_{\nu=1}^{\infty} |a_{\nu\nu}-1|, \qquad \sum_{\varkappa \neq \lambda}{}_1^{\infty} |a_{\varkappa\lambda}|^2$$

konvergent sind, so hat nach einem Satze des Herrn von Koch[7]) die unendliche Determinante

$$\varDelta = \begin{vmatrix} a_{11} & a_{12} & \dots \\ a_{21} & a_{22} & \dots \\ \cdot & \cdot & \cdot \end{vmatrix} = \lim_{n \to \infty} \varDelta_n$$

einen endlichen Wert. Man erkennt ferner leicht, daß auch die mit Hilfe der Größen

$$s_{\varkappa\lambda} = \sum_{\nu=1}^{\infty} a_{\varkappa\nu} \overline{a}_{\lambda\nu}$$

gebildeten Reihen

$$\sum_{\nu=1}^{\infty} |s_{\nu\nu}-1|, \qquad \sum_{\varkappa < \lambda}{}_1^{\infty} |s_{\varkappa\lambda}|^2$$

konvergent sind. Hieraus folgt zugleich die Konvergenz von $\prod\limits_{\nu=1}^{\infty} s_{\nu\nu}$. Setzt man nun

$$H_n = \sum_{\nu=1}^{n} \left| \sum_{\varkappa=1}^{n} a_{\varkappa\nu} u_\varkappa \right|^2 = \sum_{\varkappa,\lambda}{}_1^n h_{\varkappa\lambda} u_\varkappa \overline{u}_\lambda, \qquad h_{\varkappa\lambda} = \sum_{\nu=1}^{n} a_{\varkappa\nu} \overline{a}_{\lambda\nu},$$

so wird, wie man ohne Mühe beweist, für $n \to \infty$

$$\prod_{\nu=1}^{n} h_{\nu\nu} \to \prod_{\nu=1}^{\infty} s_{\nu\nu}, \qquad \sum_{\nu=1}^{n} (h_{\nu\nu}-1) \to \sum_{\nu=1}^{\infty} (s_{\nu\nu}-1),$$

$$\sum_{\varkappa=1}{}_1^n |h_{\varkappa\lambda}|^2 \to \sum_{\varkappa<\lambda}{}_1^{\infty} |s_{\varkappa\lambda}|^2.$$

---

7) Sur la convergence des déterminants infinis, Rendiconti del Circ. Mat. di Palermo, Bd. XXVIII (1909), S. 255—266.

Da außerdem $D_n = |\Delta_n|^2$ ist, so ergibt sich aus (18)

$$0 \leqq \prod_{\nu=1}^{\infty} s_{\nu\nu} - |\Delta|^2 \leqq e^2 \cdot e^{\sum\limits_{\nu=1}^{\infty}(s_{\nu\nu}-1)} \sum_{\varkappa<\lambda} {}_1^{\infty} |s_{\varkappa\lambda}|^2.$$

Auf Grund dieser Formel gelingt es vielfach, das Nichtverschwinden von Δ nachzuweisen.

Man betrachte ferner eine Hermitesche Form

$$C = \sum_{\varkappa,\lambda} {}_1^{\infty} c_{\varkappa\lambda} u_\varkappa \bar{u}_\lambda \qquad (c_{\varkappa\lambda} = \bar{c}_{\lambda\varkappa})$$

mit unendlich vielen Veränderlichen. Soll C im Hilbertschen Sinne beschränkt sein, so muß sich eine positive Größe M derart bestimmen lassen, daß für jedes n die beiden Formen

$$M \sum_{\nu=1}^{n} u_\nu \bar{u}_\nu \pm \sum_{\varkappa,\lambda} {}_1^{n} c_{\varkappa\lambda} u_\varkappa \bar{u}_\lambda$$

nicht negativ ausfallen. Wendet man auf diese beiden Formen die Formel (20) an, so erhält man, wenn (für $n > 2$)

$$P_n = \sum_{\varkappa<\lambda} {}_1^{n} |c_{\varkappa\lambda}|^2, \quad Q_n = \sum_{\varkappa<\lambda} {}_1^{n} |c_{\varkappa\lambda}|^2 (c_{\varkappa\varkappa} + c_{\lambda\lambda}) + 2 \sum_{\varkappa<\lambda<\mu} {}_1^{n} \Re(c_{\varkappa\lambda} c_{\lambda\mu} c_{\mu\varkappa})$$

gesetzt wird, $|Q_n| \leqq 2M|P_n|$. Sieht man also von dem trivialen Fall ab, daß alle $c_{\varkappa\lambda}$ für $\varkappa < \lambda$ verschwinden, so ergibt sich als notwendiges Kriterium für die Beschränktheit von C, daß *die Quotienten* $\left|\frac{Q_n}{P_n}\right|$ *nach oben beschränkt sein müssen.*

Eine besonders einfache Gestalt erhält die Ungleichung (20), wenn H_n als der n-te Abschnitt einer Toeplitzschen Form

$$A = \sum_{\varkappa,\lambda} {}_0^{\infty} a_{\lambda-\varkappa} u_\varkappa \bar{u}_\lambda \qquad (a_{-\nu} = \bar{a}_\nu,\ a_0 > 0)$$

erscheint. Setzt man formal

(21) $$f(x) = \frac{a_0}{2} + a_1 x + a_2 x^2 + \cdots$$

oder

$$[f(x)]^2 = \frac{a_0^2}{4} + a_1^{(2)} x + a_2^{(2)} x^2 + \cdots,$$

so läßt sich unsere Ungleichung, wie eine einfache Rechnung zeigt, in der Form

(22) $$\Re\left(\sum_{\nu=1}^{n-1} (n-\nu)\, a_\nu^{(2)} \bar{a}_\nu\right) \geqq 0$$

schreiben. Auf Grund des bekannten Carathéodory-Toeplitzschen Satzes über Potenzreihen mit positivem Realteil folgt hieraus: *Soll die Potenzreihe* (21) *für* $|x| < 1$ *konvergent und ihr Realteil überall positiv sein, so muß für jedes* n *die Ungleichung* (22) *bestehen.*

50.

Über den Zusammenhang zwischen einem Problem der Zahlentheorie und einem Satz über algebraische Funktionen

Sitzungsberichte der Preussischen Akademie der Wissenschaften 1923, Physikalisch-Mathematische Klasse, 123 - 134

Besitzt ein ganzzahliges Polynom

$$(1.)\qquad f(x) = a_0 x^n + a_1 x^{n-1} + \cdots + a_{n-1} x + a_n \qquad (a_0 \neq 0)$$

in bezug auf die Primzahl p die Eigenschaft, daß die p Zahlen

$$(2.)\qquad f(0),\; f(1), \cdots,\; f(p-1)$$

ein vollständiges Restsystem mod. p bilden, so will ich im folgenden sagen, *$f(x)$ liefere eine Permutation mod. p.* Bei gegebenem p läßt sich bekanntlich zu jeder Permutation

$$\begin{pmatrix} 0 & 1 & \cdots & p-1 \\ \nu_0 & \nu_1 & \cdots & \nu_{p-1} \end{pmatrix}$$

ein Polynom $f(x)$ angeben, so daß $f(x) \equiv \nu_x \pmod{p}$ wird. Für $p > 2$ kann hierbei $n \leqq p-2$ angenommen werden[1].

Von Interesse sind nun diejenigen Polynome mit festgegebenen ganzzahligen Koeffizienten, die für unendlich viele Primzahlen Permutationen liefern. Man kennt drei Arten von derartigen Polynomen:

1. Die linearen Funktionen

$$L(x) = ax + b$$

für alle zu a teilerfremden Primzahlen.

2. Die Potenzen

$$(3.)\qquad P(x) = x^n$$

mit ungeradem Exponenten für alle Primzahlen p, die der Bedingung $(p-1, n) = 1$ genügen.

3. Bedeutet

$$T_n(x) = \cos(n \arccos x)$$

---

[1] Vgl. Hermite, Sur les fonctions de sept lettres, Werke Bd. II S. 280.

das n-te Tschebyscheffsche Polynom und setzt man, wenn a irgendeine von Null verschiedene ganze Zahl ist,

$$(4.)\quad D_n(a,x) = \frac{(\sqrt{-4a})^n}{2^{n-1}} T_n\left(\frac{x}{\sqrt{-4a}}\right)$$

$$= x^n + nax^{n-2} + n\sum_{\nu=2}^{\left[\frac{n}{2}\right]} \frac{(n-\nu-1)(n-\nu-2)\cdots(n-2\nu+1)}{2\cdot 3\cdots\nu} a^\nu x^{n-2\nu},$$

so liefert dieses Polynom, wie Hr. L. E. Dickson[1] zuerst bewiesen hat, eine Permutation mod. p, sobald nur p^2-1 zu n teilerfremd ist. Dies führt für jedes ungerade n, das keine Potenz von 3 ist, auf unendlich viele Primzahlen p.

Im folgenden werde ich zeigen:

I. *Ist n eine ungerade Primzahl, so liefern unter den Polynomen n-ten Grades nur die Ausdrücke von der Form*

$$f(x) = \alpha(\gamma x+\delta)^n + \beta \qquad (n \geqq 3)$$

oder

$$(5.)\quad f(x) = \alpha D_n(a, \gamma x + \delta) + \beta \qquad (n > 3)$$

Permutationen für unendlich viele Primzahlen p[2].

Der Beweis wird mit Hilfe eines an und für sich interessanten Satzes über algebraische Funktionen erbracht werden:

II. *Ist $f(y)$ ein Polynom vom Primzahlgrad $n > 2$, ist der Koeffizient von y^{n-1} gleich Null, und sind unter den n Zweigen der Umkehrungsfunktion $y = \phi(x)$ von $f(y) = x$ weniger als $n-1$ linear unabhängig, so hat $f(y)$ entweder die Form*

$$f(y) = \alpha y^n + \beta \qquad (n \geqq 3)$$

oder die Form

$$f(y) = \alpha T_n(\gamma y) + \beta. \qquad (n > 3)$$

Stellt man sich die Aufgabe, auch für eine zusammengesetzte Gradzahl n alle Polynome n-ten Grades zu bestimmen, die für unendlich viele Primzahlen Permutationen liefern, so hat man folgendes zu beachten:

Versteht man unter der aus $g(x)$ und $h(x)$ zusammengesetzten Funktion den Ausdruck $g(h(x))$, so wird jedes ganzzahlige Polynom n-ten Grades, das aus linearen Funktionen und Ausdrücken (ungeraden Grades) von der Form (3) oder (4) durch Zusammensetzung entsteht, eine Lösung der Aufgabe liefern. Gibt es für die Gradzahl n keine anderen Polynome der verlangten Art, so will ich sagen, n sei eine *Dicksonsche Zahl.* Ein gerades n wäre also als Dicksonsche Zahl zu bezeichnen, wenn es überhaupt kein Polynom n-ten Grades gibt, das für unendlich viele Primzahlen Permutationen liefert. In einer späteren Arbeit werde ich den Satz beweisen: *Weiß man, daß für alle zusammengesetzten*

---

[1] Annals of Mathematics, Bd. 11 (1897), S. 65—120 und 161—183. Vgl. auch L. E. Dickson, Linear Groups, Leipzig 1901, S. 57.

[2] Daß für eine ungerade Primzahl $n > 3$ die Ausdrücke (5) die einzigen Polynomen n-ten Grades sind, die für *alle* der Bedingung $(p^2-1, n) = 1$ genügenden hinreichend großen Primzahlen p Permutationen liefern, hat schon Hr. Dickson (Ann. of Math., a. a. O. S. 89—91) bewiesen.

Teiler n' von n jede Permutationsgruppe in n' Vertauschungssymbolen, die einen Zyklus der Ordnung n' enthält und nicht zweifach transitiv ist, imprimitiv sein muß, so ist n eine DICKSONsche Zahl. Hieraus folgt auf Grund eines Satzes von Hrn. W. BURNSIDE (Theory of Groups, Cambridge 1911, S. 343), daß jede Primzahlpotenz eine DICKSONsche Zahl ist. Dasselbe gilt, wie ich zeigen werde, auch für jedes Produkt von zwei Primzahlpotenzen.

§ 1.

Kriterien für die zu untersuchenden Polynome.

Liefert das Polynom (1.) Permutationen für unendlich viele Primzahlen, so gilt dasselbe auch für das ebenfalls ganzzahlige Polynom

$$n^n a_0^{n-1}\left[f\left(\frac{x-a_1}{na_0}\right)-f\left(\frac{-a_1}{na_0}\right)\right] = x^n + b_2 x^{n-2} + \cdots + b_{n-1} x.$$

Wir können daher von vornherein annehmen, daß in (1.)

$$a_0 = 1, \quad a_1 = 0, \quad a_n = 0$$

ist[1]. Ein solches Polynom werde ich im folgenden kurz als *normiert* bezeichnen.

Die zu n teilerfremden unter den unendlich vielen Primzahlen, für die $f(x)$ Permutationen liefern soll, werden sich in gewisser Weise auf die $\phi(n)$ arithmetischen Progressionen

$$ns - r \qquad ((r, n) = 1, \quad 0 < r < n)$$

verteilen und mindestens eine unter ihnen wird unendlich viele Primzahlen der verlangten Art enthalten. Der Fall $r = n - 1$ ist hierbei auszuschließen, denn für eine Primzahl

$$p = ns - n + 1$$

wird f^{s-1} vom Grade $p - 1$ und

$$\sum_{x=0}^{p-1} [f(x)]^{s-1} \equiv -1 \pmod{p}.$$

Daher können die p Zahlen (2.) kein vollständiges Restsystem mod. p bilden.

Es möge nun $f(x)$ für unendlich viele Primzahlen der Form $ns - r$ Permutationen liefern, und es sei, wenn ν eine gegebene nicht negative ganze Zahl ist,

$$p = ns - r > n\nu + r + 2$$

eine dieser Primzahlen. Dann wird für

$$m = s + \nu$$

der Grad

$$mn = ns + n\nu = p + n\nu + r$$

von

$$[f(x)]^m = A_m x^m + A_{m+1} x^{m+1} + \cdots + A_{mn} x^{mn}$$

[1] Hieraus folgt schon, daß der Fall $n = 2$ für uns nicht in Betracht kommt.

kleiner als $2p-2$. Unter den hier auftretenden Potenzen wird daher nur x^{p-1} einen durch $p-1$ teilbaren Exponenten aufweisen. Folglich wird

$$\sum_{x=0}^{p-1}[f(x)]^m \equiv -A_{p-1} \equiv 0 \pmod{p}. \tag{6.}$$

Nun ist aber

$$A_{p-1} = \sum \frac{m!}{\mu_0!\,\mu_1!\cdots\mu_{n-1}!}\,a_0^{\mu_0}a_1^{\mu_1}\cdots a_{n-1}^{\mu_{n-1}},$$

die Summe über alle nichtnegativen $\mu_\varkappa$ erstreckt, die den Bedingungen

$$\mu_0+\mu_1+\cdots+\mu_{n-1} = m,\quad n\mu_0+(n-1)\mu_1+\cdots+\mu_{n-1} = p-1 \tag{7.}$$

genügen. Hierbei wird

$$= \frac{m!}{\mu_0!\,\mu_1!\cdots\mu_{n-1}!} = \frac{m(m-1)\cdots(\mu_0+1)}{\mu_1!\,\mu_2!\cdots\mu_{n-1}!} = \frac{m(m-1)\cdots(m-\mu_1-\cdots-\mu_{n-1}+1)}{\mu_1!\,\mu_2!\cdots\mu_{n-1}!}$$

Beachtet man nun, daß

$$m = \nu+s = \nu+\frac{r}{n}+\frac{p}{n}$$

ist, und daß $\mu_1, \mu_2, \cdots, \mu_{n-1}$ unterhalb p liegen, so erhält man mod. p

$$M \equiv \frac{\left(\nu+\frac{r}{n}\right)\left(\nu+\frac{r}{n}-1\right)\cdots\left(\nu+\frac{r}{n}-\mu_1-\cdots-\mu_{n-1}+1\right)}{\mu_1!\,\mu_2!\cdots\mu_{n-1}!}.$$

Bezeichnet man den rechtsstehenden Ausdruck mit $B_{\mu_1,\mu_2,\cdots\mu_{n-1}}$, so wird also (wegen $a_0 = 1$)

$$A_{p-1} \equiv \sum B_{\mu_1,\mu_2,\cdots\mu_{n-1}}\,a_1^{\mu_1}a_2^{\mu_2}\cdots a_{n-1}^{\mu_{n-1}} \pmod{p}. \tag{8.}$$

Die Summationsindizes $\mu_1, \mu_2, \cdots, \mu_{n-1}$ unterliegen hierbei wegen (7.) nur der Bedingung

$$\mu_1+2\mu_2+\cdots+(n-1)\mu_{n-1} = nm-p+1 = n\nu+r+1.$$

Die in (8.) rechts stehende Summe erscheint nun als eine von p nicht mehr abhängende rationale Zahl S, deren Zähler wegen (6.) durch p teilbar sein muß. Da wir noch über unendlich viele Primzahlen p verfügen, so muß $S = 0$ sein.

Die Summe S hat eine einfache Bedeutung: sie ist, wie man leicht erkennt, nichts anderes, als der Koeffizient von $t^{n\nu+r+1}$ in der Entwicklung von

$$[1+a_1t+a_2t^2+\cdots+a_{n-1}t^{n-1}]^{\nu+\frac{r}{n}} \tag{9.}$$

nach Potenzen von t. Wir erhalten also den Satz:

III. *Soll das normierte Polynom*

$$f(x) = x^n+a_1x^{n-1}+\cdots+a_{n-1}x \qquad (a_1=0) \tag{10.}$$

für unendlich viele Primzahlen von der Form $ns-r$ Permutationen liefern, so muß für $\nu = 0, 1, 2, \cdots$ der Koeffizient von $t^{n\nu+r+1}$ in der Entwicklung des Ausdrucks (9.) nach Potenzen von t gleich Null sein.

Hieraus folgt schon, daß für $n = 3$ die Potenz x^3 das einzige normierte Polynom ist, das für unendlich viele Primzahlen Permutationen liefert. Denn hier kommt nur der Fall $r = 1$ in Betracht. Für $\nu = 0$ wird aber der Koeffizient von t^2 in der Entwicklung von $(1 + a_2 t^2)^{\frac{1}{3}}$ nur dann gleich Null, wenn $a_2 = 0$ ist. Ebenso erkennt man leicht, daß es überhaupt keine Polynome vierten Grades gibt, die für unendlich viele Primzahlen Permutationen liefern.

Das Kriterium III läßt sich noch auf eine andere Form bringen:

IV. *Soll das Polynom* (10.) *für unendlich viele Primzahlen von der Form* $ns - r$ *Permutationen liefern, so muß folgende Bedingung erfüllt sein: Setzt man*

$$f(y) = y^n + a_2 y^{n-2} + \cdots + a_{n-1} y = x \tag{11.}$$

und entwickelt y *nach Potenzen von* $x^{\frac{1}{n}}$ *in der Form*

$$y = x^{\frac{1}{n}} + c_0 + c_1 x^{-\frac{1}{n}} + c_2 x^{-\frac{2}{n}} + \cdots, \tag{12.}$$

so müssen alle Koeffizienten

$$c_r, \; c_{n+r}, \; c_{2n+r}, \cdots$$

den Wert 0 *haben.*

Der Beweis ergibt sich mit Hilfe der Lagrangeschen Umkehrungsformel[1]. Sind nämlich $z(t)$ und $w(t)$ zwei in der Umgebung von $t = 0$ reguläre Funktionen von t und ist $z'(0) \neq 0$, so wird bekanntlich[2]

$$w \frac{z}{t} \frac{dt}{dz} = w(0) + \sum_{\lambda=1}^{\infty} \frac{1}{\lambda!} \left[\frac{d^\lambda (z^{-\lambda} t^\lambda w)}{dt^\lambda} \right]_{t=0} z^\lambda. \tag{13.}$$

Hier sei, wenn

$$h(t) = 1 + a_2 t^2 + \cdots + a_{n-1} t^{n-1}$$

gesetzt wird,

$$z = t h^{-\frac{1}{n}}, \quad w = h^{-\frac{1}{n}}.$$

Dann geht (13.) über in

$$h^{-\frac{2}{n}} \frac{dt}{dz} = 1 + \sum_{\lambda=1}^{\infty} B_\lambda z^\lambda, \quad B_\lambda = \frac{1}{\lambda!} \left[\frac{d^\lambda h^{\frac{\lambda-1}{n}}}{dt^\lambda} \right]_{t=0}$$

Zur Bestimmung von t als Funktion von z dient die Gleichung

$$h(t) = 1 + a_2 t^2 + \cdots + a_{n-1} t^{n-1} = \left(\frac{t}{z}\right)^n.$$

Setzt man

$$t = y^{-1}, \quad z = v^{-1},$$

so wird

$$y^n + a_2 y^{n-2} + \cdots + a_{n-1} y = v^n,$$

ferner ist

$$h^{-\frac{2}{n}} \frac{dt}{dz} = z^2 t^{-2} \frac{dt}{dz} = z^2 t^{-2} \frac{dt}{dy} \frac{dy}{dv} \frac{dv}{dz} = \frac{dy}{dv}.$$

[1] Die erste Anregung, eine Umformung des Kriteriums III mit Hilfe der Lagrangeschen Umkehrungsformel zu versuchen, verdanke ich Hrn. Dr. G. Szegö.

[2] Vgl. z. B. Hermite, Cours professé pendant le 2e sémestre 1881—82, S. 142, wo sich die Formel in etwas anderer Schreibweise findet.

Also wird

$$\frac{dy}{dv} = 1 + \sum_{\lambda=1}^{\infty} B_\lambda v^{-\lambda}.$$

Andererseits folgt aber aus (12.)

$$y = v + c_0 + c_1 v^{-1} + c_2 v^{-2} + \cdots$$

Daher ist für $\lambda = 1, 2, 3, \cdots$

$$-\lambda c_\lambda = B_{\lambda+1} = \frac{1}{(\lambda+1)!}\left[\frac{d^{\lambda+1} h^{\frac{\lambda}{n}}}{dt^{\lambda+1}}\right]_{t=0}$$

Für $\lambda = n\nu + r$ wird aber $B_{\lambda+1}$ nichts anderes als der Koeffizient von $t^{n\nu+r+1}$ in der Entwicklung des Ausdrucks (9.) nach Potenzen von t. Aus dem Satze III ergibt sich nun unmittelbar der Satz IV.

Es empfiehlt sich, diesen Satz noch etwas anders auszusprechen. Bedeutet nämlich ε eine primitive n-te Einheitswurzel, so erhält man die n Zweige $y_0, y_1, \cdots y_{n-1}$ der durch (11.) definierten Funktion y von x in der Umgebung der Stelle $x = \infty$ in der Form

$$y_\varkappa = \varepsilon^\varkappa x^{\frac{1}{n}} + c_0 + c_1 \varepsilon^{-\varkappa} x^{-\frac{1}{n}} + c_2 \varepsilon^{-2\varkappa} x^{-\frac{2}{n}} + \cdots$$

Hieraus folgt für $\varkappa = 0, 1, \cdots, n-2$

$$(14.) \qquad S_\varkappa = \frac{1}{n}\sum_{\lambda=0}^{n-1} \varepsilon^{\varkappa\lambda} y_\lambda = x^{-\frac{\varkappa}{n}} \sum_{\nu=0}^{\infty} c_{n\nu+\varkappa} x^{-\nu}.$$

Für jedes normierte Polynom wird $S_0 = -\frac{a_1}{n} = 0$. Unter den Voraussetzungen des Satzes IV wird aber, da der Fall $r = n-1$ auszuschließen war, auch $S_r = 0$.

Insbesondere ergibt sich also:

V. *Ein normiertes Polynom $f(x)$ kann nur dann für unendlich viele Primzahlen Permutationen liefern, wenn zwischen den n Zweigen $y_\varkappa$ der durch $f(y) = x$ definierten algebraischen Funktion außer der Relation*

$$y_0 + y_1 + \cdots + y_{n-1} = 0$$

noch mindestens eine zweite lineare homogene Beziehung besteht.

Es entsteht also die Aufgabe, alle normierten Polynome $f(x)$ zu bestimmen, für die unter den n Zweigen $y_\varkappa$ der Umkehrungsfunktion höchstens $n-2$ linear unabhängige vorhanden sind. Man kann diese Aufgabe auch so formulieren: Für jedes normierte Polynom $f(x)$ genügt die Umkehrungsfunktion y einer linearen homogenen Differentialgleichung der Ordnung $n-1$ mit Koeffizienten, die rationale Funktionen von x sind. Für welche Polynome $f(x)$ läßt sich für y eine Differentialgleichung derselben Form von niedrigerer Ordnung angeben?

§ 2.

Der Fall eines Primzahlgrades n.

Es sei zunächst noch n eine beliebige Zahl. Hat $S_\varkappa$ die frühere Bedeutung, so tritt zu den Formeln (14.) noch hinzu

$$S_{n-1} = \frac{1}{n}\sum_{\lambda=0}^{n-1} \varepsilon^{-\lambda} y_\lambda = x^{\frac{1}{n}} + x^{-\frac{n-1}{n}} \sum_{\nu=0}^{n-1} c_{n\nu+n-1} x^{-\nu}.$$

Es ist nun unmittelbar klar, daß die von Null verschiedenen unter den n Funktionen

$$S_0, S_1, \cdots, S_{n-1}$$

linear unabhängig sind. Andererseits ist aber

$$y_\varkappa = \sum_{\lambda=0}^{n-1} \varepsilon^{-\varkappa\lambda} S_\lambda .$$

Eine lineare Relation

$$\sum_{\varkappa=0}^{n-1} b_\varkappa y_\varkappa = 0 \tag{15.}$$

läßt sich daher in der Form

$$\sum_\lambda S_\lambda \sum_\varkappa b_\varkappa \varepsilon^{-\varkappa\lambda} = 0$$

schreiben.

Es möge nun S_λ gleich Null sein für

$$\lambda = 0, \alpha_1, \alpha_2, \cdots, \alpha_k$$

und von Null verschieden für

$$\lambda = \beta_1, \beta_2, \cdots, \beta_l. \qquad (l = n-1-k)$$

Dann gilt also die Regel: *Die Relation* (15.) *besteht dann und nur dann, wenn die Konstanten* $b_\varkappa$ *den* l *Bedingungen*

$$\sum_{\varkappa=0}^{n-1} b_\varkappa \varepsilon^{-\varkappa\beta} = 0 \qquad (\beta = \beta_1, \beta_2, \cdots, \beta_l)$$

genügen.

Es sei nun

$$P = \begin{pmatrix} \varkappa \\ \mu_\varkappa \end{pmatrix} = \begin{pmatrix} 0 & 1 & 2 & \cdots & n-1 \\ \mu_0 & \mu_1 & \mu_2 & \cdots & \mu_{n-1} \end{pmatrix}$$

eine Permutation der zu der algebraischen Funktion y von x gehörenden Monodromiegruppe $\mathfrak{G}$. Aus jeder der k Relationen

$$nS_\alpha = \sum_{\varkappa=0}^{n-1} \varepsilon^{\alpha\varkappa} y_\varkappa = 0 \qquad (\alpha = \alpha_1, \alpha_2, \cdots, \alpha_k)$$

folgt dann auch, wenn $P^{-1} = \binom{\varkappa}{\mu'_\varkappa}$ gesetzt wird,

$$\sum_{\varkappa=0}^{n-1} \varepsilon^{\alpha\varkappa} y_{\mu'_\varkappa} = 0$$

oder, was dasselbe ist,

$$\sum_{\varkappa=0}^{n-1} \varepsilon^{\alpha\mu_\varkappa} y_\varkappa = 0 .$$

Wir können also schließen: *Ist α einer der k Indizes α_ϱ und β einer der l Indizes β_σ, so muß für jede Permutation P der Gruppe $\mathfrak{G}$ die Gleichung*

$$(16.)\qquad \sum_{\varkappa=0}^{n-1} \varepsilon^{\alpha\mu_\varkappa - \beta\varkappa} = 0$$

bestehen.

Die weitere Diskussion gestaltet sich besonders einfach, wenn n eine ungerade Primzahl ist. Denn in diesem Fall erfordert die Gleichung (16.), daß die n Exponenten

$$\alpha\mu_0, \quad \alpha\mu_1 - \beta, \cdots \quad \alpha\mu_{n-1} - \beta(n-1)$$

ein vollständiges Restsystem mod. n bilden. Ist

$$\alpha \equiv \beta\gamma \pmod{n}, \qquad (1 \leqq \gamma < n)$$

so bilden auch die n Zahlen $\mu_\varkappa - \gamma\varkappa$ ein solches Restsystem. Da nun eine der Zahlen k und $l = n - 1 - k$ größer oder gleich $\frac{1}{2}(n-1)$ sein muß, so werden wir, sobald $k > 1$ ist, über mindestens $\frac{1}{2}(n-1)$ verschiedene Zahlen γ aus der Reihe $1, 2, \cdots, n-1$ verfügen, für die

$$(17.)\qquad \sum_{\varkappa=0}^{n-1} (\mu_\varkappa - \gamma\varkappa)^m \equiv 0 \pmod{n} \qquad (m = 2, 3, \cdots, n-2)$$

wird.

Setzen wir

$$s_{\varrho\sigma} = \sum_{\varkappa=0}^{n-1} \mu_\varkappa^\varrho \varkappa^\sigma ,$$

so liefert die Kongruenz (17.)

$$s_{m0} - \binom{m}{1} s_{m-1,1}\gamma + \cdots \pm s_{0m}\gamma^m \equiv 0 \pmod{n} .$$

Hierin ist für jedes m

$$s_{m0} \equiv s_{0m} \equiv 0 \pmod{n} .$$

Also wird

$$-\binom{m}{1} s_{m-1,1} + \binom{m}{2} s_{m-2,2}\gamma - \cdots \mp \binom{m}{1} s_{1,m-1}\gamma^{m-2} \equiv 0 .$$

Diese Kongruenz hat mindestens $\frac{1}{2}(n-1)$ inkongruente Lösungen γ. Ist daher

$$m-2<\frac{n-1}{2},$$

so müssen alle Koeffizienten durch n teilbar sein. Oder einfacher: Die Summe $s_{\rho\sigma}$ ist durch n teilbar, sobald nur die Bedingung

$$\rho+\sigma\leq\frac{n+1}{2}$$

erfüllt ist.

Wir denken uns nun die Permutation $\mu_\varkappa$ mit Hilfe eines ganzzahligen Polynoms

$$\mu_\varkappa\equiv g(\varkappa)\equiv b_0+b_1\varkappa+\cdots+b_q\varkappa^q \pmod{n}$$

vom Grade $q\leq n-2$ dargestellt, und es soll hierbei b_q nicht durch n teilbar sein. Ist nun

$$q\rho+\sigma=n-1, \tag{18.}$$

so wird

$$s_{\rho\sigma}\equiv\sum_{\varkappa=0}^{n-1}g^\rho(\varkappa)\varkappa^\sigma\equiv-b_q^\rho \pmod{n}$$

nicht durch n teilbar. Es muß also jedesmal, wenn zwei nicht negative ganze Zahlen der Bedingung (18.) genügen,

$$\rho+\sigma>\frac{n+1}{2}$$

sein. Für $\rho=1$, $\sigma=n-1-q$ ergibt sich hieraus $q<\frac{1}{2}(n+1)$ und für $\rho=2$, $\sigma=n-1-2q$ genauer

$$q<\frac{n+1}{4}. \tag{19.}$$

Setzt man ferner

$$\rho=\left[\frac{n-1}{q}\right],\quad \sigma=n-1-q\left[\frac{n-1}{q}\right],$$

so erhält man

$$\frac{n-1}{q}+q-1\geq\rho+\sigma>\frac{n+1}{2},$$

also

$$\frac{n-1}{q}+q>\frac{n+3}{2}. \tag{20.}$$

Aus (19.) und (20.) folgt

$$\frac{n-1}{q}+\frac{n+1}{4}>\frac{n+3}{2},$$

also

$$q<4\,\frac{n-1}{n+5}<4.$$

Für $q = 2$ ist (20.) nicht möglich. Für $q = 3$ führt (19.) auf $n > 11$, dagegen (20.) auf $n < 7$.

Es bleibt folglich nur der Fall $q = 1$ übrig. Wenn also unter den n Funktionen S_λ außer S_0 noch eine zweite identisch verschwindet, so *muß die zu y gehörende Monodromiegruppe $\mathfrak{G}$ im Falle eines Primzahlgrades n eine auflösbare (lineare) Gruppe sein*[1]. Hieraus folgt insbesondere, daß jede Permutation von $\mathfrak{G}$ entweder ein Zyklus der Ordnung n ist oder in einen Zyklus der Ordnung 1 und außerdem in lauter Zykeln von derselben Ordnung zerfällt.

§ 3.

Beweis der Sätze I und II.

Wir betrachten nun die im Endlichen gelegenen Verzweigungspunkte der algebraischen Funktion y von x. Soll $x = \xi$ eine solche Stelle sein, so muß die Gleichung $\xi = f(y)$ eine mehrfache Wurzel $y = \eta$ besitzen, so daß also

$$\xi = f(\eta), \quad f'(\eta) = 0.$$

wird. Ist nun

$$f(y) = f(\eta) + (y-\eta)^r (y-\eta_1)^{r_1} \cdots, \qquad (r > 1)$$

so zerfällt die zum Verzweigungspunkte $x = \xi$ gehörende Umlaufssubstitution in Zykeln der Ordnungen $r, r_1, \cdots$. In unserem Falle kommen nach dem Schlußergebnis der letzten Paragraphen nur zwei Möglichkeiten in Betracht: entweder es ist $r = n$ oder es ist unter den Exponenten $r, r_1, \cdots$ einer gleich Eins, während die übrigen einander gleich sind. Ist $v = n$, so wird

$$f(y) = f(\eta) + (y-\eta)^n,$$

und da $f(y)$ normiert, d. h. von der Form (11.) sein soll, so wird $f(y) = y^n$.

Tritt aber der zweite Fall ein, so erhält $f(y)$ die Form

$$f(y) = A + (y-\alpha) g^r(y), \tag{21.}$$

wobei $g(y)$ ein Polynom ohne mehrfache Nullstellen mit dem höchsten Koeffizienten 1 bedeutet und außerdem

$$g(\eta) = 0, \quad g(\alpha) \neq 0, \quad r > 1$$

ist. Es wird dann

$$f'(y) = g^{r-1}[r(y-\alpha)g' + g].$$

Der Ausdruck in der Klammer hat mit $(y-\alpha)g(y)$ keine Nullstelle gemeinsam. Daher muß noch ein von η verschiedener Wert $y = \zeta$ vorhanden sein, der auf eine von $\xi = f(\eta)$ verschiedene Verzweigungsstelle $x = f(\zeta)$ führt[2]. Dies liefert für $f(y)$ eine zweite Darstellung

$$f(y) = B + (y-\beta) h^s(y)$$

---

[1] Auf anderem Wege ergibt sich dies, indem man den bekannten Satz von Hrn. W. Burnside über einfach transitive Permutationsgruppen von Primzahlgrad heranzieht. Doch scheint mir der hier angegebene direkte Beweis elementarer zu sein.

[2] Das ist auch an und für sich klar, da sonst die zu $x = \xi$ gehörende Umlaufssubstitution zyklisch sein müßte.

von derselben Art wie (21.). Hierbei sind aber $g(y)$ und $h(y)$ teilerfremde Polynome. Aus

$$f'(y) = g^{r-1}[r(y-\alpha)g'+g] = h^{s-1}[s(y-\beta)h'+h]$$

folgt daher

$$r(y-\alpha)g'+g = h^{s-1}\phi, \quad s(y-\beta)h'+h = g^{r-1}\phi,$$

wobei ϕ wieder eine ganze rationale Funktion von y sein muß.

Bezeichnet man nun die Grade von $g(y)$ und $h(y)$ mit $\varkappa$ und λ, so ergibt sich

$$\varkappa \geqq (s-1)\lambda, \quad \lambda \geqq (r-1)\varkappa,$$

also $1 \geqq (s-1)(r-1)$. Dies liefert

$$r = s = 2, \quad \varkappa = \lambda = \frac{n-1}{2}.$$

Zugleich erkennt man, daß ϕ eine Konstante ist, für die man durch Vergleichen der höchsten Koeffizienten den Wert $\phi = n$ erhält. Es wird also

$$(22.) \qquad 2(y-\alpha)g'+g = nh, \quad 2(y-\beta)h'+h = ng$$

und

$$(23.) \qquad f(y) = A+(y-\alpha)g^2(y) = B+(y-\beta)h^2(y).$$

Damit nun in $f(y)$ der Koeffizient von y^{n-1} gleich 0 wird, ist erforderlich, daß

$$g(y) = y^{\frac{n-1}{2}}+\frac{\alpha}{2}y^{\frac{n-3}{2}}+\cdots, \quad h(y) = y^{\frac{n-1}{2}}+\frac{\beta}{2}y^{\frac{n-3}{2}}+\cdots$$

sei. Vergleicht man in der ersten der Gleichungen (22.) die Koeffizienten von $y^{\frac{n-3}{2}}$, so erhält man $\beta = -\alpha$.

Aus (22.) ergibt sich ferner für $g(y)$ die Differentialgleichung

$$(24.) \qquad (y^2-\alpha^2)g''+(2y+\alpha)g'-\frac{n^2-1}{4}g = 0.$$

Der Fall $\alpha = 0$ führt nur auf das Polynom $g(y) = y^{\frac{n-1}{2}}$, was wegen $g(\alpha) \neq 0$ auszuschließen ist. Für $\alpha \neq 0$ ist aber das einzige Polynom, das der Differentialgleichung (24.) genügt, von der Form

$$g(y) = \text{const.}\ F\left(\frac{1-n}{2}, \frac{1+n}{2}, \frac{1}{2}, \frac{y+\alpha}{2\alpha}\right).$$

Um aber $f(y)$ am einfachsten auf ein Tschebyscheffsches Polynom zurückzuführen, verfährt man besser folgendermaßen. Setzt man

$$y = \alpha\cos\phi, \quad z = \sin\frac{\phi}{2}\cdot g(y),$$

so geht (24.), wie eine einfache Rechnung zeigt, in die Differentialgleichung

$$\frac{d^2z}{d\phi^2}+\frac{n^2}{4}z = 0$$

über. Daher wird

$$g(\alpha\cos\phi) = C\cdot\frac{\sin\frac{n\phi}{2}}{\sin\frac{\phi}{2}} + D\cdot\frac{\cos\frac{n\phi}{2}}{\sin\frac{\phi}{2}}.$$

Damit dies eine ganze rationale Funktion von $\cos\phi$ wird, muß $D = 0$ sein. Also wird wegen (23.)

$$f(\alpha\cos\phi) = A - C^2\alpha(1-\cos\phi)\frac{\sin^2\frac{n\phi}{2}}{\sin^2\frac{\phi}{2}}$$

$$= A - C^2\alpha(1-\cos n\phi).$$

Nimmt man noch die Bedingung $f(0) = 0$ hinzu, so erhält man $A = C^2\alpha$, also

$$f(y) = \text{const.}\ T_n\left(\frac{y}{\alpha}\right).$$

Man beachte noch, daß die Umkehrungsfunktion

$$y = \cos\left(\frac{1}{n}\arccos x\right)$$

von $T_n(y) = x$ der Differentialgleichung

$$(1-x^2)\frac{d^2y}{dx^2} - x\frac{dy}{dx} + \frac{y}{n^2} = 0$$

genügt. Die Anzahl der linear unabhängigen unter den n Zweigen der Funktion y ist daher (für $n > 2$) gleich 2, sie ist also für $n > 3$ kleiner als $n-1$.

Damit ist der Satz II als vollständig bewiesen anzusehen. Zu dem Satze I gelangen wir nun folgendermaßen. Soll das zu betrachtende Polynom $f(y)$ von der Form (11.) sein und ganzzahlige Koeffizienten besitzen, so ist $f(y)$, wie aus unseren Ergebnissen folgt, entweder gleich y^n oder von der Gestalt

$$f(y) = \frac{\alpha^n}{2^{n-1}}T_n(y) = y^n - \frac{n}{4}\alpha^2y^{n-2} + \frac{n(n-3)}{16}\alpha^4y^{n-4} - \cdots.$$

Setzt man $n\alpha^2 = -4a'$, so wird

$$\frac{n(n-3)}{16}\alpha^4 = \frac{n-3}{n}a'^2.$$

Für eine ungerade Primzahl $n > 3$ kann diese Zahl nur dann zugleich mit a' eine ganze Zahl sein, wenn $a' = na$ durch n teilbar ist. Dann wird aber $\alpha = \sqrt{-4a}$ und man erhält für $f(y)$ genau das Dicksonsche Polynom $D_n(a, y)$.

Ausgegeben am 28. Juni.

51.

Neue Anwendungen der Integralrechnung auf Probleme der Invariantentheorie 1. Mitteilung

Sitzungsberichte der Preussischen Akademie der Wissenschaften 1924, Physikalisch-Mathematische Klasse, 189 - 208

Unterwirft man die n Variabeln $x_1, x_2, \cdots, x_n$ einer allgemeinen Form $f(a, x)$ vom Grade k den linearen homogenen Substitutionen $x = s(x')$ einer vorgelegten Gruppe $\mathfrak{G}$ und setzt $f(a, x) = f(a^s, x')$, so wird man auf das Studium der zu $\mathfrak{G}$ gehörenden Invarianten $J(a)$ der Form geführt. Es sind das diejenigen ganzen rationalen homogenen Funktionen den $N = \binom{n+k-1}{k}$ Koeffizienten a von $f(a, x)$, für die $J(a^s)$ sich von $J(a)$ nur um einen konstanten Faktor unterscheidet, sobald s in $\mathfrak{G}$ enthalten ist. Um nun die Endlichkeit des Systems der Invarianten $J(a)$ nachzuweisen, braucht man, wie Hr. Hilbert[1] gezeigt hat, nur einen Prozeß zur Erzeugung von Invarianten zu kennen, der gewissen Bedingungen zu genügen hat (vgl. § 2). Für den Fall der projektiven Gruppe $\mathfrak{G}$ (projektive Invarianten) verwendet Hr. Hilbert den Ω-Prozeß; auch andere Differentiationsprozesse führen zum Ziele (Hilbert, Story). Eine andere weiterführende Methode verdankt man A. Hurwitz[2], der für allgemeine Klassen von Gruppen $\mathfrak{G}$ einen Integrationsprozeß benutzt, der dasselbe leistet wie das einfache Summationsverfahren im Falle einer endlichen Gruppe $\mathfrak{G}$. Relativ einfach gestaltet sich die Rechnung für die Gruppe $\mathfrak{G} = \mathfrak{D}$ der reellen orthogonalen Substitutionen von der Determinante 1 (Orthogonalinvarianten). Die Schwierigkeiten, die bei dieser Methode der Fall der projektiven Invarianten darzubieten scheint, überwindet Hurwitz in scharfsinniger Weise durch Heranziehen der Gruppe $\mathfrak{U}$ der Substitutionen, die man gegenwärtig als *unitär* bezeichnet. Um seinen Integrationskalkül aufzubauen, sieht sich Hurwitz aber genötigt, eine Parameterdarstellung für die Gruppe $\mathfrak{U}$ einzuführen, was umständliche Rechnungen erfordert.

Im folgenden zeige ich, daß man diese Rechnungen vermeiden kann, indem man den Hurwitzschen Integrationsprozeß zur Erzeugung der projektiven Invarianten durch einen wesentlich einfacheren ersetzt, bei dem nur über die Einheitskugel in einem gewissen mehrdimensionalen Raum integriert zu werden

---

[1] *Über die Theorie der algebraischen Formen*, Math. Ann. Bd. 36, S. 473.

[2] *Über die Erzeugung der Invarianten durch Integration*, Göttinger Nachrichten 1897, S 71. — Diese Arbeit wird im folgenden kurz mit E. zitiert werden.

braucht. Auch der von HURWITZ (E., S. 86) für binäre Formen $f(a, x)$ rechnerisch durchgeführte, im allgemeinen Falle nur angedeutete Beweis für die bemerkenswerte Tatsache, daß sein Verfahren zur Erzeugung projektiver Invarianten im wesentlichen dasselbe Resultat liefert wie der Ω-Prozeß, wird hier erheblich vereinfacht.

Im Falle der Orthogonalinvarianten scheint der HURWITZsche Integrationsprozeß keine ähnliche Umgestaltung zuzulassen. Ich zeige aber, daß gerade in diesem Falle der von HURWITZ entwickelte Kalkül noch andere wichtige Anwendungen gestattet. Insbesondere liefert er eine elegante Lösung des »Abzählungsproblems«, nämlich der Aufgabe, die genaue Anzahl der zu $f(a, x)$ gehörenden linear unabhängigen Orthogonalinvarianten von vorgegebenem Grade r zu bestimmen[1]. Man gelangt zu dieser Lösung auf dem im Falle einer endlichen Gruppe $\mathfrak{G}$ von MOLIEN[2] eingeschlagenen Wege, indem man das an und für sich wichtige Studium der mit der »Drehungsgruppe« $\mathfrak{D}$ homomorphen Gruppen linearer homogener Substitutionen weiterverfolgt und eine Theorie entwickelt, die weitgehende Analogien mit der schönen FROBENIUSschen Theorie der Gruppencharaktere aufweist.

Erster Teil. Projektive Invarianten.

§ 1. Ein Hilfssatz über unitäre Substitutionen.

Unter einer *unitären* Substitution verstehe ich hier eine Substitution

$$(s) \qquad x_\varkappa = \sum_{\lambda=1}^{n} s_{\varkappa\lambda} x'_\lambda \qquad (\varkappa = 1, 2, \cdots, n)$$

von der Determinante 1, die die HERMITEsche Einheitsform

$$E(x) = x_1\bar{x}_1 + x_2\bar{x}_2 + \cdots + x_n\bar{x}_n$$

ungeändert läßt. Multipliziert man alle Koeffizienten $s_{\varkappa\lambda}$ einer unitären Substitution mit einem von Null verschiedenen Faktor, so soll die so entstehende neue Substitution *semiunitär* heißen.

Hilfssatz. *Ist $F(z_{\varkappa\lambda})$ eine ganze rationale homogene Funktion der n^2 Variabeln $z_{\varkappa\lambda}$, und weiß man, daß $F(z_{\varkappa\lambda})$ gleich Null wird, wenn die Variabeln $z_{\varkappa\lambda}$ durch die Koeffizienten $s_{\varkappa\lambda}$ einer beliebigen unitären Substitution s ersetzt werden, so muß $F(z_{\varkappa\lambda})$ identisch verschwinden.*

Wegen der Homogenität von F wird offenbar auch für jede semiunitäre Substitution $s = (s_{\varkappa\lambda})$ die Gleichung $F(s_{\varkappa\lambda}) = 0$ gelten müssen. Eine solche Substitution erhält man insbesondere, indem man, wenn μ und ν ($\mu < \nu$) zwei feste Indizes und a_1, a_2, a_3, a_4 vier reelle Größen mit nicht verschwindender Quadratsumme bedeuten,

---

[1] Für die projektiven Invarianten haben diese Aufgabe im binären Falle schon CAYLEY und SYLVESTER, für $n > 2$ DERUYTS behandelt (vgl. Enc. der math. Wiss. I B. 2, S. 353—356). Eine allgemeine Methode zur Lösung derartiger Abzählungsaufgaben im projektiven Falle werde ich in einer später erscheinenden Arbeit entwickeln.

[2] *Über die Invarianten der linearen Substitutionsgruppen*, Sitzungsberichte der Berliner Akademie 1897, S. 1152.

$$(1)\quad \begin{cases} x_\mu = (a_1 + a_2 i)x'_\mu + (a_3 + i a_4)x'_\nu \\ x_\nu = (-a_3 + a_4 i)x'_\mu + (a_1 - i a_2)x'_\nu \\ x_\varkappa = \pm\sqrt{a_1^2 + a_2^2 + a_3^2 + a_4^2}\cdot x'_\varkappa \end{cases} \qquad (\varkappa \neq \mu, \nu)$$

setzt. Bezeichnet man eine solche Substitution mit $T_{\mu\nu}(a)$, so ist auch jedes Produkt

$$(2)\qquad s = T_{\mu\nu}(a)\, T_{\mu_1\nu_1}(b)\, T_{\mu_2\nu_2}(c)\cdots$$

von endlich vielen derartigen Substitutionen semiunitär. Für die Koeffizienten $s_{\varkappa\lambda}$ einer solchen Substitution s erhält F aber die Form

$$(3)\qquad F = G + H_1 A + H_2 B + \cdots + K_1 AB + \cdots,$$

wobei

$$A = \pm\sqrt{a_1^2 + a_2^2 + a_3^2 + a_4^2}, \quad B = \pm\sqrt{b_1^2 + b_2^2 + b_3^2 + b_4^2}, \cdots$$

zu setzen ist, und die Ausdrücke

$$(4)\qquad G,\ H_1,\ H_2, \cdots,\ K_1, \cdots$$

ganze rationale Funktionen der Größen $a_\varrho, b_\varrho, \cdots$ bedeuten. Da der Ausdruck (3) bei beliebiger Wahl der Vorzeichen der Quadratwurzeln $A, B, \cdots$ verschwinden soll, so müssen die Ausdrücke (4) einzeln Null sein. Diese ganzen rationalen Funktionen verschwinden also für beliebige reelle Größen $a_\varrho, b_\varrho, \cdots$ mit den Nebenbedingungen $A^2 > 0$, $B^2 > 0, \cdots$. Hieraus folgt aber, daß sie identisch Null sind.

Daher wird auch für beliebige komplexe Größen $a_\varrho, b_\varrho, \cdots$ der Ausdruck $F(z_{\varkappa\lambda})$ verschwinden, sobald die $z_{\varkappa\lambda}$ durch die Koeffizienten $s_{\varkappa\lambda}$ einer Substitution der Form (2) ersetzt werden. Mit Hilfe komplexer a_ϱ läßt sich aber jede Substitution

$$(5)\qquad x_\mu = \alpha x'_\mu + \beta x'_\nu,\quad x_\nu = \gamma x'_\mu + \delta x'_\nu,\quad x_\varkappa = x'_\varkappa \qquad (\varkappa \neq \mu, \nu)$$

von der Determinante $\alpha\delta - \beta\gamma = 1$ auf die Form (1) bringen. Ferner kann man bekanntlich jede Substitution von der Determinante 1 als Produkt von Substitutionen der Form (5) darstellen. Dies zeigt, daß unser Ausdruck $F(z_{\varkappa\lambda})$ für die Koeffizienten $s_{\varkappa\lambda}$ jeder Substitution von der Determinante 1 den Wert Null erhalten muß. Da F homogen sein soll, folgt hieraus unmittelbar, daß alle Koeffizienten von F gleich Null sein müssen.

§ 2. Der Integrationsprozeß zur Erzeugung projektiver Invarianten.

In der Einleitung war nur von den Invarianten $J(a)$ einer Form $f(a, x)$ die Rede. Es empfiehlt sich jedoch, die Untersuchung auf breiterer Basis durchzuführen.

Ist $\mathfrak{G}$ eine Gruppe linearer homogener Substitutionen in den n Veränderlichen x_ν[1], so sprechen wir von einem *Homomorphismus* $H(s)$ von $\mathfrak{G}$, wenn auf Grund irgendeiner Vorschrift jeder Substitution $s = (s_{\varkappa\lambda})$ von $\mathfrak{G}$ eine Substitution $H(s)$

[1] Wir nehmen hierbei an, $\mathfrak{G}$ sei eine Gruppe im eigentlichen Sinne, d. h. alle Substitutionen s von $\mathfrak{G}$ seien von nicht verschwindender Determinante und $\mathfrak{G}$ enthalte neben s auch die inverse Substitution s^{-1}.

$$a_\varrho^s = \sum_{\sigma=1}^{N} c_{\varrho\sigma}^s a_\sigma \qquad (\varrho = 1, 2, \ldots, N)$$

in N neuen Veränderlichen a_ϱ zugeordnet wird, so daß für je zwei Elemente s und t von $\mathfrak{G}$

$$H(s)\,H(t) = H(st)$$

wird. Außerdem wird verlangt, daß die Determinanten $|c_{\varrho\sigma}^s|$ von Null verschieden sein sollen. Es folgt dann von selbst, daß die identische Substitution e von $\mathfrak{G}$ in die identische Substitution $H(e) = E$ übergeht, und daß $H(s^{-1})$ die Inverse von $H(s)$ ist. Die voneinander verschiedenen unter den Substitutionen $H(s)$ bilden eine mit $\mathfrak{G}$ *homomorphe* Gruppe $\mathfrak{H}$. Der Homomorphismus soll insbesondere *homogen vom Grade* k heißen, wenn die N^2 Koeffizienten $c_{\varrho\sigma}^s$ als ganze rationale Funktionen k-ten Grades der n^2 Größen $s_{\varkappa\lambda}$ gegeben sind.

Unter einer zum Homomorphismus $H(s)$ gehörenden Invariante $J(a)$ verstehen wir eine (nicht identisch verschwindende) Form in den N Veränderlichen a_ϱ, die für jedes Element s von $\mathfrak{G}$ einer Gleichung

$$J(a^s) = \gamma(s) \,.\, J(a) \tag{6}$$

genügt. Hierbei liefern die konstanten Faktoren $\gamma(s)$ einen neuen »linearen« Homomorphismus von $\mathfrak{G}$.

Handelt es sich insbesondere um das Studium der Invarianten $J(a)$ einer Form k-ten Grades $f(a, x)$, so hat man für $H(s)$ im wesentlichen nur die Potenztransformation $P_k(s)$ zu wählen[1].

Man nehme nun an, $\mathfrak{G}$ sei die Gruppe aller linearen homogenen Substitutionen von nicht verschwindender Determinante in den x_ν, und denke sich für $H(s)$ einen beliebigen homogenen Homomorphismus vom Grade k gewählt[2]. Ist dann $J(a)$ eine zugehörige Invariante vom Grade r, so muß bekanntlich in (6)

$$\gamma(s) = |s|^{\frac{kr}{n}}$$

sein, wobei $|s|$ die Determinante der Substitution s bedeutet. Bezeichnet man also als das *Gewicht* einer Form $F(a)$ vom Grade r die Zahl

$$p = \frac{kr}{n},$$

so erkennt man zugleich, daß in unserem Fall eine zu $H(s)$ gehörende Invariante von ganzzahligem Gewicht sein muß.

Für jeden homogenen Homomorphismus $H(s)$ der projektiven Gruppe $\mathfrak{G}$ besitzt das System der Invarianten $J(a)$ eine endliche Basis.

Um dies nach dem Hilbertschen Verfahren zu beweisen, genügt es, auf Grund irgendeiner Vorschrift jeder Form $F(a)$ der N Veränderlichen a_ϱ, deren

---

[1] Vgl. A. Hurwitz, *Zur Invariantheorie*, Math. Ann. Bd. 45, S. 381. — Genauer ist, wenn s' die Transponierte von s bedeutet, für $H(s)$ die Transponierte von $P_k(s')$ zu wählen.

[2] Die sämtlichen Homomorphismen dieser Art habe ich in meiner Inaugural-Dissertation, *Über eine Klasse von Matrizen, die sich einer gegebenen Matrix zuordnen lassen*, Berlin 1901, genau bestimmt.

Gewicht eine ganze Zahl ist, eine Form $F^*(a)$ desselben Grades r zuzuordnen, so daß folgende vier Bedingungen erfüllt sind:

1. Für jede Form $F(a)$ ist $F^*(a)$ entweder identisch Null oder eine zu $H(s)$ gehörende Invariante.

2. Für je zwei Formen $F_1(a)$ und $F_2(a)$ von gleichem Grade ist, wenn u_1 und u_2 Konstanten bedeuten,

$$(u_1 F_1 + u_2 F_2)^* = u_1 F_1^* + u_2 F_2^*.$$

3. Ist $F(a)$ durch die Invariante $J(a)$ teilbar, so soll auch $F^*(a)$ durch $J(a)$ teilbar sein.

4. Ist $F(a)$ selbst eine zu $H(s)$ gehörende Invariante, so soll sich $F^*(a)$ von $F(a)$ nur um einen konstanten, von Null verschiedenen Faktor unterscheiden.

Um nun eine solche Operation mit Hilfe der Integralrechnung auf möglichst einfachem Wege herzustellen, verfährt man folgendermaßen. Man setze, wenn $s = (s_{\varkappa\lambda})$ eine beliebige quadratische, n-reihige Matrix ist, $s_{\varkappa\lambda} = s'_{\varkappa\lambda} + i s''_{\varkappa\lambda}$. Für jede reelle oder komplexe Funktion der $2n^2$ reellen Variabeln $s'_{\varkappa\lambda}$ und $s''_{\varkappa\lambda}$ verstehe man unter $\int f(s)\,ds$ das Integral

$$\int\int \cdots \int f(s)\, ds'_{11} \cdots ds'_{nn}\, ds''_{11} \cdots ds''_{nn},$$

die Integration erstreckt über die Einheitskugel

$$\sum_{\varkappa,\lambda}^{n} \left(s'^2_{\varkappa\lambda} + s''^2_{\varkappa\lambda}\right) \leqq 1. \tag{7}$$

Ich behaupte nun: *Sind g und h zwei beliebige nicht negative ganze Zahlen, und setzt man, wenn $F(a)$ eine Form r-ten Grades von ganzzahligem Gewichte $p = \frac{kr}{n}$ ist,*

$$F^*_{g,h}(a) = \int F(a^s)\,|s|^g\,|\bar{s}|^h\,ds,\text{[1]}$$

so genügt diese Operation den ersten drei unter den vorhin genannten Bedingungen. Ist insbesondere $h = g + p$, so ist auch die vierte Bedingung erfüllt.

Der Beweis stützt sich auf den Hilfssatz des vorigen Paragraphen. Ist nämlich t eine beliebige unitäre Substitution in den n Veränderlichen x_ν, so wird in leicht verständlichen Bezeichnungen

$$F^*_{g,h}(a^t) = \int F(a^{st})\,|s|^g\,|\bar{s}|^h\,ds. \tag{8}$$

Setzt man aber

$$st = u = (u'_{\varkappa\lambda} + i u''_{\varkappa\lambda})$$

und führt die $u'_{\varkappa\lambda}$, $u''_{\varkappa\lambda}$ als neue Integrationsvariable ein, so liefert dies nur eine reelle orthogonale Transformation der $s'_{\varkappa\lambda}$, $s''_{\varkappa\lambda}$. Das Integrationsgebiet (7) bleibt also ungeändert. Außerdem ist wegen $|t| = 1$

$$|s| = |u|, \quad |\bar{s}| = |\bar{u}|.$$

Daher wird

$$F^*_{g,h}(a^t) = \int F(a^u)\,|u|^g\,|\bar{u}|^h\,du = F^*_{g,h}(a)$$

[1] Hierbei bedeutet $|\bar{s}|$ die Determinante der n^2 Größen $s'_{\varkappa\lambda} - i s''_{\varkappa\lambda}$.

oder, was dasselbe ist,

$$F^*_{g,h}(a^t) = |t|^p \cdot F^*_{g,h}(a). \tag{9}$$

Da aber beide Ausdrücke in bezug auf die Koeffizienten $t_{\varkappa\lambda}$ von t homogene ganze rationale Funktionen vom Grade kr sind, so lehrt unser Hilfssatz, daß die Gleichung nicht nur für alle unitären Substitutionen t, sondern auch für jede beliebige Substitution richtig ist. Die Form r-ten Grades $F^*_{g,h}(a)$ ist also, wenn sie nicht identisch verschwindet, eine Invariante.

Die Bedingung 2. ist für unsere Operation gewiß erfüllt. Ferner genügt $F^*_{g,h}(a)$ auch der Bedingung 3. Denn ist $F(a) = G(a)J(a)$ und bedeutet q das Gewicht der Invariante $J(a)$, so wird

$$\begin{aligned} F^*_{g,h}(a) &= \int G(a^s)J(a^s)|s|^g|\bar{s}|^h ds \\ &= \int G(a^s)J(a)|s|^{g+q}|\bar{s}|^h ds = G^*_{g+q,h}(a)J(a). \end{aligned}$$

Ist insbesondere $F(a)$ selbst eine Invariante vom Gewichte p, so wird

$$F^*_{g,h}(a) = F(a)\int |s|^{g+p}|\bar{s}|^h ds.$$

Will man erreichen, daß der hier auftretende konstante Faktor von Null verschieden ausfällt, so genügt es, wegen $|s||\bar{s}| \geqq 0$ nur $h = g+p$, also etwa $g = 0$, $h = p$ zu wählen.

§ 3. Beziehungen zum Ω-Prozeß.

Hr. Hilbert stellt eine Operation $F^*(a)$ her, die den vier vorhin genannten Bedingungen genügt, indem er für jede Form $F(a)$ vom ganzzahligen Gewichte p

$$F^*(a) = \Omega_s^p F(a^s) \tag{10}$$

setzt. Hierbei bedeutet Ω_s den Cayleyschen Differentiationsprozeß

$$\sum \pm \frac{\partial^n}{\partial s_{1\nu_1}\,\partial s_{2\nu_2}\cdots\partial s_{n\nu_n}}.$$

Für eine Invariante $J(a)$ vom Gewichte p wird insbesondere

$$J^*(a) = \Omega^p|s|^p \cdot J(a) = \prod_{\nu=0}^{n-1}\frac{(p+\nu)!}{\nu!}\cdot J(a). \tag{11}$$

Es ist nun leicht zu zeigen, daß unser Integralprozeß $F^*_{g,h}(a)$ für jedes Wertepaar g, h eine Invariante liefert, die sich von dem Ausdruck (10) nur um einen konstanten Faktor unterscheidet.

Sind nämlich

$$s = (s_{\varkappa\lambda}), \quad t = (t_{\varkappa\lambda})$$

zwei Systeme von je n^2 Variabeln, so gilt bekanntlich für jede Funktion $\Phi(s)$ der n^2 Variabeln $s_{\varkappa\lambda}$ die leicht zu beweisende Relation

$$\Omega_t\Phi(st) = |s|\cdot\Omega_{st}\Phi(st),$$

also auch für jedes p

$$\Omega_t^p\Phi(st) = |s|^p\cdot\Omega_{st}^p\Phi(st).$$

Aus der Formel (8), die für jede Substitution t gilt, folgt nun, da unter den Integralzeichen differentiiert werden darf,

$$\Omega_t^p F_{g,h}^*(a^t) = \int \Omega_{st}^p F(a^{st}) |s|^{g+p} |\bar{s}|^h ds .$$

Da aber $F_{g,h}^*(a)$ eine Invariante und

$$\Omega_{st}^p F(a^{st}) = \Omega_s^p F(a^s)$$

von den $s_{\varkappa\lambda}$ nicht mehr abhängt, so erhalten wir wegen (11)

$$\prod_{\nu=0}^{n-1} \frac{(p+\nu)!}{\nu!} \cdot F_{g,h}^*(a) = \Omega_s^p F(a^s) \cdot \int |s|^{g+p} |\bar{s}|^h ds .$$

In genau derselben Weise erkennt man, daß der kompliziertere Integrationsprozeß von HURWITZ für jede Form $F(a)$ nur einen Ausdruck der Form const. $\Omega_s^p F(a^s)$ liefert.

Zweiter Teil. Die Homomorphismen der Drehungsgruppe und das Abzählungsproblem für Orthogonalinvarianten.

§ 4. Der HURWITZsche Integralkalkül.

Eine reelle orthogonale Substitution

$$s = (s_{\varkappa\lambda}) \qquad (\varkappa, \lambda = 1, 2, \cdots, n)$$

von der Determinante 1 bezeichne ich im folgenden kurz als eine *Drehung*, die von allen Drehungen in n Veränderlichen gebildete Gruppe soll die *Drehungsgruppe* $\mathfrak{D}$ heißen.

Um seinen Integralkalkül rechnerisch aufzubauen, benutzt HURWITZ die im Falle $n = 3$ schon von EULER eingeführte Parameterdarstellung. Man verstehe unter $e_\alpha(\phi)$ für $\alpha = 1, 2, \cdots, n-1$ die Drehung

$$x_\alpha = \cos\phi \cdot x'_\alpha + \sin\phi \cdot x'_{\alpha+1}, \quad x_{\alpha+1} = -\sin\phi \cdot x'_\alpha + \cos\phi \cdot x'_{\alpha+1}, \quad x_\beta = x'_\beta .$$

Mit Hilfe der $\dfrac{n(n-1)}{2}$ Winkelgrößen

$$\begin{array}{l} \phi_{01} \\ \phi_{02}, \ \phi_{12} \\ \phi_{03}, \ \phi_{13}, \ \phi_{23} \\ \cdots\cdots\cdots \\ \phi_{0,n-1}, \ \phi_{1,n-1}, \ \cdots, \ \phi_{n-2,n-1} \end{array}$$

bilde man die Substitutionen

$$\begin{aligned} E_1 &= e_{n-1}(\phi_{01}) \\ E_2 &= e_{n-2}(\phi_{12})\, e_{n-1}(\phi_{02}) \\ E_3 &= e_{n-3}(\phi_{23})\, e_{n-2}(\phi_{13})\, e_{n-1}(\phi_{03}) \\ &\cdots\cdots\cdots\cdots \\ E_{n-1} &= e_1(\phi_{n-2,n-1})\, e_2(\phi_{n-3,n-1}) \cdots e_{n-1}(\phi_{0,n-1}) . \end{aligned}$$

Jede Drehung s läßt sich dann in der Form

$$s = E_1 E_2 \cdots E_{n-1}$$

darstellen. Will man jede Drehung nur einmal erhalten, so empfiehlt es sich, die Winkelgrößen $\phi_{\alpha\beta}$ folgenden Bedingungen zu unterwerfen:

1. Es gelten für sie die Ungleichungen

$$0 \leqq \phi_{\alpha,\alpha+1} < 2\pi, \quad 0 \leqq \phi_{\alpha\beta} < \pi \qquad (\beta - \alpha > 1).$$

2. Ist eine Größe $\phi_{\alpha\beta}$ gleich Null, so soll auch

$$\phi_{0\beta} = \phi_{1\beta} = \cdots = \phi_{\alpha-1,\beta} = 0$$

sein[1].

Durch diese Bedingungen wird in dem Parallelotop

$$(12) \qquad 0 \leqq \phi_{\alpha,\alpha+1} \leqq 2\pi \quad 0 \leqq \phi_{\alpha\beta} \leqq \pi \qquad (\beta - \alpha > 1)$$

ein gewisser Teilraum $\mathfrak{J}$ festgelegt. Jedem Punkt von $\mathfrak{J}$ entspricht eine Drehung und umgekehrt. Ordnet man jeder Drehung s eine reelle oder komplexe Zahl $f(s)$ zu, so entsteht eine in $\mathfrak{J}$ definierte Funktion $F(\phi_{\alpha\beta})$ der $\frac{n(n-1)}{2}$ reellen Variabeln $\phi_{\alpha\beta}$.

Unter dem Zeichen

$$(13) \qquad \int f(s)\, ds$$

verstehen wir nun das Integral

$$(14) \qquad \int\int \cdots \int F(\phi_{\alpha\beta}) \left| \prod_{\gamma,\delta} (\sin \phi_{\gamma\delta})^{\gamma} \right| d\phi_{01} \cdots d\phi_{n-2,n-1},$$

wobei als Integrationsgebiet das Parallelotop (12) *zu wählen ist*[2].

Insbesondere wird

$$h = h_n = \int ds$$

eine wohlbestimmte positive reelle Größe, und zwar findet man

$$h_{2\nu} = \frac{\pi^{\nu^2} \cdot 2^{\nu^2+\nu-1}}{2!\, 4! \cdots (2\nu-2)!}$$

$$h_{2\nu+1} = \frac{\pi^{\nu^2+\nu} \cdot 2^{\nu^2+3\nu} \cdot \nu!}{2!\, 4! \cdots (2\nu)!}.$$

Was für uns vor allem von entscheidender Bedeutung ist, ist der von Hurwitz bewiesene Satz: *Ist t eine beliebige festgewählte Drehung, so wird für jede Funktion $f(s)$, sofern das Integral* (14) *überhaupt einen Sinn hat,*

---

[1] Die sich bei Hurwitz (E., S. 77) findende Behauptung, daß die Parameterdarstellung eineindeutig wird, wenn die $\phi_{\alpha\beta}$ den Ungleichungen

$$0 \leqq \phi_{0\beta} < 2\pi, \quad 0 \leqq \phi_{\alpha\beta} < \pi \qquad (\alpha < \beta)$$

unterworfen werden, ist nicht richtig. Man kann zwar auch bei dieser Wahl der Intervalle durch Hinzunahme weiterer Bedingungen Eineindeutigkeit erzwingen, doch ist es einfacher, die $\phi_{\alpha\beta}$ wie im Texte festzulegen.

[2] Den bei Hurwitz vor dem Integralzeichen stehenden Faktor $2^{\frac{n^2-n}{4}}$ lasse ich der Einfachheit wegen fort.

$$\int f(st)\,ds = \int f(s)\,ds. \tag{15}$$

Durch diese Eigenschaft ist zugleich, wie HURWITZ gezeigt hat, die Integraloperation bis auf einen konstanten Faktor eindeutig bestimmt.

§ 5. Einige Eigenschaften der Homomorphismen der Gruppe $\mathfrak{D}$.

Wir stellen uns nun die Aufgabe, die zur Drehungsgruppe $\mathfrak{D}$ gehörenden Homomorphismen

$$H(s) = (c^s_{\varrho\sigma}) \qquad (\varrho, \sigma = 1, 2, \cdots, N) \tag{16}$$

zu studieren (vgl. § 2). Hierbei verlangen wir, daß die $c^s_{\varrho\sigma}$ in leicht zu verstehender Bezeichnungsweise *stetige* Funktionen von s sein sollen. Die wirkliche Bestimmung aller möglichen stetigen Homomorphismen von $\mathfrak{D}$ scheint eine schwierige Aufgabe zu sein, auch unter der (für die Anwendungen vor allem wichtigen) Voraussetzung, daß die $c^s_{\varkappa\lambda}$ als ganze rationale Funktionen der n^2 Koeffizienten $s_{\varkappa\lambda}$ von s darstellbar sein sollen, weiß man sie nicht näher zu beschreiben[1]. Es wird uns aber gelingen, einige wichtige Eigenschaften dieser Homomorphismen abzuleiten.

Zwei Homomorphismen $H(s)$ und $H_1(s)$ von $\mathfrak{D}$ mit der gleichen Variabelnanzahl N heißen einander *ähnlich*, wenn sich eine von s unabhängige lineare Transformation T von nicht verschwindender Determinante angeben läßt, so daß

$$H_1(s) = T^{-1} \cdot H(s) \cdot T$$

wird.

Der Homomorphismus $H(s)$ heißt *irreduzibel*, wenn sich kein ihm ähnlicher Homomorphismus $H_1(s)$ angeben läßt, der in den üblichen Bezeichnungen die Form

$$H_1(s) = \begin{pmatrix} H_{11}(s) & 0 \\ H_{21}(s) & H_{22}(s) \end{pmatrix}$$

erhält, wobei $H_{11}(s)$ eine quadratische Matrix mit weniger als N Zeilen sein soll.

Unter der *Charakteristik* $\chi(s)$ des Homomorphismus (16) verstehe ich die Funktion

$$\chi(s) = c^s_{11} + c^s_{22} + \cdots + c^s_{NN}.$$

Für die Identität $s = e$ wird insbesondere

$$\chi(e) = N.$$

Es gilt nun der grundlegende Satz:

I. *Zwei Homomorphismen $H(s)$ und $H_1(s)$ der Drehungsgruppe $\mathfrak{D}$ sind dann und nur dann einander ähnlich, wenn ihre Charakteristiken übereinstimmen.*

Um dies zu beweisen, genügt es nach einem allgemeinen Satz über Gruppen linearer homogener Substitutionen[2] zu zeigen, daß folgender Satz besteht:

---

[1] Bekannt und leicht zu beweisen ist nur, daß es für $n > 2$ außer $H(s) = 1$ keinen anderen linearen Homomorphismus von $\mathfrak{D}$ gibt; vgl. H. WEYL, Math. Zeitschrift Bd. 20 (1924), S. 136. [Zusatz bei der Korrektur. Es ist mir in der Zwischenzeit gelungen, alle stetigen Homomorphismen der Gruppe $\mathfrak{D}$ zu bestimmen.]

[2] G. FROBENIUS und I. SCHUR, *Über die Äquivalenz der Gruppen linearer Substitutionen* (Satz IV), Sitzungsberichte der Berliner Akademie 1906, S. 24.

II. *Jede mit der Drehungsgruppe $\mathfrak{D}$ homomorphe Substitutionsgruppe $\mathfrak{H}$ ist vollständig reduzibel.*

Dieser Satz ist aber gewiß richtig[1], wenn wir beweisen können:

III. *Jede mit $\mathfrak{D}$ homomorphe Substitutionsgruppe $\mathfrak{H}$ ist eine* HERMITE*sche Gruppe, d. h. ihre Substitutionen $H(s)$ lassen eine (von s unabhängige) positive* HERMITE*sche Form*[*] *ungeändert.*

Dies ergibt sich aber ganz ähnlich wie für endliche Gruppen in folgender Weise. Ist $M(s)$ eine Matrix, deren Elemente $f_{\varrho\sigma}(s)$ für alle Drehungen s definiert sind, so verstehe man unter $\int M(s)\,ds$ die Matrix mit den Elementen $\int f_{\varrho\sigma}(s)\,ds$. Man setze nun

$$F = \int \overline{H}'(s) H(s)\, ds = (h_{\varrho\sigma}),$$

wobei $\overline{H}'(s)$ die Transponierte der zu $H(s)$ konjugiert komplexen Matrix bedeutet. Dann wird wegen

$$H(s)H(t) = H(st), \quad \overline{H}'(t)\overline{H}'(s) = \overline{H}'(st)$$

in Verbindung mit (15) für jede feste Drehung t

$$\overline{H}'(t)\cdot F \cdot H(t) = \int \overline{H}'(st) H(st)\, ds = F. \tag{17}$$

Diese Formel besagt aber, daß $H(t)$ die HERMITEsche Form

$$\sum_{\varrho,\sigma}^{N} h_{\varrho\sigma}\bar{x}_\varrho x_\sigma = \int\left(\sum_{\varrho=1}^{N} |c^s_{\varrho 1}x_1 + \cdots + c^s_{\varrho N}x_N|^2\right) ds$$

ungeändert läßt. Diese Form ist aber positiv definit, denn negativer Werte ist sie gewiß nicht fähig und der Wert Null wird wegen der vorausgesetzten Stetigkeit der Funktionen $c^s_{\varrho\sigma}$ von s nur dann angenommen, wenn für jedes s

$$c^s_{\varrho 1}x_1 + \cdots + c^s_{\varrho N}x_N = 0 \qquad (\varrho = 1, 2, \cdots, N)$$

wird. Für $s = e$ folgt hieraus $x_1 = \cdots = x_N = 0$.

Einen direkten Beweis für den Satz II liefert die von mir im Falle der endlichen Substitutionsgruppen angewandte Methode[2]. Auch das dort benutzte Summationsverfahren läßt sich in unserem Falle durch Integrationen ersetzen.

§6. Die Grundrelationen für die einfachen Charakteristiken.

Der Satz II lehrt uns, daß man nur die irreduziblen Homomorphismen der Gruppe $\mathfrak{D}$ zu kennen braucht, um alle übrigen zu beherrschen. Ferner geht aus I hervor, daß jeder Homomorphismus durch seine Charakteristik vollständig gekennzeichnet ist, sobald man zwei einander ähnliche Homomorphismen als nicht wesentlich verschieden ansieht. Unter einer *einfachen* Charakteristik $\chi(s)$ verstehen wir die eines irreduziblen Homomorphismus $H(s)$; die

[1] Vgl. H. MASCHKE, *Beweis des Satzes usw.*, Math. Ann. Bd. 52, S. 363.

[2] Vgl. meine Arbeit *Neue Begründung der Theorie der Gruppencharaktere* (§ 3), Sitzungsberichte der Berliner Akademie 1905, S. 406. — Diese Arbeit wird im folgenden kurz mit B. zitiert werden.

zugehörige Variabelnanzahl $N = \chi(e)$ hieße der *Grad* der Charakteristik. Es gilt nun der wichtige Satz:

IV. *Ist $\chi(s)$ eine zur Drehungsgruppe $\mathfrak{D}$ gehörende einfache Charakteristik vom Grade N, so besteht für jede Drehung t die Formel*

$$\int \chi(ts^{-1})\chi(s)ds = \frac{h}{N}\chi(t). \qquad \left(h = \int ds\right) \tag{18}$$

Speziell wird für $t = e$

$$\int \chi(s^{-1})\chi(s)\,ds = h. \tag{19}$$

Sind ferner $\chi(s)$ und $\chi_1(s)$ zwei voneinander verschiedene einfache Charakteristiken, so wird

$$\int \chi(ts^{-1})\chi_1(s)ds = 0, \tag{20}$$

also speziell

$$\int \chi(s^{-1})\chi_1(s)ds = 0. \tag{21}$$

Diese Formeln bilden ein genaues Analogon zu den bekannten Grundformeln für die FROBENIUSschen Gruppencharaktere[1]. Der Beweis ergibt sich ohne Mühe nach der von mir angegebenen Methode (B., § 2). Sei nämlich $H(s) = (c^s_{\varrho\sigma})$ ein irreduzibler Homomorphismus von $\mathfrak{D}$ mit der Charakteristik $\chi(s)$. Ist $U = (u_{\varrho\sigma})$ eine beliebige quadratische Matrix mit N Zeilen, so setze man

$$V = \int H^{-1}(s)\cdot U\cdot H(s)ds.$$

Dann wird wegen (15) für jede Drehung t

$$H^{-1}(t)\cdot V\cdot H(t) = \int H^{-1}(ts)\cdot U\cdot H(st)\,ds = V.$$

Also ist V für jedes t mit $H(t)$ vertauschbar und muß daher, wie aus der Irreduzibilität von $H(t)$ folgt, die Form

$$V = \left(\sum_{\xi,\eta}^{N}{}_{1}\, a_{\xi\eta}u_{\xi\eta}\right)E$$

haben, wobei $E = (e_{\varrho\sigma})$ die Einheitsmatrix bedeutet. Dies liefert

$$\int c^{s^{-1}}_{\varrho\xi}c^s_{\eta\sigma}ds = a_{\xi\eta}e_{\varrho\sigma}.$$

Setzt man hierin $\sigma = \varrho$ und addiert über alle ϱ, so ergibt sich wegen $H(s^{-1})H(s) = E$

$$\int e_{\eta\xi}ds = Na_{\xi\eta}.$$

Folglich ist

$$\int c^{s^{-1}}_{\varrho\xi}c^s_{\eta\sigma}ds = \frac{h}{N}e_{\varrho\sigma}e_{\eta\xi}. \qquad (\varrho, \sigma, \xi, \eta = 1, 2, \cdots, N)$$

---

[1] Die Zahl $h = \int ds$ läßt sich nach HURWITZ deuten als der Inhalt desjenigen Gebildes im Raume der n^2 Koordinaten $s_{\varkappa\lambda}$, dessen Punkte alle Drehungen $(s_{\varkappa\lambda})$ liefern. In unseren Formeln spielt h dieselbe Rolle wie die Ordnung der zu untersuchenden endlichen Gruppe im FROBENIUSschen Falle.

Multipliziert man mit $c^{t}_{\tau\varrho}$ und addiert über alle ρ, so erhält man

$$\int c^{ts^{-1}}_{\tau\xi} c^{s}_{\eta\sigma} ds = \frac{h}{N} c^{t}_{\tau\sigma} e_{\eta\xi}.$$

Für $\xi = \tau$, $\eta = \sigma$ folgt hieraus durch Addition die Formel (18).

Sind ferner

$$H(s) = (c^{s}_{\varrho\sigma}), \quad H_1(s) = (k^{s}_{\mu\nu}) \qquad \begin{pmatrix} \rho, \sigma = 1, 2, \cdots, N \\ \mu, \nu = 1, 2, \cdots, N_1 \end{pmatrix}$$

zwei einander nicht ähnliche irreduzible Homomorphismen von $\mathfrak{D}$ mit den Charakteristiken $\chi(s)$ und $\chi_1(s)$, so liefert die in B. § 2 angewandte Methode für jede Drehung t die Formel

$$\int c^{ts^{-1}}_{\varrho\sigma} k^{s}_{\mu\nu} ds = 0,$$

aus der sich unmittelbar die Formel (20) ergibt.

Zu beachten ist noch, daß *die Zahl $\chi(s^{-1})$ für jede Charakteristik nichts anderes ist als die zu $\chi(s)$ konjugiert komplexe Größe*[1]. Denn ist wieder $H(s)$ ein Homomorphismus von $\mathfrak{D}$ mit der Charakteristik $\chi(s)$, und bedeutet F eine positive Hermitesche Form, die bei allen Transformationen $H(s)$ ungeändert bleibt, so folgt aus der Formel (17)

$$F^{-1}\overline{H}'(s)F = H^{-1}(s) = H(s^{-1}).$$

Daher besitzen $\overline{H}'(s)$ und $H(s^{-1})$ dieselbe Spur. Das liefert $\overline{\chi}(s) = \chi(s^{-1})$.

Die Formeln (19) und (21) lassen sich demnach auch in der Form

$$\int |\chi(s)|^2 ds = h, \quad \int \chi(s)\overline{\chi}_1(s)\, ds = 0$$

schreiben. Unter Zugrundelegung des Hurwitzschen Integralkalküls bilden also *die sämtlichen zur Drehungsgruppe $\mathfrak{D}$ gehörenden einfachen Charakteristiken nach Multiplikation mit dem konstanten Faktor $h^{-\frac{1}{2}}$ ein System von normierten unitär orthogonalen Funktionen der variablen Drehung s.*

§ 7. Das Abzählungsproblem für Orthogonalinvarianten.

Es sei nun

$$(H(s)) \qquad a'_{\varrho} = \sum_{\sigma=1}^{N} c^{s}_{\varrho\sigma} a_{\sigma} \qquad (\rho = 1, 2, \cdots, N)$$

ein beliebiger Homomorphismus von $\mathfrak{D}$ mit der Charakteristik $\zeta(s)$. Auf Grund des Satzes II läßt sich $H(s)$ mit Hilfe einer Ähnlichkeitstransformation in einen Homomorphismus überführen, der durch einfaches »Aneinanderreihen« irreduzibler Homomorphismen, der *irreduziblen Bestandteile* von $H(s)$, entsteht. Besitzen unter diesen

(22) $$H_1(s),\ H_2(s),\ \cdots,\ H_m(s)$$

voneinander verschiedene (einfache) Charakteristiken

[1] Die Koeffizienten $c^{s}_{\varrho\sigma}$ eines Homomorphismus von $\mathfrak{D}$ brauchen keineswegs sämtlich reell zu sein. Auf die Realitätsfrage werde ich in einer späteren Arbeit eingehen.

$$\chi_1(s),\ \chi_2(s),\ \cdots,\ \chi_m(s),$$

so erhält $\zeta(s)$ die Form

$$\zeta(s) = \sum_{\mu=1}^{m} A_\mu \chi_\mu(s),$$

wo A_ν eine positive ganze Zahl ist, die angibt, wie oft $H_\nu(s)$ unter den irreduziblen Bestandteilen von $H(s)$ vorkommt[1]. Aus (19) und (21) folgt aber

$$A_\nu = \frac{1}{h}\int \zeta(s)\chi_\nu(s^{-1})\,ds.$$

Insbesondere wird

$$A = \frac{1}{h}\int \zeta(s)\,ds$$

gleich 0, wenn der lineare Homomorphismus $L(s) = 1$ unter den Homomorphismen (22) nicht vorkommt und gleich A_ν, wenn $H_\nu(s) = 1$ ist. Diese Zahl hat aber eine einfache Bedeutung: sie gibt an, wie viele unter den zu $H(s)$ gehörenden linearen (absoluten) Invarianten

$$\gamma_1 a_1 + \gamma_2 a_2 + \cdots + \gamma_N a_N$$

linear unabhängig sind[2].

Will man nun die zu $H(s)$ gehörenden (absoluten) Invarianten $J^{(r)}(a)$ vom Grade r untersuchen, so hat man nur auf $H(s)$ die Potenztransformation P_r anzuwenden. Es entsteht so ein neuer Homomorphismus

$$H^{(r)}(s) = P_r(H(s))$$

der Gruppe $\mathfrak{D}$. Die Anzahl $A^{(r)}$ der linear unabhängigen unter den $J^{(r)}(a)$ ist nun, wie in bekannter Weise geschlossen wird, nichts anderes als die Anzahl der zu $H^{(r)}(s)$ gehörenden linear unabhängigen linearen Invarianten (vgl. die auf S. 190 zitierte Arbeit von MOLIEN).

Dies liefert den Satz:

V. *Ist $H(s)$ ein Homomorphismus der Drehungsgruppe $\mathfrak{D}$, so ist die Anzahl $A^{(r)}$ der linear unabhängigen unter den zu $H(s)$ gehörenden (absoluten) Invarianten $J(a)$ vom Grade r durch die Formel*

$$A^{(r)} = \frac{1}{h}\int \zeta^{(r)}(s)\,ds$$

gegeben, wobei $\zeta^{(r)}(s)$ die Charakteristik des Homomorphismus $P_r(H(s))$ bedeutet.

Die Berechnung des Ausdrucks $\zeta^{(r)}(s)$ kann auf verschiedene Arten durchgeführt werden. Kann man die charakteristischen Wurzeln

$$\omega_1,\ \omega_2,\ \cdots,\ \omega_N$$

der Substitution $H(s)$ bestimmen, so wird $\zeta^{(r)}(s)$ nichts anderes als Koeffizient von z^r in der Entwicklung von

---

[1] Zwei einander ähnliche Homomorphismen gelten hierbei als nicht verschieden.

[2] Hierbei ist zu beachten, daß für $n > 2$ zur Gruppe $\mathfrak{D}$ überhaupt keine relativen Invarianten gehören; vgl. die Fußnote auf S. 197.

$$\frac{1}{(1-z\omega_1)(1-z\omega_2)\cdots(1-z\omega_N)}$$

nach positiven Potenzen von z. Ist ferner

$$\sigma_\mu = \omega_1^\mu + \omega_2^\mu + \cdots + \omega_N^\mu ,$$

so wird dieser Koeffizient gleich

$$\sum \frac{\sigma_1^{\alpha_1}\sigma_2^{\alpha_2}\cdots\sigma_r^{\alpha_r}}{1^{\alpha_1}\alpha_1!\ 2^{\alpha_2}\alpha_2!\cdots r^{\alpha_r}\alpha_r!},$$

die Summe erstreckt über alle Lösungen der Gleichung

$$\alpha_1 + 2\alpha_2 + \cdots + r\alpha_r = r$$

in nicht negativen ganzen Zahlen α_ν. Nun ist aber bekanntlich σ_μ gleich der Spur von

$$[H(s)]^\mu = H(s^\mu),$$

d. h. es ist $\sigma_\mu = \zeta(s^\mu)$. Dies liefert die explizite Formel

$$(23)\qquad A^{(r)} = \frac{1}{h}\sum \frac{1}{1^{\alpha_1}\alpha_1!\ 2^{\alpha_2}\alpha_2!\cdots r^{\alpha_r}\alpha_r!}\int \zeta^{\alpha_1}(s)\zeta^{\alpha_2}(s^2)\cdots\zeta^{\alpha_r}(s^r)\,ds.$$

Auch für simultane Orthogonalinvarianten und Kovarianten mit vorgegebenen Graden $r, r', \cdots$ in den einzelnen Koeffizienten- bzw. Variabelnreihen lassen sich ähnliche Formeln angeben.

Bei allen Aufgaben, auf die man in der algebraischen Invariantentheorie geführt wird, hat man nur Homomorphismen $H(s)$ zu benutzen, deren Koeffizienten $c_{\varrho\tau}^s$ als ganze rationale Funktionen der n^2 Koeffizienten $s_{\varkappa\lambda}$ von s gegeben sind. Außerdem ist in allen Fällen $\zeta(s)$ eine symmetrische Funktion[1] der charakteristischen Wurzeln

$$\gamma_1, \gamma_2, \cdots, \gamma_n$$

der Substitution s, also eine ganze rationale Funktion der Koeffizienten der Gleichung

$$|xe - s| = x^n - c_1 x^{n-1} + c_2 x^{n-2} - \cdots + (-1)^n c_n = 0.$$

Hierbei ist noch zu beachten, daß diese Gleichung für eine Drehung s den Bedingungen $c_n = 1$, $c_\lambda = c_{n-\lambda}$ genügt. Ist also $\nu = \left[\frac{n}{2}\right]$, so wird $\zeta(s)$ und ebenso auch $\zeta(s^\mu)$ eine wohlbestimmte ganze rationale Funktion von $c_1, c_2, \cdots, c_\nu$. Drückt man die c_λ durch die $\frac{n(n-1)}{2}$ Parameter $\phi_{\alpha\beta}$ aus (vgl. § 4), so erhalten die in der Formel (23) auftretenden Integrale die Gestalt

$$\int\int\cdots\int R(\cos\phi_{\alpha\beta}, \sin\phi_{\alpha\beta})\left|\prod_\gamma (\sin\phi_{\gamma\delta})^\gamma\right| d\phi_{01}d\phi_{02}\cdots d\phi_{n-2,n-1},$$

wobei R eine ganze rationale Funktion bedeutet. Da wir über das Gebiet

$$0 \leqq \phi_{\alpha,\alpha+1} \leqq 2\pi,\quad 0 \leqq \phi_{\alpha\beta} \leqq \pi \qquad (\beta - \alpha > 1)$$

[1] Vgl. meine auf S. 192 zitierte Inaugural-Dissertation.

zu integrieren haben, lassen sich diese Integrale in *geschlossener* Form berechnen, indem man sich der leicht anzugebenden Werte der Integrale

$$\int_0^{a\pi} \sin^k\phi \cos^l\phi \,|\sin^m\phi|\, d\phi \qquad (a = 1, 2, \quad k, l, m = 0, 1, 2, \cdots)$$

bedient. *Die Formel* (23) *liefert also eine praktisch durchaus brauchbare Methode zur Berechnung der ganzen Zahl* $A^{(r)}$.

Am einfachsten gestaltet sich die Rechnung, indem man die Potenzsummen

$$\tau_\mu = \gamma_1^\mu + \gamma_2^\mu + \cdots + \gamma_n^\mu$$

einführt. Ist für ein passend gewähltes m der Ausdruck

$$\zeta(s) = g(\tau_1, \tau_2, \cdots, \tau_m)$$

bekannt, so wird

$$\zeta(s^\mu) = g(\tau_\mu, \tau_{2\mu}, \cdots, \tau_{m\mu}).$$

Hierbei ist g als eine wohlbestimmte ganze rationale Funktion anzusehen. Um nun die Zahl $A^{(r)}$ zu berechnen, hat man nur die Werte der Ausdrücke

$$(24) \qquad \frac{1}{h}\int \tau_1^{\nu_1}\tau_2^{\nu_2}\cdots\tau_q^{\nu_q}\, ds = J_{\nu_1, \nu_2, \cdots, \nu_q} \qquad (\nu_\varkappa = 0, 1, 2, \cdots)$$

zu kennen.

Handelt es sich z. B. um die Orthogonalinvarianten $J(a)$ einer Form k-ten Grades $f(a, x)$, so hat man $H(s) = P_k(s)$ zu wählen; es wird dann

$$(25) \qquad \zeta(s) = \sum \frac{\tau_1^{\beta_1}\tau_2^{\beta_2}\cdots\tau_k^{\beta_k}}{1^{\beta_1}\beta_1!\; 2^{\beta_2}\beta_2! \cdots k^{\beta_k}\beta_k!} \qquad (\beta_1 + 2\beta_2 + \cdots + k\beta_k = k).$$

Will man ferner die simultanen Invarianten $J(a_{\varkappa\lambda}^{(\mu)})$ von m Bilinearformen

$$B_\mu(x, y) = \sum_{\varkappa, \lambda}^{n}{}_1\, a_{\varkappa\lambda}^{(\mu)} x_\varkappa y_\lambda \qquad (\mu = 1, 2, \cdots, m)$$

studieren bei gleichzeitiger Anwendung aller Drehungen s auf die beiden Variabelnreihen $x_\varkappa$ und y_λ (»kogrediente orthogonale Variabelntransformation«), so hat man einfach

$$\zeta(s) = m\tau_1^2$$

zu setzen. Unsere Zahl $A^{(r)}$ gibt dann die Anzahl der linear unabhängigen unter denjenigen Invarianten $J(a_{\varkappa\lambda}^{(\mu)})$ an, die in bezug auf alle mn^2 Koeffizienten vom Grade r sind. Beschränkt man sich auf solche Invarianten, die in bezug auf jedes der m Koeffizientensysteme $a_{\varkappa\lambda}^{(\mu)}$ vom Grade k sind, so wird die Anzahl der linear unabhängigen unter ihnen durch den Ausdruck

$$A_{m,k} = \frac{1}{h}\int [\eta_k(s)]^m ds$$

bestimmt, wobei $\eta_k(s)$ die Summe bedeutet, die aus (25) hervorgeht, wenn überall die $\tau_\varkappa$ durch $\tau_\varkappa^2$ ersetzt werden. Z. B. wird

$$A_{m,1} = \frac{1}{h}\int \tau_1^{2m} ds, \qquad A_{m,2} = \frac{1}{h}\int \left[\frac{\tau_1^4 + \tau_2^2}{2}\right]^m ds.$$

§ 8. Die Fälle $n = 2$ und $n = 3$.

Im binären Fall lautet unsere Parameterdarstellung einfach

$$s_{11} = \cos\phi, \quad s_{12} = \sin\phi, \quad s_{21} = -\sin\phi, \quad s_{22} = \cos\phi.$$

Hier wird

$$\tau_1 = 2\cos\phi, \quad h = 2\pi.$$

Die zu berechnenden Integrale (24) haben die Form

$$J_{\nu_1, \nu_2, \ldots, \nu_q} = \frac{1}{2\pi}\int_0^{2\pi} (2\cos\phi)^{\nu_1}(2\cos 2\phi)^{\nu_2}\cdots(2\cos q\phi)^{\nu_q} d\phi.$$

In diesem Falle ist aber unser Abzählungsproblem ohne besonderes Interesse, denn es läßt sich ohne Mühe direkt durchführen, indem man die binäre Drehungsgruppe durch die ihr ähnliche Gruppe der Substitutionen

$$x_1 = e^{i\phi}x'_1, \quad x_2 = e^{-i\phi}x'_2$$

ersetzt[1].

Auf interessantere Betrachtungen führt der ternäre Fall. Setzt man hier zur Abkürzung

$$\phi_{01} = \phi_1, \quad \phi_{02} = \phi_2, \quad \phi_{12} = \phi_3$$

und

$$\cos\phi_\lambda = \alpha_\lambda, \quad \sin\phi_\lambda = \beta_\lambda,$$

so lautet die Parameterdarstellung

$$\begin{array}{lll} s_{11} = \alpha_3, & s_{12} = \alpha_2\beta_3, & s_{13} = \beta_2\beta_3, \\ s_{21} = -\alpha_1\beta_3, & s_{22} = \alpha_1\alpha_2\alpha_3 - \beta_1\beta_2, & s_{23} = \alpha_1\beta_2\alpha_3 + \beta_1\alpha_2, \\ s_{31} = \beta_1\beta_3, & s_{32} = -\beta_1\alpha_2\alpha_3 - \alpha_1\beta_2, & s_{33} = \alpha_1\alpha_2 - \beta_1\beta_2\alpha_3. \end{array}$$

Insbesondere wird

$$\tau_1 = \sum_{\nu=1}^{3} s_{\nu\nu} = \cos\phi_3 + \cos(\phi_1 + \phi_2) + \cos\phi_3\cos(\phi_1 + \phi_3).$$

Die Zahl h hat hier den Wert $8\pi^2$. Die charakteristischen Wurzeln von s sind von der Form

$$1, \quad e^{i\alpha}, \quad e^{-i\alpha} \tag{26}$$

und alle τ_μ sind ganze rationale Funktionen von

$$a = 2\cos\alpha = \tau_1 - 1 = \cos(\phi_1 + \phi_2) - 1 + \cos\phi_2[\cos(\phi_1 + \phi_2) + 1].$$

Es genügt, die Ausdrücke

$$J_m = \frac{1}{8\pi^2}\int a^m ds \qquad (m = 0, 1, 2, \cdots)$$

zu kennen. *Ich behaupte nun, daß*

$$J_m = (-1)^m \binom{m}{\mu} \qquad \left(\mu = \left[\frac{m}{2}\right], \quad J_0 = 1\right) \tag{27}$$

wird.

---

[1] Vgl. E. B. Elliot, *The syzygetic theory of orthogonal binari ants.* Proceedings of the London Math. Society, Bd. 33 (1901), S. 226.

Es wird nämlich (vgl. § 4)

$$8\pi^2 J_m = \int_0^{2\pi}\int_0^{\pi}\int_0^{2\pi} a^m |\sin\phi_3|\, d\phi_1 d\phi_2 d\phi_3 .$$

Nun ist aber a von der Form $P+Q\cos\phi_2$ und es ist

$$\int_0^{2\pi} (P+Q\cos\phi)^m |\sin\phi|\, d\phi$$

$$= \int_0^{\pi} [(P+Q\cos\phi)^m + (P-Q.\cos\phi)^m] \sin\phi\, d\phi$$

$$= \int_{-1}^{1} [(P+Qx)^m + (P-Qx)^m\, dx]$$

$$= \frac{2}{m+1}\, \frac{(P+Q)^{m+1}-(P-Q)^{m+1}}{Q} .$$

Daher wird

$$8\pi^2 (m+1) J_m = 2^{m+2} \int_0^{2\pi}\int_0^{\pi} \frac{[\cos(\phi_1+\phi_2)]^{m+1} - (-1)^{m+1}}{\cos(\phi_1+\phi_2)+1}\, d\phi_1 d\phi_2 .$$

Hieraus folgt leicht

$$2\pi(m+1) J_m = 2^m \int_0^{2\pi} \frac{\cos^{m+1}\psi - (-1)^{m+1}}{\cos\psi + 1}\, d\psi .$$

Dies liefert die Rekursionsformel

$$(m+1) J_m + 2m J_{m-1} = \frac{2^m}{2\pi} \int_0^{2\pi} \cos^m\psi\, d\psi .$$

Schreibt man dieses Integral in der Form

$$\frac{1}{2\pi} \int_0^{2\pi} (e^{i\psi}+e^{-i\psi})^m d\psi ,$$

so erkennt man unmittelbar, daß es für $m=2\mu+1$ den Wert 0, für $m=2\mu$ den Wert $\binom{m}{\mu}$ hat. Also wird

$$(2\mu+1) J_{2\mu} + 4\mu J_{2\mu-1} = \binom{2\mu}{\mu}$$

$$(2\mu+2) J_{2\mu+1} + (4\mu+2) J_{2\mu} = 0 .$$

Hieraus ergibt sich wegen $J_0 = 1$ die Formel (27) ohne Mühe.

Diese Formel läßt noch eine interessante Folgerung zu. Setzt man

$$a_m = \tau_m - 1 = 2\cos m\alpha , \qquad (m=1,2,\cdots)$$

so wird

$$(28)\quad \begin{cases} a^{2\mu} = a_{2\mu} + \binom{2\mu}{1} a_{2\mu-2} + \cdots + \binom{2\mu}{\mu-1} a_2 + \binom{2\mu}{\mu} , \\ a^{2\mu+1} = a_{2\mu+1} + \binom{2\mu+1}{1} a_{2\mu-1} + \cdots + \binom{2\mu+1}{\mu-1} a_3 + \binom{2\mu+1}{\mu} a_1 . \end{cases}$$

Da nun

$$\frac{1}{8\pi^2}\int ds = 1\,, \quad \frac{1}{8\pi^2}\int a_1 ds = -1$$

ist, so folgt aus (27) und (28)

$$\int a_2 ds = \int a_3 ds = \cdots = 0.$$

Dies liefert aber die einfache Regel: *Ist im Falle* $n = 3$ *die Funktion* $f(s)$ *der variablen Drehung* s *mit Hilfe des »Drehungswinkels«* α *in die gleichmäßig konvergente Kosinusreihe*

$$f(s) = \frac{C_0}{2} + C_1 \cos\alpha + C_2 \cos 2\alpha + \cdots$$

entwickelbar, so wird

$$\frac{1}{h}\int f(s)ds = \frac{C_0 - C_1}{2}.$$

Auf Grund dieser Regel oder mit Hilfe der Formeln (27) lassen sich insbesondere die im vorigen Paragraphen erwähnten Abzählungsaufgaben der Invariantentheorie im ternären Fall rechnerisch vollständig durchführen. Für die dort eingeführten Zahlen $A_{m,k}$ erhält man z. B. im ternären Fall[1]

$$A_{11} = 1\,, \quad A_{2,1} = 3\,, \quad A_{3,1} = 15\,, \quad A_{4,1} = 91$$
$$A_{1,2} = 3\,, \quad A_{2,2} = 31\,, \quad A_{3,2} = 665\,, \quad A_{4,2} = 19203\,.$$

§ 9. Beliebige orthogonale Transformationen.

Zum Schluß will ich noch einige Bemerkungen über die Gruppe $\mathfrak{D}'$ aller reellen orthogonalen Substitutionen in n Veränderlichen hinzufügen. Diese Gruppe enthält die bis jetzt behandelte Drehungsgruppe $\mathfrak{D}$ als Untergruppe vom Index 2. Ist

$$\mathfrak{D}' = \mathfrak{D} + \mathfrak{D}_1\,,$$

so gehört ein Element t von $\mathfrak{D}'$ zu $\mathfrak{D}$ oder zu $\mathfrak{D}_1$, je nachdem die Determinante

$$\delta(t) = |t|$$

den Wert 1 oder -1 hat. Wir sprechen auch wie üblich von den eigentlichen und uneigentlichen reellen orthogonalen Transformationen. Im folgenden soll s stets ein Element von $\mathfrak{D}$ und u ein Element von $\mathfrak{D}_1$ bezeichnen.

Bedeutet nun $f(t)$ eine für alle Elemente t von $\mathfrak{D}'$ definierte Funktion, so ist es leicht, eine Integraloperation $\oint f(t)\,dt$ zu charakterisieren, die in Analogie zu der Grundeigenschaft (15) der Operation $\int f(s)\,ds$ der Bedingung genügt: Für jedes fest gewählte Element v von $\mathfrak{D}'$ wird

$$\oint f(tv)dt = \oint f(t)dt. \tag{29}$$

[1] Mit den Orthogonalinvarianten, die zu einem System von ternären Bilinearformen gehören, hat sich Hr. Study eingehend beschäftigt; vgl. E. Study, *Einleitung in die Theorie der Invarianten linearer Transformationen auf Grund der Vektorenrechnung* (§ 22), Braunschweig 1923.

Es genügt nämlich, wenn $u_\circ$ eine beliebige uneigentliche reelle orthogonale Transformation bedeutet,

$$\oint f(t)\,dt = \int f(s)\,ds + \int f(su_\circ)\,ds \tag{30}$$

zu setzen. In der Tat: Für jedes v wird dann

$$\oint f(tv)\,dt = \int f(sv)\,ds + \int f(su_\circ v)\,ds.$$

Ist nun v in $\mathfrak{D}$ enthalten, so wird wegen (15)

$$\int f(sv)\,ds = \int f(s)\,ds$$

und, weil $u_\circ v u_\circ^{-1}$ wieder eine eigentliche Transformation ist,

$$\int f(su_\circ v)\,ds = \int f(su_\circ v u_\circ^{-1}\cdot u_\circ)\,ds = \int f(su_\circ)\,ds.$$

Ist aber v von der Determinante -1, so sind $vu_\circ^{-1}$ und $u_\circ v$ in $\mathfrak{D}$ enthalten, folglich ist

$$\int f(sv)\,ds = \int f(svu_\circ^{-1}u_\circ)\,ds = \int f(su_\circ)\,ds$$

$$\int f(su_\circ v)\,ds = \int f(s)\,ds.$$

In beiden Fällen gilt also die Gleichung (29). Zugleich ergibt sich, daß der Ausdruck (30) von der speziellen Wahl von $u_\circ$ unabhängig ist.

Mit Hilfe dieser Integraloperation überträgt sich alles, was wir in den Paragraphen 5 und 6 über die Homomorphismen der Gruppe $\mathfrak{D}$ ausgesagt haben, auf die Gruppe $\mathfrak{D}'$. In den Formeln des § 6 hat man hierbei die Zahl $h = \int ds$ durch

$$\oint dt = 2\int ds = 2h$$

zu ersetzen. Zu beachten ist noch, daß bei der Gruppe $\mathfrak{D}'$ zu jedem Homomorphismus $H(t)$ eine *reelle* Charakteristik $\chi(t)$ gehört. Denn zunächst ist wieder, weil das Analogon zum Satz III gilt, $\chi(t^{-1})$ die zu $\chi(t)$ konjugiert komplexe Zahl $\overline{\chi}(t)$. Innerhalb der Gruppe $\mathfrak{D}'$ sind aber bekanntlich t und t^{-1} stets ähnliche Elemente; also sind auch $H(t)$ und $H(t^{-1})$ ähnliche Substitutionen, ihre Spuren $\chi(t)$ und $\chi(t^{-1})$ stimmen demnach überein. Dies liefert aber $\chi(t) = \overline{\chi}(t)$.

Für die zu einem Homomorphismus $H(t)$ von $\mathfrak{D}'$ gehörenden *absoluten* Invarianten gestaltet sich nun die Behandlung des Abzählungsproblems mit Hilfe der Integraloperation (30) ganz ebenso wie für die Gruppe $\mathfrak{D}$ mit Hife der Operation $\int f(s)\,ds$. Bei der Gruppe $\mathfrak{D}'$ hat man aber noch die *schiefen* Invarianten $J(a)$ zu berücksichtigen, für die

$$J(a^t) = \delta(t)\,J(a)$$

oder deutlicher

$$J(a^s) = J(a), \quad J(a^u) = -J(a)$$

wird. Das Abzählungsproblem erledigt sich hier wieder auf Grund der Regel:

Ist $\zeta(t)$ die Charakteristik des Homomorphismus $H(t)$, so sind unter den linearen homogenen schiefen Invarianten, die zu $H(t)$ gehören, genau

$$\frac{1}{2h}\oint \zeta(t)\,\delta(t)\,dt = \frac{1}{2h}\left[\int \zeta(s)\,ds - \int \zeta(su_0)\,ds\right]$$

linear unabhängig.

Hieraus folgen ähnlich wie in § 7 die entsprechenden Regeln für schiefe Invarianten höheren Grades.

Die sich so ergebende Theorie ist aber nur für ein gerades n von Interesse. Bei ungeradem n besteht die Gruppe $\mathfrak{D}'$ nur aus den Elementen s und $-s$; für alle wichtigeren Fragen der Invariantentheorie erscheint $\mathfrak{D}'$ in diesem Falle als nicht wesentlich verschieden von der Gruppe $\mathfrak{D}$.

Die von Hurwitz (E., S. 86—90) erzielten Ergebnisse gestatten, die in der vorliegenden Arbeit entwickelte Theorie auf allgemeinere Gruppenklassen auszudehnen. Die Gruppen $\mathfrak{D}$ und $\mathfrak{D}'$ sind nicht allein durch die wichtige Rolle, die sie in den Anwendungen spielen, ausgezeichnet, sondern auch dadurch, daß hier der Integralkalkül eine praktisch wirklich brauchbare Lösung des Abzählungsproblems liefert.

Ausgegeben am 12. Juni.

52.

Neue Anwendungen der Integralrechnung auf Probleme der Invariantentheorie II. Über die Darstellung der Drehungsgruppe durch lineare homogene Substitutionen

Sitzungsberichte der Preussischen Akademie der Wissenschaften 1924,
Physikalisch-Mathematische Klasse, 297 - 321

Die vorliegende Arbeit bildet eine Fortsetzung der Untersuchungen, die ich unter dem gleichen Haupttitel in den Sitzungsberichten der Berliner Akademie 1924, S. 189—208, veröffentlicht habe[1]. In den Bezeichnungen schließe ich mich aufs engste an die dort eingeführten an. Insbesondere verstehe ich wieder unter der *Drehungsgruppe* $\mathfrak{D}$ die Gruppe aller reellen orthogonalen Substitutionen von der Determinante 1 und unter $\mathfrak{D}'$ die Gruppe *aller* reellen orthogonalen Substitutionen in n Variabeln.

In A. I, §§ 4—9, habe ich bereits gezeigt, daß der Hurwitzsche Integralkalkül uns die Möglichkeit gibt, eine allgemeine Theorie der (stetigen) Homomorphismen der Gruppen $\mathfrak{D}$ und $\mathfrak{D}'$ und ihrer Charakteristiken aufzubauen. Hierbei verfolgte ich als Hauptziel, die Grundzüge eines Abzählungskalküls in der Theorie der Orthogonalinvarianten zu entwickeln. Auf eine genauere Bestimmung aller möglichen Homomorphismen von $\mathfrak{D}$ und $\mathfrak{D}'$ war ich noch nicht eingegangen. Im folgenden gelange ich zu einer im wesentlichen vollständigen Lösung dieser Aufgabe.

Mein Hauptergebnis lautet: Alle stetigen Homomorphismen[2] der Gruppen $\mathfrak{D}$ und $\mathfrak{D}'$ lassen sich allein unter Benutzung ganzer rationaler Funktionen herstellen. Um eine Übersicht über die Gesamtheit der irreduziblen Gruppen linearer homogener Substitutionen zu gewinnen, die der Gruppe $\mathfrak{D}$ bzw. $\mathfrak{D}'$ homomorph sind[3], verfahre man folgendermaßen. Bedeutet ν die Zahl $\left[\frac{n}{2}\right]$, so bilde man für jedes System von ν nicht negativen ganzen Zahlen

$$\alpha_1 \geqq \alpha_2 \geqq \cdots \geqq \alpha_\nu \tag{1}$$

bei geradem n den Ausdruck

$$N^{(n)}_{\alpha_1, \alpha_2, \ldots, \alpha_\nu} = \frac{2^{\nu-1}}{2!\,4!\cdots(2\nu-2)!} \prod_{\varkappa<\lambda}^{\nu} (\alpha_\varkappa - \alpha_\lambda - \varkappa + \lambda)\,(\alpha_\varkappa + \alpha_\lambda + n - \varkappa - \lambda)$$

[1] Im folgenden wird diese Arbeit kurz mit A. I zitiert.

[2] Auch da, wo ich im folgenden kurz von Homomorphismen spreche, soll die Stetigkeitseigenschaft stillschweigend vorausgesetzt werden.

[3] Daß man nur die irreduziblen Homomorphismen von $\mathfrak{D}$ und $\mathfrak{D}'$ zu kennen braucht, um alle übrigen zu beherrschen, habe ich bereits in A. I, §§ 5 und 9, gezeigt.

und bei ungeradem n den Ausdruck

$$N^{(n)}_{\alpha_1, \alpha_2, \ldots, \alpha_\nu} = \frac{(2\alpha_1 + 2\nu - 1)(2\alpha_2 + 2\nu - 3)\cdots(2\alpha_\nu + 1)}{1!\,3!\cdots(2\nu - 1)!} \prod_{1 \atop \varkappa < \lambda}^{\nu} (\alpha_\varkappa - \alpha_\lambda - \varkappa + \lambda)(\alpha_\varkappa + \alpha_\lambda + n - \varkappa - \lambda).$$

Hierbei ist noch

$$N^{(2)}_{\alpha_1} = 1, \quad N^{(3)}_{\alpha_1} = 2\alpha_1 + 1$$

zu setzen. Für ein ungerades n gehört zu jedem Indizessystem (1) eine mit $\mathfrak{D}$ homomorphe irreduzible Substitutionsgruppe $\mathfrak{G}_{\alpha_1, \alpha_2, \ldots, \alpha_\nu}$ in $N^{(n)}_{\alpha_1, \alpha_2, \ldots, \alpha_\nu}$ Variabeln, die sich zu zwei mit $\mathfrak{D}'$ homomorphen, einander *assoziierten* Substitutionsgruppen $\mathfrak{H}_{\alpha_1, \alpha_2, \ldots, \alpha_\nu}$ und $\mathfrak{H}'_{\alpha_1, \alpha_2, \ldots, \alpha_\nu}$ erweitern läßt[1]. Genau dasselbe gilt auch bei geradem n für jedes Indizessystem, dessen letzter Index α_ν gleich 0 ist. Für $\alpha_\nu > 0$ charakterisiert dagegen bei geradem n unser Indizessystem eine mit $\mathfrak{D}'$ homomorphe irreduzible *zweiseitige* Substitutionsgruppe $\mathfrak{H}_{\alpha_1, \alpha_2, \ldots, \alpha_\nu}$ in $2N^{(n)}_{\alpha_1, \alpha_2, \ldots, \alpha_\nu}$ Variabeln, und die in ihr enthaltene mit $\mathfrak{D}$ homomorphe Untergruppe zerfällt in zwei verschiedene irreduzible Substitutionsgruppen $\mathfrak{G}_{\alpha_1, \alpha_2, \ldots, \alpha_\nu}$ und $\mathfrak{G}^*_{\alpha_1, \alpha_2, \ldots, \alpha_\nu}$ in je $N_{\alpha_1, \alpha_2, \ldots, \alpha_\nu}$ Variabeln.

Jede mit $\mathfrak{D}$ oder $\mathfrak{D}'$ homomorphe irreduzible Substitutionsgruppe ist einer der hier aufgezählten, den verschiedenen Indizessystemen entsprechenden Gruppen ähnlich, dagegen sind unter diesen Gruppen niemals zwei einander ähnlich.

Jede mit $\mathfrak{D}'$ homomorphe Substitutionsgruppe läßt sich durch eine Ähnlichkeitstransformation in eine Gruppe reeller orthogonaler Substitutionen überführen. In einer späteren Arbeit werde ich zeigen, daß dasselbe im allgemeinen auch für die mit $\mathfrak{D}$ homomorphen irreduziblen Substitutionsgruppen gilt. Eine Ausnahme bilden nur für $n = 4k + 2$ und $\alpha_\nu > 0$ die mit $\mathfrak{G}_{\alpha_1, \alpha_2, \ldots, \alpha_\nu}$ und $\mathfrak{G}^*_{\alpha_1, \alpha_2, \ldots, \alpha_\nu}$ bezeichneten Gruppen, bei denen das Vorkommen imaginärer Koeffizienten nicht vermieden werden kann.

Für die Gruppe $\mathfrak{D}'$ habe ich im folgenden auch die sämtlichen einfachen Charakteristiken genau bestimmt. Für die Gruppe $\mathfrak{D}$ ist mir dies bei gerader Variabelnanzahl n noch nicht vollständig gelungen.

Bei dem Beweis der hier erwähnten Sätze benutze ich die auf dem Hurwitzschen Integralkalkül beruhenden analytischen Methoden, die ich in A. I entwickelt habe. Es handelt sich in erster Linie darum, gewisse Integrale mit wohlbestimmten Integranden genau zu berechnen. Bei der großen Kompliziertheit des Integrationsprozesses gelang dies für $n > 3$ nur, indem ich die numerischen Werte der einfachsten unter den zu studierenden Integralen unter Berücksichtigung ihrer invariantentheoretischen Bedeutung abgeleitet habe (vgl. § 3).

---

[1] Aus jeder der Gruppe $\mathfrak{D}'$ homomorphen Substitutionsgruppe $\mathfrak{H}$ geht die ihr assoziierte Gruppe $\mathfrak{H}'$ hervor, indem man die den uneigentlichen Elementen von $\mathfrak{D}'$ entsprechenden Substitutionen von $\mathfrak{H}$ mit dem negativen Vorzeichen versieht. Ist hierbei die Gruppe $\mathfrak{H}'$ der Gruppe $\mathfrak{H}$ ähnlich, so soll $\mathfrak{H}$ eine zweiseitige Gruppe heißen (vgl. hierzu Frobenius, *Über die Charaktere der symmetrischen Gruppe,* Sitzungsberichte der Berliner Akademie 1900, S. 516—534).

In der Literatur findet sich bereits einiges, was mit der hier durchgeführten Untersuchung in engem Zusammenhang steht. In zwei wichtigen Arbeiten hat Hr. E. CARTAN[1] eine Methode entwickelt, um alle irreduziblen kontinuierlichen Gruppen linearer homogener Substitutionen zu bestimmen, sowohl für komplexe als auch für reelle Parameter und Koeffizienten. Hierbei werden die Gruppen gleicher LIEscher Struktur zusammengefaßt, was der Einteilung in Klassen von Gruppen, die einer gegebenen Gruppe homomorph sind, nahe verwandt ist. Da die von mir bestimmten mit der reellen Drehungsgruppe $\mathfrak{D}$ homomorphen irreduziblen Substitutionsgruppen kontinuierliche Gruppen sind, müßte es möglich sein, sie nach der CARTANschen Methode *mit der von mir erzielten genauen Angabe der zugehörigen Variabelnanzahlen* abzuleiten. Dies scheint aber noch mühsame Betrachtungen zu erfordern und dürfte kaum einen einfacheren Zugang zur Lösung des Problems für die Gruppe $\mathfrak{D}$ liefern als der von mir eingeschlagene Weg.

In einer gewissen Beziehung zu der Frage nach den irreduziblen Homomorphismen der Gruppen $\mathfrak{D}$ und $\mathfrak{D}'$ stehen auch die Ausführungen, die sich auf S. 262—267 des vor kurzem erschienenen Buches *der Ricci-Kalkül*[2] von Hrn. J. A. SCHOUTEN finden. Auch die Ergebnisse des Hrn. SCHOUTEN scheinen noch nicht auszureichen, um auf einfacherem Wege, als das im folgenden geschieht, zu meinen präzisen Resultaten zu gelangen.

§ 1. Allgemeine Vorbemerkungen.

Die charakteristischen Wurzeln einer eigentlichen reellen orthogonalen Substitution (Drehung) s haben für $n = 2\nu$ die Form

$$e^{i\phi_1}, \quad e^{-i\phi_1}, \quad \cdots, \quad e^{i\phi_\nu}, \quad e^{-i\phi_\nu}$$

und für $n = 2\nu + 1$ die Form

$$1, \quad e^{i\phi_1}, \quad e^{-i\phi_1}, \quad \cdots, \quad e^{i\phi_\nu}, \quad e^{-i\phi_\nu}.$$

Die Winkelgrößen $\phi_1, \phi_2, \cdots, \phi_\nu$ nenne ich die zu s gehörenden *Drehungswinkel*. Bezeichnet man demnach die (charakteristische) Determinante $|e - zs|$ mit $f(z, s)$, so wird für $n = 2\nu$

$$f(z, s) = \prod_{\lambda=1}^{\nu}(1 - 2z\cos\phi_\lambda + z^2) \tag{2}$$

und für $n = 2\nu + 1$

$$f(z, s) = (1 - z)\prod_{\lambda=1}^{\nu}(1 - 2z\cos\phi_\lambda + z^2). \tag{3}$$

---

[1] *Les groupes projectifs qui ne laissent invariante aucune multiplicité plane*, Bull. de la Soc. Math. de France Bd. 41 (1913), S. 53—96, und *Les groupes projectifs continus réels qui ne laissent invariante aucune multiplicité plane*, Journ. de Math. Serie 6, Bd. 10 (1914), S. 149—186. — Den Hinweis auf diese Arbeiten verdanke ich Hrn. H. WEYL. Hr. WEYL hat mir auch in freundlicher Weise den Entwurf einer für die Göttinger Nachrichten bestimmten Note übersandt, in der er einen Teil der CARTANschen Untersuchungen wesentlich weiterführt und insbesondere auch eine neue Methode zur Lösung des Darstellungsproblems für die Drehungsgruppe auseinandersetzt. [Zusatz bei der Korrektur. Neuerdings ist es Hrn. WEYL gelungen, meine Ergebnisse auf kürzerem Wege abzuleiten und Entsprechendes auch bei anderen Gruppentypen zu erzielen.]

[2] Berlin, Julius Springer 1924.

Innerhalb der Gruppe $\mathfrak{D}'$ sind zwei Drehungen dann und nur dann einander ähnlich, wenn die zugehörigen Funktionen $f(z, s)$ übereinstimmen. Für ein ungerades n gilt dasselbe bereits innerhalb der Gruppe $\mathfrak{D}$. Eine Drehung s mit den Drehungswinkeln $\phi_1, \phi_2, \cdots, \phi_\nu$ ist in diesem Fall insbesondere der Drehung

$$\begin{aligned} x'_{2\lambda-1} &= \cos\phi_\lambda \cdot x_{2\lambda-1} + \sin\phi_\lambda \cdot x_{2\lambda}, \\ x'_{2\lambda} &= -\sin\phi_\lambda \cdot x_{2\lambda-1} + \cos\phi_\lambda \cdot x_{2\lambda} \\ x'_{2\nu+1} &= x_{2\nu+1} \end{aligned} \qquad (\lambda = 1, 2, \cdots, \nu)$$

ähnlich, die mit $S(\phi_1, \phi_2, \cdots, \phi_\nu)$ bezeichnet werden soll. Ein komplizierteres Verhalten zeigt der Fall eines geraden n. Versteht man hier unter $S(\phi_1, \phi_2, \cdots, \phi_\nu)$ die Drehung

$$\begin{aligned} x'_{2\lambda-1} &= \cos\phi_\lambda \cdot x_{2\lambda-1} + \sin\phi_\lambda \cdot x_{2\lambda}, \\ x'_{2\lambda} &= -\sin\phi_\lambda \cdot x_{2\lambda-1} + \cos\phi_\lambda \cdot x_{2\lambda}, \end{aligned} \qquad (\lambda = 1, 2, \cdots, \nu)$$

so bestimmen

$$s_1 = S(\phi_1, \phi_2, \cdots, \phi_\nu), \qquad s_2 = S(-\phi_1, \phi_2, \cdots, \phi_\nu)$$

zwei verschiedene Klassen ähnlicher Elemente von $\mathfrak{D}$, und jede Drehung mit den Drehungswinkeln $\phi_1, \phi_2, \cdots, \phi_\nu$ gehört einer dieser beiden Klassen an. Die durch s_1 bestimmte Klasse ändert sich ferner nicht, wenn man die Reihenfolge der Drehungswinkel ϕ_λ abändert oder eine *gerade* Anzahl unter ihnen mit negativen Vorzeichen versieht.

Es sei nun $H(s)$ ein beliebiger stetiger Homomorphismus der Drehungsgruppe $\mathfrak{D}$ mit der Charakteristik $\chi(s)$. Man setze

$$\chi(S(\phi_1, \phi_2, \cdots, \phi_\nu)) = F(\phi_1, \phi_2, \cdots, \phi_\nu).$$

Da $\chi(s)$ für alle Elemente einer Klasse von $\mathfrak{D}$ denselben Wert hat, so wird, wenn zu s die Drehungswinkel $\phi_1, \phi_2, \cdots, \phi_\nu$ gehören, für $n = 2\nu + 1$

$$\chi(s) = F(\phi_1, \phi_2, \cdots, \phi_\nu)$$

und für $n = 2\nu$

$$\chi(s) = F(\phi_1, \phi_2, \cdots, \phi_\nu) \quad \text{oder} \quad \chi(s) = F(-\phi_1, \phi_2, \cdots, \phi_\nu)$$

sein. Die Funktion F hat hierbei folgende Eigenschaften:

1. Sie ist eine stetige Funktion der ν Variabeln ϕ_λ und in bezug auf jede der Variabeln periodisch mit der Periode 2π.

2. Sie ist eine symmetrische Funktion der ν Variabeln.

3. Bei ungeradem n ist F in bezug auf jede der Variabeln eine gerade Funktion, bei geradem n bleibt F ungeändert, wenn bei einer geraden Anzahl der Variabeln die Vorzeichen geändert werden.

Ist u ein beliebiges uneigentliches Element von $\mathfrak{D}'$, so stellt neben $H(s)$ auch

$$H^*(s) = H(u^{-1}su)$$

einen Homomorphismus von $\mathfrak{D}$ dar, den ich den zu $H(s)$ *adjungierten* Homomorphismus nenne. Ebenso soll die Charakteristik $\chi^*(s)$ von $H^*(s)$ die zu

$\chi(s)$ adjungierte Charakteristik heißen[1]. Ist $\chi^*(s) = \chi(s)$, d. h. sind $H(s)$ und $H^*(s)$ einander ähnlich, so bezeichne ich $H(s)$ als einen *geraden Homomorphismus*, $\chi(s)$ als eine *gerade Charakteristik*. Bei ungeradem n ist jede Charakteristik von $\mathfrak{D}$ gerade. Bei geradem n ist das nicht notwendig der Fall. Ist $\chi(s)$ nicht gerade, so tritt beim Übergang von $\chi(s)$ zu $\chi^*(s)$ an Stelle der Funktion $F(\phi_1, \phi_2, \cdots, \phi_\nu)$ die Funktion $F(-\phi_1, \phi_2, \cdots, \phi_\nu)$. Nur für eine gerade Charakteristik stimmen diese beiden Funktionen (bei beliebiger Wahl der Argumente) überein. Zu beachten ist auch noch, daß eine gerade Charakteristik $\chi(s)$ für alle s einen reellen Wert hat. Denn da s und s^{-1} dieselben charakteristischen Wurzeln aufweisen, so wird in diesem Falle

$$\chi(s^{-1}) = \bar{\chi}(s) = \chi(s).$$

Für die Charakteristiken der Gruppe $\mathfrak{D}'$ gilt folgendes: Zu jeder solchen Charakteristik $\chi(t)$ gehört eine zweite, ihr *assoziierte* Charakteristik $\chi'(t)$, die man erhält, indem man

$$\chi'(s) = \chi(s), \qquad \chi'(u) = -\chi(u)$$

setzt[2]. Hierbei soll s eine beliebige Drehung, u ein beliebiges uneigentliches Element von $\mathfrak{D}'$ kennzeichnen. Wird $\chi'(t) = \chi(t)$, d. h. $\chi(u) = 0$ für jedes u, so soll $\chi(t)$ eine *zweiseitige* Charakteristik von $\mathfrak{D}'$ heißen. Bei ungeradem n gibt es unter den einfachen Charakteristiken von $\mathfrak{D}'$ keine zweiseitigen. Denn sonst müßte $\chi(-e) = \pm\chi(e) = 0$ sein (vgl. A. I, § 9).

Allgemein kann behauptet werden: *Ist $\chi(t)$ eine einfache Charakteristik der Gruppe $\mathfrak{D}'$, so liefert für die eigentlichen Elemente s von $\mathfrak{D}'$ die Funktion $\chi(s)$ eine gerade Charakteristik von $\mathfrak{D}$, die einfach ist, wenn $\chi(t)$ nicht zweiseitig ist, dagegen als Summe von zwei einfachen, einander adjungierten Charakteristiken $\chi_1(s)$ und $\chi_1^*(s)$ von $\mathfrak{D}$ erscheint, wenn $\chi(t)$ eine zweiseitige Charakteristik von $\mathfrak{D}'$ ist.*

Dies erkennt man am einfachsten mit Hilfe der in A. I abgeleiteten Integralrelationen für einfache Charakteristiken. In der Tat folgt aus

$$\oint \chi^2(t)\,dt = 2h$$

die Formel

$$\int \chi^2(s)\,ds + \int \chi^2(su_0)\,ds = 2h.$$

Für eine nicht zweiseitige Charakteristik $\chi(t)$ kommt noch hinzu

$$\oint \chi(t)\chi'(t^{-1})\,dt = \oint \chi(t)\chi'(t)\,dt = 0,$$

was

$$\int \chi^2(s)\,ds - \int \chi^2(su_0)\,ds = 0$$

liefert (vgl. A. I, § 9). Je nachdem also $\chi(t)$ zweiseitig ist oder nicht, wird folglich

$$\int \chi^2(s)\,ds = \int |\chi(s)|^2\,ds = 2h \quad \text{oder} \quad = h.$$

---

[1] Man erkennt leicht, daß $\chi^*(s)$ von der Wahl des uneigentlichen Elementes u unabhängig ist.

[2] Vgl. die Fußnote auf S. 298.

Hieraus folgt aber, daß im zweiten Falle $\chi(s)$ eine einfache Charakteristik von $\mathfrak{D}$ ist, im ersten Fall dagegen die Form

$$\chi(s) = \chi_1(s) + \chi_2(s)$$

hat, wo χ_1 und χ_2 zwei voneinander verschiedene einfache Charakteristiken von $\mathfrak{D}$ bedeuten. Daß sie einander adjungiert sind, ergibt sich wegen der Eindeutigkeit der Zerlegung in einfache Bestandteile aus

$$\chi^*(s) = \chi_1^*(s) + \chi_2^*(s) = \chi_1(s) + \chi_2(s).$$

Für ein ungerades n ist die Aufgabe, alle einfachen Charakteristiken von $\mathfrak{D}$ zu bestimmen, im wesentlichen identisch mit der analogen Aufgabe für die Gruppe $\mathfrak{D}'$. Man hat nur jeder einfachen Charakteristik $\chi(s)$ von $\mathfrak{D}$ die beiden einander assoziierten Charakteristiken $\zeta(t)$ und $\zeta'(t)$ von $\mathfrak{D}'$ zuzuordnen, die man erhält, indem man

$$\zeta(s) = \chi(s)\,, \qquad \zeta(-s) = \chi(s)$$
$$\zeta'(s) = \chi(s)\,, \qquad \zeta'(-s) = -\chi(s)$$

setzt. Für ein gerades n ist folgende Bemerkung von Wichtigkeit.

Es sei auf irgendeine Weise gelungen, eine Mannigfaltigkeit $\mathfrak{M}'$ von einfachen Charakteristiken $\chi(t)$ der Gruppe $\mathfrak{D}'$ zu bestimmen, die folgende Eigenschaften aufweist:

1. Neben jeder Charakteristik $\chi(t)$ enthält $\mathfrak{M}'$ auch die assoziierte Charakteristik $\chi'(t)$.

2. Denkt man sich für alle $\chi(t)$ von $\mathfrak{M}'$ die zugehörigen einfachen Charakteristiken $\chi(s)$ bzw. $\chi_1(s)$ und $\chi_1'(s)$ von $\mathfrak{D}$ bestimmt, so sei schon bekannt, daß sich auf diese Weise die Gesamtheit $\mathfrak{M}$ *aller* einfachen Charakteristiken von $\mathfrak{D}$ ergibt.

Dann kann behauptet werden, daß $\mathfrak{M}'$ auch die Gesamtheit aller einfachen Charakteristiken von $\mathfrak{D}'$ umfaßt. Denn wäre $\zeta(t)$ eine einfache Charakteristik von $\mathfrak{D}'$, die in $\mathfrak{M}'$ nicht vorkommt, so müßte es in $\mathfrak{M}'$ ein $\chi(t)$ geben, so daß für alle Drehungen s

$$\zeta(s) = \chi(s)$$

wird. Andererseits würden aber die Relationen

$$\oint \zeta(t)\chi(t)\,dt = 0\,, \qquad \oint \zeta(t)\chi'(t)\,dt = 0$$

gelten, aus denen durch Addition die gewiß falsche Formel

$$\int \zeta(s)\chi(s)\,ds = \int \chi^2(s)\,ds = 0$$

folgt.

Um nachzuweisen, daß die Mannigfaltigkeit $\mathfrak{M}'$ der zweiten Bedingung genügt, hat man nur folgendes zu wissen: Ist $\gamma(s)$ eine (stetige) *gerade Klassenfunktion* der allgemeinen Drehung s, d. h. eine Funktion von s, die für alle zu s innerhalb $\mathfrak{D}'$ ähnlichen Drehungen denselben Wert hat, so kann nicht für alle $\chi(t)$ von $\mathfrak{M}'$

$$\int \gamma(s)\chi(s)\,ds = 0 \tag{4}$$

sein, ohne daß $\gamma(s)$ identisch Null wird. Denn wäre $\eta(s)$ eine einfache Charakteristik der Gruppe $\mathfrak{D}$, die nicht in $\mathfrak{M}$ vorkommt, so würde

$$\gamma(s) = \eta(s) + \eta^*(s)$$

eine gerade Klassenfunktion liefern, die allen Relationen (4) genügt, aber nicht identisch Null ist (vgl. A. I, § 6).

Eine wichtige Rolle spielt in der ganzen hier zu entwickelnden Theorie eine spezielle Klasse von Homomorphismen der Gruppe $\mathfrak{D}'$. Ist

$$(t) \quad x'_\varkappa = \sum_{\lambda=1}^{n} t_{\varkappa\lambda} x_\lambda \qquad (\varkappa = 1, 2, \cdots, n)$$

ein beliebiges Element von $\mathfrak{D}'$, so erhält man die k-te Potenztransformation $P_k(t)$ von t, indem man die $\binom{n+k-1}{k}$ Potenzprodukte k-ter Dimension der $x'_\varkappa$ durch die analogen Potenzprodukte der x_λ ausdrückt[1]. Da nun

$$\sum x'^2_\varkappa = \sum x^2_\lambda$$

ist, so erscheinen hierbei für $k \geqq 2$ die $\binom{n+k-3}{k-2}$ Ausdrücke

$$x'^{\alpha_1}_1 x'^{\alpha_2}_2 \ldots x'^{\alpha_n}_n \cdot \sum x'^2_\varkappa \qquad (\alpha_1 + \alpha_2 + \cdots + \alpha_n = k-2)$$

als lineare homogene Verbindungen der entsprechenden Ausdrücke in den Variabeln x_λ. Die sich hierbei ergebende lineare Transformation ist nichts anderes als $P_{k-2}(t)$. Dies besagt aber, daß $P_k(t)$ durch eine von t unabhängige Ähnlichkeitstransformation auf die Form

$$\begin{pmatrix} P_{k-2}(t) & 0 \\ C_k(t) & Q_k(t) \end{pmatrix}$$

gebracht werden kann. Für $k < 2$ setze man noch

$$Q_0(t) = 1, \quad Q_1(t) = P_1(t).$$

Bedeutet $f(z, t)$ die Determinante $|e - zt|$ und ist für $|z| < 1$

$$(5) \qquad \frac{1}{f(z, t)} = p_0 + p_1 z + p_2 z^2 + \cdots, \qquad (p_0 = 1)$$

so ist bekanntlich p_k die Charakteristik von $P_k(t)$. Die Charakteristik $q_k = q_k(t)$ des Homomorphismus $Q_k(t)$ von $\mathfrak{D}'$ ist demnach mit Hilfe der Formel

$$q_k = p_k - p_{k-2} \qquad (p_{-1} = p_{-2} = 0)$$

oder, was dasselbe ist, aus der Formel

$$\frac{1 - z^2}{f(z, t)} = q_0 + q_1 z + q_2 z^2 + \cdots$$

zu berechnen.

---

[1] Unter $P_0(t)$ ist hierbei der triviale Homomorphismus zu verstehen, bei dem jedem t die Zahl 1 zugeordnet wird.

§ 2. Die Fälle $n = 2$ und $n = 3$.

In diesen beiden Fällen gestaltet sich die Untersuchung besonders einfach. Dies beruht darauf, daß hier der Hurwitzsche Integralkalkül eine weitgehende Vereinfachung zuläßt. In beiden Fällen gehört zu einer Drehung s nur ein Drehungswinkel ϕ, und eine gerade Klassenfunktion $\gamma(s)$ läßt sich einfach als gerade Funktion $F(\phi)$ von ϕ mit der Periode 2π auffassen. Ferner wird (vgl. A. I, § 8) für $n = 2$

$$\frac{1}{h}\int \gamma(s)\,ds = \frac{1}{2\pi}\int_0^{2\pi} F(\phi)\,d\phi$$

und für $n = 3$

$$\frac{1}{h}\int \gamma(s)\,ds = \frac{1}{2\pi}\int_0^{2\pi} F(\phi)(1 - \cos\phi)\,d\phi .$$

Im Falle $n = 2$ wird für eine Drehung s

$$f(z, s) = 1 - 2z\cos\phi + z^2$$

und

$$\frac{1 - z^2}{f(z, s)} = 1 + 2\cos\phi \cdot z + 2\cos 2\phi \cdot z^2 + \cdots ,$$

dagegen ist für ein uneigentliches Element u von $\mathfrak{D}'$

$$f(z, u) = 1 - z^2 .$$

Dies liefert für $k > 0$

$$q_k(s) = 2\cos k\phi , \qquad q_k(u) = 0 .$$

Zugleich ergibt sich für $k > 0$

$$\frac{1}{2h}\oint q_k^2(t)\,dt = \frac{1}{2h}\int q_k^2(s)\,ds = \frac{4}{4\pi}\int_0^{2\pi} \cos^2 k\phi\,d\phi = 1 .$$

Demnach erscheinen hier

$$q_1(t), \quad q_2(t), \quad \cdots$$

als einfache, voneinander verschiedene zweiseitige Charakteristiken der Gruppe $\mathfrak{D}$. Nimmt man zu $q_0 = 1$ noch die assoziierte Charakteristik q_0' hinzu, so erhält man in

$$q_0, \quad q_0', \quad q_1(t), \quad q_2(t), \quad \cdots$$

eine Mannigfaltigkeit $\mathfrak{M}'$ von einfachen Charakteristiken der Gruppe $\mathfrak{D}'$, die den beiden auf S. 302 genannten Bedingungen genügt. Daß auch die zweite Forderung erfüllt ist, ergibt sich einfach aus der Tatsache, daß eine stetige gerade Funktion $F(\phi)$ mit der Periode 2π, die den Bedingungen

$$\int_0^{2\pi} F(\phi)\,d\phi = 0 , \qquad 2\int_0^{2\pi} F(\phi)\cos k\phi\,d\phi = 0$$

genügt, identisch verschwinden muß. Für $k > 0$ wird

$$q_k(s) = 2\cos k\phi = e^{ik\phi} + e^{-ik\phi},$$

und hieraus folgt:

I. *Für $n = 2$ stellen die Homomorphismen*

$$Q_0, \quad Q_1', \quad Q_1, \quad Q_2, \quad Q_3, \quad \cdots$$

mit den Variabelnanzahlen

$$1, \quad 1, \quad 2, \quad 2, \quad 2, \quad \cdots$$

ein vollständiges System von irreduziblen Homomorphismen der Gruppe $\mathfrak{D}'$ dar, ferner bilden

$$1, \quad e^{i\phi}, \quad e^{-i\phi}, \quad e^{2i\phi}, \quad e^{-2i\phi}, \quad \cdots$$

das vollständige System der irreduziblen Homomorphismen der Gruppe $\mathfrak{D}$.

Ebenso einfach ist der Fall $n = 3$ zu erledigen. Hier wird

$$f(z, s) = (1 - z)(1 - 2z\cos\phi + z^2),$$

also

$$\sum_{k=0}^{\infty} q_k z^k = \frac{1 + z}{1 - 2z\cos\phi + z^2}. \tag{6}$$

Sind z_1 und z_2 zwei voneinander unabhängige Veränderliche, die beide auf das Innere des Einheitskreises beschränkt bleiben, so liefert eine einfache Rechnung

$$\frac{1}{h}\int\Big(\sum_{k,l} q_k q_l z_1^k z_2^l\Big) ds = \frac{1}{2\pi}\int_0^{2\pi} \frac{(1 + z_1)(1 + z_2)(1 - \cos\phi)}{(1 - 2z_1\cos\phi + z_1^2)(1 - 2z_2\cos\phi + z_2^2)}\, d\phi$$

$$= \frac{1}{1 - z_1 z_2} = \sum_k z_1^k z_2^k.$$

Daher wird hier

$$\frac{1}{h}\int q_k^2\, ds = 1, \qquad \frac{1}{h}\int q_k q_l\, ds = 0.$$

Folglich sind für $n = 3$

$$q_0, \quad q_1, \quad q_2, \quad \cdots \tag{7}$$

lauter voneinander verschiedene einfache Charakteristiken der Gruppe $\mathfrak{D}$. Andere derartige Charakteristiken gibt es aber nicht. Denn aus (6) folgt leicht

$$q_k = 1 + 2\cos\phi + 2\cos 2\phi + \cdots + 2\cos k\phi. \tag{8}$$

Wäre daher $\chi(s)$ eine einfache Charakteristik von $\mathfrak{D}$, die in (7) nicht vorkommt, so würde aus $\int \chi(s)\, q_k(s)\, ds = 0$ folgen, daß für $k = 0, 1, \cdots$

$$\int_0^{2\pi} \chi(s)\cos k\phi\,(1 - \cos\phi)\, d\phi = 0.$$

Da aber $\chi(s)$ eine stetige gerade Funktion von ϕ mit der Periode 2π ist, so müßte $\chi(s) = 0$ sein. Dies liefert den Satz:

II. *Für $n = 3$ stellen die Homomorphismen*

(9) $$Q_0, \; Q_1, \; Q_2, \; Q_3, \; \cdots$$

mit den Variabelnanzahlen[1]

$$1, \; 3, \; 5, \; 7, \; \cdots$$

ein vollständiges System von irreduziblen Homomorphismen der Gruppe $\mathfrak{D}$ *dar. Um für die Gruppe* $\mathfrak{D}'$ *ein ebensolches System zu erhalten, hat man nur zu den Homomorphismen* (9) *die zugehörigen assoziierten Homomorphismen*

$$Q'_0, \; Q'_1, \; Q'_2, \; Q'_3, \; \cdots$$

hinzuzufügen.

§ 3. Eine Hilfsbetrachtung.

Um auch für $n > 3$ in ähnlicher Weise vorgehen zu können wie für $n \leqq 3$, müßten wir vor allem imstande sein, eine Funktion $M(\phi_1, \phi_2, \cdots, \phi_\nu)$ der ν Drehungswinkel anzugeben, so daß für jede gerade Klassenfunktion $\gamma(s)$

$$\int \gamma(s)\, ds = \int_0^{2\pi}\int_0^{2\pi} \cdots \int_0^{2\pi} \gamma(s)\, M(\phi_1, \phi_2, \cdots, \phi_\nu)\, d\phi_1\, d\phi_2 \cdots d\phi_\nu$$

wird[2]. In einer später erscheinenden Arbeit werde ich mit Hilfe der hier abzuleitenden Resultate eine solche Funktion M angeben. Vorläufig müssen wir einen anderen Weg einschlagen.

Ich beweise folgenden Satz:

III. *Hat $f(z, s)$ die frühere Bedeutung, und setzt man, wenn $z_1, z_2, \cdots, z_m$ beliebige Größen im Innern des Einheitskreises bedeuten,*

$$f_\mu = f(z_\mu, s),$$

so wird für $m = 1, 2, \cdots, n-1$

(10) $$\frac{1}{h}\int \frac{ds}{f_1 f_2 \cdots f_m} = \prod_{\varkappa \leqq \lambda}^{m} \frac{1}{1 - z_\varkappa z_\lambda}$$

und für $m = n$

(11) $$\frac{1}{h}\int \frac{ds}{f_1 f_2 \cdots f_n} = (1 + z_1 z_2 \cdots z_n) \prod_{\varkappa \leqq \lambda}^{n} \frac{1}{1 - z_\varkappa z_\lambda}.$$

Ferner ist für $m = 1, 2, \cdots, n$

(12) $$\frac{1}{2h} \oint \frac{dt}{f_1 f_2 \cdots f_m} = \prod_{\varkappa \leqq \lambda}^{m} \frac{1}{1 - z_\varkappa z_\lambda}\,^{3}.$$

Beim Beweis gehen wir in einer Reihe von Einzelschritten vor.

1. Die zu beweisenden Formeln haben (wegen $f(0, s) = 1$) die Eigenschaft, daß zugleich mit der Faktorenanzahl m auch die Anzahl $m - 1$ als

[1] Die Berechnung dieser Zahlen geschieht am einfachsten, indem man in (8) $\phi = 0$ setzt.
[2] Hierbei ist zu berücksichtigen, daß eine gerade Klassenfunktion $\gamma(s)$ nur von den ν zu s gehörenden Drehungswinkeln ϕ_λ abhängt.
[3] In dieser Formel hat man natürlich $f_\mu = f(z_\mu, t)$ zu setzen.

erledigt anzusehen ist. Wir können also mit $m = \nu$ anfangen. Ich behaupte nun, daß die Formeln (10) und (11) sich aus der Formel (10) für $m = \nu$ folgern lassen.

Versteht man nämlich unter $g(z, s)$ für $n = 2\nu$ das Polynom $f(z, s)$ und für $n = 2\nu + 1$ das Polynom $(1 - z)^{-1} f(z, s)$, so hat $g(z, s)$ auf Grund der Formeln (2) und (3) die Gestalt

$$g(z, s) = Z^\nu + c_1 Z^{\nu-1} z + c_2 Z^{\nu-2} z^2 + \cdots + c_\nu z^\nu .$$

Hierbei ist $Z = 1 + z^2$ zu setzen. Führt man noch die abkürzenden Bezeichnungen

$$g_\mu = g(z_\mu, s), \qquad Z_\mu = 1 + z_\mu^2 \qquad (\mu = 1, 2, \cdots, m)$$

ein, so ergibt sich aus

$$g_\lambda = Z_\lambda^\nu + c_1 Z_\lambda^{\nu-1} z_\lambda + c_2 Z_\lambda^{\nu-2} z_\lambda^2 + \cdots + c_\nu z_\lambda^\nu$$

für $\lambda = 1, 2, \cdots, \nu + 1$ die Determinantenrelation

$$(13) \quad |g_\lambda, \; Z_\lambda^{\nu-1} z_\lambda, \; Z_\lambda^{\nu-2} z_\lambda^2, \; \cdots, \; z_\lambda^\nu| = |Z_\lambda^\nu, \; Z_\lambda^{\nu-1} z_\lambda, \; Z_\lambda^{\nu-2} z_\lambda^2, \; \cdots, \; z_\lambda^\nu| .$$

Wird noch

$$\Delta = |1, \; z_\lambda, \; z_\lambda^2, \cdots, \; z_\lambda^\nu| = \prod_{\lambda < \mu}^{\nu+1} {}_1 (z_\mu - z_\lambda),$$

$$L_{\alpha_1, \alpha_2, \ldots, \alpha_r} = \prod_{\varrho < \sigma}^{r} {}_1 (1 - z_{\alpha_\varrho} z_{\alpha_\sigma})$$

gesetzt, so wird, wie man leicht sieht,

$$(14) \qquad |Z_\lambda^\nu, \; Z_\lambda^{\nu-1} z_\lambda, \; Z_\lambda^{\nu-2} z_\lambda^2, \; \cdots, \; z_\lambda^\nu| = \Delta \cdot L_{1, 2, \ldots, \nu, \nu+1}$$

und hieraus folgt ohne Mühe, daß die Formel (13) in der Form

$$(15) \quad |g_\lambda L_{1, \ldots, \lambda-1, \lambda+1, \ldots, \nu+1}, \; z_\lambda, \; z_\lambda^2, \; \cdots, \; z_\lambda^\nu| = \Delta \cdot L_{1, 2, \ldots, \nu, \nu+1}$$

geschrieben werden kann.

Um nun die Formeln (11) und (12) zu beweisen, hat man zu zeigen, daß

$$(16) \qquad \frac{1}{h} \int \frac{ds}{g_1 g_2 \cdots g_m} = \frac{F_m}{k_1 k_2 \cdots k_m} \cdot \frac{1}{L_{1, 2, \ldots, m}}$$

ist, wobei k_μ für $n = 2\nu$ gleich $1 - z_\mu^2$ und für $n = 2\nu + 1$ gleich $1 + z_\mu$ zu setzen ist, außerdem soll

$$F_1 = F_2 = \cdots = F_{n-1} = 1, \qquad F_n = 1 + z_1 z_2 \cdots z_n$$

sein. Hierbei genügt es, $\nu \leqq m \leqq n$ anzunehmen. Weiß man nun schon, daß (16) für ein m richtig ist, das der Bedingung $\nu \leqq m < n$ genügt, so folgt aus (15), indem man mit

$$\frac{1}{h} \frac{k_1 k_2 \cdots k_{m+1}}{g_1 g_2 \cdots g_{m+1}} \cdot \frac{L_{1, 2, \ldots, m+1}}{L_{1, 2, \ldots, \nu+1}}$$

multipliziert und nach s integriert, für $m = \nu$

$$|k_\lambda, \; z_\lambda, \; z_\lambda^2, \; \cdots, \; z_\lambda^\nu| = \Delta \cdot k_1 k_2 \cdots k_{\nu+1} \cdot L_{1, 2, \ldots, \nu+1} \cdot \frac{1}{h} \int \frac{ds}{g_1 g_2 \cdots g_{\nu+1}}$$

und für $m > \nu$

$$|k_\lambda(1-z_\lambda z_{+2})\cdots(1-z_\lambda z_{m+1}),\ z_\lambda,\ z_\lambda^2,\ \cdots,\ z_\lambda^\nu|$$
$$= \Delta\cdot k_1 k_2\cdots k_{m+1} L_{1,2,\ldots,m+1}\cdot\frac{1}{h}\int\frac{ds}{g_1 g_2\cdots g_{m+1}}.$$

In beiden Fällen wird die linksstehende Determinante für $m < n-1$ gleich Δ. Für $m = n-1$ wird sie dagegen gleich

$$|1+(-1)^\nu z_\lambda^{\nu+1} z_{\nu+2}\cdots z_n,\ z_\lambda,\ z_\lambda^2,\ \cdots,\ z_\lambda^\nu| = (1+z_1 z_2\cdots z_n)\Delta.$$

Nach Division durch Δ erhalten wir die für $m+1$ zu beweisende Gleichung. Ist die Formel (16) also für $m = \nu$ richtig, so gilt sie auch für $m = \nu+1$, $\nu+2, \cdots, n$.

2. Für jedes m läßt sich das Integral

$$\frac{1}{h}\int\frac{ds}{f_1 f_2\cdots f_m} \tag{17}$$

in der Form

$$\sum_{k_1, k_2, \cdots k_m}^{\infty} z_1^{k_1} z_2^{k_2}\cdots z_m^{k_m}\cdot\frac{1}{h}\int p_{k_1} p_{k_2}\cdots p_{k_m} ds \tag{18}$$

schreiben (vgl. die Formel (5)). Das Produkt $p_{k_1} p_{k_2}\cdots p_{k_m}$ ist nichts anderes als die Charakteristik der Operation[1]

$$P_{k_1}\times P_{k_2}\times\cdots\times P_{k_m}, \tag{19}$$

die einen Homomorphismus der Gruppe $\mathfrak{G}$ aller linearen homogenen Substitutionen in n Variabeln darstellt, und der in (18) auftretende Ausdruck

$$A_{k_1, k_2, \ldots, k_m} = \frac{1}{h}\int p_{k_1} p_{k_2}\cdots p_{k_m} ds$$

kann gedeutet werden als die Anzahl der linear unabhängigen unter den linearen Invarianten, die zu dem Homomorphismus (19) der Drehungsgruppe $\mathfrak{D}$ gehören (vgl. A. I, § 7). Man kann dieser Zahl aber auch noch eine andere Deutung beilegen. Der Drehung $s = (s_{\varkappa\lambda})$ ordne man die m Substitutionen

$$y_\varkappa^{(\mu)} = \sum s_{\varkappa\lambda} x_\lambda^{(\mu)} \qquad (\varkappa, \lambda = 1, 2, \cdots, n, \mu = 1, 2, \cdots, m) \tag{20}$$

zu. Dann ist $A_{k_1, k_2, \ldots, k_m}$ gleich der Anzahl der linear unabhängigen unter den zugehörigen ganzen rationalen (absoluten) Invarianten

$$J(x_1^{(1)}, \cdots, x_n^{(1)}, \cdots, x_1^{(m)}, \cdots, x_n^{(m)}), \tag{21}$$

die in bezug auf die Variabelnreihe $x_1^{(\mu)}, x_2^{(\mu)}, \cdots, x_n^{(\mu)}$ homogen vom Grade k_μ sind[2].

[1] Ich bediene mich hierbei der bekannten Bezeichnungen, die Hurwitz in seiner Arbeit *Zur Invariantentheorie*, Math. Ann. Bd. 45, S. 381, eingeführt hat.

[2] Man kann $A_{k_1, k_2, \ldots, k_m}$ auch auffassen als die Anzahl der linear unabhängigen unter den m-fach linearen simultanen Orthogonalinvarianten, die zu einem System von m Grundformen $f(x_1, x_2, \cdots x_n)$ der Grade $k_1, k_2, \cdots, k_m$ gehören.

Spezielle Invarianten des Systems (20) sind die Ausdrücke

$$J_{\alpha\beta} = x_1^{(\alpha)} x_1^{(\beta)} + x_2^{(\alpha)} x_2^{(\beta)} + \cdots + x_n^{(\alpha)} x_n^{(\beta)}, \qquad (\alpha, \beta = 1, 2, \cdots, m) \tag{22}$$

ferner kommt für $m = n$ noch die Invariante

$$\begin{vmatrix} x_1^{(1)}, x_2^{(1)}, \cdots, x_n^{(1)} \\ x_1^{(2)}, x_2^{(2)}, \cdots, x_n^{(2)} \\ \cdots\cdots\cdots\cdots \\ x_1^{(n)}, x_2^{(n)}, \cdots, x_n^{(n)} \end{vmatrix} \tag{23}$$

hinzu. Für $m \leqq n$ lassen sich die $\binom{m+1}{2}$ Invarianten (22), die man für $\alpha \leqq \beta$ erhält, als voneinander unabhängige Veränderliche auffassen. Daß dies auch noch für $m = n$ richtig ist, folgt am einfachsten daraus, daß *jede* quadratische Form in n Variabeln $u_1, u_2, \cdots u_n$ bei passender Wahl der $x_\lambda^{(\mu)}$ auf die Gestalt

$$\sum_{\mu=1}^{n} (x_1^{(\mu)} u_1 + x_2^{(\mu)} u_2 + \cdots + x_n^{(\mu)} u_n)^2 = \sum_{\alpha,\beta}^{n} {}_1 J_{\alpha\beta} u_\alpha u_\beta$$

gebracht werden kann.

Eine Invariante (21), wie wir sie brauchen, stellt jedes Produkt

$$J_{11}^{\alpha_{11}} J_{12}^{\alpha_{12}} \cdots J_{mm}^{\alpha_{mm}} \qquad (\alpha_{\lambda\mu} \geqq 0)$$

dar, sobald nur

$$\begin{aligned} 2\alpha_{11} + \alpha_{12} + \cdots + \alpha_{1m} &= k_1, \\ \alpha_{12} + 2\alpha_{22} + \cdots + \alpha_{2,m} &= k_2, \\ \cdots\cdots\cdots\cdots\cdots\cdots \\ \alpha_{1,m} + \alpha_{2,m} + \cdots + 2\alpha_{mm} &= k_m \end{aligned}$$

ist. Die Anzahl aller möglichen Produkte dieser Art ist aber nichts anderes als der Koeffizient von $z_1^{k_1} z_2^{k_2} \cdots z_m^{k_m}$ in der Potenzreihenentwicklung des in der Formel (10) rechts stehenden Ausdrucks. Man sieht nun unmittelbar, daß die Formel (10) identisch ist mit der Behauptung: *Ist* $m < n$, *so bilden die* $\binom{m+1}{2}$ *Invarianten* $J_{\alpha\beta}$ $(\alpha \leqq \beta)$ *eine Basis für die Gesamtheit* $\mathfrak{G}$ *aller Invarianten des Systems* (20) (vgl. E. STUDY, Leipziger Berichte 1897, S. 443—461).

Wir brauchen dies aber nur für $m = \nu$ zu beweisen. Nimmt man unsere Behauptung, die für $n = 2$ trivial ist, für $n-1$ Variable als schon bewiesen an, so können wir folgendermaßen schließen. Ist

$$J = J(x_1^{(1)}, \cdots, x_n^{(1)}, \cdots, x_1^{(\nu)}, \cdots, x_n^{(\nu)})$$

eine der zu betrachtenden Invarianten und faßt man J als Funktion der Variabeln $x_1^{(1)}, x_1^{(2)}, \cdots, x_1^{(\nu)}$ auf, so erscheinen die Koeffizienten als Invarianten des Systems

$$y_\rho^{(\mu)} = \sum_\sigma s_{\rho\sigma} x_\sigma^{(\mu)}, \qquad (\rho, \sigma = 2, 3, \cdots, n, \quad \mu = 1, 2, \cdots, \nu)$$

wobei $(s_{\varrho\sigma})$ alle Drehungen in $n-1$ Variabeln durchläuft. Da für $n > 2$

$$\nu = \left[\frac{n}{2}\right] < n-1$$

ist, so lassen sich diese Koeffizienten durch die $\binom{\nu+1}{2}$ Summen

$$J'_{\alpha\beta} = x_2^{(\alpha)} x_2^{(\beta)} + x_3^{(\alpha)} x_3^{(\beta)} + \cdots + x_n^{(\alpha)} x_n^{(\beta)} \qquad (\alpha \leqq \beta = 1, 2, \cdots, \nu)$$

ausdrücken. Schreibt man nun $J_{\alpha\beta} - x_1^{(\alpha)} x_1^{(\beta)}$ für $J'_{\alpha\beta}$, so erscheint J in der Form

$$(24) \qquad J = F(x_1^{(1)}, x_1^{(2)}, \cdots, x_1^{(\nu)}, J_{11}, J_{12}, \cdots, J_{\nu\nu}),$$

wo F ein Polynom bedeutet. Wählt man aber für (20) das spezielle System von ν Drehungen

$$y_1^{(\mu)} = x_2^{(\mu)}, \; y_2^{(\mu)} = -x_1^{(\mu)}, \; y_3^{(\mu)} = x_3^{(\mu)}, \cdots, \; y_n^{(\mu)} = x_n^{(\mu)},$$

so erhält man

$$(25) \qquad J = F(x_2^{(1)}, x_2^{(2)}, \cdots, x_2^{(\nu)}, J_{11}, J_{12}, \cdots, J_{\nu\nu}).$$

Hieraus folgt aber, daß die Koeffizienten in der Entwicklung von F nach den $J_{\alpha\beta}$ Konstanten sein müssen. Denn sonst würde sich aus (24) und (25) eine Relation zwischen den $2\nu + \binom{\nu+1}{2}$ Veränderlichen

$$x_1^{(1)}, x_1^{(2)}, \cdots, x_1^{(\nu)}, x_2^{(1)}, x_2^{(2)}, x_2^{(\nu)}, J_{11}, J_{12}, \cdots, J_{\nu\nu}$$

ergeben. Diese Ausdrücke sind aber voneinander unabhängig, weil es noch die $\binom{\nu+1}{2}$ Ausdrücke

$$x_3^{(\alpha)} x_3^{(\beta)} + x_4^{(\alpha)} x_4^{(\beta)} + \cdots + x_n^{(\alpha)} x_n^{(\beta)}$$

wegen $\nu \leqq n-2$ sind.

3. Die Formeln (10) und (11) können nun als bewiesen angesehen werden. Die Formel (12) ergibt sich aber folgendermaßen. Durchläuft $t = (t_{\varkappa\lambda})$ alle Substitutionen der Gruppe $\mathfrak{D}'$ und betrachtet man wieder die m Substitutionen

$$(26) \qquad y^{(\mu)} = \sum_{\lambda} t_{\varkappa\lambda} x_{\lambda}^{(\mu)}, \qquad (\varkappa, \lambda = 1, 2, \cdots, n, \mu = 1, 2, \cdots, m)$$

so besagt die Formel (12) nur, daß die $\binom{m+1}{2}$ Ausdrücke $J_{\alpha\beta}$ in diesem Fall auch noch für $m = n$ eine Basis des zu (26) gehörenden Invariantensystems bilden. Für $m < n$ ergibt sich das unmittelbar aus dem für die Gruppe $\mathfrak{D}$ Bewiesenen. Ist aber $m = n$, so erhält eine zu (26) gehörende Invariante J, als Invariante des Systems (20) aufgefaßt, die Form $J = F + GD$, wo D die Determinante (23), F und G ganze rationale Funktionen der $J_{\alpha\beta}$ bedeuten. Dies folgt, wie eine dem Früheren analoge Überlegung lehrt, aus der Formel (11).

Läßt man aber auch uneigentliche orthogonale Substitutionen zu, so ist D nur noch eine relative Invariante. Daher reduziert sich J auf den Ausdruck F.

Es sei noch bemerkt, daß man die hier zu benutzenden Sätze über die Invarianten des Systems (20) auch für $\nu < m \leqq n$ direkt beweisen kann (vgl. auch E. STUDY, *Einleitung in die Theorie der Invarianten linearer Transformationen auf Grund der Vektorenrechnung* (§ 22), Braunschweig 1923). Ich habe aber das oben geschilderte Beweisverfahren vorgezogen, um die Brauchbarkeit der analytischen Methode darzutun und zugleich einen Abzählungskalkül zu entwickeln, der sich auch für $m > n$ weiterverfolgen läßt. Die Determinantenformel (15) gestattet nämlich die Integrale (17) mit Hilfe einer Rekursionsformel Schritt für Schritt zu berechnen. Auf diese Weise ergibt sich insbesondere

$$\frac{1}{h}\int \frac{ds}{f_1 f_2 \cdots f_{n+1}} = (1 + c_n - c_1 c_{n+1} - c_{n+1}^2) \prod_{\varkappa \leqq \lambda}{}_{1}^{n+1} \frac{1}{1 - z_\varkappa z_\lambda},$$

wobei $c_1, c_2, \cdots, c_n, c_{n+1}$ die elementarsymmetrischen Funktionen der Variabeln $z_1, z_2, \cdots, z_{n+1}$ bedeuten. Diese Formel kann wieder zur Berechnung der ganzen Zahlen $A_{k_1, k_2, \ldots, k_{n+1}}$ dienen.

§ 4. Die einfachen Charakteristiken der Gruppe $\mathfrak{D}'$.

Man setze wie früher für jedes Element t von $\mathfrak{D}'$

$$f(z, t) = |e - zt|, \quad \frac{1 - z^2}{f(z, t)} = q_0 + q_1 z + q_2 z^2 + \cdots \qquad (|z| < 1)$$

und verstehe unter $q_{-1}, q_{-2}, \cdots$ die Zahl 0. Es gilt dann der Satz:

IV. *Zu jedem System von* $\nu = \left[\frac{n}{2}\right]$ *nicht negativen ganzen Zahlen*

$$\alpha_1 \geqq \alpha_2 \geqq \cdots \geqq \alpha_\nu \tag{27}$$

gehört ein irreduzibler Homomorphismus $H_{\alpha_1, \alpha_2, \ldots, \alpha_\nu}(t)$ *der Gruppe* $\mathfrak{D}'$ *mit der Charakteristik*

$$\chi_{\alpha_1, \alpha_2, \ldots, \alpha_\nu}(t) = \begin{vmatrix} q_{a_1}, & q_{a_1+1} + q_{a_1-1}, & q_{a_1+2} + q_{a_1-2}, & \cdots, & q_{a_1+\nu-1} + q_{a_1-\nu+1} \\ q_{a_2}, & q_{a_2+1} + q_{a_2-1}, & q_{a_2+2} + q_{a_2-2}, & \cdots, & q_{a_2+\nu-1} + q_{a_2-\nu+1} \\ \cdots & \cdots & \cdots & \cdots & \cdots \\ q_{a_\nu}, & q_{a_\nu+1} + q_{a_\nu-1}, & q_{a_\nu+2} + q_{a_\nu-2}, & \cdots, & q_{a_\nu+\nu-1} + q_{a_\nu-\nu+1} \end{vmatrix} \tag{28}$$

wobei

$$a_1 = \alpha_1, \quad a_2 = \alpha_2 - 1, \quad a_3 = \alpha_3 - 2, \cdots, \quad a_\nu = \alpha_\nu - \nu + 1$$

zu setzen ist. Dieser Homomorphismus ist nur dann ein zweiseitiger, wenn n gerade und $\alpha_\nu > 0$ ist. Der Grad (d. h. die Variabelnanzahl)

$$M^{(n)}_{\alpha_1, \alpha_2, \ldots, \alpha_\nu} = \chi_{\alpha_1, \alpha_2, \ldots, \alpha_\nu}(e) \tag{29}$$

des Homomorphismus $H_{\alpha_1, \alpha_2, \ldots, \alpha_\nu}(t)$ *bestimmt sich aus den Formeln*

$$(30)\quad M^{(2\nu+1)}_{\alpha_1, \alpha_2, \ldots, \alpha_\nu} = \frac{(2a+2\nu-1)\cdots(2a_\nu+2\nu-1)}{1!\ 3!\cdots(2\nu-1)!}\prod_{\varkappa<\lambda}{}_1^{\nu}(a_\varkappa - a_\lambda)(a_\varkappa + a_\lambda + 2\nu - 1)$$

$$(31)\quad M^{(2\nu)}_{\alpha_1, \alpha_2, \ldots, \alpha_\nu} = \frac{2^{\nu'}}{2!\ 4!\cdots(2\nu-2)!}\prod_{\varkappa<\lambda}{}_1^{\nu}(a_\varkappa - a_\lambda)(a_\varkappa + a_\lambda + 2\nu - 2),$$

wobei ν' *für* $\alpha_\nu = 0$ *gleich* $\nu - 1$, *für* $\alpha_\nu > 0$ *gleich* ν *zu setzen ist.*

Bildet man die Homomorphismen $H_{\alpha_1, \alpha_2, \ldots, \alpha_\nu}(t)$ *für alle möglichen Indizessysteme* (27) *und fügt zu den nicht zweiseitigen unter ihnen die assoziierten hinzu, so erhält man ein vollständiges System von irreduziblen Homomorphismen der Gruppe* $\mathfrak{D}'$.

Der Beweis stützt sich auf die Ergebnisse des vorigen Paragraphen. Wir gehen von der für $|z_\lambda| < 1$ geltenden Gleichung

$$(32)\qquad \prod_{\lambda=1}^{\nu}\frac{1-z_\lambda^2}{f(z_\lambda, t)} = \sum_{\lambda_1, \lambda_2, \ldots, \lambda_\nu}{}_0^{\infty} q_{\lambda_1} q_{\lambda_2} \cdots q_{\lambda_\nu} z_1^{\lambda_1} z_2^{\lambda_2} \ldots z_\nu^{\lambda_\nu}$$

aus und multiplizieren auf beiden Seiten mit dem Produkt der beiden Ausdrücke

$$\Delta(z) = \prod_{\varkappa<\lambda}{}_1^{\nu}(z_\varkappa - z_\lambda), \qquad L(z) = \prod_{\varkappa<\lambda}{}_1^{n}(1 - z_\varkappa z_\lambda).$$

Auf der rechten Seite schreiben wir aber, was zulässig ist (vgl. Formel (14)),

$$\Delta(z)\, L(z) = |\, z_\varkappa^{\nu-1},\ z_\varkappa^{\nu-2} Z_\varkappa,\ z_\varkappa^{\nu-3} Z_\varkappa^2, \cdots, Z_\varkappa^{\nu-1}\,|. \qquad (Z_\varkappa = 1 + z_\varkappa^2)$$

Diese Determinante ν-ten Grades läßt sich, wie eine einfache Umformung lehrt, auf die Form

$$|\, z_\varkappa^{\nu-1},\ z_\varkappa^{\nu-2} + z_\varkappa^{\nu},\ z_\varkappa^{\nu-3} + z_\varkappa^{\nu+1}, \cdots,\ 1 + z_\varkappa^{2\nu-2}\,|$$

bringen. Um sie mit der in (32) stehenden ν-fach unendlichen Reihe zu multiplizieren, hat man nur alle Elemente der $\varkappa$-ten Zeile mit $\sum q_\alpha z_\varkappa^\alpha$ zu multiplizieren. Setzt man

$$A_\alpha = q_{\alpha-\nu+1}, \quad B_\alpha = q_{\alpha-\nu+2} + q_{\alpha-\nu}, \quad C_\alpha = q_{\alpha-\nu+3} + q_{\alpha-\nu-1}, \cdots,$$

so erhält man die Determinante

$$\left|\sum A_\alpha z_\varkappa^\alpha,\ \sum B_\alpha z_\varkappa^\alpha,\ \sum C_\alpha z_\varkappa^\alpha, \cdots\right|,$$

wofür auch

$$\sum_{\gamma_1, \gamma_2, \cdots \gamma_\nu}{}_0^{\infty} A_{\gamma_1} B_{\gamma_2} C_{\gamma_3} \cdots \cdot |\, z_\varkappa^{\gamma_1},\ z_\varkappa^{\gamma_2}, \ldots,\ z_\varkappa^{\gamma_\nu}\,|$$

$$= \sum_{\gamma_1 > \gamma_2 > \cdots > \gamma_\nu} |\, A_{\gamma_\varkappa},\ B_{\gamma_\varkappa},\ C_{\gamma_\varkappa}, \cdots | \cdot |\, z_\varkappa^{\gamma_1},\ z_\varkappa^{\gamma_2}, \ldots,\ z_\varkappa^{\gamma_\nu}\,|$$

$$= \sum_{\alpha_1 \geq \alpha_2 \geq \cdots \geq \alpha_\nu} |\, A_{\alpha_\varkappa+\nu-\varkappa},\ B_{\alpha_\varkappa+\nu-\varkappa},\ C_{\alpha_\varkappa+\nu-\varkappa}, \cdots | \cdot |\, z_\varkappa^{\alpha_1+\nu-1},\ z_\varkappa^{\alpha_2+\nu-2}, \ldots,\ z_\varkappa^{\alpha_\nu}\,|$$

geschrieben werden kann. Der erste hier auftretende Faktor ist aber nichts anderes als die Determinante (28).

Führt man noch die Abkürzung

$$\Delta_{\alpha_1, \alpha_2, \ldots, \alpha_\nu}(z) = | z_\varkappa^{\alpha_1+\nu-1}, z_\varkappa^{\alpha_2+\nu-2}, \ldots, z_\varkappa^{\alpha_\nu} |$$

ein, so ergibt sich auf diese Weise die Gleichung

$$(33) \qquad \frac{\Delta(z) \prod_{\varkappa \leqq \lambda}^{\nu} {}_1 (1 - z_\varkappa z_\lambda)}{f(z_1, t) f(z_2, t) \cdots f(z_\nu, t)} = \sum_{\alpha_1 \geqq \alpha_2 \geqq \cdots \geqq \alpha_\nu}^{\infty} {}_0 \, \chi_{\alpha_1, \alpha_2, \ldots \alpha_\nu} \Delta_{\alpha_1, \alpha_2, \ldots \alpha_\nu}(z) .$$

Hier ersetze man nun $z_1, z_2, \cdots, z_\nu$ durch ν neue Veränderliche $z'_1, z'_2, \cdots, z'_\nu$, multipliziere auf beiden Seiten mit den neu entstehenden Ausdrücken und integriere nach t. Auf der rechten Seite erhält man die unendliche Reihe

$$\sum_{\substack{\alpha_1 \geqq \alpha_2 \geqq \cdots \geqq \alpha_\nu \\ \beta_1 \geqq \beta_2 \geqq \cdots \geqq \beta_\nu}}^{\infty} {}_0 \, \Delta_{\alpha_1, \alpha_2, \ldots, \alpha_\nu}(z) \Delta_{\beta_1, \beta_2, \ldots \beta_\nu}(z') \cdot \oint \chi_{\alpha_1, \alpha_2, \ldots \alpha_\nu} \chi_{\beta_1, \beta_2, \ldots \beta_\nu} dt .$$

Dagegen entsteht auf der linken Seite, wie aus der Formel (12) des Satzes III unmittelbar folgt,

$$2h \cdot \frac{\Delta(z) \Delta(z')}{(1 - z_1 z'_1)(1 - z_1 z'_2) \cdots (1 - z_\nu z'_\nu)} .$$

Der hier auftretende Quotient läßt sich aber nach einer bekannten, leicht zu beweisenden Formel der Determinantentheorie in der Gestalt

$$\sum_{\alpha_1 \geqq \alpha_2 \geqq \cdots \geqq \alpha_\nu}^{\infty} {}_0 \, \Delta_{\alpha_1, \alpha_2, \ldots, \alpha_\nu}(z) \Delta_{\alpha_1, \alpha_2, \ldots, \alpha_\nu}(z')$$

schreiben. Da nun zwischen den Determinanten $\Delta_{\alpha_1, \alpha_2, \ldots \alpha_\nu}(z)$ keine lineare Beziehung bestehen kann, so gelangen wir zu den Formeln

$$(34) \qquad \frac{1}{2h} \oint \chi^2_{\alpha_1, \alpha_2, \ldots, \alpha_\nu} dt = 1 ,$$

$$(35) \qquad \oint \chi_{\alpha_1, \alpha_2, \ldots, \alpha_\nu} \chi_{\beta_1, \beta_2, \ldots, \beta_\nu} dt = 0 .$$

Jeder der Ausdrücke $\chi_{\alpha_1, \alpha_2, \ldots \alpha_\nu}$ läßt sich in der Form $\chi^{(1)} - \chi^{(2)}$ schreiben, wo $\chi^{(1)}$ und $\chi^{(2)}$ Summen von Produkten der Form $q_{k_1} q_{k_2} \cdots q_{k_\nu}$ sind. Da dieses Produkt die Charakteristik des zu $\mathfrak{D}'$ gehörenden Homomorphismus

$$Q_{k_1} \times Q_{k_2} \times \cdots \times Q_{k_\nu}$$

ist (vgl. § 1), so erscheinen $\chi^{(1)}$ und $\chi^{(2)}$ als die Charakteristiken zweier Homomorphismen $H^{(1)}(t)$ und $H^{(2)}(t)$ der Gruppe $\mathfrak{D}'$. Jedenfalls ist also $\chi_{\alpha_1, \alpha_2, \ldots, \alpha}$ ein Ausdruck der Form

$$g_1 \chi_1(t) + g_2 \chi_2(t) + \cdots + g_N \chi_N(t) ,$$

wo g_ϱ eine positive oder negative ganze Zahl und $\chi_\varrho(t)$ eine einfache Charakteristik der Gruppe $\mathfrak{D}'$ bedeutet. Aus der Formel (34) ergibt sich aber (vgl. A. I, §§ 6 und 9).

$$g_1^2 + g_2^2 + \cdots + g_N^2 = 1 .$$

Daher ist $\pm \chi_{\alpha_1, \alpha_2, \ldots \alpha_\nu}$ eine *einfache* Charakteristik von $\mathfrak{D}'$.

Um zu zeigen, daß hierbei das Pluszeichen zu wählen ist, hat man nur zu beweisen, daß die Zahl (29) für jedes Indizessystem *positiv* ausfällt. Dies ist gewiß richtig, wenn die Formeln (30) und (31) gelten. Will man nun die Determinante (28) für die identische Substitution $s = e$ berechnen, so hat man sich für $\rho \geqq 0$ der Formel

$$(36)\quad q_\rho(e) = \binom{\rho+n-1}{n-1} - \binom{\rho+n-3}{n-1} = \binom{\rho+n-2}{n-2} + \binom{\rho+n-3}{n-2}$$

zu bedienen. Diese Formel liefert aber auch für die in (28) auftretenden q_ρ mit negativem ρ den richtigen Wert 0, eine Ausnahme bildet nur im Falle

$$(37)\qquad n = 2\nu, \quad \alpha_\nu = 0$$

das letzte Element der ν-ten Zeile. In diesem Falle hat nämlich die ν-te Zeile die Gestalt

$$0, 0, \cdots, 0, 1,$$

während (36)

$$0, 0, \cdots, 0, 2$$

liefert. Will man also in allen Feldern der Determinante die Formel (36) benutzen, so hat man im Falle (37) nachträglich durch 2 zu dividieren.

Ersetzt man nun in (28) jedes q_ρ durch den Ausdruck (36), so entsteht eine Determinante, die sich nach einer einfachen Umformung[1] auf die Gestalt

$$(38)\qquad \left| \binom{a_\varkappa+n-1-\lambda}{n-2\lambda} + \binom{a_\varkappa+n-2-\lambda}{n-2\lambda} \right| \qquad (\varkappa, \lambda = 1, 2, \cdots, \nu)$$

bringen läßt. Faßt man hierin $a_1, a_2, \cdots, a_\nu$ als voneinander unabhängige Variable auf, so wird (38) ein Polynom $F(a_1, a_2, \cdots, a_\nu)$, das den Wert Null erhält, wenn zwei Veränderliche einander gleich werden oder sich zu $2-n$ ergänzen. Denn in beiden Fällen werden die entsprechenden Zeilen einander proportional. Bei ungeradem n verschwindet ferner F auch noch für $2a_\varkappa + n - 2 = 0$, weil dann die $\varkappa$-te Zeile aus lauter Nullen besteht. Daher ist F bei geradem n durch

$$\prod_{\varkappa<\lambda}{}_1^\nu (a_\varkappa - a_\lambda)(a_\varkappa + a_\lambda + n - 2),$$

bei ungeradem n durch

$$\prod_{\varkappa=1}^{\nu} (2a_\varkappa + n - 2) \cdot \prod_{\varkappa<\lambda}{}_1^\nu (a_\varkappa - a_\lambda)(a_\varkappa + a_\lambda + n - 2)$$

teilbar. In jedem der beiden Fälle erhält man ein Polynom, dessen Grad mit dem Grad

$$(n-2) + (n-4) + \cdots + (n-2\nu) = \nu n - \nu^2 - \nu$$

[1] Bezeichnet man mit T_λ die Transformation, die darin besteht, daß man, von der λ-ten Kolonne angefangen, jede Kolonne von der folgenden abzieht, so hat man hintereinander die Transformationen

$$T_1, T_1, T_2, T_2, \ldots, T_{\nu-1}, T_{\nu-1}$$

anzuwenden.

von F übereinstimmt. Berücksichtigt man noch, daß in (38) der Koeffizient von $a_1^{n-2} a_2^{n-4} \cdots a_\nu^{n-2\nu}$ gleich

$$\frac{2}{(n-2)!} \cdot \frac{2}{(n-4)!} \cdots \frac{2}{(n-2\nu)!}$$

ist, so erhält man den in (30) bzw. (31) rechtsstehenden Ausdruck. Nur im Falle (37) ergibt sich, wie es sein muß, der doppelte Wert.

§ 5. Fortsetzung und Schluß des Beweises.

Wir haben nun bewiesen, daß die Ausdrücke $\chi_{\alpha_1, \alpha_2, \ldots, \alpha_\nu}$ einfache Charakteristiken der Gruppe $\mathfrak{D}'$ darstellen. Daß sie alle voneinander verschieden sind, lehrt die Formel (35). Um noch zu entscheiden, ob unter ihnen Paare einander assoziierter Charakteristiken vorkommen, und ferner zu untersuchen, welche unter ihnen als zweiseitige Charakteristiken zu bezeichnen sind, verfahre man folgendermaßen. In unserer Grundformel (33) lasse man für t nur Drehungen s zu und wende bei der auf S. 313 durchgeführten Betrachtung an Stelle des Integrationsprozesses $\oint f(t)\,dt$ den Prozeß $\int f(s)\,ds$ an. Auf Grund der Formeln (10) und (11) erkennt man dann, daß die unendliche Reihe

$$\sum_{\substack{\alpha_1 \geq \alpha_2 \geq \cdots \geq \alpha_\nu \\ \beta_1 \geq \beta_2 \geq \cdots \geq \beta_\nu}}^{\infty} \Delta_{\alpha_1, \alpha_2, \ldots, \alpha_\nu}(z)\, \Delta_{\beta_1, \beta_2, \ldots, \beta_\nu}(z') \int \chi_{\alpha_1, \alpha_2, \ldots, \alpha_\nu}\, \chi_{\beta_1, \beta_2, \ldots, \beta_\nu}\, ds$$

für $n = 2\nu + 1$ mit

$$h \cdot \frac{\Delta(z)\,\Delta(z')}{(1 - z_1 z_1')(1 - z_1 z_2') \cdots (1 - z_\nu z_\nu')} = h \cdot \sum_{\alpha_1 \geq \alpha_2 \geq \cdots \geq \alpha_\nu}^{\infty} \Delta_{\alpha_1, \alpha_2, \ldots, \alpha_\nu}(z)\, \Delta_{\alpha_1, \alpha_2, \ldots, \alpha_\nu}(z'),$$

dagegen für $n = 2\nu$ mit

$$h \cdot (1 + z_1 z_2 \cdots z_\nu z_1' z_2' \cdots z_\nu') \frac{\Delta(z)\,\Delta(z')}{(1 - z_1 z_1')(1 - z_1 z_2') \cdots (1 - z_\nu z_\nu')} =$$

$$h \cdot \sum_{\alpha_1 \geq \alpha_2 \geq \cdots \geq \alpha_\nu} \left[\Delta_{\alpha_1, \alpha_2, \ldots, \alpha_\nu}(z)\, \Delta_{\alpha_1, \alpha_2, \ldots, \alpha_\nu}(z') + \Delta_{\alpha_1+1, \alpha_2+1, \ldots, \alpha_\nu+1}(z)\, \Delta_{\alpha_1+1, \alpha_2+1, \ldots, \alpha_\nu+1}(z')\right]$$

übereinstimmt. Für zwei verschiedene Indizessysteme ist daher in beiden Fällen

$$\int \chi_{\alpha_1, \alpha_2, \ldots, \alpha_\nu}\, \chi_{\beta_1, \beta_2, \ldots, \beta_\nu}\, ds = 0, \tag{39}$$

ferner wird für $n = 2\nu + 1$ oder für $n = 2\nu$, $\alpha_\nu = 0$

$$\frac{1}{h} \int \chi^2_{\alpha_1, \alpha_2, \ldots, \alpha_\nu}\, ds = 1, \tag{40}$$

dagegen für $n = 2\nu$, $\alpha_\nu > 0$

$$\frac{1}{h} \int \chi^2_{\alpha_1, \alpha_2, \ldots, \alpha_\nu}\, ds = 2. \tag{41}$$

Die Formel (39) lehrt uns, daß für alle n unter den Charakteristiken $\chi_{\alpha_1, \alpha_2, \ldots, \alpha_\nu}(t)$ von $\mathfrak{D}'$ niemals zwei einander assoziiert sind. Aus (40) und (41) geht aber hervor, daß $\chi_{\alpha_1, \alpha_2, \ldots, \alpha_\nu}(t)$ nur in dem Falle $n = 2\nu$, $\alpha_\nu > 0$ eine zweiseitige Charakteristik ist. In diesem Falle wird also

$$\chi_{\alpha_1, \alpha_2, \ldots, \alpha_\nu}(s) = \eta_{\alpha_1, \alpha_2, \ldots, \alpha_\nu}(s) + \eta^*_{\alpha_1, \alpha_2, \ldots, \alpha_\nu}(s),$$

wobei rechts zwei einander adjungierte einfache Charakteristiken der Gruppe $\mathfrak{D}$ stehen (vgl. § 1).

Wir haben nun nur noch die am Schluß des Satzes IV ausgesprochene Behauptung zu beweisen. Hierzu brauchen wir (auf Grund der Ergebnisse des § 1) nur zu beweisen, daß es keinen *geraden* Homomorphismus $H(s)$ von $\mathfrak{D}$ gibt, dessen Charakteristik $\gamma(s)$ für jedes Indizessystem (27) der Gleichung

$$\int \gamma(s)\chi_{\alpha_1, \alpha_2, \ldots, \alpha_\nu}(s)\,ds = 0$$

genügt.

Dies ist gewiß richtig, wenn folgendes gilt:

1. Sind $\phi_1, \phi_2, \cdots, \phi_\nu$ die zu s gehörenden Drehungswinkel und setzt man für jedes Indizessystem (27)

$$t_{\alpha_1, \alpha_2, \ldots, \alpha_\nu} = \sum e^{\beta_1 i\phi_1 + \beta_2 i\phi_2 + \cdots + \beta_\nu i\phi_\nu}, \tag{42}$$

die Summe erstreckt sich über alle voneinander verschiedenen Glieder, bei denen die Indizes $\beta_1, \beta_2, \cdots, \beta_\nu$, abgesehen von der Reihenfolge und abgesehen von den Vorzeichen, mit $\alpha_1, \alpha_2, \cdots, \alpha_\nu$ übereinstimmen, so ist $\gamma(s)$ eine lineare homogene Verbindung von endlich vielen unter den $t_{\alpha_1, \alpha_2, \ldots, \alpha_\nu}$[1].

2. Jede der Summen (42) ist eine lineare homogene Verbindung von endlich vielen unter den $\chi_{\alpha_1, \alpha_2, \ldots, \alpha_\nu}(s)$.

Die erste Behauptung ist wohl am einfachsten folgendermaßen zu beweisen[2]: Hat $S = S(\phi_1, \phi_2, \cdots, \phi_\nu)$ dieselbe Bedeutung wie auf S. 300, und setzt man

$$S_1 = S(\phi_1, 0, 0, \cdots, 0), \quad S_2 = S(0, \phi_2, 0, \cdots, 0), \cdots,$$

so wird $S = S_1 S_2 \cdots S_\nu$, also auch

$$H(S) = H(S_1)\,H(S_2) \cdots H(S_\nu).$$

Nun läßt aber $H(S_\varkappa)$ als ein zur Gruppe der Drehungen

$$\begin{pmatrix} \cos\phi_\varkappa, & \sin\phi_\varkappa \\ -\sin\phi_\varkappa, & \cos\phi_\varkappa \end{pmatrix}$$

gehörender Homomorphismus auffassen. Aus dem Satze I folgt daher, daß die Koeffizienten von $H(S_\varkappa)$ ganze rationale Funktionen von $e^{i\phi_\varkappa}$, $e^{-i\phi_\varkappa}$ sind. Die Koeffizienten von $H(S)$ sind also ganze rationale Funktionen von

$$e^{i\phi_1}, e^{i\phi_2}, \ldots, e^{i\phi_\nu}, e^{-i\phi_1}, e^{-i\phi_2}, \ldots, e^{-i\phi_\nu}. \tag{43}$$

---

[1] Was wir für die $\chi_{\alpha_1, \alpha_2, \ldots, \alpha_\nu}(s)$ zu beweisen haben, ergibt sich auch ohne Benutzung dieser wichtigen Eigenschaft von $\gamma(s)$, indem man von dem bekannten Satz Gebrauch macht, daß jede stetige periodische Funktion von $\phi_1, \phi_2, \cdots, \phi_\nu$ im Bereich $0 \leqq \phi_\varkappa \leqq 2\pi$ mit beliebig vorgegebener Genauigkeit durch ein trigonometrisches Polynom approximiert werden kann.

[2] Auf diesen Beweis bin ich durch eine Bemerkung des Hrn. stud. math. R. Brauer geführt worden.

Dasselbe gilt demnach auch für die Spur $\gamma(S) = \gamma(s)$ von $H(S)$. Da aber $\gamma(s)$ außerdem noch eine symmetrische Funktion von $\phi_1, \phi_2, \cdots, \phi_\nu$ und in bezug auf jedes $\phi_\varkappa$ gerade ist, so läßt sich $\gamma(s)$ in der verlangten Form darstellen.

Unsere zweite Behauptung ergibt sich aber ohne Mühe aus dem auch für andere Anwendungen wichtigen Satz:

V. *In einer endlichen Summe*

$$F = \sum A_{\beta_1, \beta_2, \ldots, \beta_\nu} t_{\beta_1, \beta_2, \ldots, \beta_\nu} \tag{44}$$

heiße $A_{\alpha_1, \alpha_2, \ldots, \alpha_\nu} t_{\alpha_1, \alpha_2, \ldots, \alpha_\nu}$ *das Leitglied, wenn für jedes andere Glied entweder* $\sum \beta_\varkappa < \sum \alpha_\varkappa$ *ist oder bei übereinstimmenden Summen die erste nicht verschwindende unter den Differenzen*

$$\alpha_1 - \beta_1, \; \alpha_2 - \beta_2, \cdots, \; \alpha_\nu - \beta_\nu$$

positiv ausfüllt. Dann ist $\chi_{\alpha_1, \alpha_2, \ldots, \alpha_\nu}(s)$ *für jedes Indizessystem ein Ausdruck der Form* (44) *mit dem Leitglied* $t_{\alpha_1, \alpha_2, \ldots, \alpha_\nu}$.

Um dies zu beweisen, setze man in unserer Grundformel (33)

$$\frac{\Delta(z)}{f(z_1, t) f(z_2, t) \cdots f(z_\nu, t)} = \sum_{\alpha_1 \geqq \alpha_2 \geqq \cdots \geqq \alpha_\nu} \Phi_{\alpha_1, \alpha_2, \ldots, \alpha_\nu} \Delta_{\alpha_1, \alpha_2, \ldots, \alpha_\nu}(z).$$

Die analoge Reihe mit den Koeffizienten $\chi_{\alpha_1, \alpha_2, \cdots \alpha_\nu}$ entsteht hieraus durch Multiplikation mit $\prod_{\varkappa \leqq \lambda}^{\nu}{}_1 (1 - z_\varkappa z_\lambda)$. Hieraus folgt ohne weiteres, daß für jedes Indizessystem

$$\chi_{\alpha_1, \alpha_2, \ldots, \alpha_\nu} = \Phi_{\alpha_1, \alpha_2, \ldots, \alpha_\nu} + \sum_{\beta_1 \geqq \beta_2 \geqq \cdots \geqq \beta_\nu} B_{\beta_1, \beta_2, \ldots, \beta_\nu} \Phi_{\beta_1, \beta_2, \ldots, \beta_\nu} \tag{45}$$

wird, wobei die Summe nur aus endlich vielen Gliedern besteht und in jedem Glied $\sum \beta_\varkappa < \sum \alpha_\varkappa$ ist[1]. Mit Hilfe der in § 1 eingeführten Ausdrücke $p_0, p_1, p_2 \cdots$ kann

$$\Phi_{\alpha_1, \alpha_2, \ldots, \alpha_\nu} = |p_{\alpha_\varkappa - \varkappa + \lambda}| \qquad (\varkappa, \lambda = 1, 2, \cdots, \nu)$$

gesetzt werden. Für eine Drehung $t = s$ mit den Drehungswinkeln $\phi_1, \phi_2, \cdots, \phi_\nu$ wird aber diese Determinante eine symmetrische Funktion der Exponentialgrößen (43), die bei der lexikographischen Gliederanordnung das Leitglied $e^{\alpha_1 i \phi_1 + \alpha_2 i \phi_2 + \cdots + \alpha_\nu i \phi_\nu}$ aufweist[2]. Dies zeigt aber, daß $\Phi_{\alpha_1, \alpha_2, \ldots, \alpha_\nu}$ und folglich auch $\chi_{\alpha_1, \alpha_2, \ldots, \alpha_\nu}(s)$ eine Summe der Form (43) mit dem Leitglied $t_{\alpha_1, \alpha_2, \ldots, \alpha_\nu}$ ist.

Es ist noch zu beachten, daß in (44) die Koeffizienten $B_{\beta_1, \beta_2, \ldots, \beta_\nu}$ positive oder negative ganze Zahlen sind. Die Auflösung dieser Gleichungen nach den $\Phi_{\alpha_1, \alpha_2, \ldots, \alpha_\nu}$ liefert dagegen analog gebildete Gleichungen

$$\Phi_{\alpha_1, \alpha_2, \ldots, \alpha_\nu} = \chi_{\alpha_1, \alpha_2, \ldots, \alpha_\nu} + \sum C_{\beta_1, \beta_2, \ldots, \beta_\nu} \chi_{\beta_1, \beta_2, \ldots, \beta_\nu} \tag{46}$$

---

[1] Man erkennt auch leicht, daß diese Summen sich um eine gerade Zahl voneinander unterscheiden.

[2] Vgl. z. B. Encyklopädie der math. Wissenschaften Bd. I, S. 465.

mit *positiven* ganzzahligen Koeffizienten. Dies beruht darauf, daß $\Phi_{\alpha_1, \alpha_2, \ldots, \alpha_\nu}$, wie ich in meiner Inaugural-Dissertation (Berlin 1901) gezeigt habe, die Charakteristik eines (irreduziblen) Homomorphismus der Gruppe aller linearen homogenen Substitutionen darstellt, folglich auch als eine Charakteristik der Gruppe $\mathfrak{D}'$ zu bezeichnen ist.

§ 6. Folgerungen aus dem Satze IV.

Der nunmehr vollständig bewiesene Satz IV liefert in Verbindung mit den Ausführungen des § 1 insbesondere auch die in der Einleitung erwähnten Ergebnisse über die Variabelnanzahlen der zu den Gruppen $\mathfrak{D}$ und $\mathfrak{D}'$ gehörenden irreduziblen Homomorphismen. Zugleich ergibt sich, daß *man die Gesamtheit aller einfachen Charakteristiken der Gruppe $\mathfrak{D}$ erhält, indem man bei ungeradem n die Ausdrücke* $\chi_{\alpha_1, \alpha_2, \ldots, \alpha}(s)$ *und bei geradem n die Ausdrücke*

$$\chi_{\alpha_1, \ldots, \alpha_{\nu-1}, 0}(s)\,, \quad \eta_{\alpha_1, \alpha_2, \ldots, \alpha_\nu}(s)\,, \quad \eta^*_{\alpha_1, \alpha_2, \ldots, \alpha_\nu}(s)$$

betrachtet. Es kommt noch ein weiteres wichtiges Ergebnis hinzu:

VI. *Die Gruppe $\mathfrak{D}'$ läßt nur rationale Homomorphismen zu, d. h. jeder (stetige) Homomorphismus $H(t) = (T_{\varrho\sigma})$ von $\mathfrak{D}'$ hat die Eigenschaft, daß alle $T_{\varrho\sigma}$ als ganze rationale Funktionen der n^2 Koeffizienten $t_{\varkappa\lambda}$ der Substitution t darstellbar sind. Dasselbe gilt auch für die Gruppe $\mathfrak{D}$. Ein Homomorphismus von $\mathfrak{D}'$ läßt sich außerdem noch mit Hilfe einer Ähnlichkeitstransformation so umformen, daß seine Koeffizienten ganze rationale Funktionen der $t_{\varkappa\lambda}$ mit rationalen Zahlenkoeffizienten werden*[1].

Für die Gruppe $\mathfrak{D}'$ folgt dies daraus, daß jeder unserer irreduziblen Homomorphismen $H_{\alpha_1, \alpha_2, \ldots, \alpha_\nu}(t)$ in der Weise gewonnen werden kann, daß man von einem rationalen Homomorphismus $H^{(1)}(t)$ einen in ihm enthaltenen rationalen Homomorphismus $H^{(2)}(t)$ abtrennt (vgl. S. 313). Hierbei sind offenbar nur rationale Zahlenkoeffizienten zu benutzen. Zugleich ergibt sich auch eine (allerdings noch sehr komplizierte) Methode, die $H_{\alpha_1, \alpha_2, \ldots, \alpha_\nu}(t)$ rechnerisch herzustellen.

Um die sämtlichen irreduziblen Homomorphismen der Gruppe $\mathfrak{D}$ zu gewinnen, hat man nur noch bei geradem n diejenigen $H_{\alpha_1, \alpha_2, \ldots, \alpha_\nu}(s)$, bei denen $\alpha_\nu > 0$ ist, in zwei einander adjungierte Homomorphismen $K(s)$ und $K^*(s)$ zu zerlegen. Diese Zerlegung kann folgendermaßen erfolgen. Da in diesem Fall der Homomorphismus $H(t) = H_{\alpha_1, \alpha_2, \ldots, \alpha_\nu}(t)$ von $\mathfrak{D}'$ ein zweiseitiger ist, so läßt sich, wenn $H'(t)$ den zu $H(t)$ assoziierten Homomorphismus bedeutet, eine konstante Matrix M so bestimmen, daß

$$H'(t) = M^{-1} \cdot H(t) \cdot M$$

wird. Hierbei ist offenbar M mit allen $H(s)$ und M^2 mit allen $H(t)$ vertauschbar. Da aber $H(t)$ irreduzibel ist, so muß M^2 von der Form cE sein, wo E die Ein-

---

[1] Aus diesem Satz ergibt sich durch Heranziehen der Cayleyschen Parameterdarstellung für orthogonale Substitutionen ohne Mühe, daß jeder Homorphismus unserer reellen Drehungsgruppe $\mathfrak{D}$ zugleich auch einen Homomorphismus der Gruppe aller reellen und komplexen orthogonalen Substitationen von der Determinante 1 liefert. Analoges läßt sich auch für die Gruppe $\mathfrak{D}'$ behaupten.

heitsmatrix bedeutet. Daher kann man eine Ähnlichkeitstransformation T bestimmen, so daß $T^{-1}MT$ eine Diagonalmatrix wird, in deren Hauptdiagonale nur die Zahlen $\sqrt{c}$ und $-\sqrt{c}$ (gleich oft) vorkommen. Hieraus folgt unmittelbar, daß $T^{-1}\cdot H(s)\cdot T$ in der gewünschten Weise zerfällt. Die Koeffizienten der sich hierbei ergebenden Homomorphismen $K(s)$ und $K^*(s)$ als ganze rationale Funktionen der Koeffizienten $s_{\kappa\lambda}$ der Drehung s mit Zahlenkoeffizienten der Form $a+b\sqrt{c}$, wo a und b rationale Zahlen bedeuten.

Die Zahl c kann, wie man sich leicht überlegt, als ganze rationale Zahl gewählt werden. Sie ist außerdem abgesehen von einem quadratischen Faktor allein durch das Indizessystem $\alpha_1, \alpha_2, \cdots, \alpha_\nu$ bestimmt. Es wäre von Interesse, zu entscheiden, in welchen Fällen c eine Quadratzahl wird. Hierüber weiß ich nichts Näheres auszusagen[1]. Es ist mir bis jetzt auch nicht gelungen, die mit $\eta_{\alpha_1,\alpha_2,\ldots,\alpha_\nu}(s)$ und $\eta^*_{\alpha_1,\alpha_2,\ldots\alpha_\nu}(s)$ bezeichneten Charakteristiken der Homomorphismen $K(s)$ und $K^*(s)$ zu berechnen.

Ein besonders interessanter Fall läßt sich noch weiter verfolgen. Die μ-te Determinantentransformation $C_\mu(t)$, d. h. die Matrix aller Unterdeterminanten μ-ten Grades von $t=(t_{\kappa\lambda})$, liefert einen Homomorphismus der Gruppe $\mathfrak{D}'$, dessen Charakteristik $c_\mu(t)$ sich aus der Gleichung

$$f(z,t)=|e-zt|=1-c_1z+c_2z^2-\cdots+(-1)^n c_n z^n$$

bestimmt. Hierbei wird (für orthogonale Substitutionen t)

$$c_\mu(t)=|t|\cdot c_{n-\mu}(t).$$

Daher ist C_μ dem zu $C_{n-\mu}$ assoziierten Homomorphismus ähnlich. Es genügt also, den Fall $2\mu\leqq n$ zu betrachten. Ich behaupte nun:

VII. *Die Operationen*

$$C_1,\ C_2,\ \ldots,\ C_\nu \qquad \left(\nu=\left[\frac{n}{2}\right]\right)$$

sind, als Homomorphismen der Gruppe $\mathfrak{D}'$ aufgefaßt, irreduzibel. Dasselbe gilt im allgemeinen auch für die Gruppe $\mathfrak{D}$. Eine Ausnahme tritt nur im Falle $n=2\nu$ für die Operation C_ν ein. Als Homomorphismus von $\mathfrak{D}$ zerfällt C_ν in zwei einander adjungierte Homomorphismen K_ν und K_ν^*.

Dies folgt in Verbindung mit dem Satz IV unmittelbar aus der Gleichung

$$c_\mu(t)=\chi_{1,\ldots,1,0,\ldots,0}(t),$$

wobei das Indizessystem aus μ Einsen und $\nu-\mu$ Nullen besteht. Bekanntlich ist nämlich c_μ nichts anderes als die Determinante $\Phi_{1,\ldots,1,0,\ldots,0}$. Außerdem liefern die Formeln (30) und (31) ohne Mühe

$$M^{(n)}_{1,\ldots,1,0,\ldots,0}=\binom{n}{\mu}$$

d. h. den Grad des Homomorphismus C_μ. Hieraus folgt, daß die Zerlegungsformel (46) in unserem Fall

$$c_\mu=\Phi_{1,\ldots,1,0,\ldots,0}=\chi_{1,\ldots,1,0,\ldots,0}$$

liefert.

---

[1] In einer später erscheinenden Arbeit werde ich zeigen, daß c das Vorzeichen $(-1)^\nu$ hat.

Die Anordnung der Zeilen und Spalten von C_ν hängt von der Reihenfolge ab, in der man die $\binom{2\nu}{\nu} = 2m$ Indizeskombinationen

$$\gamma_1 < \gamma_2 < \cdots < \gamma_\nu \qquad (\gamma_\lambda = 1, 2, \cdots, 2\nu) \tag{47}$$

wählt. Diese Reihenfolge lege man so fest, daß an den m ersten Stellen die mit 1 beginnenden Kombinationen in der lexikographischen Anordnung stehen, während die $(m+\mu)$-te Kombination für $\mu = 1, 2, \cdots, m$ zur μ-ten komplementär ist[1]. Besteht die γ-te Kombination aus den Indizes (47), so sei noch

$$\sigma_\gamma = (-1)^{\gamma_1+\gamma_2+\cdots+\gamma_\nu+\frac{\nu(\nu-1)}{2}}$$

Setzt man nun

$$C_\nu = (D_{\gamma\delta}), \qquad (\gamma, \delta = 1, 2, \cdots, 2m)$$

so wird in unserem Fall

$$D_{m+\alpha, m+\beta} = \sigma_\alpha \sigma_\beta D_{\alpha\beta}, \quad D_{m+\alpha, \beta} = (-1)^\nu \sigma_\alpha \sigma_\beta D_{\alpha, m+\beta}. \qquad (\alpha, \beta = 1, 2, \cdots, m)$$

Dies folgt in bekannter Weise aus der Tatsache, daß in jeder Drehung $s = (s_{\varkappa\lambda})$ die Elemente $s_{\varkappa\lambda}$ mit den adjungierten Größen $S_{\varkappa\lambda}$ übereinstimmen. Versteht man nun unter S die Matrix

$$S = \begin{pmatrix} \sigma_1 & 0 & \cdots & 0 \\ 0 & \sigma_2 & \cdots & 0 \\ \cdot & \cdot & \cdot & \cdot \\ 0 & 0 & \cdots & \sigma_m \end{pmatrix}$$

und unter j die Zahl 1 oder i, je nachdem ν gerade oder ungerade ist, so bilde man die Matrix

$$M = \frac{1}{\sqrt{2}} \begin{pmatrix} E & E \\ jS, & -jS \end{pmatrix}.$$

Dann wird, wie eine einfache Rechnung lehrt,

$$M^{-1} = \frac{1}{\sqrt{2}} \begin{pmatrix} E, & j^3 S \\ E, & -j^3 S \end{pmatrix}, \qquad M^{-1} C_\nu M = \begin{pmatrix} K_\nu & 0 \\ 0 & K_\nu^* \end{pmatrix},$$

wobei

$$K_\nu = (D_{\alpha\beta} + j\sigma_\beta D_{\alpha, m+\beta}), \quad K_\nu^* = (D_{\alpha\beta} - j\sigma_\beta D_{\alpha, m+\beta}) \quad (\alpha, \beta = 1, 2, \cdots, m)$$

zu setzen ist.

Dies liefert die gesuchte Zerfällung von C_ν für $n = 2\nu$. Hierbei ist zu beachten, daß bei geradem ν die Transformation M eine reelle orthogonale Substitution darstellt. Da auch $C_\nu = C_\nu(s)$ für jedes Element s von $\mathfrak{D}$ diese Eigenschaften besitzt, so liefern K_ν und K_ν^* wieder Drehungen in m Veränderlichen.

---

[1] Zwei Indizeskombinationen heißen hierbei zueinander komplementär, wenn sie zusammengenommen alle 2ν Indizes $1, 2, \cdots, 2\nu$ enthalten. Für $n = 4$ erhalten wir z. B. die Reihenfolge 12, 13, 14, 34, 24, 23.

Besonders interessant ist der Fall $n = 4$. Die Homomorphismen K_2 und K_2^* von $\mathfrak{D}$ sind dann beide vom Grad 3, ihre Charakteristiken sind, wenn ϕ_1 und ϕ_2 die zu s gehörenden Drehungswinkel bedeuten,

$$\eta(s) = 1 + 2\cos(\phi_1 + \phi_2), \qquad \eta^*(s) = 1 + 2\cos(\phi_1 - \phi_2).$$

Wird insbesondere $\phi_1 = -\phi_2$ oder $\phi_1 = \phi_2$, so wird $\eta(s) = 3$, bzw. $\eta^*(s) = 3$, und folglich $K_2(s) = E$, bzw. $K_2^*(s) = E$. Läßt dagegen s alle Drehungen durchlaufen, bei denen die erste der vier Veränderlichen ungeändert bleibt, so durchläuft $K_2(s)$ (und ebenso $K_2^*(s)$) die Gesamtheit aller ternären Drehungen. Dies liefert einen in seinen Grundzügen bekannten Satz, der aber wohl nirgends in so präziser Fassung ausgesprochen ist:

VIII. *Die quaternäre Drehungsgruppe $\mathfrak{D}$ enthält zwei invariante Untergruppen $\mathfrak{A}^{(+1)}$ und $\mathfrak{A}^{(-1)}$. Die Gruppe $\mathfrak{A}^{(\varepsilon)}$ besteht aus allen Drehungen, die innerhalb der Gruppe $\mathfrak{D}$ einer Substitution der Form*

$$\begin{pmatrix} a & b & 0 & 0 \\ -b & a & 0 & 0 \\ 0 & 0 & a & -\varepsilon b \\ 0 & 0 & \varepsilon b & a \end{pmatrix} \qquad (a^2 + b^2 = 1)$$

ähnlich sind. Sie kann auch als die Gesamtheit der quaternären Drehungen charakterisiert werden, die jede der drei alternierenden Formen

$$x_1 y_2 - x_2 y_1 + \varepsilon(x_3 y_4 - x_4 y_3),$$
$$x_1 y_3 - x_3 y_1 - \varepsilon(x_2 y_4 - x_4 y_2),$$
$$x_1 y_4 - x_4 y_1 + \varepsilon(x_2 y_3 - x_3 y_2)$$

ungeändert lassen. Die zu den invarianten Untergruppen $\mathfrak{A}^{(+1)}$ und $\mathfrak{A}^{(-1)}$ gehörenden Faktorgruppen sind der ternären Drehungsgruppe einstufig isomorph.

Von Interesse ist auch der Satz:

IX. *Ist n von 2 und von 4 verschieden, so gibt es keine Gruppe linear homogener Substitutionen in $N < n$ Veränderlichen, die der Drehungsgruppe $\mathfrak{D}$ homomorph ist. Eine Ausnahme bildet nur die triviale Gruppe, die sich auf die identische Substitution E reduziert. Eine mit $\mathfrak{D}$ homomorphe Gruppe in n Veränderlichen, die sich nicht auf E reduziert, muß der Gruppe $\mathfrak{D}$ ähnlich sein.*

Man gelangt zu diesem Satz mit Hilfe einer einfachen Abschätzung der durch die Formeln (30) und (31) gelieferten Zahlen $M^{(n)}_{\alpha_1, \alpha_2, \ldots, \alpha_n}$.

Eine einfache Diskussion dieser Ausdrücke liefert noch ein weiteres interessantes Ergebnis:

X. *Ist n eine ungerade Primzahl, so ist für jeden irreduziblen Homomorphismus der Gruppe $\mathfrak{D}$ die Variabelnanzahl mod. n einer der Zahlen 0, 1 oder -1 kongruent.*

Ausgegeben am 21. Januar 1925.

53.

Neue Anwendungen der Integralrechnung auf Probleme der Invariantentheorie III. Vereinfachung des Integralkalküls. Realitätsfragen

Sitzungsberichte der Preussischen Akademie der Wissenschaften 1924, Physikalisch-Mathematische Klasse, 346 - 355

Die wichtigen und weittragenden Ergebnisse, zu denen Hr. WEYL in der vorstehenden Arbeit gelangt ist, geben uns auch in dem von mir behandelten Fall der reellen Drehungsgruppe $\mathfrak{D}$ und ihrer Erweiterung, der Gruppe $\mathfrak{D}'$, die Möglichkeit, die Theorie der Homomorphismen einfacher aufzubauen, als dies in A. II geschehen ist. Während ich mich genötigt sah, für $n > 3$ von einem Spezialfall des STUDYschen Satzes über Orthogonalinvarianten Gebrauch zu machen, kann man jetzt den allgemeinen Fall in derselben Weise rein analytisch behandeln wie für $n = 2$ und $n = 3$.

Von entscheidender Bedeutung ist hierbei, daß es Hrn. WEYL gelungen ist, einen von mir erst auf Grund der Ergebnisse von A. II gefundenen einfachen Integralausdruck für das HURWITZsche Integral einer Klassenfunktion der Gruppe $\mathfrak{D}$ auf direktem, geometrischem Wege abzuleiten. Es dürfte aber doch nicht ohne Interesse sein, wenn ich im folgenden auch meinen Beweis mitteile. Auf demselben Wege gewinne ich noch ein weiteres, ebenso wichtiges Resultat über die Gruppe $\mathfrak{D}'$.

Erst auf Grund der neuen Integralformeln gestaltet sich der von mir in A. I entwickelte Abzählungskalkül für Orthogonalinvarianten zu einem praktisch brauchbaren. Dies zeigt deutlich das in § 3 durchgeführte Beispiel.

Im Schlußparagraphen wird die Frage nach der Realität der irreduziblen Darstellungen der Gruppe $\mathfrak{D}$ behandelt. Ich mache hierbei von einem allgemeinen Kriterium Gebrauch, das ein genaues Analogon zu dem von FROBENIUS und mir[2] angegebenen Kriterium für endliche Gruppen darstellt. Das sich hierbei ergebende Resultat über die Gruppe $\mathfrak{D}$ läßt sich, wie Hr. WEYL mir mitgeteilt hat, auf anderem Wege in präziserer Fassung ableiten. Es kam mir aber darauf an, die Brauchbarkeit des allgemeinen Kriteriums darzutun.

---

[1] Vgl. die unter dem gleichen Titel erschienenen Arbeiten Sitzungsberichte der Berliner Akademie 1924, S. 189—208 und S. 297—321. — Im folgenden werden diese beiden Arbeiten mit A. I und A. II zitiert.

[2] Über die reellen Darstellungen der endlichen Gruppen, Sitzungsberichte der Berliner Akademie 1906, S. 186—208.

§ 1. Einige Hilfsformeln.

Im folgenden bedeuten $\phi_1, \phi_2, \cdots, \phi_\nu$ reelle Winkelgrößen und $z_1, z_2, \cdots, z_\nu$ beliebige Punkte im Innern des Einheitskreises. Ich setze

$$f_\varkappa = \prod_{\lambda=1}^{\nu} (1 - 2 z_\varkappa \cos \phi_\lambda + z_\varkappa^2),$$

$$\Delta(c) = \prod_{\varkappa<\lambda}^{\nu}{}_{1} (\cos \phi_\varkappa - \cos \phi_\lambda)$$

und betrachte, wenn $g(\phi)$ eine für $0 \leqq \phi \leqq 2\pi$ definierte, stetige Funktion bedeutet, das Integral[1]

$$J[g(\phi)] = \frac{1}{(2\pi)^\nu} \int_0^{2\pi} \cdots \int_0^{2\pi} \frac{g(\phi_1) \cdots g(\phi_\nu)}{f_1 f_2 \cdots f_\nu} \Delta^2(c)\, d\phi_1 \cdots d\phi_\nu.$$

Wählt man insbesondere für $g(\phi)$ eine der drei Funktionen 1, $1 - \cos \phi$, $\sin^2 \phi$, so gelten, wie ich zeigen will, die Formeln

$$(1) \qquad \prod_{\varkappa \leqq \lambda}^{\nu}{}_{1} (1 - z_\varkappa z_\lambda) \cdot J[1] = \frac{\nu!}{2^{\nu^2 - 2\nu + 1}},$$

$$(2) \qquad \prod_{\varkappa \leqq \lambda}^{\nu}{}_{1} (1 - z_\varkappa z_\lambda) \cdot J[1 - \cos \phi] = \frac{\nu!}{2^{\nu^2 - \nu}} \cdot \prod_{\varkappa=1}^{\nu} (1 - z_\varkappa),$$

$$(3) \qquad \prod_{\varkappa \leqq \lambda}^{\nu} (1 - z_\varkappa z_\lambda) \cdot J[\sin^2 \phi] = \frac{\nu!}{2^{\nu^2}} \cdot \prod_{\varkappa=1}^{\nu} (1 - z_\varkappa^2).$$

Der Beweis beruht auf der Cauchyschen Determinantenformel

$$(4) \qquad \left| \frac{1}{1 - x_\varkappa y_\lambda} \right| = \frac{\Delta(x)\, \Delta(y)}{\prod_{\varkappa,\lambda} (1 - x_\varkappa y_\lambda)}. \qquad (\varkappa, \lambda = 1, 2, \cdots, \nu)$$

Hierbei ist für beliebige Größen $v_1, v_2, \cdots, v_\nu$

$$\Delta(v) = \prod_{\varkappa<\lambda}^{\nu}{}_{1} (v_\varkappa - v_\lambda) \qquad (\Delta(v) = 1 \text{ für } \nu = 1)$$

zu setzen. Aus (4) folgt, indem man

$$Z_\varkappa = 1 + z_\varkappa^2, \qquad u_\varkappa = \frac{2 z_\varkappa}{1 + z_\varkappa^2}$$

setzt,

$$\frac{\Delta(u)\, \Delta(c)}{f_1 f_2 \cdots f_\nu} = \frac{1}{Z_1^\nu Z_2^\nu \cdots Z_\nu^\nu} \cdot \left| \frac{1}{1 - u_\varkappa \cos \phi_\lambda} \right|$$

$$= \frac{1}{Z_1^{\nu-1} Z_2^{\nu-1} \cdots Z_\nu^{\nu-1}} \left| \frac{1}{1 - 2 z_\varkappa \cos \phi_\lambda + z_\varkappa^2} \right|.$$

Ferner ist

$$Z_1^{\nu-1} Z_2^{\nu-1} \cdots Z_\nu^{\nu-1} \cdot \Delta(u) = 2^{\frac{\nu^2 - \nu}{2}}\, \Delta(z) \prod_{\varkappa<\lambda}^{\nu}{}_{1} (1 - z_\varkappa z_\lambda)$$

[1] Für $\nu = 1$ hat man $\Delta(c) = 1$ zu setzen.

Wird also zur Abkürzung

$$(5)\qquad 2^{\frac{\nu^2-\nu}{2}}\,\Delta(z)\prod_{\varkappa<\lambda}{}_1^{\nu}(1-z_\varkappa z_\lambda)\cdot J[g]=J_1$$

gesetzt, so erhalten wir

$$(2\pi)^\nu J_1=\int_0^{2\pi}\cdots\int_0^{2\pi} g(\phi_1)\cdots g(\phi_\nu)\,\Delta(c)\cdot\left|\frac{1}{1-2z_\varkappa\cos\phi_\lambda+z_\varkappa^2}\right|d\phi_1\cdots d\phi_\nu$$

$$=\sum\pm\int_0^{2\pi}\cdots\int_0^{2\pi}\frac{g(\phi_1)\cdots g(\phi_\nu)\,\Delta(c)\,d\phi_1\cdots d\phi_\nu}{(1-2z_1\cos\phi_{\lambda_1}+z_1^2)\cdots(1-2z_\nu\cos\phi_{\lambda_\nu}+z_\nu^2)}$$

$$=\nu!\int_0^{2\pi}\cdots\int_0^{2\pi}\frac{g(\phi_1)\cdots g(\phi_\nu)\,\Delta(c)\,d\phi_1\cdots d\phi_\nu}{(1-2z_1\cos\phi_1+z_1^2)\cdots(1-2z_\nu\cos\phi_\nu+z_\nu^2)}.$$

Da aber

$$\Delta(c)=\left|(\cos\phi_\varkappa)^{\nu-\lambda}\right|\qquad(\varkappa,\lambda=1,2,\cdots,\nu)$$

ist, so ergibt sich für J_1 der Determinantenausdruck

$$(6)\qquad J_1=\nu!\left|\frac{1}{2\pi}\int_0^{2\pi}\frac{g(\phi_\varkappa)(\cos\phi_\varkappa)^{\nu-\lambda}d\phi_\varkappa}{1-2z_\varkappa\cos\phi_\varkappa+z_\varkappa^2}\right|.$$

Ist nun $g(\phi)$ eine der Funktionen 1, $1-\cos\phi$, $\sin^2\phi$, so haben wir nur die Integrale

$$A_m(z)=\frac{1}{2\pi}\int_0^{2\pi}\frac{\cos^m\phi}{1-2z\cos\phi+z^2}\,d\phi\qquad(m=0,1,\cdots)$$

zu kennen. Man findet ohne Mühe (am einfachsten mit Hilfe des CAUCHYschen Residuensatzes), daß

$$(1-z^2)A_m(z)=B_m(z)$$

ein Polynom des Grades m ist, und zwar wird

$$2^{2\mu-1}B_{2\mu}(z)=z^{2\mu}+\binom{2\mu}{1}z^{2\mu-2}+\cdots+\binom{2\mu}{\mu-1}z^2+\frac{1}{2}\binom{2\mu}{\mu},$$

$$2^{2\mu}B_{2\mu+1}(z)=z^{2\mu+1}+\binom{2\mu+1}{1}z^{2\mu-1}+\cdots+\binom{2\mu+1}{\mu}z.$$

Insbesondere wird also

$$B_m(z)-B_{m+1}(z)=(1-z)\,C_m(z),$$
$$B_m(z)-B_{m+2}(z)=(1-z^2)\,D_m(z),$$

wobei

$$C_m(z)=\frac{z^m}{2^m}+\cdots,\qquad D_m(z)=\frac{z^m}{2^{m+1}}+\cdots$$

Polynome des Grades m sind.

Für $g(\phi) = 1$ liefert nun (6)

$$\prod_{\varkappa=1}^{\nu} (1-z_\varkappa^2)\cdot J_1 = \nu!\,|B_{\nu-\lambda}(z_\varkappa)| = \frac{\nu!}{2^{\nu-2}.\,2^{\nu-3}\cdots 2}\,\Delta(z),$$

für $g(\phi) = 1 - \cos\phi$

$$\prod_{\varkappa=1}^{\nu} (1-z_\varkappa^2)\cdot J_1 = \nu!\,|B_{\nu-\lambda}(z_\varkappa) - B_{\nu-\lambda+1}(z_\varkappa)|$$

$$= \frac{\nu!\prod_{\varkappa=1}^{\nu}(1-z_\varkappa)}{2^{\nu-1}.\,2^{\nu-2}.\cdots 2}\cdot\Delta(z)$$

und für $g(\phi) = \sin^2\phi$

$$\prod_{\varkappa=1}^{\nu} (1-z_\varkappa^2)\cdot J_1 = \nu!\,|B_{\nu-\lambda}(z_\varkappa) - B_{\nu-\lambda+2}(z_\varkappa)|$$

$$= \frac{\nu!\prod_{\varkappa=1}^{\nu}(1-z_\varkappa^2)}{2^{\nu}.\,2^{\nu-1}.\cdots 2}\cdot\Delta(z).$$

In Verbindung mit (5) folgen hieraus die Formeln (1) bis (3).

§ 2. Der vereinfachte Integralkalkül.

Ist $\mathfrak{G}$ eine beliebige Gruppe und $k(s)$ eine für jedes Element s von $\mathfrak{G}$ definierte Funktion, so bezeichne ich $k(s)$ als eine *Klassenfunktion*, wenn für je zwei innerhalb $\mathfrak{G}$ ähnliche Elemente s_1 und s_2 die Gleichung $k(s_1) = k(s_2)$ gilt. Bedeutet $\mathfrak{G}$ insbesondere die (reelle) Drehungsgruppe $\mathfrak{D}$, so gehört zu jeder Klassenfunktion $k(s)$ eine zweite $k^*(s)$, die man erhält, indem man für irgendein uneigentliches Element u von $\mathfrak{D}'$

$$k^*(s) = k(u^{-1}su)$$

setzt. Wird $k^*(s) = k(s)$, so nenne ich $k(s)$ eine *gerade* Klassenfunktion. Eine solche Funktion ist allein durch die $\nu = \left[\frac{n}{2}\right]$ zu s gehörenden Drehungswinkel $\phi_1, \phi_2, \cdots, \phi_\nu$ bestimmt. Setzt man $k(s) = K(\phi)$, so besitzt die Funktion $K(\phi)$ folgende drei Eigenschaften (vgl. A. II, § 1):

1. Sie ist in bezug auf jede der ν Variabeln periodisch mit der Periode 2π.
2. Sie ist eine symmetrische Funktion von $\phi_1, \phi_2, \cdots, \phi_\nu$.
3. In bezug auf jedes $\phi_\varkappa$ ist $K(\phi)$ eine gerade Funktion.

Für eine zur Gruppe $\mathfrak{D}'$ gehörende Klassenfunktion $k(t)$ gilt ferner folgendes. Durchläuft t alle Elemente s der Untergruppe $\mathfrak{D}$ von $\mathfrak{D}'$, so erscheint $k(s)$ als eine gerade Klassenfunktion der variablen Drehung s. Für $n = 2\nu+1$ durchläuft $-s$ alle uneigentlichen Elemente von $\mathfrak{D}'$ und $k(-s)$ stellt wieder eine gerade Klassenfunktion von s dar. Ist aber $n = 2\nu$, so erhält für ein uneigentliches Element u von $\mathfrak{D}'$ die charakteristische Funktion $|e - zu|$ die Form

$$f(z, u) = |e - zu| = (1-z^2)\prod_{\lambda=1}^{\nu-1}(1 - 2z\cos\psi_\lambda + z^2)$$

und $k(u)$ läßt sich als eine Funktion $L(\psi)$ der $\nu-1$ Winkelgrößen ψ_λ auffassen, die dieselben drei Eigenschaften aufweist wie vorhin die Funktion $K(\phi)$.

Wir können nun folgende zwei Sätze aufstellen:

I. *Ist $k(s)=K(\phi)$ eine stetige gerade Klassenfunktion*[1] *der variablen Drehung s, so wird für $n=2\nu$*

$$\frac{1}{h}\int k(s)\,ds=\frac{2^{\nu^2-2\nu+1}}{\nu!}\cdot\frac{1}{(2\pi)^\nu}\int_0^{2\pi}\cdots\int_0^{2\pi}K(\phi)\,\Delta^2\,d\phi_1\cdots d\phi_\nu \tag{7}$$

und für $n=2\nu+1$

$$\frac{1}{h}\int k(s)\,ds=\frac{2^{\nu^2-\nu}}{\nu!}\,\frac{1}{(2\pi)^\nu}\int_0^{2\pi}\cdots\int_0^{2\pi}K(\phi)\,\Delta^2\cdot\prod_{\varkappa=1}^{\nu}(1-\cos\phi_\varkappa)\cdot d\phi_1\cdots d\phi_\nu. \tag{8}$$

Hierbei ist $\Delta=\prod_{\varkappa=\lambda}^{\nu}{}_{1}(\cos\phi_\varkappa-\cos\phi_\lambda)$ zu setzen.

II. *Um für eine zur Gruppe $\mathfrak{D}'$ gehörende stetige Klassenfunktion $k(t)$ das Integral*

$$\frac{1}{2h}\oint k(t)\,dt=\frac{1}{2h}\int k(s)\,ds+\frac{1}{2h}\int k(su_0)\,ds$$

zu berechnen, hat man sich folgender Formeln zu bedienen. Zunächst hat man bei der Berechnung des Integrals

$$\frac{1}{h}\int k(s)\,ds=\frac{1}{2h}\oint(1+|t|)\,k(t)\,dt$$

die Formeln (7) *und* (8) *zu benutzen. Ist $n=2\nu+1$, so gilt dasselbe für*

$$\frac{1}{h}\int k(su_0)\,ds=\frac{1}{2h}\oint(1-|t|)\,k(t)\,dt=\frac{1}{h}\int k(-s)\,ds. \tag{9}$$

Für $n=2\nu$ wird aber

$$\left\{\begin{aligned}\frac{1}{h}\int k(su_0)\,ds&=\frac{1}{2h}\oint(1-|t|)\,k(t)\,dt\\&=\frac{2^{\nu^2-2\nu+1}}{(\nu-1)!}\,\frac{1}{(2\pi)^{\nu-1}}\int_0^{2\pi}\cdots\int_0^{2\pi}L(\psi)\,\Delta'^2\cdot\prod_{\varkappa=1}^{\nu-1}\sin^2\psi_\varkappa\cdot d\psi_1\cdots d\psi_{\nu-1}.\end{aligned}\right. \tag{10}$$

Hierbei ist $\Delta'=\prod_{\varkappa=\nu}^{\nu-1}{}_{1}(\cos\psi_\varkappa-\cos\psi_\lambda)$ zu setzen.

Um die Formeln (7) und (8) zu beweisen, schließe ich folgendermaßen. Als stetige periodische Funktion von $\phi_1,\phi_2,\cdots,\phi_\nu$ läßt sich $k(s)=K(\phi)$ mit beliebiger Genauigkeit durch ein Polynom $T(\phi)$ approximieren, und zwar auch

[1] Ist die Klassenfunktion $k(s)$ nicht gerade, so hat man nur zu beachten, daß $k(s)+k^*(s)$ eine gerade Klassenfunktion und

$$\frac{1}{h}\int k(s)\,ds=\frac{1}{h}\int k^*(s)\,ds=\frac{1}{2h}\int\bigl(k(s)+k^*(s)\bigr)\,ds$$

wird.

durch ein Polynom, das die Eigenschaften 2. und 3. von $K(\phi)$ aufweist. Ein solches Polynom ist aber, wenn $f(z, s) = |e - zs|$ und

$$\frac{1}{f(z, s)} = p_0 + p_1 z + p_2 z^2 + \cdots \qquad |z| < 1$$

gesetzt wird, als lineare homogene Verbindung von endlich vielen unter den Produkten $p_{\alpha_1} p_{\alpha_2} \cdots p_{\alpha_\nu}$ darstellbar (vgl. A. II, § 5). Es genügt daher, die Formeln (7) und (8) für jedes dieser Produkte oder, was dasselbe ist, für

$$k(s) = \prod_{\varkappa=1}^{\nu} \frac{1}{f(z_\varkappa, s)} = \sum_{\alpha_1, \alpha_2, \ldots, \alpha_\nu}^{0 \to \infty} p_{\alpha_1} p_{\alpha_2} \cdots p_{\alpha_\nu} z_1^{\alpha_1} z_2^{\alpha_2} \cdots z_\nu^{\alpha_\nu}$$

zu beweisen. Daß unsere Formeln aber in diesem Fall richtig sind, folgt aus der in A. II, § 3 bewiesenen Gleichung

$$\frac{1}{h} \int \frac{ds}{f(z_1, s) \cdots f(z_\nu, s)} = \prod_{\varkappa \leqq \lambda}^{1, \nu} \frac{1}{1 - z_\varkappa z_\lambda}$$

in Verbindung mit den Formeln (1) und (2) des vorigen Paragraphen.

In analoger Weise kann man sich beim Beweis der Formel (10) auf den Fall

$$k(t) = \frac{1}{f(z_1, t) f(z_2, t) \cdots f(z_{\nu-1}, t)}$$

beschränken. In diesem Fall geht aber aus (3) und dem in A. II, § 3 Bewiesenen hervor, daß beide Seiten der zu beweisenden Gleichung den Ausdruck

$$\prod_{\varkappa \leqq \lambda}^{1, \nu-1} \frac{1}{1 - z_\varkappa z_\lambda}$$

liefern.

§ 3. Der Abzählungskalkül für Orthogonalinvarianten.

Auf Grund des Satzes I erfährt der in A. I, § 7 entwickelte Abzählungskalkül eine weitgehende Vereinfachung. Die dort in Form eines Hurwitzschen Integrals

$$A = \frac{1}{h} \int \zeta(s)\, ds$$

dargestellte Invariantenanzahl kann nunmehr als ein wesentlich einfacher geartetes ν-faches Integral geschrieben werden.

Läßt man auch uneigentliche orthogonale Substitutionen zu, so gestaltet sich das Abzählungsverfahren folgendermaßen. Hat man es mit einem Homomorphismus $H(t)$ der Gruppe $\mathfrak{D}'$ zu tun, dessen Charakteristik $\zeta(t)$ ist, und setzt man

$$B = \frac{1}{2h} \oint \zeta(t)\, dt, \qquad B' = \frac{1}{2h} \oint \zeta(t) |t| \, dt,$$

so gibt B die Anzahl der linear unabhängigen unter den zu $H(t)$ gehörenden linearen absoluten Invarianten an und B' die analoge Anzahl für die schiefen Invarianten. Um diese Zahlen zu berechnen, hat man

$$B+B'=\frac{1}{h}\int\zeta(s)\,ds$$

auf Grund der Formeln (7) oder (8) als ν-faches Integral und

$$B-B'=\frac{1}{h}\int\zeta(su_0)\,ds$$

auf Grund der Formeln (9) oder (10) als ν-faches bzw. $(\nu-1)$-faches Integral darzustellen.

Wie sich die Rechnungen im einzelnen gestalten, soll in einem an und für sich interessanten Beispiel gezeigt werden. Man betrachte ein System von m (allgemeinen) Bilinearformen

$$\sum_{\varkappa,\lambda}^{4} a_{\varkappa\lambda}^{(\mu)}\, x_\varkappa\, y_\lambda \qquad (\mu=1,2,\cdots,m)$$

in zwei Reihen von je 4 Veränderlichen und wende auf beide Variabelnreihen simultan alle eigentlichen und uneigentlichen orthogonalen Transformationen $t=(t_{\varkappa\lambda})$ an. Zu untersuchen sind die absoluten und schiefen Invarianten

$$J(a_{\varkappa\lambda}^{(1)},\, a_{\varkappa\lambda}^{(2)},\,\cdots,\, a_{\varkappa\lambda}^{(\mu)}),$$

die für jedes μ in bezug auf die 16 Koeffizienten $a_{\varkappa\lambda}^{(\mu)}$ linear und homogen sind. Zu berechnen sind die Anzahl B_m der linear unabhängigen unter den absoluten Invarianten und die analoge Anzahl B_m' für die schiefen Invarianten. Dies geschieht folgendermaßen. Die Charakteristik des durch unser Problem gekennzeichneten Homomorphismus der Gruppe $\mathfrak{D}'$ ist (vgl. A. I, § 7)

$$\zeta_m(t)=(t_{11}+t_{22}+t_{33}+t_{44})^{2m}.$$

Es wird also für eine Drehung $t=s$ mit den Drehungswinkeln ϕ_1 und ϕ

$$\zeta_m(s)=(2\cos\phi_1+2\cos\phi_2)^{2m}=2^{4m}\left(\cos\frac{\phi_1+\phi_2}{2}\cos\frac{\phi_1-\phi_2}{2}\right)^{2m}$$

und für ein uneigentliches Element $t=u$ mit dem Winkel ψ

$$\zeta_m(u)=(2\cos\psi)^{2m}.$$

Daher erhalten wir wegen (7)

$$B_m+B_m'=\frac{2^{4m}}{(2\pi)^2}\int\limits_0^{2\pi}\!\!\int\limits_0^{2\pi}\left(\cos\frac{\phi_1+\phi_2}{2}\cos\frac{\phi_1-\phi_2}{2}\right)^{2m}(\cos\phi_1-\cos\phi_2)^2\,d\phi_1\,d\phi_2\,.$$

Dies kann aber, wie eine einfache Betrachtung lehrt, in der Form

$$B_m+B_m'=\frac{2^{4m+2}}{(2\pi)^2}\left[\int\limits_0^{2\pi}\cos^{2m}\alpha\,\sin^2\alpha\,d\alpha\right]^2$$

geschrieben werden, was

$$B_m + B'_m = \left[\frac{(2m)!}{m!\,(m+1)!}\right]^2$$

liefert. Ferner wird wegen (10)

$$B_m - B'_m = \frac{2}{2\pi}\int_0^{2\pi} (2\cos\psi)^{2m}\sin^2\psi\,d\psi = \frac{(2m)!}{m!\,(m+1)!}.$$

Bezeichnet man also diese ganze Zahl mit a_m, so wird

$$B_m = \frac{1}{2}(a_m^2 + a_m), \qquad B'_m = \frac{1}{2}(a_m^2 - a_m).$$

Man kann dieses einfache Resultat auch auf Grund der Sätze des Hrn. E. Study (Leipziger Berichte 1897, S. 443—461) ableiten, doch erfordert dies ziemlich umständliche Rechnungen.

§ 4. Über die reellen Darstellungen der Gruppe $\mathfrak{D}$.

Beim Studium einer beliebigen Gruppe $\mathfrak{H}$ linearer homogener Substitutionen, in der das Element s die Spur $\chi(s)$ besitzt, hat man drei Fälle zu unterscheiden.

1. Die Gruppe $\mathfrak{H}$ läßt sich durch eine Ähnlichkeitstransformation in eine Gruppe mit lauter reellen Koeffizienten überführen. Dann müssen die Zahlen $\chi(s)$ sämtlich reell sein.
2. Die Zahlen $\chi(s)$ sind sämtlich reell, ohne daß der Fall 1 eintritt.
3. Die Zahlen $\chi(s)$ sind nicht alle reell.

Je nachdem einer dieser Fälle stattfindet, spricht man von einer Gruppe erster, zweiter oder dritter Art.

In der auf S. 346 zitierten Arbeit haben Frobenius und ich bewiesen: Ist $\mathfrak{H}$ eine irreduzible endliche Gruppe der Ordnung h, so erhält die Summe

$$\frac{1}{h}\sum_s \chi(s^2),$$

wobei s alle Elemente von h zu durchlaufen hat, den Wert 1, —1 oder 0, je nachdem $\mathfrak{H}$ eine Gruppe erster, zweiter oder dritter Art ist.

Genau in derselben Weise ergibt sich auf Grund der Ergebnisse von A. I

III. *Ist $\mathfrak{H}$ eine irreduzible Gruppe linearer homogener Substitutionen, die der Gruppe $\mathfrak{D}$ homomorph ist, und bedeutet $\chi(s)$ die zugehörige (einfache) Charakteristik von $\mathfrak{D}$, so wird*

$$\frac{1}{h}\int \chi(s^2)\,ds = 1,\ -1 \text{ oder } 0,$$

je nachdem $\mathfrak{H}$ eine Gruppe erster, zweiter oder dritter Art ist.

Daß ferner jede mit der Gruppe $\mathfrak{D}$, homomorphe Substitutionsgruppe durch eine Ähnlichkeitstransformation in eine reelle Gruppe übergeführt werden kann (vgl. A. II, § 6), ist gleichbedeutend mit der Tatsache, daß für jede einfache Charakteristik $\chi(t)$ von $\mathfrak{D}'$

$$\frac{1}{2h}\oint \chi(t^2)\,dt \doteq 1 \tag{11}$$

wird. Bei ungeradem n ist aus demselben Grunde auch für jede einfache Charakteristik $\chi(s)$ der Gruppe $\mathfrak{D}$

$$\frac{1}{h}\int \chi(s^2)\,ds = 1\,.$$

Auf Grund des Kriteriums III und der Gleichung (11) werde ich nun beweisen:

IV. *Auch für gerades* $n = 2\nu$ *ist im allgemeinen jede mit* $\mathfrak{D}$ *homomorphe irreduzible Substitutionsgruppe* $\mathfrak{H}$ *von der ersten Art. Eine Ausnahme tritt nur für* $n = 4k+2$ *ein, wenn* $\mathfrak{H}$ *zu einer der in* A. II, § 5 *eingeführten Charakteristiken*

$$\eta_{\alpha_1,\alpha_2,\ldots,\alpha_\nu}(s), \qquad \eta^*_{\alpha_1,\alpha_2,\ldots,\alpha_\nu}(s) \qquad (\alpha_\nu > 0) \tag{12}$$

gehört. Eine solche Gruppe $\mathfrak{H}$ *ist von der dritten Art.*

Der Beweis stützt sich auf die Grundformel

$$\frac{\Delta(z)\prod_{\varkappa \leq \lambda}^{\nu}(1 - z_\varkappa z_\lambda)}{f(z_1,t)f(z_2,t)\cdots f(z_\nu,t)} = \sum_{\alpha_1 \geq \alpha_2 \geq \cdots \geq \alpha_\nu} \chi_{\alpha_1,\alpha_2,\ldots,\alpha_\nu}(t)\,\Delta_{\alpha_1,\alpha_2,\ldots,\alpha_\nu}(z)\,, \tag{13}$$

die zur Bestimmung der einfachen Charakteristiken der Gruppe $\mathfrak{D}'$ dient (vgl. A. II, Formel (33)). Hierbei ist

$$\Delta_{\alpha_1,\alpha_2,\ldots,\alpha_\nu}(z) = \left| z_\varkappa^{\alpha_1+\nu-1},\ z_\varkappa^{\alpha_2+\nu-2},\ \ldots,\ z_\varkappa^{\alpha_\nu} \right|$$

zu setzen. Ersetzt man in (13) t durch t^2 und integriert nach t, so folgt aus (11) in Verbindung mit den Formeln

$$f(z,t^2) = f(\sqrt{z},t)\,f(-\sqrt{z},t) \tag{14}$$

und (vgl. A. II, § 3)

$$\frac{1}{2h}\oint \frac{dt}{f(z_1,t)f(z_2,t)\cdots f(z_n,t)} = \prod_{\varkappa \leq \lambda}^{n} \frac{1}{1 - z_\varkappa z_\lambda} \qquad (n = 2\nu)$$

nach einer einfachen Zwischenrechnung die an und für sich bemerkenswerte Gleichung

$$\sum_{\alpha_1 \geq \alpha_2 \geq \cdots \geq \alpha_\nu}^{\infty} \Delta_{\alpha_1,\alpha_2,\ldots,\alpha_\nu}(z) = \frac{\Delta(z)}{\prod_{\varkappa=1}^{\nu}(1 - z_\varkappa)\cdot\prod_{\varkappa<\lambda}^{\nu}(1 - z_\varkappa z_\lambda)}\,. \tag{15}$$

Nun ersetze man in (13) t durch s^2 und integriere nach s. Wegen (13) und (vgl. A. II, § 3)

$$\frac{1}{h}\int \frac{ds}{f(z_1,s)f(z_2,s)\cdots f(z_n,s)} = \frac{1 + z_1 z_2 \cdots z_n}{\prod_{\varkappa \leq \lambda}^{n}(1 - z_\varkappa z_\lambda)} \qquad (n = 2\nu)$$

entsteht, wenn

$$\frac{1}{h}\int \chi_{\alpha_1,\alpha_2,\ldots,\alpha_\nu}(s^2)\,ds = c_{\alpha_1,\alpha_2,\ldots,\alpha_\nu}$$

gesetzt wird, die Gleichung

$$\sum_{\alpha_1 \geqq \alpha_2 \geqq \cdots \geqq \alpha_\nu}\!\!\!\overset{\infty}{\underset{0}{}}\; c_{\alpha_1,\alpha_2,\ldots,\alpha_\nu}\,\Delta_{\alpha_1,\alpha_2,\ldots,\alpha_\nu}(z) = \frac{\Delta(z)\left(1+(-1)^\nu z_1 z_2 \cdots z_\nu\right)}{\prod\limits_{\varkappa=1}^{\nu}(1-z_\varkappa)\cdot\prod\limits_{\varkappa<\lambda}(1-z_\varkappa z_\lambda)}.$$

In Verbindung mit (15) liefert dies

$$\sum_{\alpha_1 \geqq \alpha_2 \geqq \cdots \geqq \alpha_\nu}\!\!\!\overset{\infty}{\underset{0}{}}\; c_{\alpha_1,\alpha_2,\ldots,\alpha_\nu}\,\Delta_{\alpha_1,\alpha_2,\ldots,\alpha_\nu}(z)$$

$$= \sum_{\alpha_1 \geqq \alpha_2 \geqq \cdots \geqq \mu_\nu}\!\!\!\overset{\infty}{\underset{0}{}}\; \Delta_{\alpha_1,\alpha_2,\ldots,\alpha_\nu}(z) + (-1)^\nu \sum_{\alpha_1 \geqq \alpha_2 \geqq \cdots \geqq \alpha_\nu}\!\!\!\overset{\infty}{\underset{0}{}}\; \Delta_{\alpha_1,\alpha_2,\ldots,\alpha_\nu}(z).$$

Dies zeigt, daß für $\alpha_\nu = 0$

$$(16) \qquad c_{\alpha_1,\alpha_2,\ldots,\alpha_\nu} = 1$$

und für $\alpha_\nu > 0$

$$(17) \qquad c_{\alpha_1,\alpha_2,\ldots,\alpha_\nu} = 1 + (-1)^\nu$$

wird.

Im ersten Fall ist $\chi_{\tau_1,\alpha_2,\ldots,\alpha_\nu}(s)$ auch für $\mathfrak{D}$ eine einfache Charakteristik, und die zugehörige Darstellung von $\mathfrak{D}$ ist wegen (16) von der ersten Art, was schon aus dem über die Gruppe $\mathfrak{D}'$ Gesagten folgt. Ist aber $\alpha_\nu > 0$, so wird $\chi_{\alpha_1;\alpha_2,\ldots,\alpha_\nu}(s)$ die Summe der beiden einander adjungierten einfachen Charakteristiken (12). Die beiden zugehörigen mit $\mathfrak{D}$ homomorphen Substitutionsgruppen $\mathfrak{K}$ und $\mathfrak{K}^*$ können so gewählt werden, daß die Gruppe $\mathfrak{K}^*$ durch eine Vertauschung ihrer Elemente in $\mathfrak{K}$ übergeht. Daher sind beide Gruppen von derselben Art, und hieraus folgt wegen (17)

$$\frac{1}{h}\int \eta_{\alpha_1,\alpha_2,\ldots,\alpha_\nu}(s^2)\,ds = \frac{1}{h}\int \eta^*_{\alpha_1,\alpha_2,\ldots,\alpha_\nu}(s^2)\,ds = \frac{1+(-1)^\nu}{2}.$$

Dies liefert aber den zu beweisenden Satz IV.

Ausgegeben am 21. Januar 1925.

Printed in the United States
By Bookmasters